"十二五"职业教育国家规划教材

经全国职业教育教材审定委员会审定

建筑识图与构造

第三版

吴学清　主编

化学工业出版社

·北京·

内容简介

本书以党的二十大精神为指引，落实立德树人根本任务，根据课程的特点和要求，突出知识传授与技能培养并重的职业教育特色，适应1+X证书制度，将职业技能的相关内容和要求融入教材，融入思政元素，采用最新《房屋建筑制图统一标准》、其他现行制图规范以及近年来新制定和修订的标准规范，反映我国建筑工程的一些新技术、新做法，在第二版的基础上修订编写而成。

全书分为建筑识图基础、建筑识图和民用建筑构造三个模块。为了便于教学和学习，每个教学单元开始设有学习目标、教学要求和素质目标，根据培养和提高应用能力的需要，每个教学单元后面附有复习思考题，重要知识点后还有实训项目和习题，立足实用，强化能力，注重实践。

本书着重对方法的理解和知识的运用，以实际建筑工程施工图为例，密切联系实际工程，接近工程实际，做到图文并茂、深入浅出，注重实践能力、职业能力的训练和职业精神的培养。

本书配有课程标准、习题答案、三维模型视频、图片以及配套附图模型视频等丰富的教学资源，可扫码获取。

本书可作为高职高专、成人高校及民办高校的建筑工程技术、工程监理等土建施工类专业和工程造价、房地产经营与管理、物业管理等相关专业的教材，亦可作为相关专业技术人员、企业管理人员业务知识学习培训用书。

图书在版编目（CIP）数据

建筑识图与构造/吴学清主编．—3版．—北京：化学工业出版社，2020.9（2024.6重印）

"十二五"职业教育国家规划教材　经全国职业教育教材审定委员会审定

ISBN 978-7-122-37197-3

Ⅰ.①建…　Ⅱ.①吴…　Ⅲ.①建筑制图-识图-高等职业教育-教材②建筑构造-高等职业教育-教材　Ⅳ.①TU2

中国版本图书馆CIP数据核字（2020）第097829号

责任编辑：李仙华　　装帧设计：史利平
责任校对：王鹏飞

出版发行：化学工业出版社（北京市东城区青年湖南街13号　邮政编码100011）
印　　刷：三河市航远印刷有限公司
装　　订：三河市宇新装订厂
880mm×1230mm　1/16　印张18¼　字数581千字　2024年6月北京第3版第5次印刷

购书咨询：010-64518888　　售后服务：010-64518899
网　　址：http://www.cip.com.cn
凡购买本书，如有缺损质量问题，本社销售中心负责调换。

定　　价：49.80元

前·言

党的二十大报告提出："教育是国之大计、党之大计。培养什么人、怎样培养人、为谁培养人是教育的根本问题。育人的根本在于立德。"本书在修订过程中，以落实立德树人为根本任务，从课程典型知识点中挖掘思政元素。将课程思政内容融入教材内容，坚定学生的理想信念和社会主义核心价值观，培养学生精益求精、勇于创新、敢于奉献的工匠精神和工作态度；培养学生牢记使命、锐意进取、勇于担当的责任意识和家国情怀；培养学生节能环保、绿色健康、可持续发展的工程理念和意识。

本教材第三版是根据《国家职业教育改革实施方案》《关于职业院校专业人才培养方案制订与实施工作的指导意见》等文件精神，在入选"十二五"职业教育国家规划教材基础上，结合编者的工程实践经历和教学经验，校企合作共同修订完成的。

教材第三版注重实践能力、职业能力的训练和职业精神的培养，融入思政元素，符合高职高专的培养目标，体现知识传授与技能培养并重的职业教育特色，适应 1＋X 证书制度，将职业技能的相关内容和要求融入教材。

本次修订的主要内容重点如下：

（1）全面落实国家教育方针，以"立德树人""三全育人"为根本任务，有机融入思政元素。坚定学生的理想信念和社会主义核心价值观，培养学生的工匠精神、责任意识和家国情怀。

（2）结合职业院校发展和教学特点，将教材中传统的章节知识体系更新为教学单元式，教学单元前有学习目标和教学要求，教学单元中有习题、实训项目，教学单元后有复习思考题，注重理论和工程实践的结合，提升学习兴趣。

（3）结合近年来新颁布和修订的现行规范、图集，根据岗位和教学的需求，更新完善教材内容。注重理论联系实际，密切联系实际工程，强化专业能力。

（4）建筑识图与构造是 1＋X 建筑工程识图和 1＋X 建筑信息模型（BIM）证书制度的重要组成部分，本教材结合 1＋X 证书需求，实现"学历教育"与"岗位资格认证"的"双证融通"。

（5）本教材配有课程标准、电子课件、习题答案、施工图 Revit 模型视频等配套教学资源。

全书由邯郸职业技术学院吴学清主编并统稿、定稿；邯郸职业技术学院郭栋、王萍担任副主编；河北金地工程勘察设计有限责任公司高级工程师牛全锋、河北亚太建筑设计研究有限公司李乃昱、河北科技工程职业技术大学崔立杰、河北省科技工程学校王立保参编。本书由邯郸职业技术学院马宁担任主审。

本书在编写过程中，借鉴和参考了有关书籍、图片资料和相关高职院校的教学资源，承蒙有关设计单位提供相关资料，特此表示衷心感谢。

由于编者水平和其他条件有限，书中难免有不足之处，恳请批评指正。

编　者

2024 年 5 月

课程标准

第一版前言

高等职业教育是以培养技术应用型人才，适应社会需要为目标，注重实践能力和职业技能训练。

本书根据课程的特点和要求，突出以能力培养为本位的高等职业教育特色，认真贯彻“必需和够用”的原则，遵循注重基本理论和基本技能的培养，按照新的规范编写而成。全书分为建筑识图基础、建筑识图、民用建筑构造、工业建筑四个部分。为了便于教学和学习，每章开始设有学习目标和教学要求，根据培养和提高应用能力的需要，在每章后面附有复习思考题，重要章节后还设有实训项目和习题，立足实用，强化能力，注重实践。

本书着重对方法的理解和理论的运用，以实际建筑工程施工图为例，密切联系实际工程，接近工程实际，做到图文并茂，深入浅出。同时，本书采用了2001年颁布的制图标准和近几年新制订和修订的标准和规范，反映我国建筑工程的一些新技术、新做法。

本书可作为高职高专、成人高校及民办高校的建筑工程技术、工程监理土建施工类专业和工程造价、房地产经营与管理、物业管理等相关专业的教材，亦可作为相关专业技术人员、企业管理人员业务知识学习培训用书。

本书由邯郸职业技术学院吴学清担任主编。第七~十章由邯郸职业技术学院郭栋编写，其余各章由邯郸职业技术学院吴学清编写。

本书在编写过程中，借鉴和参考了有关书籍、图片资料和相关高职院校的教学资源，承蒙有关设计单位提供相关资料，特此表示衷心的感谢。本书提供有电子教案，可发信到cipedu@163.com邮箱免费获取。

由于编者水平有限，书中难免有不足之处，恳请广大读者批评指正。

编　者

2008年5月

第二版前言

教材第二版依然沿用和保有第一版的一些原则和特点：基础理论以“必需”和“够用”为度，注重理论联系实际，密切联系实际工程，内容实用，强化能力，注重实践能力和职业能力的训练等。符合高职高专的培养目标，体现以能力培养为本位的职业教育特色，为以后学习专业课程和就业打下坚实的基础。2015 年本教材入选“十二五”职业教育国家规划教材。

全书分为建筑识图基础、建筑识图和民用建筑构造三个部分。

具体修改如下：

1. 第一部分建筑识图基础：主要依据现行的《房屋建筑制图统一标准》（GB/T 50001—2010）等制图规范修订，并对选用的例题、习题进行相应修改。

2. 第二部分建筑识图：主要依据现行的《总图制图标准》《建筑制图标准》《建筑结构制图标准》《给水排水制图标准》《暖通空调制图标准》等制图规范以及《混凝土结构设计规范》《砌体结构设计规范》《建筑抗震设计规范》等相应的专业规范进行修订，并对选用的实际工程建筑施工图、结构施工图和设备施工图等进行相应修改。

3. 第三部分民用建筑构造：主要依据现行的《住宅设计规范》《居住建筑节能设计标准》《公共建筑节能设计标准》《人民防空工程设计防火规范》等建筑设计相关规范、近期较多采用的建筑材料和建筑构造做法进行修订，使教材更具实用性、适用性。

4. 删减了工业建筑部分。

本书由邯郸职业技术学院吴学清担任主编；邯郸职业技术学院郭栋为副主编；邯郸市联达工程建设监理有限公司高级工程师石波、河北工程大学资源学院孙军、邯郸职业技术学院马丹丁、郭俊玉参编。其中，建筑识图基础部分由邯郸职业技术学院吴学清编写，建筑识图部分由邯郸职业技术学院郭栋、马丹丁、郭俊玉编写，民用建筑构造部分由邯郸职业技术学院吴学清、河北工程大学资源学院孙军、企业高级工程师石波编写。

本书在编写过程中，参考了有关书籍、图片资料和相关高职院校的教学资源，承蒙有关设计单位提供相关资料，特此表示衷心感谢。

本书提供有课程标准、电子教案、习题答案以及配套施工图 Revit 模型视频，可扫描书中相应的二维码获取，也可登录网址 www.cipedu.com.cn 免费获取。

由于编者水平有限，书中难免有不足之处，恳请批评指正。

编　者

2015 年 1 月

目·录

模块一 建筑识图基础 1

模块三　民用建筑构造 109

资源目录

续表

序号	资源名称	资源类型	页码
二维码附图 3.2	东南侧效果图	图片	附图 3
二维码附图 4.1	地下室平面图	视频	附图 4
二维码附图 4.2	一层平面图	视频	附图 4
二维码附图 4.3	一层平面房间图例	图片	附图 4
二维码附图 5.1	二～四层平面图	视频	附图 5
二维码附图 5.2	二～四层房间图例	图片	附图 5
二维码附图 5.3	五层平面图	视频	附图 5
二维码附图 6.1	南北立面图	视频	附图 6
二维码附图 7.1	1—1 剖面图	视频	附图 7
二维码附图 8.1	楼梯 1 详图	视频	附图 8
二维码附图 9.1	楼梯 2 详图	视频	附图 9
二维码附图 10.1	墙身大样图	视频	附图 10

模块一 建筑识图基础

绪论

课程的地位

建筑识图与构造是土建类专业及相关专业的一门专业基础课，主要通过学习绘制与识读建筑工程图的理论和方法，培养学生的制图和识图的能力；通过学习建筑空间组合与建筑构造的理论和方法，进一步培养学生识读建筑工程施工图的能力，为后续课程和1+X证书（BIM、建筑工程识图）打好基础。本书共分建筑识图基础、建筑识图、民用建筑构造三个模块。

课程的任务

（1）学习投影法的基本理论以及应用。
（2）学习、贯彻国家标准及有关规定。
（3）培养制图和识图的能力。
（4）对大量性民用建筑具有一般知识，并了解建筑设计的步骤与方法。
（5）掌握一般民用建筑的构造方法。
（6）为进一步学习工程结构、建筑施工等专业课和1+X证书（BIM、建筑工程识图）打下基础。

课程的基本要求

（1）学会正确使用绘图工具和仪器，掌握绘图的方法和技巧，熟悉并遵守国家标准及有关规定。
（2）掌握用正投影法表示空间物体的基本理论和方法，具备绘制和阅读空间物体投影图的能力。
（3）具备一定的识读建筑工程图能力。
（4）了解一般民用建筑设计的步骤与方法。
（5）掌握一般民用建筑的构造方法。

教学单元 1 制图的基本知识

学习目标、教学要求和素质目标

本教学单元是本门课程的基础，重点介绍绘图工具的使用、制图基本规格，进行基本绘图训练。通过学习，应该达到以下要求：

1. 掌握三角板、丁字尺、图板、铅笔、比例尺、圆规、分规、建筑模板等常用绘图工具和仪器的使用方法和注意事项。
2. 掌握图纸规格、图线、字体、比例及图例等制图基本规格和要求。
3. 掌握绘图的方法和步骤，基本掌握徒手作图的方法和技巧。
4. 培养严谨认真的工作态度和耐心细致、一丝不苟的工作作风。

1.1 绘图工具与仪器的使用

工程制图需使用绘图工具和仪器。古语云："工欲善其事，必先利其器。"首先要准备绘图工具和仪器并且要熟悉其性能、用法。

1.1.1 图板、丁字尺、三角板

图板用于固定图纸，作为绘图的垫板，要求板面光滑平整，图板的短边平直。

丁字尺由尺头、尺身构成，用于画水平线，要求尺头和尺身的工作边必须垂直，且连接牢固。绘制时，尺头必须紧靠图板左边缘。尺头则要沿图板左边缘上下移动到需要的位置，即可自左向右画水平线。绘图时，左手把住尺头使之始终紧靠图板左边缘，将尺身移至画线位置后右手自左至右画线。画长线时，要用左手按紧尺身，以防尺尾摆动，如图 1-1（a）、（b）所示。

【注意】 尺头不可靠其他边缘画线，即不能用丁字尺的尺头靠图板上下边绘垂直线，也不能用丁字尺的非工作边画线。

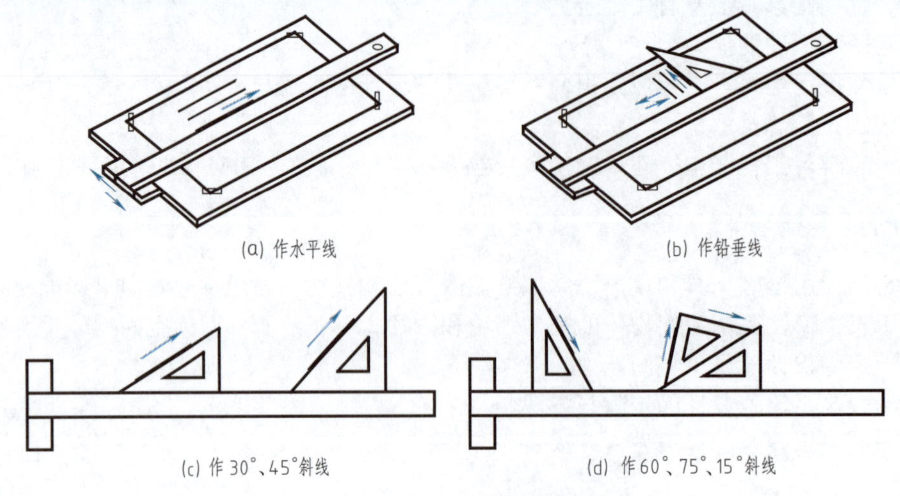

图 1-1　丁字尺、三角板的用法

三角板是制图的主要工具之一，由一块 45° 角的直角等边三角板和一块 30°、60° 角的直角三角板组成一副，可配合丁字尺绘制铅垂线和与水平线成 15°、30°、45°、60°、75° 的斜线及其平行线，如图 1-1

（c）、（d）所示。

1.1.2 铅笔

绘图铅笔按铅芯的软、硬程度分为B型和H型两类。“B”表示软，“H”表示硬，HB介于两者之间，绘图时，可根据使用要求选用不同的铅笔型号。绘制时，建议使用2B绘制粗线，绘制细线或底稿线使用2H，HB用于绘制中线或书写字体。

铅芯磨削的长度及形状：写字或打底稿用锥状铅芯，铅笔应削成长25～30mm的圆锥形，铅芯露出6～8mm；加深图线时，铅笔宜削成楔状，铅芯宽1～1.5mm，厚0.6～0.8mm，如图1-2所示。

1.1.3 比例尺

比例尺是用来按一定比例量取长度的专用尺。可用来放大或缩小实际尺寸。比例尺外形上有两种形式：比例直尺和三棱尺。比例直尺为直尺形状，有一行刻度和三行数字表示三种比例；三棱尺为三棱柱状，其三个棱面上刻有六种刻度，表示六种比例，如图1-3所示。三棱尺用得较多。

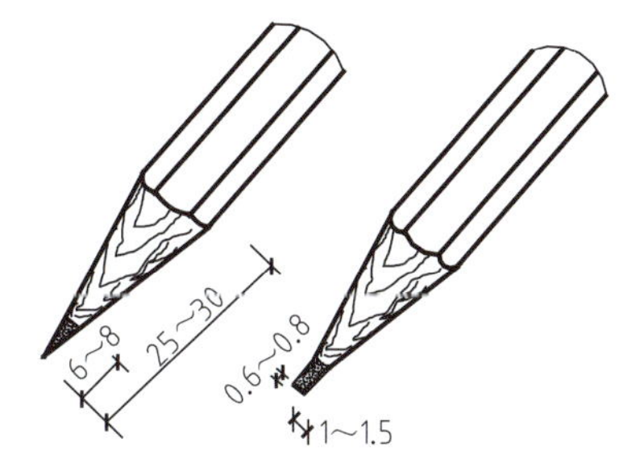

图1-2 铅芯的长度及形状

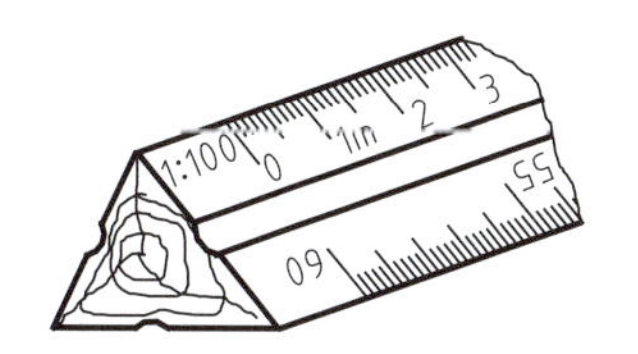

图1-3 比例尺

【注意】 图纸上标注的尺寸为实际尺寸，与比例无关。

1.1.4 圆规和分规

圆规是绘制圆和圆弧的主要工具。常见的是三用圆规，定圆心的一条腿的端部安装钢针，钢针的两端都为圆锥形，一般选用有台肩的一端向下，放在圆心处，并按需要适当调节长度；另一条腿的端部则可按需要装上有铅芯的插腿，分别用来绘制铅笔线的圆、墨线圆或当作分规用，如图1-4（a）所示。在一般情况下绘制圆或圆弧时，应使圆规按顺时针方向转动，并稍向画线方向倾斜，如图1-4（b）所示。在绘制较大的圆或圆弧时，应使圆规的两条腿都垂直于纸面，如图1-4（c）所示。

分规的形状与圆规相似，但两腿都装有钢针，用它量取线段长度，也可用它等分直线或圆弧。

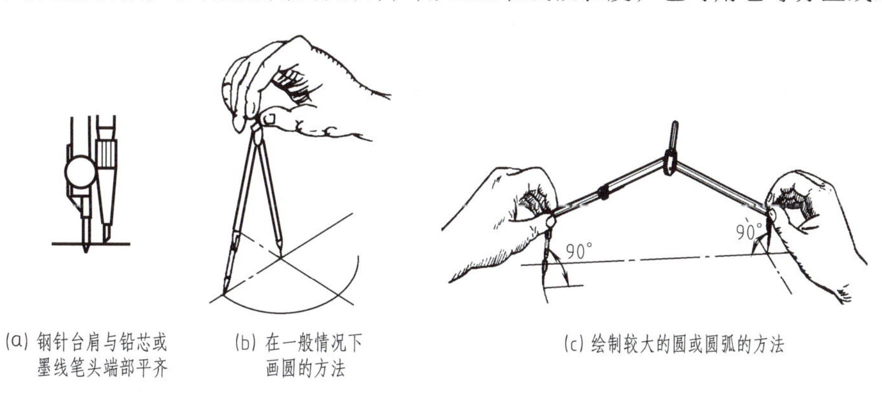

(a) 钢针台肩与铅芯或墨线笔头端部平齐　(b) 在一般情况下画圆的方法　(c) 绘制较大的圆或圆弧的方法

图1-4 圆规的用法

1.1.5 曲线板、建筑模板

曲线板是用来绘制非圆曲线的工具，其样式很多，曲率大小各不同。使用前，先确定曲线上的若干控制点，用铅笔徒手顺着各点勾画曲线，然后用曲线板上相应部分分段画出。每次至少要通过3～4个点，并留出一小段作为下一次连接相邻部分之用，确保曲线平滑。

建筑模板是用来绘制各种建筑标准图例和常用符号，各专业有各自的模板。

1.1.6 其他用品

绘图还需其他用品，如图纸、橡皮、刀片、胶带纸、擦图片等。擦图片，或称擦线板，是用来擦去画错的图线的工具，多用金属片制成。

实训项目

准备图板、丁字尺、三角板、铅笔、比例尺、圆规、分规、建筑模板等绘图工具、仪器；使用绘图工具、仪器绘制水平线、铅垂线、倾斜线、不同直径的圆等，注意绘图工具、仪器的使用方法和注意事项。

1.2 制图的基本规定

工程图样不仅是我国工程界的技术语言，也是国际性的工程技术语言。为了正确绘制和阅读工程图样，必须熟练和掌握有关标准和规定。

建筑制图国家标准包括《房屋建筑制图统一标准》（GB/T 50001—2017）、《总图制图标准》（GB/T 50103—2010）、《建筑制图标准》（GB/T 50104—2010）、《建筑结构制图标准》（GB/T 50105—2010）、《建筑给水排水制图标准》（GB/T 50106—2010）、《暖通空调制图标准》（GB/T 50114—2010）等。下面按《房屋建筑制图统一标准》（GB/T 50001—2017）介绍制图的基本规格。

1.2.1 图纸幅面与标题栏

图纸的幅面是指图纸宽度与长度组成的图面，图框是指在图纸上绘图范围的界线。图纸幅面及图框尺寸应符合表1-1的规定及图1-5的格式。图纸以短边作为垂边称为横式，以短边作为水平边称为立式。一般A0～A3图纸宜横式使用，必要时，也可立式使用。当图纸幅面不够时，短边一般不应加长，A0～A3幅面长边尺寸可加长，但应符合表1-2的规定。

表1-1 图纸幅面及图框尺寸 单位：mm

幅面代号 / 尺寸代号	A0	A1	A2	A3	A4
$b \times l$	841×1189	594×841	420×594	297×420	210×297
c	10			5	
a	25				

表1-2 图纸长边加长尺寸 单位：mm

幅面尺寸	长边尺寸	长边加长后尺寸
A0	1189	1486、1783、2080、2378
A1	841	1051、1261、1471、1682、1892、2102
A2	594	743、891、1041、1189、1338、1486、1635、1783、1932、2080
A3	420	630、841、1051、1261、1471、1682、1892

注：有特殊需要的图纸，可采用$b \times l$为841mm×891mm与1189mm×1261mm的幅面。

图纸中应有标题栏、图框线、幅面线、装订边和对中标志。图纸标题栏的尺寸、格式和内容均有规定。横式使用的图纸应按图1-5的形式布置。立式使用的图纸应按图1-6的形式布置。

标题栏应按图1-7的格式绘制，根据工程需要选择其尺寸、格式和分区。签字区应包含实名列和签名列。

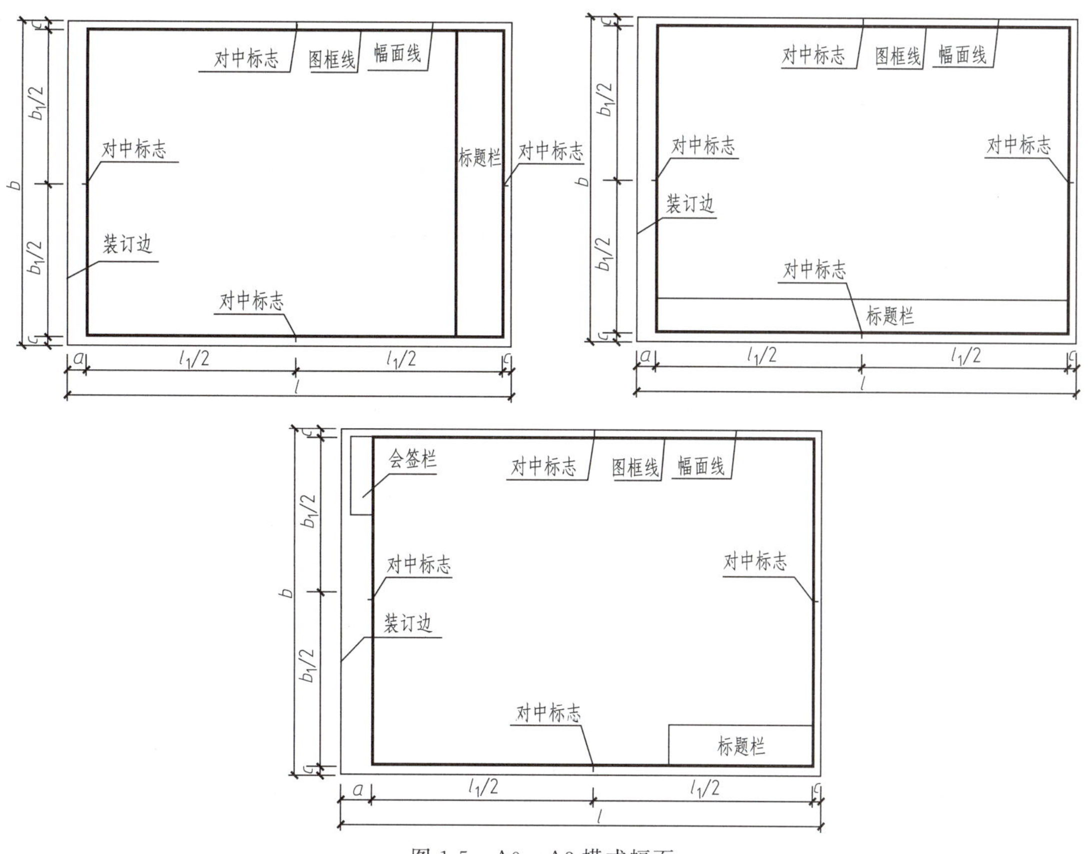

图 1-5　A0～A3 横式幅面

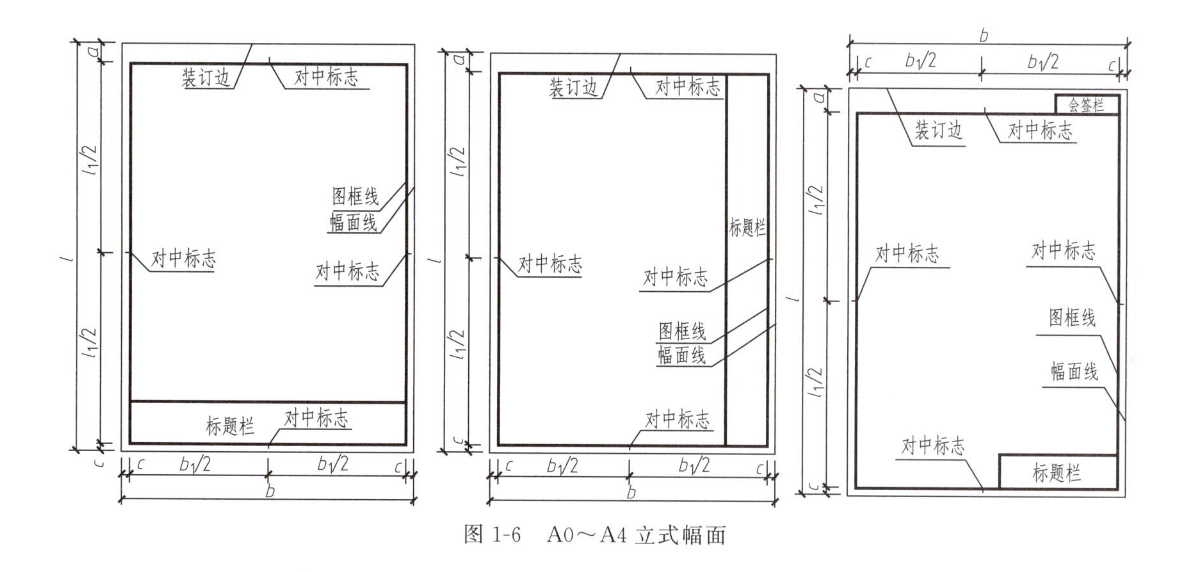

图 1-6　A0～A4 立式幅面

1.2.2　图线

1.2.2.1　线宽与线型

建筑工程图采用不同的线型与线宽的图线绘制而成。各类图线的线型、线宽、用途见表 1-3。

图线的基本宽度 b，宜按照图纸比例及图纸性质从 1.4mm、1.0mm、0.7mm、0.35mm 线宽系列中选取。同一张图纸内，相同比例的各图样，应选用相同的线宽组。

图纸的图框线和标题栏线，可采用表 1-4 的线宽。

1.2.2.2　图线画法

（1）相互平行的图例线，其净间隙或线中间隙不宜小于 0.2mm。

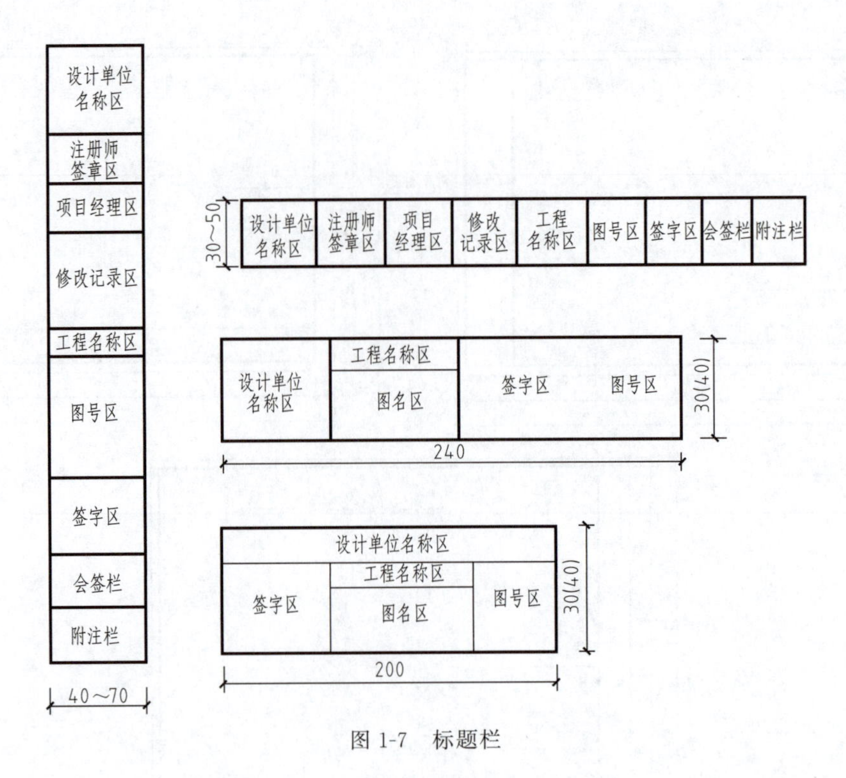

图 1-7　标题栏

表 1-3　图线

名称		线型	线宽	用途
实线	粗		b	主要可见轮廓线
	中粗		$0.7b$	可见轮廓线、变更云线
	中		$0.5b$	可见轮廓线、尺寸线
	细		$0.25b$	图例填充线、家具线
虚线	粗		b	见各有关专业制图标准
	中粗		$0.7b$	不可见轮廓线
	中		$0.5b$	不可见轮廓线、图例线
	细		$0.25b$	图例填充线、家具线
单点长画线	粗		b	见各有关专业制图标准
	中		$0.5b$	见各有关专业制图标准
	细		$0.25b$	中心线、对称线、轴线等
双点长画线	粗		b	见各有关专业制图标准
	中		$0.5b$	见各有关专业制图标准
	细		$0.25b$	假想轮廓线、成型前原始轮廓线
折断线	细		$0.25b$	断开界线
波浪线	细		$0.25b$	断开界线

表 1-4　图框线、标题栏线的宽度　　单位：mm

幅面代号	图框线	标题栏外框线	标题栏分格线
A0、A1	b	$0.5b$	$0.25b$
A2、A3、A4	b	$0.7b$	$0.35b$

（2）虚线、单点长画线或双点长画线的线段长度和间隔，宜各自相等。

（3）单点长画线或双点长画线，当在较小图形中绘制有困难时，可用实线代替。

（4）单点长画线或双点长画线的两端，不应采用点。点画线与点画线交接或点画线与其他图线交接时，应采用线段交接。

（5）虚线与虚线交接或虚线与其他图线交接时，应采用线段交接。虚线为实线的延长线时，不得与实线相接。

（6）图线不得与文字、数字或符号重叠、混淆，不可避免时，应首先保证文字等的清晰。

1.2.3 字体

图纸上所需书写的文字、数字或符号等，均应笔画清晰、字体端正、排列整齐；标点符号应清楚正确。

文字的字高，应从表 1-5 中选用。字高大于 10mm 的文字宜采用 True type 字体，如需书写更大的字，其高度应按$\sqrt{2}$的比值递增。

表 1-5 文字的字高 单位：mm

字体种类	中文矢量字体	True type 字体及非中文矢量字体
字高	3.5、5、7、10、14、20	3、4、6、8、10、14、20

汉字的简化字书写应符合国家有关《汉字简化方案》的规定。图样及说明中的汉字，宜优先采用 True type 字体中的宋体字型，采用矢量字体时应为长仿宋体字型，同一图纸字体种类不应超过两种。矢量字体的宽高比宜为 0.7，且应符合表 1-6 的规定，打印线宽宜为 0.25～0.35mm；True type 字体宽高比宜为 1。大标题、图册封面、地形图等的汉字，也可书写成其他字体，但应易于辨认，其宽高比宜为 1。

书写长仿宋体的要领是：横平竖直、起落有锋、填满方格、结构匀称。

表 1-6 长仿宋体字高宽关系 单位：mm

字高	20	14	10	7	5	3.5
字宽	14	10	7	5	3.5	2.5

图样及说明中的字母、数字，宜优先采用 True type 字体中的 Roman 字型。字母、数字分为直体字和斜体字两种。写成斜体字，其斜度应是从字的底线逆时针向上倾斜 75°。斜体字的高度和宽度应与相应的直体字相等。字母、数字的字高应不小于 2.5mm。小写字母应为大写字母的 7/10。

（1）汉字（长仿宋体）示例

10 号字

字体工整笔画清楚间隔均匀排列整齐

7 号字

横平竖直注意起落结构均匀填满方格

5 号字

技术制图建筑工程施工制图标准建筑构造

3.5 号字

建筑结构给水排水暖气通风建筑电气

（2）数字、字母示例

1.2.4 比例

图样的比例，应为图形与实物相对应的线性尺寸之比。比例的大小，是指其比值的大小，如 1∶50 大于 1∶100。比例的符号为“∶”，比例应以阿拉伯数字表示，如 1∶1、1∶2、1∶100 等。比例宜注写在图名的右侧，字的基准线应取平；比例的字高宜比图名的字高小一号或二号。见图 1-8。

平面图 1:100 ⑥1:20

图 1-8 比例的注写

绘图所用的比例，应根据图样的用途与被绘对象的复杂程度，从表 1-7 中选用，并优先用表中常用比例。

一般情况下，一个图样应选用一种比例。根据专业制图需要，同一图样可选用两种比例。

表 1-7 绘图所用比例

常用比例	1∶1、1∶2、1∶5、1∶10、1∶20、1∶30、1∶50、1∶100、1∶150、1∶200、1∶500、1∶1000、1∶2000
可用比例	1∶3、1∶4、1∶6、1∶15、1∶25、1∶40、1∶60、1∶80、1∶250、1∶300、1∶400、1∶600、1∶5000、1∶10000、1∶20000、1∶50000、1∶100000、1∶200000

1.2.5 尺寸标注

1.2.5.1 尺寸的组成

图样上的尺寸，包括尺寸界线、尺寸线、尺寸起止符号和尺寸数字，见图 1-9。

1.2.5.2 基本规定

尺寸界线应用细实线绘制，一般应与被注长度垂直，其一端应离开图样轮廓线不小于 2mm，另一端宜超出尺寸线 2～3mm。图样轮廓线可用作尺寸界线，如图 1-10 所示。

尺寸线应用细实线绘制，应与被注长度平行。图样本身的任何图线均不得用作尺寸线。

尺寸起止符号一般用中粗斜短线绘制，其倾斜方向应与尺寸界线成顺时针 45°，长度宜为 2～3mm。半径、直径、角度与弧长的尺寸起止符号，宜用箭头表示，如图 1-11 所示。

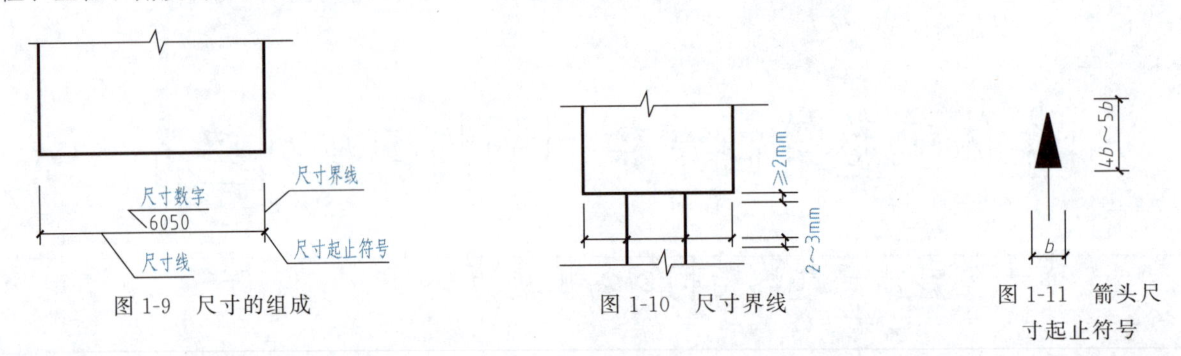

图 1-9 尺寸的组成　　图 1-10 尺寸界线　　图 1-11 箭头尺寸起止符号

尺寸数字的注写方向，应按图 1-12（a）的规定注写。若尺寸数字在 30° 斜线区内，宜按图 1-12（b）的形式注写。当尺寸线为竖直时，尺寸数字注写在尺寸线的左侧，字头朝左；其他任何方向，尺寸数字也应保持向上，且注写在尺寸线的上方。

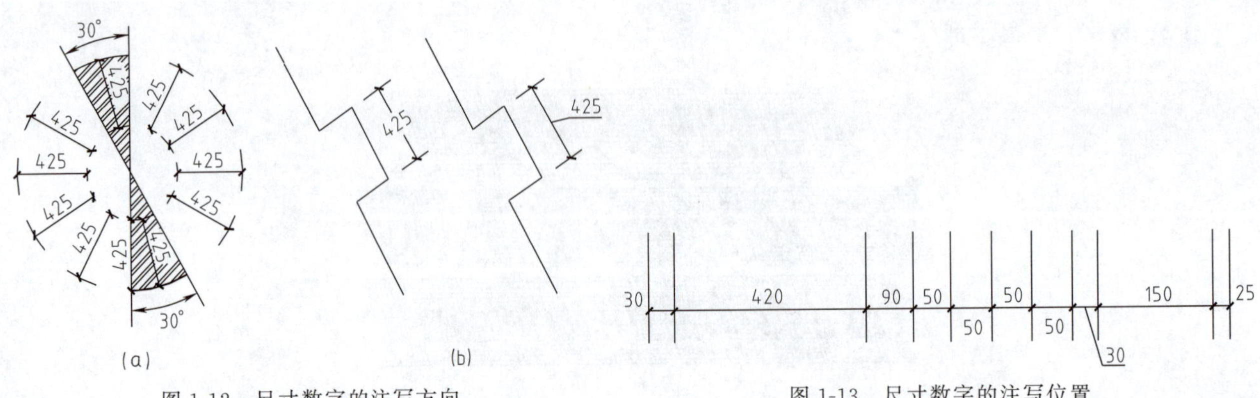

图 1-12 尺寸数字的注写方向　　图 1-13 尺寸数字的注写位置

尺寸数字一般应依据其方向注写在靠近尺寸线的上方中部。如没有足够的注写位置，最外边的尺寸数字可注写在尺寸界限的外侧，中间相邻的尺寸数字可错开注写，见图 1-13。

【注意】 图样上的尺寸，应以尺寸数字为准，不得从图上直接量取；图样上的尺寸单位，除标高及总平面以米为单位外，其他必须以毫米为单位。

1.2.5.3 尺寸的排列与布置

尺寸宜标注在图样轮廓以外，不宜与图线、文字及符号等相交（图 1-14）。图样轮廓线以外的尺寸界线，距图样最外轮廓之间的距离，不宜小于 10mm。平行排列的尺寸线的间距，宜为 7～10mm，并应保持一致。

互相平行的尺寸线，应从被注写的图样轮廓线由近向远整齐排列，较小尺寸应离轮廓线较近，较大尺寸应离轮廓线较远，见图 1-15。总尺寸的尺寸界线应靠近所指部位，中间的分尺寸的尺寸界线可稍短，但其长度应相等。

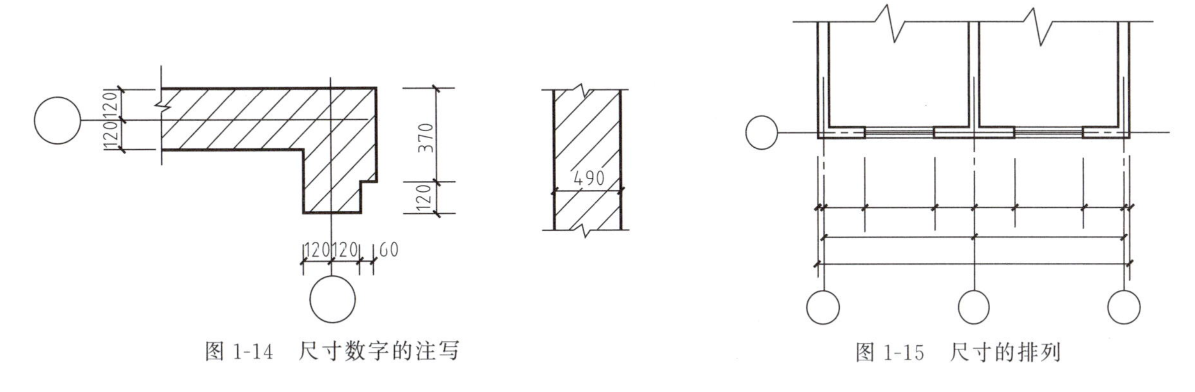

图 1-14　尺寸数字的注写　　图 1-15　尺寸的排列

1.2.5.4 半径、直径、球的尺寸标注

（1）半径的尺寸线应一端从圆心开始，另一端画箭头指向圆弧。半径数字前应加注半径符号“*R*”（图 1-16）。

（2）较小圆弧的半径，可按图 1-17 形式标注。

（3）较大圆弧的半径，可按图 1-18 形式标注。

（4）标注圆的直径尺寸时，直径数字前应加直径符号“*ϕ*”。在圆内标注的尺寸线应通过圆心，两端画箭头指至圆弧（图 1-19）。

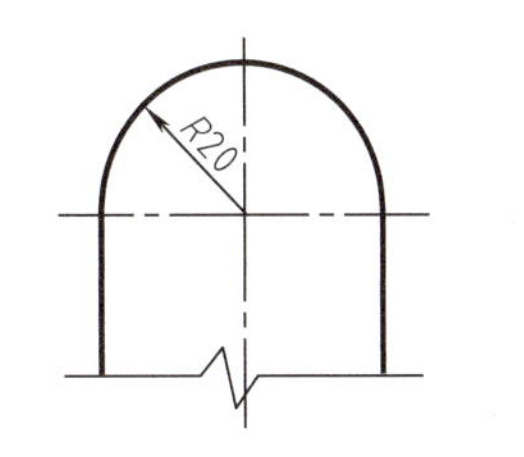

图 1-16　半径标注方法

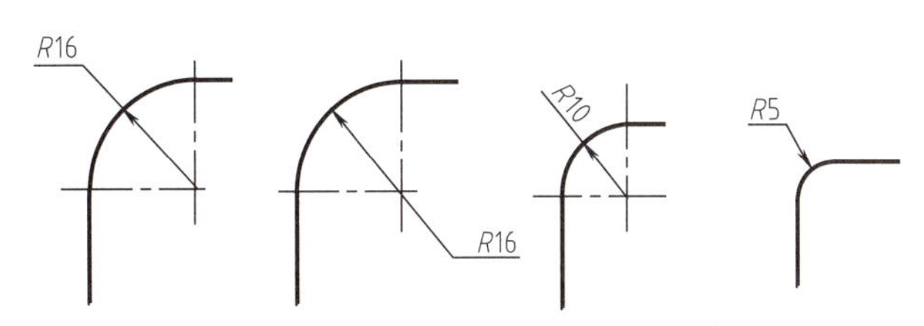

图 1-17　小圆弧半径的标注方法

图 1-18　大圆弧半径的标注方法

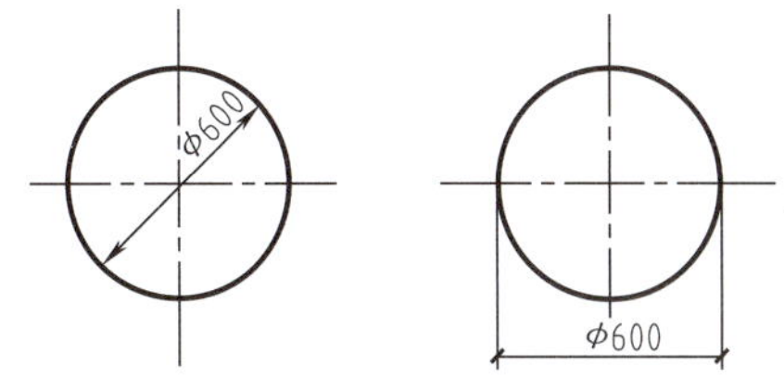

图 1-19　圆直径的标注方法

（5）较小圆的直径尺寸，可标注在圆外（图 1-20）。

（6）标注球的半径尺寸时，应在尺寸前加注符号“*SR*”。标注球的直径尺寸时，应在尺寸数字前加注符号“*S*Φ”。注写方法与圆弧半径和圆弧直径的尺寸标注方法相同。

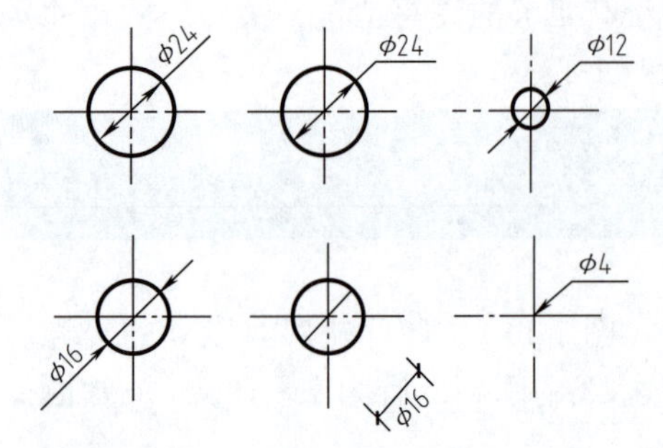

图 1-20 小圆直径的标注方法

1.2.5.5 角度、弧度、弧长的标注

（1）角度的尺寸线应以圆弧表示。该圆弧的圆心应是该角的顶点，角的两条边为尺寸界线。起止符号应以箭头表示，如没有足够位置画箭头，可用圆点代替，角度数字应按水平方向注写（图 1-21）。

（2）标注圆弧的弧长时，尺寸线应以与该圆弧同心的圆弧线表示，尺寸界线应垂直于该圆弧的弦，起止符号用箭头表示，弧长数字上方或前方应加注圆弧符号“⌒”（图 1-22）。

（3）标注圆弧的弦长时，尺寸线应以平行于该弦的直线表示，尺寸界线应垂直于该弦，起止符号用中粗斜短线表示（图 1-23）。

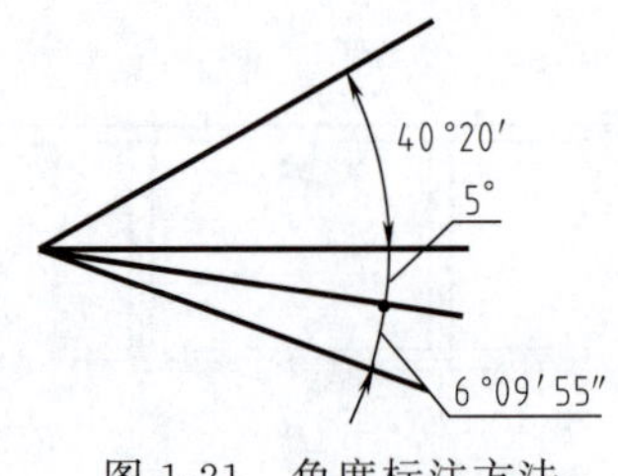

图 1-21 角度标注方法

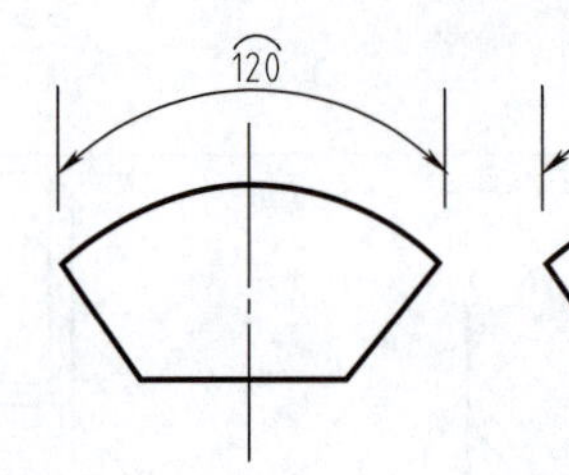

图 1-22 弧长标注方法

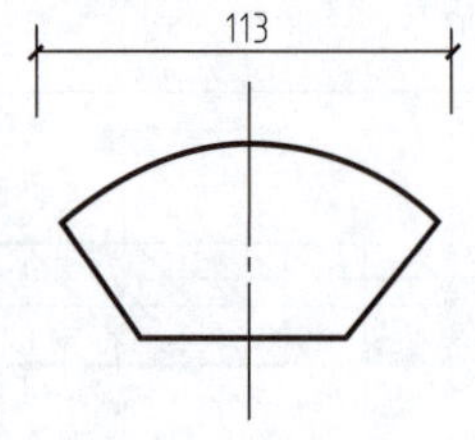

图 1-23 弦长标注方法

1.2.5.6 其他的尺寸标注

（1）在薄板板面标注板厚尺寸时，应在厚度数字前加厚度符号“t”（图 1-24）。

（2）标注正方形的尺寸，可用“边长×边长”的形式，也可在边长数字前加正方形符号“□”（图 1-25）。

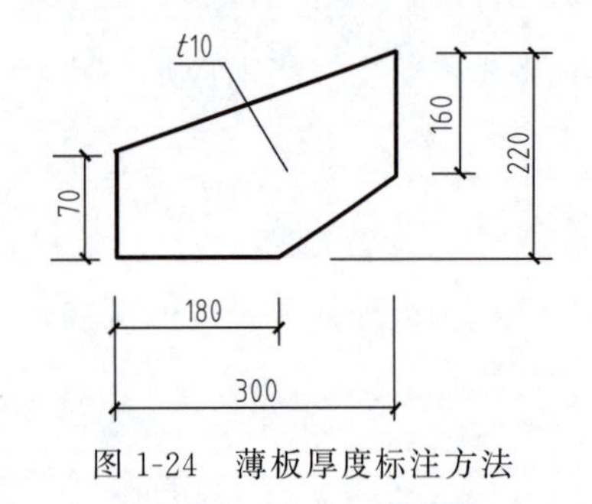

图 1-24 薄板厚度标注方法

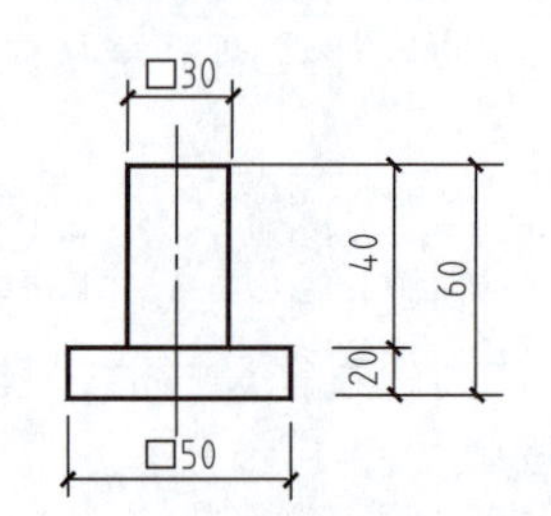

图 1-25 标注正方形尺寸

（3）标注坡度时，应加注坡度符号“←”或“↼”，箭头应指向下坡方向。坡度也可用直角三角形形式标注（图 1-26）。

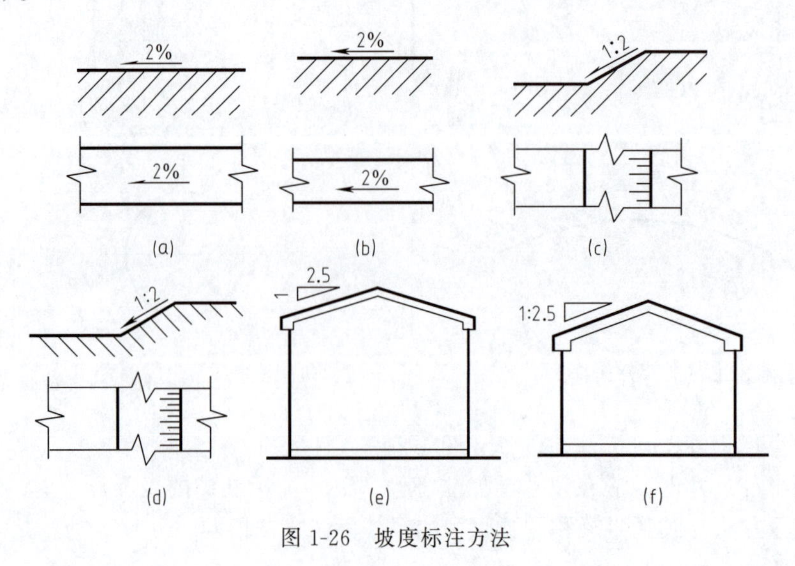

图 1-26 坡度标注方法

1.2.6 常用建筑材料图例

当建筑物或建筑配件被剖切时，通常在图样中的断面轮廓线内，应画出建筑材料图例，常用建筑材料应按表1-8中的图例画法绘制。《房屋建筑制图统一标准》（GB/T 50001—2017）只规定常用建筑材料的图例画法，对其尺度比例不作具体规定。使用时，应根据图样大小而定，并应注意下列事项。

表1-8 常用建筑材料图例

序号	名称	图例	备注
1	自然土壤		包括各种自然土壤
2	夯实土壤		—
3	砂、灰土	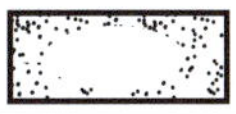	—
4	砂砾石、碎砖三合土	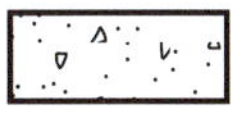	—
5	石材	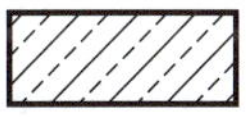	—
6	毛石		—
7	实心砖、多孔砖	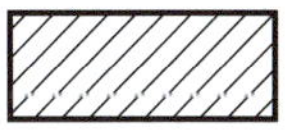	包括普通砖、多孔砖、混凝土砖等砌体
8	耐火砖	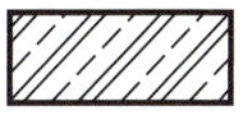	包括耐酸砖等砌体
9	空心砖、空心砌块		包括空心砖、普通或轻骨料混凝土小型空心砌块等砌体
10	加气混凝土	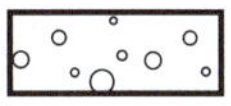	包括加气混凝土砌块砌体、加气混凝土墙板及加气混凝土材料制品等
11	饰面砖		包括铺地砖、玻璃马赛克、陶瓷锦砖、人造大理石等
12	焦渣、矿渣	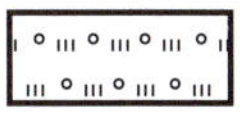	包括与水泥、石灰等混合而成的材料
13	混凝土	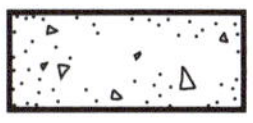	1. 包括各种强度等级、骨料、添加剂的混凝土 2. 在剖面图上绘制表达钢筋时，则不需绘制图例线 3. 断面图形较小，不易绘制表达图例线时，可填黑可深灰（灰度宜70%）
14	钢筋混凝土		
15	多孔材料	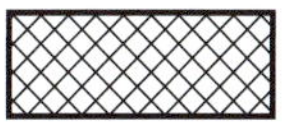	包括水泥珍珠岩、沥青珍珠岩、泡沫混凝土、软木、蛭石制品等
16	纤维材料	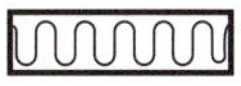	包括矿棉、岩棉、玻璃棉、麻丝、木丝板、纤维板等
17	泡沫塑料材料	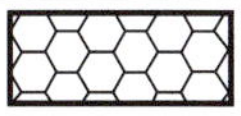	包括聚苯乙烯、聚乙烯、聚氨酯等多聚合物类材料
18	木材		1. 上图为横断面，左上图为垫木、木砖或木龙骨 2. 下图为纵断面
19	胶合板		应注明为×层胶合板
20	石膏板	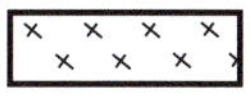	包括圆孔或方孔石膏板、防水石膏板、硅钙板、防火石膏板等
21	金属	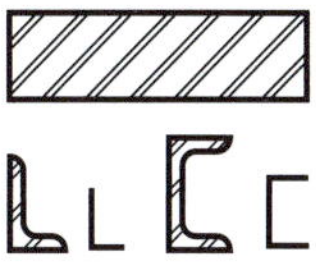	1. 包括各种金属 2. 图形小时，可填黑或深灰（灰度宜70%）

续表

序号	名称	图例	备注
22	网状材料		1. 包括金属、塑料网状材料 2. 应注明具体材料名称
23	液体		应注明具体液体名称
24	玻璃		包括平板玻璃、磨砂玻璃、夹丝玻璃、钢化玻璃、中空玻璃、夹层玻璃、镀膜玻璃等
25	橡胶		—
26	塑料		包括各种软、硬塑料及有机玻璃等
27	防水材料		构造层次多或绘制比例大时，采用上面的图例
28	粉刷		本图例采用较稀的点

注：1. 本表中所列图例通常在1∶50及以上比例的详图中绘制表达。
2. 如需表达砖、砌块等砌体墙的承重情况时，可通过在原有建筑材料图例上增加填灰等方式进行区分，灰度宜为25%左右。
3. 序号1、2、5、7、8、14、15、21图例中的斜线、短斜线、交叉线等均为45°。

（1）图例线应间隔均匀，疏密适度，做到图例正确，表示清楚。

（2）不同品种的同类材料使用同一图例时（如某些特定部位的石膏板必须注明是防水石膏板时），应在图上附加必要的说明。

（3）两个相同的图例相接时，图例线宜错开或使倾斜方向相反（图1-27）。

（4）两个相邻的涂黑图例（如混凝土构件、金属件）间，应留有空隙。其宽度不得小于0.5mm，见图1-28。

需画出的建筑材料图例面积过大时，可在断面轮廓线内，沿轮廓线作局部表示（图1-29）。

提示： 当一张图纸内的图样只用一种图例时或图形较小无法画出建筑材料图例时，可不加图例，但应加文字说明。

图1-27　相同的图例相接时画法

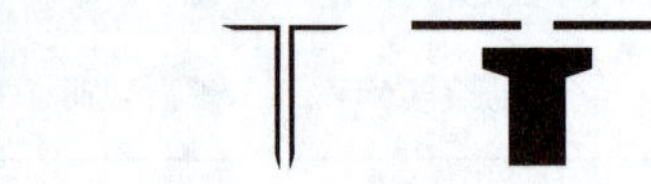

图1-28　相邻涂黑图例的画法

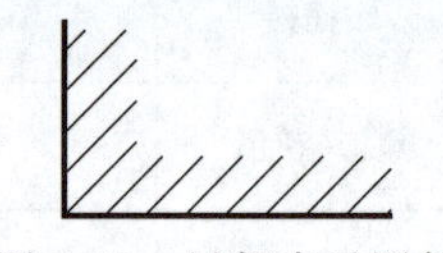

图1-29　局部表示图例

实训项目

1. 熟悉和掌握《房屋建筑制图统一标准》（GB/T 50001—2017）中的基本规定。［1+X证书（建筑工程识图、BIM）基本要求］

2. 练习书写数字、汉字仿宋体。

3. 练习绘制各种宽度、线型的图线。

4. 练习绘制建筑材料图例。

1.3　绘图的方法与步骤

1.3.1　制图的准备工作

制图前应做好下列准备工作。

（1）保证有足够的光线，光线应从左前方射向桌上。绘图桌椅配置要合适，绘图姿势要正确。图板应稍向内倾斜，便于作图。

（2）准备好必要的制图工具、用品和资料。绘图前应将图板擦拭干净，绘图仪器逐件检查校正；各种制图工具、用品和资料宜放在绘图桌的右上方，以取用方便。

（3）选择合适的图幅，将图纸用胶带纸固定在图板的左下方。图纸左边距图板边缘 30～50mm，图纸下边距图板边缘的距离略大于丁字尺的宽度。

1.3.2 制图步骤

1.3.2.1 图面布置

首先考虑一张图纸上要画几个图样，选择恰当的比例，然后安排各个图样在图纸上的位置，定出图形的中心线或外框线。图面布置要匀称，以获得良好的图面效果。

1.3.2.2 画图样底稿

通常用削尖的 2H 铅笔轻绘底稿，先画图形的基线（如对称线、轴线、中心线或主要轮廓线），再逐步画出细部。图形完成后，画尺寸界线和尺寸线。最后，对所绘图稿进行仔细校对，改正画错或遗漏的图线，并擦去多余的图线。

1.3.2.3 铅笔加深

铅笔加深要做到粗细分明，符合国家标准的规定，宽度为 b 和 $0.5b$ 的图线常用 B 或 HB 铅笔加深；宽度为 $0.25b$ 的图线常用削尖的 H 或 2H 铅笔适当用力加深；在加深圆弧时，圆规的铅芯应该比加深直线的铅笔芯软一号。

用铅笔加深时，一般应先加深细点画线（中心线、对称线）。为了使同类线型宽度粗细一致，可以按线宽分批加深，先画粗实线，再画中实线，然后画细实线，最后画双点画线、折断线和波浪线。加深同类型图线的顺序是：先画曲线，后画直线。画同类型的直线时，通常是先从上向下加深所有的水平线，再从左向右加深所有的竖直线，然后加深所有的倾斜线。

当图形加深完毕后，再加深尺寸线与尺寸界线等，然后，画尺寸起止符号，填写尺寸数字和书写图名、比例等文字说明和标题栏。

1.3.2.4 墨线加深

正式施工图需要用墨线加深，墨线加深的步骤基本同铅笔加深，关键在于熟悉墨线笔的使用。特别注意防止墨水污损图面。当描图中出现错误或墨污时，应修改；修改时，宜在图纸下垫一块三角板，将图纸平放，用锋利的薄型刀片轻轻地刮掉需修改的图线或墨污，然后用橡皮擦拭，再重新绘制。

1.3.2.5 复核和签字

加深完毕后，必须认真复核，如发现错误，则应立即改正；最后，由制图者签字。

1.3.3 徒手画草图

徒手画草图简便、快捷，适合现场测绘、即兴构思、设计方案等。徒手草图是不用仪器、按目测估计比例徒手绘制的工程图样，用来表达设计思想。

徒手绘制的要求：图线清晰、粗细分明、各部分比例恰当、投影正确、尺寸无误。

绘制直线时，执笔的位置不要过低，握笔不要太紧，用手腕运笔绘制短线；而绘制较长的线时，要移动手臂，眼睛看着终点，分段绘出。

绘斜线时，可按近似比例作直角三角形画出，如图 1-30 所示。

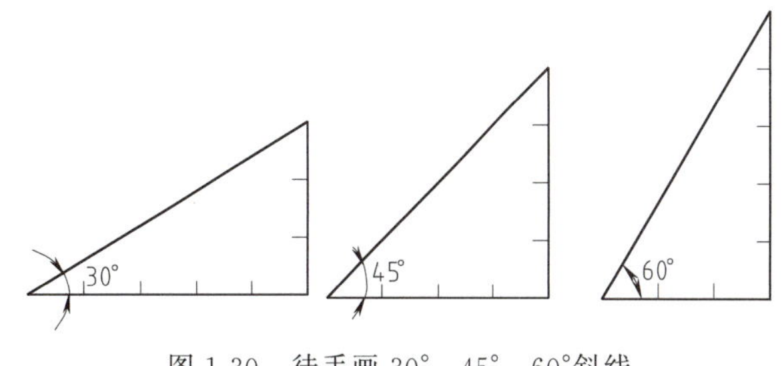

图 1-30　徒手画 30°、45°、60°斜线

绘制圆时，可过圆心作均匀分布的径向射线，并在各射线上，以目测半径长度画出圆周上的各个点，然后连接成圆。绘制直径较小的圆，可先作出四个点再连线，如图 1-31（a）所示；绘制较大的圆，可作出八个点或十二个点后连成圆，如图 1-31（b）所示。

绘制椭圆如图 1-32 所示，先依据椭圆的长短轴，作出外切椭圆长短轴顶点的矩形；然后连接对角线，自椭圆的中心在对角线上，按目测 7∶3 的比例作出各个分点；最后再把这四个点和长短轴的端点顺序连成椭圆。

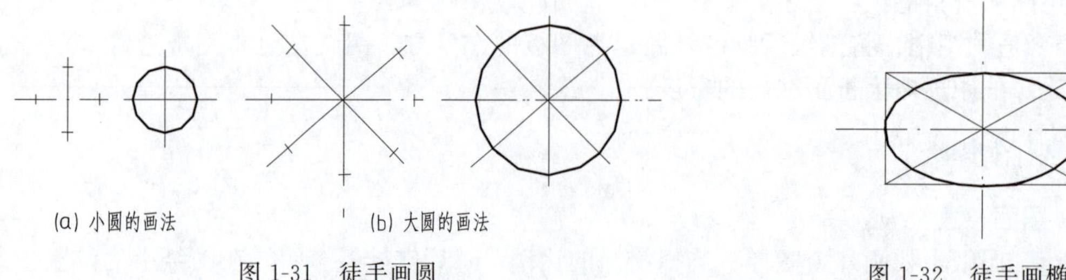

图 1-31 徒手画圆

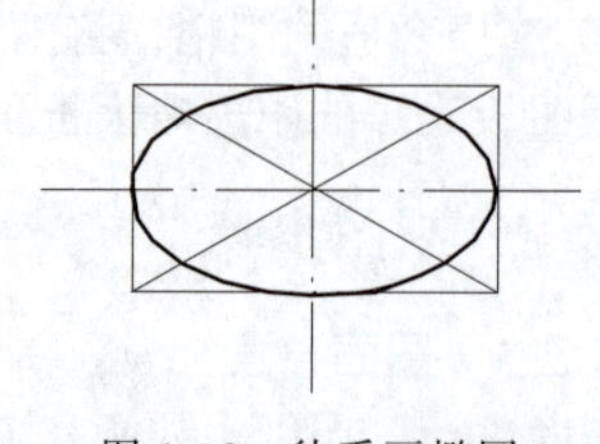
图 1-32 徒手画椭圆

实训项目

1. 熟悉绘图过程和方法。
2. 练习徒手绘制各种直线、圆等。

复习思考题

1. 常用的绘图仪器有哪些？各有什么作用？有哪些使用要求？
2. 什么是图纸幅面？什么是图框？
3. 简述标题栏、会签栏的作用和设置位置。
4. 建筑工程图中有哪些线型、线宽？各有何用途？
5. 简述图线绘制时的注意事项。
6. 图样中的尺寸由哪些部分组成？有哪些基本规定？如何标注？
7. 使用建筑材料图例时应注意什么？常用的一些材料如何表示？

教学单元 2 投影的基本知识和点、直线、平面的投影

学习目标、教学要求和素质目标

本教学单元重点介绍投影的基本概念和点、直线、平面投影特性，进行点、直线、平面投影训练。通过学习，应该达到以下要求：

1. 掌握投影的基本概念，了解投影的类型和用途。
2. 了解三投影面体系，掌握点的类型、投影特性和两点的相对位置，了解重影点概念。
3. 掌握直线的类型、投影特性、直线上点的投影特性以及两直线的相对位置。
4. 掌握平面及平面上点、线、图形的投影特性，判定平面上点、线、图形。
5. 通过学习投影的科学原理及其在建筑领域的应用，培养学生科学精神和职业素养，着重塑造他们对工程伦理的尊重和推崇严谨、负责任的工作态度。
6. 培养学生发散思维、创新思维和收敛思维。

2.1 投影的基本知识

2.1.1 投影的概念

在日常生活中，经常看到空间一个物体在光线照射下在某一平面产生影子的现象，如果把物体的影子加以科学抽象，抽象后的“影子”称为投影。

产生投影的光源称为投影中心 S，接受投影的面称为投影面，连接投影中心和形体上的点的直线称为投影线。形成投影线的方法称为投影法。如图 2-1 所示。

2.1.2 投影的类型

投影法分为中心投影法和平行投影法两大类。

2.1.2.1 中心投影法

光线由光源点发出，投射线成束线状。投影的影子（图形）随光源的方向和距形体的距离而变化。光源距形体越近，形体投影越大，它不反映形体的真实大小，如图 2-1 所示。

2.1.2.2 平行投影法

光源在无限远处，投射线相互平行，投影大小与形体到光源的距离无关，如图 2-2 所示。平行投影法又可根据投射方向与投影面的角度分为斜投影法和正投影法两类。

（1）斜投影法　投射线相互平行，但与投影面倾斜，如图 2-2（a）所示。

（2）正投影法　投射线相互平行且与投影面垂直，如图 2-2（b）所示。用正投影法得到的投影叫正投影。

2.1.3 工程上常用的投影图

2.1.3.1 轴测图

轴测图是将空间形体正放用斜投影法画出的图或将空间形体斜放用正投影法画出的图。如图 2-3 所示，形体上互相平行且长度相等的线段，在轴测图上仍互相平行、长度相等。轴测图虽不符合近大远小的视觉习惯，但仍具有很强的直观性，所以在工程上得到广泛应用。

2.1.3.2 透视图

透视图就是用中心投影的方法，将空间形体投射到单一投影面上得到的图形，如图 2-4 所示。透视图符合人的视觉习惯，能体现近大远小的效果，所以形象逼真，具有丰富的立体感，但作图比较麻烦，且度量性差，常用于绘制建筑效果图。

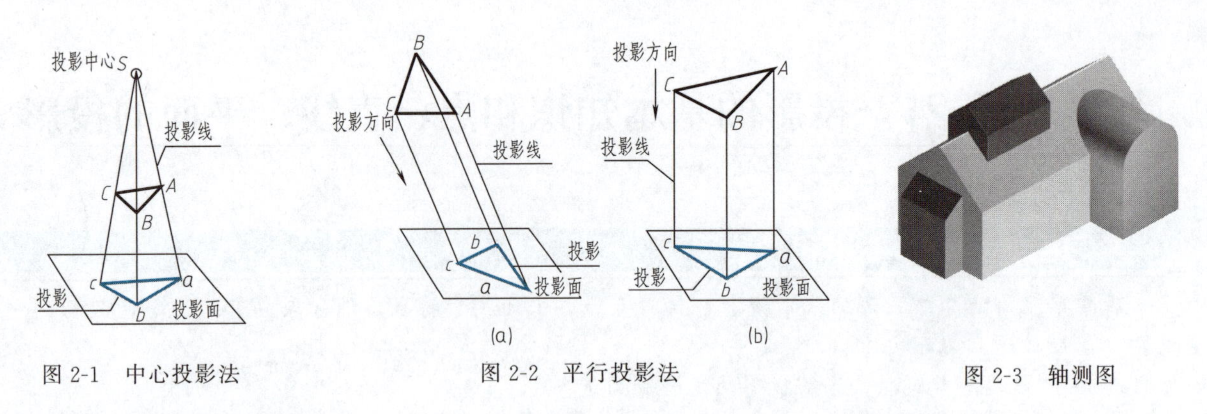

图 2-1　中心投影法　　图 2-2　平行投影法　　图 2-3　轴测图

2.1.3.3　标高投影图

用正投影法将局部地面的等高线投射在水平的投影面上，并标注出各等高线的高程，从而表达该局部的地形。这种用标高来表示地面形状的正投影图，称为标高投影图，如图 2-5 所示。

2.1.3.4　正投影图

根据正投影法所得到的图形称为正投影图。如图 2-6 所示为房屋（模型）的正投影图。正投影图直观性不强，但能正确反映物体的形状和大小，并且作图方便，度量性好，所以绘制房屋建筑图主要采用正投影。

图 2-4　透视图

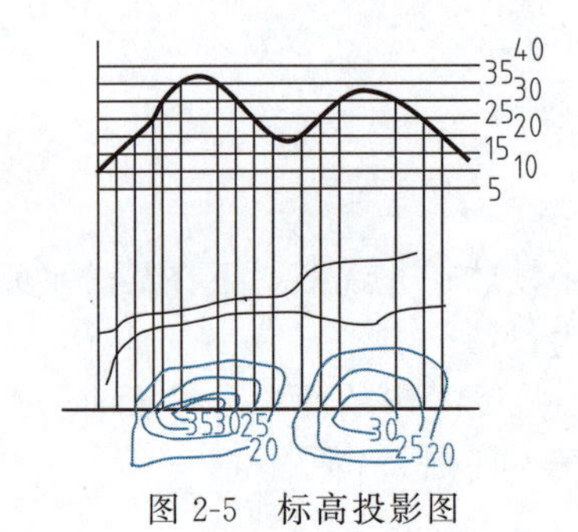

图 2-5　标高投影图

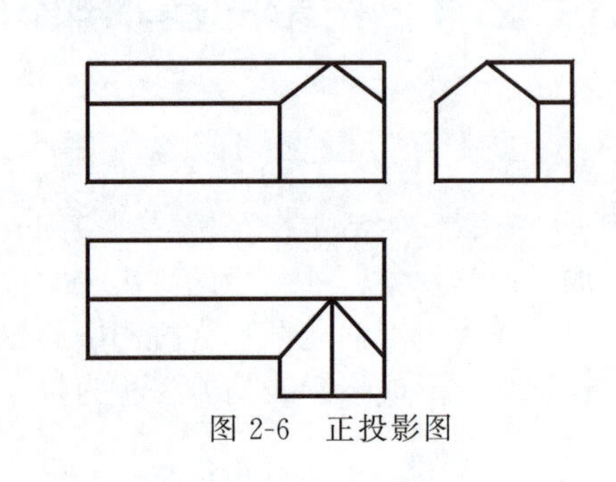

图 2-6　正投影图

2.2　点的投影

2.2.1　投影的形成与特性

如图 2-7 所示，三个互相垂直的投影面 V、H、W，组成一个三投影面体系，将空间划分为八个分角。V 面称为正立投影面，简称正面；H 面称为水平投影面，简称水平面；W 面称为侧立投影面，简称侧面。规定三个投影轴 OX、OY、OZ 向左、向前、向上为正，在三条投影轴都是正向的投影面之间的空间是第一分角。

第一分角内的空间点 A 分别向三个投影面 H、V、W 作水平投影（H 面投影）、正面投影（V 面投影）、侧面投影（W 面投影），用相应的小写字母 a、小写字母加一撇 a'、小写字母加两撇 a'' 作为投影符号。如图 2-8（a）所示。

将 H 面和 W 面沿 OY 轴分开，使 H 面绕 OX 轴向下旋转 90°，W 面绕 OZ 轴向右旋转 90°，三个投影面就展开成为一个平面，形成三面投影图，如图 2-8（b）所示。

实际的投影图如图 2-8（c）所示，不需绘制投影面边框，也不需注明投影面名称和 a_X、a_Y、a_Z 等点。直线 aa'、$a'a''$ 分别是 a 和 a'、a' 和 a'' 之间的投影连线；而通过 a 点的一段水平线和通过 a'' 的一段铅垂线共同组成 a 和 a'' 之间的投影连线，它们相交于过原点 O 的 45° 辅助线。

点的投影具有下述投影特性，见图 2-9。

（1）点的两投影连线垂直于投影轴。

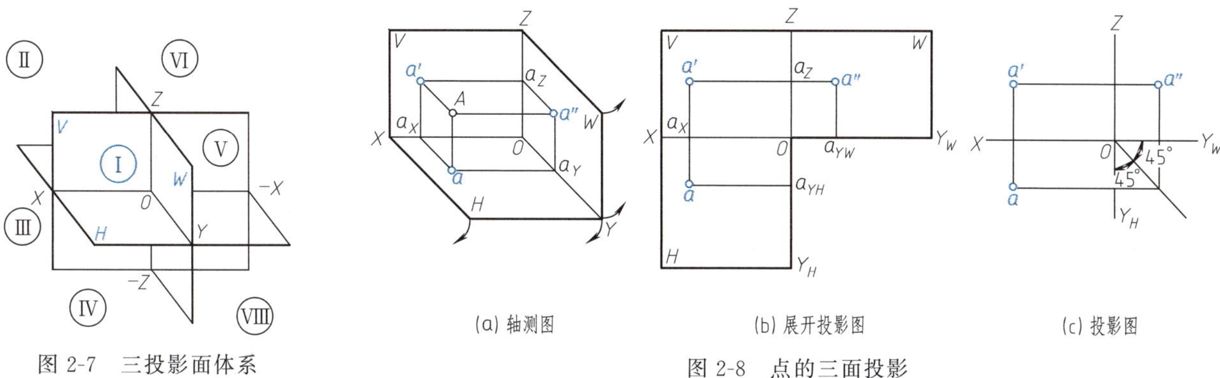

图 2-7　三投影面体系以及八个分角的划分

(a) 轴测图　(b) 展开投影图　(c) 投影图

图 2-8　点的三面投影

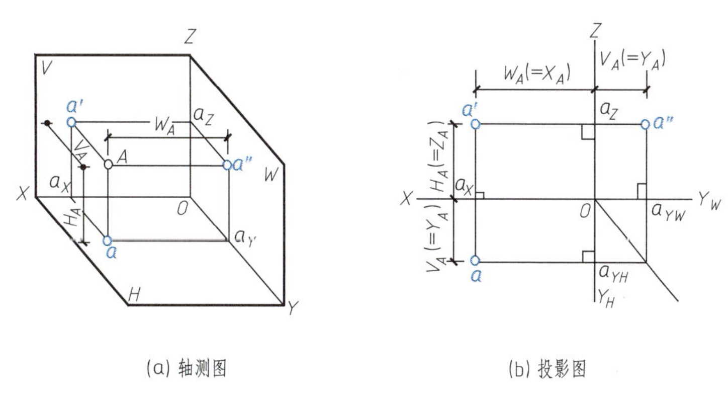

(a) 轴测图　(b) 投影图

图 2-9　点的投影特性

（2）点的投影与投影轴的距离，反映该点的坐标，也就是该点与相应的投影面的距离。

【例 2-1】 已知空间点 B 的坐标为 $X=25$，$Y=20$，$Z=30$，也可以写成 $B(25, 20, 30)$。单位为 mm（下同）。求作 B 点的三面投影。

作图过程　如图 2-10 所示。

(1) 画投影轴，在 OX 轴上由 O 点向左量取 25，定出 b_X，过 b_X 作 OX 轴的垂线，如图 2-10 (a) 所示。

(2) 在 OZ 轴上由 O 点向上量取 30，定出 b_Z，过 b_Z 作 OZ 轴垂线，两条线交点即为 b'，如图 2-10 (b) 所示。

(3) 在 $b'b_X$ 的延长线上，从 b_X 向下量取 20 得 b；在 $b'b_Z$ 的延长线上，从 b_Z 向右量取 20 得 b''。或者由 b'和 b 用图 2-10 (c) 的方法作出 b''。

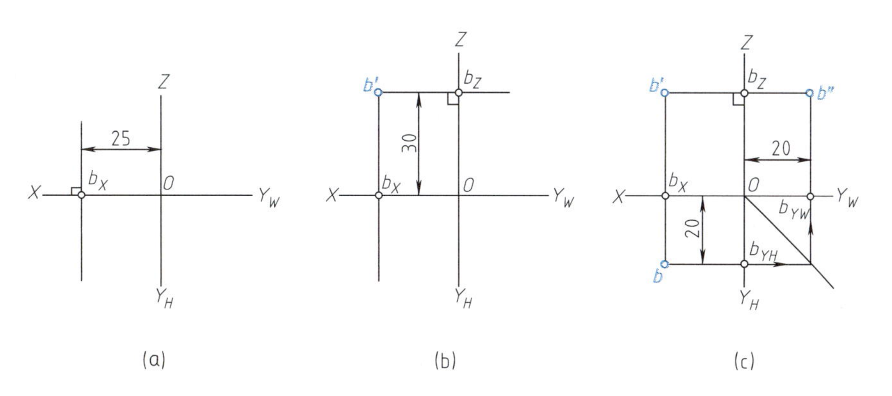

(a)　(b)　(c)

图 2-10　由点的坐标作三面投影

根据点与投影面的相对位置，可分为四类点：空间点，投影面上的点，投影轴上的点，与原点 O 重合的点。

2.2.2 两点的相对位置

两点的相对位置是指空间两个点的上下、左右、前后关系，在投影图中，是以两点的坐标差来确定的。两点的 H 面投影反映左右、前后关系；两点的 V 面投影反映上下、左右关系；两点的 W 面投影反映上下、前后关系。

【例 2-2】 已知空间点 $C(15, 8, 12)$，D 点在 C 点的右方 7，前方 5，下方 6。单位为 mm。求作 D 点的三面投影。

作图过程 如图 2-11 所示。

(1) 根据 C 点的坐标分别作出三面投影 c、c'、c''，如图 2-11 (a) 所示。

(2) 沿 X 轴方向量取 $15-7=8$ 得一点 d_X，过该点作 X 轴垂线，如图 2-11 (b) 所示。

(3) 沿 Y_H 方向量取 $8+5=13$ 得一点 d_{Y_H}，过该点作 Y_H 轴的垂线，与 X 轴的垂线相交，交点为 D 点的 H 面投影 d，如图 2-11 (c) 所示。

(4) 沿 Z 轴方向量取 $12-6=6$ 得一点 d_Z，过该点作 Z 轴的垂线，与 X 轴的垂线相交，交点为 D 点的 V 面投影 d'。由 d 和 d' 作出 d''，完成 D 点的三面投影作图，如图 2-11 (d) 所示。

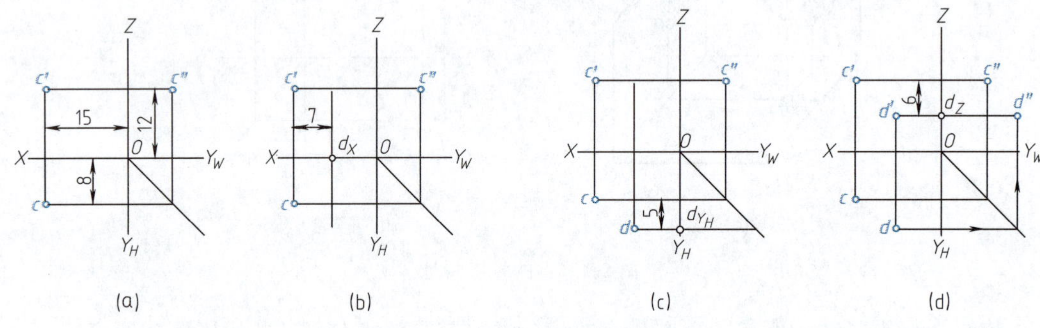

图 2-11 求作 D 点的三面投影

当两点位于垂直于某一投影面的同一投影线上时，两点在这个投影面上的投影则相互重合，这两个点就称为对这个投影面的重影点。

一点在另一点的正上方或正下方，这两点就是对 H 面的重影点；

一点在另一点的正前方或正后方，这两点就是对 V 面的重影点；

一点在另一点的正左方或正右方，这两点就是对 W 面的重影点。

如图 2-12 所示，若 A 点和 B 点的 X、Y 坐标相同，只是 A 点的 Z 坐标大于 B 点的 Z 坐标，则 A 点和 B 点的 H 面投影 a 和 b 重合；V 面投影 a' 在 b' 之上，且在同一条直线上；W 面投影 a'' 在 b'' 之上，也在同一条垂直线上。a 点和 b 点的 H 面投影重合，称为 H 面的重影点。因为 b 点的 Z 坐标小，其水平投影被上面的 a 点遮住成为不可见。

提示： 重影点在标注时，将不可见的点的投影加上括号，例如图 2-12 中 B 点的 H 面投影，加括号表示为 (b)。

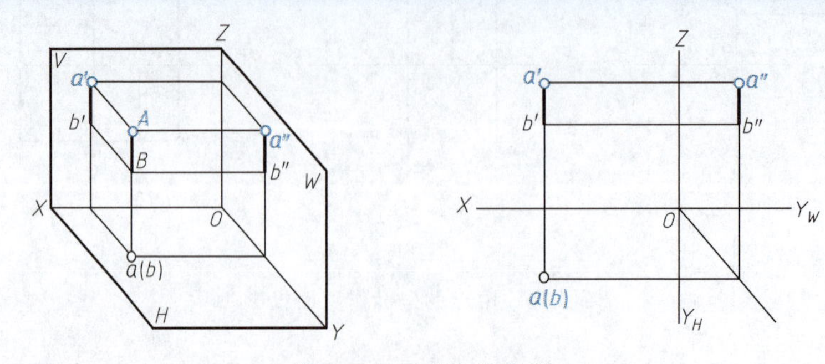

图 2-12 重影点的投影

实训项目

1. 将空间第一分角与投影展开图对应起来，在头脑中形成空间与平面之间的转换。
2. 分别作出原点处的点，X、Y、Z投影轴上的点，H、V、W投影面上的点，空间点等。(坐标自定)
3. 以所在教室为例，判断教室各角点、设备所在位置点各属于哪类点，对于重影点判断其可见性。

习题

1. 在投影面上作出点A(25，15，10)，点B(15，0，20)，点C(0，18，0)的三面投影。(单位mm)

2. 已知点D距H面35mm，距V面28mm，距W面20mm，点E在点D的左方10mm，下方15mm，前方10mm，点F在点E的正上方25mm处，作出点D、E、F三点，并判断重影点可见性。

二维码 2.1

2.3 直线的投影

空间两点可以决定一条直线，只要作出线段两端点的三面投影，连接该两点的同面投影，即可得空间直线的三面投影。直线的投影一般仍为直线。

空间直线与投影面的相对位置有两类：特殊位置直线和一般位置直线，其中特殊位置直线又可分为投影面垂直线和投影面平行线两类。

2.3.1 特殊位置直线及其投影特性

2.3.1.1 投影面垂直线

投影面垂直线是指该直线垂直于一个投影面，而平行于另外两个投影面的直线。投影面垂直线有三种位置：垂直于水平面的直线称为铅垂线；垂直于正面的直线称为正垂线；垂直于侧面的直线称为侧垂线。

投影面垂直线的投影特性见表 2-1。

表 2-1 投影面垂直线的投影特性

名称	轴测图	投影图	投影特性
正垂线	Z V a(b') B A b'' a'' W X O b H a Y	a'(b') Z b'' a'' X O Y_W b a Y_H	1. $a'b'$积聚成一点 2. $ab//OY_H$，$a''b''//OY_W$，且反映实长 3. $ab\perp OX$，$a''b''\perp OZ$ 轴
铅垂线	Z V c' d' C D c'' d'' W X O a_Y c(d) H Y	Z c' d' c'' d'' X O Y_W c(d) Y_H	1. cd 积聚成一点 2. $c'd'//OZ$，$c''d''//OZ$，且反映实长 3. $c'd'\perp OX$，$c''d''\perp OY_W$ 轴

续表

名称	轴测图	投影图	投影特性
侧垂线			1. $e''f''$积聚成一点 2. ef//OX，$e'f'$//OX，且反映实长 3. $ef \perp OY_H$，$e'f' \perp OZ$ 轴

2.3.1.2 投影面平行线

投影面平行线是指该直线只平行于一个投影面，而倾斜于另外两个投影面。投影面平行线有三种位置：平行于水平面的称为水平线；平行于正面的称为正平线；平行于侧面的称为侧平线。

投影面平行线的投影特性见表 2-2。直线对投影面所夹的角即直线对投影面的倾角，α、β、γ 分别表示直线对 H 面、V 面和 W 面的倾角。

表 2-2　投影面平行线的投影特性

名称	轴测图	投影图	投影特性
正平线			1. $a'b'$反映直线实长，并反映与 H、W 面的倾角 α、γ 2. ab//OX，$a''b''$//OZ，且长度缩短
水平线			1. cd 反映直线实长，并反映与 V、W 面的倾角 β、γ 2. $c'd'$//OX，$c''d''$//OY_W，且长度缩短
侧平线			1. $e''f''$反映直线实长，并反映与 H、V 面的倾角 α、β 2. ef//OY_H，$e'f'$//OZ，且长度缩短

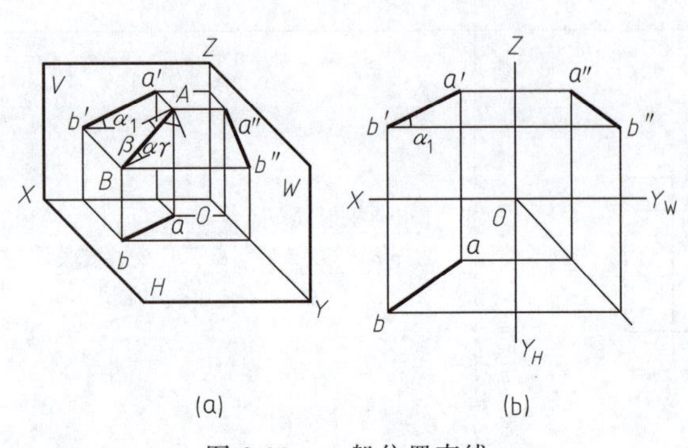

图 2-13　一般位置直线

2.3.2　一般位置直线

既不平行也不垂直于任何一个投影面，即与三个投影面都处于倾斜位置的直线，称为一般位置直线。如图 2-13 所示直线 AB，直线 AB 的三个投影都倾斜于投影轴，而且三个投影都小于实长。直线 AB 的投影与投影轴的夹角，也不反映直线 AB 对投影面的倾角。如 AB 的 V 面投影 $a'b'$ 与 OX 轴所夹的角 α_1 是倾角 α 在 V 面上的投影。

由此可以得出一般位置直线的投影特性：三个投影

都倾斜于投影轴，长度缩短，不能直接反映直线与投影面的真实倾角。

2.3.3 直线上的点的投影特性

直线上的点的投影特性：直线上的点的投影，必在该直线的同面投影上；若直线与投影面斜交，则点的投影在该投影面上分割直线投影的长度比，等于点分割直线的长度比。

【例 2-3】 如图 2-14（a）所示，已知直线 AB，求作 AB 上的 C 点，使 $AC:CB=3:2$。

根据直线上的点的投影特性，作图过程见图 2-14（b）。

（1）自 b 任引一直线，以任意直线长度为单位长度，从 b 顺次量 5 个单位，得点 1、2、3、4、5。

（2）连 5 与 a，作 $2c /\!/ 5a$，与 ab 交于 c。

（3）由 c 引投影连线，与 $a'b'$ 交得 c'。c' 与 c 即为所求的 C 点的两面投影。

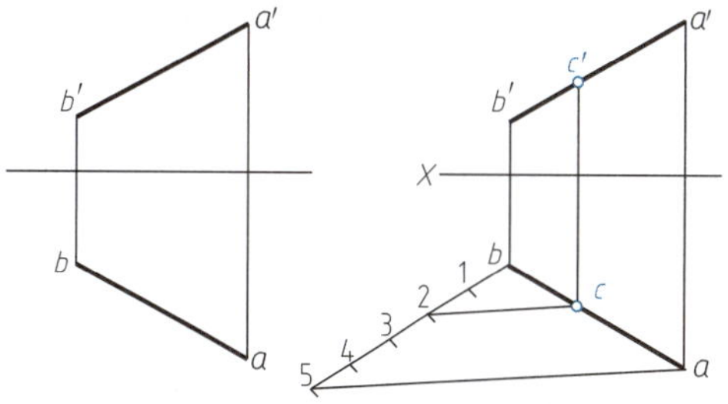

(a)已知条件　　(b) 作图过程

图 2-14　作分割 AB 线成 3∶2 的 C 点

【例 2-4】 如图 2-15（a）所示，判断 C 点是否在侧平线 AB 上。

按直线上点的投影特性，可用两种方法进行判断。

方法一　判断过程如图 2-15（b）所示。

（1）加 W 面，即过 O 作投影轴 OY_H、OY_W、OZ。

（2）由 $a'b'$、ab 和 c'、c 作出 $a''b''$ 和 c''。

（3）由于 c'' 不在 $a''b''$ 上，所以 C 点不在 AB 上。

方法二　判断过程如图 2-15（c）所示。

（1）过 a 作任一直线，在其上取 $ac_0=a'c'$、$c_0b_0=c'b'$。

（2）分别将 c 和 c_0、b 和 b_0 连成直线。

（3）由于 cc_0 不平行于 bb_0，于是 $a'c':c'b' \neq ac:cb$，从而就可立即判断出 C 点不在 AB 上。

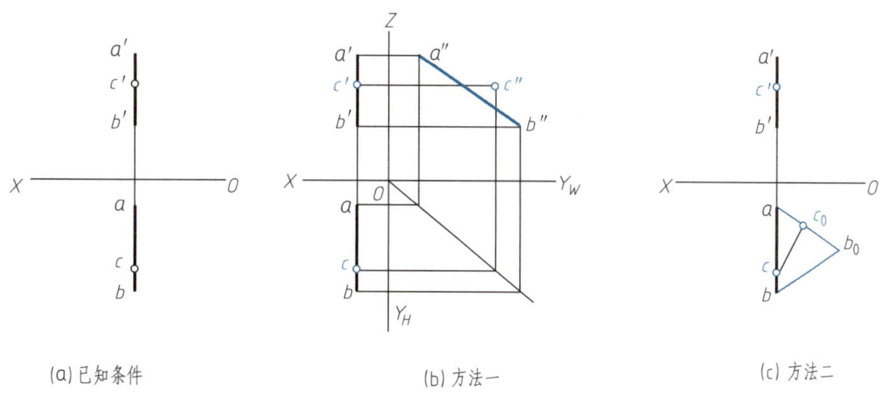

图 2-15　判断 C 点是否在侧平线 AB 上

2.3.4 两直线的相对位置

两直线的相对位置有三种情况：平行、相交、交叉。平行线和相交线通称为共面直线，交叉直线称为异面直线。它们的投影特性见表 2-3。

表 2-3　不同相对位置的两直线的投影特性

相对位置	平　行	相　交	交　叉
轴测图	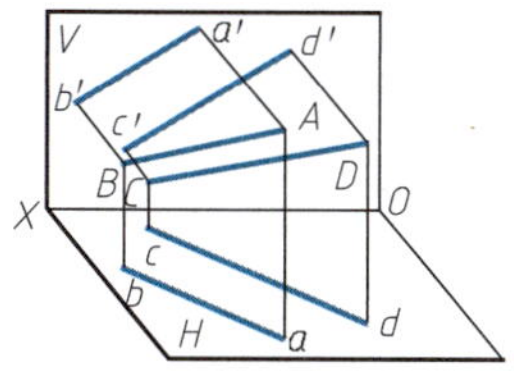	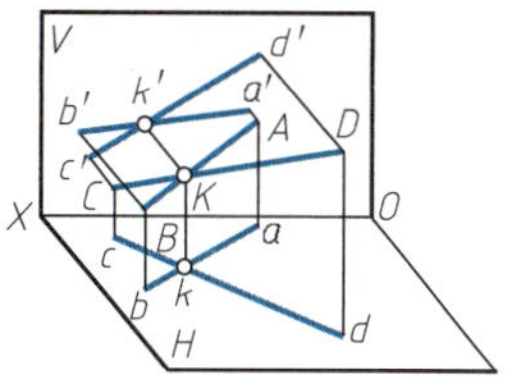	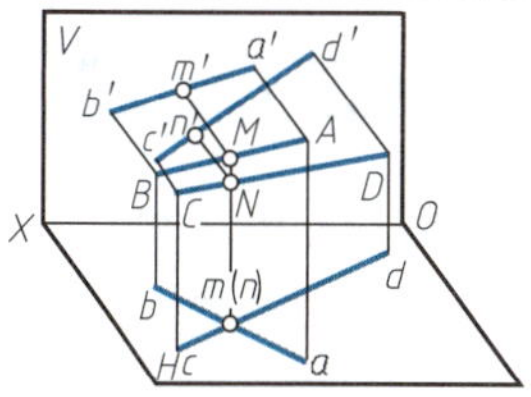

续表

相对位置	平　行	相　交	交　叉
投影图			
投影特性	同面投影相互平行	同面投影都相交，交点符合一点的投影特性，同面投影的交点，就是两直线的交点的投影	两直线的投影，既不符合平行两直线的投影特性，又不符合相交两直线的投影特性。同面投影的交点，就是两直线上各一点形成的对这个投影面的重影点的重合的投影

【例 2-5】 图 2-16（a）中有侧平线 AB 和一般位置直线 CD 的两面投影，判断它们的相对位置，是相交还是交叉？

方法一　加 W 面投影检验

如图 2-16（b）所示，作出 W 面投影，由于 $a'b'$ 和 $c'd'$ 的交点与 $a''b''$ 和 $c''d''$ 的交点，不在同一条垂直于 OZ 轴的投影连线上，便可断定 AB、CD 是交叉线。

方法二　用直线上的点的投影特性检验

如图 2-16（c）所示，它是根据直线上点的分割线段的长度比，等于它的投影分割直线投影线段的长度比的特性来判断的。(1) 过点 b 任作一直线，在其上取 $bf_0=b'e'$，$f_0a_0=e'a'$。(2) 连 a_0 与 a，作 $f_0f /\!/ a_0a$，与 ab 交于 f 点。(3) 由于 f 点与 e 点不在同一点上，亦即 $a'b'$ 和 $c'd'$ 的交点与 ab 和 cd 的交点，不是直线 AB 上的同一点的 V 面投影与 H 面投影，也就可以断定 AB、CD 是交叉线。

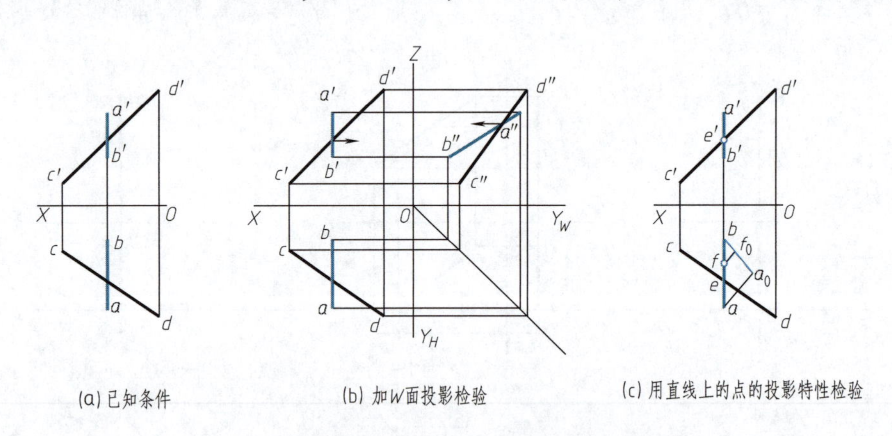
(a) 已知条件　(b) 加W面投影检验　(c) 用直线上的点的投影特性检验

图 2-16　检验侧平线 AB 和一般位置直线 CD 的相对位置

当两直线处于交叉位置时，有时需要判断可见性，即判断重影点的重合投影的可见性。确定和表达两交叉线的重影点的投影可见性，方法如下：从两交叉线同面投影的交点，向相邻投影引垂直于投影轴的投影连线，分别与这两交叉线的相邻投影各交得一个点，标注出交点的投影符号。按左遮右、前遮后、上遮下的规定，确定在重影点的投影重合处，是哪一条直线上的点的投影可见。根据规定：可见点的投影符号不加括号，不可见点的投影符号加括号，标注出这两个重影点在投影重合处的符号。

实训项目

1. 以所在教室为例，判断教室各墙线、设备的轮廓线各属于哪类直线，并判断两两直线之间的关系。
2. 以某一具体建筑为例，判断各轮廓线各属于哪类直线，并判断两两直线之间的关系。

习题

1. 已知点 $A(30, 25, 40)$，过 A 点作一条向下的铅垂线 AB，长度为 25mm；过 A 点作一条正平线 AC，点 C 在 A 的右下方，$\alpha=30°$，长度为 30mm；过 A 点作一条一般位置直线 AD，点 D 在 A 左 20mm，上 10mm，前 15mm。

2. 检验下列各图中直线 AB、CD 的相对位置，将结果填在括号内（平行、相交、交叉）。

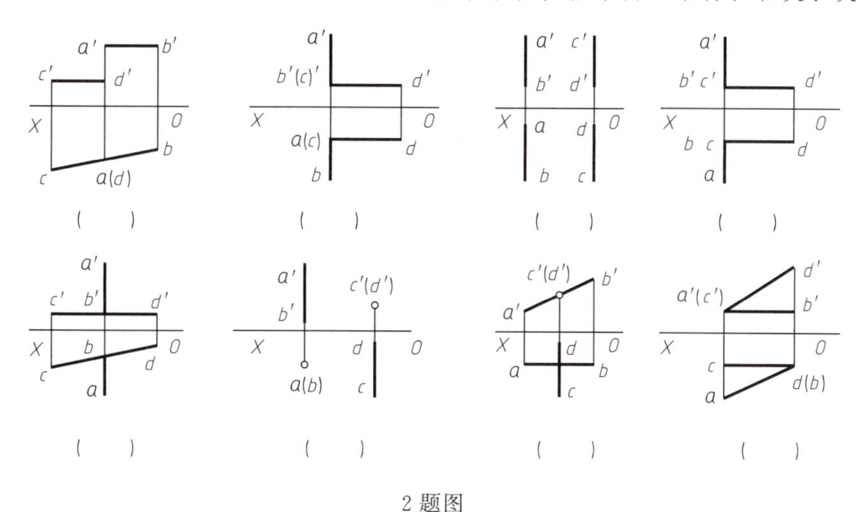

2 题图

3. 下图为直线 AB、CD 和点 E 的两面投影，过点 E 作直线 MN，使直线 MN 分别与直线 AB、CD 相交于 M、N。

4. 已知直线 AB、CD 为交叉直线，图中给出直线 AB、CD 的 H 面、V 面两面投影，求作直线 AB、CD 的 W 面投影，分别标出三对重影点的三面投影，并判断可见性。

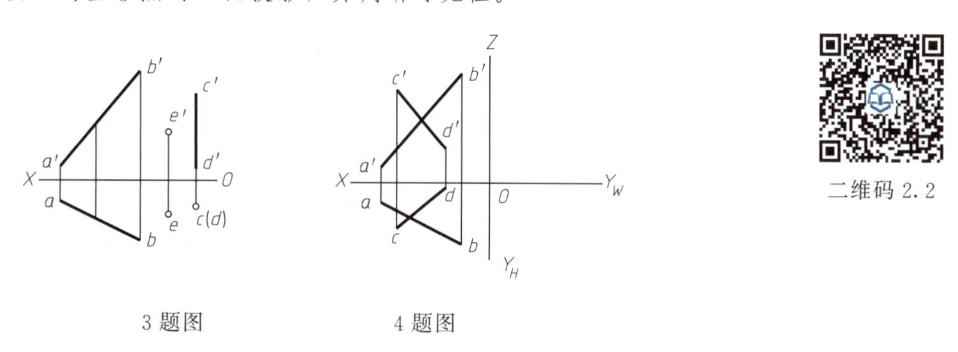

3 题图　　4 题图　　二维码 2.2

2.4 平面的投影

平面对投影面的相对位置有两种：特殊位置平面和一般位置平面。平面与投影面 H、V、W 的倾角，分别用 α、β、γ 表示。

2.4.1 特殊位置平面及其投影特性

特殊位置平面又分为投影面平行面和投影面垂直面两类。

2.4.1.1 投影面平行面及其投影特性

投影面平行面是指该平面平行于一个投影面，而垂直于另外两个投影面。平行于水平面的平面称为水平面；平行于正面的平面称为正平面；平行于侧面的平面称为侧平面。

投影面平行面的投影特性见表 2-4。

2.4.1.2 投影面垂直面及其投影特性

投影面垂直面是指该平面垂直于一个投影面，而倾斜于另外两个投影面。垂直于正面的平面称为正垂面；垂直于水平面的平面称为铅垂面；垂直于侧面的平面称为侧垂面。

投影面垂直面的投影特性见表 2-5。

表 2-4 投影面平行面的投影特性

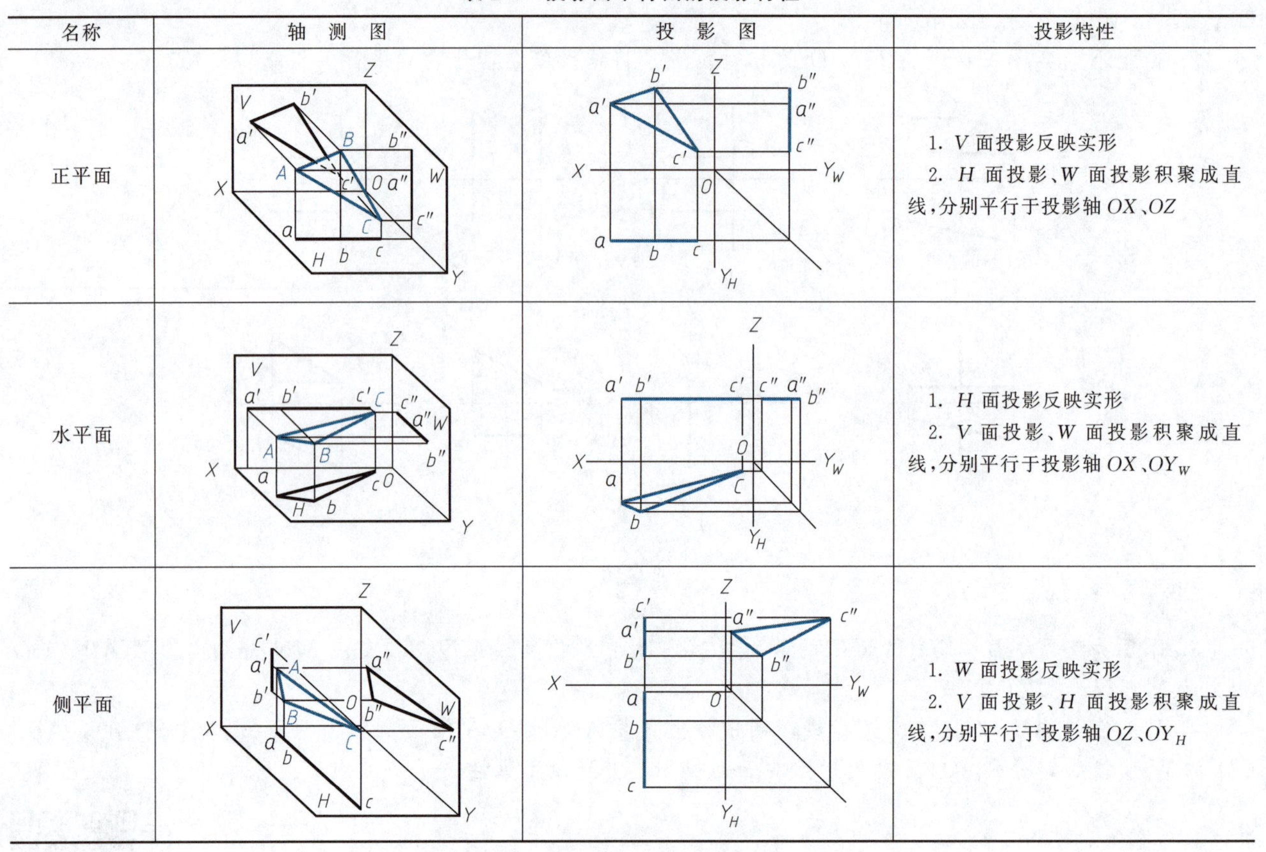

名称	轴测图	投影图	投影特性
正平面			1. V 面投影反映实形 2. H 面投影、W 面投影积聚成直线，分别平行于投影轴 OX、OZ
水平面			1. H 面投影反映实形 2. V 面投影、W 面投影积聚成直线，分别平行于投影轴 OX、OY_W
侧平面			1. W 面投影反映实形 2. V 面投影、H 面投影积聚成直线，分别平行于投影轴 OZ、OY_H

表 2-5 投影面垂直面的投影特性

名称	轴测图	投影图	投影特性
正垂面			1. V 面投影积聚成一直线，并反映与 H、W 面的倾角 α、γ 2. 其他两个投影为面积缩小的类似形
铅垂面			1. H 面投影积聚成一直线，并反映与 V、W 面的倾角 β、γ 2. 其他两个投影为面积缩小的类似形
侧垂面			1. W 面投影积聚成一直线，并反映与 H、V 面的倾角 α、β 2. 其他两个投影为面积缩小的类似形

2.4.1.3 特殊位置平面上的点、直线和图形

特殊位置平面上的点、直线和图形，在该平面的有积聚性的投影所在的投影面上的投影，必积聚在该平面的有积聚性的投影上。利用这个投影特性，可以作出特殊位置平面上的点、直线和图形的投影。

【例 2-6】 如图 2-17（a）所示，$\triangle ABC$ 为水平面，已知它的 H 面投影 $\triangle abc$ 和顶点 A 的 V 面投影 a'，求作 $\triangle ABC$ 的 V 面投影和 W 面投影，并求作 $\triangle ABC$ 的外接圆圆心 D 的三面投影。

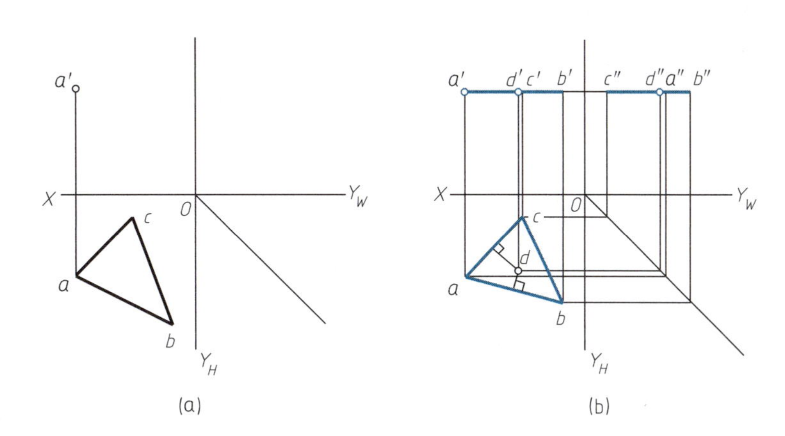

图 2-17　作水平面 $\triangle ABC$ 的 V 面投影和 W 面投影，并求外接圆圆心 D 的三面投影

分析　根据投影面平行面的投影特性，可知水平面的 V 面投影和 W 面投影有积聚性，并且分别平行于 OX 轴和 OY_W 轴，所以按已知条件就可作出这个三角形分别积聚成直线的 V 面投影和 W 面投影。又因水平面的 H 面投影反映实形，所以就能直接用平面几何的作图方法在 H 面投影中作出 $\triangle ABC$ 的外接圆圆心 D 的 H 面投影 d；然后，由 d 引投影连线，分别在已作出的 $\triangle ABC$ 的有积聚性的 V 面投影和 W 面投影上，作出 D 点的 V 面投影 d' 和 W 面投影 d''。

作图过程　如图 2-17（b）所示。

（1）分别由点 a、a' 引投影连线，交得 a''。

（2）分别过点 a'、a'' 引 OX、OY_W 轴的平行线，再分别由 b、c 引投影连线，与上述平行线交得顶点 B、C 的 V 面投影 b、c 和 W 面投影 b''、c''，从而就作出了 $\triangle ABC$ 的有积聚性的 V 面投影 $a'b'c'$ 和 W 面投影 $a''b''c''$。

（3）在 H 面投影中，分别作 $\triangle abc$ 的任意两条边（例如 ab 和 ca）的中垂线，就交得 $\triangle ABC$ 的外接圆圆心 D 的 H 面投影 d。

（4）由 d 分别作投影连线，与 $\triangle ABC$ 的有积聚性的 V 面投影 $a'b'c'$ 和 W 面投影 $a''b''c''$ 交得 D 点的 V 面投影 d' 和 W 面投影 d''。

2.4.2 一般位置平面

2.4.2.1 一般位置平面及其投影特性

在三面投影体系中，一般位置平面对三个投影面都倾斜。一般位置平面的三个投影既不反映实形，又无积聚性。均为缩小的类似图形。

2.4.2.2 一般位置平面上的点、直线和图形

（1）点和直线在平面上的几何条件

点和直线在平面上的几何条件是：平面上的直线一定通过平面上的两点，或通过平面上的一点，且平行于平面上的另一直线；平面上的点，必在该平面的直线上。

依据几何条件可以在投影图中作平面上的点和直线，以及检验点和直线是否在平面上。

【例 2-7】 如图 2-18（a）所示，已知 $\square ABCD$ 和 K 点的两面投影，$\square ABCD$ 上的直线 MN 的 H 面投影 mn，试检验 K 点是否在 $\square ABCD$ 平面上，并作出直线 MN 的 V 面投影 $m'n'$。

作图过程　如图 2-18（b）所示，可根据点和直线在平面上的几何条件作图。

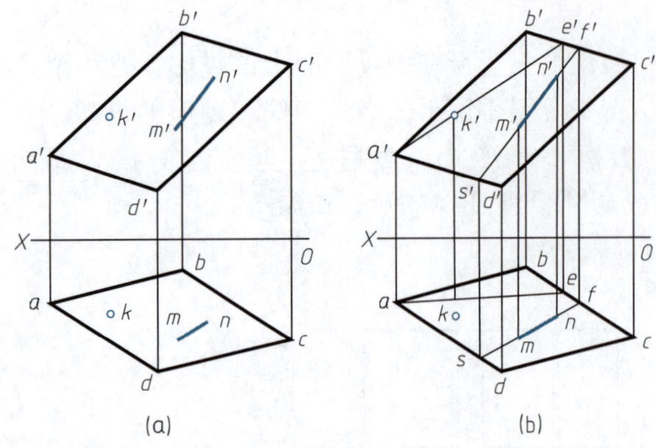

图 2-18　检验 K 点是否在□$ABCD$ 上，并作□$ABCD$ 上的直线 MN 的 V 面投影

（1）检验 K 点是否在平面上

① 连接 $a'k'$ 并延长，与 $b'c'$ 交于 e'。由 e' 引投影连线，与 BC 交得 e。连接 ae。

② 如果 k 在 ae 上，即 K 点在□$ABCD$ 的直线 AE 上，K 点便在□$ABCD$ 上。但是图中的 k 不在 ae 上，则表明 K 点不在□$ABCD$ 上。

（2）作直线 MN 的 H 面投影 $m'n'$

① 延长 mn，与 ad 交于 s，与 bc 交于 f。

② 自 s、f 作投影连线，分别交 $a'd'$、$b'c'$ 于 s'、f'，连接 $s'f'$。

③ 自 m、n 作投影连线，分别交 $s'f'$ 于 m'、n'，$m'n'$ 即为直线 MN 的 H 面投影。

（2）平面上的投影面平行线

平面上的投影面平行线不但要满足直线在平面上的几何条件，而且它的投影又要符合投影面平行线的投影特性。

【例 2-8】 如图 2-19（a）所示，已知△ABC，在△ABC 上求作一条距 V 面为 20mm 的正平线。

作图过程　如图 2-19（b）所示。

（1）在 OX 轴之下（即 OX 轴之前）20mm 处，作 OX 轴的平行线，即为这条正平线的 H 面投影，与 ab、bc 分别交得 d、e，de 即为所求作的正平线 DE 的 H 面投影。

（2）由 d、e 作投影连线，分别与 $a'b'$、$b'c'$ 交得 d'、e'，连 d' 和 e'，$d'e'$ 即为所求的正平线 DE 的 V 面投影。

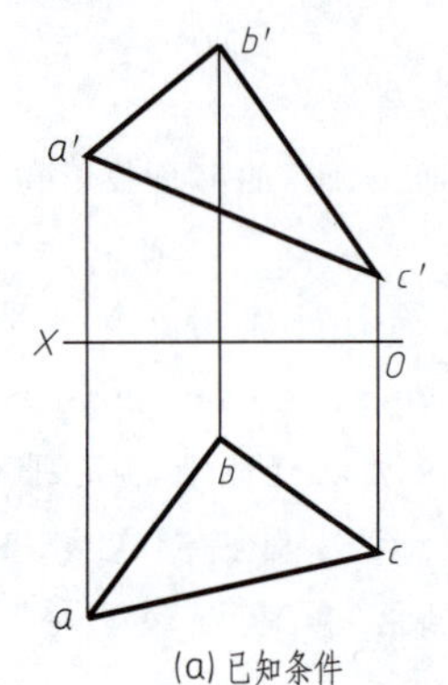

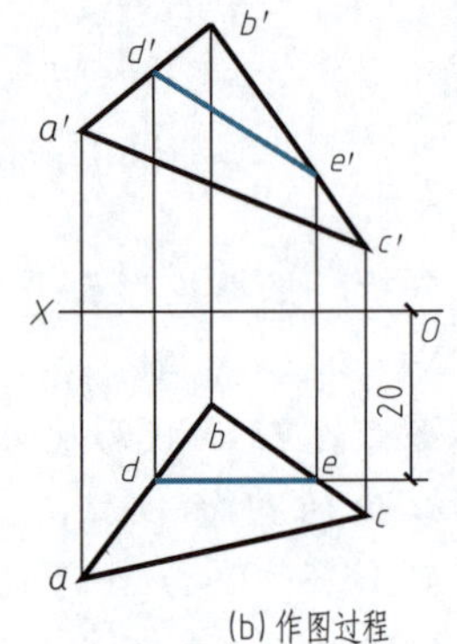

图 2-19　在△ABC 上求作正平线

实训项目

1. 以所在教室为例，判断教室各墙面、设备的各表面属于哪类平面，墙上、顶棚上的门、窗、灯具、开关等点、线的位置；实际测绘某一墙面（包括墙上的门、窗、灯具、开关、投影等），绘出投影图。

2. 以某一具体建筑为例，判断各外表面属于哪类平面。

习题

1. 下图中，已知侧垂面 P 和该平面上的△ABC 的 V 面投影，作出△ABC 的 H 面、W 面的投影。

2. 等边三角形 DEF 为水平面，图中已知点 D 的 H 面、V 面投影和点 E 的 H 面投影，而且点 F 在点 D 的右后方，求作等边三角形 DEF 的三面投影。

二维码 2.3

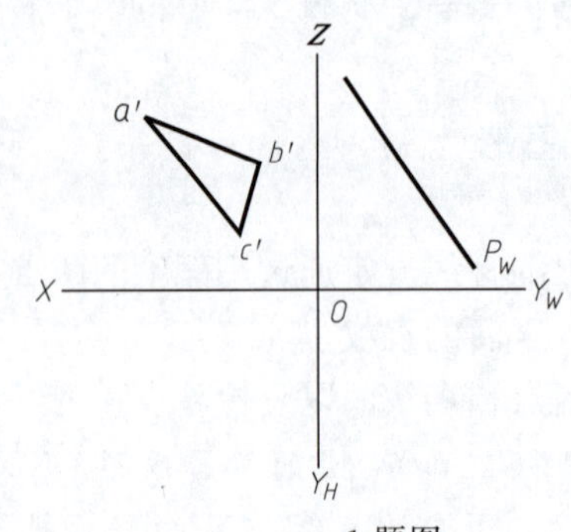

1 题图

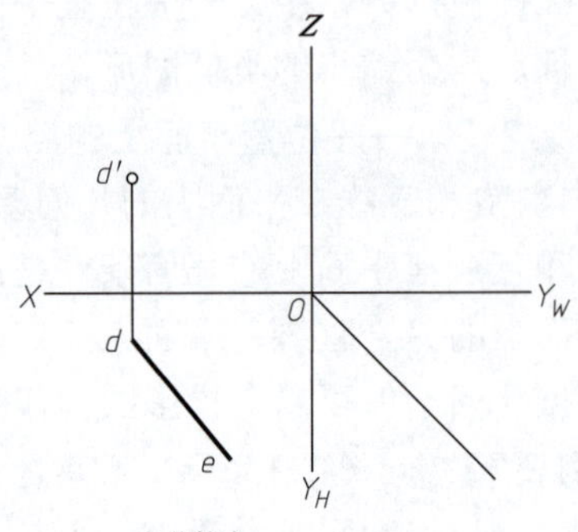

2 题图

复习思考题

1. 投影法分为哪几类？各有什么特点？工程中常用的投影图有哪些？
2. 简述点的投影特性。
3. 依据与投影面的位置关系，直线分为哪几类？各自的投影特性是什么？
4. 两条直线的相对位置关系有几种情况？如何判断？
5. 依据与投影面的位置关系，平面分为哪几类？各自的投影特性是什么？
6. 简述点、直线在平面上的几何条件。

教学单元 3 立体的投影

学习目标、教学要求和素质目标

本教学单元重点介绍立体的投影特性、平面与立体的截交线以及立体相贯线，进行立体投影训练。通过学习，应该达到以下要求：

1. 掌握基本几何形体的投影特性、作图方法，并能综合运用。
2. 掌握平面与基本几何形体相交的截交线的特点，能够作出特殊平面与基本立体的截交线。
3. 了解立体相贯的概念、相贯线的作图方法。
4. 培养学生建筑审美观，提升鉴赏力。
5. 引导新时代大学生树立远大理想、提升专业本领，增强时代责任感和自信心。

3.1 立体的投影

每个建筑形体都是由一些简单的几何体构成的。常见的立体有棱柱、棱锥、圆柱、圆锥、球等，其中棱柱、棱锥等是由平面组成的立体，称为平面立体；而圆柱、圆锥、球等则是由曲面或曲面与平面组成的立体，称为曲面立体。

在立体的三面投影之间存在着“三等关系”，即“长对正，高平齐，宽相等”。

长对正——H 面、V 面投影都反映立体的长度，两面投影的位置左右应对正；

高平齐——V 面、W 面投影都反映立体的高度，两面投影的位置上下应对齐；

宽相等——H 面、W 面投影都反映立体的宽度，两面投影的位置前后应相等。

3.1.1 棱柱

常见的棱柱有三棱柱、四棱柱、五棱柱和六棱柱等。棱柱的各条棱线都互相平行。

以图 3-1（a）正五棱柱为例，分析其投影特性和作图步骤。

3.1.1.1 棱柱的投影特性

在图示位置下，正五棱柱的顶面和底面为水平面，后面的棱面为正平面，其余四个棱面均为铅垂面。该五棱柱的投影特征是顶面和底面的水平投影重合，并反映正五边形的实形。五个棱面的水平投影分别积聚为五边形的五条边。各棱面的正面和侧面投影为大小不同的矩形。作图时不可见的棱线画虚线。

3.1.1.2 作图步骤

（1）先画出反映主要形状特征的投影，即水平投影的正五边形，再画出正面、侧面投影中的底面基线和对称中心线，如图 3-1（b）所示。

（2）按“长对正”的投影关系及五棱柱的高度画出正面投影，按“高平齐”“宽相等”的投影关系画出侧面投影，如图 3-1（c）所示。

3.1.1.3 棱柱表面上点的投影

如图 3-1（d）所示，已知五棱柱棱面 $ABCD$ 上点 M 的正面投影 m'，求作另外两面投影 m、m''。由于点 M 所在棱面 $ABCD$ 是铅垂面，其水平投影积聚成直线 $abcd$，因此点 M 的水平投影必在 $abcd$ 上，由 m' 直接作出 m，然后由 m' 和 m 作出 m''。由于棱面 $ABCD$ 的侧面投影为可见，所以 m'' 为可见。

3.1.2 棱锥

常见的棱锥有三棱锥、四棱锥、五棱锥等。棱锥的各条棱线交于一点。以图 3-2（a）的四棱锥为例，分析投影特性和作图步骤。

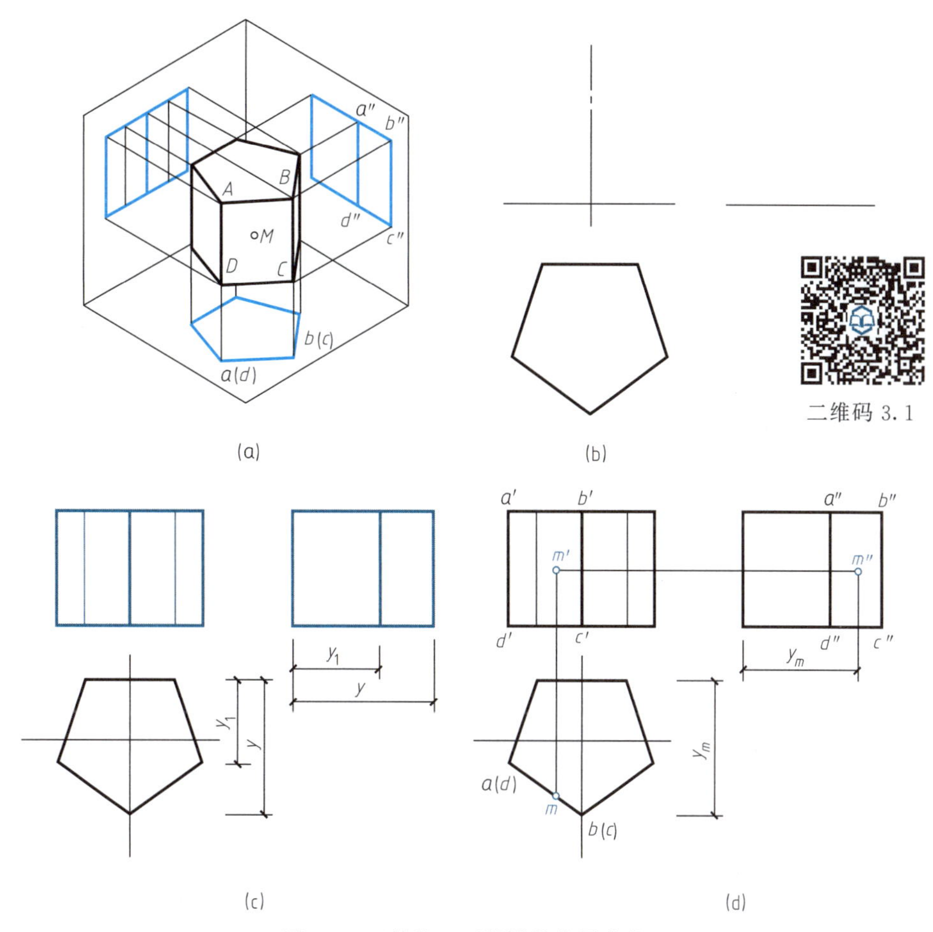

图 3-1　五棱柱三面投影的作图步骤

3.1.2.1　棱锥的投影特性

在图示位置下，四棱锥的底面为水平面，水平投影反映实形。左、右两棱面为正垂面，它们的正面投影积聚成直线。前、后两棱面为侧垂面，它们的侧面投影积聚成直线。与锥顶相交的四条棱线相对于三个投影面既不平行，也不垂直，它们是一般位置直线，因此这四条棱线在三个投影面上的投影都不反映实长。

3.1.2.2　作图步骤

（1）先作出底面的水平投影（矩形）以及正面、侧面投影中的对称中心线和底面基线，如图 3-2（b）所示。

（2）按四棱锥的高度在正面投影上定出锥顶的投影位置 s′，在正面和水平投影上分别过锥顶与底面各点的投影连线，即得四条棱线的投影，其中 s′a′ 与 s′d′ 重合、 s′b′ 与 s′c′ 重合。正四棱锥的四条棱线的水平投影为矩形的对角线。再由水平、正面投影画出侧面投影，如图 3-2（c）所示。

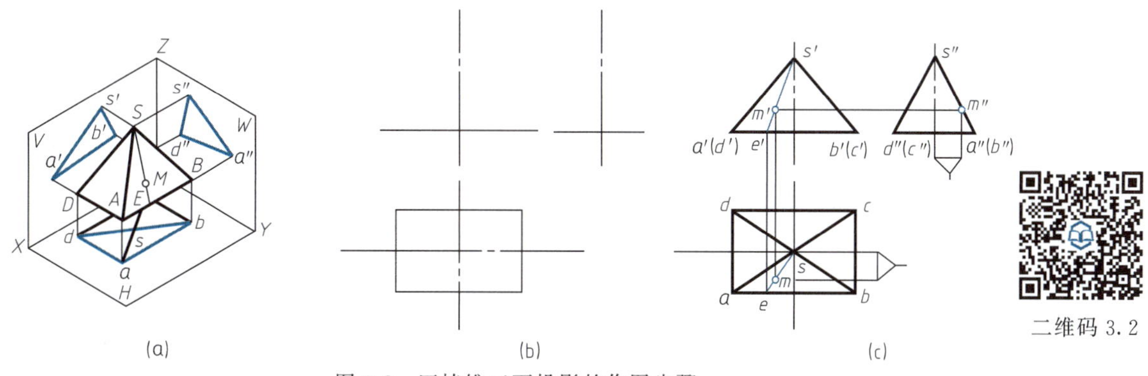

图 3-2　四棱锥三面投影的作图步骤

3.1.2.3 棱锥表面上点的投影

已知棱锥面 SAB 上点 M 的正面投影 m'，如图 3-2（c）所示，求作另两面投影 m、m''。在正投影面上连接 $s'm'$，并延长交 $a'b'$ 于 e'，由 e' 作出点 E 的水平投影 e，连接 se，M 点为直线 SE 上的点，m 必在 se 上，由 m' 作出 m。再由 m、m' 作出 m''。

另外，因为 SAB 是侧垂面，还可以利用积聚性由 m' 直接作出 m''，再利用宽相等的投影关系作出 m。

3.1.3 圆柱

圆柱由圆柱面和上、下两端面组成。圆柱面可看作由一条母线绕平行于它的轴线回转而成，圆柱面上任意一条平行于轴线的母线都称为圆柱面的素线。

3.1.3.1 圆柱的投影特性

如图 3-3（a）所示，当圆柱轴线为铅垂线时，圆柱上、下端面为水平面，其水平投影反映实形，正面和侧面投影积聚成直线；圆柱面的水平投影积聚为一圆周，与两端面轮廓线的水平投影重合。在正面投影中，前、后两半圆柱面的投影重合为一个矩形，矩形的左右两条竖线分别是圆柱面最左、最右素线的投影，也是圆柱面前、后分界的转向轮廓线。在侧面投影中，左、右两半圆柱面的投影重合为一矩形，矩形的前后两条竖线分别是圆柱面最前、最后素线的投影，也是圆柱面左、右分界的转向轮廓线。

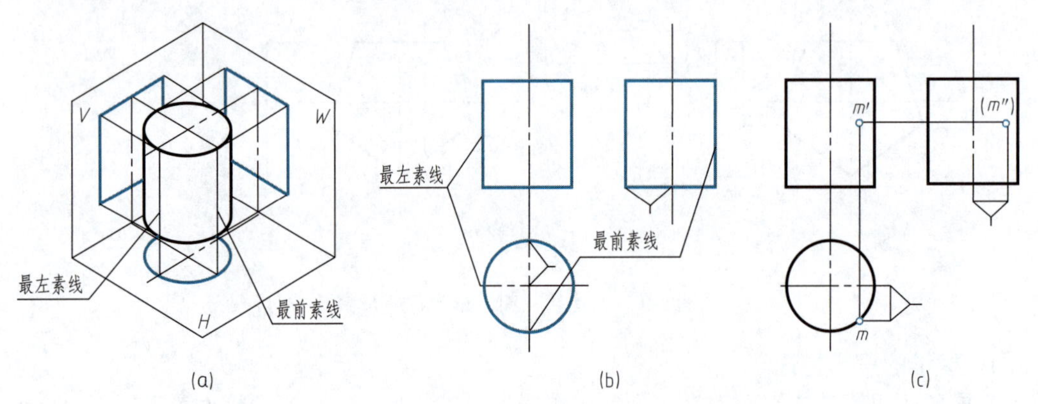

图 3-3 圆柱的投影分析与作图

3.1.3.2 作图步骤

绘制圆柱的三面投影图时，先绘出圆柱各投影的中心线，再绘出形状为圆的水平投影，然后根据圆柱体的高度以及投影关系画出形状为矩形的正面和侧面投影，如图 3-3（b）所示。

3.1.3.3 圆柱表面上点的投影

如图 3-3（c）所示，已知圆柱面上点 M 的正面投影 m'，根据圆柱面水平投影的积聚性作出 m，由于 m' 是可见的，则点 M 必在前半圆柱面上，m 必在水平投影圆的前半圆周上。再由 m、m' 作出 m''，由于点 M 在右半圆柱面上，所以 m'' 为不可见，表示为（m''）。

3.1.4 圆锥

圆锥体由圆锥面和底面围成。圆锥面可看作由直母线绕一条与其相交的轴线回转而成。圆锥面上任意一条与轴线相交的直母线，都称为圆锥面上的素线。

3.1.4.1 圆锥的投影特性

如图 3-4（a）所示，当圆锥轴线为铅垂线时，锥底面为水平面，其水平投影反映实形，正面和侧面投影积聚成直线。圆锥面的三面投影都没有积聚性，其水平投影与锥底面的水平投影重合，全部可见。正面投影由前、后两个半圆锥面的投影重合为一等腰三角形，三角形的两腰分别是圆锥最左、最右素线的投影，也是圆锥面前、后分界的转向轮廓线。圆锥的侧面投影由左、右两半个圆锥面的投影重合为一等腰三角形，三角形的两腰分别是圆锥最前、最后素线的投影，也是圆锥面左、右分界的转向轮廓线。

3.1.4.2 作图步骤

先绘制圆锥体各投影的中心线，再绘出形状为圆的水平投影，根据圆锥高度以及投影关系绘出形状为

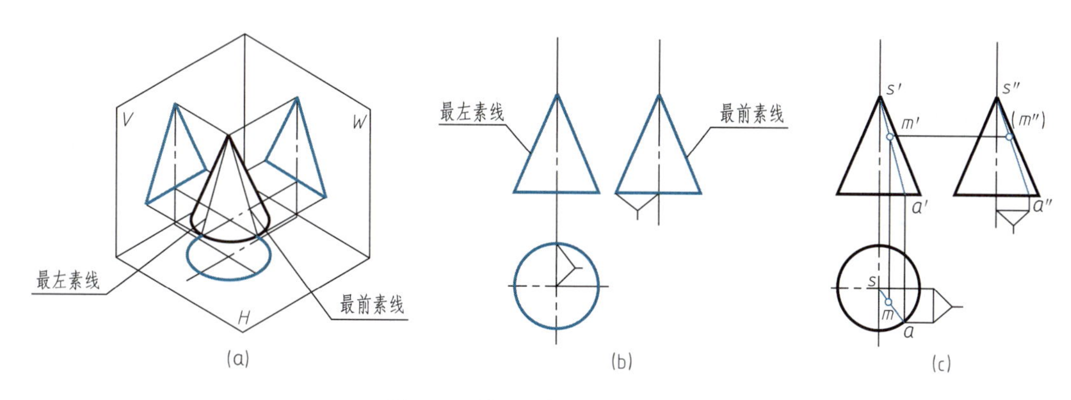

图 3-4 圆锥的投影分析与作图

三角形的正面和侧面投影，如图 3-4（b）所示。

3.1.4.3 圆锥表面上点的投影

由于圆锥面的投影无积聚性，所以求作圆锥表面上点的投影时，必须采用辅助素线或辅助纬圆的方法。

（1）辅助素线法 如图 3-4（c）所示。连接 $s'm'$，并延长交底边于 a'，$s'a'$ 即为辅助素线 SA 的正面投影，再作出 sa 和 $s''a''$，因为点 M 在素线 SA 上，由此可以由 m' 作出 m 和 m''。

（2）辅助纬圆法 如图 3-5（a）所示，在锥面上过点 M 作一个垂直于圆锥轴线的水平纬圆，点 M 的各投影必在该圆的同面投影上。如图 3-5（b）所示，过 m' 作圆锥轴线的垂直线，交圆锥左、右轮廓线于 a'、b'，$a'b'$ 即为辅助纬圆的正面投影。以 s 为圆心，$a'b'$ 为直径，作纬圆的水平投影。由 m' 求得 m，由于 m' 是可见的，所以 m 在前半锥面上。如图 3-5（c）所示，再由 m'、m 求得 m''，由于 M 点在右半圆锥面上，所以 m'' 为不可见，表示为（m''）。

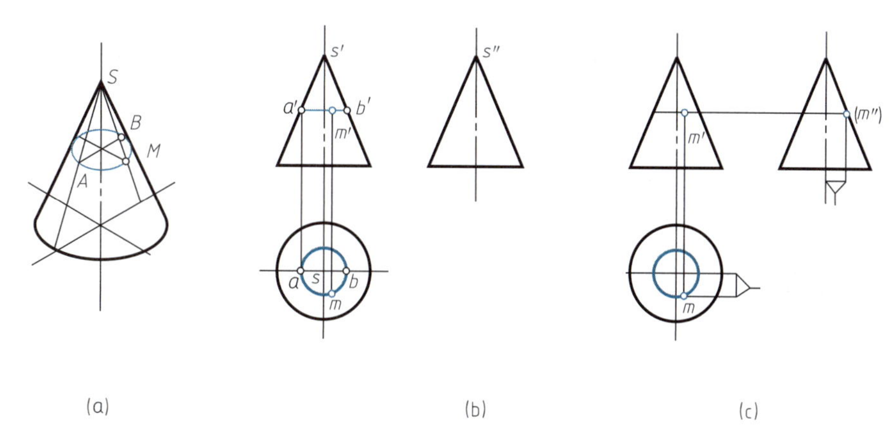

图 3-5 用辅助纬圆法求圆锥表面上点的投影

3.1.5 圆球

圆球表面可看作由一条圆母线绕其直径回转而成。

3.1.5.1 圆球的投影特性

从图 3-6（a）可看出，圆球的三个投影都是直径相等、大小一致的圆，而且是圆球表面平行于相应投影面的三个不同位置的最大轮廓圆。水平投影的轮廓圆是上、下两半球面的分界线；正面投影的轮廓圆是前、后两半球的分界线；侧面投影的轮廓圆是左、右两半球面的分界线。

3.1.5.2 作图步骤

先确定球心的三个投影，过球心分别绘制圆球轴线的三面投影，然后再绘出三个与圆球直径相等的圆，如图 3-6（b）所示。

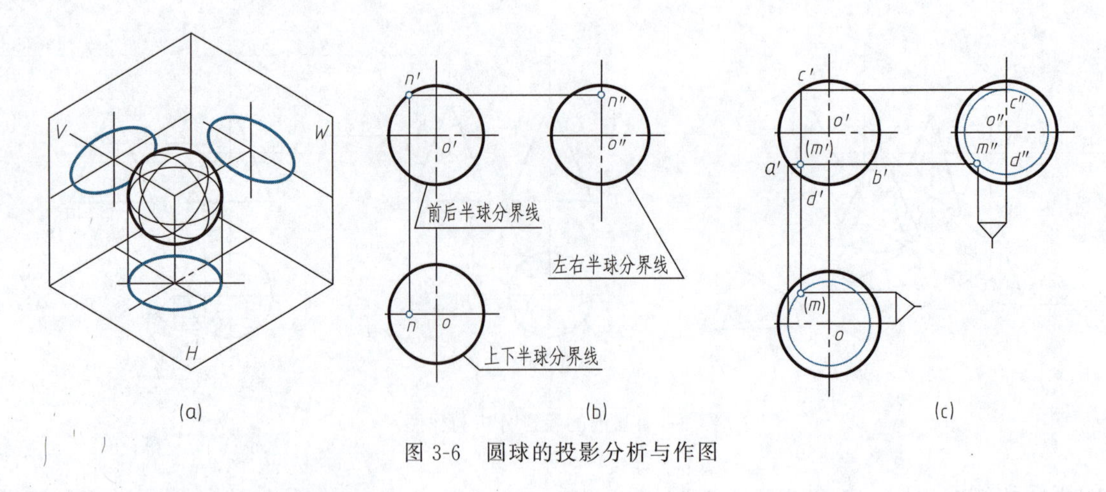

图 3-6　圆球的投影分析与作图

3.1.5.3　圆球表面上点的投影

如图 3-6（b）所示，已知圆球表面上点 N 的正面投影 n'，n' 在圆球的正面投影圆周上，而该圆周是前、后半球的分界线，它的水平投影与圆球水平投影中平行于 X 轴的中心线重合，所以 n 必在该中心线上。同理，n'' 必在圆球侧面投影中平行于 Z 轴的中心线上。

如图 3-6（c）所示，已知圆球表面上点 M 的正面投影 m'，求 m 和 m''。

由于球面的三个投影都没有积聚性，必须用辅助纬圆法求解。过 m' 作水平纬圆的正面投影（积聚成水平线）$a'b'$，再作其水平投影（以 O 为圆心，$a'b'$ 为直径画圆）。在该圆的水平投影上求得 m，由于 m' 是不可见的，则 m 必在下半、后半球面上。然后由 m'、m 求出 m''，由于点 M 在左半球面上，所以 m'' 为可见。

也可以如图 3-6（c）所示，过 m' 作侧平辅助纬圆求作 m 和 m''。

实训项目

将模型、周围较为规则的建筑、建筑构件等（经简化），作为基本立体的具体实例，进行实际测绘或目测，根据结果作投影图，并将上述立体表面上的一些具有特殊性的位置作为立体表面上的点，作点的投影。

习题

1. 下图中已知六棱柱的 V 面、W 面的投影，要求绘出六棱柱的 H 面投影，并补全六棱柱表面上的点 A、B、C、D、E、F 的三面投影。

2. 下图中已知圆锥的 H 面、V 面的投影，要求绘出圆锥的 W 面投影，并补全圆锥表面上的线 SA、BCD、EFG 的三面投影。

二维码 3.3

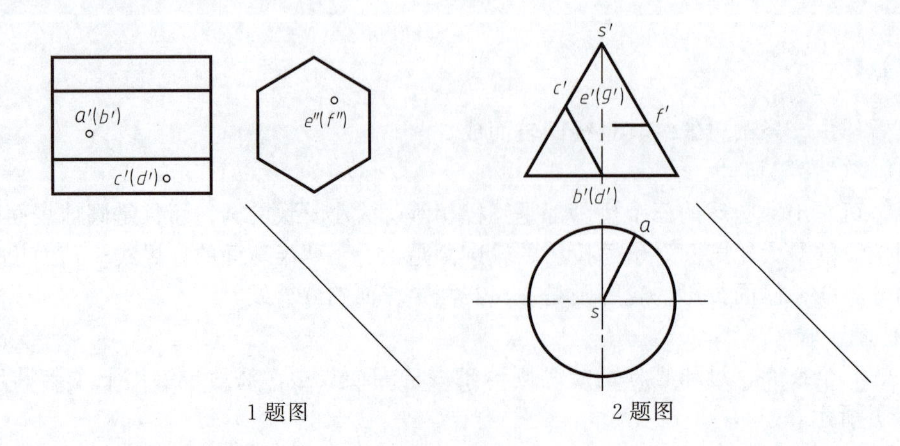

1 题图　　2 题图

3.2 平面与立体相交

当平面与平面立体相交，也可认为平面立体被平面所切削，该平面称为截平面；截平面与立体表面的交线称为截交线；截交线所围成的平面图形称为断面；截交线的顶点称为截交点。如图 3-7 所示。

3.2.1 棱锥的截交线（平面切割四棱锥）

如图 3-8（a）所示，一个四棱锥被一正垂面切削，要求作截交线，绘出切削后立体的投影。

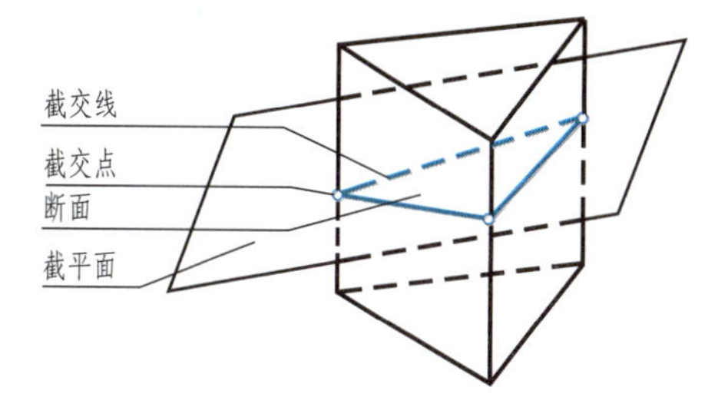

图 3-7 平面与平面立体相交

3.2.1.1 作图分析

因为截平面 P 是正垂面，所以截交线的正面投影积聚成一条直线，水平投影和侧面投影都是四边形（类似形），只要求出四棱锥的四条棱线与 P 面的交点，依次连接即可完成作图，如图 3-8（b）所示。

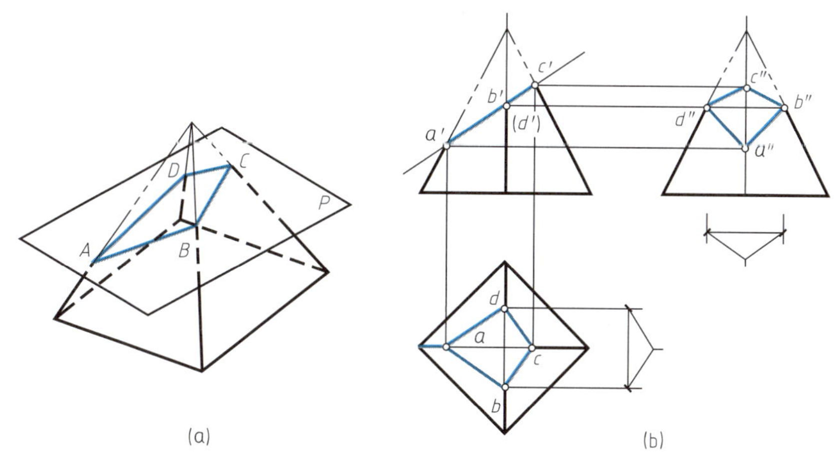

图 3-8 平面与四棱锥相交

3.2.1.2 作图过程

（1）利用截平面的积聚性投影，先找出截交线各顶点的正面投影 a'、b'、c'、d'。

（2）根据 a'、c' 可直接求得 a、c 和 a''、c''。

（3）由 b'、d' 先求得 b''、d''，再按“宽相等”的原则求得 b、d。

（4）分别连接 a、b、c、d 和 a''、b''、c''、d''，完成作图。

3.2.2 棱柱的截交线（平面切割四棱柱）

如图 3-9（a）所示，一个四棱柱被一正垂面切削，要求作截交线，绘出切削后立体的投影。

3.2.2.1 作图分析

截平面 P 与四棱柱的四个棱面及上表面相交，截交线是五边形，如图 3-9 所示。五边形的五个顶点分别是 P 面与四棱柱三条棱线以及顶面两条边线的交点。因为截平面 P 为正垂面，所以截交线的正面投影与 P' 重合。四棱柱的各棱面为铅垂面，截交线的水平投影与四棱柱的各棱面的水平投影重合。截平面与棱柱顶面的交线为正垂线，其正面投影积聚为一点，水平投影则反映实长。

3.2.2.2 作图过程

（1）利用截平面的积聚性投影，先找出截交线各顶点的正面投影 a'、b'、c'、d'、e'。

（2）由 a'、b'、e' 可直接求得 a''、b''、e''。

（3）由 P 平面与四棱柱顶面交点的正面投影 c'（d'），求得水平投影 c、d，再按“宽相等”求得侧面的投影 c''、d''。

（4）依次连接 a''、b''、c''、d''、e'' 即为所求截交线的侧面投影。

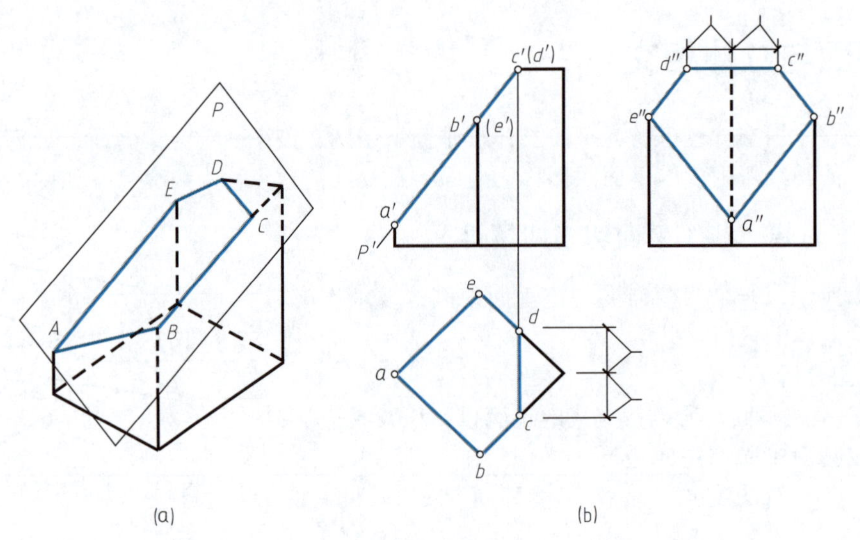

图 3-9　平面与四棱柱相交

3.2.3　圆柱的截交线

曲面立体的截交线是截平面与曲面立体表面的共有线，截交线上的点（截交点）是截平面与曲面立体表面的共有点，截交线所围成的平面图形就是曲面立体被截的断面。因此，求截交线的投影需要先求出这些共有点的投影，然后再连成截交线的投影。

在可能和作图较为方便的情况下，通常应先求出截交线上各特殊点的投影，如对称轴上的顶点，曲面的投影面外形轮廓线上的点，截交线上的极限位置点（最左、最右、最前、最后、最高、最低的点）等。然后，在连点较稀疏处或曲率变化较大处，按需要再作一些截交线上的一般点。最后，连成截交线的投影。

当平面与圆柱相交时，由于截平面与圆柱轴线的相对位置不同，得到的截交线的形状也不同。如表3-1所示，当截平面垂直于圆柱的轴线时，圆柱面上的截交线和圆柱的断面都是圆；截平面与圆柱的轴线倾斜时，圆柱面上的截交线和圆柱的断面都是椭圆；截平面与圆柱的轴线平行时，圆柱面上的截交线为两条直线，即圆柱上的两条直线素线，而圆柱的断面则为矩形。

表 3-1　圆柱面上的截交线与圆柱的断面

截平面位置	垂直于圆柱的轴线	倾斜于圆柱的轴线	平行于圆柱的轴线
示意图			
投影图			
截交线	圆	椭　圆	四条直线
断面	圆	椭　圆	矩　形

图 3-10 所示为圆柱被正垂面 P 斜切，截交线为椭圆的作图过程。

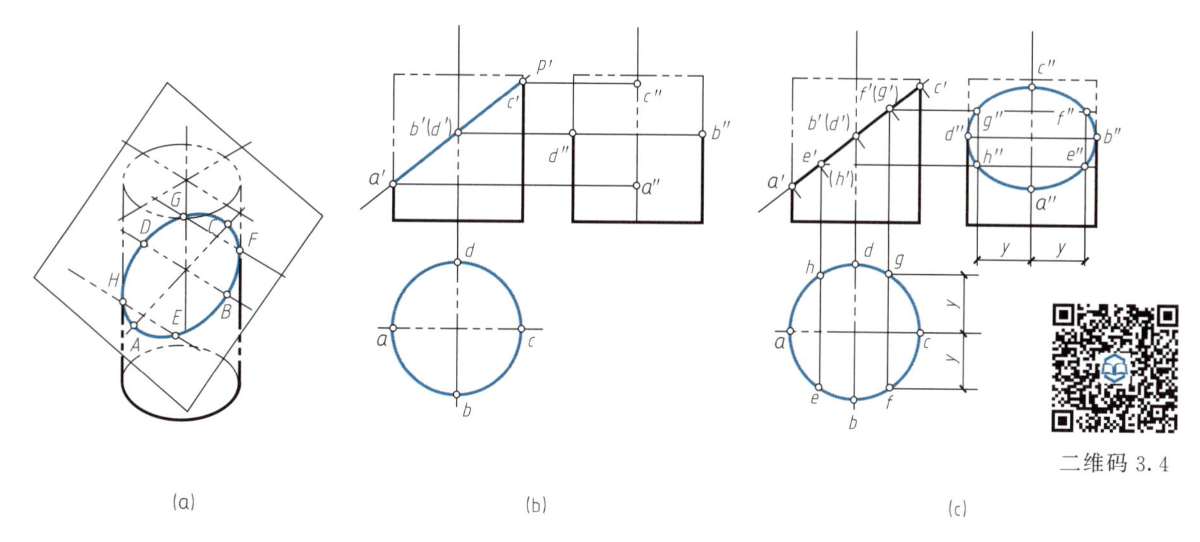

图 3-10　作平面切割圆柱的截交线和截面的实形

3.2.3.1　作图分析

因为截平面 P 是正垂面，所以椭圆的正面投影积聚在 P' 上，水平投影与圆柱面的水平投影重合为圆，侧面投影为椭圆。

3.2.3.2　作图过程

（1）求特殊点。由图 3-10（a）可知，最低点 A、最高点 C 是椭圆长轴两端点，也是位于圆柱最左、最右素线上的点。最前点 B、最后点 D 是椭圆短轴两端点，也是位于圆柱最前、最后素线上的点。如图 3-10（b）所示， A、B、C、D 的正面投影和水平投影可利用积聚性直接求得。然后根据正面投影 a'、b'、c'、d' 和水平投影 a、b、c、d 求得侧面投影 a''、b''、c''、d''。

（2）求中间点。为了作图的准确性，还必须在特殊点之间作出适当数量的中间点，如图 3-10（a）所示的 E、F、G、H 各点，可先作出它们的水平投影，再作出正面投影，然后根据水平投影 e、f、g、h 和正面投影 e'、f'、g'、h' 作出侧面投影 e''、f''、g''、h''。

（3）依次光滑连接 $a''e''b''f''c''g''d''h''$，即为所求截交线椭圆的侧面投影。如图 3-10（c）所示。

必须注意：随着截平面 P 与圆柱轴线的变化，所得截交线椭圆的长、短轴的投影也相应变化。当 P 面与轴线成 45° 时，椭圆长、短轴的侧面投影相等，即为圆。

3.2.4　圆锥的截交线

当平面与圆锥相交时，由于截平面与圆锥的相对位置不同，截交线的形状也不同。如表 3-2 所示。

如图 3-11 所示为圆锥被正平面切割后形成截交线的作图过程。

3.2.4.1　作图分析

因为截平面为正平面，所以截交线的水平投影积聚为直线。可由截交线的水平投影用辅助纬圆法或辅助素线法求作正面投影，如图 3-11 所示。

3.2.4.2　作图过程

（1）求特殊点。截交线的最低点 A、B 是截平面与圆锥底圆的交点，可直接作出 a、b 和 a'、b'。由于截交线的最高点 C 是截平面与圆锥面上最前素线的交点，由此可知，最高点 C 的水平投影 c 在 ab 的中点处，以 s 为圆心，sc 为半径作圆弧，分别交 $s1$、$s2$ 于 3、4，由水平投影 3、4 作出 $3'$、$4'$，连接 $3'4'$，与最前素线的交点即为 c'。

（2）求中间点。在截交线的适当位置作水平纬圆，该圆的水平投影与截交线的水平投影交于 d、e，即为截交线上两点的水平投影，由 d、e 作出 d'、e'。依次光滑连接 $a'd'c'e'b'$，即为截交线的正面投影，如图 3-11 所示。

表 3-2　圆锥面上的截交线与圆锥的断面

截平面位置	垂直于圆锥的轴线	倾斜于圆锥的轴线，与素线都相交	平行于一条素线	平行于两条素线	通过锥顶
示意图	P	P	P	P	P
投影图	P_V	P_V	P_V	P_H	P_V
截交线	圆	椭　圆	抛物线	双曲线	两条直线
断面	圆	椭　圆	抛物线和直线组成的封闭的平面图形	双曲线和直线组成的封闭的平面图形	三角形

3.2.5　球的截交线

当平面与球相交时，截交线总是圆。当截平面平行于投影面时，截交线（圆）在该投影面上的投影反映实形；当截平面垂直于投影面时，截交线（圆）在该投影面上的投影积聚成一条长度等于截交线（圆）的直径的直线；当截平面倾斜与投影面时，截交线（圆）在该投影面上的投影为椭圆，这时，在作截交线（圆）的特殊点中，应首先作出投影椭圆的长短轴顶点。

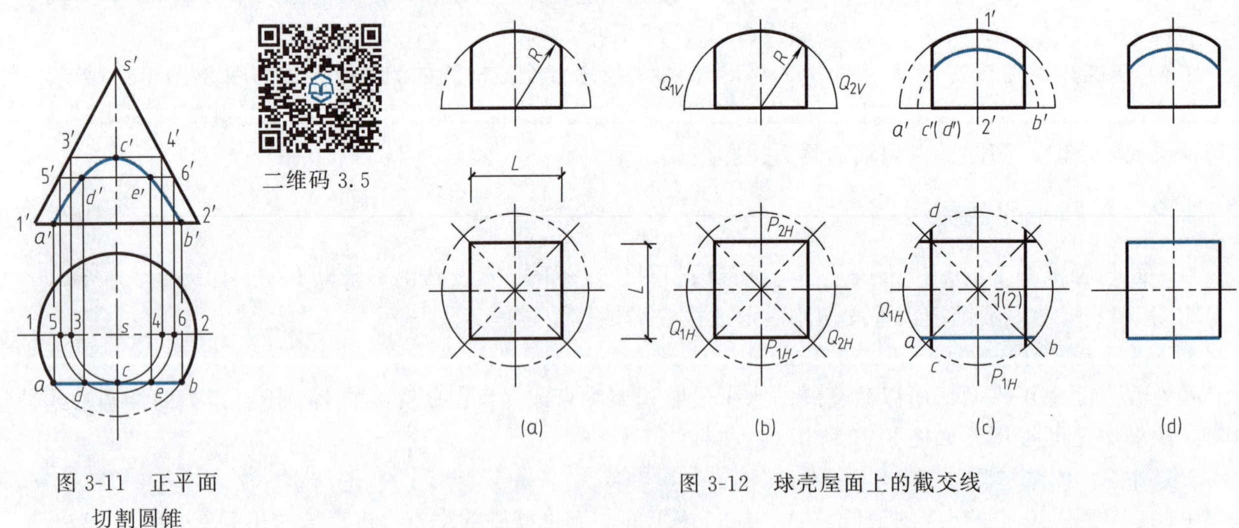

图 3-11　正平面切割圆锥

图 3-12　球壳屋面上的截交线

【例 3-1】 已知网球馆球壳屋面的跨度 l 和球半径 R，如图 3-12（a）所示，作球壳屋面的投影。

作图分析

球壳屋面是半径为 R 的半球，被两对对称的、相距为 L 的正平面 P_1、P_2 和侧平面 Q_1、Q_2 切割，如图 3-12（b）所示。球面被正平面 P_1、P_2 切割后截交线的正面投影反映圆弧的实形，其余两面投影积聚成直线。球面被侧平面 Q_1、Q_2 切割后截交线的侧面投影反映圆弧的实形，其余两面投影积聚成直线。

作图过程

(1) 首先，作出半球体在水平投影面和正投影面上的对称轴和轮廓线。

(2) 在水平投影面上距对称轴 $L/2$ 处，分别作出正平面 P_1、P_2 的水平投影 P_{1H}、P_{2H} 和侧平面 Q_1、Q_2 的水平投影 Q_{1H}、Q_{2H}，P_{1H} 交圆周于 a、b，Q_{1H} 交圆周于 c、d；如图 3-12 (c) 所示。

(3) 在 V 面上，以 $2'$ 为圆心，ab 长为直径作出截交圆弧的正面投影（圆弧实形）；然后作出侧平面 Q_1、Q_2 的正面投影（两条积聚线），如图 3-12 (c) 所示。

(4) 擦去多余作图线，描深球壳屋面的轮廓线，完成作图，如图 3-12 (d) 所示。

实训项目

将模型、周围较为复杂的建筑、建筑构件等的一部分（经简化），作为立体被平面切削的具体实例，进行实际测绘或目测，根据结果作投影图。

习题

1. 已知五棱锥被侧垂面 P 截断，要求补全截断体的 H 面投影，并绘出截断体的 V 面投影。
2. 已知圆锥被正垂面 P 截断，要求补全截断体的 H 面投影，并绘出截断体的 W 面投影。

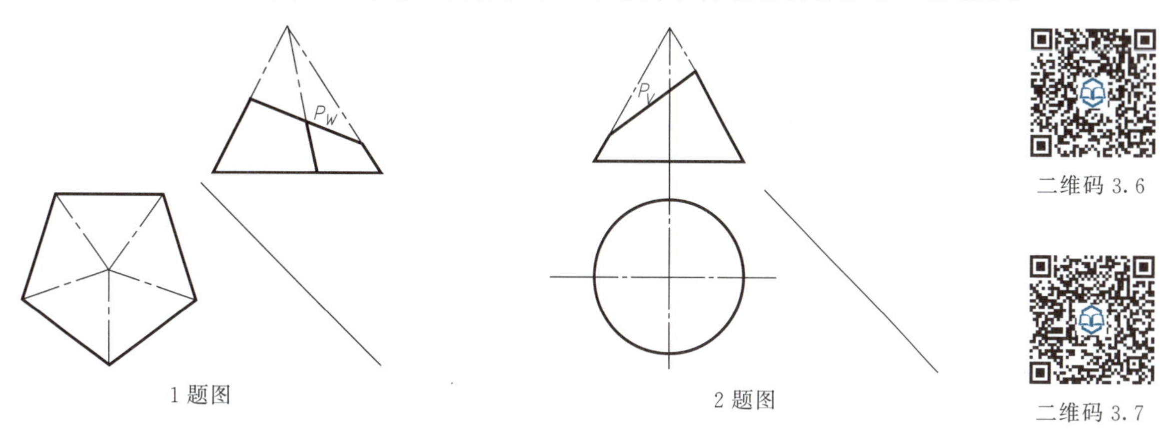

1 题图　　2 题图

二维码 3.6

二维码 3.7

3.3　两立体相贯

两立体相交，也称为两立体相贯，该两立体称为相贯体，它们的表面交线称为相贯线。相贯线是两立体表面的共有线，相贯线上的点都是两立体表面的共有点。相贯体实际上是一个整体。

3.3.1　两平面立体相贯

两平面立体的相贯线，在一般情况下是封闭的空间折线，每段折线是两个平面立体表面上共有的交线，因此，求作两平面立体的相贯线常采用把既位于一个立体的同一表面上、又位于另一立体同一表面上的两点，依次连成相贯线的方法；还可以采用求出两立体表面交线的方法。当立体表面的投影有积聚性时，就可直接利用积聚性作图。

【例 3-2】 求作高低房屋相交的表面交线，如图 3-13 所示。

作图分析

高低房屋相交，可看成两个五棱柱相贯，两个五棱柱中的一个五棱柱的棱面都垂直于侧面，另一五棱柱的棱面都垂直于正面，所以交线的正面、侧面投影均为已知，根据正

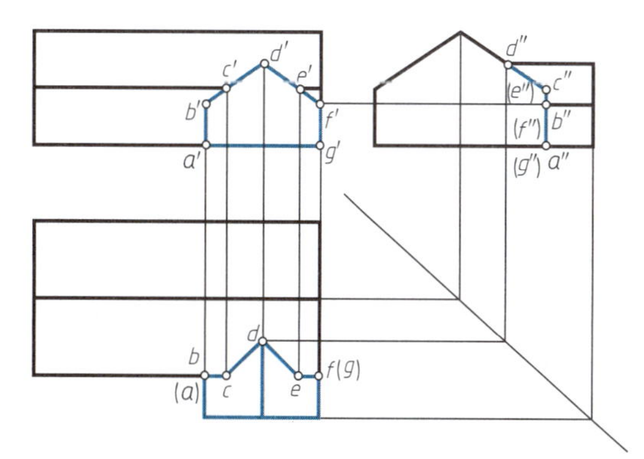

图 3-13　高低房屋的表面交线

面、侧面投影作交线的水平投影。作图结果如图 3-13 所示。

3.3.2 平面立体与曲面体相贯

在一般情况下，平面立体与曲面体的相贯线由若干段平面曲线或直线段组合而成，每段平面曲线或直线是平面立体上某一表面与曲面体表面的截交线，而每段相贯线的连接点，则是平面立体表面上的轮廓线与曲面立体的贯穿点。因此，求平面立体与曲面立体的相贯线，就是求平面立体与曲面立体表面的截交线。

【例 3-3】 如图 3-14（a）所示，求作圆锥形薄壳基础的表面交线。

作图分析

如图 3-14（a）所示，圆锥形薄壳基础可看成由四棱柱和圆锥相交。四棱柱的四个棱面平行于圆锥轴线，它们与圆锥表面的交线为四段双曲线。四段双曲线的连接点就是四棱柱四条棱线与锥面的交点。由于四棱柱的四个棱面是铅垂面，所以交线的水平投影与四棱柱的水平投影重合。

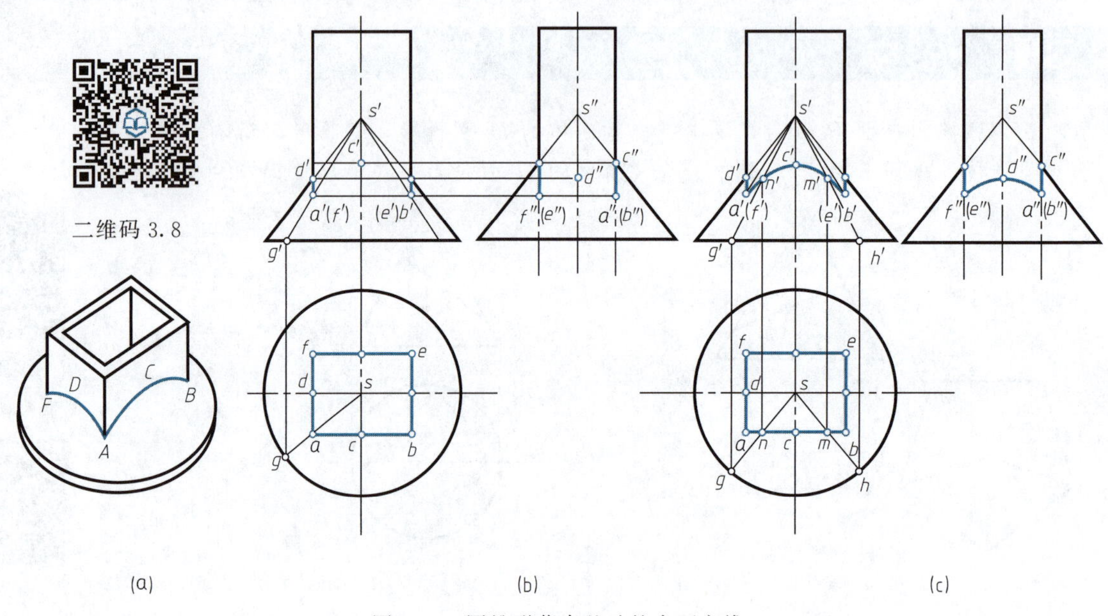

图 3-14 圆锥形薄壳基础的表面交线

作图过程

（1）求特殊点。如图 3-14（b）所示，先求四棱柱四条棱线与锥面的交点 A、B、E、F。可由已知的四个点的水平投影如 a、b，用素线法求得 a'、b'和 a''、b''。再求出四棱柱前棱面和左棱面与锥面交线（双曲线）的最高点 C、D，可由 C 点的侧面投影 c''求得 c'，再由 D 点的正面投影 d'求得 d''。

（2）求一般点。如图 3-14（c）所示，同样用素线法求得对称的一般点 M、N 的正面投影 m'、n'。

（3）结果连线。分别在正面和侧面投影中，将求得各点依次连接成 $a'n'c'm'b'$ 和 $f''d''a''$，完成作图。如图 3-14（c）所示。

3.3.3 两曲面体相贯

两曲面体表面的相贯线，一般是空间曲线，特殊情况下可能是平面曲线或直线。相贯线上的每个点都是两形体表面的共有点，因此，求作两曲面体的相贯线时，通常是先求出一系列共有点，然后依次光滑连接相邻各点。

【例 3-4】 如图 3-15（a）所示，圆柱形屋面上有一圆柱形烟囱。

作图分析

可将它们看成是两个大小不同的轴线垂直相交的圆柱相贯，相贯线为封闭的空间曲线。由于直立小圆柱的水平投影有积聚性，水平大圆柱（半圆柱）的侧面投影有积聚性，所以相贯线的水平投影与小圆周重合，侧面投影与大圆周（部分）重合。因此，需要求作的仅是相贯线的正面投影。

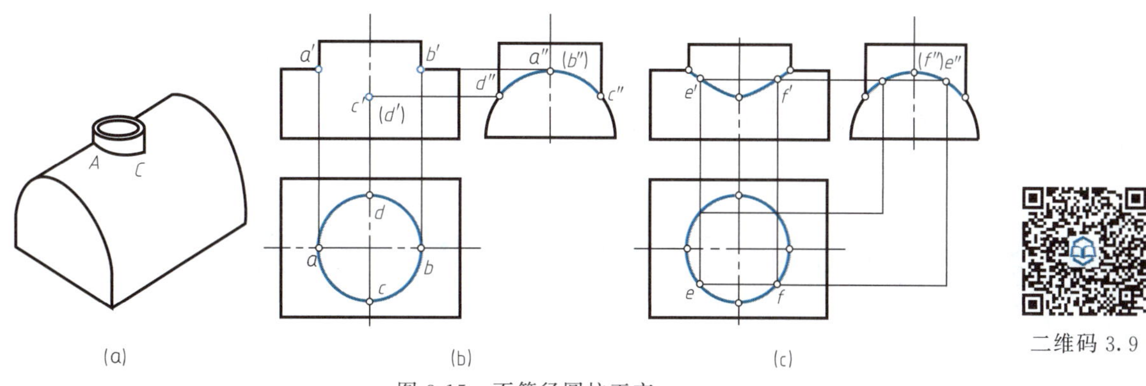

图 3-15　不等径圆柱正交

二维码 3.9

作图过程

如图 3-15（b）、(c）所示。

（1）求特殊点。水平圆柱的最高素线与直立圆柱的最左、最右素线的交点 A、B 是相贯线上最高点，也是最左、最右点。a'、b'，a、b 和 a''、b'' 均可直接作出。直立圆柱的最前、最后素线与水平圆柱表面的交点 C、D 是相贯线上最低点，也是最前、最后点。c''、d''，c、d 可直接作出，再由 c''、d'' 和 c、d 求得 c'、d'。如图 3-15（b）所示。

（2）求中间点。利用积聚性，在侧面投影和水平投影上定出 e''、f'' 和 e、f，再由 e''、f'' 和 e、f 作出 e'、f'。同样方法求出相贯线上一系列点，光滑连接各点即为相贯线的正面投影，如图 3-15（c）所示。

实训项目

将模型、周围建筑、建筑构件等的一部分（经简化），作为相贯体的具体实例，进行实际测绘或目测，根据结果作投影图。

习题

补全下图建筑模型的 H 面、V 面投影。

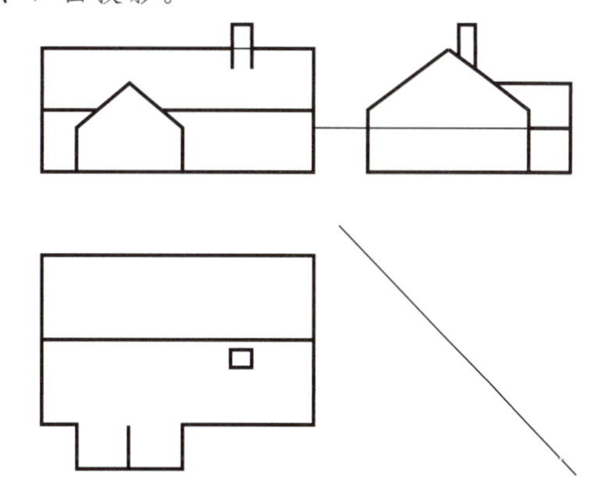

二维码 3.10

复习思考题

1. “三等原则”是什么？

2. 利用模型、周围的建筑、建筑构件等，简述棱柱、棱锥的形体特征及投影特性。

3. 圆柱、圆锥、球有什么形体特征及投影特性？

4. 简述圆柱、圆锥被平面切削后截交线的形式。

5. 周围的建筑、建筑构件等，哪些是基本立体？哪些是被平面切削后的截断体？哪些是两立体的相贯体？

教学单元4 组合体视图

学习目标、教学要求和素质目标

本教学单元是本门课程的重点之一，重点介绍组合体的分析方法和组合体视图的绘制，进行组合体视图的识读和绘制训练。通过学习，应该达到以下要求：

1. 了解组合体的结合方式。
2. 了解多面正投影图的名称、绘制位置和要求。
3. 掌握形体分析法和线面分析法，并能较为熟练地运用这两种方法进行形体分析。
4. 能够在分析的基础上徒手绘制组合体视图。
5. 培养学生的创新思维。
6. 培养学生的空间思维能力。
7. 培养学生精益求精、一丝不苟和规范制图的职业素养。

4.1 组合体的结合方式

建筑物及其构配件的形式繁多，有一些其形体较为复杂，但仍可以把它看作是由一些基本几何立体（棱柱、棱锥、圆柱、圆锥、球等）组合而成的。组合体的结合方式有下列几种。

4.1.1 叠合式

组合体由两个或两个以上的基本立体叠合而成，这种结合方式称之为叠合式。如图4-1所示的房屋，是由房屋主体（两个四棱柱）、屋顶（两个三棱柱）和烟囱（一个四棱柱）叠合而成的。

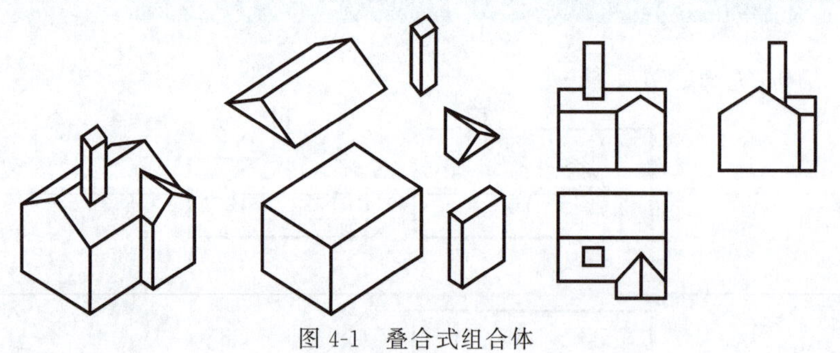

图4-1 叠合式组合体

4.1.2 切割式

一个形体比较复杂的物体，可以把它看作是由基本几何体经切割后形成的。如图4-2所示的三面投影，是由一个长方体切去一个三棱柱体和一个四棱柱体后形成的。

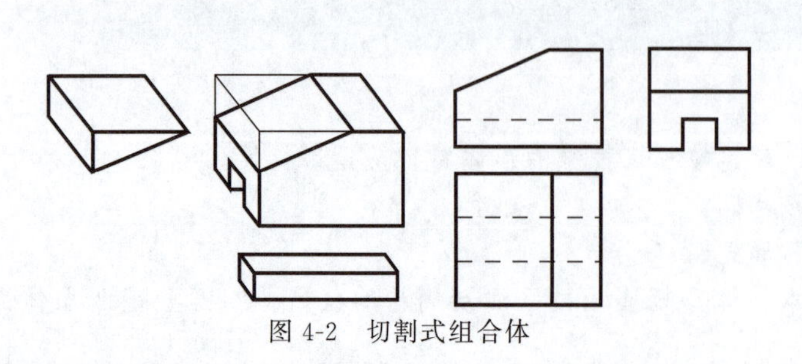

图4-2 切割式组合体

图4-3 综合式组合体

4.1.3 综合式

综合式组合体是既有形体叠合又有形体切割的组合方式。如图 4-3 所示的组合体是由一个四棱柱底板与一个经过切割后的四棱柱叠合而成的。

4.2 多面正投影

4.2.1 多面正投影图

用正投影法绘制出的物体的图形称为视图。对于形状简单的物体，一般用三面投影即三个视图就可以表达清楚。但房屋建筑形体比较复杂，各个方向的外形变化很大，采用三面投影难以表达清楚，需要四五个甚至更多的视图才能完整表达其形状结构。

提示： 如在同一张图纸上绘制若干个视图时，各视图的位置宜按图 4-4 的顺序进行配置。

每个视图一般均应标注图名。图名宜标注在视图的下方或一侧，并在图名下用粗实线绘一条横线，其长度应以图名所占长度为准（图 4-4）。使用详图符号作图名时，符号下不再画线。

由于房屋形体庞大，如果一张图纸内画不下所有投影图时，可以把各投影图分别画在几张图纸上，但应在投影图下方标注图名。

4.2.2 镜像投影图

当视图用第一角画法绘制不宜表达时，可用镜像投影法绘制。镜像投影是物体在镜面中的反射图形的正投影，该镜面应平行于相应的投影面，如图 4-5（a）所示。用镜像投影法绘制的平面图应在图名后注写“镜像”（或镜面）二字，如图 4-5（b）所示，或按图 4-5（c）画出镜像投影识别符号，以便读图时不致引起误解。镜像投影图在装饰工程中应用较多。

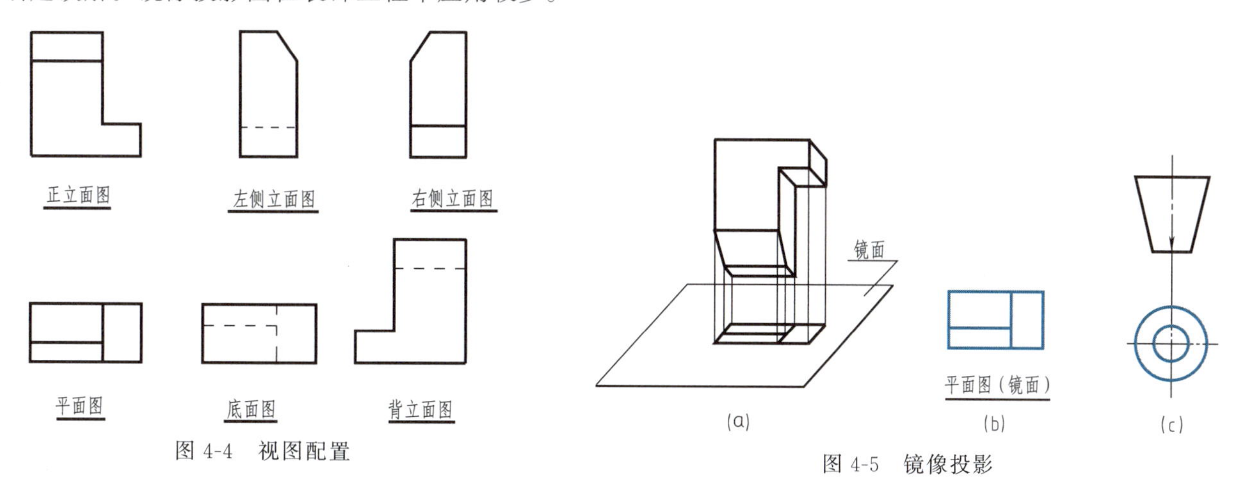

图 4-4 视图配置

图 4-5 镜像投影

4.3 组合体视图的阅读

阅读组合体视图常采用形体分析法和线面分析法两种方法。

4.3.1 形体分析法

形体分析法是从某一个反映组合体主要特征的投影图（H 面投影、V 面投影或 W 面投影）中分析组合体是由哪些部分组成，然后对照其他投影图，分别确定各部分的细部形状，最后按照投影图把各部分叠合在一起，由此读出投影图所表达的形体。一般对于形体较为简单的立体，可以只用形体分析法分析即可。

图 4-6（a）为组合体的两面投影，从 V 面投影看出，形体分为上、下两部分，对应 H 面投影图可知，下部四棱柱底板被切去两个角［图 4-6（b）］。上部为一个四棱台，对应 H 面可知四棱台的厚度［图 4-6（c）］。上、下叠合起来，投影图所表达的形体就清楚了［图 4-6（d）］。

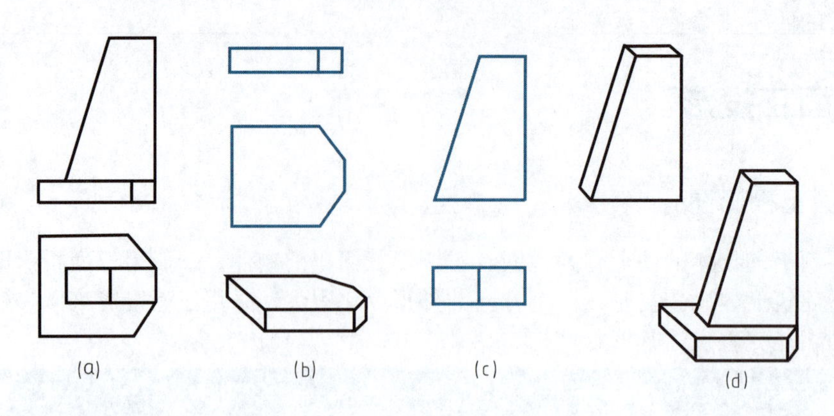

图 4-6　用形体分析法阅读投影图

4.3.2　线面分析法

对于较为复杂的形体，用形体分析法不足以分析清楚时，可采用线面分析法分析。

由各种形状和空间位置面所围合的立体，其投影是立体所含的各面投影的总和。线面分析法是阅读投影图的方法之一，主要分析投影图中具有特征的平面的投影。

提示： 线面分析法的关键——分析出每个封闭线框和每条线段所表示的意义。

4.3.2.1　投影图中线段的意义

图中的线段可以代表形体上某一侧面（平面或曲面）的聚集投影、形体表面上相邻两面的交线或曲面投影的轮廓线。

4.3.2.2　投影图中封闭几何图形的意义

投影图上的封闭图形，一般是立体上某一几何平面的投影。

（1）投影图上一封闭图形表示一个面。封闭图形在另一投影中的对应投影有两种可能：边数同等、形状相像的封闭图形，或是积聚性直线段。

（2）投影图中，相邻的封闭图形，一般表示不同的面，它们的关系或是相交或是错开（在前后、上下、左右方向上）。

（3）投影图上的封闭图形还可以表示一个孔洞、沟槽等。

分析投影图，首先从具有特征性的封闭图形入手，找出它在另一投影中的对应投影，由对应投影图形确定该平面的形状、位置。

如图 4-7（a）所示，V 面上有 p'、q' 两个封闭图形，这两个封闭图形在空间的相对位置如何，需根据它的 H 面投影来确定。

p' 封闭图形代表一个面，它在 H 面上的对应投影 p 有两种可能：或是积聚性直线段；或是边数相同，图形相像的封闭图形。如图 4-7（b）所示，按投影关系，p' 在 H 面上的对应投影 p 是一条积聚性直线段，而且平行于 OX 轴，可以确定 P 平面是正平面；同理分析，Q 面也为正平面；且在 P 面之后。这样就确定 P、Q 两个平面的位置了。这两个具有特征的平面的空间位置确定之后，再对应 H 面与 V 面的投影图，就可以读懂其形体［图 4-7（c）］。

如图 4-8 所示，H 面投影上有一封闭图形 K，它在另一投影中没有相像的封闭图形或积聚性的线段与之对应，根据形体在 V 面上的投影特征得知，K 面代表的是一个孔洞的投影（可以称为虚面）。

上面分析介绍了形体分析法与线面分析法，但是在阅读投影图时，并不是单纯使用某一种方法，而是综合运用所掌握的方法与经验。

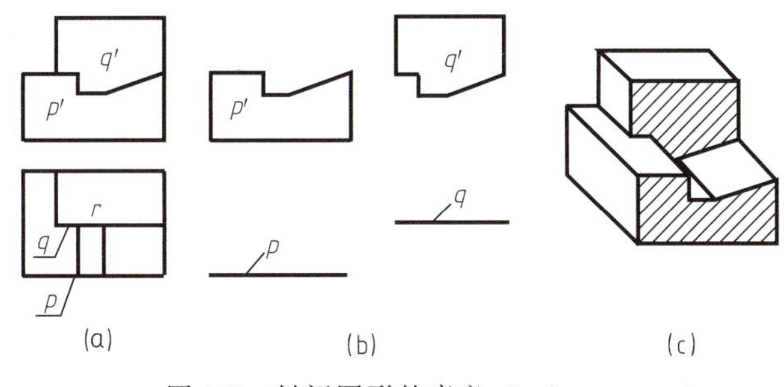

图 4-7　封闭图形的意义（一）

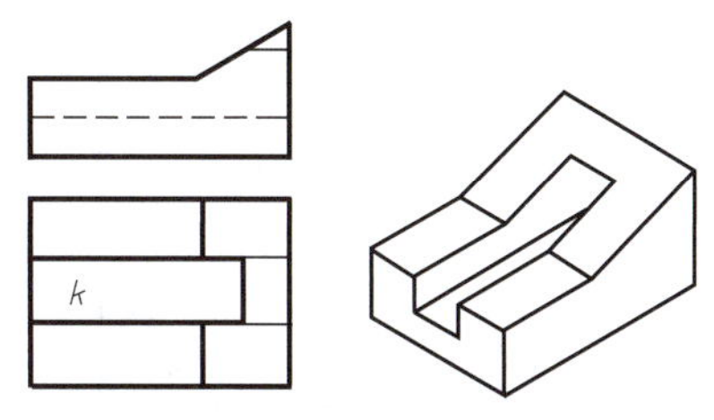

图 4-8　封闭图形的意义（二）

提示： 一般来说，阅读投影图是“先整体，后细部”，即先用形体分析法对立体的整体有一个大致的认识，然后再用线面分析法认识立体的细部，最终达到读懂投影图的目的。

【例 4-1】 分析图 4-9（a）形体的三面投影图。

分析

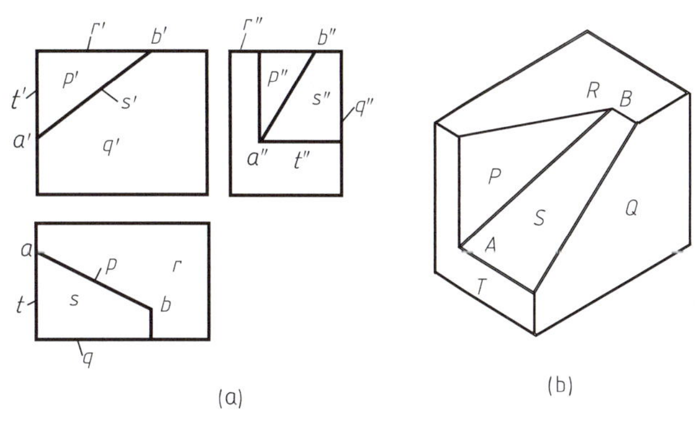

图 4-9　线面分析

根据三个投影图的外轮廓线来看，是个四棱柱，从 V 面投影可以知道，长方体的左上角被切去了一部分。对应 H 面投影图可知，被切去的是楔形体，也就是四棱柱左前上方挖了个楔形槽口，其 V 面投影为 p'、q' 两个封闭图形，线框 p' 是一个三角形，对应 H 面是一积聚线 p，而 W 面上有相像的三角形 p''，则说明 p 平面是铅垂面。线框 q' 对应的 H 面与 W 面都没有相像的图形，而相应只有两个直线段 q 与 q''，而且是垂直于 Y 轴的直线段，则可知 Q 平面为正平面；根据 H 面的两个线框 r、s，对应 V 面和 W 面的投影可得出 R 平面为水平面，S 平面为正垂面；同样依据 W 面的线框 t'' 及 t、t'，可得出 T 平面为侧平面；然后再分析直线 AB 的投影 ab、$a'b'$、$a''b''$，得出直线 AB 为一般位置直线。综合以上分析，即可以认识该立体的确切形体，见图 4-9（b）。

实训项目

将模型、周围的建筑、建筑构件等，进行实际测绘或目测，根据结果作投影图（可与上一教学单元的实训内容结合起来），并对投影图进行分析，形成整体。

习题

1. 根据形体的正等测图，绘制组合体的三视图。尺寸在轴测图上按轴线方向 1∶1 量取（取整数）。
2. 在下列四个图中补全平面 P、Q 和直线 L、M 的投影，并填写空间位置。
3. 根据给出的两个视图，补绘出第三个视图。

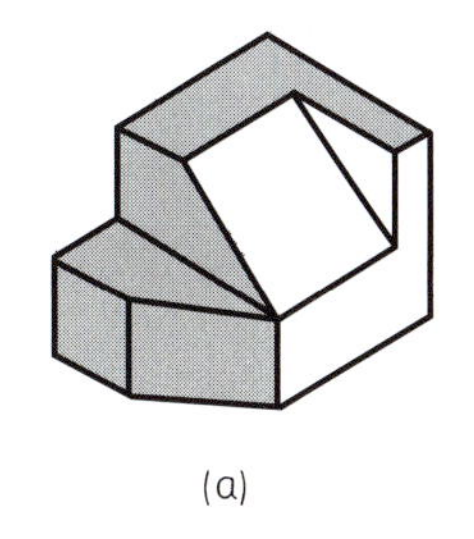

(a)

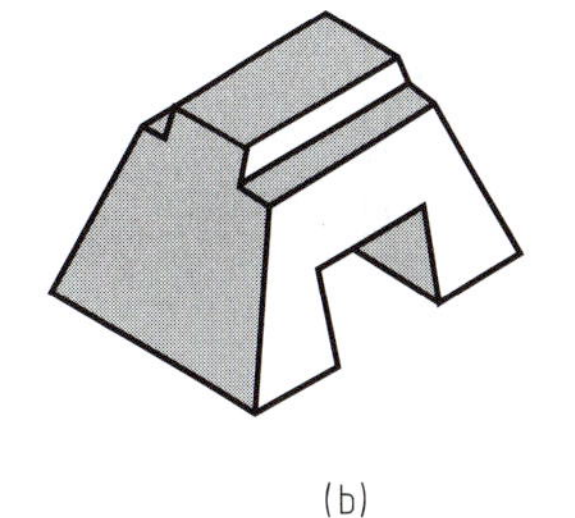

(b)

二维码 4.1

1 题图

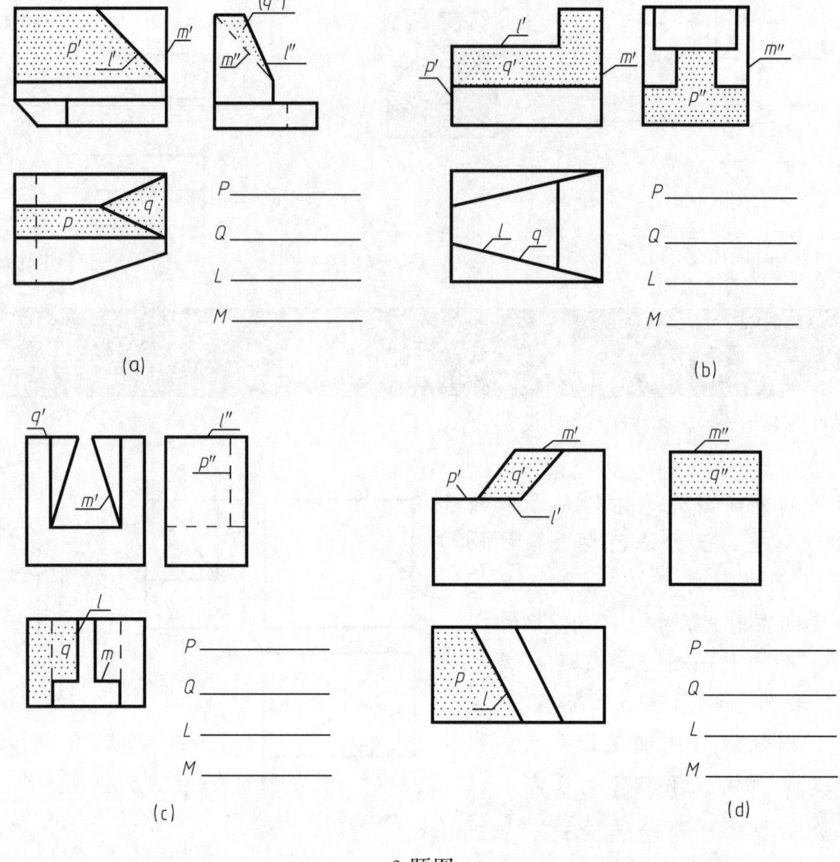

2 题图

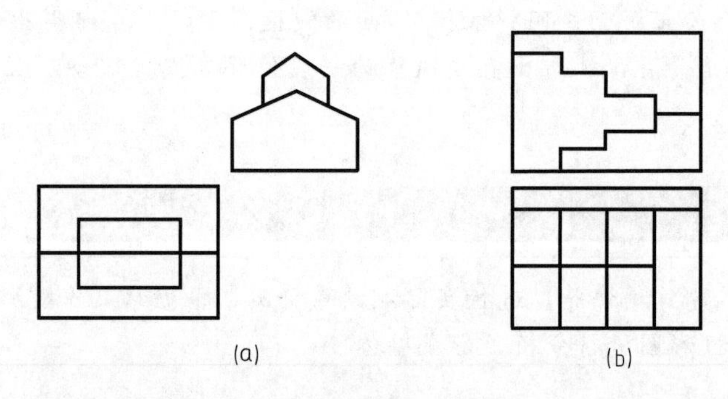

3 题图

4. 补绘出第三视图，并标注尺寸（按 1∶1 尺寸从图中量取，取整数）。

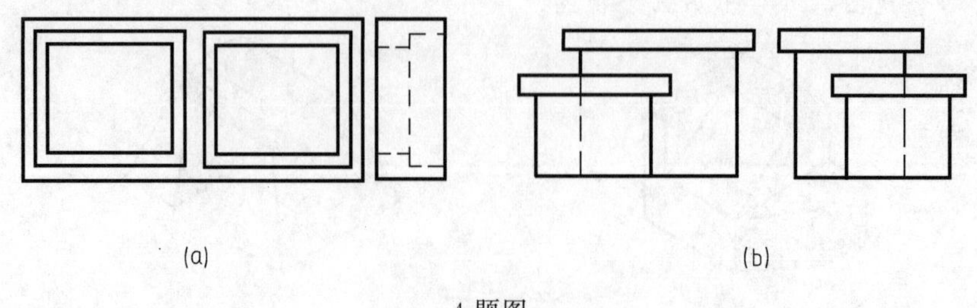

4 题图

4.4 徒手绘制组合体视图

在实际工作中，常常需要徒手按目测绘制草图。组合体三视图的草图，通常是根据实物或轴测图，通过目测比例的方法绘制出来的。徒手绘图和用仪器绘图具有相同的内容和要求、相同的绘图方法和步骤，同样需要认真地绘制。

【例 4-2】 图 4-10 是一个台阶模型的轴测图，试徒手画三视图草图，并标注尺寸。

作图过程

（1）选比例，定幅面　根据组合体的尺寸大小确定绘图比例、图纸幅面及各视图的位置等。

（2）画底稿　如图 4-11（a）所示，先画作图基线和这个台阶模型组合体的视图范围，并确定长、宽、高三个方向的尺寸基准线。

如图 4-11（b）所示，画出右侧直角梯形栏板的三视图，这时假设台阶不存在，或者说是透明体，栏板一直延伸至地面。

如图 4-11（c）所示，假设左侧栏板不存在，或者是透明体，绘出两级台阶的三视图。注意，台阶与已画出的右侧栏板相交处，在正立面图和左侧立面图中，要按实际情况，修改右侧栏板已画出的轮廓线。

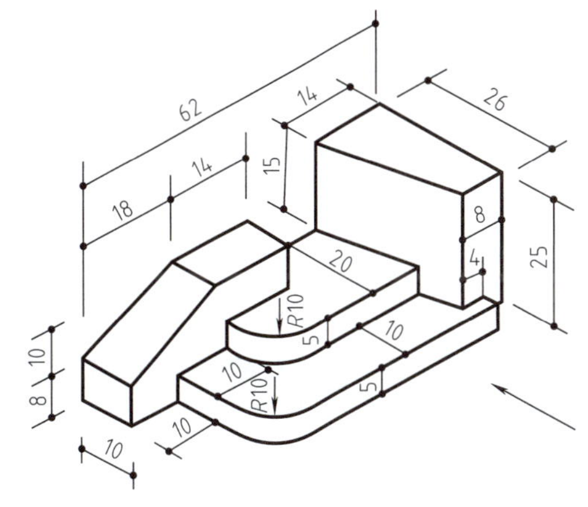

图 4-10　台阶模型的轴测图

如图 4-11（d）所示，画出左侧栏板五棱柱的三视图，并按实际情况于左侧栏板与已画出的台阶相交处，修改台阶已画出的轮廓线。

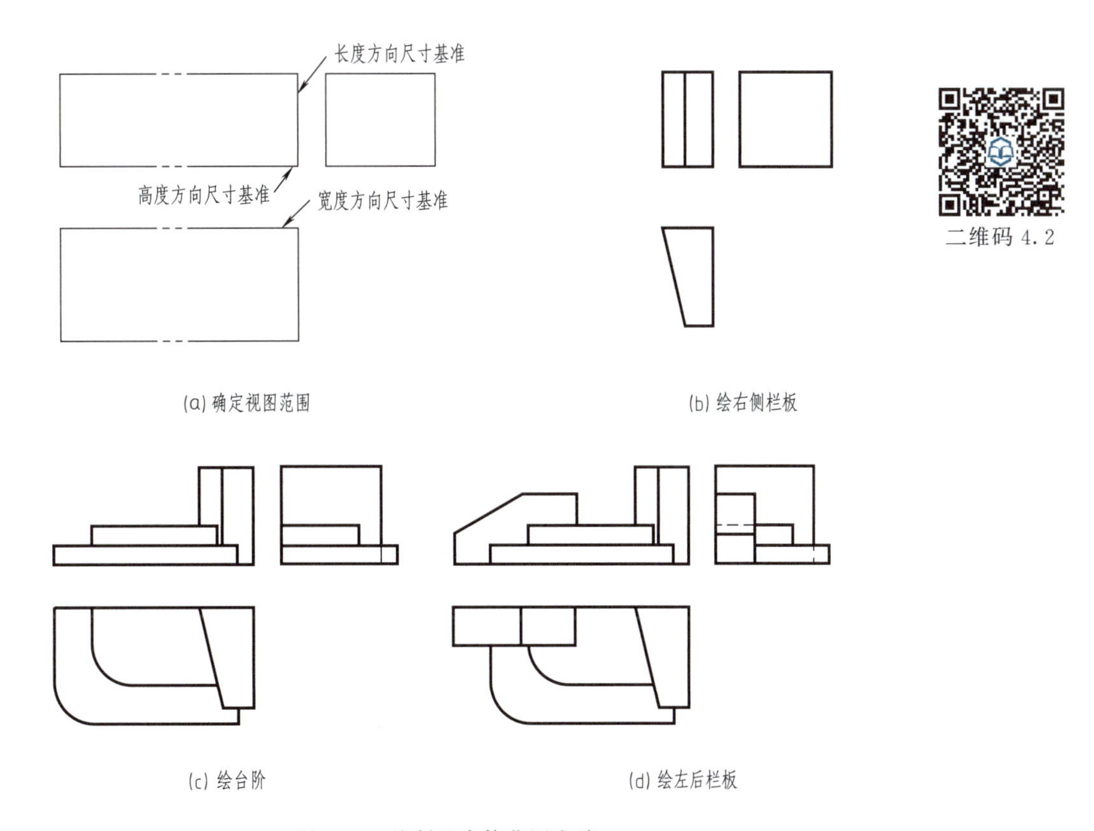

(a) 确定视图范围　(b) 绘右侧栏板

(c) 绘台阶　(d) 绘左后栏板

图 4-11　绘制组合体草图底稿

（3）清理图面，加深图线　画完底稿后，擦去多余的稿线，经过清理图面，校核，再用 2B 或 B 型铅笔加深图线。

（4）标注尺寸　在已加深的草图中完整地标注出这个台阶模型的尺寸，如图 4-12 所示。

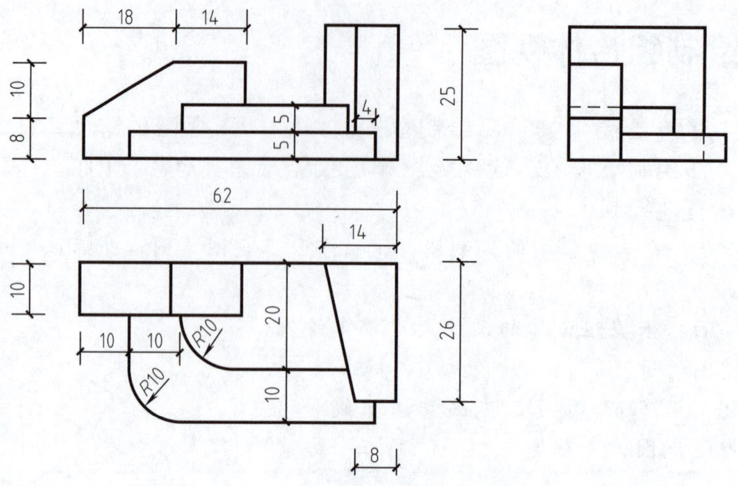

图 4-12　在台阶模型草图中标注尺寸

实训项目

将模型、周围的建筑、建筑构件等，进行目测，徒手绘制投影图。

习题

根据下列形体的正等测图，徒手绘制组合体的三视图。

二维码 4.3

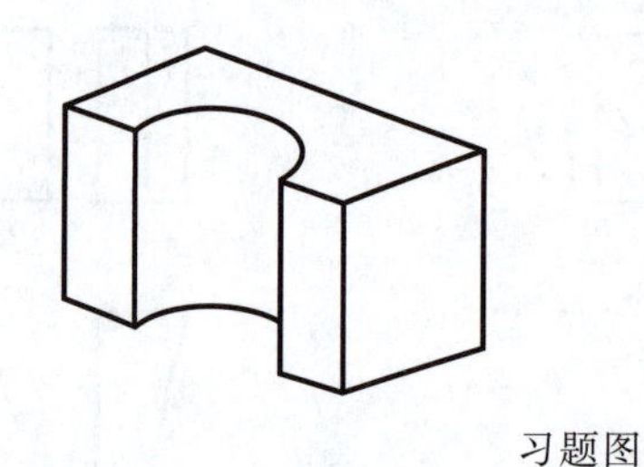

习题图

复习思考题

1. 组合体的结合方式分为哪几类？对于一个组合体，分析其结合方式是固定不变的吗？
2. 多面正投影图是如何命名的？绘制时有何要求？
3. 什么情况下使用镜像投影图？
4. 阅读组合体视图常用的方法有哪两种？
5. 简述阅读组合体视图的步骤。
6. 简述徒手绘制组合体视图的过程。

教学单元 5 轴测图

学习目标、教学要求和素质目标

本教学单元重点介绍轴测投影图的形成原理、类型、投影特性和绘制方法，进行轴测图的识读和绘制基本训练。通过学习，应该达到以下要求：

1. 掌握轴测图的投影特性，了解轴测投影图的特点、形成原理和轴测图的类型。
2. 了解正等测图、正面斜二测图和水平斜轴测图的绘制方法和过程。
3. 培养学生工程思维、科学思维、空间思维能力和科学精神。

5.1 轴测图的基本知识

由于正投影图能完整准确地表示形体的形状和尺寸，所以在建筑工程中主要应用正投影图表达建筑物的形状和大小，但是正投影图的直观性较差，不容易看懂，如图 5-1（a）所示。而轴测投影图是用一个图形直接表示建筑物的整体形状，图形立体感强，易于识别，如图 5-1（b）所示。因此，在建筑工程图纸中，一般把轴测图作为正投影图的辅助，帮助读图，便于施工。在建筑设备图中，水、暖施工图中的系统图采用的就是轴测图。

5.1.1 轴测图概述

5.1.1.1 轴测图的形成

用平行投影的方法，把形体连同它的坐标轴一起向单一投影面（P）投影得到的投影图，称为轴测投影图，亦称轴测图。

如图 5-2 所示，将用于画轴测图的投影面称为轴测投影面；空间三根坐标轴（投影轴）O_1X_1、O_1Y_1、O_1Z_1 在轴测投影面上的投影 OX、OY、OZ 称为轴测轴。

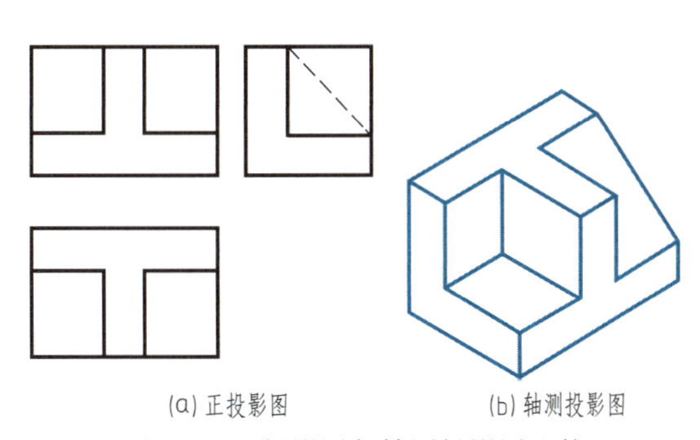

图 5-1 正投影图与轴测投影图比较

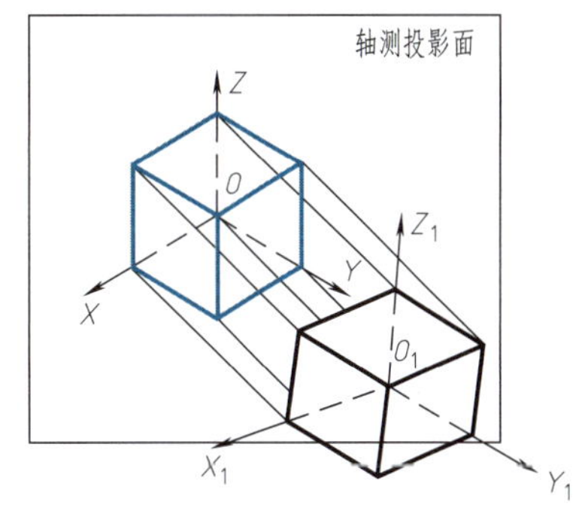

图 5-2 轴测图的形成

5.1.1.2 轴间角和轴向伸缩系数

（1）轴间角　在轴测图中，两根轴测轴之间的夹角。如$\angle XOY$、$\angle XOZ$、$\angle YOZ$。

（2）轴向伸缩系数　轴测轴上的单位长度与相应投影轴上单位长度的比值。X、Y、Z 轴的轴向伸缩系数分别用 p_1、q_1、r_1 表示，即 $p_1=OX/O_1X_1$，$q_1=OY/O_1Y_1$，$r_1=OZ/O_1Z_1$。

5.1.2 轴测图的种类

轴测图按投影方向与投影面的相对关系分为两类：用正投影法所得到的轴测图，称为正轴测图；用斜投影法得到的轴测图，称为斜轴测图。

轴测图按三根投影轴的轴向伸缩系数分为三种：三个轴向伸缩系数都相等的，称为“等测”；其中有两个相等的称为“二测”；三个都不等的，称为“三测”。

5.1.3 常用的几种轴测图

在建筑工程制图中常用的轴测图有四种。

（1）正等测：投射方向垂直于投影面，三个轴向伸缩系数都相等。

（2）正二测：投射方向垂直于投影面，有两个轴向伸缩系数相等。

（3）正面斜等测：轴测投影面平行于正立投影面（坐标面 XOZ），投射方向倾斜于轴测投影面，三个轴向伸缩系数都相等。

（4）正面斜二测：轴测投影面平行于正立投影面（坐标面 XOZ），投射方向倾斜于轴测投影面，有两个轴向伸缩系数都相等。

轴向伸缩系数简称伸缩系数，在正等轴测图和正二等轴测图中常采用简化伸缩系数，简称简化系数。轴间角和伸缩系数或简化系数是作轴测图的依据，表 5-1 中列出了四种常用轴测图的轴向伸缩系数、简化伸缩系数和轴间角，并分别绘出了用这些简化系数或伸缩系数作出的正立方体的示例。绘制轴测图时，通常总是将轴测轴 OZ 画成铅垂线。

表 5-1　常用轴测图的轴间角、轴向伸缩系数、简化伸缩系数及示例

种类	轴　间　角	轴向伸缩系数	轴测图示例
正等测	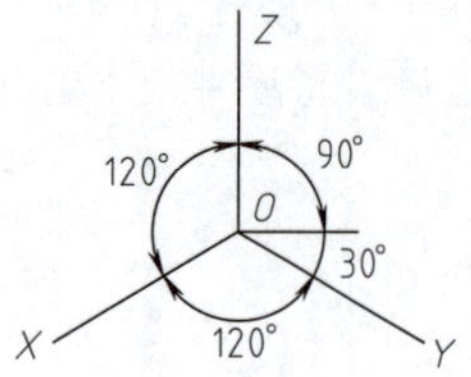	$p_1=q_1=r_1\approx 0.82$ 简化伸缩系数： $p=q=r=1$	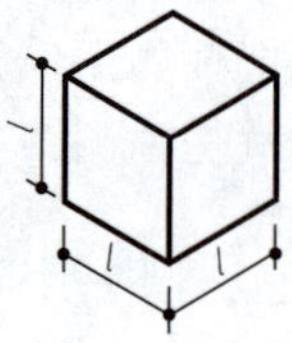
正二测	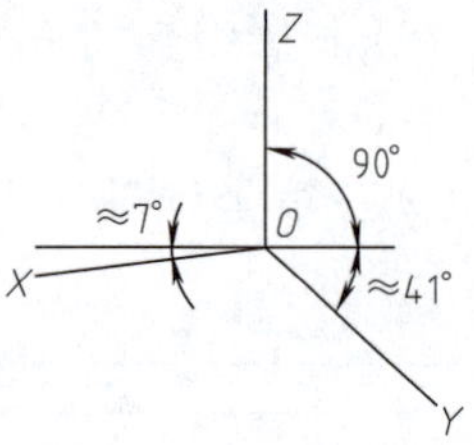	$p_1=r_1\approx 0.94$ $q_1\approx 0.47$ 简化伸缩系数： $p=r=1, q=1/2$	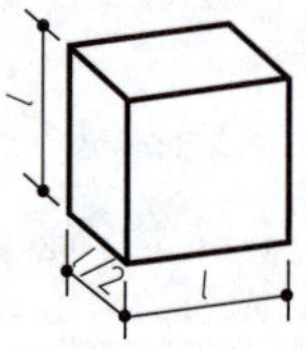
斜等测	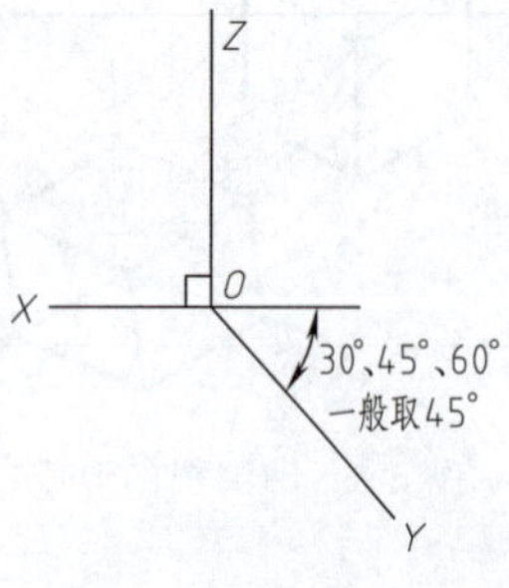	$p=q=r=1$	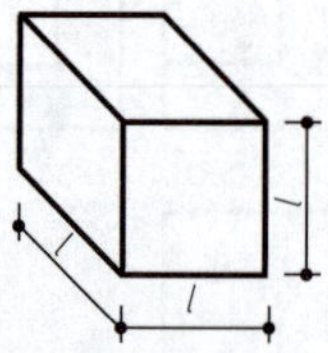
斜二测		$p=r=1$ $q=1/2$	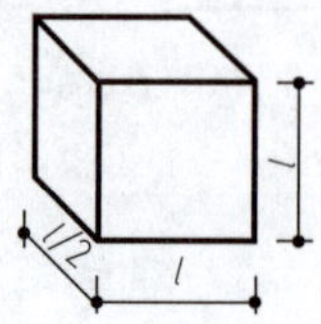

5.1.4 轴测图的基本性质

轴测图是用平行投影法绘制的，所以具有平行投影的性质。

（1）物体上平行于投影轴的直线，在轴测图中平行于相应的轴测轴，并具有同样的横向伸缩系数。

（2）物体上互相平行的线段，在轴测图上仍互相平行。

5.2 轴测图的绘制

5.2.1 正等测的画法

正等测常用的基本作图方法是坐标法。作图时，首先要确定空间直角坐标系，绘出轴测轴，再依据立体表面上各顶点或线段的端点坐标，绘出其轴测投影，然后分别连线，完成轴测图。

5.2.1.1 正六棱柱

正六棱柱的前后、左右对称，将坐标原点 O_0 定在上底面六边形的中心，以六边形的中心线为 X_0 轴和 Y_0 轴。这样便于直接作出上底面六边形各顶点的坐标，因此选择从上底面开始作图，如图 5-3 所示。

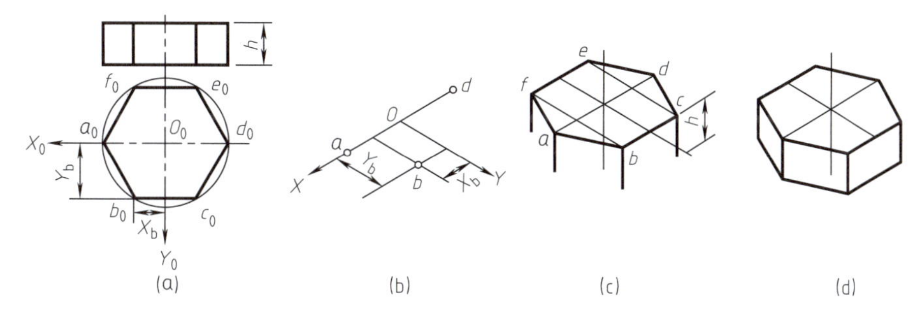

图 5-3　正六棱柱的正等测图的绘制

（1）首先确定出坐标原点 O_0 及坐标轴 X_0、Y_0，如图 5-3（a）所示。

（2）画出轴测轴 OX、OY，由于 a_0、d_0 在 X_0 轴上，可直接量取并在轴测轴上作出 a、d。根据顶点 b_0 的坐标值 X_b 和 Y_b，定出其轴测投影 b，如图 5-3（b）所示。

（3）作出 b 点与 X、Y 轴对应的对称点 c、e、f。连接 $abcdef$，即为六棱柱上底面六边形的轴测图。由顶点 a、b、c、f 向下画出高度为 h 的可见轮廓线，得下底面各点，如图 5-3（c）所示。

（4）连接下底面各点，擦去多余图线，加深，完成六棱柱正等测图，如图 5-3（d）所示。

由作图可知，因为轴测图只要求可见轮廓线，不可见轮廓线一般不要求画出，故常将原标注的原点取在顶面上，直接画出可见轮廓，使作图简化。

5.2.1.2 圆柱

设定圆柱的轴线垂直于水平面，上、下底圆为两个与水平面平行且大小相同的圆，在轴测图中均为椭圆。可根据圆的直径 ϕ 和柱高 h 作出两个形状、大小相同，中心距为 h 的椭圆，然后作两椭圆的公切线即可，如图 5-4 所示。

（1）作圆柱上底圆的外切正方形，得切点 a_0、b_0、c_0、d_0，定坐标原点和坐标轴，如图 5-4（a）所示。

（2）作轴测轴和四个切点 a、b、c、d，过四点分别作 X、Y 轴的平行线，得外切正方形的轴测四边

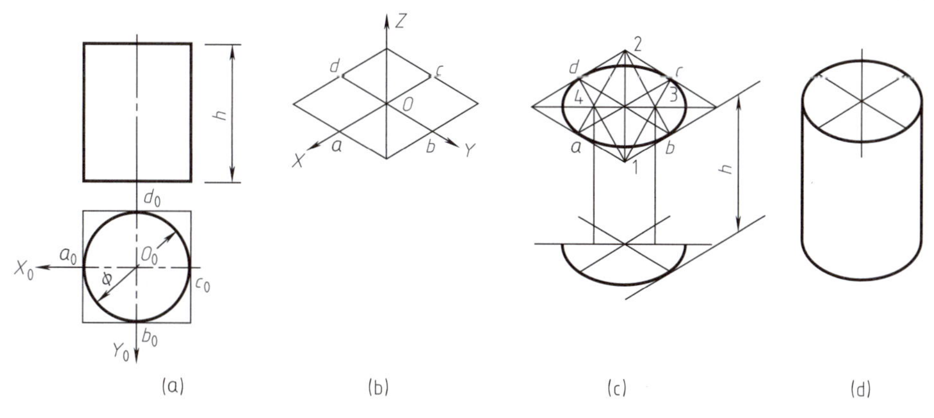

图 5-4　圆柱的正等测图的绘制

形，如图 5-4（b）所示。

（3）过四边形顶点 1、2，连接 $1c$ 和 $2b$ 得交点 3，连接 $2a$ 和 $1d$ 得交点 4。1、2、3、4 各点即为作近似椭圆四段圆弧的圆心。分别以 1、2 为圆心，$1c$ 为半径作圆弧 cd 和 ab；分别以 3、4 为圆心，$3b$ 为半径作圆弧 bc 和 da，即为圆柱上底圆的轴测椭圆。将椭圆的三个圆心 2、3、4 沿 Z 轴平移高度 h，作出下底椭圆（下底椭圆看不见的一段圆弧不必画出），如图 5-4（c）所示。

（4）作椭圆的公切线，擦去作图线，描深，如图 5-4（d）所示。

【例 5-1】 如图 5-5 所示，已知四坡顶的房屋模型的三视图，要求绘出它的正等测图。

作图分析

首先读懂三视图，想象房屋模型形状。由图 5-5（a）可以看出：房屋模型是由四棱柱和四坡屋面所围成的平面立体所构成。四棱柱的顶面与四坡屋面形成的平面立体的底面相重合。因此，可首先绘制四棱柱，然后再绘制四坡屋面。

作图过程

(1) 选定坐标轴，画出房屋的四棱柱顶面。如图 5-5（a）所示，先选定坐标轴。然后，如图 5-5（b）所示，画出轴测轴 OX、OY，并沿 OX 轴方向截取 x_1，沿 OY 轴方向截取 y_1，从截得的点分别作轴测轴 OX 和 OY 的平行线，绘出了房屋四棱柱顶面的正等测。

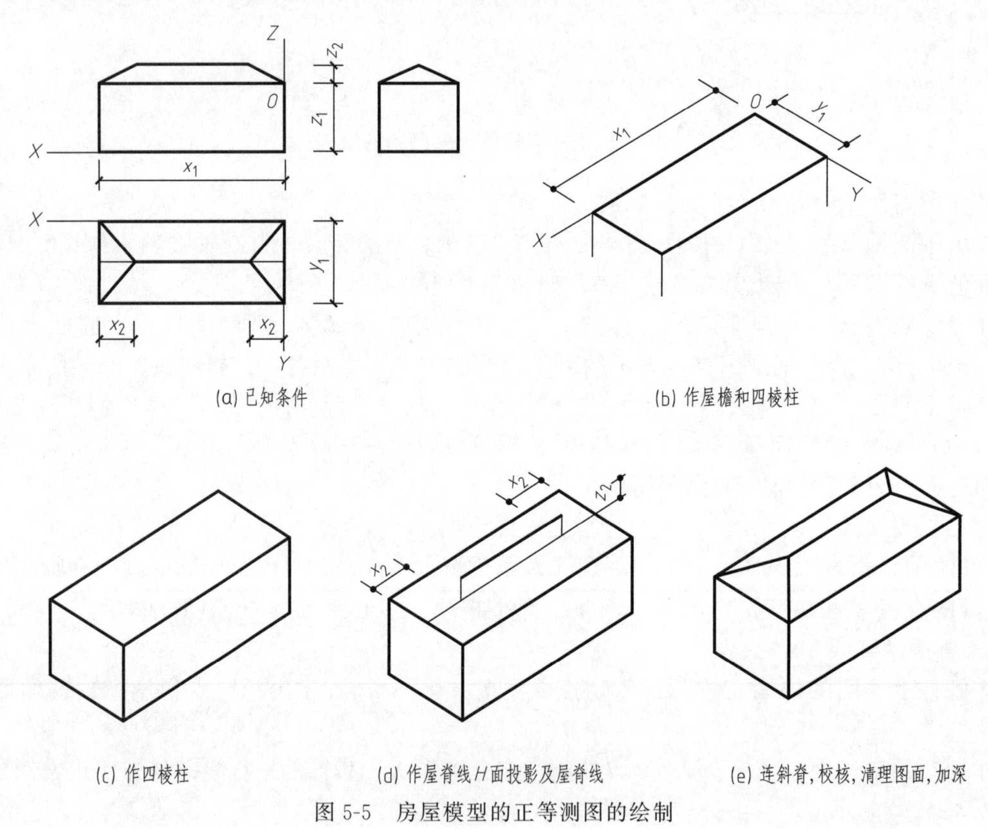

图 5-5　房屋模型的正等测图的绘制

(2) 作下部的四棱柱。如图 5-5（b）、(c) 所示，过各顶点向下引可见的铅垂线，分别截取四棱柱的高度 z_1，顺次连接截得的点，即得下部四棱柱的正等测。

(3) 作四坡屋面的屋脊线。从图 5-5（a）中可以看出：前后两个坡面为侧垂面，左右两个坡面为正垂面，屋脊线为侧垂线，在平面图与正立面图上反映真长。如图 5-5（d）所示，可先作屋脊线在 XOY 坐标面上的投影，在 XOY 坐标面上，取四棱柱顶面平行于 OX 的中线，在这条中线上，从左向右和从右向左截取 x_2，截得对称的两点，这两点之间的中线为屋脊线的次投影，过这两个点向上引铅垂线，截取 z_2，连接截得的两点，即为屋脊线的正等测。

(4) 如图 5-5（e）所示，过屋脊线上的左、右端点分别向屋檐的左、右角点连线，即得四坡屋顶的四条斜脊的正等测，便完成这个房屋模型正等测的全部可见轮廓线的作图。

(5) 校核，清理图面，加深图线，作图结果如图 5-5（e）所示。

5.2.2 正面斜二测的画法

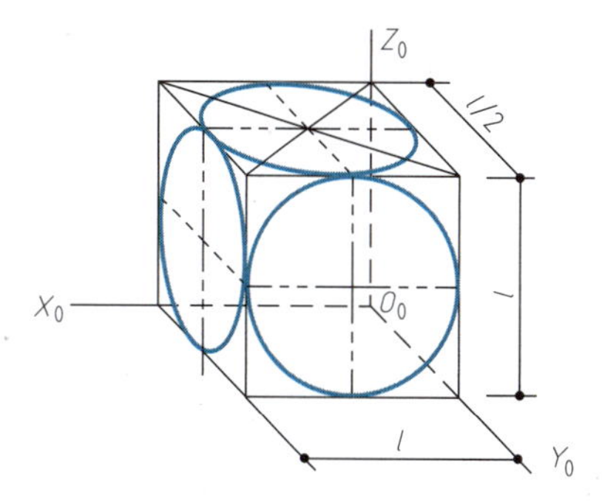

图 5-6 圆的正面斜二测图

在正面斜二测图中，由于物体上平行于 $X_0O_0Z_0$ 坐标面的直线和平面图形，都反映实长和实形。如图 5-6 所示，平行于坐标面 $X_0O_0Z_0$ 的圆的正面斜二测仍为大小相同的圆，平行于坐标面 $X_0O_0Y_0$ 和 $Y_0O_0Z_0$ 的圆的正面斜二测是椭圆。椭圆可采用八点法绘制。当物体上有较多的圆或曲线平行于坐标面 $X_0O_0Z_0$ 时，采用正面斜二测作图比较方便。下面以一具体实例说明正面斜二测画法。

【例 5-2】 如图 5-7（a）所示，已知台阶的两个视图，要求绘出它的正面斜二测图。

作图分析

在正面斜二测图中，轴测轴 OX、OZ 分别为水平线和铅垂线，OY 轴根据投射方向确定。如果选择由右向左投射，如图 5-7（b）所示，台阶的有些表面被遮或显示不清楚，而选择由左向右投射，台阶的每个表面都能表示清楚，如图 5-7（c）所示。

作图过程

如图 5-7（c）、（d）所示，绘出轴测轴 OX、OZ、OY，然后画出台阶的正面投影实形，过各顶点作 OY 轴平行线，并量取实长的一半（$q=0.5$）绘出台阶的轴测图，然后再绘出垂带石的轴测图。

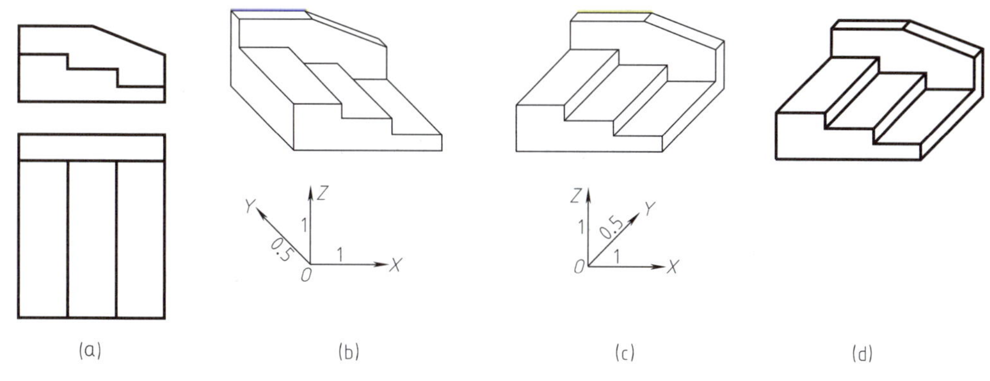

图 5-7 台阶的正面斜二测图

5.2.3 水平斜轴测图

如图 5-8（a）所示，当轴测投影面 P 与水平面 H 平行或重合时，所得的斜轴测投影称为水平斜轴测图。

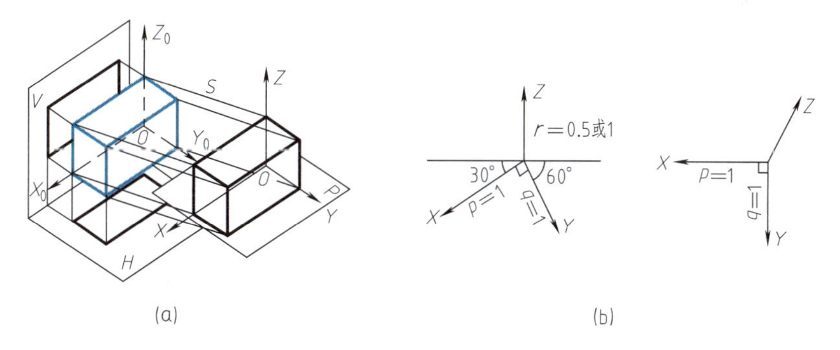

图 5-8 水平斜轴测图的形成

水平斜轴测图的轴测轴 OX 与 OY 的伸缩系数 $p=q=1$，轴间角 $\angle XOY=90°$（反映坐标轴 OX 与 OY 的实形）。OZ 轴的伸缩系数和方向可任意选择，通常将 OZ 轴画成铅垂（或倾斜）方向，伸缩系数选择 $r=1$ 或 0.5，OX、OY 轴与水平线夹角为 30° 和 60°（或 45°），如图 5-8（b）所示。

在建筑工程上常采用水平斜轴测图表达房屋的水平剖面图或一个小区的总平面布置。如图5-9（a）所示为房屋被水平剖切平面剖切后，将房屋的下半部分画成水平斜轴测图，表达房屋的内部布置。图5-9（c）为用水平斜轴测图表示的小区总平面鸟瞰图，表达小区中各建筑物、道路、绿化等。

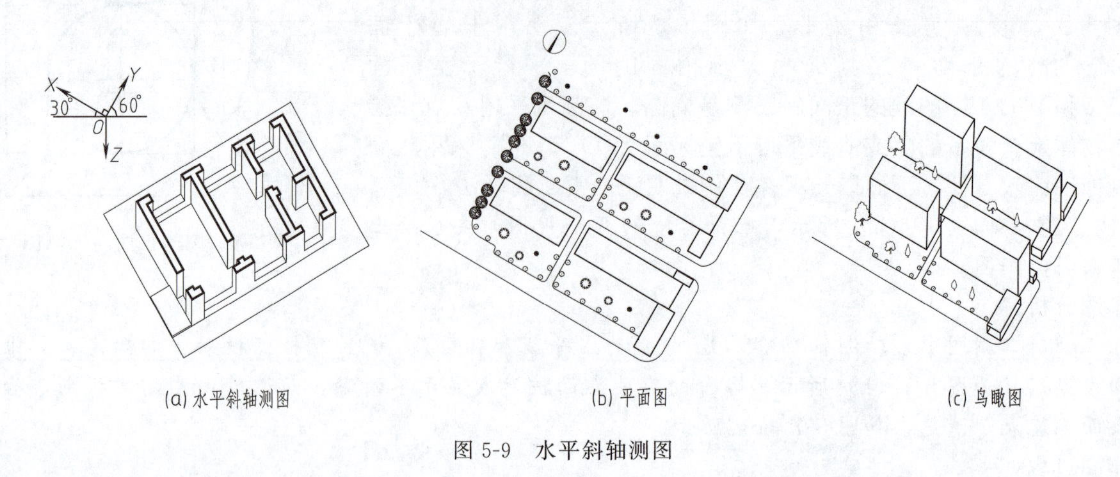

图5-9　水平斜轴测图

实训项目

将模型、周围的建筑、建筑构件等，进行实际测量或目测，选择合适的轴测图的类型，使用仪器绘制或徒手绘制。

习题

1. 根据形体的三视图，绘制形体的正等测图。
2. 依据给出形体的两个视图，补绘出第三投影，并绘制形体的正等测图。

二维码5.1

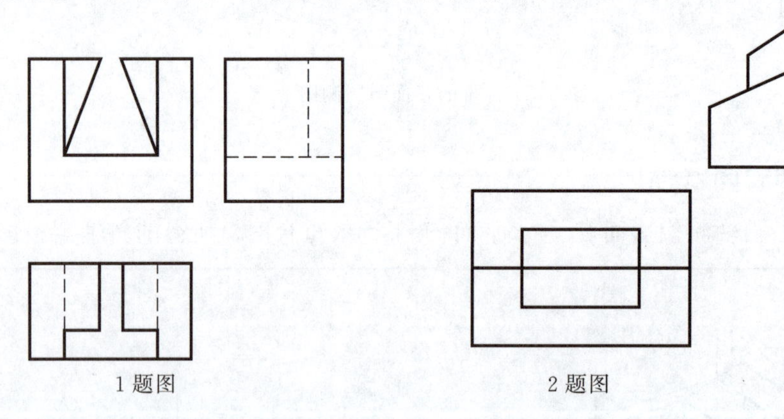

复习思考题

1. 简述轴测投影的形成。
2. 什么是轴测投影面？什么是轴测轴、轴间角？
3. 什么是横向伸缩系数？横向伸缩系数如何表示？
4. 轴测图按投影方向分为哪几类？
5. 常用的轴测图有哪些？
6. 轴测图的基本性质有哪些？
7. 简述轴测图的绘制过程。

教学单元 6 剖面图和断面图

学习目标、教学要求和素质目标

本教学单元是本门课程的重点之一，重点介绍剖面图与断面图的种类、绘制方法和简化画法，进行剖面图与断面图的识读和绘制基本训练。通过学习，应该达到以下要求：

1. 了解剖面图和断面图的形成原理，掌握剖面图和断面图的种类和绘制方法。
2. 掌握剖面图与断面图的区别，识读剖面图和断面图。
3. 掌握简化画法的表达方式。
4. 通过对剖面图和断面图的学习，培养学生细致入微的专业能力和对工程细节的极致追求，同时激发学生对工程质量与安全的高度责任感和社会责任意识。

6.1 剖面图

6.1.1 剖面图的概念

假想用一平面（剖切面）剖开台阶，如图 6-1（a）所示，将剖切下来的部分移去，而将剩余部分投射到投影面上所得的图形称为剖面图。

如图 6-1（b）所示，剖面图除了应该绘制出剖切面剖切到的图形外，还应绘制出投射方向所能看到的部分。

被剖切的平面轮廓线用 0.7b 线宽的实线绘制，并要绘制材料图例；投射方向可以看到的形体，用 0.5b 线宽的实线绘制。

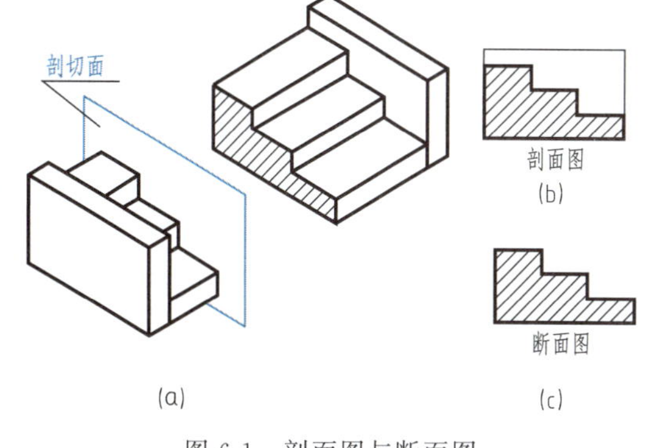

图 6-1　剖面图与断面图

6.1.2 剖面图的标注

绘制剖面图时，应标注剖切符号和编号。剖切符号包括剖切位置线和投射方向线。剖切位置线为粗实线，长度约 6～10mm，投射方向线应垂直于剖切位置线，为粗实线，长度约 4～6mm。剖切符号的编号宜用粗阿拉伯数字，按顺序由左至右、由下至上连续编排，并应注写在剖视方向线端部。在剖面图的下方，书写与该图对应的剖切符号的编号作为图名。如图 6-2 中的 1-1 剖面图、2-2 剖面图，并在图名下方绘制一条等长的粗实线。在剖面图中，剖切面剖切到的实体部分应绘制出相应的材料图例。

6.1.3 剖面图种类和画法

二维码 6.1

6.1.3.1 全剖面

假想用一个剖切平面将形体全部剖开，然后绘制出形体的剖面图，称为全剖面图。全剖面适用于不对称的形体或者形体对称、外形较为简单，而且外形在其他投影中已表达清楚的形体。在建筑图中应用最多的是建筑平面图和建筑剖面图。如图 6-2（a）所示空腹形体，用单一的水平剖切面和垂直剖切面分别剖切后，得到 1-1 和 2-2 剖面图，如图 6-2（b）所示。

6.1.3.2 阶梯剖面

如果要表示形体不同位置的内部构造，可采用两个（或两个以上）互相平行的剖切平面，将形体沿需要之处剖开，然后绘制出的形体剖面图，称为阶梯剖面图。当一个剖切平面不能将形体上需要表达的内部构造一起剖开时，可以选用阶梯剖面。如图 6-3 所示。当形体内部构造较为复杂时可采用。按规定在阶梯形剖切平面转折处不画分界线。

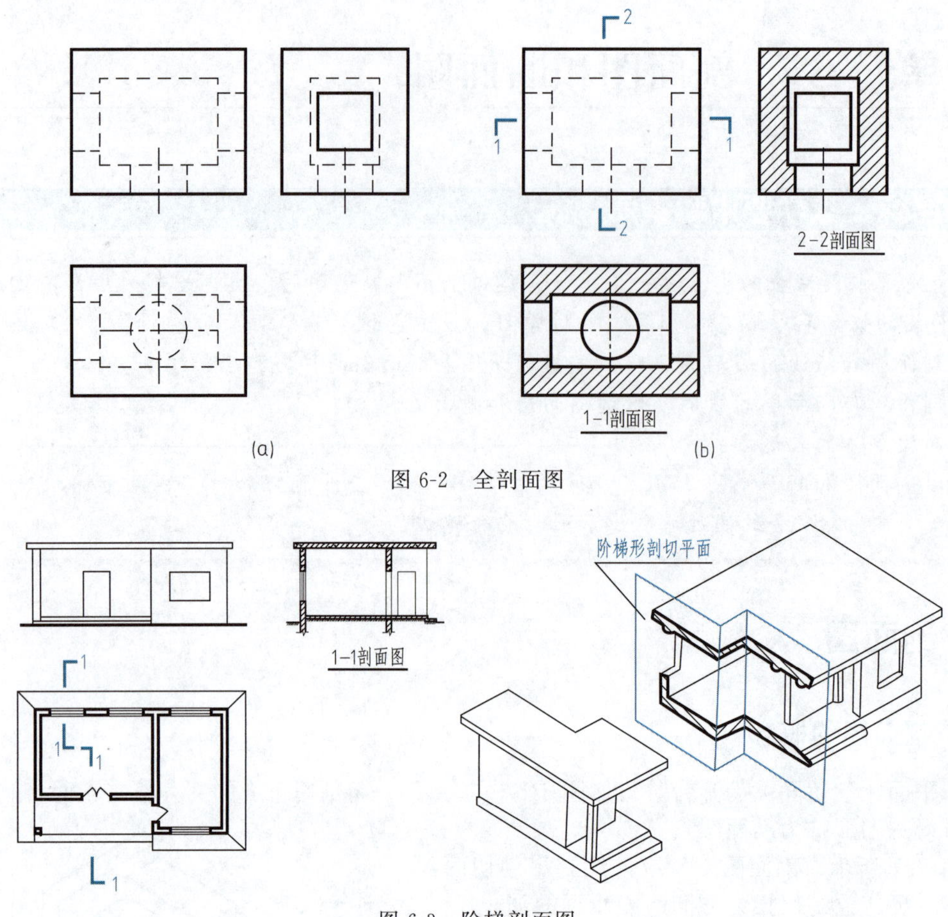

图 6-2 全剖面图

图 6-3 阶梯剖面图

6.1.3.3 展开剖面（也称旋转剖面）

假想用两个相交的剖切面（其交线垂直于某一个投影面）将形体剖开，然后绘制出形体剖面，称为展开剖面图。展开剖面适用于形体的几部分之间成一定的角度。作为对称形体的展开剖面，实际上是由两个不同位置的半剖面合并而成的。如图 6-4 所示的楼梯两个梯段成一定角度，如果用一个或两个互相平行的剖切平面都不能将楼梯表示清楚时，还可以用两个相交的剖切面进行剖切，得到展开剖面图。该剖面图的图名后应加注“展开”二字。

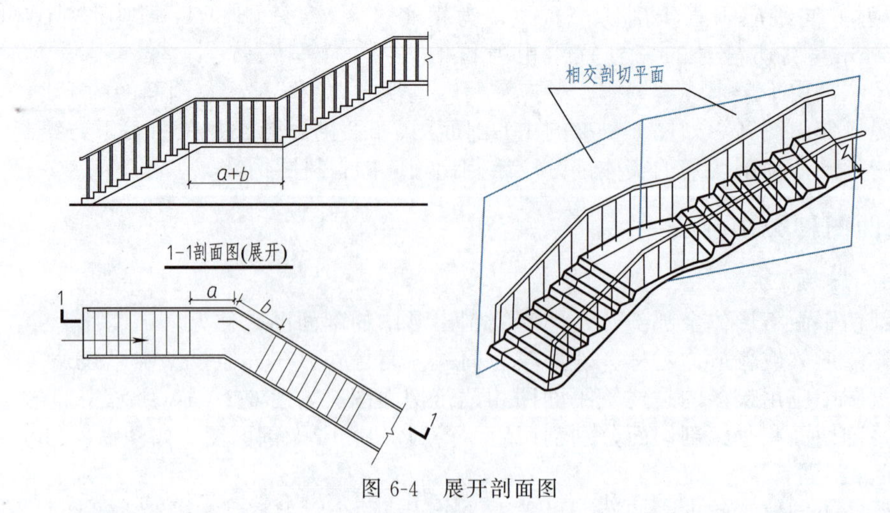

图 6-4 展开剖面图

6.1.3.4 局部剖面

假想用不规则的剖切面将形体的一部分剖开，然后绘制出形体剖面，称为局部剖面图。局部剖面适用于形体的外形比较复杂，完全剖开时又无法表示清楚形体外形；或形体内部构造比较有规律。其中分层剖面是局部剖面的一种形式，分层剖切的剖面图的作用是反映墙面和楼面各层所用的材料和构造的做法，如图 6-5 所示。分层剖切的剖面图，应按层次用波浪线将各层隔开。但是必须注意的是波浪线不应与任何图线重合，也不能超出轮廓线之外。

6.1.3.5 半剖面

假想用一个剖切面将对称形体的一半剖开，然后绘制出形体剖面，称为半剖面图。半剖面图适用于形体左右对称或前后对称，而外形又较复杂的形体。绘制时可一半画剖面，一半画外形。如图 6-6 所示。

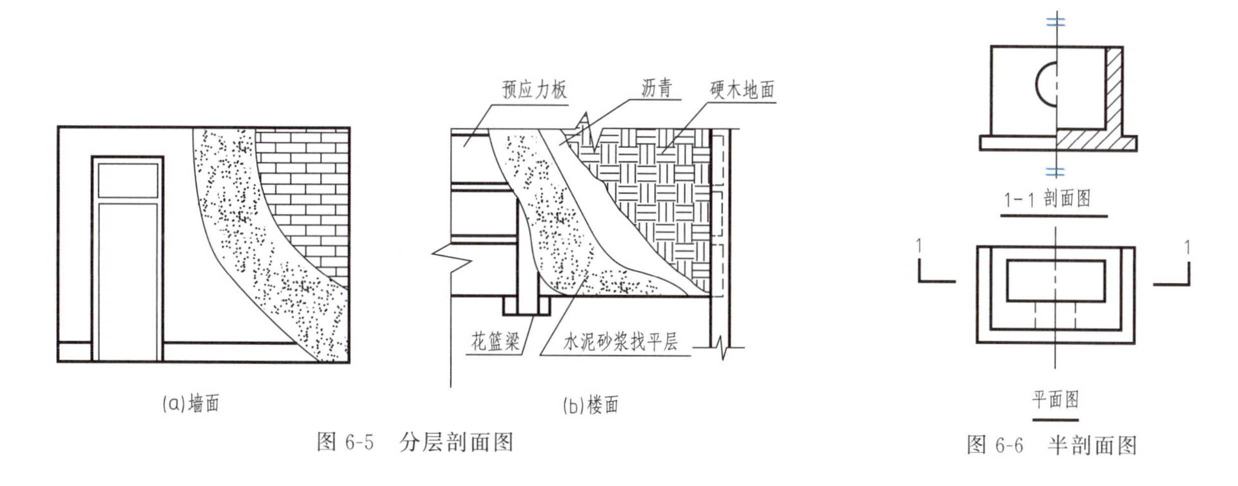

图 6-5 分层剖面图　　图 6-6 半剖面图

习题

1. 作出下列模型的 1-1 剖面图（雨篷伸出墙面的宽度与入口处台阶平台伸出墙面的宽度相同）。
2. 作出下列模型的 1-1 剖面图。

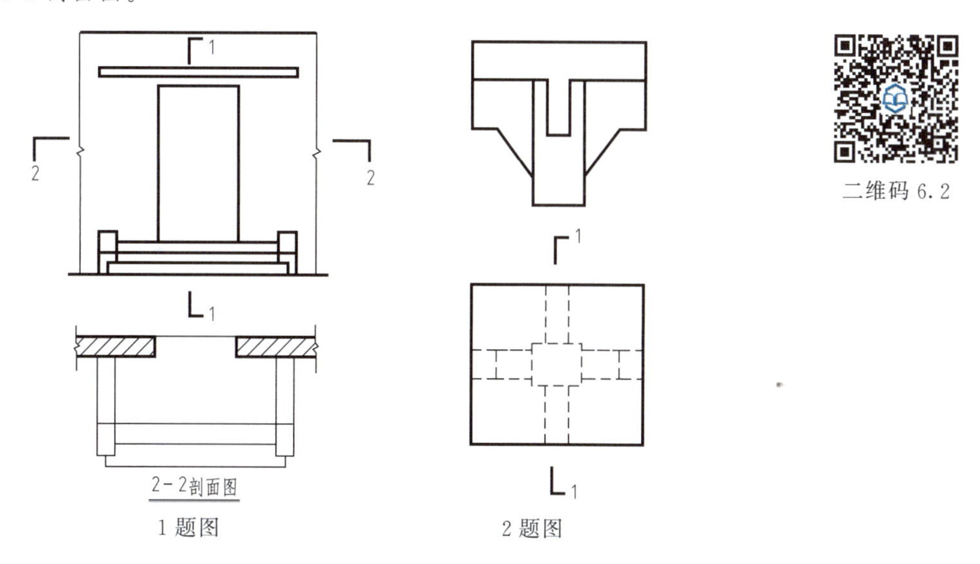

1 题图　　2 题图

二维码 6.2

6.2 断面图

6.2.1 断面图的概念

假想用一个剖切面将物体剖开，形体上截交线所围平面为断面。将断面投影到平行的投影面上，所得到的投影图，即为断面图。断面图主要用来表示形体某一局部断面的实形。如图 6-1（c）所示，断面图的轮廓线用粗实线绘制，并要绘制材料图例。

6.2.2 断面图的标注

绘制断面图时，应标注剖切符号和编号。断面图的剖切符号只绘制剖切位置线，为粗实线，长度为6～10mm。断面编号用阿拉伯数字，按顺序连续编排，并注写在剖切位置线一侧，编号所在的一侧，即表示该断面的投射方向。注写图名时，只写编号即可，不必书写“断面图”，如图6-7所示。在断面图中，剖切面剖切到的实体部分应画出相应的材料图例。

6.2.3 断面图种类与画法

6.2.3.1 移出断面

移出断面图就是将断面图绘于投影图之外，一般用于一个形体有多个断面的情况，构件的断面变化较多。如图6-7（a）所示，杆件的断面图可绘制在靠近杆件的一侧或端部处并按顺序依次排列，如图6-7（b）所示。移出断面多用于钢筋混凝土构件和钢结构构件，如钢筋混凝土、钢结构的柱、屋架、梁、吊车梁等。

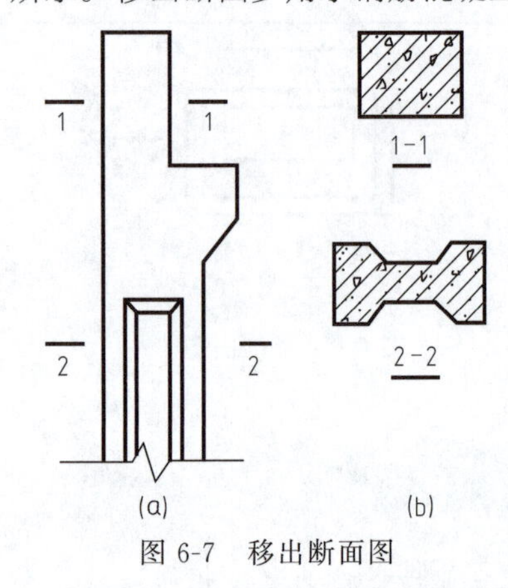

图6-7 移出断面图

6.2.3.2 中断断面

中断断面图是将构件中间用波浪线断开，把断面直接绘于形体断开处中间，多用于形体较长而只有一个断面的杆件等。如图6-8所示。

6.2.3.3 重合断面（也称折倒断面）

重合断面图是将断面图直接绘于投影图的轮廓线内，比例与投影图一致。如图6-9（a）所示为钢筋混凝土楼板和梁的平面图中用重合断面的方式绘制出板、梁的断面图，并将断面涂黑（钢筋混凝土材料图例）。如图6-9（b）所示，为了表示墙面上凹凸的装饰构造，也可以采用重合断面图，断面轮廓线用粗实线画出。为了与视图中的图线有所区别，不致混淆，并且表示出位置关系，在断面轮廓线内侧沿轮廓线的边缘绘制45°细斜线。

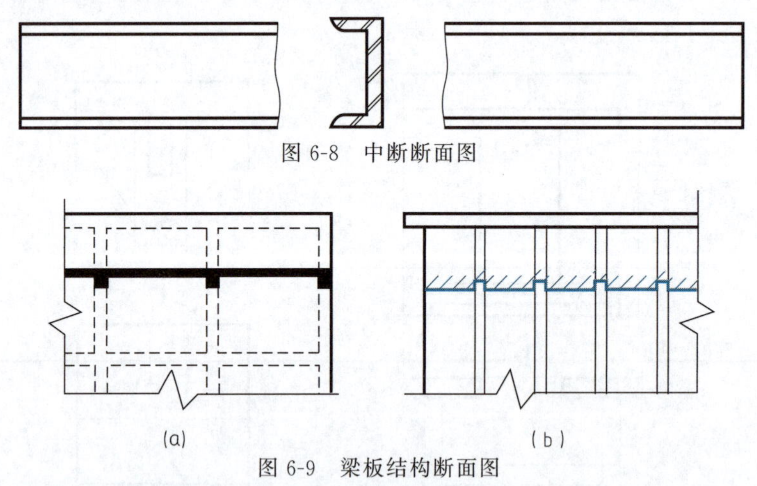

图6-8 中断断面图

图6-9 梁板结构断面图

习题

1. 作出下列钢筋混凝土梁的1-1、2-2断面图。
2. 根据十字形钢筋混凝土梁的两面视图，作出该梁的重合断面。

二维码6.3

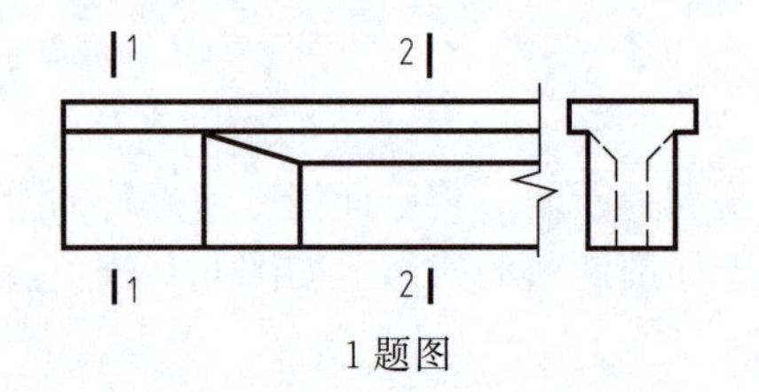

1题图

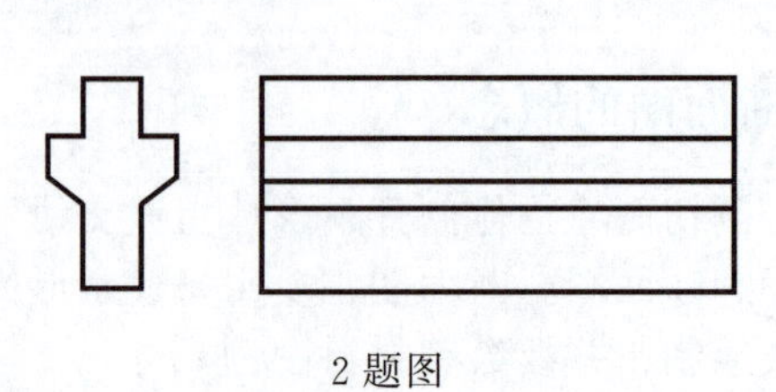
2题图

6.3 简化画法

6.3.1 对称形体

6.3.1.1 构配件的视图有对称线

视图有 1 条对称线，可只画该视图的一半；视图有 2 条对称线，可只画该视图的 1/4，并画出对称符号，如图 6-10 所示。图形也可稍超出其对称线，此时可不画对称符号，如图 6-11 所示。

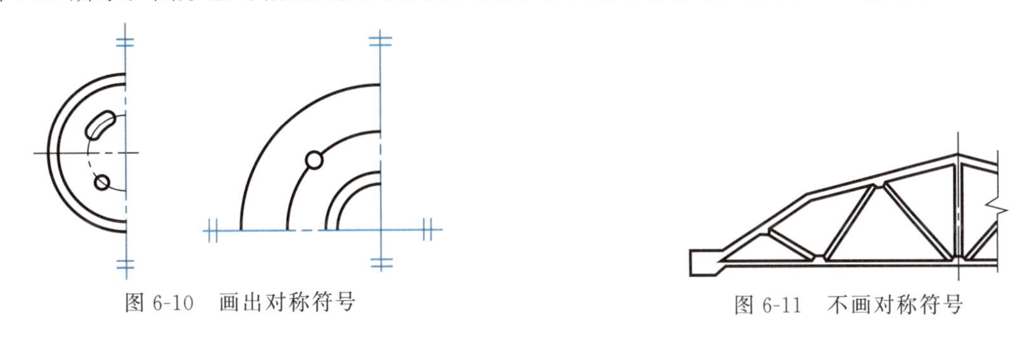

图 6-10　画出对称符号

图 6-11　不画对称符号

6.3.1.2 需要绘制剖面图或断面图

对称的形体需要绘制剖面图或断面图时，可以对称符号为界，一半画视图（外形图），一半画剖面图或断面图，如图 6-6 所示。

6.3.2 有相同要素

6.3.2.1 构配件内有多个完全相同要素

构配件内有多个完全相同而连续排列的构造要素，可仅在两端或适当位置画出其完整形状，其余部分以中心线或中心线交点表示，如图 6-12（a）所示。如相同构造要素少于中心线交点，则其余部分应在相同构造要素位置的中心线交点处用小圆点表示，如图 6-12（b）所示。

6.3.2.2 按规律变化的较长的构件

较长的构件如沿长度方向的形状相同或按一定规律变化，可断开省略绘制，断开处应以折断线表示，如图 6-13 所示。

一个构配件，如绘制位置不够，可分成几个部分绘制，并应以连接符号表示相连，如图 6-14 所示。

一个构配件如与另一构配件仅部分不相同，该构配件可只画不同部分，但应在两个构配件的相同部分与不同部分的分界线处，分别绘制连接符号，如图 6-15 所示。

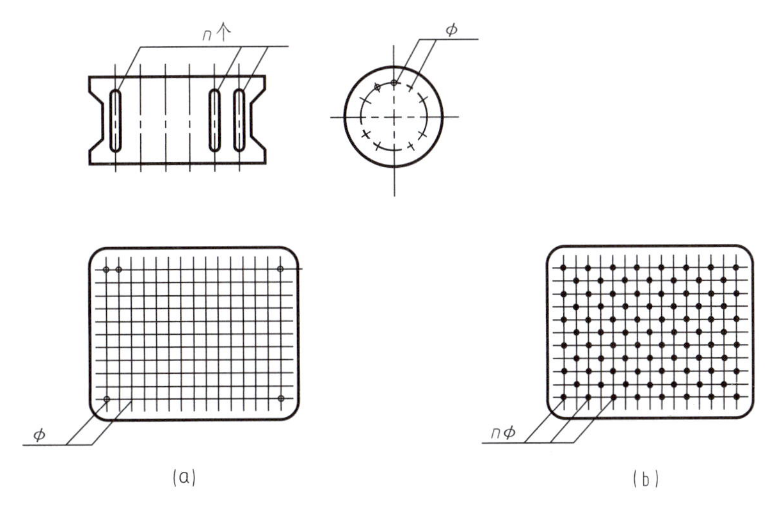

图 6-12　相同要素简化画法

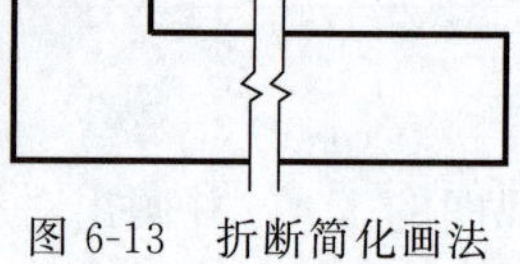
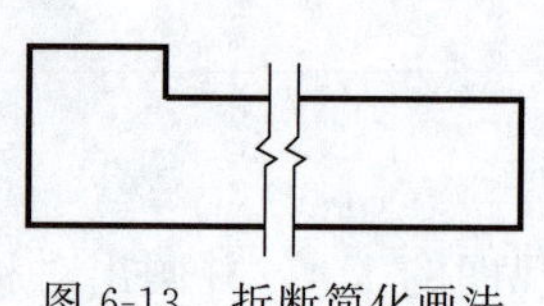

图 6-13　折断简化画法

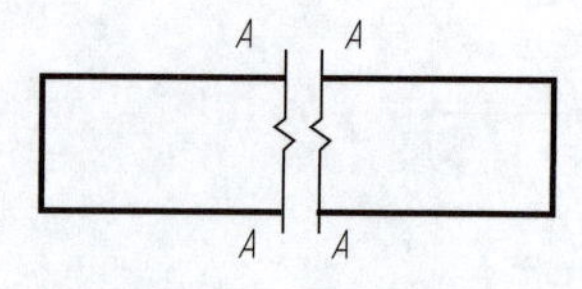

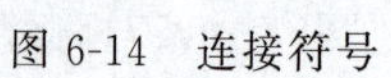

图 6-14　连接符号

图 6-15　构件局部不同的简化画法

复习思考题

1. 剖面图是如何形成的？有哪些类型的剖面图？剖面图如何标注？
2. 断面图是怎样形成的？断面图有哪些类型？断面图如何标注？
3. 剖面图与断面图有什么不同？
4. 有哪些简化画法？如何使用？

模块二 建筑识图

教学单元 7 建筑概论

学习目标、教学要求和素质目标

本教学单元重点介绍建筑构成要素、分类、分级、设计依据和构件相关尺寸，对建筑有一个初步认识。通过学习，应该达到以下要求：

1. 了解建筑和建筑的构成要素。
2. 掌握建筑的不同分类。
3. 掌握建筑的分级和分级依据。
4. 了解建筑设计的依据，熟悉人体尺度和应用，掌握建筑模数制。
5. 掌握标志尺寸、制作尺寸、实际尺寸及其相互关系，了解技术尺寸。
6. 引导学生树立良好的职业道德规范，以及严谨细致、求真务实、科学思辨的职业素养，立志做有责任、有道德、有思想的工程师。

7.1 建筑及其构成要素

7.1.1 建筑

建筑是组织和创造人们生活和生产的空间环境，广义上的建筑一般是指建筑物和构筑物。建筑物是指为人们提供进行生产、生活和其他活动空间的建筑，如住宅、学校、办公、影剧院等。构筑物则是指人们借助于它们进行生产、生活活动，而不直接在其内部进行生产、生活和其他活动的设施，如水塔、烟囱等。

7.1.2 建筑的构成要素

构成建筑的基本要素，称为建筑的三要素，即建筑功能、建筑技术和建筑艺术。

7.1.2.1 建筑功能

人们建造房屋总有它具体的目的和使用要求，在建筑上称之为功能。建筑功能的要求就是要满足建筑的各种不同使用要求，建筑功能也会随着社会的发展和物质文化水平的提高有不同的要求。

7.1.2.2　建筑技术

建筑技术包括建筑结构、建筑材料、建筑施工技术等条件，是建筑功能得以满足的主要手段和措施。采用合理的技术措施，正确选用建筑材料，根据建筑空间组合的特点，选择合理的结构、施工方案，使建筑坚固耐久、建造方便，以满足人们对建筑不同使用功能的要求。

7.1.2.3　建筑艺术

建筑艺术包括内外空间的组织、建筑体型和立面的处理、材料、装饰、色彩等方面，是建筑物内、外观感的具体体现。建筑物是社会的物质和文化财富。历史上创造的具有时代印记和特色的各种建筑形象，往往是一个国家、一个民族文化传统宝库中的重要组成部分。

建筑是多方面的错综复杂的综合体，建筑功能、建筑技术、建筑艺术作为建筑三要素，既不可分割又相互制约。各种因素不能偏废，也不能平均对待，应综合考虑以求得和谐与统一。

7.2　建筑物的分类

建筑物有多种不同的分类方式，常见的分类方式有以下几种。

7.2.1　按使用功能分类

按照建筑物的使用功能分为以下几种类型。

7.2.1.1　民用建筑

民用建筑是供人们居住和进行公共活动的建筑总称。民用建筑又可分为居住建筑和公共建筑两大类。

1. 居住建筑

居住建筑是供人们居住使用的建筑，如住宅、宿舍、公寓等。

2. 公共建筑

公共建筑是供人们进行各种公共活动的建筑，如行政办公建筑、文教建筑、科研建筑、托幼建筑、医疗建筑、商业建筑、生活服务建筑、旅游建筑、观演建筑、展览建筑、通讯建筑、交通建筑、园林建筑、纪念建筑、娱乐建筑等。

7.2.1.2　工业建筑

工业建筑指的是各类生产用房和为生产服务的附属用房，如：生产厂房、动力用厂房、储藏用房、运输用房等。

7.2.1.3　农业建筑

农业建筑指各类供农副业生产使用的房屋，如温室、粮仓、饲养场、养殖场、种子库、拖拉机站等。

7.2.2　按建筑物的规模分类

建筑物根据其规模、数量等，可分为以下两类。

7.2.2.1　大量建筑

一般来讲，大量建筑的单体建筑规模不大，但兴建数量很多，分布面极广。如住宅、中小学校、中小型办公楼、体育馆、商店、医院等。

7.2.2.2　大型建筑

大型建筑的单体建筑规模较大，耗资较多、影响较大，但兴建数量一般不多。如大型体育馆、博物馆、大型火车站、航空站等。

7.2.3　按主要承重结构材料分类

建筑物按主要承重结构材料可分为以下几类。

7.2.3.1　砖木结构建筑

砖木结构的竖向承重构件是砖（石）砌筑的墙体，水平承重构件为木楼板、木屋顶。这种结构目前城市极少使用，但农村仍有不少地区在使用。

7.2.3.2 砌体结构建筑

砌体结构的竖向承重构件是砖（石）砌筑的墙体，水平承重构件为钢筋混凝土楼板及屋面板。这种结构一般用于多层建筑中。

7.2.3.3 钢筋混凝土结构建筑

钢筋混凝土结构的竖向承重构件和水平承重构件均采用钢筋混凝土制作，施工时可以在现场浇注或在加工厂预制、现场吊装。这种结构可以用于多层和高层建筑中。

7.2.3.4 钢-钢筋混凝土结构建筑

钢-钢筋混凝土结构建筑的竖向承重构件和水平承重构件分别由钢、钢筋混凝土制作。如采用钢筋混凝土柱、梁，钢屋架构成的骨架结构。

7.2.3.5 钢结构建筑

钢结构建筑的承重部分全部是由钢材制作的柱、梁或屋架构成的骨架，墙体只起围护和分隔作用。

7.2.3.6 其他结构建筑

其他结构建筑包括生土建筑、充气建筑、塑料建筑等。

7.2.4 按地上建筑高度或层数分类

《民用建筑设计统一标准》(GB 50352—2019）规定民用建筑按地上建筑高度或层数进行分类，应符合下列规定：

（1）建筑高度不大于 27.0m 的住宅建筑、建筑高度不大于 24.0m 的公共建筑及建筑高度大于 24.0m 的单层公共建筑为低层或多层民用建筑；

（2）建筑高度大于 27.0m 的住宅建筑和建筑高度大于 24.0m 的非单层公共建筑，且高度不大于 100.0m 的，为高层民用建筑；

（3）建筑高度大于 100.0m 的为超高层建筑。

7.2.5 按施工方法分类

施工方法是指施工建造房屋所采用的方法，可分为以下几类。

7.2.5.1 现浇现砌式

现浇现砌式的施工方法是指主要构件均在施工现场砌筑（如砖墙等）或浇注（如钢筋混凝土构件等）。

7.2.5.2 预制装配式

预制装配式的施工方法是指主要构件在加工厂预制，施工现场进行装配。

7.2.5.3 部分现浇现砌、部分装配式

部分现浇现砌、部分装配式的施工方法是指建筑的一部分构件在现场浇注或砌筑（大多为竖向构件），另一部分构件为预制吊装（大多为水平构件）。

7.3 建筑物的等级划分

建筑物的等级包括设计使用年限、耐火等级等。

7.3.1 设计使用年限

建筑物设计使用年限主要是依据建筑物的重要性和规模大小决定的。影响建筑物寿命长短的主要因素是结构构件的选材和结构体系。

在《民用建筑设计统一标准》(GB 50352—2019）中对建筑物的设计使用年限也作了以下规定。

四类：设计使用年限为 100 年，适用于纪念性建筑和特别重要建筑。

三类：设计使用年限为 50 年，适用于普通建筑和构筑物。

二类：设计使用年限为 25 年，适用于易于替换结构构件的建筑。

一类：设计使用年限为 5 年，适用于临时性建筑。

7.3.2 耐火等级

耐火等级取决于建筑物主要构件的耐火极限和燃烧性能。耐火极限是指在标准耐火试验条件下，建筑构件、配件或结构从受到火的作用时起，到失去稳定性、完整性或隔热性时止的这段时间，用小时表示。

按材料的燃烧性能把材料分为可燃烧材料（如木材等）、难燃烧材料和不燃烧材料。用不燃烧材料做成的建筑构件，称为不燃烧体，如砖、石等；用难燃烧材料做成的建筑构件或用可燃烧材料做成而用不燃烧材料做保护层的建筑构件，称为难燃烧体，如沥青混凝土构件、水泥刨花板等；用可燃烧材料做成的建筑构件，称为燃烧体，如木材等。

根据《建筑设计防火规范》（GB 50016—2014）（2018 年版）规定，民用建筑的耐火等级分为四级，其划分方法见表 7-1。

表 7-1 建筑物构件的燃烧性能和耐火等级

构件名称		耐火等级			
		一级	二级	三级	四级
墙	防火墙	不燃性 3.00	不燃性 3.00	不燃性 3.00	不燃性 3.00
	承重墙	不燃性 3.00	不燃性 2.50	不燃性 2.00	难燃性 0.50
	非承重外墙	不燃性 1.00	不燃性 1.00	不燃性 0.50	可燃性
	楼梯间和前室的墙、电梯井的墙、住宅建筑单元之间的墙和分户墙	不燃性 2.00	不燃性 2.00	不燃性 1.50	难燃性 0.50
	疏散走道两侧的隔墙	不燃性 1.00	不燃性 1.00	不燃性 0.50	难燃性 0.25
	房间隔墙	不燃性 0.75	不燃性 0.50	难燃性 0.50	难燃性 0.25
柱		不燃性 3.00	不燃性 2.50	不燃性 2.00	难燃性 0.50
梁		不燃性 2.00	不燃性 1.50	不燃性 1.00	难燃性 0.50
楼板		不燃性 1.50	不燃性 1.00	不燃性 0.50	可燃性
屋顶承重构件		不燃性 1.50	不燃性 1.00	可燃性 0.50	可燃性
疏散楼梯		不燃性 1.50	不燃性 1.00	不燃性 0.50	可燃性
吊顶（包括吊顶搁栅）		不燃性 0.25	难燃性 0.25	难燃性 0.15	可燃性

注：1. 除本规范另有规定外，以木柱承重且墙体采用不燃材料的建筑，其耐火等级应按四级确定。

2. 住宅建筑构件的耐火极限和燃烧性能可按现行国家标准《住宅建筑规范》（GB 50368）的规定执行。

7.4 建筑设计的依据

7.4.1 人体尺度和人体活动所需的空间尺度

建筑物中家具、设备的尺寸，踏步、窗台、栏杆的高度，门洞、走廊、楼梯的宽度和高度，以至各类房间的高度和面积大小，都和人体尺度以及人体活动所需的空间尺度直接或间接有关，因此人体尺度和人体活动所需的空间尺度，是确定建筑空间的基本依据之一。我国中等人体成年男子和成年女子的平均高度分别为 1670mm 和 1560mm，人体尺度和人体活动所需的空间尺度如图 7-1 所示。

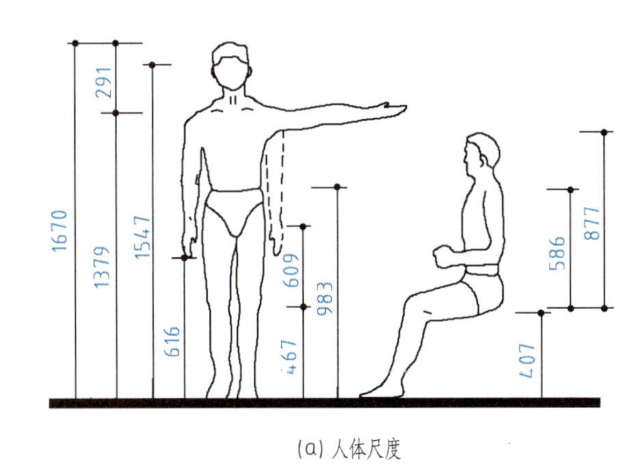

(a) 人体尺度

(b) 人体活动所需的空间尺度

图 7-1　人体尺度和人体活动所需的空间尺度（单位：mm）

7.4.2 家具、设备尺寸和使用它们所需的必要空间

家具、设备的尺寸，以及人们在使用家具和设备时，在它们近旁必要的活动空间，是考虑房间内部使用面积的重要依据。

7.4.3 自然环境的影响

7.4.3.1 温度、湿度、日照、雨雪、风向、风速等气候条件

气候条件对建筑物的设计有较大影响。例如湿热地区，建筑设计要很好考虑隔热、通风和遮阳等问题；干冷地区，通常又希望把建筑的体型尽可能设计得紧凑一些，以减少外围护面的散热，有利于室内采暖、保温。

日照和主导风向，通常是确定建筑朝向和间距的主要因素，风速是高层建筑、电视塔等设计中考虑结构布置和建筑体型的重要因素，雨雪量的多少对屋顶形式和构造也有一定影响。在设计前，需要收集当地上述有关的气象资料，作为设计的依据。

风向频率图，即风玫瑰图，是根据某一地区多年平均统计的各个方向吹风的百分数值，并按一定比例绘制，一般用 8 个或 16 个罗盘方位表示。玫瑰图上所表示的吹向，是指从外面吹向地区中心（图 7-2）。

7.4.3.2 地形、地质条件和地震烈度

基地地形的平缓或起伏，基地的地质构成、土壤特性和地耐力的大小，对建筑物的平面组合、结构布

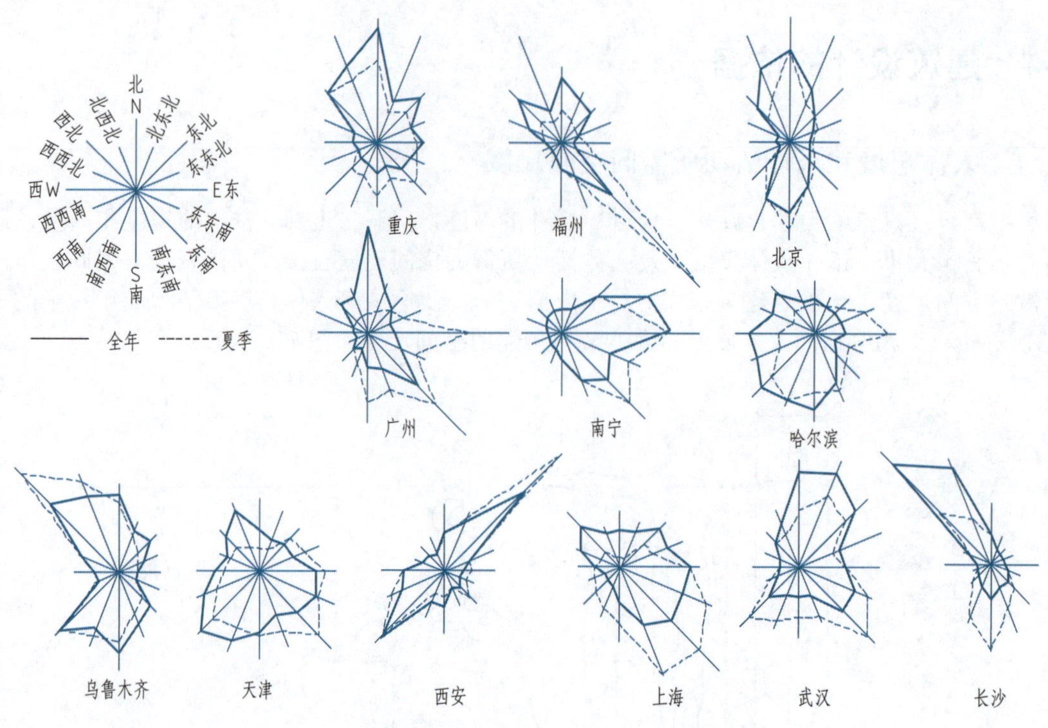

图 7-2　我国部分城市全年及夏季风向频率玫瑰图

置和建筑体型都有明显的影响。

地震烈度表示发生地震时，地面及建筑物遭受破坏的程度。地震设防烈度在 6 度及以上的地区需进行抗震设计。

7.4.3.3　水文条件

水文条件是指地下水位的高低及地下水的性质，直接影响到建筑物基础及地下室。一般应根据地下水位的高低及地下水的性质确定是否在该地区建造房屋或采取相应的防水和防腐措施。

7.4.4　国家和省市规范、规程、通则、规定等

由国务院有关部委颁发的建筑设计规范、规程、通则是建筑设计必须遵守的准则和依据，它反映了国家现行政策和经济技术水平。

7.4.4.1　建筑设计规范、规程、通则

我国的建筑设计规范有很多，通常分为两大类。一类是通用性的，如《建筑模数协调标准》（GB/T 50002—2013）、《房屋建筑制图统一标准》（GB/T 50001—2017）、《民用建筑设计统一标准》（GB 50532—2019）等；另一类是属于专项性的，如《住宅设计规范》（GB 50096—2011）、《办公建筑设计标准》（JGJ/T 67—2019）、《宿舍建筑设计规范》（JGJ 36—2016）等。

建筑设计人员从事建筑设计时必须熟悉有关的设计规范规定，并且要严格执行。

7.4.4.2　《建筑模数协调标准》（GB/T 50002—2013）

为推进房屋建筑工业化，实现建筑或部件的尺寸和安装位置的模数协调，实现建筑的设计、制造、施工安装等活动的互相协调；能对建筑各部位尺寸进行分割，并确定各部件的尺寸和边界条件；优选某种类型的标准化方式，使得标准化部件的种类最优；有利于部件的互换性；有利于建筑部件的定位和安装，协调建筑部件与功能空间之间的尺寸关系，颁布了《建筑模数协调标准》（GB/T 50002—2013），作为设计、施工、构件制作的尺寸依据。建筑模数协调统一标准包括以下几点内容。

1. 基本模数

基本模数是建筑模数协调统一标准中的基本尺寸单位，用 M 表示，1M 等于 100mm。

2. 扩大模数

扩大模数是导出模数的一种。其数值为基本模数的倍数。为了减少类型、统一规格，扩大模数基数应

为 2M、3M、6M、9M、12M ……，其相应尺寸分别为 200mm、300mm、600mm、900mm、1200mm……。

3. 分模数

分模数是导出模数的另一种。其数值为基本模数的分倍数。为了满足细小尺寸的需要，分模数基数应为 1/2M（50mm）、1/5M（20mm）、1/10M（10mm）取用。

4. 模数数列

以基本模数、扩大模数、分模数为基础，扩展成的一系列尺寸。模数数列应根据功能性和经济性原则确定。

建筑物的开间或柱距，进深或跨度，梁、板、隔墙和门窗洞口宽度等分部件的截面尺寸宜采用水平基本模数和水平扩大模数数列，且水平扩大模数数列宜采用 $2n$M、$3n$M（n 为自然数）。

建筑物的高度、层高和门窗洞口高度等宜采用竖向基本模数和竖向扩大模数数列，且竖向扩大模数数列宜采用 nM。

构造节点和分部件的接口尺寸等宜采用分模数数列，且分模数数列宜采用 M/10、M/5、M/2。

7.4.5 构件的尺寸

7.4.5.1 标志尺寸

符合模数数列的规定，用以标注建筑物定位线或基准面之间的垂直距离以及建筑部件、建筑分部件、有关设备安装基准面之间的尺寸。

7.4.5.2 制作尺寸

制作部件或分部件所依据的设计尺寸。部件的制作尺寸应由标志尺寸和安装公差决定，一般情况下，标志尺寸减去装配空间为制作尺寸。

7.4.5.3 实际尺寸

部件、分部件等生产制作后的实际测得的尺寸。部件的实际尺寸与制作尺寸之间应满足制作公差的要求。

7.4.5.4 技术尺寸

模数尺寸条件下，非模数尺寸或生产过程中出现误差时所需的技术处理尺寸。

复习思考题

1. 建筑的三要素是什么？它们彼此间的相互关系如何？
2. 建筑物有哪些分类方法？各种分类方法是怎样分类的？
3. 建筑物设计使用年限分为几类？各适用于哪类建筑？
4. 建筑物的耐火等级的划分依据是什么？分为几级？
5. 什么是耐火极限？什么是燃烧性能？
6. 建筑设计的依据主要有哪些？
7. 《建筑模数协调标准》的意义和作用是什么？
8. 什么是基本模数？其数值和符号各是什么？什么是扩大模数和分模数？
9. 什么是标志尺寸？什么是制作尺寸？什么是实际尺寸？什么是技术尺寸？它们之间有什么关系？

教学单元 8 建筑施工图识读

学习目标、教学要求和素质目标

本教学单元是本门课程的重点之一，重点介绍建筑施工图各图的内容、图示方法和绘制步骤，进行建筑施工图的识读和绘制训练。通过学习，应该达到以下要求：

1. 掌握建筑施工图的作用、内容以及图线、比例、图例、常用符号等图示方法的相关规定。
2. 掌握图纸目录、建筑总说明的作用和内容，掌握建筑总平面图的作用、图示方法、图示内容和深度，识读建筑图纸目录、总平面图、建筑总说明。
3. 掌握建筑平面图、立面图、剖面图和建筑详图的作用、图示方法、图示内容和深度，熟悉绘制方法。
4. 识读建筑平面图、立面图、剖面图和建筑详图。
5. 引导学生树立强烈的职业责任感。
6. 培养学生风险意识、规范意识和法律意识。

8.1 概述

8.1.1 建筑施工图的用途和内容

建筑施工图是表示建筑物的总体布局、外部造型、内部布置、细部构造、内外装饰、固定设施和施工要求的图样。一般包括：总平面图、施工总说明、门窗表、建筑平面图、建筑立面图、建筑剖面图和建筑详图等。

8.1.2 建筑施工图的图示方法

绘制和阅读房屋的建筑施工图，应根据画法几何的投影原理，并遵守《房屋建筑制图统一标准》（GB/T 50001—2017）；在绘制和阅读总平面图时，还应遵守《总图制图标准》（GB/T 50103—2010）；在绘制和阅读建筑平面图、建筑立面图、建筑剖面图和建筑详图时，还应遵守《建筑制图标准》（GB/T 50104—2010）。下面简要说明《建筑制图标准》中的一些基本规定，并补充说明尺寸注法中有关标高的基本规定。

8.1.2.1 图线

建筑专业、室内设计专业制图采用的各种线型，应符合《建筑制图标准》中的规定，表 8-1 摘录了有关实线和虚线的规定。图线的宽度 b 应根据图样的复杂程度和比例，按《房屋建筑制图统一标准》（GB/T 50001—2017）中图线的规定选用，如图 8-1～图 8-3 所示。绘制较简单的图样时，可采用两种线宽的线宽组，其线宽比为 b : $0.25b$。

表 8-1 图线

名称		线型	线宽	用途
实线	粗	————	b	1. 平、剖面图中被剖切的主要建筑构造（包括构配件）的轮廓线 2. 建筑立面图或室内立面图的外轮廓线 3. 建筑构造详图中被剖切的主要部分的轮廓线 4. 建筑构配件详图中的外轮廓线 5. 平、立、剖面的剖切符号

名称		线型	线宽	用途
实线	中粗	————	0.7b	1. 平、剖面图中被剖切的次要建筑构造(包括构配件)的轮廓线 2. 建筑平、立剖面图中建筑构配件的轮廓线 3. 建筑构造详图及建筑构配件详图中一般轮廓线
	中	————	0.5b	小于0.7b的图形线、尺寸线、尺寸界限,索引符号、标高符号、详图材料做法、引出线、粉刷线、保温层线、地面、墙面的高差分界线
	细	————	0.25b	图例填充线、家具线、纹样线
虚线	中粗	- - - - - -	0.7b	1. 建筑构造详图及建筑构配件不可见的轮廓线 2. 平面图中的起重机(吊车)轮廓线 3. 拟建、扩建建筑物轮廓线
	中	- - - - - -	0.5b	投影线、小于0.7b的不可见轮廓线
	细	- - - - - -	0.25b	图例填充线、家具线等
单点长画线	粗	—·—·—	b	起重机(吊车)轨道线
	细	—·—·—	0.25b	中心线、对称线、定位轴线
折断线	细	——\/——	0.25b	部分省略表示时的断开界线
波浪线	细	~~~~~~	0.25b	部分省略表示时的断开界线,曲线形构件间断开界限构造层次的断开界限

注:地平线宽可用1.4b。

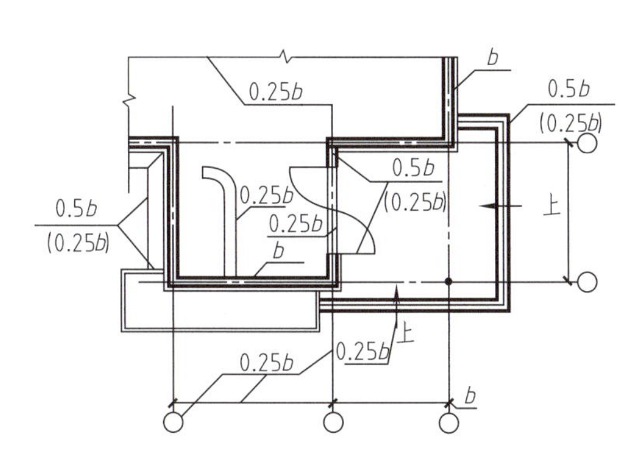

图 8-1 平面图图线宽度选用示例

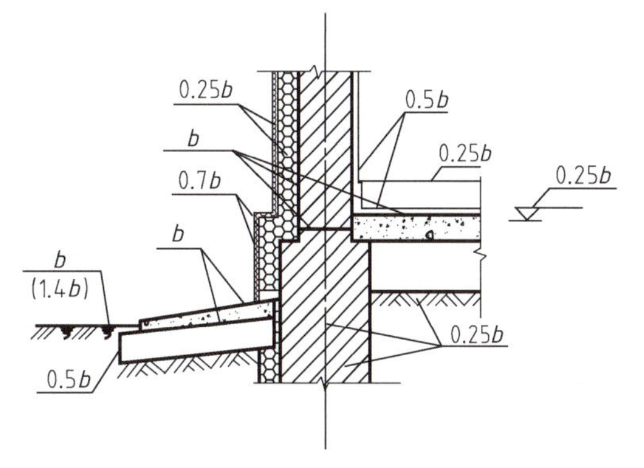

图 8-2 墙身剖面图图线宽度选用示例

8.1.2.2 比例

建筑专业制图选用的比例,按《建筑制图标准》宜符合表8-2的规定。

8.1.2.3 构造及配件图例

由于建筑平、立、剖面图常用1∶100、1∶200或1∶50等较小比例,图样中的一些构造及配件,不可能也不必要按实际投影画出,只需用规定的图例表示。建筑专业制图采用《建筑制图标准》规定的构造及配件图例,表8-3中摘录了其中一部分。

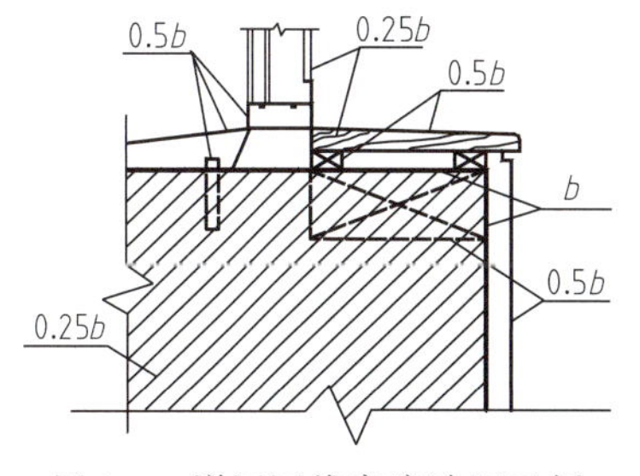

图 8-3 详图图线宽度选用示例

表 8-2 比例

图名	比例
建筑物或构筑物的平面图、立面图、剖面图	1∶50、1∶100、1∶150、1∶200、1∶300
建筑物或构筑物的局部放大图	1∶10、1∶20、1∶25、1∶30、1∶50
配件及构造详图	1∶1、1∶2、1∶5、1∶10、1∶15、1∶20、1∶25、1∶30、1∶50

表 8-3 构造及配件图例

序号	名称	图例	备注
1	墙体	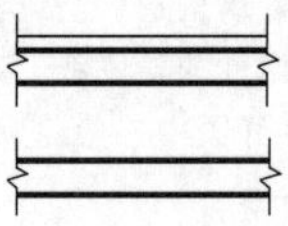	1. 上图为外墙，下图为内墙 2. 外墙细线表示有保温层或有幕墙 3. 应加注文字或涂色或图案填充表示各种材料的墙体 4. 在各层平面图中防火墙宜着重以特殊图案填充
2	隔断	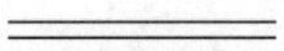	1. 加注文字或涂色或图案填充表示各种材料的轻质隔断 2. 适用于到顶与不到顶隔断
3	玻璃幕墙		幕墙龙骨是否表示由项目设计决定
4	栏杆		—
5	楼梯	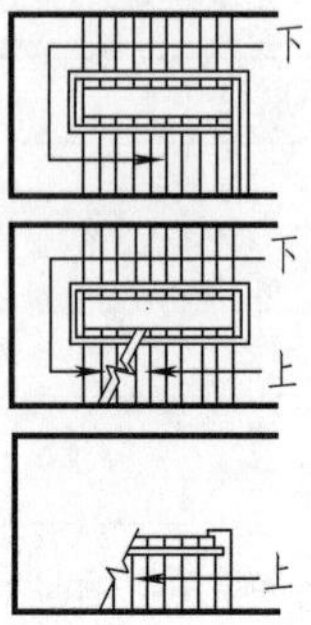 下 下 上 上	1. 上图为顶层楼梯平面，中图为中间层楼梯平面，下图为底层楼梯平面 2. 需设置靠墙扶手或中间扶手时，应在图中表示
6	坡道	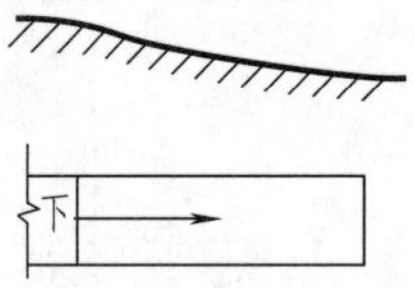 下	长走道
		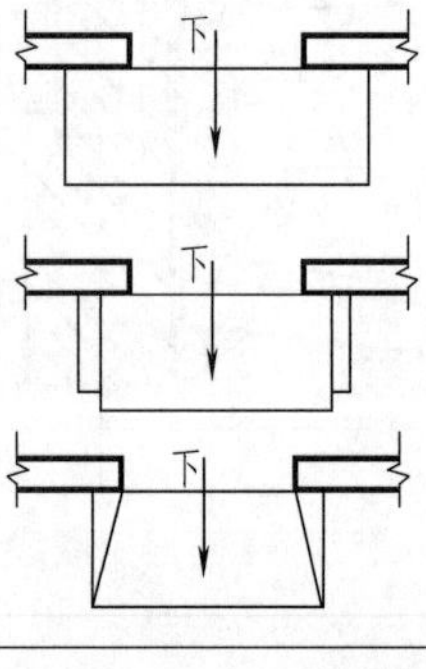 下 下 下	上图为两侧垂直的门口坡道，中图为有挡墙的门口坡道，下图为两侧找坡的门口坡道
7	台阶	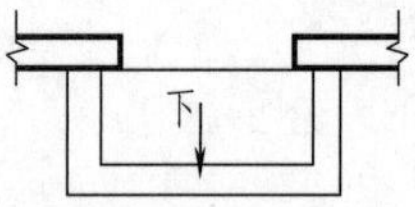 下	—
8	平面高差	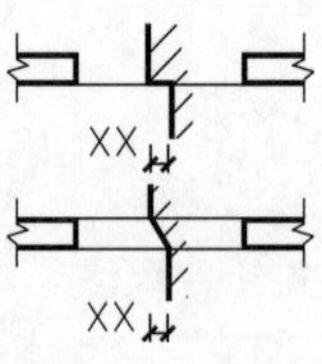 XX XX	用于高差小的地面或楼面交接处，并应与门的开启方向协调
9	检查孔		左图为可见检查孔 右图为不可见检查孔
10	孔洞		阴影部分亦可填充灰度或涂色代替
11	坑槽		—

序号	名　称	图　例	备　注
12	墙预留洞、槽	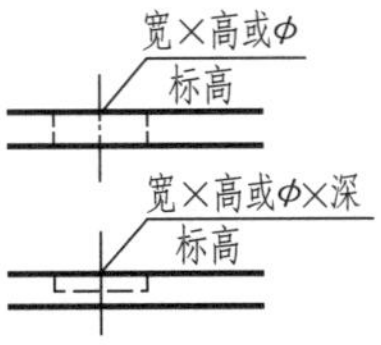 宽×高或φ 标高 宽×高或φ×深 标高	1. 上图为预留洞，下图为预留槽 2. 平面以洞(槽)中心定位 3. 标高以洞(槽)底或中心定位 4. 宜以涂色区别墙体和预留洞(槽)
13	地　沟	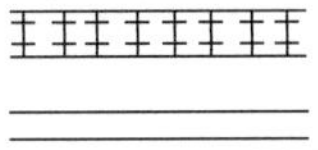	上图为有盖板地沟，下图为无盖板明沟
14	烟　道	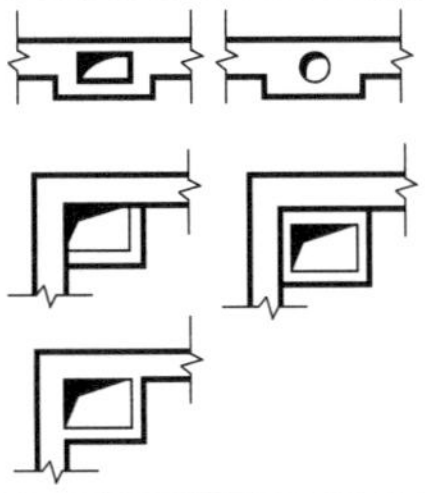	1. 阴影部分亦可填充灰度或涂色代替 2. 烟道、风道与墙体为相同材料，其相接处墙身线应断开 3. 烟道、风道根据需要增加不同材料的内衬
15	风　道	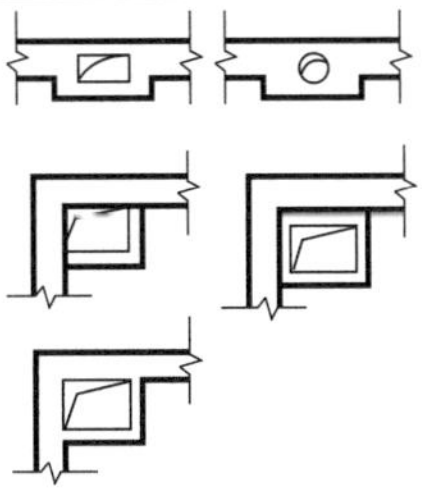	
16	新建的墙和窗	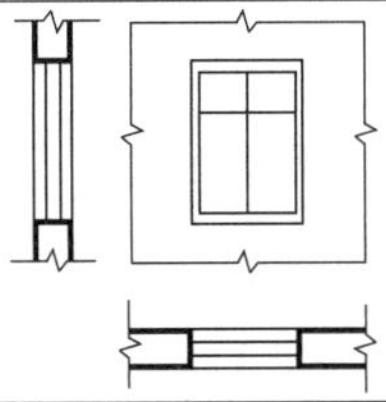	—
17	改建时保留的墙和窗	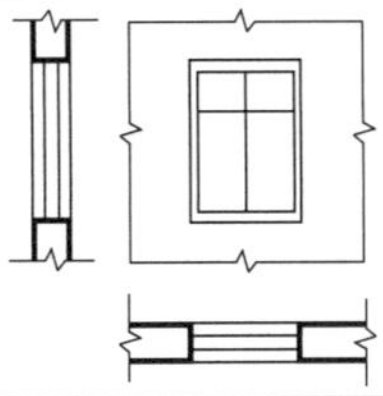	只更换窗，应加粗窗的轮廓线
18	拆除的墙	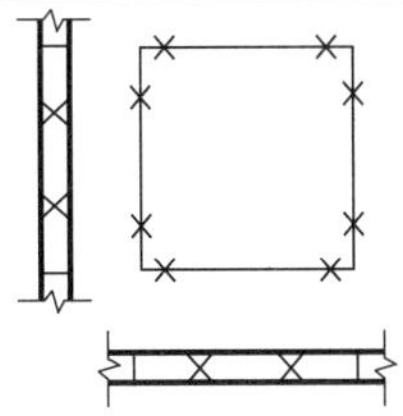	—
19	改建时在原有墙或楼板上新开的洞	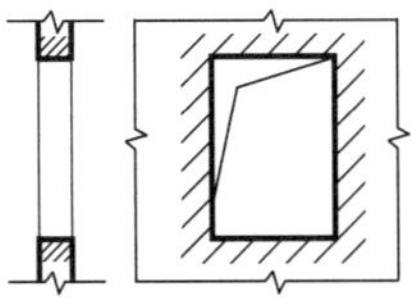	—
20	在原有墙或楼板洞旁扩大的洞	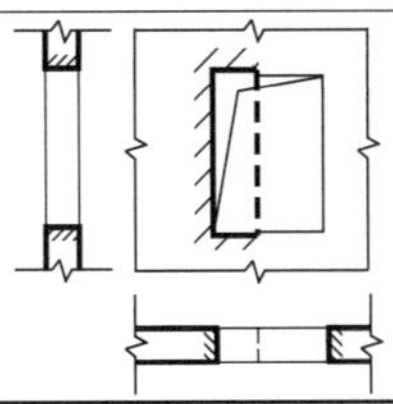	图示为洞口向左边扩大

续表

序号	名　称	图　例	备　注
21	在原有墙或楼板上全部填塞的洞	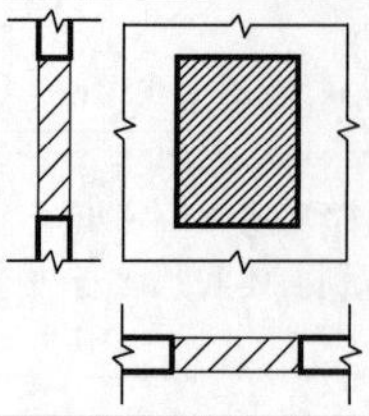	全部填塞的洞 图中立面填充灰度或涂色
22	在原有墙或楼板上局部填塞的洞	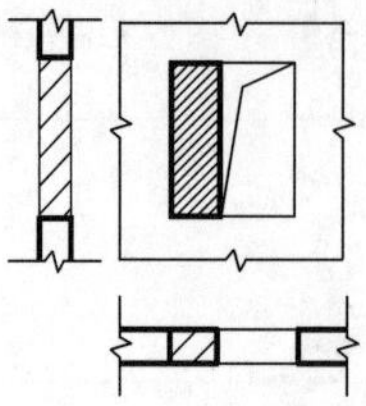	左侧为局部填塞的洞 图中立面填充灰度或涂色
23	空门洞	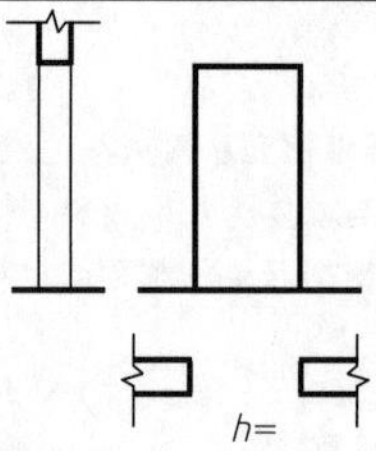 h=	*h* 为门洞高度
24	单面开启单扇门（包括平开或单面弹簧）	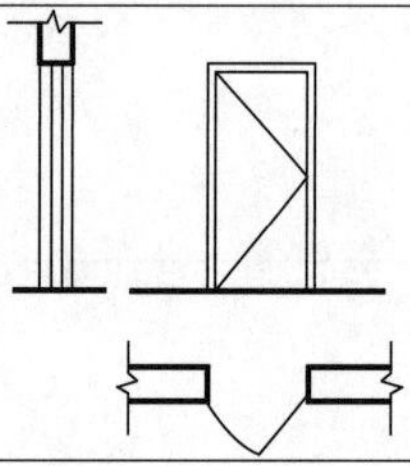	1. 门的名称代号用M表示 2. 平面图中，下为外、上为内(门开启线为90°、60°或45°，开启弧线宜绘出） 3. 立面图中，开启线实线为外开，虚线为内开，开启线交角的一侧为安装合页一侧，开启线在建筑立面图中可不表示，在立面大样图中可根据需要绘出 4. 剖面图中，左为外、右为内 5. 附加纱扇应以文字说明，在平、立、剖面图中均不表示 6. 立面形式应按实际情况绘制
	双面开启单扇门（包括双面平开或双面弹簧）	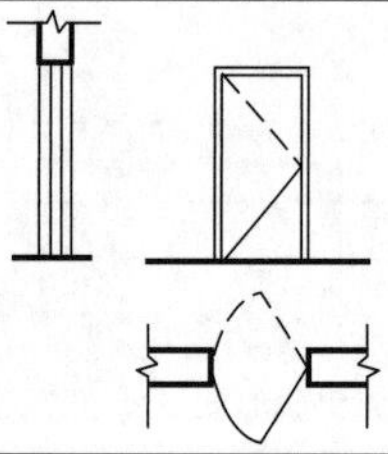	
	双层单扇平开门	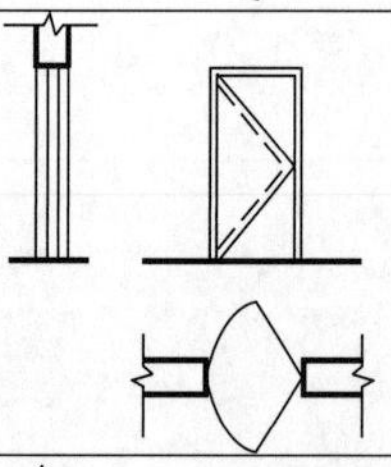	
25	单面开启双扇门（包括平开或单面弹簧）	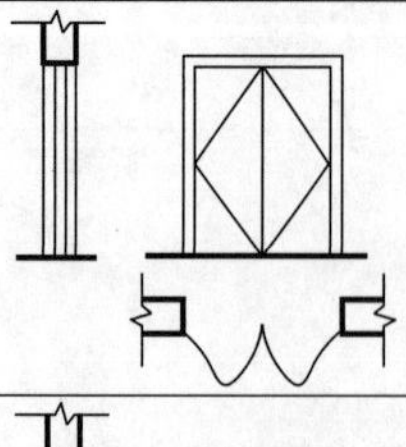	1. 门的名称代号用M表示 2. 平面图中，下为外、上为内(门开启线为90°、60°或45°，开启弧线宜绘出） 3. 立面图中，开启线实线为外开，虚线为内开，开启线交角的一侧为安装合页一侧，开启线在建筑立面图中可不表示，在立面大样图中可根据需要绘出
	双面开启双扇门（包括双面平开或双面弹簧）	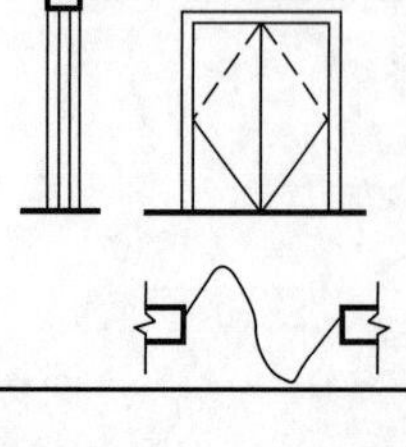	

续表

序号	名称	图例	备注
25	双层双扇平开门	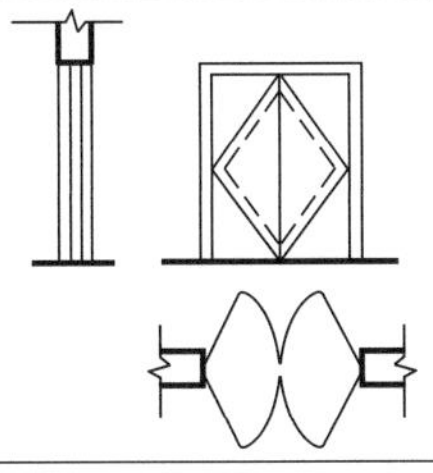	4. 剖面图中，左为外、右为内 5. 附加纱扇应以文字说明，在平、立、剖面图中均不表示 6. 立面形式应按实际情况绘制
26	折叠门	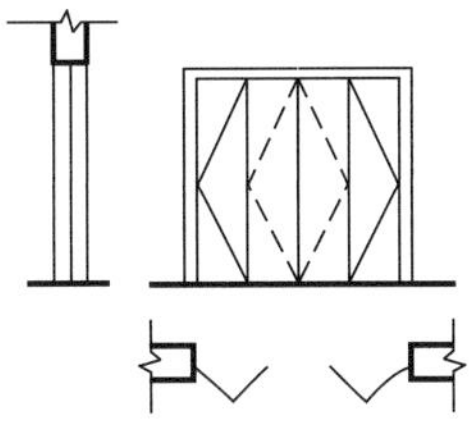	1. 门的名称代号用 M 表示 2. 平面图中，下为外、上为内 3. 立面图中，开启线实线为外开，虚线为内开，开启线交角的一侧为安装合页一侧 4. 剖面图中，左为外、右为内 5. 立面形式应按实际情况绘制
	推拉折叠门	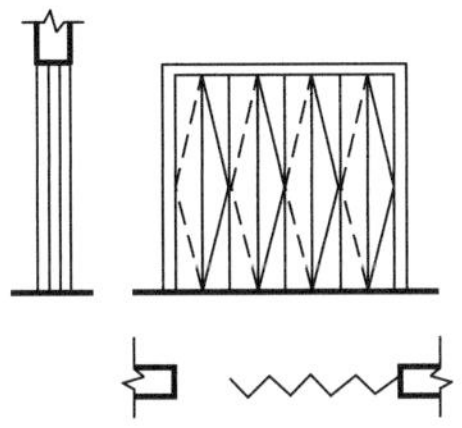	
27	墙洞外单扇推拉门	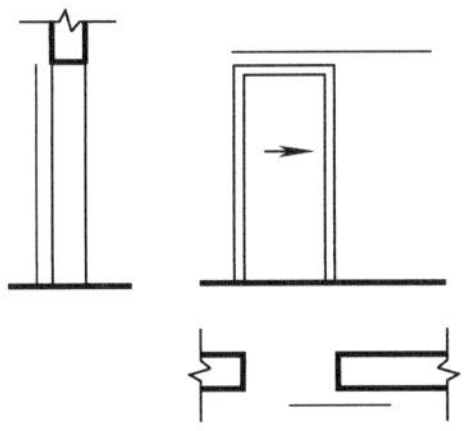	1. 门的名称代号用 M 表示 2. 平面图中，下为外、上为内 3. 剖面图中，左为外、右为内 4. 立面形式应按实际情况绘制
	墙洞外双扇推拉门	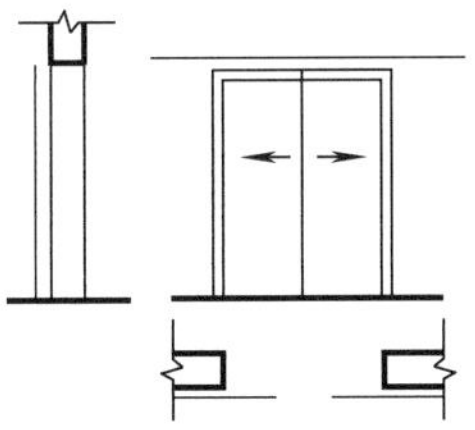	
	墙中单扇推拉门	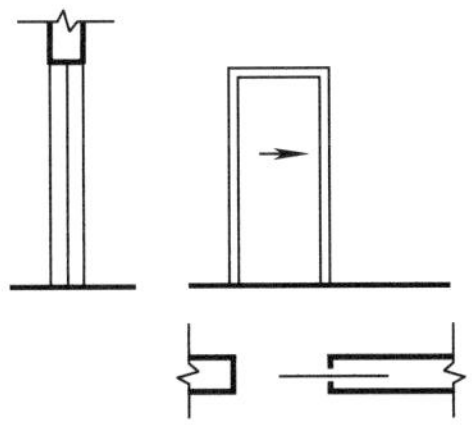	1. 门的名称代号用 M 表示 2. 立面形式应按实际情况绘制
	墙中双扇推拉门	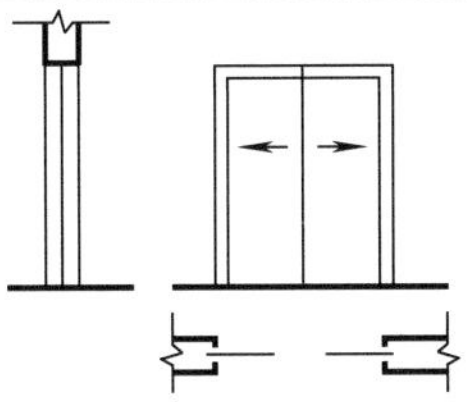	

续表

序号	名称	图例	备注
28	推杠门	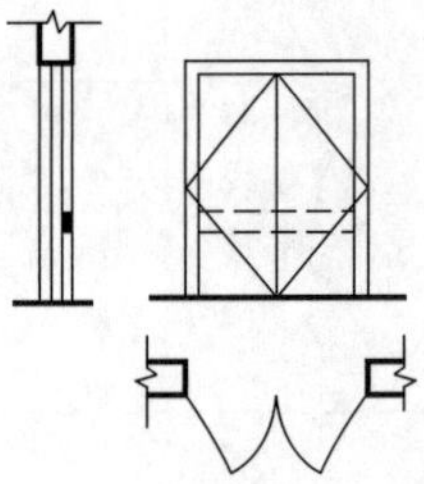	1. 门的名称代号用 M 表示 2. 平面图中，下为外、上为内（门开启线为 90 °、60 °或 45 °，开启弧线宜绘出） 3. 立面图中，开启线实线为外开，虚线为内开，开启线交角的一侧为安装合页一侧，开启线在建筑立面图中可不表示，在室内设计门窗立面大样图中需要绘出 4. 剖面图中，左为外、右为内 5. 立面形式应按实际情况绘制
29	门连窗		
30	旋转门	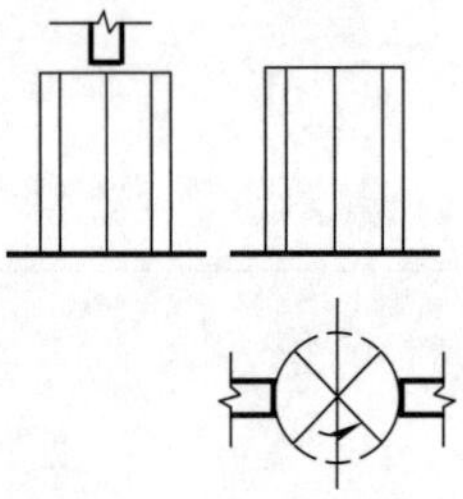	1. 门的名称代号用 M 表示 2. 立面形式应按实际情况绘制
	两翼智能旋转门		
31	自动门	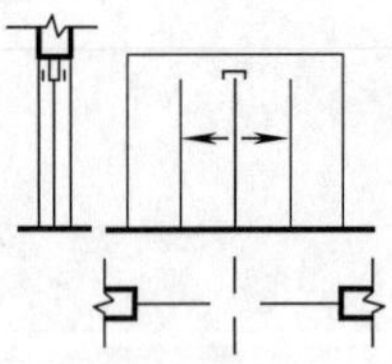	1. 门的名称代号用 M 表示 2. 立面形式应按实际情况绘制
32	折叠上翻门	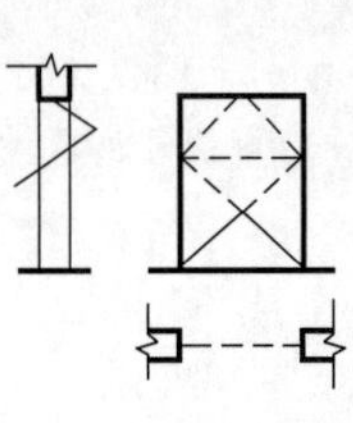	1. 门的名称代号用 M 表示 2. 平面图中，下为外、上为内 3. 剖面图中，左为外、右为内 4. 立面形式应按实际情况绘制

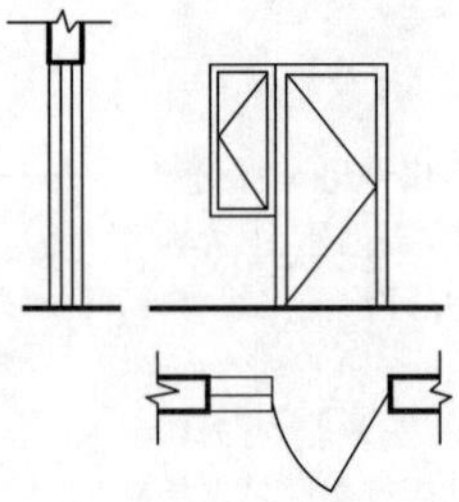

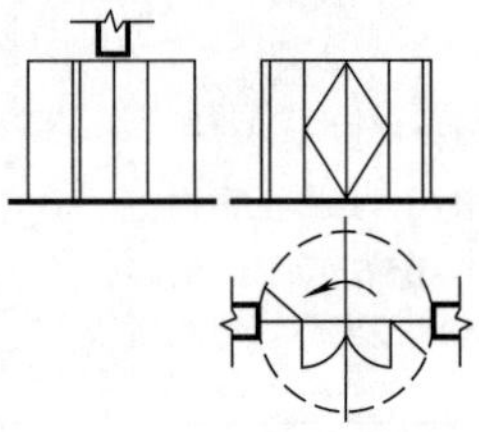

续表

序号	名称	图例	备注
33	提升门	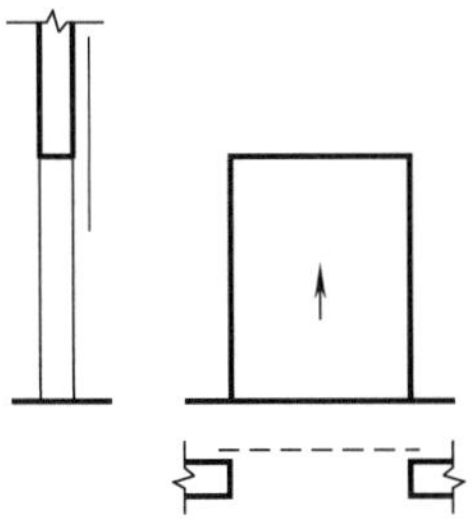	1. 门的名称代号用 M 表示 2. 立面形式应按实际情况绘制
34	分节提升门	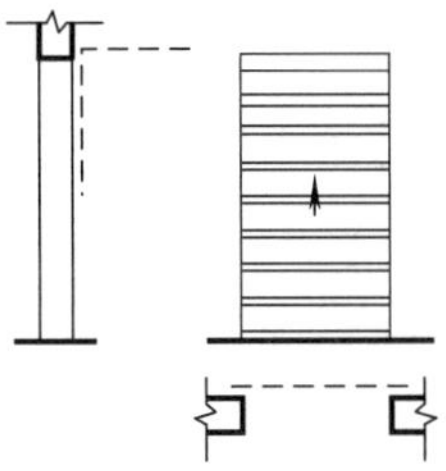	
35	人防单扇防护密闭门	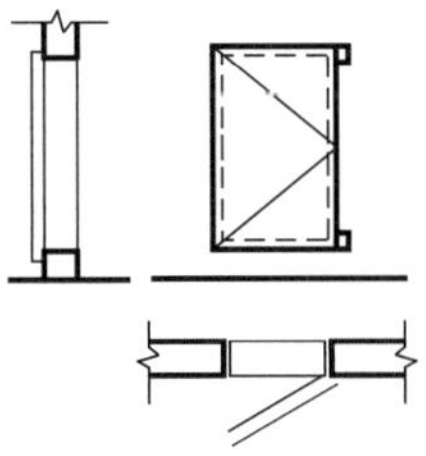	1. 门的名称代号按人防要求表示 2. 立面形式应按实际情况绘制
	人防单扇密闭门	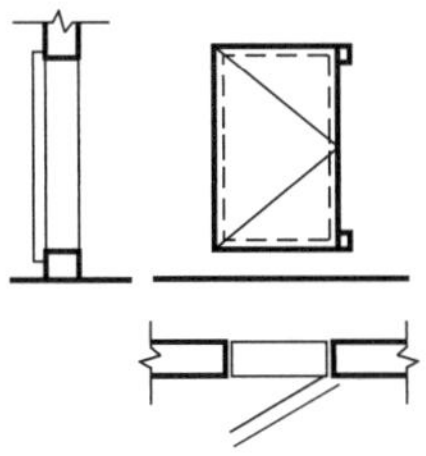	
36	人防双扇防护密闭门	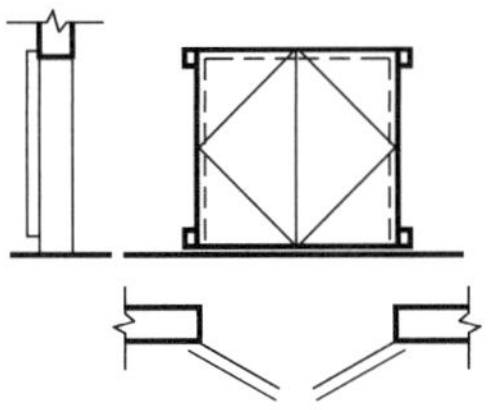	1. 门的名称代号按人防要求表示 2. 立面形式应按实际情况绘制
	人防双扇密闭门	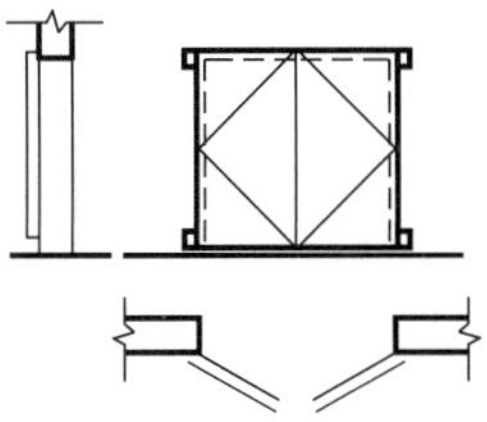	

续表

序号	名　称	图　例	备　注
37	横向卷帘门	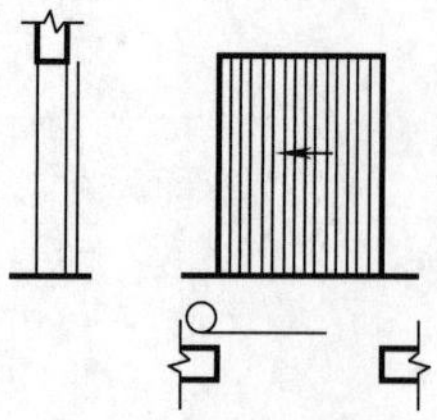	—
	竖向卷帘门	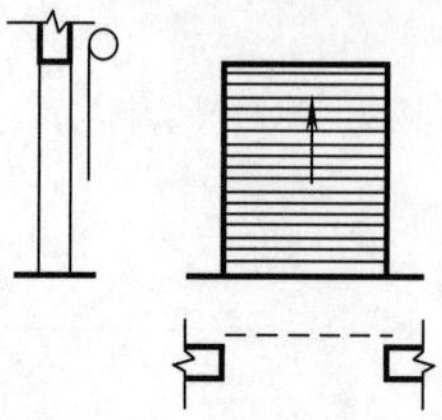	
	单侧双层卷帘门	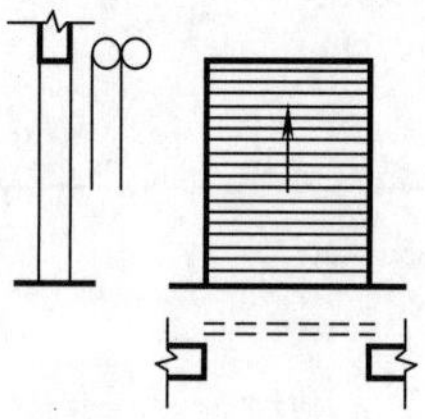	
	双侧单层卷帘门	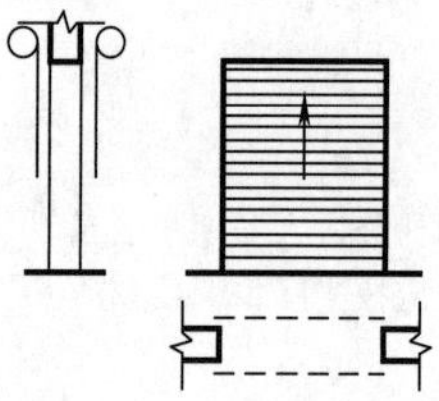	
38	固定窗	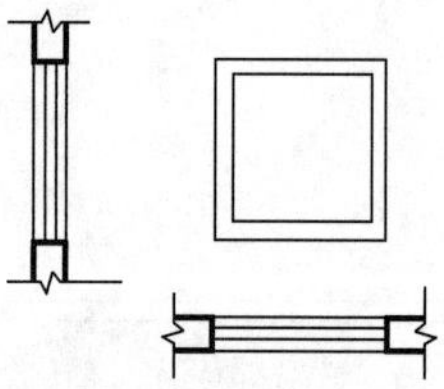	1. 窗的名称代号用C表示 2. 平面图中,下为外、上为内 3. 立面图中,开启线实线为外开,虚线为内开,开启线交角的一侧为安装合页一侧,开启线在建筑立面图中可不表示,在门窗立面大样图中需要绘出 4. 剖面图中,左为外、右为内。虚线仅表示开启方向,项目设计不表示 5. 附加纱窗应以文字说明,在平、立、剖面图中均不表示 6. 立面形式应按实际情况绘制
39	上悬窗	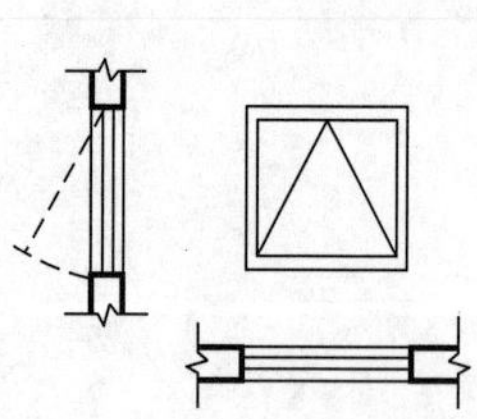	
	中悬窗	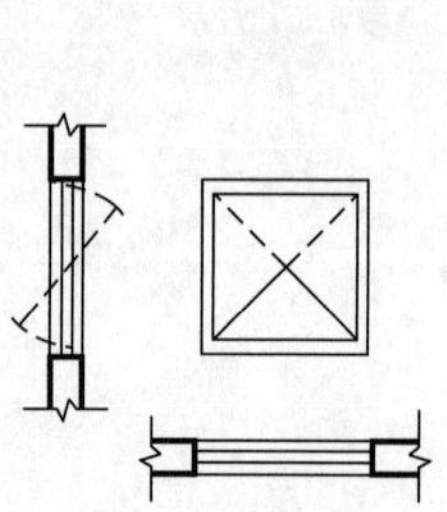	

续表

序号	名称	图例	备注
40	下悬窗	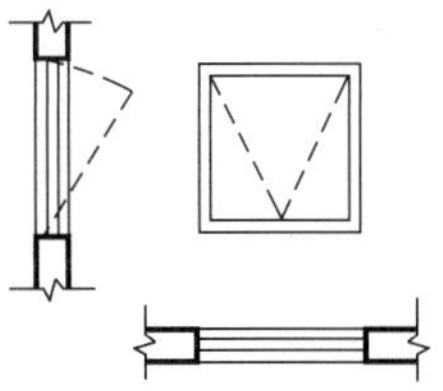	1. 窗的名称代号用 C 表示 2. 平面图中，下为外、上为内 3. 立面图中，开启线实线为外开，虚线为内开，开启线交角的一侧为安装合页一侧，开启线在建筑立面图中可不表示，在门窗立面大样图中需要绘出 4. 剖面图中，左为外、右为内。虚线仅表示开启方向，项目设计不表示 5. 附加纱窗应以文字说明，在平、立、剖面图中均不表示 6. 立面形式应按实际情况绘制
41	立转窗		
42	内开平开内倾窗		
43	单层外开平开窗		
	单层内开平开窗		
	双层内外开平开窗		

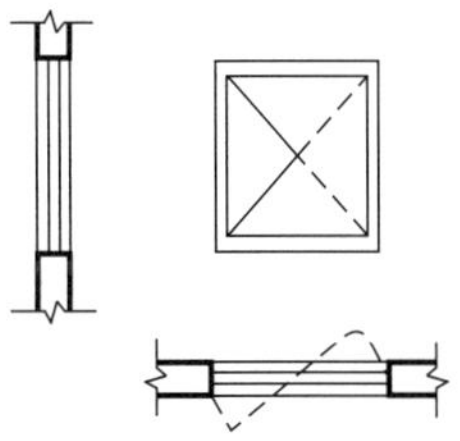

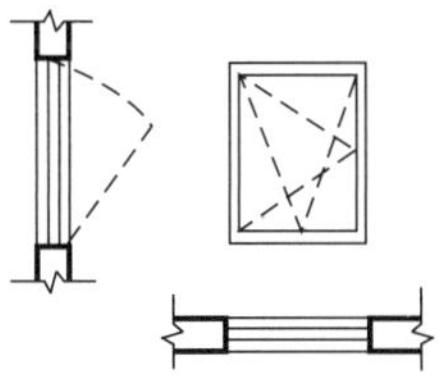

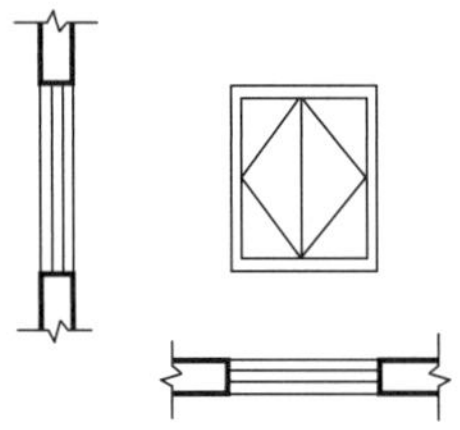

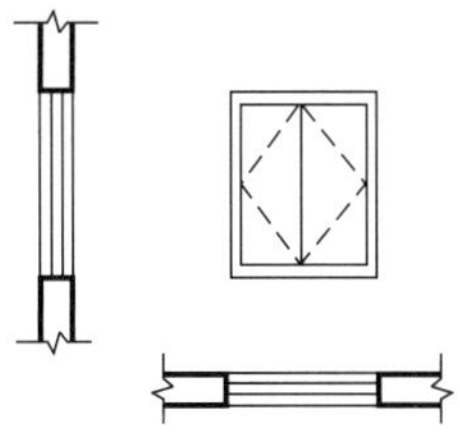

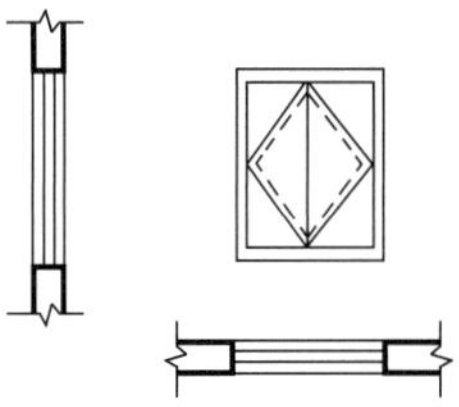

续表

序号	名　称	图　例	备　注
44	单层推拉窗	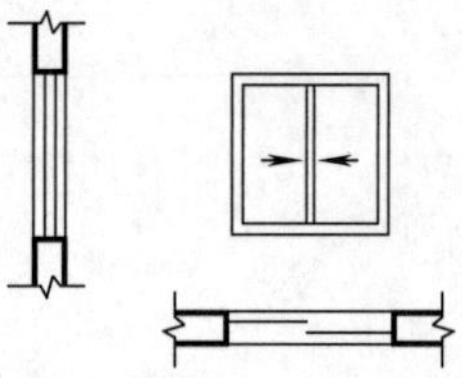	1. 窗的名称代号用C表示 2. 立面形式应按实际情况绘制
	双层推拉窗	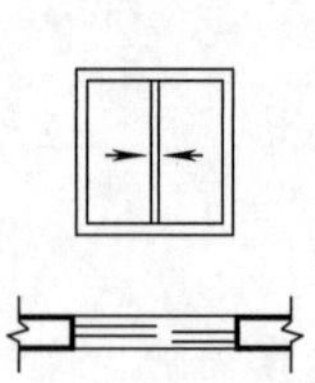	
45	上推窗	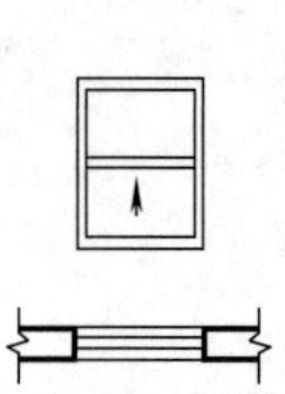	1. 窗的名称代号用C表示 2. 立面形式应按实际情况绘制
46	百叶窗	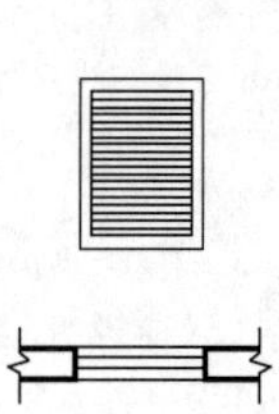	1. 窗的名称代号用C表示 2. 立面形式应按实际情况绘制
47	高　窗	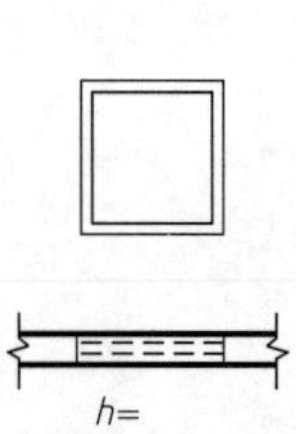 h=	1. 窗的名称代号用C表示 2. 立面图中，开启线实线为外开，虚线为内开，开启线交角的一侧为安装合页一侧，开启线在建筑立面图中可不表示，在门窗立面大样图中需要绘出 3. 剖面图中，左为外、右为内 4. 立面形式应实际情况绘制 5. h 表示高窗底距本层地面高度 6. 高窗开启方式参考其他窗型
48	平推窗	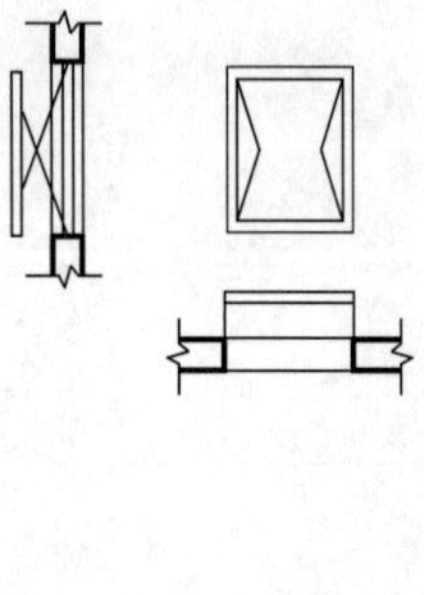	1. 窗的名称代号用C表示 2. 立面形式应按实际情况绘制

8.1.2.4 常用符号

（1）索引符号和详图符号

图样中的某一局部或构件，如需另见详图，应以索引符号索引，如图 8-4（a）所示。索引符号是由直径为 8～10mm 的圆和水平直径组成，圆和水平直径均应以细实线绘制。索引符号应按下列规定编写。

① 索引出的详图，如与被索引的详图同在一张图纸内，应在索引符号的上半圆中用阿拉伯数字注明该详图的编号，并在下半圆中间画一段水平细实线，如图 8-4（b）所示。

② 索引出的详图，如与被索引的详图不在一张图纸内，应在索引符号的上半圆中用阿拉伯数字注明该详图的编号，在索引符号的下半圆中用阿拉伯数字注明该详图所在图纸的编号，如图 8-4（c）所示。数字较多时，可加文字标注。

③ 索引出的详图，如采用标准图，应在索引符号水平直径的延长线上加注该标准图册的编号，如图 8-4（d）所示。

索引符号如用于索引剖视详图，应在被剖切的部位绘制剖切位置线，并以引出线引出索引符号，引出线所在的一侧应为剖视方向，如图 8-5 所示。

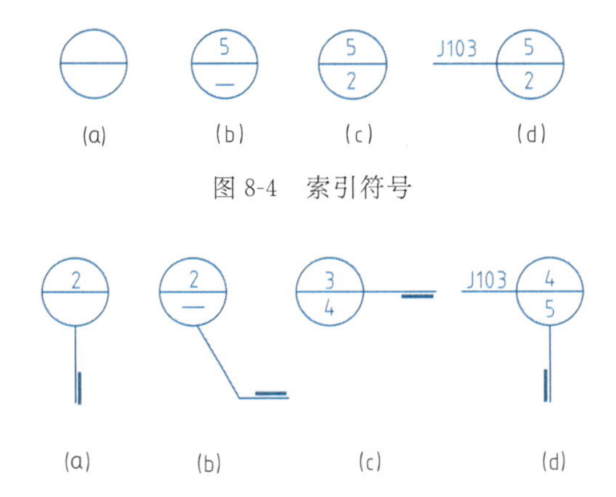

图 8-4 索引符号

图 8-5 用于索引剖视详图的索引符号

图 8-6 零件、钢筋、杆件、设备等的编号

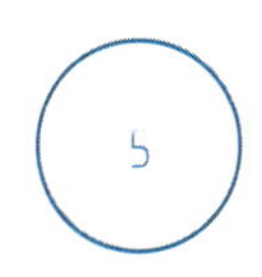

图 8-7 与被索引图样同在一张图纸内的详图符号

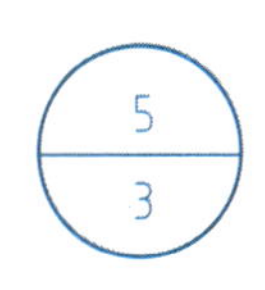

图 8-8 与被索引图样不在同一张图纸内的详图符号

零件、钢筋、杆件、设备等的编号，以直径为 4～6mm（同一图样应保持一致）的细实线圆表示，其编号应用阿拉伯数字按顺序编写，如图 8-6 所示。

详图的位置和编号，应以详图符号表示，详图符号的圆应以直径为 14mm 粗实线绘制。详图应按下列规定编号。

① 详图与被索引的图样同在一张图纸内时，应在详图符号内用阿拉伯数字注明详图的编号，如图 8-7 所示。

② 详图与被索引的图样不在同一张图纸内，应用细实线在详图符号内画一水平直径，在上半圆中注明详图编号，在下半圆中注明被索引的图纸的编号，如图 8-8 所示。

（2）引出线

引出线应以细实线绘制，宜采用水平方向的直线、与水平方向成 30°、45°、60°、90° 的直线，或经上述角度再折为水平线。文字说明宜注写在水平线的上方，如图 8-9（a）所示，也可注写在水平线的端部，如图 8-9（b）所示。索引详图的引出线，应与水平直径线相连接，如图 8-9（c）所示。

同时引出几个相同部分的，宜互相平行，如图 8-10（a）所示，也可画成集中于一点的放射线，如图 8-10（b）所示。

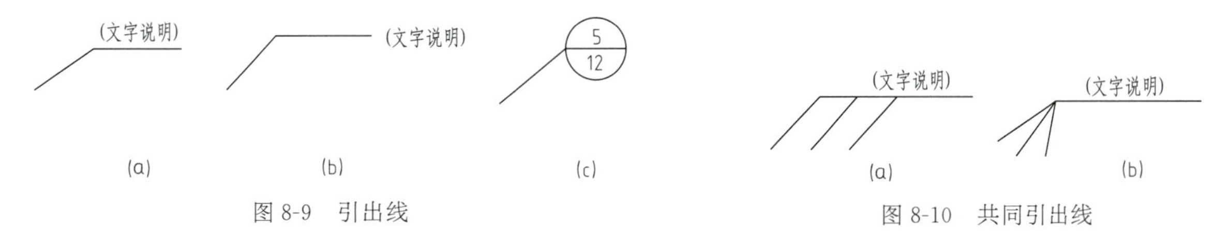

图 8-9 引出线

图 8-10 共同引出线

多层构造或多层管道共用引出线，应通过被引出的各层。文字说明宜注写在水平线的上方，或注写在水平线的端部，说明的顺序应由上至下，并应与被说明的层次相互一致；如层次为横向排序，则由上至下的说明顺序应与左至右的层次相互一致，如图 8-11 所示。

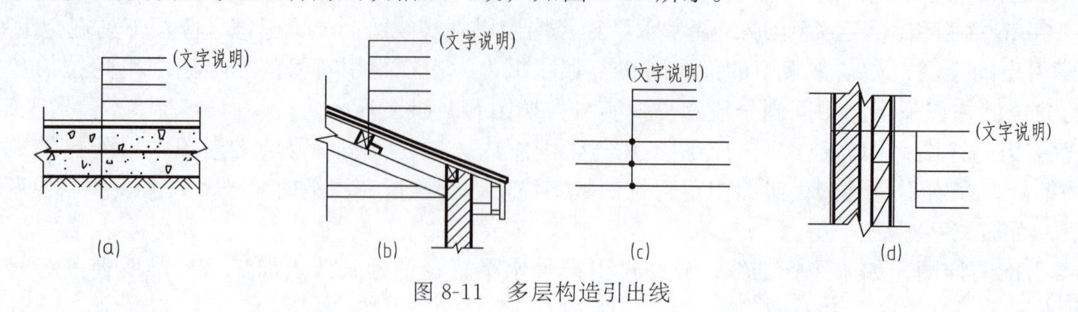

图 8-11　多层构造引出线

（3）定位轴线

定位轴线应以细单点长画线绘制。

定位轴线一般应编号，编号应注写在轴线端部的圆内。圆应用细实线绘制，直径为 8～10mm。定位轴线圆的圆心，应在定位轴线的延长线上或延长线的折线上。

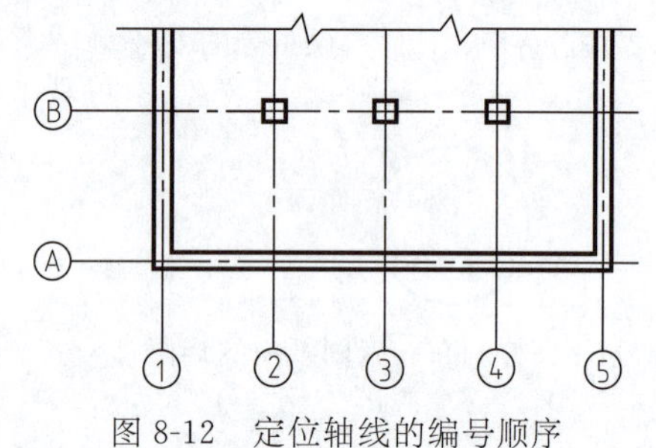

图 8-12　定位轴线的编号顺序

平面图上定位轴线的编号，宜注写在图样的下方与左侧。横向编号应用阿拉伯数字，从左至右顺序编写，竖向编号应用大写英文字母，从下至上顺序编写，如图 8-12 所示。

英文字母的 I、O、Z 不得用作轴线编号。如字母数量不够使用，可增用双字母或单字母加注脚，如 A_A、B_A、…、Y_A 或 A_1、B_1、…、Y_1。

附加定位轴线的编号，应以分数的形式表示，并应按下列规定编写。

① 两根轴线间的附加轴线，应以分母表示前一轴线的编号，分子表示附加轴线的编号，编号宜用阿拉伯数字顺序编写，如：

1/2 表示2号轴线之后附加的第一根轴线；3/C 表示C号轴线之后附加的第三根轴线。

② 1 号轴线和 A 号轴线之前的附加轴线的分母应以 01 或 0A 表示，如：

1/01 表示1号轴线之前附加的第一根轴线；3/0A 表示A号轴线之前附加的第三根轴线。

一个详图适用于几根轴线时，应同时注明各有关轴线的编号，如图 8-13 所示。

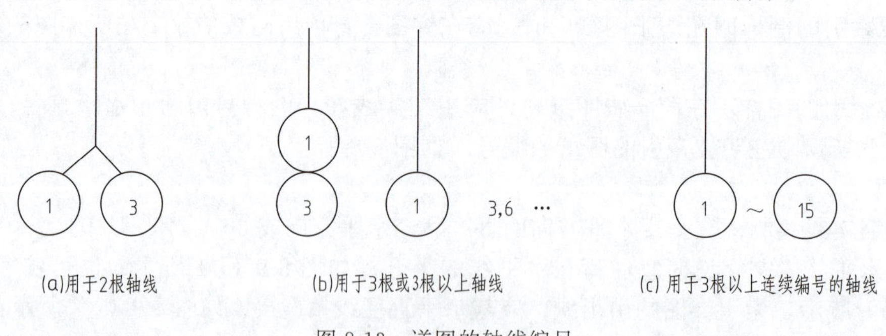

图 8-13　详图的轴线编号

通用详图中的定位轴线，应只画圆，不注写轴线编号。

（4）标高

标高是标注建筑物高度的另一种尺寸形式。

标高符号应以直角等腰三角形表示，按图 8-14（a）形式用细实线绘制，如标注位置不够，也可按照图 8-14（b）形式绘制。标高符号的具体画法如图 8-14（c）、（d）所示。

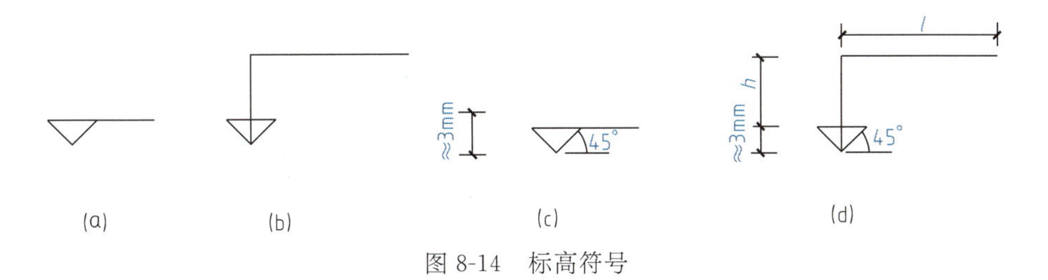

图 8-14　标高符号

总平面图室外地坪标高符号，宜用涂黑的三角形表示，如图 8-15（a）所示，具体画法如图 8-15（b）所示。

标高符号的尖端应指向被注高度的位置。尖端一般应向下，也可向上。注写在标高符号的左侧或右侧，如图 8-16 所示。

标高数字应以米为单位，注写到小数点以后第三位。在总平面图中，可注写到小数点以后第二位。零点标高应注写成 ± 0.000，正数标高不注“+”，负数标高应注“-”，例如 3.000、-0.600。

在图样的同一位置需表示几个不同标高时，标高数字可按图 8-17 的形式注写。

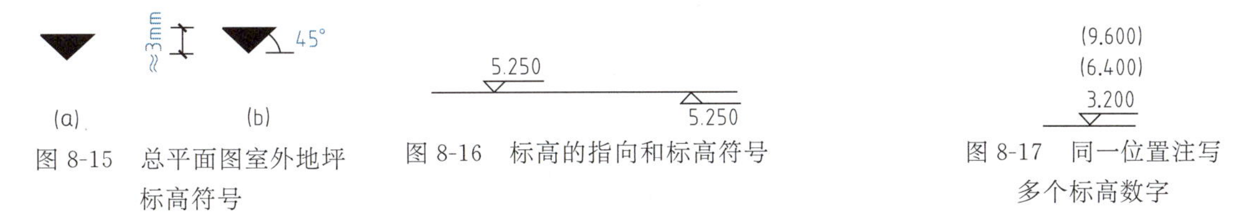

图 8-15　总平面图室外地坪标高符号

图 8-16　标高的指向和标高符号

图 8-17　同一位置注写多个标高数字

标高有绝对标高和相对标高之分。绝对标高是以青岛附近的黄海平均海平面为零点，以此为基准的标高。在实际施工中，用绝对标高不方便，因此，习惯上将房屋底层的室内地坪高度定为零点的相对标高，比零点高的标高为“正”，比零点低的标高为“负”。在施工总说明中，应说明相对标高与绝对标高之间的联系。

房屋的标高，还有建筑标高和结构标高的区别。如图 8-18 所示，建筑标高是构件包括粉饰层在内的、装饰完成后的标高；结构标高则不包括构件表面的粉饰层厚度，是构件的毛面标高。

（5）其他符号

对称符号由对称线和两端的两对平行线组成。对称线用细单点长画线绘制；平行线用细实线绘制，其长度宜为 6 ~ 10mm，每对的间距宜为 2 ~ 3mm；对称线垂直平分两对平行线，两端超出平行线宜为 2 ~ 3mm，如图 8-19 所示。

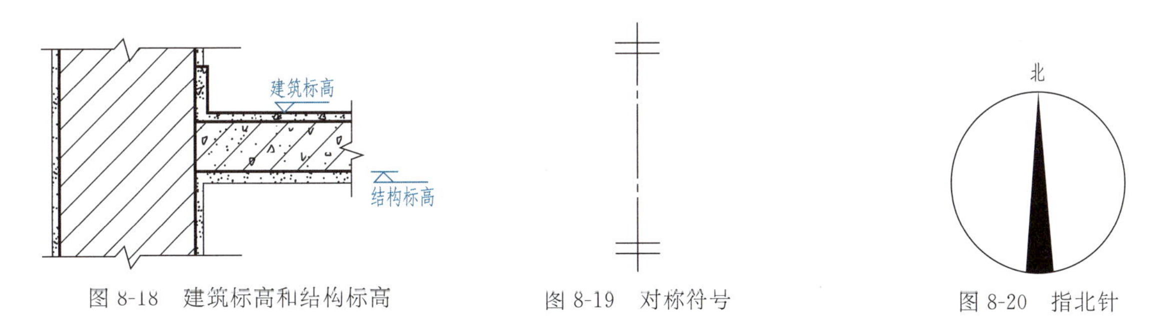

图 8-18　建筑标高和结构标高

图 8-19　对称符号

图 8-20　指北针

指北针的形状如图 8-20 所示，其圆的直径宜为 24mm，用细实线绘制；指针尾部的宽度宜为 3mm，指针头部应注“北”或“N”字。需用较大直径绘制指北针时，指针尾部的宽度宜为直径的 1/8。

对图纸中局部变更部分宜采用云线，并宜说明修改顺次。

实训项目

[1+X 证书（建筑工程识图、BIM）基本要求]

熟悉和掌握《建筑制图标准》（GB/T 50104—2010）中的基本规定和图示方法。

8.2 图纸目录、总平面图和建筑总说明

8.2.1 图纸目录

图纸目录主要说明该套图纸有几类，各类图纸有几张，每张图纸的图号、图名、图幅大小；如采用标准图，应写出所使用标准图的名称、所在的标准图集和图号或页次。编制图纸目录的目的是为了便于查找图纸。

8.2.2 建筑设计总说明

建筑设计总说明主要用来说明施工图的设计依据。有时，建筑设计总说明与结构设计总说明、施工总说明合并，成为整套施工图的首页，放在所有施工图的最前面。如附图 2 所示。一般建筑设计总说明包括：工程概况、设计依据、设计总则、设计标高、节能措施、工程做法等。

8.2.3 总平面图的用途、内容和图示方法

总平面图是新建房屋在基地范围内的总体布置图。它表明新建房屋的平面轮廓形状和层数、与原有建筑物的相对位置、周围环境、地貌地形、道路和绿化的布置等情况，是新建房屋及其他设施的施工定位、土方施工以及设计水、电、暖、煤气等管线总平面图的依据。

总平面图一般采用 1∶500、1∶1000、1∶2000 的比例，以图例来表明新建、原有、拟建的房屋或建筑物，附近的地物环境，交通和绿化布置。《总图制图标准》(GB/T 500103—2010) 分别列出了总平面图图例、道路和铁路图例、管线和绿化图例，表 8-4 摘录了其中一部分。若这个标准中的图例不够使用，需另行设定图例时，则应在总平面图上专门画出自定的图例，并注明其名称。

在总平面图中的每个图样的线型，应根据其所表示的不同重点，采用不同的粗细线型。主要部分选用粗线，其他部分选用中粗线和细线，见表 8-5。

在总平面图中，除图例以外，通常还要画出带有指北方向的风向频率玫瑰图（简称风玫瑰图），用来表示该地区常年的风向频率和房屋的朝向。风玫瑰图是根据当地多年平均统计的各个方向吹风次数的百分数，按一定比例绘制的，风的吹向是指从外吹向中心，实线表示全年风向频率，虚线表示按 6、7、8 三个月统计的夏季风向频率。

在总平面图中，常标出新建房屋的总长、总宽和定位尺寸，新建房屋室内底层地面和室外地面的绝对标高。尺寸和标高均以米作为单位，注写到小数点以后两位数字。

表 8-4 总平面图图例

序号	名　称	图　例	备　注
1	新建建筑物	X= Y= ① 12F/2D H=59.00m	新建建筑物以粗实线表示与室外地坪相接处±0.000 外墙定位轮廓线 建筑物一般以±0.000 高度处的外墙定位轴线交叉点坐标定位。轴线用细实线表示，并标明轴线号 根据不同设计阶段标注建筑编号，地上、地下层数，建筑高度，建筑出入口位置（两种表示方法均可，但同一图纸采用一种表示方法） 地下建筑物以粗虚线表示其轮廓 建筑上部（±0.000 以上）外挑建筑用细实线表示 建筑物上部连廊用细虚线表示并标注位置

续表

序号	名　称	图　例	备　注
2	原有建筑物		用细实线表示
3	计划扩建的预留地或建筑物		用中粗虚线表示
4	拆除的建筑物		用细实线表示
5	围墙及大门		—
6	坐标	1. X=105.00 Y=425.00 2. A=105.00 B=425.00	1. 表示地形测量坐标系 2. 表示自设坐标系 坐标数字平行于建筑标注
7	填挖边坡		—
8	截水沟	1 40.00	“1”表示1%的沟底纵向坡度，“40.00”表示变坡点间距离，箭头表示水流方向
9	消火栓井		—
10	室内地坪标高	151.00 (±0.00)	数字平行于建筑物书写
11	室外地坪标高	143.00	室外标高也可采用等高线
12	新建的道路	R=6.00 0.30% 100.00 107.50	“R=6.00”表示道路转弯半径；“107.50”为道路中心线交叉点设计标高，两种表示方式均可，同一图纸采用一种方式表示；“100.00”为变坡点之间距离，“0.30%”表示道路坡度，一表示坡向
13	原有道路		—
14	计划扩建的道路		—
15	拆除的道路		—
16	人行道		—
17	常绿针叶乔木		—
18	落叶针叶乔木		—
19	常绿阔叶乔木		—

续表

序号	名称	图例	备注
20	落叶阔叶乔木		—
21	常绿阔叶灌木		—
22	落叶阔叶灌木		—
23	草坪	1. 2. 3.	1. 草坪 2. 表示自然草坪 3. 表示人工草坪
24	棕榈植物		—

表 8-5 图线

名称		线型	线宽	用途
实线	粗		b	1. 新建建筑物±0.000 高度的可见轮廓线 2. 新建的铁路、管线
	中		0.7b 0.5b	1. 新建构筑物、道路、桥涵、边坡、围墙、运输设施的可见轮廓线 2. 原有标准轨距铁路
	细		0.25b	1. 新建建筑物±0.000 高度以上的可见建筑物、构筑物轮廓线 2. 原有建筑物、构筑物、原有窄轨、铁路、道路、桥涵、围墙的可见轮廓线 3. 新建人行道、排水沟、坐标线、尺寸线、等高线
虚线	粗		b	新建建筑物、构筑物地下轮廓线
	中		0.5b	计划预留扩建建筑物、构筑物、铁路、道路、运输设施、管线、建筑红线及预留用地各线
	细		0.25b	原有建筑物、构筑物管线的地下轮廓线
单点长画线	粗		b	露天矿开采边界线
	中		0.5b	土方填挖区的零点线
	细		0.25b	分水线、中心线、对称线、定位轴线
双点长画线			b	用地红线
			0.7b	地下开采区塌落界线
			0.5b	建筑红线
折断线			0.5b	断线
不规则曲线			0.5b	新建人工水体轮廓线

注：根据各类图纸所表示的不同重点确定使用不同粗细线型。

当地形起伏较大时，总平面图上还应画出地面等高线，以表明地形的坡度、雨水排除的方向等。

在大范围和复杂地形的总平面图中，常以坐标表示建筑物、道路或管线的位置。坐标系有地形测量坐标系与自设坐标系两种系统。坐标网格应以细实线表示，测量坐标网应画成交叉十字线，坐标代号宜用“X、Y”表示；建筑坐标网应画成网格通线，自设坐标代号宜用“A、B”表示。建筑物应标注外墙线交点和圆形建筑物中心的坐标或定位尺寸。

8.2.4 识读总平面图示例

现以某办公楼总平面图为例，如附图3所示，说明总平面图的图示内容和读图要点。

8.2.4.1 新建房屋的位置和平面轮廓形状

该项目新建办公楼1幢，图中标注了办公楼的尺寸以及与规划红线、原有建筑物之间的距离，以表明它们的相对位置。

8.2.4.2 测量坐标网

在总平面图上，按X、Y坐标作出间距为10m、20m、50m或更大的方格网作为平面位置的控制网。建筑平面的具体位置可用X、Y坐标值来确定，如总平面图左上角的坐标值为：$X=53600.000$，$Y=42600.417$。另外，还给出了各角点的坐标值；这样就可以确定该小区的范围，并且由坐标值可算出该小区（或房屋）的长度（或宽度）。当然，图中已给出。

8.2.4.3 项目区域环境与道路、绿化布置

项目区域主入口在基地南侧。项目区域四周和单体建筑前后，以及道路两侧分别布置大小乔木与灌木。整个项目区域的容积率必须达到规定的指标。总平面图左下方的经济技术指标，表明设计中的合理用地以及生活环境状况等内容。

项目区域内车行道分为三级，即进入主入口后至项目区域中心环路为主干道，次干道分二级处理，即供项目区域内机动车往返的次干道和单行车次干道。项目区域道路设计满足消防要求，消防车与救护车能顺利到达建筑物门前，尽端考虑回转用的空间和场地。

8.2.4.4 标高

总平面图上所注的标高为绝对标高，以“m”为单位，一般注到小数点后两位。

8.2.4.5 朝向和风向

新建房屋的朝向可从总平面图右下方的指北针（或带指北针的风向频率玫瑰图）来确定。风玫瑰图还表明了本地区常年的主导风向。

实训项目

1+X证书（建筑工程识图、BIM）要求

1. 识读附图1图纸目录，熟悉图纸目录的内容。
2. 识读附图2建筑设计总说明，熟悉建筑设计总说明的内容。
3. 熟悉和掌握《总图制图标准》(GB/T 500103—2010）一般规定和图示方法。
4. 识读附图3总平面图，熟悉建筑总平面图的图示内容和深度。

8.3 建筑平面图

8.3.1 概述

建筑平面图是建筑物的水平剖面图，即用一个假想的水平面，在门窗洞口处水平剖切，移去处于剖切平面上方的建筑，将留下的部分按俯视方向在水平投影面上作正投影所得到的图样。它主要用来表示房屋的平面布置情况，在施工过程中，是进行放线、砌墙、安装门窗等工作的依据。建筑平面图应包括被剖切到的断面、可见的建筑构造及必要的尺寸、标高等。

由于绘制的建筑平面图比例较小，一些构造和配件应用表8-3所列的图例绘出。若一幢多层建筑物的

各层平面布置均不相同，应绘出各层建筑平面图。建筑平面图通常以层次来命名，如底层平面图、二层平面图、三层平面图等；若有两层或更多层的平面布置相同，可合并用一个平面图表示。

建筑平面图除了上述的各层平面图外，还有局部平面图、屋顶平面图等。局部平面图用于表示两层或两层以上合用平面图的局部不同之处，也可用于将平面图中某些局部放大比例另行绘出，如卫生间平面布置图；而屋顶平面图则应在屋面以上俯视，在水平投影面上所得到的正投影图。

8.3.2 建筑平面图的内容、图示方法和示例

现以附图 4 中所示一层平面图为例，说明建筑平面图的图示内容和读图要点。

8.3.2.1 图名、比例和朝向

图名为一层平面图，反映出该幢办公楼一层的平面布置和房间大小。比例 1∶100，这是根据建筑物的大小和复杂程度，按表 8-2 选用的。

【注意】 在±0.000 标高处平面上应绘制剖面图的剖切符号和指北针，指北针应放在明显位置，所指方向应与总图一致。

8.3.2.2 平面布局

平面图表明房屋的平面形状。该建筑物为一幢办公楼。标准层平面图表示房屋的平面布局，即各房间的分隔和组合，房间的名称（或编号），出入口，楼梯的布置，门窗的位置，卫生间的固定设施等。此外，还应标注不同标高房间的标高。

8.3.2.3 定位轴线

定位轴线是确定房屋各承重构件如承重墙、柱等的位置。从左向右按横向编号①～⑧（整幢建筑），从下向上按竖向编号Ⓐ～Ⓔ。定位轴线之间的距离，横向称为“开间”（柱距），如办公室的开间（柱距）尺寸为 3600mm。竖向称为“进深”（跨度）。如办公室的进深（跨度）尺寸为 5800mm 等。

8.3.2.4 尺寸标注

平面图中的尺寸分为外部尺寸和内部尺寸两部分。

（1）外部尺寸　为便于读图和施工，外部尺寸一般标注总尺寸、定位尺寸和细部尺寸三道尺寸，即

总尺寸：建筑物外轮廓尺寸，若干定位尺寸之和。即外墙的一端到另一端墙边的总长、总宽尺寸。

定位尺寸：轴线尺寸，建筑物构配件如墙体、门、窗、洞口、洁具等，相应于轴线或其他构配件确定位置的尺寸。

细部尺寸：建筑物构配件的详细尺寸，一般表示门、窗洞口宽度尺寸和门、窗间墙体的宽度尺寸，以及细小部分的构造尺寸。

另外，阳台尺寸、底层平面图中的室外台阶（或坡道）的尺寸，可单独标注。

（2）内部尺寸　表明房间的净空大小和室内的门窗洞的大小、墙体的厚度等尺寸。

8.3.2.5 图例

平面图中的门窗和楼梯等均按规定的图例（见表 8-3 构造及配件图例）绘制。门和窗的代号分别为 M 和 C，代号后面注写编号，如 M-1、 M-2 和 C-1、 C-2 等，同一编号表示同一类型，即形式、大小、材料均相同的门窗。如果门窗的类型较多，可单列门窗表（或直接画在平面图内），表中列出门窗的编号、尺寸和数量等内容。至于门窗的具体做法，则要查阅门窗的构造详图。楼梯的构造比较复杂，需另画详图。

8.3.2.6 索引符号

建筑平面图中需要索引出详图或剖面详图时，应加索引符号。如一层平面图中台阶挡墙选用 12J9-1 标准图集中 105 页第 2 节点详图。

附图 4 中还有地下室平面图，图示内容与标准层平面图基本相同。附图 5 分别为二至四层平面图和五层平面图；附图 6 为屋顶排水平面图，与附图 4、附图 5 的区别之处是没有采用水平剖面图，屋顶排水平面图表示屋顶外形，如屋面的形状、交线以及屋脊线的标高等内容。

8.3.3 绘制建筑平面图的步骤

以附图 4 中一层平面图为例，说明平面图的绘制步骤。

8.3.3.1 选定比例和图幅

首先根据建筑物的复杂程度和大小，按表 8-2 选定比例，再由建筑物的大小以及选定的比例，估计注写尺寸、符号和有关说明所需的位置，选用标准图幅。

8.3.3.2 绘画稿

（1）绘制图框和标题栏，均匀布置图面，如图 8-21（a）所示，绘出定位轴线。

（2）如图 8-21（b）所示，绘出全部墙柱断面和门窗洞口，同时补全未定轴线的次要的非承重墙。

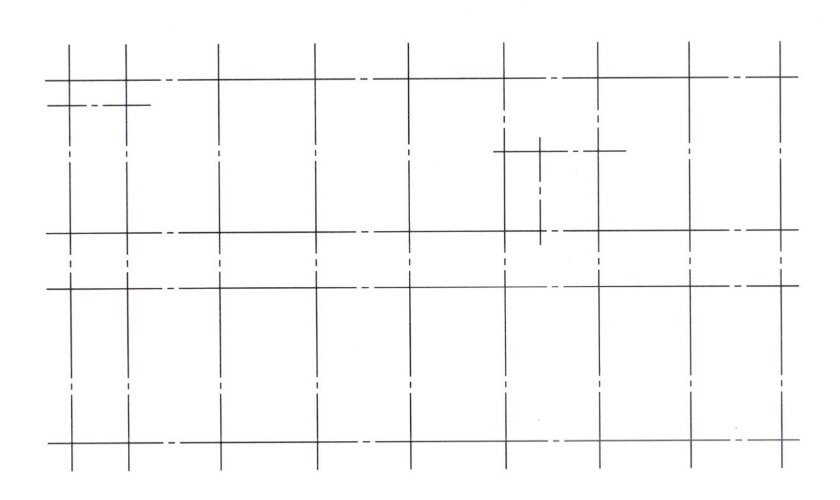

(a) 画定位轴线

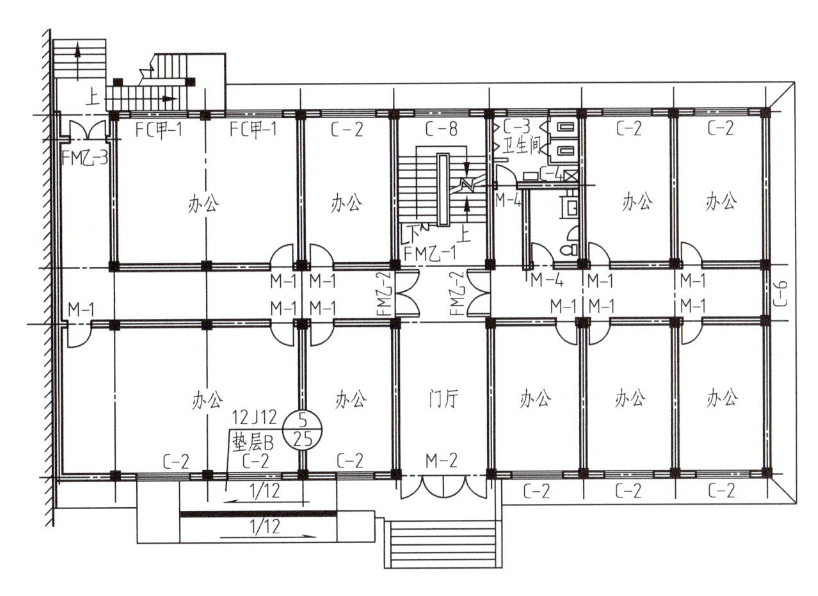

(b) 画墙、柱和门窗洞口

图 8-21 绘制建筑平面图画稿的步骤

（3）绘出所有的建筑构配件、卫生器具的图例或外形轮廓。

（4）标注尺寸和符号。外墙一般应标注三道尺寸，内墙应注出墙、柱与定位轴线的相对位置和其定形尺寸，门窗洞口注出宽度尺寸和定位尺寸；根据需要再适当标注其他尺寸。另外，还应标注不同标高房间的楼面标高。绘制有关的符号，如底层平面图中的指北针、剖切符号、详图索引符号、定位轴线编号以及表示楼梯和踏步上下方向的箭头等。

（5）安排好书写文字、标注尺寸的位置。

（6）校核。画稿完成后，需要仔细地校核。如发现问题，应及时解决和更改。在校核无误后，再上墨或加深图线。图线宽度参见图 8-1。

绘图结果如附图 4 所示。

实训项目

1+X 证书（建筑工程识图、BIM）要求

识读附图 4～附图 6 建筑各平面图，熟悉建筑平面图的图示内容和深度。

8.4 建筑立面图

8.4.1 概述

建筑立面图是在与建筑物立面相平行的投影面上所作的正投影。建筑立面图应包括投影方向可见的建筑外轮廓线和墙面线脚、构配件、墙面做法及必要的尺寸和标高等。它主要用来表明房屋的外形外貌，反映房屋的高度、层数，屋顶的形式，墙面的做法，门窗的形式、大小和位置，以及窗台、阳台、雨篷、檐口、勒脚、台阶等构造和配件各部位的标高。建筑立面图在施工过程中，主要用于室外装修。

有定位轴线的建筑物，宜根据两端的定位轴线编号编注建筑立面图的名称；无定位轴线的建筑物，则可按平面图各面的朝向来确定名称。

8.4.2 建筑立面图的内容、图示方法和示例

二维码 8.1

现以附图 6 所示南立面图为例，说明建筑立面图的图示内容和读图要点。

8.4.2.1 图名、比例

图名为南立面图，就是将这幢办公楼由南向北投影所得。比例 1∶100，这是根据建筑物的大小和复杂程度，按表 8-2 选用的。

8.4.2.2 建筑物在室外地坪线以上的全貌

立面图反映建筑物在室外地坪线以上的全貌，门窗和其他构配件的形式、位置。

从图中可以看出，外轮廓线所包围的范围显示出该办公楼的总长和总高及屋顶形式，共五层。对照平面图看立面图。

8.4.2.3 表明装饰做法和色彩

立面图表明外墙面、屋面、阳台、门窗、雨篷等的色彩和装饰做法。

外墙面以及一些构配件和设施等的做法，在建筑立面图中常用引线作文字说明。如每层墙腰线用白色涂料，每层墙面用中驼色外墙涂料等。

8.4.2.4 标高尺寸

立面图上一般只标注房屋主要部位的标高和尺寸。如室外地坪标高为－1.000，比室内地面标高±0.000 低 1.000m，二层楼面和三层楼面的标高分别为 3.200 和 6.400，最高屋脊线的标高为 16.000，房屋的总高为 16.000m＋1.000m。此外，通常还注出窗台、雨篷、檐口等部位的标高。如果需要，还要标注一些局部尺寸，如台阶挡墙的高度、窗的高度尺寸（门、窗的宽度尺寸在平面图中注出）等。

8.4.2.5 索引符号

建筑立面图中需要索引出详图或剖面详图时，应加索引符号。

附图 6、附图 7 分别为北立面图、南立面图和东立面图。

8.4.3 绘制建筑立面图的方法与步骤

绘制建筑立面图与绘制建筑平面图一样，也是先选定比例和图幅，绘图稿，上墨或用铅笔加深三个步骤。以附图 6 为例，着重说明绘制的步骤和在上墨或用铅笔加深建筑立面图图稿时对图线的要求。

首先绘出室外地坪线、两端外墙的定位轴线和墙顶线，这样就确定了图面的布置；用轻淡的细线绘出

室内地面线、各层楼面线、屋顶线和中间的各条定位轴线、两端外墙的墙面线。然后，再从楼面线、地面线开始，量取高度方向的尺寸，从各条定位轴线开始，量取长度方向的尺寸，绘出凹凸墙面、门窗洞口以及其他较大的建筑构配件的轮廓。最后，绘出细部底稿线，并标注尺寸、绘出符号、编号，书写说明等。在注写标高时，标高符号宜尽量排在一条铅垂线上，即使标高符号的直角顶点排在一条铅垂线上，标高数字的小数点也都按铅垂方向对齐，这样做，不但便于看图，而且图面也清晰美观。

在上墨或用铅笔加深建筑立面图图稿时，如附图 6、附图 7 所示，图线按表 8-1 的规定进行绘制。

（1）室外地坪线宜画成线宽为 1.4b 的加粗实线。

（2）建筑立面图的外轮廓线，应画成线宽为 b 的粗实线。

（3）在外轮廓线之内的凹进或凸出墙面的轮廓线，都画成线宽为 0.5b 的中实线。

（4）一些较小的构配件和细部轮廓线，表示立面上凹进或凸出的一些次要构造或装饰线，如墙面上的引条线、勒脚、雨水管等图形线，还有一些图例线，都可画成线宽为 0.25b 的细实线。

实训项目

1+X 证书（建筑工程识图、BIM）要求

识读附图 6、附图 7 建筑南立面图、北立面图、东立面图，熟悉建筑立面图的图示内容和深度。

8.5 建筑剖面图

8.5.1 概述

建筑剖面图是建筑物的垂直剖面图，也就是用一个假想的平行于正立投影面或侧立投影面的垂直剖切面剖开建筑物，移去剖切平面与观察者之间的建筑物，将留下的部分按剖视方向向投影面作正投影所得到的图样。绘制建筑剖面图时，常用一个剖切平面剖切，需要时也可转折一次，用两个平行的剖切平面剖切。剖切符号按规范规定，绘注在底层平面图中。剖切部位应选择在能反映建筑物全貌、构造特征，以及有代表性的部位，如层高不同、层数不同、内外空间分隔或构造比较复杂之处，并经常通过门窗洞口和楼梯。

一幢建筑物应绘制几个剖面图，应按建筑物的复杂程度和施工中的实际需要而定。建筑剖面图以剖切符号的编号命名，剖切符号可用阿拉伯数字、罗马数字或拉丁字母编号，如剖切符号的编号为 1，则得到的剖面图称为 1-1 剖面图或 1-1 剖面。

建筑剖面图应包括剖切面和投影方向可见的建筑构造、构配件以及必要的尺寸和标高等。它主要用来表示建筑内部的分层、结构形式、构造方式、材料、做法、各部位间的联系以及高度等情况。在施工中，建筑剖面图是进行分层，砌筑内墙，铺设楼板、屋面板和楼梯等工作的依据。建筑剖面图与建筑平面图、建筑立面图相互配合，表示建筑物的全局，它们是建筑施工图中最基本的图样。

8.5.2 建筑剖面图的内容、图示方法和示例

以附图 7 所示的 1-1 剖面图为例，阐述建筑剖面图的图示内容和读图要点。

8.5.2.1 图名、比例和定位轴线

图名为 1-1 剖面图，由图名可在该办公楼的一层平面图（附图 4）上查找编号为 1 的剖切符号，明确剖切位置和投射方向。剖切位置一般选在通过门窗洞或楼梯间。由位置线可知：1-1 剖面是用一个侧平面剖切所得到的，剖视方向向左，即向西。对照各层平面图和屋顶排水平面图识读 1-1 剖面图。

比例为 1∶100，根据建筑物的复杂程度和大小选定。在 1∶100 的剖面图中，凡剖切到的构件如砖墙用粗实线表示（可画简化材料图例涂红），地平线用粗实线表示，钢筋混凝土梁或板则用涂黑表示。凡未剖切到的可见部分则用中实线表示，宜画出抹灰层。

在建筑剖面图中，宜绘出被剖切到的墙或柱的定位轴线及其间距。

8.5.2.2 剖切到的建筑构配件

在建筑剖面图中，应绘出建筑室内外地面以上各部位被剖切到的建筑构配件，包括室内外地面、楼板、屋顶、外墙及其门窗、梁、楼梯、阳台、雨篷等。

室内外地面（包括台阶）用粗实线表示，通常不画出室内地面以下的部分，因为基础部分将由结构施工图中的基础图来表达，所以在地面以下的基础墙上画折断线。

在 1∶100 的剖面图中示意性地涂黑表示楼板和屋顶层的结构厚度。

墙身的门窗洞顶面和屋面板地面的涂黑矩形断面，是钢筋混凝土门窗过梁或圈梁。

8.5.2.3 未剖切到的可见部分

当剖切平面通过办公室和走廊并向左投射时，剖面图中画出了可见的阳台等。若有未剖切到突出的建筑形体还要画出可见的房屋外形轮廓。

8.5.2.4 标注尺寸

剖面图上应标注剖切到部分的重要部位和细部必要的尺寸，如剖面图左边高度方向的尺寸。但在施工时仅依据高度方向尺寸建造容易产生积累误差，而标高是统一以某水准点为准用仪器测定的，能保证房屋各层楼面保持水平。所以在剖面图上除了标注必要的尺寸外，还要标注各重要部位的标高，并与立面图上所标注标高保持一致。

此外，在剖面图中，凡需绘制详图的部位，均要画出详图索引符号。

8.5.3 绘制建筑剖面图的步骤与方法

绘制建筑剖面图与绘制建筑平面图、建筑立面图一样，也是先选定比例和图幅、绘图稿、上墨或用铅笔加深三个步骤。以附图 7 为例，着重说明绘制步骤和在上墨或用铅笔加深建筑剖面图图稿时对图线的要求。

（1）在适当布置图面后，顺次绘出定位线。先绘出室内外地面线，再依次绘出建筑物的各层楼面线、屋面线等。

（2）顺次绘出剖切到的主要构件。先绘出剖切到的墙、各层楼板、屋面板等，再在剖切到的墙身断面上绘出门窗洞口、圈梁、过梁等构配件。

（3）绘出可见的构配件轮廓、建筑细部，以及有关图例。

（4）按需要标注尺寸、标高、定位轴线编号、索引符号等，并安排好书写文字的位置。

图稿完成后，经校核、修正，就可以上墨或铅笔加深。对上墨或铅笔加深的图线，按表 8-1 的规定进行绘制。

室外地面线可画成线宽为 $1.4b$ 的加粗实线；被剖切到的主要构配件的轮廓线，应画成线宽为 b 的粗实线；被剖切到的次要构配件的轮廓线、构配件可见的轮廓线，都画成线宽为 $0.5b$ 的中实线。小于 $0.5b$ 的图形线，都可画成线宽为 $0.25b$ 的细实线，如楼面、屋面的面层线、墙上的一些装饰线以及一些固定设备、构配件的轮廓线等。

实训项目

1+X 证书（建筑工程识图、BIM）要求

识读附图 7 建筑剖面图，熟悉建筑剖面图的图示内容和深度。

8.6 建筑详图

8.6.1 概述

由于房屋某些复杂、细小部位的处理、做法和材料等，很难在比例较小的建筑平面图、立面图、剖面图中表达清楚，所以需要用较大的比例（1∶20、1∶10、1∶5 等）来绘制这些局部构造，这种图样称为建筑详图，也称为节点详图。

如附图 4 所示，在一层平面图上有索引符号，可在本套图纸内找到相应的节点详图，详图的表达方法要根据该部位构造的复杂程度而定，有的只用一个剖视详图即可表达清楚，如外墙节点详图。而有的则需要画出若干图样才能完整表达清楚，如楼梯详图。

建筑详图一般应表达出构配件的详细构造，所用的各种材料及其规格，各部分的连接方法和相对位置关系；各部位、各细部的详细尺寸，包括需要标注的标高；有关施工要求和做法的说明等。同时，详图必须绘出详图符号，应与被索引的图样上的索引符号相对应。

建筑详图的表示方法，应视所绘的建筑细部构造和构配件的复杂程度，按清晰表达的要求确定。详图的主要特点是：用能清晰表达所绘节点或构配件的较大比例绘制，尺寸标注齐全，文字说明详尽。

建筑详图的画法和绘图步骤，与建筑平面图、立面图、剖面图的画法基本相同，仅是它们的一个局部而已。在图稿上墨或用铅笔加深时，可参考图 8-2、图 8-3 的图线线宽示例。

8.6.2 建筑详图的内容、图示方法和示例

现以图 8-22 的外墙节点详图以及图 8-23 楼梯详图为例，说明建筑详图的内容和图示特点。

8.6.2.1 外墙节点详图

从图 8-22 中外墙节点详图的轴线和详图编号Ⓐ可知，该详图是由平面图中索引出的几个外墙节点详图。由于它们位于同一剖切平面内，所以将各节点详图画在一起，统称为外墙剖视详图。它表明檐口、屋面、窗台、勒脚和散水等处的构造情况以及它们与外墙身的相互关系。

（1）地下室外墙节点

地下室外墙节点剖视详图表明地下室外墙从基础到地下室顶的构造和做法。包括基础及外墙的防水做法，基础底板侧墙保护做法，施工缝处止水带做法，回填土夯实范围等都在图中有所表示。

（2）墙脚节点

墙脚节点剖视详图表明外墙面的勒脚、散水等的构造和做法。勒脚采用与外墙面同样的做法。散水采用 C15 混凝土面层、下为 2∶8 灰土；散水与外墙面之间留有 10mm 宽的缝，用沥青砂浆灌缝。

（3）窗台（阳台）节点

本例剖切位置为阳台，构造比较简单，采用挑梁阳台，阳台栏板为 500mm 高，内部安装栏杆起保护作用。阳台周圈做保温处理。为防止积水，在外窗台一侧的砂浆粉刷层做成一定的向外斜度。

（4）窗顶节点

窗顶节点剖视详图主要表明窗顶过梁处的构造、层构造情况等。楼面为细石混凝土楼面，钢筋混凝土楼板；窗顶过梁采用现浇矩形过梁组合而成，具体做法、尺寸见图。

（5）檐口节点

檐口节点剖视详图主要表明屋顶的承重层、女儿墙、顶层窗过梁等的构造。由檐口节点详图可以看出：屋面采用挤塑聚苯保温板保温，现浇钢筋混凝土屋面板；女儿墙为现浇混凝土栏板，厚 100mm，其上压顶厚 80mm，宽 230mm，外挑 100mm，内做泛水收头。具体做法、尺寸见图。

由于详图采用较大比例，檐口、雨篷、梁和屋面板等钢筋混凝土构件均应画出断面几何形状，标注全部尺寸，并画出断面材料图例。墙体厚度是指墙身的结构厚度，不包括粉刷层，如 200mm，指的是浇筑混凝土的厚度。墙断面应画出材料图例。门窗断面应另画详图，或从门窗标准图集中选用，可以只画出轮廓示意图而不标注断面尺寸。

节点详图中应注出各部位的标高，以及墙身细部的全部尺寸。对于屋顶和地面的构造和做法可采用分层构造说明的方法表示，或在建筑总说明中体现。

8.6.2.2 楼梯详图

楼梯的构造比较复杂，在建筑平面图中仅用图例示意画出。楼梯详图表示楼梯的组成和结构形式，一般包括楼梯平面图和楼梯剖面图，必要时画出楼梯踏步和栏杆的详图。这些详图尽量画在同一张图纸上，以便对照识图。

现以办公楼中板式楼梯为例，说明楼梯详图的图示方法。

1. 楼梯平面图

图 8-23（a）所示的楼梯平面图实际是水平剖面图，水平剖切面的位置通常在每一层的第一梯段中

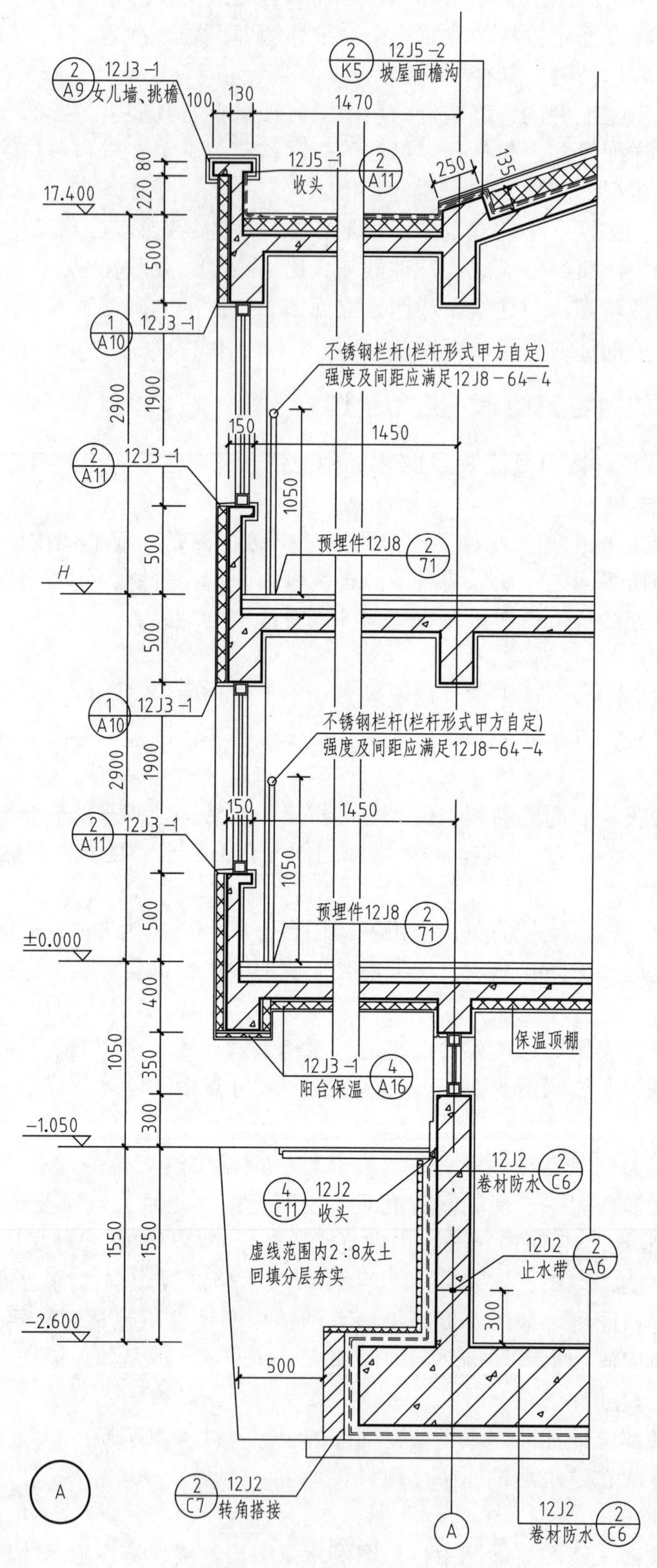

图 8-22　外墙节点详图

间。三层或三层以上的楼房，当中间各层的楼梯完全相同时，可以只画出底层、中间层和顶层三个平面图即可。楼梯平面图上要标注轴线编号，表明楼梯在房屋中所在位置，并标注轴线间尺寸、梯段尺寸以及楼地面、平台的标高等。

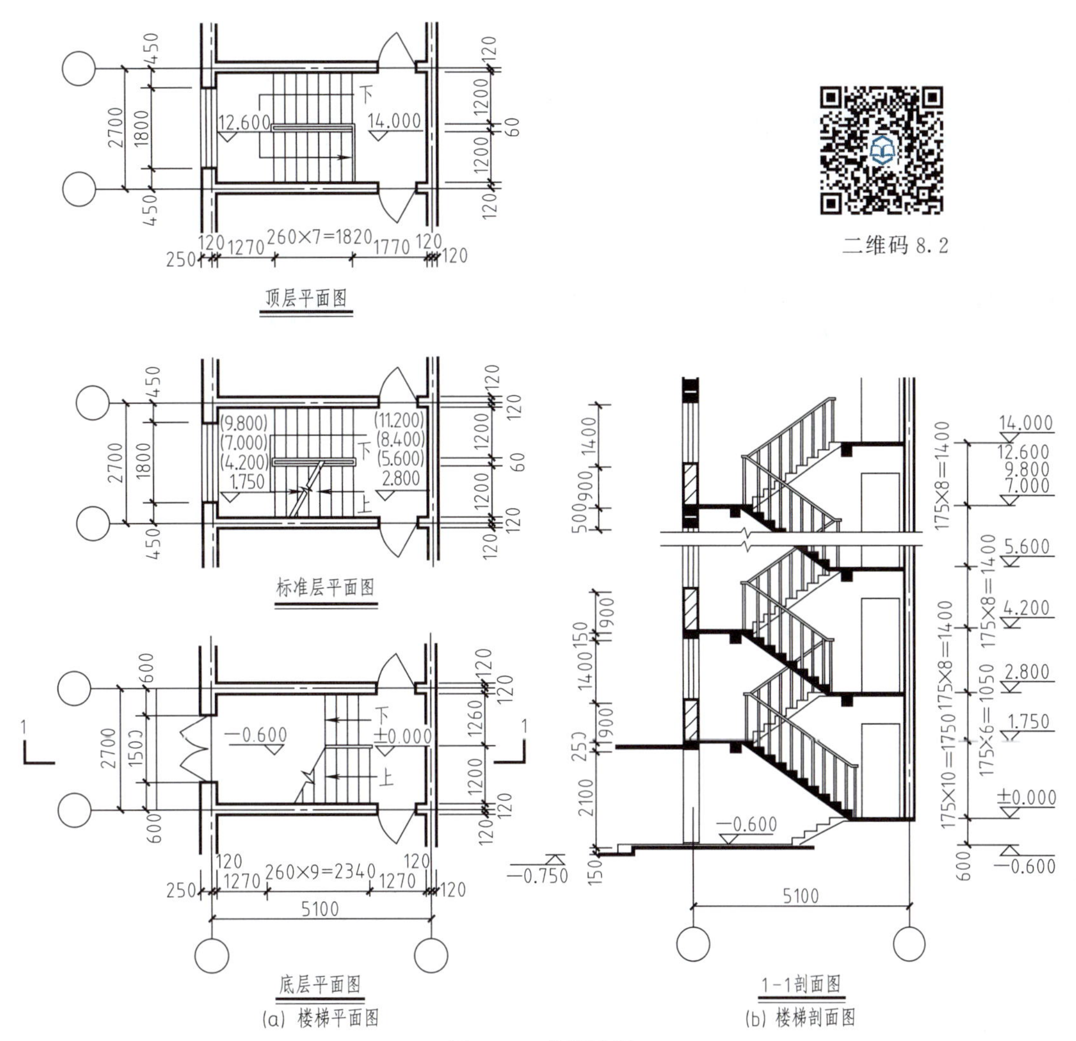

图 8-23　楼梯详图

（1）底层平面图　只有一个被剖切的梯段，并注有表明上行方向的长箭头。按剖切后的实际投影，剖切平面与楼梯段的交线应为水平线，但为避免与踏步线混淆，国标规定，在剖切处画一条 45° 倾斜折断线表示。

（2）中间层（标准层）平面图　既要画出被剖切的上行梯段（注有上行箭头），又要画出完整的下行梯段（注有下行箭头）。这部分梯段与被剖切梯段的投影重合，以 45° 折断线分界。

（3）顶层平面图　剖切位置在顶层楼梯的栏杆扶手以上，未剖切到任何一个楼梯段，所以要画出两段完整的梯段和平台，并且只标注下行的箭头。

2. 楼梯剖面图

图 8-23（b）所示为按楼梯底层平面图中的剖切位置和投射方向画出的楼梯剖面图，表明楼梯各梯段、平台、栏杆的构造及其相互关系，以及梯段数、踏步数、楼梯的结构形式等。本例的楼梯每层只有两个梯段，称为双跑楼梯。

楼梯剖面图上应标明地面、平台和各层楼面的标高，以及梯段的高度尺寸：梯段高度＝踏步高度×踏步数。如第一梯段的高度为 175×10＝1750。

【注意】 由于各梯段踏步的最后一步走到平台或楼面，所以在楼梯平面图上梯段踏面的投影总比梯段级数少一个，如第一梯段水平投影长度为 260×（10－1）＝2340。

8.6.2.3　其他节点详图

除了外墙和楼梯详图外，凡不属于房屋结构构件的部分，一般都列为建筑配件而成为建筑施工图的组成部分。如门、窗以及厨房、卫生间的固定设施等。对于这些配件，目前已有成套图册，设计时可选用而不需再画详图。

实训项目

1+X证书（建筑工程识图、BIM）要求

识读附图8～附图10建筑详图，熟悉建筑详图的图示内容和深度。

复习思考题

1. 建筑施工图有什么作用？包括哪些内容？
2. 规范中对于图线的线型、宽度是怎样规定的？主要用在何处？
3. 熟悉建筑构造和构配件图例。
4. 索引符号和详图符号是如何规定的？举例说明如何使用。
5. 定位轴线用什么图线表示？如何编注轴线编号？
6. 标高的符号是如何规定的？
7. 什么是绝对标高？什么是相对标高？各用在何处？
8. 什么是建筑标高？什么是结构标高？它们之间有何关系？
9. 对称线、指北针怎么表示？
10. 建筑总说明的作用是什么？一般包括哪几部分？
11. 简述建筑总平面图的作用、内容和图示方法。
12. 熟悉建筑总平面图的图例。
13. 简述建筑平面图的作用、内容和图示方法。
14. 建筑平面图的绘制有哪几个步骤？
15. 建筑立面图的作用是什么？主要表达哪些内容？图示方法如何？
16. 简述建筑剖面图的作用、内容和图示方法。
17. 简述建筑立面图、剖面图的绘制步骤。
18. 建筑详图的作用是什么？主要表达哪些内容？常用的建筑详图有哪些？

教学单元9 结构施工图识读

学习目标、教学要求和素质目标

本教学单元是本门课程的重点之一，重点介绍结构施工图各图的内容、图示特点和建筑结构施工图平面表示法，进行结构施工图的识读训练。通过练习，应该达到以下要求：

1. 掌握结构施工图的作用、分类、图示特点和图线、比例、常用构件代号等图示方法的相关规定。
2. 熟悉结构施工图平面表示法。
3. 掌握基础平面图、基础详图、结构平面图和楼梯结构详图的作用、图示方法、图示内容和深度。
4. 识读基础平面图、基础详图、结构平面图和楼梯结构详图。
5. 培养学生严谨踏实、讲求实效的职业精神。
6. 培养学生爱岗敬业的敬业精神、精益求精的工匠精神。

9.1 概述

房屋是由屋盖、楼板、梁、柱、墙、基础等构件组成的，这些构件是支撑房屋的骨架。房屋各部分的自重、家具设备、人的荷载等都是由楼板、梁、柱、墙传给基础，经基础再传于地基，这些构件称为承重构件。承重构件所用的材料有混凝土、钢筋混凝土、钢、木、砖石等。

房屋的结构施工图是根据建筑物的承重构件进行结构设计后画出的图样。结构设计时要根据建筑要求选择结构类型，并进行合理布置，再通过力学计算确定构件的断面形状、大小、材料及构造等。

结构施工图与建筑施工图一样，是施工的依据，主要用于放线、挖基槽、支模板、绑钢筋、浇注混凝土等施工过程，也是计算工程量、编制预算和施工进度计划的依据。

9.1.1 结构施工图的分类和内容

结构施工图通常包括下列内容。

9.1.1.1 结构设计总说明

结构设计总说明主要包括结构材料的类型、规格、强度等级，地质条件，抗震要求，施工方法和注意事项，选用标准图集等。如附图11所示。有时会与建筑设计总说明合并。对于小型建筑，也可将说明分别注写在各有关的图纸上。

9.1.1.2 结构平面图

结构平面图主要包括基础平面图、楼层结构平面布置图、屋顶结构平面布置图等。

9.1.1.3 构件详图

构件详图主要包括基础详图，梁、柱、板结构详图，楼梯结构详图，屋架和支撑结构详图等。

9.1.2 钢筋混凝土结构简介

9.1.2.1 钢筋混凝土构件及混凝土的强度等级

钢筋混凝土构件是由钢筋和混凝土两种材料组合而成。混凝土是由水、水泥、黄砂、石子按一定比例配制而成的。混凝土的抗压强度高，而抗拉强度与抗压强度相比低得多，仅为抗压强度的1/20～1/10。混凝土的强度等级分为C15、C20、C25、C30、C35、C40、C45、C50、C55、C60、C65、C70、C75、C80十四个等级，数字越大表示抗压强度越高。

钢筋具有良好的抗拉强度，且与混凝土有良好的黏结力，其热膨胀系数与混凝土接近。在混凝土中配置一定数量的钢筋，使之与混凝土结合成一整体，即钢筋混凝土，两者协同作用，共同承担外力。

钢筋混凝土构件按施工方式有预制和现浇两种。预制构件是在预制构件加工厂或在工地预制完成后吊装就位；而现浇构件是在工地现场就位直接浇注。有些构件在制作过程中先张拉钢筋，对混凝土预先施加应力，用以提高构件的抗拉和抗裂性能，称之为预应力钢筋混凝土构件。

9.1.2.2 钢筋

（1）钢筋的分类

根据钢筋在构件中所起的作用不同可分为以下几类，如图 9-1 所示。

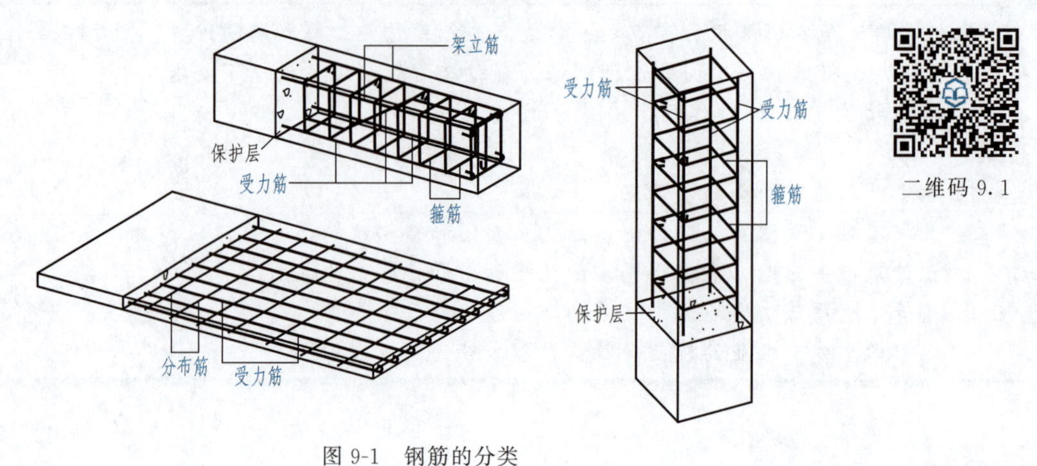

图 9-1 钢筋的分类

① 受力筋 构件中主要承受拉力或压力的钢筋；受力筋在梁、柱、板中均有配制，按其形式分为直钢筋和弯起钢筋。

② 箍筋 箍筋主要是用来固定受力筋的位置，并承受部分内力，多用于梁、柱。

③ 架立筋 架立筋一般只在梁上使用，与受力筋、箍筋一同形成钢筋骨架，用以固定箍筋的位置。

④ 分布筋 分布筋一般只在板中使用，与受力筋垂直，用来固定受力筋的位置，与受力筋一同形成钢筋网，使力均匀分布给受力筋。

⑤ 构造筋 构造筋是因为构件构造上的要求或施工安装需要而配置的。如腰筋、吊筋等。

（2）钢筋的种类和符号

钢筋有光圆钢筋和带肋钢筋（表面上带有人字纹或螺旋纹）。按强度分为四级。Ⅰ级为 HPB300 的光圆钢筋，强度最低；Ⅱ、Ⅲ、Ⅳ级为成分不同的合金钢制成的带肋钢筋，强度逐级提高。常用的钢筋代号为：

HPB300Φ　HRB335Φ　HRBF335Φ^F　HRB400Φ
HRBF400Φ^F　RRB400Φ^R　HRB500Φ　HRBF500Φ^F

（3）钢筋的保护层和弯钩

为了防止钢筋锈蚀，提高耐火性以及加强钢筋与混凝土的黏结力，钢筋外边沿到构件表面应有一定的距离，即保护层。保护层最小厚度依据建筑设计使用年限、混凝土等级、使用环境等各有不同，一般梁、柱、杆的保护层最小厚度≥20mm，板、墙、壳的保护层最小厚度≥15mm。保护层的厚度在结构图中不必表示。

为使钢筋与混凝土之间具有良好的黏结力，应在光圆钢筋的两端作成弯钩，箍筋两端在交接处也要作成弯钩。弯钩的形式和简化画法如图 9-2 所示。

9.1.2.3 钢筋混凝土构件的图示特点

在钢筋混凝土构件中，一般不画出钢筋混凝土的材料图例，其目的是为了清晰地表示钢筋的配置情况。假想混凝土为透明体，用细实线绘出构件的外形轮廓，用粗实线或黑圆点（钢筋断面）绘出内部钢筋。这种能反映构件钢筋配置的图样，称之为配筋图。配筋图一般包括平面图、立面图、断面图，有时还需列出钢筋表。若构件形状复杂，且有预埋件时，还需要绘出构件外形图，即模板图。

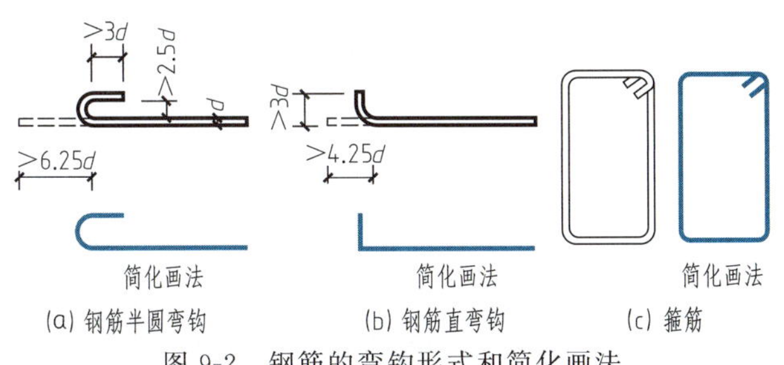

图 9-2　钢筋的弯钩形式和简化画法

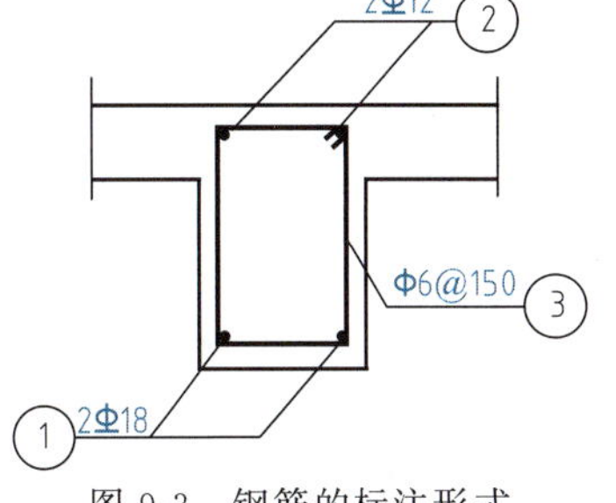

图 9-3　钢筋的标注形式

对于不同等级、不同直径、不同形状的钢筋应给予不同的编号和标注。如图 9-3 所示。钢筋的编号以阿拉伯数字依次注写在引出线的一端的 6mm 细线圆中。钢筋的标注形式有两种：2Φ18 和Φ6@150，其含义为：

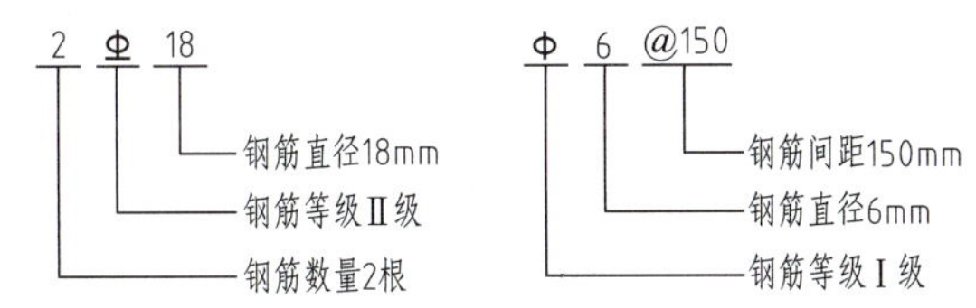

9.1.3 图线及比例

根据《建筑结构制图标准》(GB/T 50105—2010)，建筑结构专业制图，应选用表 9-1 所示的图线。

在同一张图纸中，相同比例的各图样，应选用相同的线宽组。

绘图时根据图样的用途，被绘物体的复杂程度，应选用表 9-2 中的常用比例，特殊情况下也可选用可用比例。当构件的纵横向断面尺寸相差悬殊时，可在同一详图中的纵横向选用不同比例绘制。轴线尺寸与构件尺寸也可选用不同比例绘制。

表 9-1　图线

名称		线型	线宽	用途
实线	粗		b	螺栓、主钢筋线、结构平面图中的单线结构构件线、钢木支撑及系杆线、图名下划线、剖切线
	中粗		0.7b	结构平面图及详图中剖到或可见的墙身轮廓线、基础轮廓线、钢、木结构轮廓线、钢筋线
	中		0.5b	结构平面图及详图中剖到或可见的墙身轮廓线、基础轮廓线、可见的钢筋混凝土构件轮廓线、钢筋线
	细		0.25b	标注引出线、标高符号线、索引符号线、尺寸线
虚线	粗		b	不可见的钢筋、螺栓线、结构平面图中不可见的单线结构构件线及钢木支撑线
	中粗		0.7b	结构平面图中的不可见构件、墙身轮廓线及不可见钢、木结构构件线、不可见的钢筋线
	中		0.5b	结构平面图中的不可见构件、墙身轮廓线及不可见钢、木结构构件线、不可见的钢筋线
	细		0.25b	基础平面图中的管沟轮廓线、不可见的钢筋混凝土构件的轮廓线
单点长画线	粗		b	柱间支撑、垂直支撑、设备基础轴线图中的中心线
	细		0.25b	中心线、对称线、定位轴线
双点长画线	粗		b	预应力钢筋线
	细		0.25b	原有结构轮廓线
折断线			0.25b	断开界线
波浪线			0.25b	断开界线

表 9-2 比例

图名	常用比例	可用比例
结构平面图、基础平面图	1∶50、1∶100、1∶150、1∶200	1∶60、1∶200
圈梁平面图、总图中管沟、地下设施等	1∶200、1∶500	1∶300
详图	1∶10、1∶20	1∶5、1∶25、1∶30

9.1.4 常用构件代号

在结构施工图中，构件种类繁多，布置复杂，为了便于阅读和绘制，常采用代号表示构件的名称，代号后应用阿拉伯数字标注该构件的型号或编号，也可为构件的顺序号。常用构件的代号见表 9-3。

表 9-3 常用构件的代号

名称	代号	名称	代号	名称	代号	名称	代号
板	B	屋面梁	WL	托架	TJ	垂直支撑	CC
屋面板	WB	单轨吊车梁	DDL	天窗架	CJ	水平支撑	SC
空心板	KB	车挡	CD	框架	KJ	梯	T
槽形板	CB	圈梁	QL	刚架	GJ	雨篷	YP
折板	ZB	过梁	GL	支架	ZJ	阳台	YT
密肋板	MB	连系梁	LL	柱	Z	梁垫	LD
楼梯板	TB	基础梁	JL	框架柱	KZ	预埋件	M-
盖板或沟盖板	GB	楼梯梁	TL	构造柱	GZ	钢筋网	W
挡雨板或檐口板	YB	框架梁	KL	承台	CT	钢筋骨架	G
吊车安全走道板	DB	框支梁	KZL	设备基础	SJ	基础	J
墙板	QB	屋面框架梁	WKL	桩	ZH	暗柱	AZ
天沟板	TGB	檩条	LT	地沟	DG		
梁	L	屋架	WJ	柱间支撑	ZC		

注：1. 预制钢筋混凝土构件、现浇钢筋混凝土构件、钢构件和木构件，一般可以采用本表中的构件代号。在绘图中，除混凝土构件可以不注明材料代号外，其他材料的构件可在构件代号前加注材料代号，并在图纸中加以说明。

2. 预应力钢筋混凝土构件的代号，应在构件代号前加注“Y-”，如 Y-DL，表示预应力钢筋混凝土吊车梁。

实训项目

[1+X 证书（建筑工程识图、BIM）要求]

熟悉和掌握《建筑结构制图标准》(GB/T 50105—2010）一般规定和图示方法。

9.2 基础平面图和基础详图

基础是建筑物地面以下的承重构件，承受上部建筑的荷载并传给地基。

基础图是表示建筑物地面以下基础部分的平面布置和详细构造的图样，包括基础平面布置图与基础详图。基础图是施工放线、开挖基坑、砌筑或浇注基础的依据。

9.2.1 基础平面图

基础平面图是表示基础平面布置的图样。它是假想用一个水平面沿建筑物室内地面以下剖切后，移去建筑物上部和基坑回填土后所作的水平剖面图。

如图 9-4 所示为一条形基础的基础平面图，剖切面剖切到基础墙的墙身，并看到基础的大放脚以及基础宽度。但在基础平面图中，只画出基础墙和基础底面；梁与墙身的投影重合时，梁可用单线结构构件绘出；基础的细部形状和尺寸用基础详图表示，此处略去不画。在基础平面图中，基础墙的墙身用粗实线表示，基础底面用中实线表示。

基础平面图中，应绘出定位轴线及编号，标注轴线间的尺寸和总长、总宽尺寸，必须与建筑平面图保持一致。基础底面的宽度尺寸可以在基础平面图上直接注出，也可用代号标明，如 J1—J1、 J2—J2 等，以便在相应的基础断面图（基础详图）中查找基础底面尺寸。

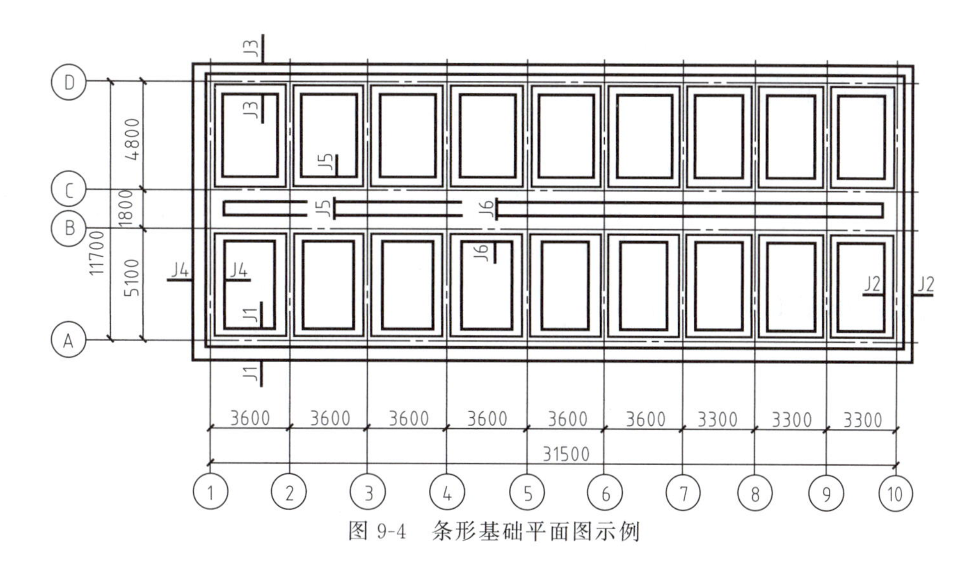

图 9-4　条形基础平面图示例

在结构平面图中的剖面图、断面详图的编号顺序宜按下列规定编排。

（1）外墙按顺时针方向从左下角开始编号；

（2）内横墙按从左至右，从上而下编号；

（3）内纵墙从上而下，从左至右编号。

9.2.2 基础详图

基础平面图仅表示了平面布置，而基础的形状、大小、构造、材料以及埋深等均未表示，需要绘出基础详图。

基础详图主要表明基础各部分的构造和详细尺寸，通常用垂直剖面图表示。基础详图的比例较大，墙身部分应绘出墙体的材料图例，基础部分若绘制钢筋的配置，则不再绘出钢筋混凝土材料图例。详图的数量由基础构造形式决定，不同构造部分应单独绘出，相同部分可在基础平面图中标出相同的编号即可。

条形基础的详图一般用断面图表达，如图 9-5 所示。对于比较复杂的独立基础，有时还要增加平面图才能表示清楚。

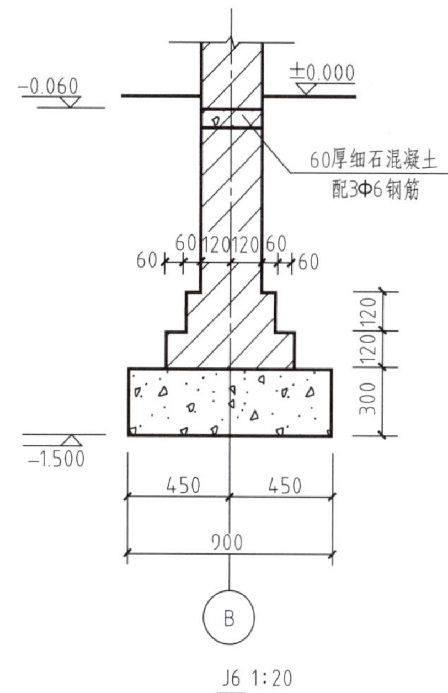

图 9-5　条形基础详图示例

9.2.3 基础图示例

下面仍以附图办公楼为例，说明基础平面图和基础详图的图示内容和读图要点。如附图 12 所示。

9.2.3.1 基础平面图

（1）图名、比例

图名为基础梁配筋图、筏板配筋图，比例为 1∶100。

（2）定位轴线

基础平面图中的定位轴线与建筑平面图完全一致，包括纵向和横向全部定位轴线编号，注出轴线间尺寸和总长、总宽尺寸。

（3）基础的平面布置

基础的平面布置包括基础墙、构造柱、基础圈梁、承重柱以及基础底面的轮廓形状、大小、与定位轴线的关系。

9.2.3.2 基础详图

基础详图表示基础部分的构造和详细尺寸。

实训项目

［1+X 证书（建筑工程识图、BIM）要求］

识读附图 12 的基础图，熟悉基础图的图示内容和深度。

9.3 结构平面图

建筑物的结构平面图是表示建筑物各承重构件平面布置的图样，除基础结构平面图以外，还有楼层结构平面图、顶层结构平面图等。一般民用建筑的楼层、屋盖均采用钢筋混凝土结构，它们的结构布置和图示方法基本相同，此处，只介绍楼层结构平面图和构件详图。

9.3.1 楼层结构平面图

楼层结构平面图，也称楼层结构平面布置图，是假想将建筑物沿楼板面水平剖开后所得的水平剖面图，用于表示楼板以及其下面的墙、梁、柱等承重构件的平面布置，或现浇楼板的构造和配筋。若各层楼层结构平面布置情况相同，则可只绘出一个楼层结构平面图即可，但应注明合用各层的层数。

在楼层结构平面图中，对于现浇楼板应表示出楼板的厚度、配筋情况。板中的钢筋用粗实线表示，板下的墙用细线表示，梁、圈梁、过梁等用粗点划线表示。柱、构造柱用断面（涂黑）表示。在楼层结构平面图中，未能完全表示清楚之处，需绘出结构剖面图。

此处仍以附图办公楼为例，如附图 17 所示－0.030、3.170～9.570 标高板结构图。如支撑在②～③轴和Ⓓ～Ⓔ轴的板，从图中可知，该板长 5800mm，宽 3600mm，板厚 100mm，板下部纵向、横向双向配筋Φ8@180（图中说明第 2 条），上部支座处配筋分别为Φ8@200、Φ8@150、Φ10@180。

楼层结构平面图中的楼梯部分因比例较小，不能清楚地表达楼梯结构平面布置，需另绘楼梯结构详图，此图中仅注明楼梯另详或楼梯间即可。

附图 17、附图 18 分别为－0.030 标高板结构图、3.170～9.570 标高板结构图、12.770 标高板结构图、15.970 标高板结构图。

9.3.2 钢筋混凝土构件的平面整体表示法

平面整体表示法改革了传统表示法中逐个构件表达方式。

结构施工图平面整体表示法的表达形式是把结构构件的尺寸和配筋等，按照施工顺序和平面整体表示法制图规则，整体地直接表达在各类构件的结构平面布置图上，再与标准构造详图相配合，即构成一套新型完整的结构施工图。

该方法主要用于绘制现浇钢筋混凝土结构的梁、板、柱、剪力墙等构件的配筋图。

9.3.2.1 梁的配筋图

梁的配筋图采用平面注写方式或截面注写方式表达。

平面注写方式是在梁的平面布置图上，将不同编号的梁各选一根，在其上直接注明梁代号、断面尺寸 $b \times h$（宽×高）和配筋数值。当某跨断面尺寸或箍筋与基本值不同时，则将其特殊值从所在跨中引出另注。平面标注采用集中标注与原位标注相结合的方式进行标注。如图 9-6 所示。

（1）集中标注　集中标注可从梁的任意一跨引出。集中标注的内容，包括 4 项必注值和 2 项选注值。4 项必注值包括梁编号、梁截面尺寸、梁箍筋、梁上部贯通筋或架立筋；2 项选注值包括梁侧面纵向构造钢筋或受扭钢筋、梁顶面标高高差。形式如下：

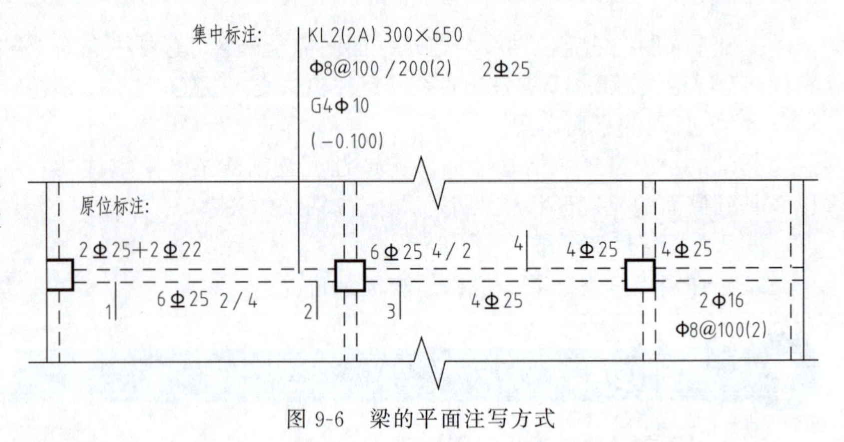

图 9-6　梁的平面注写方式

梁代号，梁编号（跨数，有无悬挑）梁宽×梁高

箍筋（肢数）

上部贯通筋；下部贯通筋；腰筋

（梁顶标高）　无标注时相对于同板顶标高

在图 9-6 中，集中标注的符号的含义如下。

① KL2 表示 2 号楼层框架梁。

② 300×650 表示梁宽为 300mm，梁高为 650mm。

③（2A）表示 2 跨。A 为一端有悬挑（B 为两端有悬挑）。

④ Φ8@100/200（2）表示直径为 8mm Ⅰ级 HPB300 钢筋，加密区间距 100mm，非加密区间距 200mm，均为双肢箍。

⑤ 2Φ25 表示上部配置贯通的 2 根直径为 25mm 的Ⅱ级钢筋。

⑥ G4Φ10 表示梁的两个侧面共配置 4Φ10 的纵向构造钢筋，两侧各 2Φ10 对称配置。

⑦（−0.100）表示梁顶标高低于结构层楼面标高的差值为 0.100m。

（2）原位标注　原位标注的内容包括梁支座上部纵筋、梁下部纵筋、附加箍筋或吊筋等。如图 9-6 所示。

① 梁支座上部纵筋。原位标注的支座上部纵筋应为包括集中标注的贯通筋在内的所有钢筋。多于 1 排时，用"/"自上而下分开；同排纵筋有 2 种不同直径时，用"+"相连，且角部纵筋写在前面。

如：6Φ25 4/2 表示支座上部纵筋共 2 排，上排 4Φ25，下排 2Φ25；

2Φ25+2Φ22 表示支座上部纵筋共 4 根 1 排放置，其中角部 2Φ25，中间 2Φ22。

当梁中间支座两边的上部纵筋相同时，仅在支座的一边标注配筋值；否则，须在两边分别标注。

② 梁下部纵筋。梁下部纵筋与上部纵筋标注类似，多于 1 排时，用"/"自上而下分开。同排纵筋有 2 种不同直径时，用"+"相连，且角部纵筋写在前面。

如：6Φ25 2/4 表示下部纵筋共 2 排，上排 2Φ25，下排 4Φ25。

③ 附加箍筋或吊筋。附加箍筋或吊筋直接画在平面图中的主梁上，用线引注总配筋值，附加箍筋的肢数注在括号内。当多数附加箍筋或吊筋相同时，可在图中统一说明，少数与统一说明不一致者，再原位引注。

当在梁上集中标注的内容（某一项或某几项）不适用于某跨或某悬挑段时，则将其不同数值原位标注在该跨或该悬挑段。

9.3.2.2　柱的配筋图

柱平面整体配筋图是在柱平面布置图上采用列表注写方式或截面注写方式表达。列表注写方式就是用列表的方式注写；而截面注写方式是分别在不同编号的柱中选择一个截面直接注写的方式。

首先，按一定比例绘制柱的平面布置图，分别按照不同结构层（标准层），将全部柱、剪力墙绘制在该图上，并按规定注明各结构层的标高及相应的结构层号；然后，根据设计计算结果，采用列表注写方式或截面注写方式表达柱的截面及配筋。

这里主要介绍截面注写方式，即在柱平面布置图上，分别在不同编号的柱中各选一截面，在其原位上以一定比例放大绘制柱截面配筋图，注写柱编号、截面尺寸 $b\times h$、角筋或全部纵筋、箍筋的级别、直径及加密区与非加密区的间距。同时，在柱截面配筋图上还应标注柱截面与轴线关系。如图 9-7 所示。

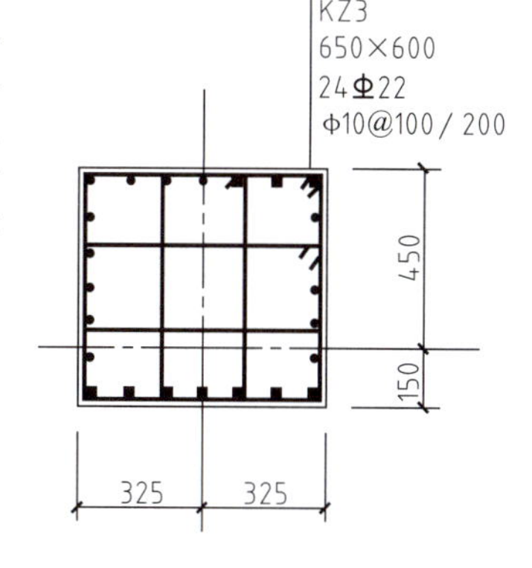

图 9-7　柱的截面注写方式

在图 9-7 中，截面注写方式符号的含义如下。

① KZ3 表示 3 号楼层框架柱。

② 650×600 表示柱宽为 650mm，柱高为 600mm。

③ 24Φ22 表示柱每边配置 7 根直径为 22mm 的Ⅱ级钢筋。

④ Φ10@100/200 表示直径为 10mm Ⅰ级 HPB300 钢筋，加密区间距 100mm，非加密区间距 200mm。

⑤ 325、150、450 表示柱截面与轴线的相对关系，用以确定柱的位置。

平面整体表示法可参见附图 13～附图 16 的平法图例及做法说明。

实训项目

［1+X 证书（建筑工程识图、BIM）要求］

1. 识读附图 11 所示的结构设计总说明，熟悉结构设计说明的内容。

2. 识读附图 13～附图 16 所示的平法图例及做法说明，熟悉平面整体表示法的形式和含义。

3. 识读附图 17～附图 21 所示的结构平面图，熟悉结构平面图的图示内容和深度。

9.4 楼梯结构详图

楼梯结构详图主要包括楼梯结构平面图、楼梯剖面图和配筋图。现以上述办公楼楼梯的结构详图为例，选取部分图样说明楼梯结构详图的图示特点。

9.4.1 楼梯结构平面图

如附图 19 所示，楼梯结构平面图与楼层结构平面图一样，表示楼梯板和楼梯梁的平面布置、代号、编号、尺寸及结构标高等。多层建筑应绘出底层楼梯结构平面图、中间层结构平面图、顶层结构平面图。

楼梯结构平面图中的轴线编号应与建筑施工图一致，剖切符号只在底层楼梯结构平面图中表示。钢筋混凝土楼梯的不可见轮廓线用细虚线表示，可见轮廓线用细实线表示，剖到的墙体轮廓线用中实线表示。

图中可以看出，从－1.630 标高处上行至 12.770 的梯段均为 TB-2；从－1.630 下到地下室的梯段为 TB-1。

9.4.2 楼梯结构剖面图

楼梯结构剖面图主要表示楼梯的承重构件的竖向布置、连接情况，以及各部分的标高。附图 20 中的 1-1 剖面图，表示了剖到的梯段板、梯段梁、平台梁、平台板和未剖到的、可见的梯段板等。另外，还要表示楼梯间内的一些结构、构造。

在楼梯结构剖面图中，应标注出楼层高度和楼梯平台高度。此外，还需标出平台梁、平台板的底面标高。

9.4.3 楼梯配筋图

在楼梯结构剖面图中，不能详细表示梯段板、梯段梁等的配筋时，应用较大的比例绘出配筋图。附图 21 中有楼梯配筋图，其图示方法及内容同构件配筋图。

实训项目

［1＋X 证书（建筑工程识图、BIM）要求］

识读附图 19～附图 21 的楼梯结构详图，熟悉楼梯结构详图的图示内容和深度。

复习思考题

1. 结构施工图的作用是什么？
2. 简述结构施工图的分类和内容。
3. 钢筋的分类和作用是什么？说明钢筋代号的含义。
4. 钢筋的保护层有什么作用？一般保护层的厚度是多少？
5. 钢筋混凝土构件的图示特点是什么？说明钢筋标注各符号的含义。
6. 了解各种图线的用途。
7. 熟悉常用构件的代号。
8. 基础平面图和基础详图的作用是什么？包括哪些内容？如何表示？
9. 简述楼层结构平面图的作用、内容和图示方法。
10. 说明结构施工图平面整体表示法各符号含义。
11. 简述楼梯结构平面图的作用、内容和图示方法。

教学单元 10 设备施工图识读

学习目标、教学要求和素质目标

本教学单元重点介绍给水排水、采暖、建筑电气等设备工程施工图的内容和图示方法，进行设备工程施工图的识读训练。通过学习，应该达到以下要求：

1. 掌握给水排水施工图、采暖施工图、建筑电气施工图各图的作用、分类、图示方法的相关规定、图示内容和深度。
2. 识读给水排水施工图、采暖施工图、建筑电气施工图各图。
3. 让学生深入了解职场的工作方式和规则，学会与他人合作、沟通和解决问题，培养学生职业素养。

建筑工程施工图除了建筑施工图和结构施工图以外，还有设备施工图。设备施工图主要用来表达给水排水、采暖通风、电气照明、电话通信、有线电视、防雷、保安防盗等设备系统的组成、安装等内容。本教学单元分给水排水施工图、采暖施工图、建筑电气施工图三部分介绍设备施工图。

10.1 给水排水施工图

10.1.1 概述

给水排水工程包括给水工程和排水工程。给水工程包括水源取水、水质净化、净水输送、配水使用等。排水工程是指将经过生活或生产使用后的污水、废水以及雨水等通过管道汇总，再经过污水处理后排放出去。

给水排水施工图按内容大致分为以下几种。

10.1.1.1 室内给水排水施工图

室内给水排水施工图表示一幢建筑的给水和排水系统。主要包括给水排水平面图、给水排水系统图、设计说明、设备安装详图和其他详图。

10.1.1.2 室外给水排水施工图

室外给水排水施工图表示一个区域的给水和排水系统。主要由室外给水排水平面图、管道纵断面图及附属设备等施工图组成。

10.1.1.3 水处理设备构筑物工艺图

水处理设备构筑物工艺图主要表示水厂、污水处理厂等各种水处理设备构筑物的全套施工图。它包括平面布置图、流程图、工艺设计图和详图等。

下面着重介绍室内给水排水施工图。

室内给水排水系统由室内给水系统和室内排水系统构成。自室外给水管引入至室内各配水点的管道及其附件，称为室内给水系统，流程方向为：进户管→水表→干管→支管→用水设备。自各污水、废水收集设备（如卫生洁具、洗涤池等）将室内的污水、废水以及雨水排出至室外窨井的管道以及附件，称为室内排水系统，流程方向为：排水设备→支管→干管→户外排出管。

10.1.2 给水排水施工图的一般规定

给水排水施工图依据《建筑给水排水制图标准》(GB/T 50106—2010)的规定来绘制。

给水排水施工图的平面图、详图等图样均采用正投影法绘制，轴测系统图按 45° 正面斜轴测投影法绘制。

10.1.2.1 图线

给水排水施工图，采用的各种线型应符合表10-1的规定。

表10-1 线型

名称	线型	线宽	用途
粗实线	———	b	新设计的各种排水和其他重力流管线
粗虚线	— — — —	b	新设计的各种排水和其他重力流管线的不可见轮廓线
中粗实线	———	$0.7b$	新设计的各种给水和其他压力流管线；原有的各种排水和其他重力流管线
中粗虚线	— — — —	$0.7b$	新设计的各种给水和其他压力流管线及原有的各种排水和其他重力流管线的不可见轮廓线
中实线	———	$0.5b$	给水排水设备、零（附）件的可见轮廓线；总图中新建的建筑物和构筑物的可见轮廓线；原有的各种给水和其他压力流管线
中虚线	— — — —	$0.5b$	给水排水设备、零（附）件的不可见轮廓线；总图中新建的建筑物和构筑物的不可见轮廓线；原有的各种给水和其他压力流管线的不可见轮廓线
细实线	———	$0.25b$	建筑的可见轮廓线；总图中原有的建筑物和构筑物的可见轮廓线；制图中的各种标注线
细虚线	— — — —	$0.25b$	建筑的不可见轮廓线；总图中原有的建筑物和构筑物的不可见轮廓线
细单点长画线	—·—·—	$0.25b$	中心线、定位轴线
折断线	—\/—	$0.25b$	断开界线
波浪线	～～～	$0.25b$	平面图中水面线；局部构造层次范围线；保温范围示意线等

10.1.2.2 比例

建筑给排水平面图采用的比例有1∶200、1∶150、1∶100，且宜与建筑专业一致；建筑给排水轴测图采用的比例有1∶150、1∶100、1∶50，且宜与相应图纸一致。

10.1.2.3 标高与管径

室内工程应标注相对标高。压力管道应标注管中心标高；重力流管道宜标注管底标高。标高单位为m。

管径的表达方式，依据管材不同，可标注公称直径DN、外径$D\times$壁厚、内径d等。

10.1.2.4 图例

如表10-2所示。

10.1.3 室内给水排水管网平面布置图

一般自底层开始逐层阅读给水排水平面图。如附图23所示为地下室给排水平面图。图示内容如下。

10.1.3.1 用水房间的平面图

用细实线绘出厨房、卫生间等用水房间的平面轮廓和门窗位置，标明定位轴线、尺寸。

10.1.3.2 各种设备

各种设备如卫生洁具、洗涤池等按标准规定的图例绘出它们的平面布置和定位尺寸。

10.1.3.3 给水排水管道的平面布置

此处的给水管、排水管用粗实线、粗虚线表示。在底层应绘出进户管和排水口，并注明系统编号。

10.1.3.4 管道中的各种附件

用图例表示管道中的各种附件，如水龙头、地漏、检查口等。

附图22为给排水设计总说明；附图23为地下室给排水平面图。

10.1.4 室内给水排水管道系统图

给水排水管道纵横交叉，在平面布置图中难以表明它的空间走向，因此采用轴测图直观地绘出给水排水的管道系统，称为系统轴测图，简称系统图。系统图应清楚地表示出管道的空间布置情况，各管段的管径、坡度、标高，以及附件在管道上的位置。

表 10-2 图例

名 称	图 例	备 注
生活给水管	J	管道类别应以汉语拼音字母表示
热水给水管	RJ	
热水回水管	RH	
中水给水管	ZJ	
循环冷却给水管	XJ	
循环冷却回水管	XH	
通气管	T	
污水管	W	
压力污水管	YW	
套管伸缩器		
方形伸缩器		
立管检查口		
清扫口	平面 系统	
通气帽	成品 铅丝帽	
雨水斗	YD- YD- 平面 系统	

名 称	图 例	备 注
圆形地漏		通用。如为无水封，地漏应加存水弯
方形地漏		
自动冲洗水箱		
存水弯		
截止阀	$DN\geqslant 50$ $DN<50$	
减压阀		左侧为高压端
止回阀		
水嘴	平面 系统	
皮带水嘴	平面 系统	
消火栓给水管	XH	
自动喷水灭火给水管	XP	
室外消火栓		
室内消火栓（单口）	平面 系统	白色为开启面
自动喷洒头（井式）	平面 系统	

如附图 22 为给水系统图和排水系统图。

在识读系统图时，通常都要先看建筑物的给水排水进出口的编号，由它们划分出哪几个系统，再分别按给水排水系统图的各个系统，对照给水排水平面图，逐个看懂各个管道系统图。

10.1.4.1 给水系统图

一般从各个系统的引入管开始，依次看水平干管、立管、支管、放水龙头、卫生器具等。

从附图 22 给水系统图可知，该项目中，卫生间有独立的给水管道系统。由给水平面图中可知每个给水管道进口均为室内给水系统的开始，且要编号。

公共卫生间的室外引入管 J-2，自标高－1.700 处穿墙进入室后，设置为给水立管管束。

10.1.4.2 排水系统图

一般先在底层给排水平面图中找出与之相对应的排水系统，然后依次按照系统编好的顺序找到与该系统相连的立管的位置，再找出各楼层给排水平面图中该立管的位置，依次按水池、地漏、卫生器具、连接管、横支管、立管的顺序识读。

从附图 22 排水系统图可知，该项目中有两个排水管道系统。

P-1 排出小便池、洗面器的废水，P-2 排出大便器、拖布池、地漏等的污、废水，最终由排出管自标高－1.700 处，有 $i=0.015$ 的坡度，穿墙而出。其它详见附图 22 所示。

为了反映管道与建筑的关系，系统图中还要绘出被管道穿越的墙、地面、楼面、屋面的位置。一般用细实线表示，加上材料图例线。

实训项目

识读附图 22、附图 23 的室内给水排水施工图，了解室内给水排水施工图的内容。

10.2 采暖施工图

10.2.1 采暖施工图的分类及组成

采暖施工图分为室外采暖施工图和室内采暖施工图两大部分。室外采暖施工图主要表示一个区域的采暖管网的布置情况，主要图纸有：总平面图、管道剖面图、管道纵剖面图和详图等。室内采暖施工图主要表示一幢建筑物的采暖工程，主要图纸有：设计施工说明、采暖平面图、系统图、详图或标准图及通用图等。

10.2.2 采暖施工图的一般规定

采暖施工图依据《暖通空调制图标准》(GB/T 50114—2010）的规定来绘制。

采暖施工图中的平面图、剖面图、详图等应采用直接投影法绘制；系统图应以轴测投影法绘制，宜采用正等轴测或正面斜二轴测投影法。

10.2.2.1 线型

采暖施工图采用的线型宜符合表 10-3 的规定。

表 10-3 线型

名称		线型	线宽	用途
实线	粗	——————	b	单线表示的供水管道
	中粗	——————	$0.7b$	本专业设备轮廓、双线表示的管道轮廓
	中	——————	$0.5b$	尺寸、标高、角度等标注线及引出线；建筑物轮廓
	细	——————	$0.25b$	建筑布置的家具、绿化等；非本专业设备轮廓
虚线	粗	— — — —	b	回水管线及单根表示的管道被遮挡的部分
	中粗	— — — —	$0.7b$	本专业设备及双线表示的管道被遮挡的轮廓
	中	— — — —	$0.5b$	地下管沟、改造前风管的轮廓线；示意性连线
	细	— — — —	$0.25b$	非本专业虚线表示的设备等
波浪线	中粗	～～～	$0.5b$	单线表示的软管
	细	～～～	$0.25b$	断开界线
单点长画线		——·——·——	$0.25b$	中心线、轴线
双点长画线		——··——··——	$0.25b$	假想或工艺设备轮廓线
折断线		——\/\——	$0.25b$	断开界线

10.2.2.2 水、汽管道代号及图例

水、汽管道代号见表 10-4，图例见表 10-5。

10.2.3 室内采暖施工图

在阅读施工图时，一般按照设计施工说明、采暖平面图、系统图、详图或标准图及通用图的顺序识读。

表 10-4　水、汽管道代号

序号	代号	管道名称	序号	代号	管道名称
1	RG①②	采暖热水供水管	10	PZ	膨胀水管
2	RH②	采暖热水回水管	11	BS	补水管
3	LG	空调冷水供水管	12	X	循环管
4	LH	空调冷水回水管	13	ZB①	饱和蒸汽管
5	KRG	空调热水供水管	14	N	凝结水管
6	KRH	空调热水回水管	15	J	给水管
7	LRG	空调冷、热水供水管	16	YS	溢水(油)管
8	LRH	空调冷、热水回水管	17	XS	泄水管
9	n	空调冷凝水管			

① 可附加1、2、3等表示一个代号、不同参数的多种管道。

② 可通过实线、虚线表示供、回关系，省略字母G、H。

表 10-5　图例

名　称	图　　例	备　　注
截止阀		
闸阀		
球阀		
止回阀		
三通阀	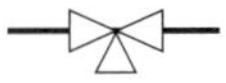	
自动排气阀		
集气罐、放气阀		
膨胀阀		
安全阀	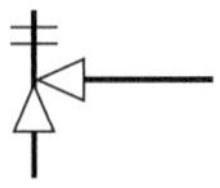	
减压阀	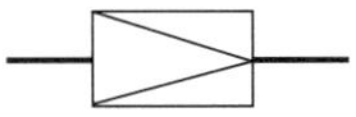	左高右低
疏水器		
矩形补偿器		
套管补偿器		
弧形补偿器		
节流孔板、减压孔板	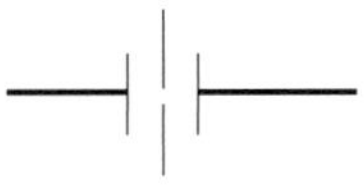	
坡度及坡向	 i=0.003 或 i=0.003	坡度数值不宜与管道起、止点标高同时标注，标注位置同管径标注位置

续表

名　称	图　例	备　注
散热器及手动放气阀	15　15　15	左为平面图表示法，中为剖面图画法，右为系统图（Y轴测）画法
散热器及温控阀	15　15	
板式换热器		
水泵		

下面仍以该办公楼为例，说明室内采暖施工图的图示内容。

10.2.3.1 采暖设计总说明

采暖施工图的设计总说明是整个采暖施工中的指导性文件，通常有以下内容：采暖室内外计算温度；采暖建筑面积、采暖热负荷、建筑平面热指标；建筑物供暖入口数、各入口的热负荷、压力损失；热媒种类、来源、入口装置形式及安装方式；采用何种散热器、管道材质及连接方式；采暖系统防腐、保温做法；散热器组装后试压及系统试压的要求等。如附图24所示。

10.2.3.2 室内采暖平面图

（1）室内采暖平面图的主要内容

室内采暖平面图是表示采暖管道及设备布置的图纸，主要内容如下。

① 采暖管道系统的干管、立管、支管的平面位置、走向、立管编号和管道安装方式。

② 散热器（或地暖管）平面位置、规格、数量及安装方式（明装或暗装）。

③ 采暖干管上的阀门、固定支架以及采暖系统有关的设备（如膨胀水箱、集气罐、疏水器等平面位置、规格、型号等）。

④ 热媒入口及入口地沟情况，热媒来源、流向及与室外热网的连接。

⑤ 管道及设备安装所需的留洞、预埋件、管沟等方面与土建施工的关系和要求。

（2）室内采暖平面图的阅读

如附图25所示为一层采暖平面图。图中的轴线、轴线间距、平面布置均同建筑平面图，用细实线表示。

10.2.3.3 室内采暖系统图

（1）室内采暖系统图的主要内容

室内采暖系统图是根据各层采暖平面中管道及设备的平面位置和竖向标高，用正面斜轴测投影法以单线绘制而成的图样。它表明采暖管道系统的空间布置情况和散热器的空间连接形式。该图标注有管径、标高、坡度、立管编号、系统编号以及各种设备、部件在管道系统中的位置。把系统图与平面图对照阅读，可了解整个室内采暖系统的全貌。

（2）室内采暖系统图的阅读

附图28是项目的采暖系统图。从图中可以看出采暖供水水平干管、立管、支管的布置、空间位置、标高、走向、管径、与散热器的连接、散热器的数量以及三通阀、排气阀、膨胀阀等阀门、热表在管道中的位置。

实训项目

识读附图24～附图28的室内采暖施工图，了解室内采暖施工图的图示内容。

10.3 建筑电气施工图

10.3.1 概述

建筑电气施工图是将现代建筑中安装的许多电气设施（如照明灯具、电源插座、电视、电话、消防控制及各种动力装置等），经专门设计，表达在图纸上。

建筑电气施工图中的主要内容是：表示供电、配电线路的规格与铺设方式；各种电气设备及配件的选型、规格及安装方式。其图示特点是：采用简图（图例符号）及文字表示系统或设备中各组成部分之间的相互关系。

建筑电气施工图包括以下几种。

10.3.1.1 首页图

设计图的首页，包括设计总说明、电器设备型号及材料规格等。如附图 29 所示。

10.3.1.2 供电总平面图

供电总平面图是指在一个建筑小区的总平面图中，用图形符号和文字符号表示变（配）电所的容量、位置及通向各用电建筑物的供电线路的走向，线形与数量、铺设方法，电线杆、路灯、接地等位置及做法的图样。

10.3.1.3 变（配）电室的电气平面图

变（配）电室的电气平面图是指在与建筑平面同一比例的平面图中，绘出高低压开关柜、变压器、控制盘等设备的平面排列布置图的图样。

10.3.1.4 室内电气平面图

室内电气平面图是指在与建筑平面同一比例的平面图中，绘出各种电气工程中的电气设备、装置和线路的平面布置的图样。

10.3.1.5 室内电气系统图

主要用图例符号表示整幢建筑的供电方式和电能分配输送的关系。

10.3.1.6 避雷平面图

避雷平面图是在建筑顶层平面图基础上，用图例符号画出避雷带、避雷网和平面铺设位置的图样。

10.3.1.7 建筑弱电系统施工图

弱电系统包括弱电平面图和电话、有线电视、楼宇对讲呼叫系统图等。

本节以附图办公楼为例，介绍室内动力及照明系统（强电）和建筑弱电系统工程施工图的图示内容。

10.3.2 室内电气照明施工图

10.3.2.1 动力及照明平面图

表示房屋室内动力、照明设备和线路布置的图样称为动力及照明平面图。为了便于管理，动力系统与照明系统是分开的，所以平面图也是分开绘制。但对于小型项目，动力和照明系统合二为一，可在一张平面图中表示。如附图 33 所示为项目标准层电照平面布置图。

在平面图上表明电源入楼位置，线路铺设方式，导线的型号、规格和根数，以及各种用电设备的位置和要求等内容。为了突出电气线路的表达，用细实线画出简化的建筑平面轮廓，电气部分用粗实线绘制。楼房的各层平面图应分开绘制。

平面图上的各种用电设备，如配电箱、控制开关、插座以及灯具等均按统一规定的图例表示。通常将本工程所用的图例（包括安装高度）附在平面图下方，以便对照看图。

在平面图中，多条走向相同的线路，无论根数多少，都画一根线表示，其根数用小短线或小短线加数字表示。

10.3.2.2 电气照明施工图识读

以项目标准层电照平面布置图为例，说明识读照明平面图步骤。

本项目供电电压为三相四线 220/380V 低压电源，干线采用交联聚氯乙烯绝缘护套铜芯电缆 YJC，支线采用铜芯电线 BV，配线方式为 SC 管暗敷。

由明装电表箱进入各户断路器箱，再将电源分配至各房间的用电设备。如回路 WL1 为空调插座回路，回路 WL2 为普通插座回路，回路 WL3 为照明回路，见附图 32、附图 33。

屋顶防雷平面图如附图 31 所示，不再详述。

10.3.3 建筑弱电系统工程图

弱电系统工程图的表达方式与电气照明工程图基本相同，也是采用图例或图形符号和线路布置来表述其内容的，包括弱电平面图和系统图。弱电平面图与照明平面图类似，主要表示装置、设备、元件和线路平面布置的图样。弱电系统图是用来表示弱电系统中设备和元件的组成、元件之间的相互连接关系的图样。

仍以上述项目为例，说明识读弱电平面图和系统图的方法和步骤。

从附图 34、附图 35 弱电平面布置图中可以看出，电话和有线电视进户管由两根线分别引入。

实训项目

识读附图 29～附图 35 的室内电气施工图，了解室内电气施工图的图示内容。

复习思考题

1. 给水排水施工图按内容分为哪几类？
2. 设备施工图中图线是如何规定的？
3. 了解设备施工图的图例。
4. 给水排水施工图中管径和标高是如何规定的？
5. 简述给水排水施工图的图示内容。
6. 简述采暖施工图的图示内容。
7. 简述建筑电气施工图的图示内容。

模块三
民用建筑构造

教学单元 11 建筑设计初步

学习目标、教学要求和素质目标

本教学单元重点介绍建筑平面图、剖面图、立面图的设计方法和设计依据，通过学习，应该达到以下要求：

1. 了解建筑平面、剖面、体型和立面的设计方法。
2. 掌握平面、剖面的常用数据。
3. 熟知建筑平面、剖面、立面的设计依据。
4. 感知建筑设计中以人为本的设计理念。
5. 体会建筑设计的构图规律，提高建筑美学的欣赏能力。

一幢建筑物的平面、剖面和立面图，是这幢建筑物在水平方向、垂直方向的剖切面及外观的投影图，平、立、剖面综合在一起，即表达了一幢三度空间的建筑整体。

11.1 建筑平面设计

建筑平面是表示建筑物在水平方向房屋各部分的组合关系。由于建筑平面通常较为集中地反映建筑功能方面的问题，因此建筑应从平面设计入手，着眼于建筑空间的组合，在平面设计中，紧密联系建筑剖面和立面，分析剖面、立面的可能性和合理性，不断调整修改平面，反复深入。

各种类型的建筑空间一般可以归纳为主要使用空间、辅助使用空间和交通联系空间，并通过交通联系部分将主要使用空间和辅助使用空间连成一个有机整体。使用部分是指主要使用空间和辅助使用空间的面积，即各类建筑物中的使用房间和辅助房间。使用房间，如住宅中的起居室、卧室，学校建筑中的教室、实验室，影剧院中的观众厅等；辅助房间，如厨房、盥洗室、厕所、储藏室等。交通联系部分是建筑物中各个房间之间、楼层之间和房间内外之间联系通行的面积，即各类建筑物中的走廊、门厅、过厅、楼梯、坡道，以及电梯和自动扶梯等所占的面积。

11.1.1 主要使用部分的平面设计

房间是建筑平面组合的基本单元，由于建筑物的性质和使用功能不同，建筑平面中各个使用房间和辅助房间的面积大小、形状尺寸、位置、朝向以及通风、采光等方面的要求也有很大差别。

一般说来，生活、工作和学习用的房间要求安静，少干扰，由于人们在其中停留的时间相对较长，因此希望能有较好的朝向；公共活动房间的主要特点是人流比较集中，通常进出频繁，因此室内人们活动和通行面积的组织比较重要，特别是人流的疏散问题较为突出。

11.1.1.1 房间的面积

不同用途的房间都是为了一定数量的人在其中进行活动及布置所需的家具、设备，因此使用房间面积的大小，主要是由房间内部活动特点，使用人数的多少、家具设备的尺寸及多少等因素决定的，例如住宅的起居室、卧室，面积相对较小；剧院、电影院的观众厅，除了人多、座椅多外，还要考虑人流迅速疏散的要求，所需的面积就大；又如室内游泳池和健身房，由于使用活动的特点，也要求有较大的面积。

根据房间的使用特点，一个房间内部的面积分为以下几个部分。

（1）家具或设备所占面积；

（2）人们在室内的使用活动面积（包括使用家具及设备时，近旁所需的面积）；

（3）房间内部的交通面积。

确定房间使用面积的大小，除了家具设备所需的面积外，还包括室内活动和交通面积，确定这些面积又都与人体活动的基本尺度有关。例如教室中学生就座、起立时桌椅近旁必要的使用、活动面积，入座、离座时通行的最小宽度，以及教师讲课时在黑板前的活动面积等。

在一些建筑物中，房间使用面积大小的确定，并不像上图中教室平面的面积分配那样明显，例如商店营业厅中柜台外顾客的活动面积，剧院、电影院休息厅中观众活动的面积等，由于这些房间中使用活动的人数并不固定，也不能直接从房间内家具的数量来确定使用面积的大小，通常需要对已建的同类型房间进行调查，掌握人们实际使用活动的一些规律，然后根据调查所得的数据资料，结合设计房间的使用要求和相应的经济条件，确定比较合理的室内使用面积。

在实际设计工作中，国家或所在地区设计的主管部门，对住宅、学校、商店、医院、剧院等各种类型的建筑物，通过大量调查研究和设计资料的积累，结合我国经济条件和各地具体情况，编制出一系列面积定额指标，用以控制各类建筑中使用面积的限额，并作为确定房间使用依据。

初步确定使用房间面积之后，还需要进一步确定房间平面的形状和具体尺寸。由于室内使用活动的特点、家具布置方式、采光、通风、音响等要求不同，相同面积的房间，可能有多种平面形状和尺寸。在满足使用要求的同时，还要考虑技术经济条件，人们对室内空间的观感等。

11.1.1.2 房间平面形状和尺寸

以50个座位矩形平面中学普通教室为例，根据普通教室以听课为主的使用特点，首先要保证学生上课时视、听方面的质量，座位的排列不能太远太偏，教师讲课时黑板前要有必要的活动余地等，允许排列的离黑板最远座位≤8.5m，边座和黑板面远端夹角控制在不小于30°，以及第一排座位离黑板的最小距离为2m左右。依据这些要求，结合桌椅的尺寸、排列方式和人体活动尺度，确定排距和桌子间通道的宽度。

教室的平面形状和尺寸不仅要满足视、听要求，还需要综合考虑其他方面的要求，如教室内需要有足够和均匀的天然采光，进深较大的方形、六角形平面，则要房间两侧都能开窗采光，或采用侧光和顶光相结合；当房间只能一侧开窗采光时，沿外墙长向的矩形平面，能够较好地满足采光均匀的要求。

从房屋使用、结构布置、施工技术和建筑经济等方面综合考虑，一般中小型民用建筑通常采用矩形的房间平面。这是由于矩形平面通常便于家具布置和设备安装，使用上能充分利用房间有效面积，有较大的灵活性，同时，由于墙身平直，因此施工方便，结构布置和预制构件的选用较易解决，也便于统一建筑开间和进深，利于建筑平面组合。例如住宅、宿舍、学校、办公楼等建筑物类型，大多采用矩形平面的房间。

如果建筑物中单个使用房间的面积很大，使用要求的特点比较明显，覆盖和围护房间的技术要求也较复杂，又不需要同类的多个房间进行组合，这时房间（也指大厅）平面以至整个体型就有可能采用多种形状。例如室内人数多、有视听和疏散要求的剧院观众厅、体育馆比赛大厅等。

11.1.1.3 门窗在房间平面中的布置

房间平面设计中，门窗的大小和数量是否恰当，它们的位置和开启方式是否合适，对房间的平面使用效果有很大影响。同时，窗的形式和组合方式又和建筑立面设计的关系极为密切。

（1）门的宽度、数量和开启方式

房间平面中门的最小宽度，是由人、家具和设备的尺度以及通过人流多少决定的。例如住宅中卧室、起居室等生活用房间，门的宽度常用 900mm，这样的宽度可使一个携带东西的人，方便地通过，也能搬进床、柜等尺寸较大的家具。住宅中厕所、浴室、阳台的门，宽度只需 700mm，厨房的门 800mm 即可。

室内面积较大、活动人数较多的房间，应该相应增加门的宽度或门的数量。当门宽大于 1000mm 时，为了开启方便和少占使用面积，通常采用双扇门或四扇门，双扇门宽度可为 1200～1800mm，四扇门宽度可为 1800～3600mm。

根据防火规范的要求，公共建筑和通廊式非住宅类居住建筑中各房间疏散门的数量应经计算确定，且不应少于 2 个，该房间相邻 2 个疏散门最近边缘之间的水平距离不应小于 5.0m。当符合下列条件之一时，可设置 1 个。

① 位于两个安全出口之间或袋形走道两侧的房间，对于托儿所、幼儿园、老年人照料设施，建筑面积不大于 $50m^2$；对于医疗建筑、教学建筑，建筑面积不大于 $75m^2$；对于其他建筑或场所，建筑面积不大于 $120m^2$。

② 位于走道尽端的房间，建筑面积小于 $50m^2$，且疏散门的净宽度不小于 0.90m，或由房间内任一点至疏散门的直线距离不大于 15m、建筑面积不大于 $200m^2$ 且疏散门的净宽度不小于 1.40m。

③ 歌舞娱乐放映游艺场所内建筑面积不大于 $50m^2$，且经常停留人数不超过 15 人的厅、室。

通常面对走廊的门应向房间内开启，以免影响走廊交通。而进出人流连续、频繁的建筑物门厅的门，常采用弹簧门，使用比较方便。另外，当房间开门位置比较集中时，也应注意门的开启方向，避免相互碰撞和遮挡。

（2）房间平面中门的位置

房间平面中门的位置应考虑尽可能地缩短室内交通路线，并且应尽量避免斜穿房间，保留室内具有较完整的活动面积。门的位置对充分利用室内使用面积，合理布置家具，以及组织室内穿堂风等有很大的影响。

对于面积大、人流量集中的房间，例如剧院观众厅，其门的位置通常均匀设置，以利于迅速安全地疏散人流。

（3）窗的大小和位置

房间中窗的大小和位置，主要根据室内采光、通风要求来考虑。采光方面，窗的大小和位置对室内的照度及均匀性有着直接的影响。各类房间的照度要求是由室内使用上的精确程度来确定的。窗面积的大小是影响室内照度的主要因素，因此，通常以窗口透光部分的面积和房间地面面积的比（即窗地面积比），来初步确定或校验窗面积的大小，见表 11-1。

表 11-1　民用建筑采光等级表

采光等级	视觉工作分类		房间名称	窗地面积比
	工作或活动要求精确程度	要求识别的最小尺寸 d/mm		
Ⅰ	特别精细	$d \leqslant 0.15$	常用民用建筑中无此类要求房间	1/3～1/2
Ⅱ	很精细	$0.15 < d \leqslant 0.3$	设计室、绘图室	1/4～1/3
Ⅲ	精细	$0.3 < d \leqslant 1.0$	办公室、视屏工作室、会议室、教室、阶梯教室、实验室、报告厅、阅览室、诊室、药房、治疗室、化验室等	1/6～1/4
Ⅳ	一般	$1.0 < d \leqslant 5.0$	起居室(厅)、卧室、书房、厨房、复印室、档案室、候诊室、挂号室、医生办公室等	1/8～1/6
Ⅴ	粗糙	$d > 5.0$	走廊、卫生间、厕所、楼梯间等	1/10～1/8

窗的平面位置，主要影响到房间的照度是否均匀、有无暗角和眩光。如果房间的进深较大，同样面积的矩形窗户竖向设置，可使房间进深方向的照度比较均匀。

建筑物室内的自然通风，除了和建筑朝向、间距、平面布局等因素有关外，房间中门窗的位置，对室内通风效果的影响也很关键，通常利用房间两侧相对应的窗户或门窗之间组织穿堂风，门窗的相对位置采用对面通直布置时，室内气流通畅，同时也要尽可能使穿堂风通过室内使用活动部分的空间，见图11-1。

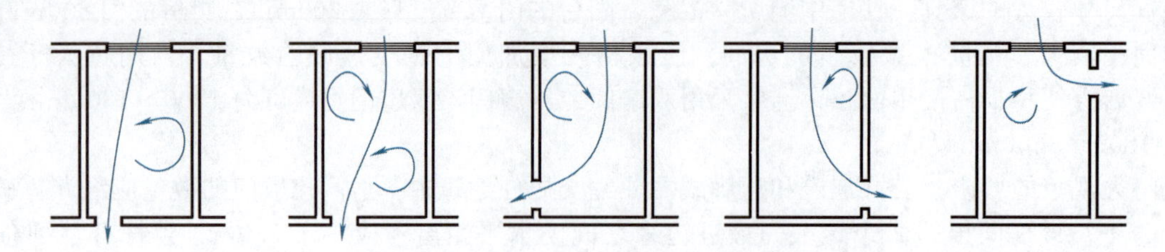

图 11-1　房间中门窗的位置对通风的影响

11.1.2　辅助使用部分的平面设计

建筑的辅助使用部分主要包括厕所、盥洗室、厨房、储藏室、更衣室、浴室等。通常有些建筑仅设置厕所，如办公楼、学校、商场等；有些建筑需设置公共卫生间，如幼儿园、集体宿舍等；而有些建筑则设置专用卫生间，如宾馆、饭店、疗养院等。

在建筑设计中，根据各种建筑物的使用特点和使用人数的多少，先确定所需设备的个数。根据计算所得的设备数量，考虑在整幢建筑物中厕所、盥洗室的分布情况，最后在建筑平面组合中，根据整幢房屋的使用要求，适当调整并确定这些辅助房间的面积、平面形式和尺寸，见图11-2。一般建筑物中公共服务的厕所应设置前室，见图11-3，这样使厕所较隐蔽，又有利于改善通向厕所的走廊或过厅处的卫生条件。住宅卫生间布置见图11-4。

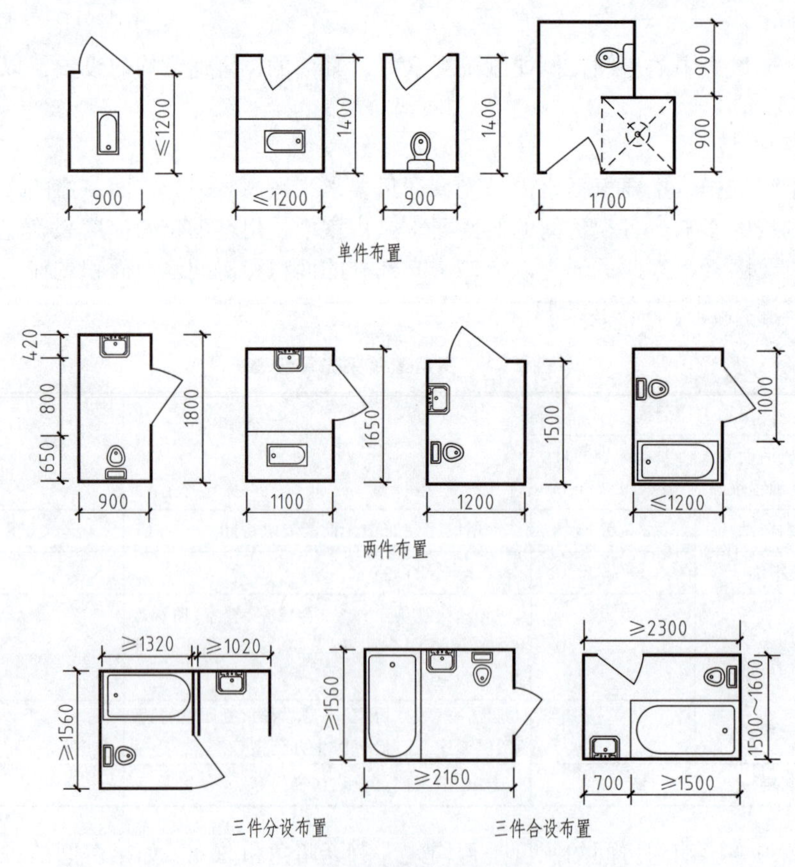

(a) 卫生设备及管道组合尺寸

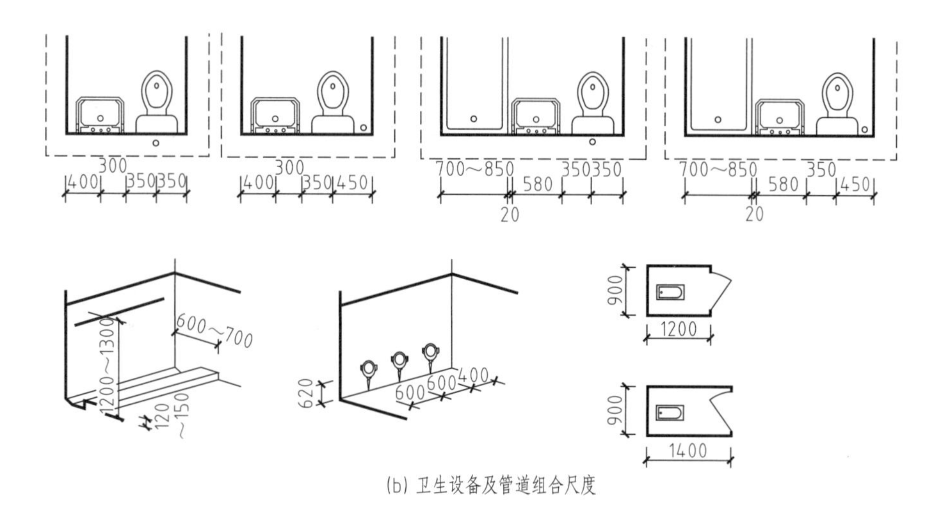

(b) 卫生设备及管道组合尺度

图 11-2　主要卫生器具及所需空间尺度

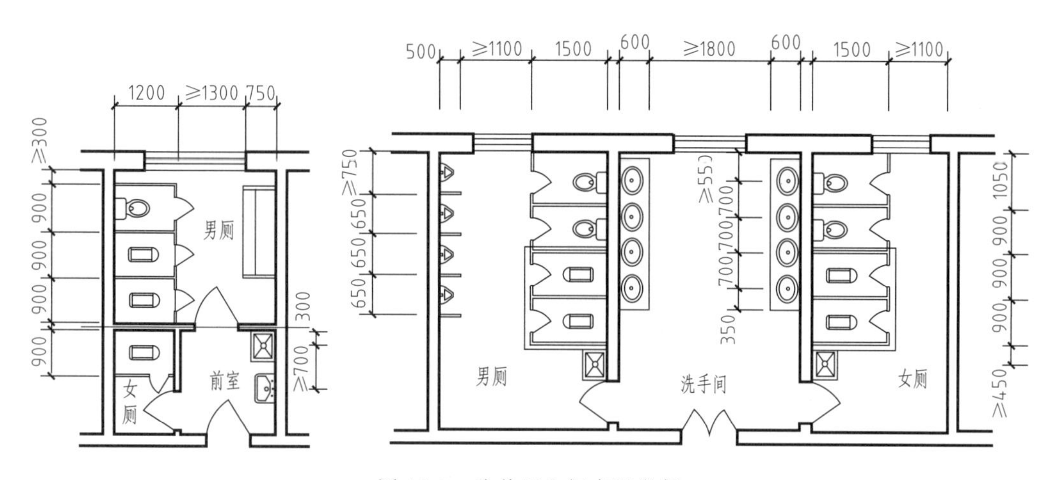

图 11-3　公共卫生间布置举例

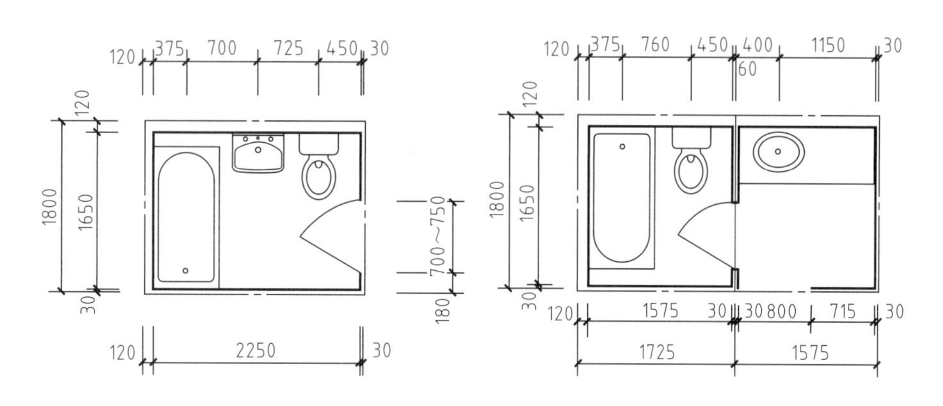

图 11-4　住宅卫生间布置示例

每套住宅应设卫生间，卫生间应设置便器、洗浴器、洗面器等设施或预留位置；布置便器的卫生间的门不应直接开在厨房内。一般情况下，设便器、洗浴器、洗面器三件卫生洁具的卫生间的使用面积不应小于 2.5m^2；设便器、洗浴器的卫生间的使用面积不应小于 2.0m^2；设便器、洗面器的卫生间的使用面积不应小于 1.8m^2；单设便器的卫生间的使用面积为 1.10m^2。

厨房的主要功能是炊事，有时兼有进餐或洗涤。住宅建筑中的厨房是家务劳动的中心所在，厨房设计的好坏是影响住宅使用的重要因素。厨房应设置炉灶、洗涤池、案台、排油烟机等设施或预留位置。按炊事操作流程排列，操作面净长不应小于 2.10m。单排布置设备的厨房净宽不应小于 1.50m，双排布置设备的厨房其两排设备净距不应小于 0.9m，见图 11-5。

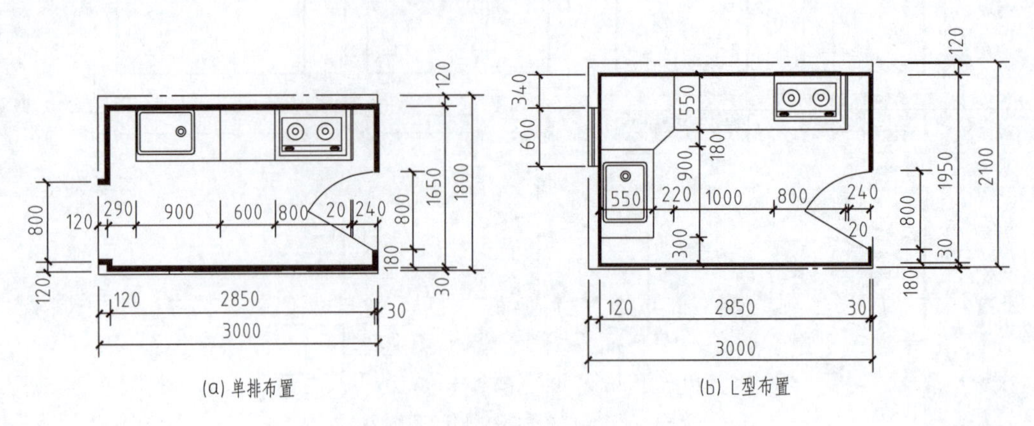

图 11-5　住宅厨房示例

11.1.3　交通联系部分的平面设计

一幢建筑物不仅要有满足使用要求的各种房间，还要有把各个房间之间以及室内外之间联系起来的交通联系部分。建筑物内部的交通联系部分包括：水平交通空间——走廊；垂直交通空间——楼梯、电梯、自动扶梯、坡道；交通枢纽空间——门厅、过厅等。

11.1.3.1　走廊

走廊是连接各个房间、楼梯和门厅等，以解决建筑物中水平联系和疏散的部分，也兼有其他使用功能，如学校走廊兼课间活动及宣传画廊、医院走廊可兼候诊等。

走廊的宽度应符合人流通畅和建筑防火要求，通常单股人流的通行宽度约为 550～700mm。一般民用建筑走廊宽度如下：当走廊两侧布置房间时，学校建筑为 2100～3000mm，医院建筑为 2400～3000mm，旅馆、办公楼等建筑为 1500～2100mm。当走道一侧布置房间时，其走道宽度应相应减少。在通行人数少的住宅过道中，考虑到两人相对和搬运家具的需要，走道的最小宽度也不小于 1100mm。在通行人数较多的公共建筑中，学校、商店、办公楼、候车（船）室、民航候机厅、展览厅、歌舞娱乐放映游艺场所等民用建筑中的疏散走道、安全出口、疏散楼梯以及房间疏散门的各自总宽度，应按规定经计算确定，见表 11-2。

表 11-2　疏散走道、安全出口、疏散楼梯和房间疏散门每 100 人的净宽度　　单位：m

楼层位置	耐火等级		
	一、二级	三级	四级
地上一、二层	0.65	0.75	1.00
地上三层	0.75	1.00	—
地上四层及四层以上各层	1.00	1.25	—
与地面出入口地面的高差不超过 10m 的地下建筑	0.75	—	—
与地面出入口地面的高差超过 10m 的地下建筑	1.00	—	—

走道的长度应根据建筑性质、耐火等级及防火规范来确定，直接通向疏散走道的房间疏散门至最近安全出口的最大距离，从安全疏散考虑应有一定的限制，见表 11-3。

表 11-3　直接通向疏散走道的房间疏散门至最近安全出口的最大距离（单、多层）　　单位：m

名称	位于两个安全出口之间的疏散门			位于袋形走道两侧或尽端的疏散门		
	耐火等级			耐火等级		
	一、二级	三级	四级	一、二级	三级	四级
托儿所、幼儿园	25.0	20.0	15.0	20.0	15.0	10.0
医院、疗养院	35.0	30.0	25.0	20.0	15.0	10.0

续表

名　称	位于两个安全出口之间的疏散门			位于袋形走道两侧或尽端的疏散门		
	耐火等级			耐火等级		
	一、二级	三级	四级	一、二级	三级	四级
学校	35.0	30.0	25.0	22.0	20.0	10.0
其他民用建筑	40.0	35.0	25.0	22.0	20.0	15.0

注：1. 建筑内的观众厅、展览厅、多功能厅、餐厅、营业厅和阅览室等，其室内任何一点至最近安全出口的直线距离不宜大于30.0m。

2. 敞开式外廊建筑的房间疏散门至安全出口的最大距离可按本表增加5.0m。

3. 建筑物内全部设置自动喷水灭火系统时，其安全疏散距离可按本表规定增加25%。

4. 房间内任一点到该房间直接通向疏散走道的疏散门的距离计算：住宅应为最远房间内任一点到户门的距离，跃层式住宅内的户内楼梯的距离可按其梯段总长度的水平投影尺寸计算。

11.1.3.2 楼梯和坡道

楼梯是建筑各层间的垂直交通联系部分，是楼层人流疏散必经的通道。楼梯设计主要根据使用要求和人流通行情况确定梯段和休息平台的宽度、选择适当的楼梯形式、考虑整幢建筑的楼梯数量、楼梯间的平面位置和空间组合等。

楼梯的宽度，也是根据通行人数的多少和建筑防火要求决定的。梯段的宽度，和走道的宽度一样，考虑两人相对通过，通常不小于1100mm。住宅内部的楼梯，从节省建筑面积出发，把梯段的宽度设计得小一些，但不应小于850～900mm。所有梯段宽度的尺寸，也都需要以防火要求的最小宽度进行校核，防火要求宽度的具体尺寸和对走道的要求相同，见表11-2。楼梯平台的宽度，除了考虑人流通行外，还需要考虑搬运家具的方便，通常不应小于梯段的宽度。

楼梯形式的选择，主要以房屋的使用要求为依据。两跑楼梯由于面积紧凑，使用方便，是一般民用建筑中最常采用的形式。当建筑物的层高较高，或利用楼梯间顶部天窗采光时，常采用三跑楼梯。一些旅馆、会场、剧院等公共建筑，经常把楼梯的设置和门厅、休息厅等结合起来。这时，楼梯可以根据室内空间组合要求，采用比较多样的形式，如会场门厅中显得庄重的直跑大平台楼梯，剧院门厅中开敞的不对称楼梯，以及旅馆门厅中比较轻快的圆弧形楼梯等，见图11-6。

图11-6　不同的楼梯形式

楼梯在建筑平面中的数量和位置，是建筑平面设计中比较关键的问题，它关系到建筑物中人流交通的组织是否通畅安全，建筑面积的利用是否经济合理。

楼梯的数量主要根据楼层人数的多少和建筑防火要求来确定，在建筑物中，楼梯和远端房间的距离不应超过防火要求的距离，见表11-3。通常情况下，每一幢公共建筑至少设两部楼梯，对于使用人数少面积不大的低层建筑，满足表11-4条件时，也可设一部楼梯。一些公共建筑，通常在主要出入口处，相应地设置一个位置明显的主要楼梯；在次要出入口处，或者建筑转折和交接处设置次要楼梯供疏散及服务用。

表 11-4　公共建筑可设置 1 个安全出口的条件

耐火等级	最多层数	每层最大建筑面积/m^2	人　数
一、二级	3 层	200	第二层和第三层的人数之和不超过 50 人
三级	3 层	200	第二层和第三层的人数之和不超过 25 人
四级	2 层	200	第二层人数不超过 15 人

建筑垂直交通联系部分除楼梯外，还有坡道、电梯和自动扶梯等。一些人流大量集中的公共建筑，如大型体育馆常在人流疏散集中的地方设置坡道，以利于安全和快速地疏散人流；一些医院为了病人上下和手推车通行方便也可采用坡道。电梯通常使用在多层或高层建筑，如旅馆、办公大楼、高层住宅楼等；一些有特殊使用要求的建筑，如医院、商场等也常采用。自动扶梯具有连续不断的承载大量人流的特点，因而适用于具有频繁而连续人流的大型公共建筑中，如百货大楼、展览馆、游乐场、火车站、地铁站、航空港等建筑中。

11.1.3.3　门厅和过厅

门厅作为建筑交通系统的枢纽，是人流出入汇集的场所，在水平方向与走廊相连，垂直方向与楼梯相连，是整个建筑的咽喉要道。在一些公共建筑中，门厅还兼有其他功能要求，如大型办公楼门厅兼有接待、会客、休息等功能，医院门厅兼有挂号、候诊、收费、取药等功能，有的门厅还兼有展览、陈列等使用要求。由于各类建筑物的使用性质不同，门厅的大小、面积也各不相同。

与所有交通联系部分的设计一样，疏散出入安全也是门厅设计的一个重要内容，门厅对外出入口的总宽度，应不小于通向该门厅的走道、楼梯宽度的总和。外门的开启方式应向外开启或采用弹簧门扇。

门厅的面积大小，主要根据建筑物的使用性质和规模确定，在调查研究、积累设计经验的基础上，根据相应的建筑标准，不同的建筑类型都有一些面积定额可以参考。

门厅设计中的重要问题是要求导向性明确，避免交通路线过多的交叉和干扰。门厅的导向明确就是要求人们进入门厅后，能够比较容易地找到各走道口和楼梯口，并易于辨别这些走道或楼梯的主次。门厅的布局，通常有对称式和非对称式两种，见图 11-7。

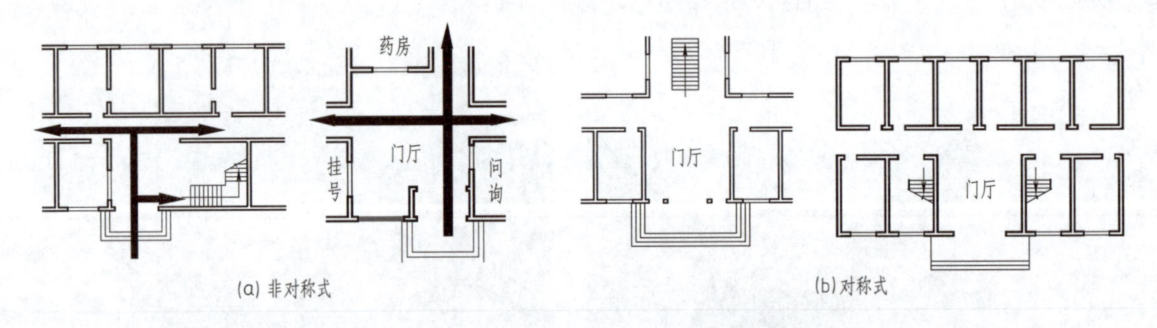

图 11-7　门厅平面示意

门厅中还应组织好各个方向的交通路线，尽可能减少来往人流的交叉和干扰。对一些兼有其他使用要求的门厅，更需要分析门厅中人们的活动特点，在各使用部分留有尽少穿越的必要活动面积，使这些活动部分和厅内的交通路线尽少干扰。

过厅通常设置在走道和走道之间或走道和楼梯的连接处，它起到交通人流缓冲及交通路线转折与过渡的作用。有时为了改善走道的采光、通风条件，也可以在走道的中部设置过厅。

11.1.4　建筑平面组合

建筑设计不仅要求每个房间本身具有合理的形状和大小，而且还要求各个房间之间以及房间与内部交通之间保持合理的联系，建筑平面组合设计，就是将建筑的各个组成部分通过一定的形式连成一个整体，并满足使用方便、造价经济、形象美观以及符合总体规划的要求，尽可能地结合基地环境，使之合理完善。

11.1.4.1 建筑平面组合的方式

（1）走廊式　走廊式组合是通过走廊联系各使用房间的组合方式，其特点是把使用空间和交通联系空间明确分开，以保持各使用房间的安静和不受干扰，适用于学校、医院、办公楼、集体宿舍等建筑，见图 11-8。

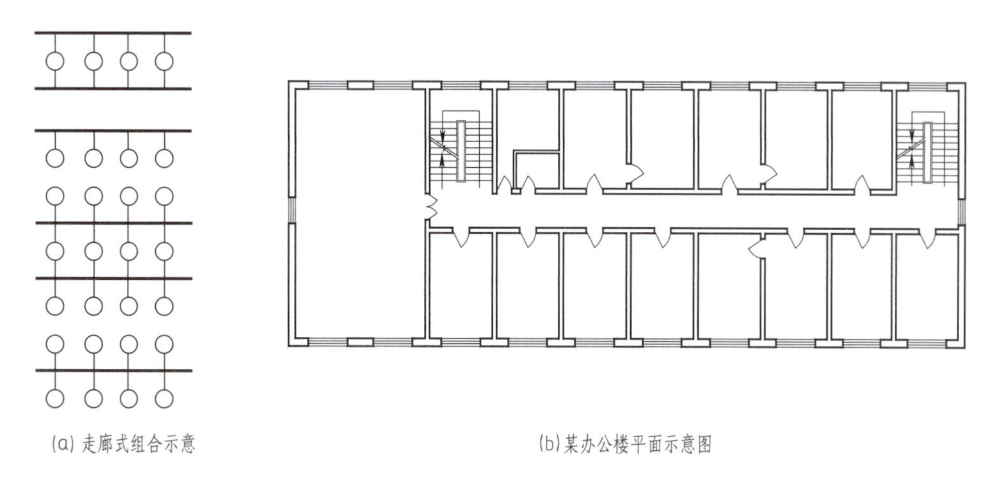

(a) 走廊式组合示意　　(b) 某办公楼平面示意图

图 11-8　走廊式组合

走廊两侧布置房间的为内廊式。这种组合方式平面紧凑，走廊所占面积较小，建筑深度较大，节省用地，但是有一侧的房间朝向差，走廊较长时，采光、通风条件较差，需要开设高窗或设置过厅以改善采光、通风条件。

走廊一侧布置房间的为外廊式。房间的朝向、采光和通风都较内廊式好，但建筑深度小，辅助交通面积增大，故占地较多，相应造价增加。

（2）套间式　套间式组合是将各使用房间相互串联贯通，以保证建筑物中各使用部分的连续性的组合方式。其特点是交通部分和使用部分结合起来设计，平面紧凑，面积利用率高，适用于展览馆、商场、火车站等建筑。套间式组合按其空间序列的不同又可分为串联式组合和放射式组合。串联式组合是将各使用房间首尾相接，相互串联；放射式组合是以门厅、过厅空间为中心，各使用房间与其相连，呈放射形布置，见图 11-9。

（3）大厅式组合　大厅式组合是在人流集中、厅内具有一定活动特点并需要较大空间时形成的组合方式。这种组合方式常以一个面积较大，活动人数较多，有一定的视、听等使用特点的大厅为主，辅以其他的辅助房间。例如剧院、会场、体育馆等建筑类型的平面组合，见图 11-10。大厅式组合中，交通路线组织问题比较突出，应使人流的通行通畅安全、导向明确。

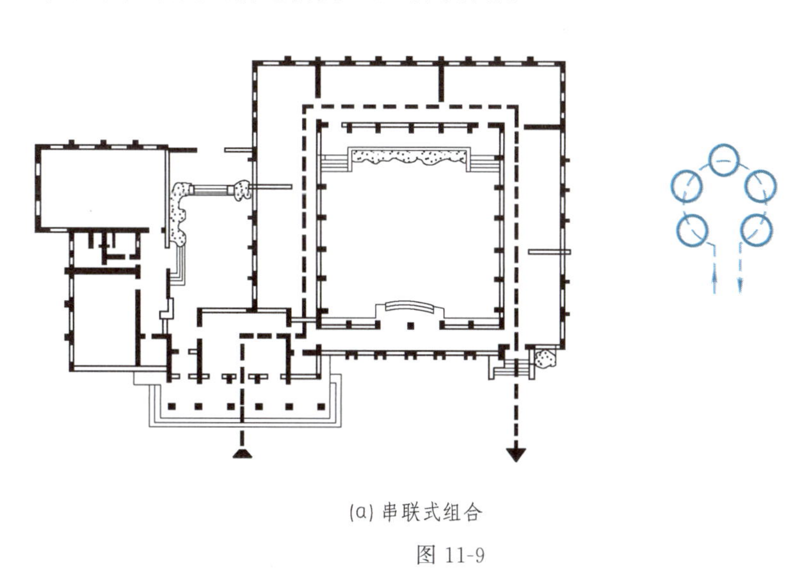

(a) 串联式组合

图 11-9

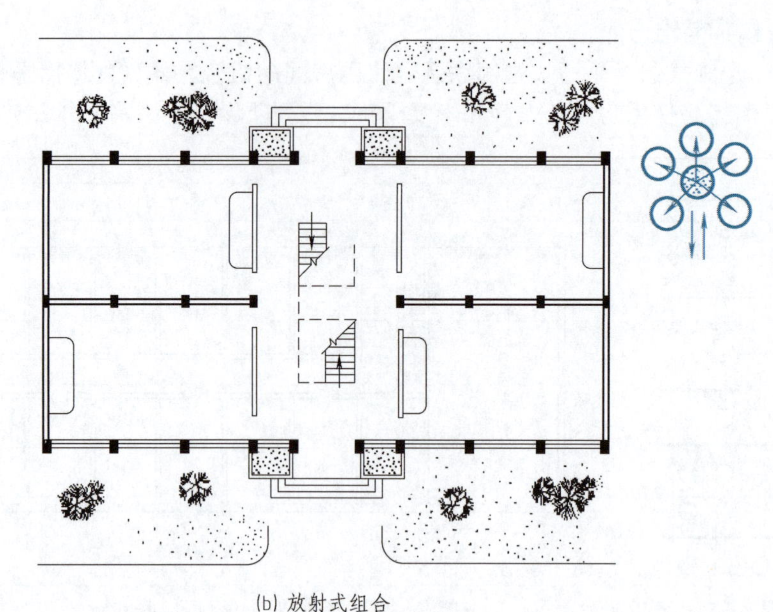

(b) 放射式组合

图 11-9　套间式组合

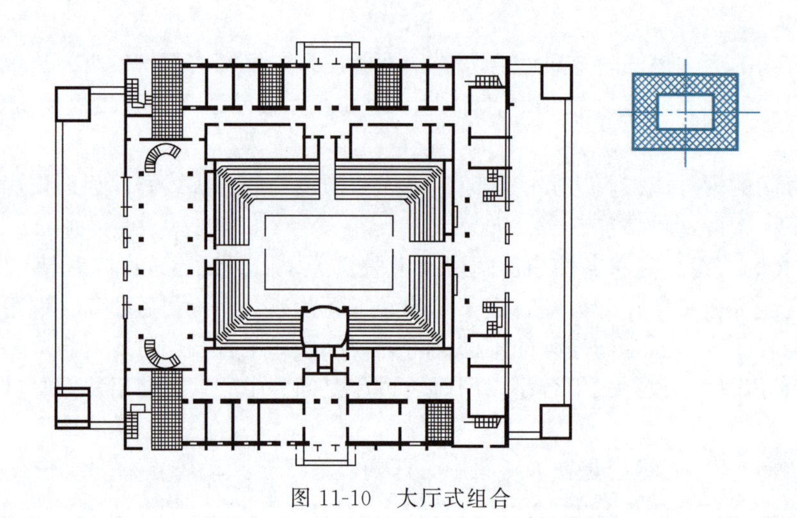

图 11-10　大厅式组合

（4）单元式组合　单元式组合是以竖向交通空间（楼、电梯）连接各使用房间，使之成为一个相对独立的整体的组合方式，其特点是功能分区明确，单元之间相对独立，组合布置灵活，适应不同的地形，形成不同的组合方式，广泛用于住宅、幼儿园、学校等建筑中。图 11-11 为住宅单元式组合。

（5）混合式组合　混合式的组合布局就是在建筑物中，结合各部分建筑功能的特点，形成以一种结合方式为主，局部结合其他组合方式的布置。随着建筑使用功能的发展和变化，平面组合的方式也会有一定的变化。

11.1.4.2　建筑结构选型

建筑结构形式在很大程度上决定了建筑物的体型和形式，如墙承重结构房屋的层数不高，跨度不大，室内空间较小并且墙面开窗受到限制；框架结构的建筑层数高，立面开窗比较自由，可以形成高大的体型和明朗简洁的外观；而悬索、网架等新型屋盖结构即可以形成巨大的室内空间，又可以有新颖大方、轻巧明快的立面形式。同时结构形式还与建筑物的平面和空间布局关系密切，根据不同建筑的组合方式采用相应的结构形式来满足，以达到经济、合理的效果。目前民用建筑常用的结构类型有三种，即墙承重结构、柱承重结构、空间结构。

（1）墙承重结构

墙承重结构是以墙体、钢筋混凝土梁板等构件构成的承重结构系统，常用的有砌体结构和剪力墙结构，建筑的主要承重构件是墙、梁板、基础等。在走廊式和套间式的平面组合中，当房间面积较小，通常

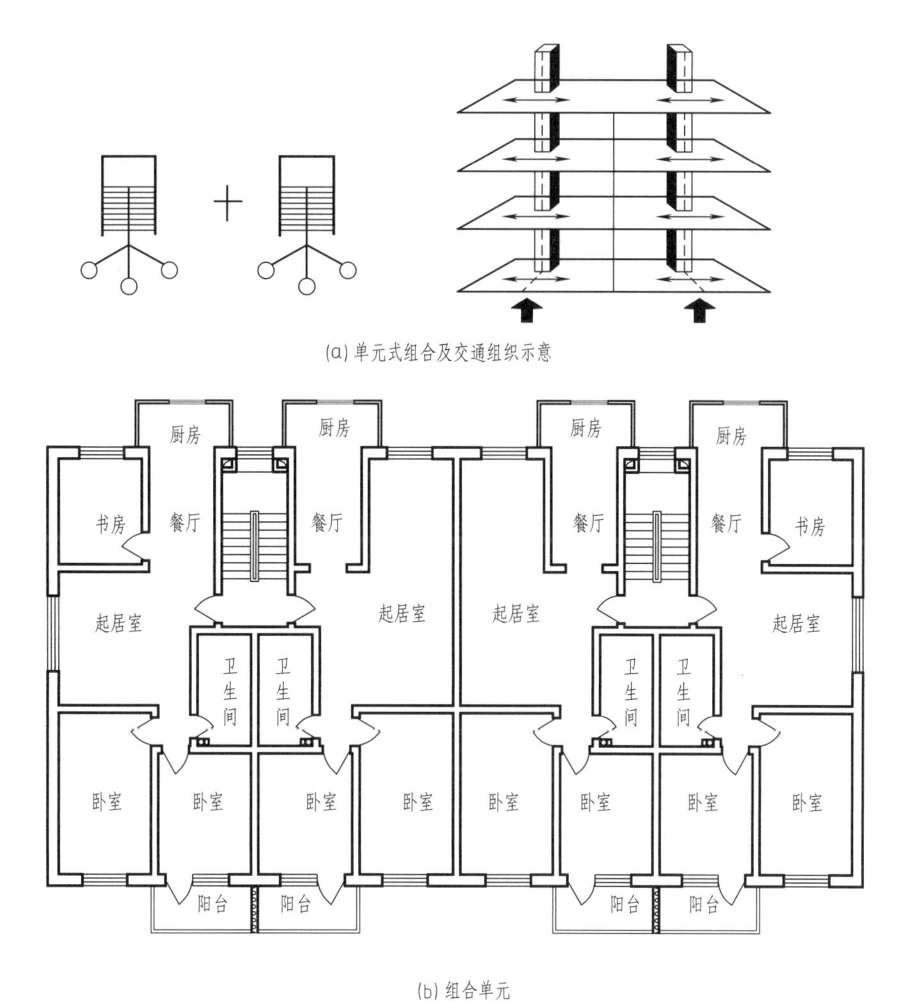

(a) 单元式组合及交通组织示意

(b) 组合单元

图 11-11　住宅单元式组合

采用墙承重结构。

墙承重结构分为横墙承重、纵墙承重、纵横墙混合承重三种，见图 11-12。

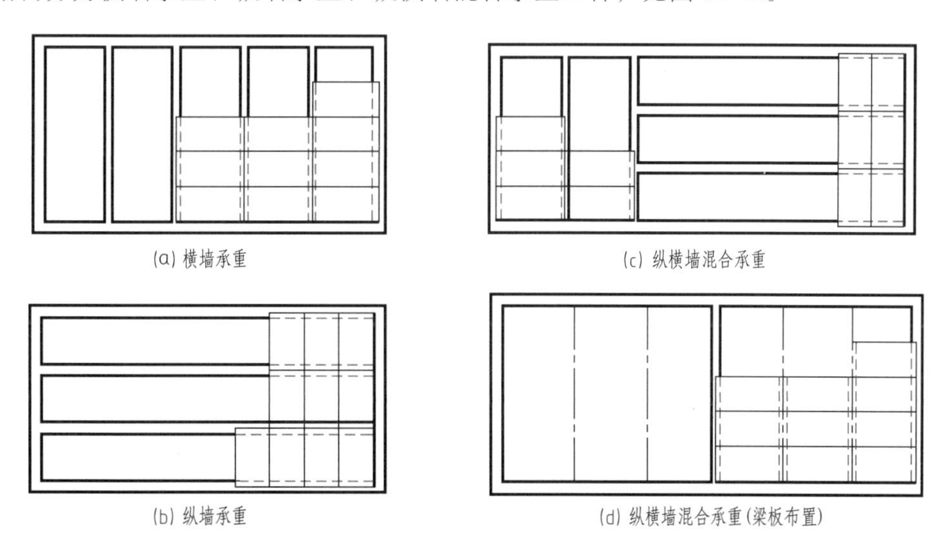

(a) 横墙承重

(b) 纵墙承重

(c) 纵横墙混合承重

(d) 纵横墙混合承重(梁板布置)

图 11-12　墙承重结构布置

① 横墙承重　房间的开间大部分相同，开间的尺寸符合钢筋混凝土板经济跨度时，常采用横墙承重的结构布置。横墙承重的结构布置，建筑横向刚度好，立面处理比较灵活，但由于横墙间距受梁板跨度限

制，房间的开间不大，因此，适用于有大量相同开间，而房间面积较小的建筑，通常宿舍、门诊所和住宅建筑中采用得较多。

② 纵墙承重　房间的进深基本相同，进深的尺寸符合钢筋混凝土板的经济跨度时，常采用纵向承重的结构布置。纵墙承重的主要特点是平面布置时房间大小比较灵活，建筑在使用过程中，可以根据需要改变横向隔断的位置，以调整使用房间面积的大小，但建筑整体刚度和抗震性能差，立面开窗受限制，适用于一些开间尺寸比较多样的办公楼，以及房间布置比较灵活的住宅建筑。

③ 纵横墙混合承重　在建筑平面组合中，一部分房间的开间尺寸和另一部分房间的进深尺寸符合钢筋混凝土板的经济跨度时，建筑平面可以采用纵横墙承重的结构布置。这种布置方式，平面中房间安排比较灵活，建筑刚度相对也较好，但是由于楼板铺设的方向不同，平面形状较复杂，因此施工时比上述两种布置方式麻烦。一些开间进深都较大的教学楼，可采用有梁板等水平构件的纵横墙承重的结构布置。

（2）柱承重结构

柱承重结构中常用的有框架结构和框架-剪力墙结构，框架和框架-剪力墙结构是以钢筋混凝土梁柱或钢梁柱为主要承重构件的结构体系，如图 11-13 所示。框架结构布置的特点是梁柱承重，墙体只起分隔、围护的作用，房间布置比较灵活，门窗开置的大小、性质都较自由，但钢及水泥用量大，造价比墙承重结构高。在走廊式和套间式的平面组合中，当房间的面积较大、层高较高、荷载较重，或建筑物的层数较多时，通常采用钢筋混凝土框架或钢框架结构，如实验楼、大型商店、多层或高层旅馆等建筑。

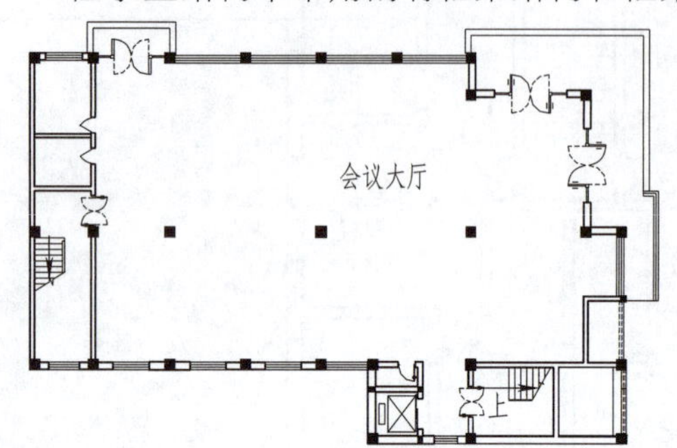

图 11-13　框架结构布置

（3）空间结构

大厅式平面组合中，对面积和体量都很大的厅室，例如剧院的观众厅、体育馆的比赛大厅等，它的覆盖和围护问题是大厅式平面组合结构布置的关键，新型空间结构的迅速发展，有效地解决了大跨度建筑空间的覆盖问题，同时也创造出了丰富多彩的建筑形象。

空间结构体系有各种形状的折板结构、壳体结构、网架壳体结构以及悬索结构等，见图 11-14。

图 11-14　空间结构

11.1.4.3　设备管线

建筑内设备管线主要指给排水、采暖空调、煤气、电器、通讯、电视等管线。在平面组合时应选择合适的位置布置设备管线，设备管线应尽量集中，上下对齐，缩短管线距离。必要时可设置管道井，见图 11-15。

11.1.4.4　基地环境对建筑平面组合的影响

任何建筑物都不是孤立存在的，它与周围的建筑物、道路、绿化、建筑小品等密切联系，并受到它们及其他自然条件如地形、地貌等的限制。

（1）基地大小、形状和道路走向

基地的大小和形状，对建筑的层数、平面组合的布局关系极为密切。在同样能满足使用要求的情况下，建筑功能分区各个部分，可采用较为集中紧凑的布置方式，或采用分散的布置方式，这方面除了和气

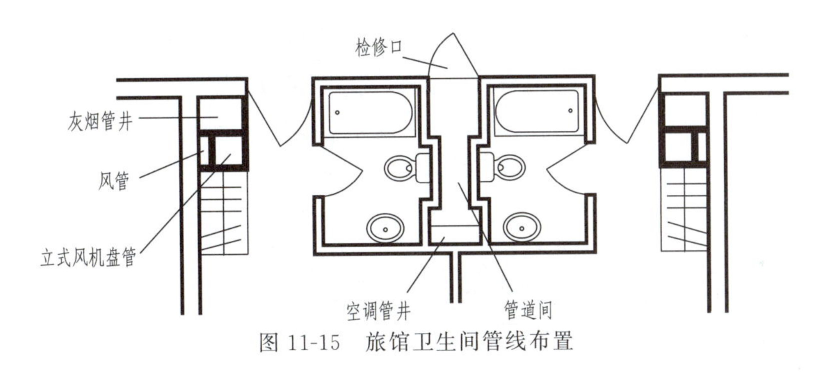

图 11-15　旅馆卫生间管线布置

候条件、节约用地以及管道设施等因素有关外，还和基地大小和形状有关。同时，基地内人流、车流的主要走向，又是确定建筑平面中出入口和门厅位置的重要因素。

（2）建筑物的朝向和间距

影响建筑物朝向的因素主要有日照和风向。不同季节，太阳的位置、高度都在发生着有规律的变化。根据我国所处的地理位置，建筑物采取南向或南偏东、南偏西向能获得良好的日照，这是因为冬季太阳高度角小，射入室内的光线较多，而夏季太阳高度角较大，射入室内的光线较少，以获得冬暖夏凉的效果。

在考虑日照对建筑平面组合的影响时，也不可忽视当地夏季和冬季主导风向对建筑的影响。应根据主导风向，调整建筑物的朝向，以改变室内气候条件，创造舒适的室内环境。

日照间距通常是确定建筑物间距的主要因素。建筑日照间距的要求，是使后排建筑在底层窗台高度处，保证冬季能有一定的日照时间。房间日照的长短，是由房间和太阳相对位置的变化关系决定的，这个相对位置以太阳的高度角和方位角表示，它和建筑物所在的地理纬度、建筑方位以及季节、时间有关。通常以当地冬至日正午十二时太阳高度角，作为确定建筑物日照间距的依据，日照间距的计算式为

$$L = H/\tan\alpha$$

式中，L 为建筑物间距；H 为南向前排建筑檐口和后排建筑底层窗台的高差；α 为冬至日正午的太阳高度角（当建筑正南向时）。

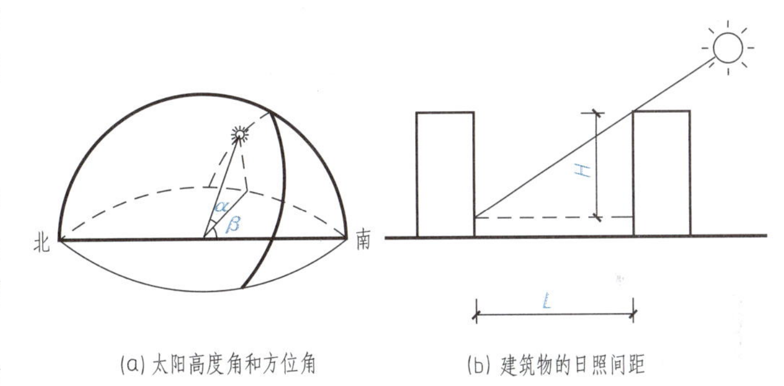

图 11-16　日照和建筑物的间距

在实际建筑总平面设计中，建筑的间距，通常是结合日照间距卫生要求和地区用地情况，作出对建筑间距 L 和前排建筑的高度 H 比值的规定，L/H 称为间距系数如 L/H 等于 0.8、1.2、1.5 等。图 11-16 为日照和建筑物的间距。

根据《建筑设计防火规范》（GB 50016—2014）（2018 年版）的规定，民用建筑之间的防火间距见表 11-5。

表 11-5　民用建筑之间的防火间距　　单位：m

建筑类别		高层民用建筑	裙房和其他民用建筑		
		一、二级	一、二级	三级	四级
高层民用建筑	一、二级	13	9	11	14
裙房和其他民用建筑	一、二级	9	6	7	9
	三级	11	7	8	10
	四级	14	9	10	12

（3）基地的地形条件

在坡地上进行平面组合应依山就势，充分利用地势的变化，减少土方工程，处理好建筑朝向、道路、

排水和景观等要求。坡地建筑主要有平行于等高线、垂直于等高线和斜交于等高线等布置方式，见图 11-17。当基地坡度小于 25%时，建筑平行于等高线布置，土方量少，造价经济。当建筑建在坡度 10%左右的基地上时，可将建筑勒脚调整到同一标高上。当基地坡度大于 25%时，建筑采用平行于等高线布置，对朝向、通风采光、排水不利，且土方量大，造价高，因此，宜采用垂直于等高线或斜交于等高线布置。

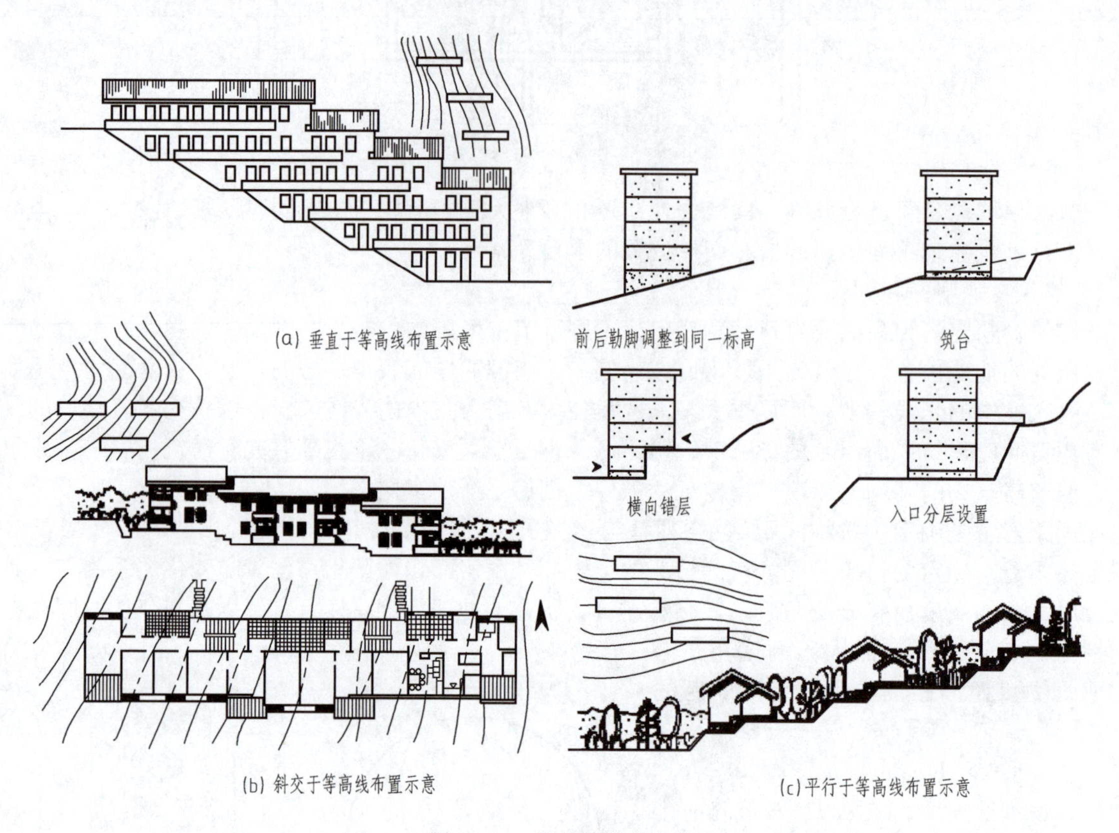

图 11-17　坡地建筑的布置

11.2 建筑剖面设计

建筑剖面图是表示建筑物在垂直方向建筑各部分的组合关系。建筑剖面设计的主要内容包括：建筑层高、层数的确定，采光、通风的处理以及空间的组织与利用等。

11.2.1 建筑剖面形状及各部分高度的确定

11.2.1.1 建筑高度和剖面形状的确定

建筑的剖面设计，首先要根据建筑的使用功能确定其层高和净高。建筑的层高是指建筑物各层之间以楼、地面面层（完成面）计算的垂直距离；而净高是指从楼、地面面层（完成面）至吊顶或楼盖、屋盖底面之间的有效使用空间的垂直距离，见图 11-18。

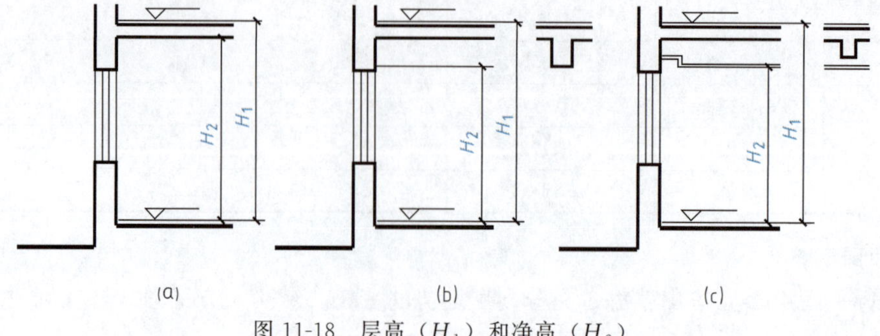

图 11-18　层高（H_1）和净高（H_2）

房间高度和剖面形状的确定主要考虑以下几个方面。

（1）人体活动及家具设备的要求

房间的净高与人体活动尺度有很大关系。为保证人们的正常活动，一般情况下，室内最小净高应使人举手不碰到顶棚为宜。为此，房间净高应不低于2.20m。

房间的净高与室内使用人数的多少、房间面积的大小、人体活动尺度和家具布置等因素有关，见图11-19。如住宅建筑中的起居室、卧室，由于使用人数少、房间面积小，净高可以低一些，不应低于2.80m；但是集体宿舍中的卧室，由于室内人数比住宅居室稍多，又考虑到设置双人床铺的可能性，因此净高也稍高些，一般不小于3.40m；学校的教室由于使用人数较多，房间面积更大，根据生理卫生的要求，房间净高要高些，一般不小于3.40m（小学为3.10m）。

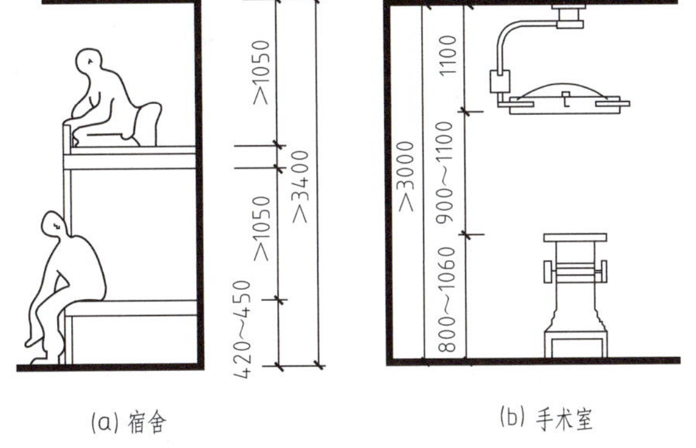

图11-19　房间使用要求及其净高的关系

（2）采光、通风的要求

房间的高度应有利于天然采光和自然通风，以保证房间必要的学习、生活及卫生条件。室内光线的强弱和照度是否均匀，除了和平面中窗的宽度及位置有关外，还和窗在剖面中的高低有关。房间里光线照射深度，主要靠侧窗的高度来解决，进深越大，要求侧窗上沿的位置越高，即相应房间的净高也要高一些。

采光方式有以下几种，见图11-20。

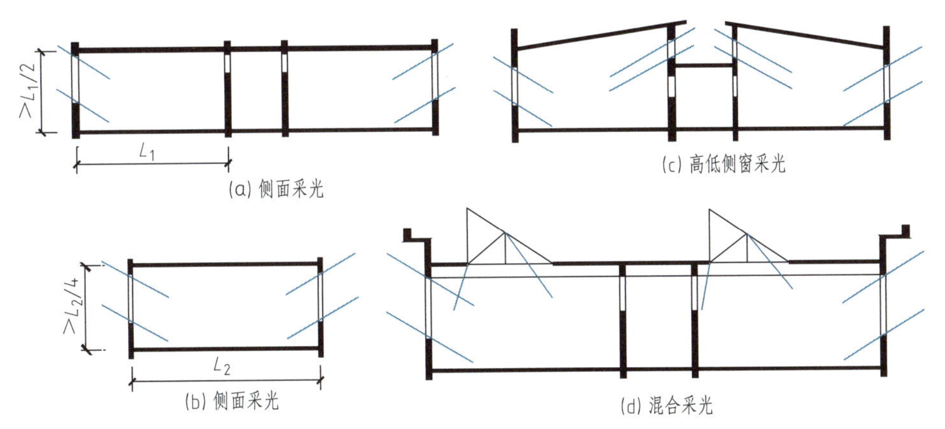

图11-20　采光方式

① 普通侧窗　造价经济，结构简单，采光面积大，光线充足，并且可以看到室外空间的景色，感觉比较舒畅，建筑立面处理也开朗、明快，因此广泛运用于各类民用建筑中如图11-20（a）、（b）所示。但其缺点是光线直射，不够均匀，容易产生眩光，不适用于展览建筑，并且单侧窗采光照度不均匀，应尽量提高窗上沿的高度或采用双侧采光，并控制房间的进深。当房间采用单侧采光时，通常窗户上沿离地的高度，应大于房间进深长度的一半。当允许双侧采光时，房间净高不小于进深长度的1/4，见图11-20（b）。

② 高侧窗　窗台高1800～2500mm，结构、构造也较简单，有较大的陈列墙面，同时可避免眩光，用于展览建筑较好，有时也用于仓库建筑等，如图11-20（c）所示。

③ 天窗　多用于展览馆、体育馆及商场等建筑。其特点是光线均匀，可避免进深大的房间深处照明不足的缺点，采光面积不受立面限制，开窗大小可按需要设置并且不占用墙面，空间利用合理，能消除眩光。但天窗也有局限性，只适用于单层及多层建筑的顶层，如图11-20（d）所示。

依据房间通风要求，在建筑的迎风面设进风口，在背风面设出风口，使其形成穿堂风。室内进出风口在剖面上的位置高低，也对房间净高的确定有一定影响，如图11-21所示。应注意的是，房间里的家具、设备和隔墙不要阻挡气流通过。

（3）结构类型的要求

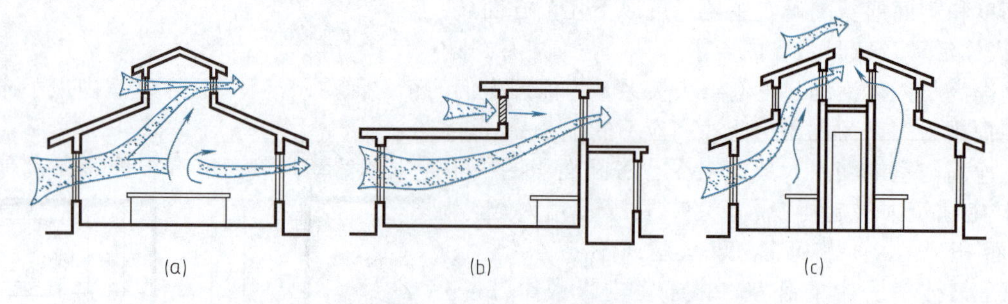

图 11-21　房间剖面中进出风口的位置和通风路线示意

在建筑剖面设计中房间净高受结构层厚度、吊顶、梁高以及结构类型的影响。例如，预制梁板的搭接，由于梁底下凸较多，楼板层结构厚度较大，相应房间的净高降低，而花篮梁的梁板搭接方式与矩形梁相比，在层高不变的情况下增加净高，提高了房间的使用空间。

另外，空间结构的剖面形状是多种多样的，选用空间结构时，应尽可能和室内使用活动特点所要求的剖面形状结合起来。

（4）设备设置的要求

在民用建筑中，有些设备占据了部分的空间，对房间的高度产生一定影响。如顶棚部分嵌入或悬吊的灯具、顶棚内外的一些空调管道及其他设备等。

（5）室内空间比例的要求

室内空间有长、宽、高三个方向的尺寸，不同空间比例给人以不同的感受。窄而高的空间会使人产生向上的感觉，如古代西方的高直式教堂就是利用这种空间形成宗教建筑的神秘感；细而长的空间会使人产生向前的感觉，建筑中的走道就是利用这种空间形成导向感；低而宽的空间会使人产生侧向的广延感，公共建筑的大厅利用这种空间可以形成开阔、博大的气氛。

一般房间的剖面形状多为矩形，但也有一些室内使用人数较多、面积较大的活动房间，由于结构、音响、视线以及特殊的功能要求，也可以是其他形状，如学校的阶梯教室、影剧院的观众厅、体育馆的比赛大厅等。

为了保证房间有良好的视觉质量，即从人们的眼睛到观看对象之间没有遮挡，使室内地坪按一定的坡度变化升起。通常观看对象的位置越低，即选定的设计视点越低，地坪升起越高。

为了保证室内有良好的音质效果，使声场分布均匀，避免出现声音空白区、回声以及聚焦等现象，在剖面设计中要选择好顶棚形状，如图 11-22 所示。

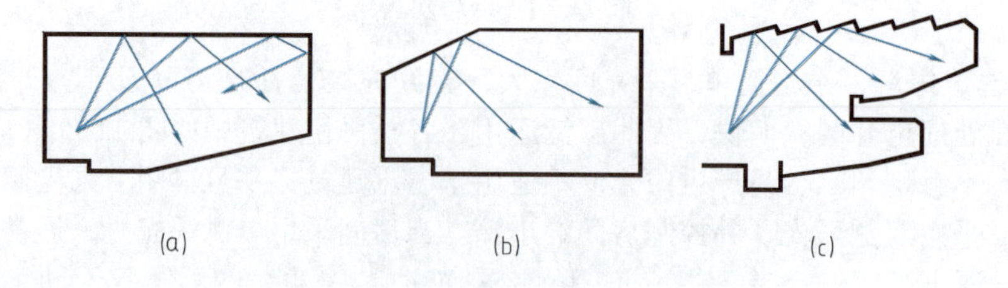

图 11-22　几种观众厅的剖面形状示意

11.2.1.2　建筑各部分高度的确定

建筑各部分高度主要指房间的层高、窗台高度和室内外地面高差。

（1）层高的确定

在满足卫生和使用要求的前提下，适当降低房间的层高，从而降低整幢建筑的高度，对于减轻建筑物的自重，改善结构受力情况，节省投资和用地都有很大意义。以大量建造的住宅建筑为例，层高每降低100mm，可以节省投资 1%左右，可节约居住区的用地 2%左右，但是建筑层高的最后确定，仍然需要综合功能、技术经济和建筑艺术等多方面的要求。

（2）窗台高度

窗台的高度主要根据室内的使用要求、人体尺度和靠窗家具或设备的高来确定。一般民用建筑中，生活、学习或工作用房，窗台高度采用 900～1000mm，这样的尺寸和桌子的高度（约 800mm）比较适宜，保证了桌面上光线充足，如图 11-23 所示。厕所、浴室窗台可提高到 1800mm。幼儿园建筑结合儿童尺度，窗台高常采用 700mm。有些公共建筑，如餐厅、休息厅，为扩大视野，丰富室内空间，常将窗台做得很低，甚至采用落地窗。

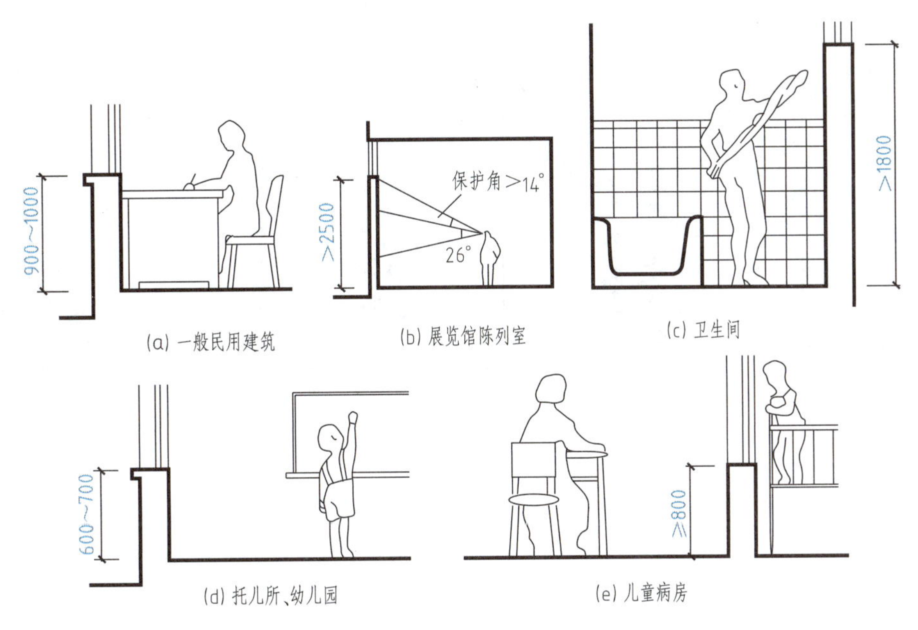

图 11-23　窗台高度

（3）室内外地面高差

为了防止室外雨水倒流入室内，并防止墙身受潮，一般民用建筑常把底层室内地面适当提高，以使室内外形成高差。高差不应低于 150mm，一般可取 450mm、600mm，高差过大，不利于室内外联系，也增加建筑造价。建筑建成后，会有一定的沉降量，这也是考虑室内外地坪高差的因素。位于山地和坡地的建筑物，应结合地形的起伏变化和室外道路布置等因素，选定合适的室内地面标高。有的公共建筑，如纪念性建筑或一些大型厅堂建筑等，从建筑造型考虑，常提高建筑底层地坪的标高，以增高建筑外的台基和增多室外的踏步，从而使建筑显得更加宏伟、庄重。

11.2.2　建筑层数的确定和剖面的组合方式

11.2.2.1　建筑层数的确定

影响建筑层数确定的因素很多，主要有建筑的使用要求、基地环境和城市规划的要求、建筑结构体系、材料和施工技术的要求、建筑防火和经济条件的要求等。

（1）建筑的使用要求

由于建筑用途不同，使用对象不同，对建筑的层数也有不同的要求。如幼儿园，为了使用安全和便于儿童与室外活动场地的联系，应建低层，其层数不应超过 3 层，耐火等级为一、二级。医院、中小学校建筑也宜在三四层之内。影剧院、体育馆、车站等建筑，由于使用中有大量人流，为便于迅速、安全疏散，也应以单层或低层为主。对于大量建设的住宅、办公楼、旅馆等建筑一般可建成多层或高层。

（2）基地环境和城市规划的要求

确定建筑的层数，不能脱离一定的环境条件的限制，应考虑基地环境和城市规划的要求。特别是位于城市街道两侧、广场周围、风景园林区、历史建筑保护区的建筑，必须重视与环境的关系，做到与周围建筑物、道路、绿化相协调，同时要符合城市总体规划的统一要求。

（3）建筑结构体系、材料和施工技术的要求建筑物建造时所采用的结构体系和材料不同，允许建造的建筑物层数也不同。如一般混合结构，墙体多采用砖砌筑，自重大，整体性差，且随层数的增加，下部墙体越来越厚，既费材料又减少使用面积，故常用于建造六层以下的大量性民用建筑，如多层住宅、中小学教学楼、中小型办公楼等。

钢筋混凝土框架结构、剪力墙结构、框架-剪力墙结构及筒体结构则可用于建造多层或高层建筑，如图 11-24 所示，如高层办公楼、宾馆、住宅等。空间结构体系，如折板、薄壳、网架等，适用于低层、单层、大跨度建筑，常用于剧院、体育馆等建筑。

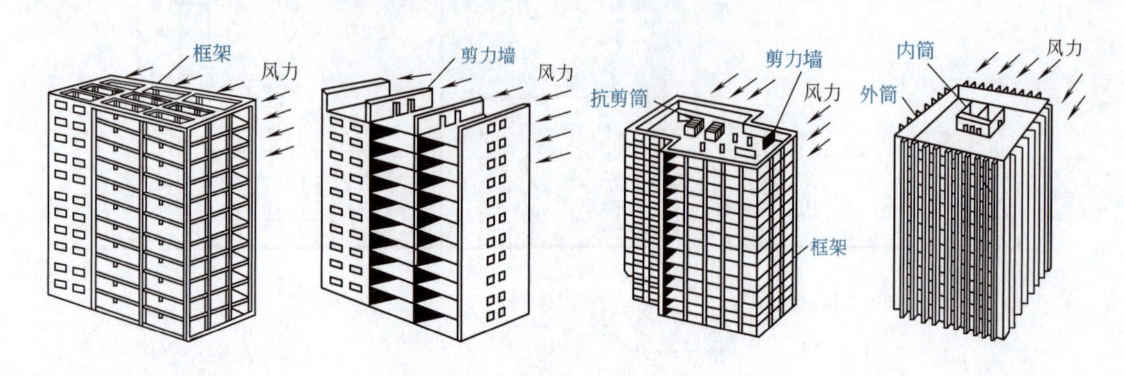

图 11-24　高层建筑结构体系

建筑施工条件、起重设备及施工方法等，对确定建筑的层数也有一定的影响。

（4）建筑防火要求

按照我国制定的《建筑设计防火规范》（GB 50016—2014）（2018 年版）的规定，建筑层数应根据建筑的性质和耐火等级来确定。当耐火等级为一、二级时，层数原则上不作限制；耐火等级为三级时，最多允许建 5 层；耐火等级为四级时，仅允许建 2 层。

（5）经济条件的要求

建筑的造价与层数关系密切。对于混合结构的住宅，在一定范围内，适当增加建筑层数，可降低住宅的造价。一般情况下，五六层混合结构的多层住宅是比较经济的。

除此之外，建筑层数与节约土地关系密切。在建筑群体组合设计中，单体建筑的层数愈多，用地愈经济。把一幢 5 层住宅和 5 幢单层平房相比较，在保证日照间距的条件下，用地面积要相差 2 倍左右，同时，道路和室外管线设置也都相应减少。

11.2.2.2　建筑剖面的组合方式

建筑剖面的组合方式，主要是由建筑物中各类房间的高度和剖面形状、房间的使用要求和结构布置特点等因素决定的，剖面的组合方式大体上可归纳为以下几种。

（1）单层

当建筑物的人流、物品需要与室外方便、直接地联系，或建筑物跨度较大，或建筑顶部要求自然采光和通风时，常采用单层组合方式，如车站、食堂、会堂、展览馆和单层厂房等建筑。单层组合方式的缺点是用地很不经济。

（2）多层和高层

多层和高层组合方式，室内交通联系比较紧凑，适用于有较多相同高度房间的组合，如住宅、办公、学校、医院等建筑。因考虑节约城市用地，增加绿地，改善环境等因素，也可采取高层组合方式。

（3）错层和跃层

错层剖面是在建筑物纵向或横向剖面中，建筑几部分之间的楼地面高低错开，主要是由于房间层高或坡地建筑而形成错层。建筑剖面中的错层高差，通常利用室外台阶或踏步、楼梯间来解决错层高差，如图 11-25、图 11-26 所示。

跃层组合多用于高层住宅建筑中，每户人家都有上下两层，通过内部小楼梯联系。每户居室都有两个朝向，有利于自然通风和采光。由于公共走廊不是每层都设置，所以减少了公共交通面积，也减少了电梯停靠的次数，提高了速度，见图 11-27。

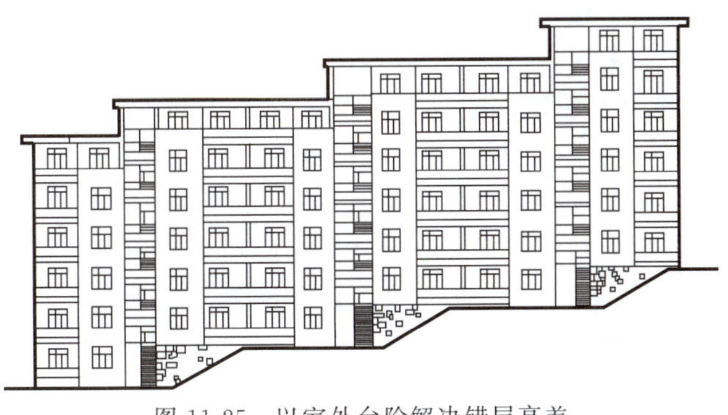

图 11-25　以室外台阶解决错层高差

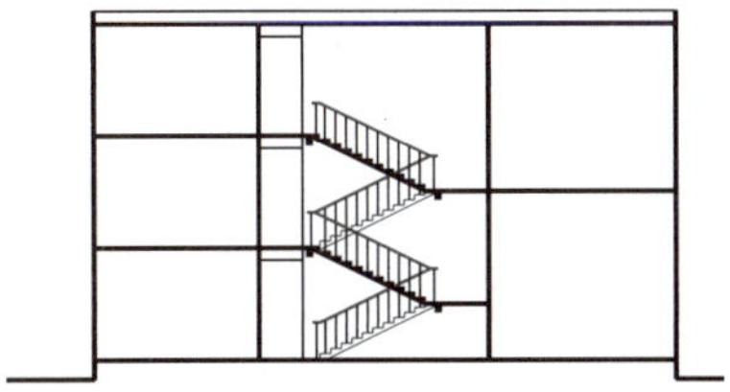

图 11-26　以楼梯间解决错层高差

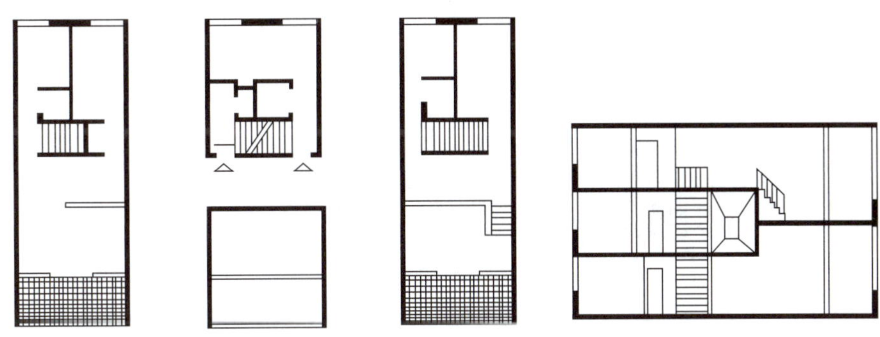

图 11-27　跃层组合的住宅

11.2.3　建筑空间的组合和利用

11.2.3.1　建筑空间的组合

（1）高度相同或高度接近的房间组合

高度相同、使用性质接近的房间，如教学楼中的普通教室、实验室，住宅中的起居室、卧室等，可以组合在一起。高度比较接近，使用上关系密切的房间，考虑到建筑结构构造的经济合理和施工方便等因素，在满足室内功能要求的前提下，可以适当调整房间之间的高差，尽可能统一这些房间的高度。如图 11-28 所示的教学楼空间组合，其中教室、阅览室、贮藏室以及厕所等房间，由于结构布置时从这些房间所在的平面位置考虑，要求组合在一起，因此把它们调整为同一高度；教学办公部分从功能分区考虑，平面组合上和教学活动部分有所分隔，这部分房间的高度比教室部分略低，仍按办公房间所需要的高度进行组合，它们和教学活动部分的错层高差，通过踏步解决，这样的空间组合方式，使用上能满足各个房间的要求，也比较经济。

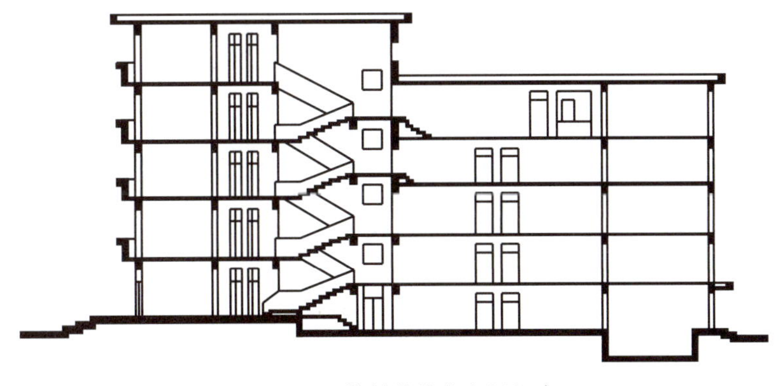

图 11-28　某教学楼的空间组合

（2）高度相差较大房间的组合

高度相差较大的房间，在单层剖面中可以依据房间使用要求的高度，设置不同屋顶的高度进行组合。在多层和高层建筑的剖面中，高度相差较大的房间可以依据高度不同的房间的数量和使用性质，在建筑垂直方向进行分层组合。例如教学楼中的阶梯教室、办公楼中的大会议室、临街建筑中的营业厅等，可将这部分空间附建于主体建筑旁边，而不受层高与结构的限制；或者将高度不同的空间叠合起来，分别放置在底层、顶层或某一中间层，如图 11-29 所示。高层建筑中还常常把高度较低的设备房间组织在同一层，成为设备层。

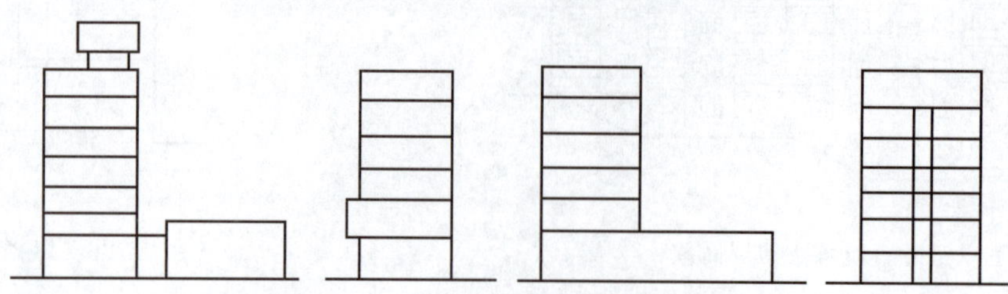

图 11-29　大小、高低不同的空间组合

11.2.3.2　建筑空间的利用

在建筑占地面积和平面布置基本不变的情况下，充分利用建筑物内部的空间，可以起到扩大使用面积、相对节约投资的效果。另外，处理得当还可以改善室内空间比例，丰富室内空间，增强艺术感。

图 11-30　夹层空间的利用

（1）夹层空间的利用

一些公共建筑，由于功能要求其主体空间与辅助空间在面积和层高要求上大小不一致，如体育馆比赛大厅、图书馆阅览室、宾馆大厅等，常采用在大厅周围布置夹层空间的方式，以达到充分利用室内空间及丰富室内空间效果的目的，如图 11-30 所示。

（2）住宅内的空间利用

在人们室内活动和家具设备布置等必需的空间范围以外，可充分利用房间内其余部分的空间，如住宅建筑卧室中的吊柜、厨房中的隔板和贮物柜等贮藏空间，如图 11-31 所示。

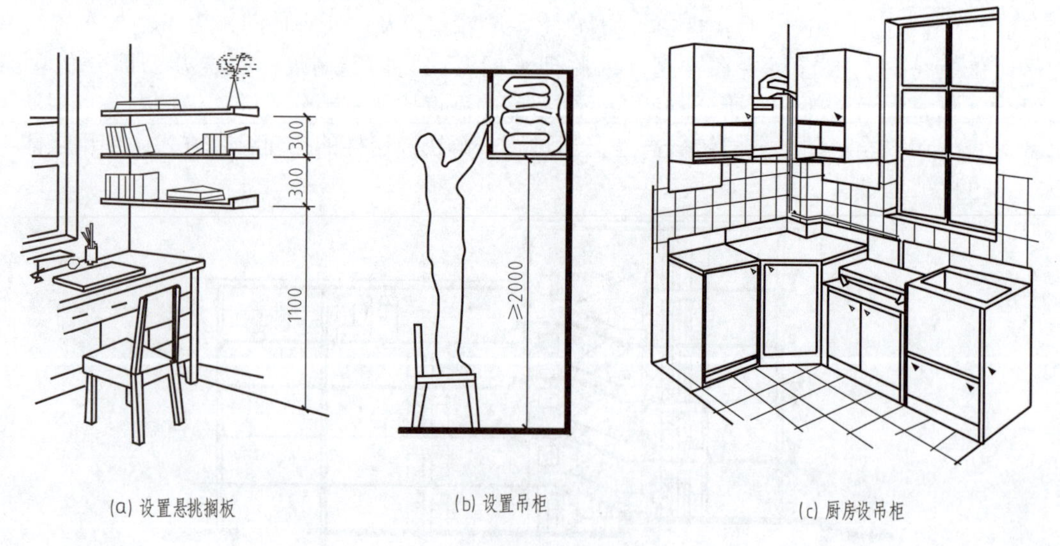

图 11-31　住宅内的空间利用

（3）走道及楼梯间的空间利用

由于建筑物整体结构布置的需要，建筑中的走道通常和层高较高的房间高度相同，这时走道顶部可以作为设置通风、照明设备和铺设管线的空间。

一般建筑中，楼梯间的底部和顶部，通常都有可以利用的空间，当楼梯间底层平台下不作出入口用时，平台以下的空间可作贮藏、厕所等辅助房间；楼梯间顶层平台以上的空间高度较大时，也能用作贮藏室等辅助房间，但必须增设一个梯段，以通往楼梯间顶部的小房间，如图 11-32 所示。

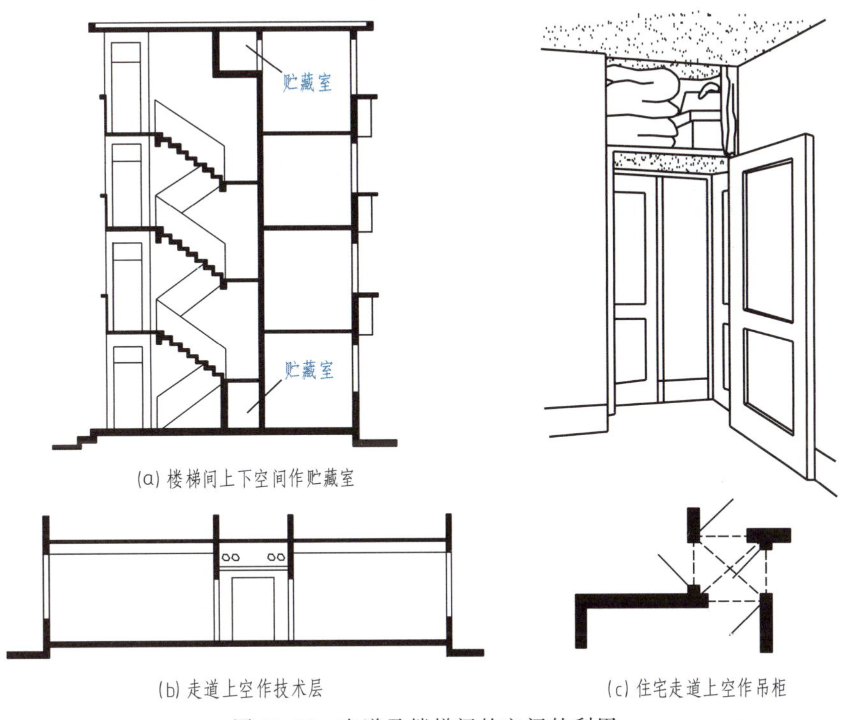

图 11-32　走道及楼梯间的空间的利用

11.3　建筑体型和立面设计

建筑是实用与美观有机结合的整体，不仅要满足人们的物质生活需要，同时又要满足人们一定的审美要求。建筑的美观主要是通过内部空间的组织、外部造型的艺术处理以及建筑群体空间的布局等方面来体现的，而其中建筑物的外观形象对于人们来说更直观，产生的影响也尤为深刻。

体型和立面设计是在满足建筑功能和经济的前提下，通过不同的材料、结构形式、装饰细部、构图手法等的运用，给人以庄严、挺拔、明朗、轻快、简洁、朴素、大方、亲切的印象，使每幢建筑具有独特的表现力和感染力。

11.3.1　建筑体型和立面设计的要求

11.3.1.1　反映建筑功能和建筑类型的特征

建筑的外部形体是内部空间合乎逻辑的反映，如图 11-33 所示，例如，由多个单元组合而成的住宅，多为较整齐、简单的长方体型，整齐排列的门窗和重复出现的阳台具有居住建筑所特有的生活气息和个性

图 11-33　不同建筑类型的外形特征

特征；而影剧院中的观众厅，体量高大，位于建筑物中央，前面是宽敞的门厅，后面是高耸的舞台，剧院建筑通过巨大的观众厅、高耸的舞台和宽敞的门厅所形成的强烈虚实对比体现出影剧院建筑的独有特征。

建筑体型不仅是内部空间的反映，而且还间接地反映出建筑功能的特点以及不同类型的建筑各具独特的个性特征。

11.3.1.2 结合材料性能、结构、构造和施工技术的特点

由于建筑物内部空间组合和外部体型的构成，只能通过一定的物质技术手段来实现，建筑物的体型、立面与所用材料、结构选型以及采用的施工技术、构造措施关系极为密切。例如墙体承重的砌体结构，一般是较为厚重、封闭、稳重的外观形象；框架结构一般显示出其结构的简洁、明快、轻巧的外观形象；而采用不同高强材料的空间结构，不仅为室内提供了理想的大空间，同时，各种形式的空间结构也极大地丰富了建筑物的外部形象，使建筑物的体型和立面能够结合材料的力学性能和结构的特点，具有很好的表现力，如图 11-14 所示。

11.3.1.3 适应社会经济条件

建筑在国家基本建设投资中占有很大比例，各种不同类型的建筑物，应该根据其使用性质和规模，严格掌握国家规定的建筑标准和相应的经济指标，在合理满足建筑功能的前提下，用较少的投资建造美观、简洁、明朗、朴素、大方的建筑物。

11.3.1.4 适应基地环境和城市规划的要求

任何一幢建筑都处于一定的外部空间环境之中，同时也是构成该处景观的重要因素。因此，建筑外形要受到外部空间的制约，建筑体型和立面设计要与所在地区的地形、气候、道路以及原有建筑物等基地环境相协调，同时也要满足城市总体规划的要求。如风景区的建筑，在造型设计上应该结合地形的起伏变化，使建筑高低错落，层次分明，与环境融为一体。

位于城市中的建筑物，一般由于用地紧张，受城市规划约束较多。建筑造型设计要密切结合城市道路、基地环境、周围原有建筑物的风格及城市规划部门的要求。

11.3.1.5 符合建筑美学原则

建筑审美没有客观标准，审美标准由个人审美观决定，而审美观不仅与文化素养有关，同时还与地域、民族风格、文化结构、观念形态、生活环境以及学派等有关。但是一幢新建筑落成以后，总会给人们留下一定的印象并产生美或不美的感觉，因此建筑的美是客观存在的，建筑的美在于各部分的和谐以及相互组合的恰当与否，并遵循建筑美的法则。

11.3.2 构图规律

建筑造型设计中的美学原则，是指建筑构图中的一些基本规律，如统一与变化、均衡与稳定、对比与微差、韵律、比例和尺度等。

11.3.2.1 统一与变化

统一和变化是建筑形式美最基本的要求，它包含两方面含义——统一与变化。在一幢建筑中，由于各使用部分功能要求不同，其空间大小、形状、结构处理等方面存在着差异，这些差异反映到建筑外观形象上，成为建筑形式变化的一面；而使用性质不同的房间之间又存在着某些内在的联系，在门窗处理、层高、开间及装修方面可采取一致的处理方式，这些反映到建筑外观形象上，成为建筑形式统一的一面。统一与变化的原则，使得建筑物在取得整齐、简洁的外形的同时，又不至于显得单调、呆板。

一般说来，简单的几何形体的构成要素之间具有严格的制约关系，容易取得和谐统一的效果，给人以明确、肯定的感觉，这本身就是一种秩序和统一。

在复杂体量的建筑组合中，一般分为主要部分和从属部分，主要体量和次要体量。因此，体型设计中应有主与次、重点与一般、核心与外围的差别。如果适当地将两者加以处理，可以加强表现力，取得完整统一的效果。

11.3.2.2 均衡与稳定

均衡是指建筑前后左右的轻重关系，稳定则是指上下之间的轻重关系。

一般情况下，体量大的、实体的、材质粗糙及色彩暗的，感觉要重些；体量小的、通透的、材质光洁及色彩明快的，感觉要轻一些。在建筑设计中，要利用和调整好这些因素，使建筑形象获得均衡、稳定的

感觉。

均衡可分为静态的和动态的。静态的均衡是根据力学原理的均衡，一般分为对称的均衡和不对称的均衡。对称的均衡是以建筑中轴线为中心，重点强调两侧的对称布局。一般情况下，对称的体型容易产生均衡感，并能通过对称获得庄严、肃穆的气氛，见图 11-34。不对称的均衡将均衡中心偏于建筑的一侧，利用不同体量、材料、色彩、虚实变化等达到不对称的均衡，这种形式的建筑轻巧、活泼，功能适应性较强，见图 11-35。

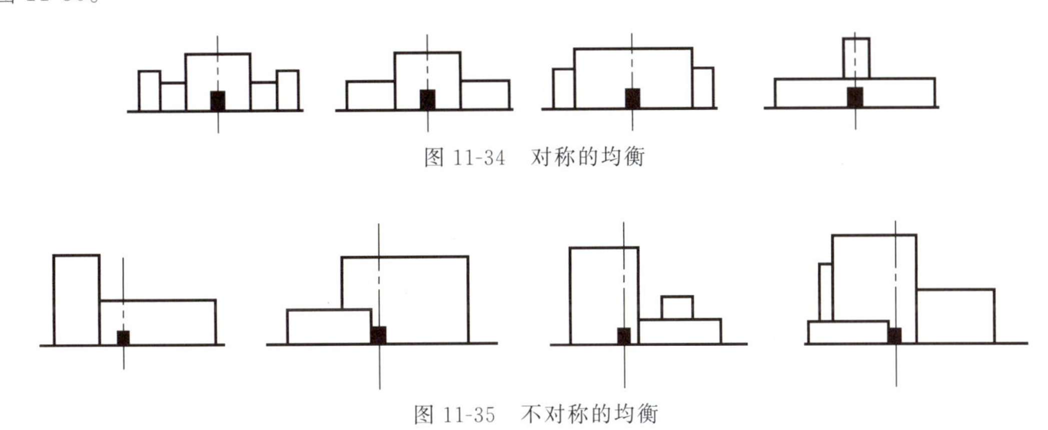

图 11-34　对称的均衡

图 11-35　不对称的均衡

有些物体是依靠运动求得平衡的，如旋转的陀螺，展翅飞翔的鸟，行驶的自行车等，都是动态均衡。随着建筑技术的发展和进步，动态均衡对建筑处理的影响将日益显著，动态均衡的建筑组合更自由、更灵活，从任何角度看都有起伏变化，功能适应性更强。如美国古根汉姆美术馆，犹如旋转的陀螺；悉尼歌剧院，外形犹如一组扬帆出海的船队，如图 11-36 所示。

美国古根汉姆美术馆

悉尼歌剧院

图 11-36　动态的均衡

通常上小下大、上轻下重的处理能获得稳定感。但随着现代新结构、新材料的发展和人们的审美观念的变化，稳定的概念也有所突破，从而创造出上大下小、上重下轻、底层架空的建筑形式，如图 11-37 所示。

11.3.2.3　对比与微差

对比是指显著的差异，微差是指不显著的差异。对比可以借相互之间的烘托、陪衬而突出各自的特点以求得变化；微差可以借彼此之间的连续性以求得和谐。对比与微差在建筑中的运用，主要有量的大小、长短、高低对比，形状的对比，方向上的对比，虚与实的对比，以及色彩、质地、光影对比等。对比强烈，则变化大，能突出重点；对比小，则变化小，易于取得相互呼应、协调的效果。在立面设计中，虚实对比具有很大的艺术表现力。

图 11-37　上大下小的建筑

11.3.2.4 韵律

在建筑立面上窗、窗间墙、柱等构件的形状、大小不断重复出现和有规律变化，从而形成了具有条理性、重复性、连续性的韵律美，加强和丰富了建筑形象。常用的韵律有连续的韵律、渐变的韵律、交错的韵律等。

11.3.2.5 比例和尺度

（1）比例　比例一方面是指建筑物的整体或局部某个构件本身长、宽、高之间的大小比较关系；另一方面是指建筑物整体与局部，或局部与局部之间的大小关系。良好的比例就是寻求物体长、宽、高三个方向之间最理想的关系。

（2）尺度　尺度是指建筑物整体或局部与人之间的比较关系。建筑中尺度的处理应反映出建筑物真实体量的大小，建筑整体或局部给人的大小感觉同实际体量的大小应相符合。建筑中有些构件，如栏杆、窗台、扶手、踏步等，它们的绝对尺寸与人体相适应，一般都比较固定，人们通过它们与建筑整体相互比较后，就能获得建筑物体量大小的概念，具有某种尺度感。

尺度可分为宏伟尺度（或称为夸张尺度）、普通尺度（或称为自然尺度）和亲切尺度。对于大多数建筑采用自然尺度；对于某些纪念性建筑等特殊类型的建筑，往往运用夸张尺度，用以表现庄严、雄伟的气氛；对于园林建筑等，则采用亲切尺度，使人获得亲切、舒适的感受。

11.3.3 建筑体型的组合

建筑体型一般都是由一些基本的几何形体组合而成，建筑体型基本上可以归纳为简单体型和复杂体型两大类。

11.3.3.1 简单体型

简单体型是指整幢建筑物基本上是一个比较完整的、简单的几何形体。采用这类体型的建筑，特点是平面和体型都较为完整单一，复杂的内部空间都组合在一个完整的体型中。

建筑由于建筑地段、功能、技术等要求或建筑美观上的考虑，在体量上作适当的变化或加以凹凸起伏的处理，用以丰富建筑的外形。如住宅建筑，可通过阳台、楼梯间等的凹凸处理，使简单的建筑体型产生韵律感，有时还结合地形条件依据单元处理成前后或高低错落的体型。

11.3.3.2 复杂体型

复杂体型是指由若干个简单几何体型组合在一起的体型。当建筑物规模较大，或者功能较多，内部空间需要分割成若干相对独立部分时，常采用复杂体型。在复杂体型中应根据建筑功能要求、体量大小和形状，遵循统一变化、均衡稳定、比例尺度等构图规律进行体量间相互的协调和统一。

对于复杂体型而言，各体量之间的连接方式多种多样，常采用的方式有：直接连接、咬接、以走廊连接和以连接体连接四种方式。

11.3.4 建筑立面设计

建筑立面是表示建筑物四周的外部形象，它是由门窗、墙柱、阳台、雨篷、屋顶、檐口、台基、勒脚等许多构部件组成的。建筑立面设计就是恰当地确定这些构部件的尺寸大小、比例关系、材料质感和色彩等，运用节奏、韵律、虚实对比等构图规律设计出体型完整，形式与内容统一的建筑立面。在立面设计中，应考虑实际空间的效果，使每个立面之间相互协调，形成有机统一的整体。在进行立面设计时，常用的处理手法如下。

11.3.4.1 立面的比例尺度处理

要想使立面达到完整统一的效果，比例适当和尺度正确是至关重要的。立面各部分之间比例以及墙面的划分都必须根据建筑功能的特点，在体型组合的基础上考虑结构、构造、材料、施工等多方面因素，使建筑立面效果与建筑相适应。

11.3.4.2 立面的虚实凹凸处理

一般建筑物的立面都由墙面、门窗、阳台、柱廊等组成，墙面为实，门窗为虚。以虚为主的建筑立面会产生轻巧、开朗的效果，给人以通透感；以实为主的建筑立面会造成封闭、沉重的效果，给人以厚重坚实的感觉。根据建筑的功能和结构特点，巧妙地处理好立面的虚实关系，可取得不同的外观形象。

11.3.4.3 立面的线条处理

建筑立面上有若干方向不同、大小不等的线条，如水平线、垂直线等。恰当运用这些不同类型的线条，并加以适当的艺术处理，将对建筑立面韵律的组织、比例尺度的权衡带来不同的效果。以水平线条为主的立面，常给人以轻快、舒展、宁静与亲切的感觉；以垂直线条为主的立面，则给人以挺拔、高耸、庄重、向上的气氛等。

11.3.4.4 立面的色彩与质感处理

建筑立面设计中，建筑物立面的色彩与质感对人的感受影响很大，通过材料色彩和质感的恰当选择和配置，可产生丰富、生动的立面效果。不同的色彩给人以不同的感受，如暖色使人感到热烈、兴奋；冷色使人感到清新、宁静；浅色给人以明快，深色又使人感到沉稳。而建筑立面的不同质感也会使人产生不同的心理感受，如粗糙的混凝土和毛石面显得厚重、坚实；光滑平整的面砖、金属及玻璃材料表面，使人感觉轻巧、细腻。立面处理应充分利用材料质感的特性，巧妙处理，加强和丰富建筑的表现力。

11.3.4.5 立面的重点和细部处理

在建筑立面设计中，根据功能和造型需要，对需要引起人们注意的一些部位，如建筑物的主要出入口、商店橱窗、建筑檐口等进行重点处理，以吸引人们的视线，同时也能起到画龙点睛的作用，以增强和丰富建筑立面的艺术效果。

复习思考题

1. 民用建筑平面由哪几部分组成？
2. 简述影响建筑主要使用部分面积和形状的因素。
3. 确定房间尺寸的因素有哪些？
4. 如何确定房间门、窗的位置和大小？
5. 确定走廊的宽度和长度的因素有哪些？
6. 如何确定楼梯的位置和数量？
7. 简述平面组合的形式、特点和适用范围。
8. 影响剖面形状和房间高度的因素有哪些？
9. 解释名词：层高，净高。
10. 在进行立面和体型设计时，有什么要求？
11. 建筑的构图规律有哪些？
12. 建筑体型之间的连接方式有哪些？
13. 简述立面设计的处理手法。

教学单元12 民用建筑构造概论

学习目标、教学要求和素质目标

本教学单元重点介绍民用建筑的基本构件、建筑节能、保温、防热、隔音、防震。通过学习，应该达到以下要求：

1. 掌握民用建筑的基本构件组成、作用和要求。
2. 了解影响建筑构造的因素。
3. 了解建筑节能、保温、防热、隔音、防震的途径，掌握构造处理措施。
4. 建立节能环保、绿色健康、可持续发展的工程理念和意识；激发学生的行业使命感、责任感。

建筑构造设计是建筑设计的组成部分，是建筑平面、剖面、立面设计的继续和深入。建筑构造的主要任务是根据建筑物的功能要求，通过构造技术手段，提供合理的构造方案和措施。

学习建筑构造，要求掌握构造原理，充分考虑影响建筑构造的各种因素，正确选择材料和运用材料，提出合理的构造方案和构造措施，从而最大限度地满足建筑使用功能，提高建筑物抵御自然界各种不利影响的能力，延长建筑物的使用年限。

建筑构造具有较强的实践性和综合性，它涉及建筑材料、建筑结构、建筑物理、建筑设备和建筑施工等有关知识。只有全面地、综合地运用好这些相关知识，才能提出合理的构造方案和措施。

12.1 民用建筑的基本构件及其作用

一幢建筑物由很多构件组成。一般民用建筑是由基础、墙和柱、楼层和地层、楼梯、屋顶和门窗六大基本构件组成的，如图12-1所示。这些构件处在不同的部位，发挥着各自不同的作用。有的起承重作用，承受建筑物全部或部分荷载，确保建筑物的安全；有的起围护作用，保证建筑物的使用和耐久年限；有的构件则肩负起承重和围护双重作用。

12.1.1 基础

基础是建筑物最下部的承重构件，它承受建筑物的全部荷载，并将荷载传给地基。基础必须具有足够的强度和稳定性，同时应能抵御土层中各种有害因素的作用。

12.1.2 墙和柱

墙是建筑物的竖向围护构件，在多数情况下也作为承重构件，承受屋顶、楼层、楼梯等构件传来的荷载，并将这些荷载传给基础。外墙分隔建筑物内外空间，抵御自然界各种因素对建筑的侵袭；内墙分隔建筑内部空间，避免各空间之间的相互干扰。根据墙所处的位置和所起的作用，分别要求它具有足够的强度、稳定性以及保温、隔热、节能、隔音、防潮、防水、防火等功能。

为扩大空间，提高空间的灵活性，也为了结构需要，有时以柱代墙，起承重作用。

12.1.3 楼层和地层

楼层和地层是建筑物水平承重构件和分隔构件。楼层分隔建筑物上下空间，并承受作用其上的家具、设备、人体、隔墙等荷载及楼板自重，并将这些荷载传给墙或柱。楼层还能对墙或柱起到水平支撑作用，增加墙或柱的稳定性。楼层必须具有足够的强度和刚度。根据上下空间的使用特点，还应具有隔音、防水、保温、隔热等功能。地层是底层房间与土壤的隔离构件，除承受作用其上的荷载外，应具有防潮、防水、保温等功能。

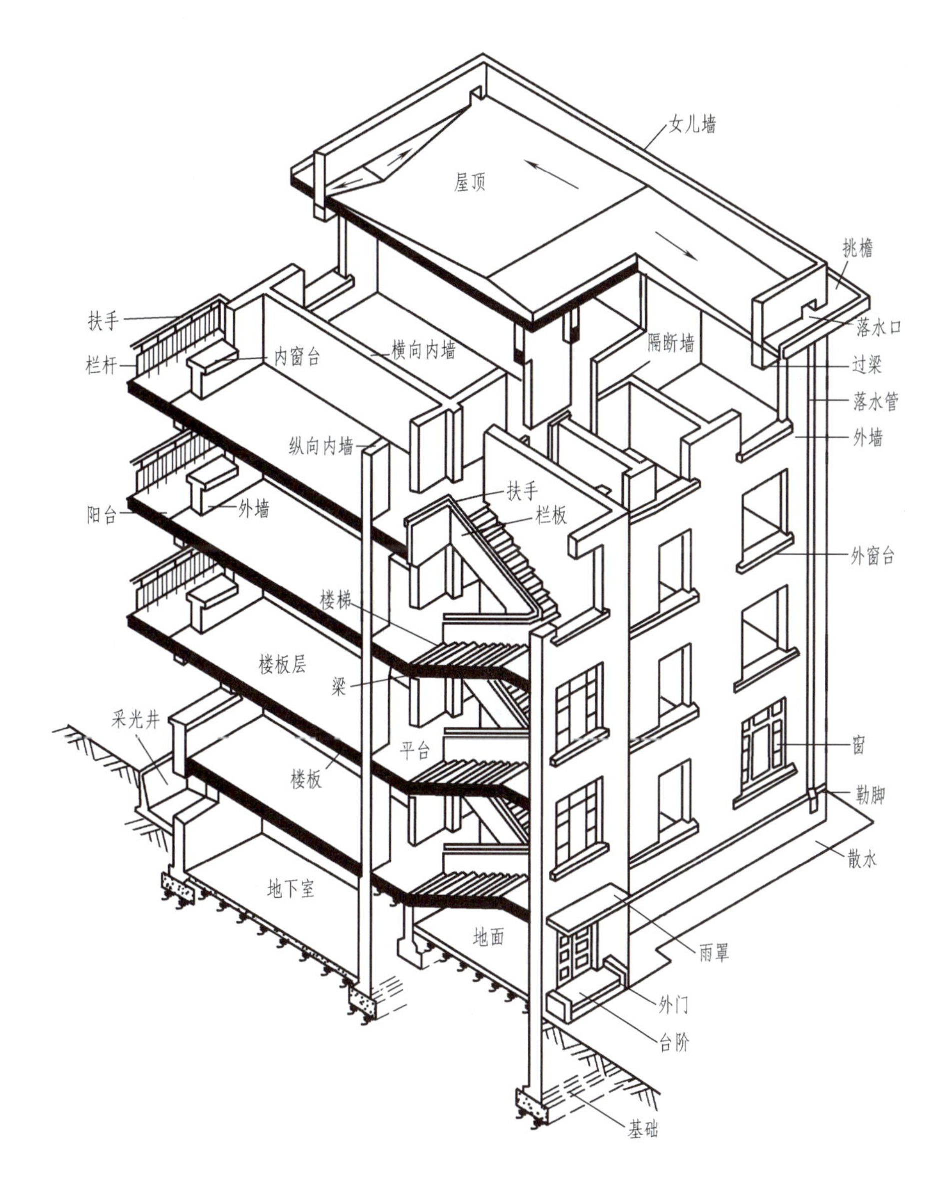

图 12-1　建筑物的组成

12.1.4　楼梯

楼梯是建筑物的竖向交通构件，供人和物上下楼层和疏散人流之用。楼梯应具有足够的通行能力，足够的强度和刚度，并具有防火、防滑等功能。

12.1.5　屋顶

屋顶是建筑物最上部的围护构件和承重构件。它抵御各种自然因素对顶层房间的侵袭，同时承受作用其上的全部荷载，并将这些荷载传给墙或柱。因此，屋顶必须具备足够的强度、刚度以及排水、防水、防火、保温、防热、节能等功能。

12.1.6　门窗

门和窗均属围护构件。门的主要功能是交通出入、分隔和联系内部与外部或室内空间，有的兼起通风和采光作用；窗的主要功能是采光和通风，并起到空间之间视觉联系作用。同时门窗还对建筑室内外装饰起到重要作用。根据建筑物所处环境，门窗应具有保温、防热、节能、隔音、防风沙等功能。

一幢建筑物除上述基本构件外，根据使用要求还有一些其他构件，如阳台、雨篷、台阶、坡道、烟道、垃圾道等。

12.2 影响建筑构造的因素

建筑处于自然环境和人为环境中，受到各种自然因素和人为因素的作用。为提高建筑物的使用质量和耐久年限，在建筑构造设计时必须充分考虑各种因素的影响，尽量利用其有利因素，避免或减轻不利因素的影响，提高建筑物的抵御能力，根据影响程度，采取相应的构造方案和措施。影响建筑构造的因素大致分为以下几个方面，参见图 12-2。

图 12-2　自然环境和人为环境对建筑物的影响

12.2.1 自然环境的影响

建筑物处于不同的地理环境，各地自然条件有很大差异。我国南北西东气候差别很大，建筑构造必须与各地的气候特点相适应，具有明显的地方性。大气温度、太阳热辐射以及风雨等都是影响建筑物使用质量和建筑寿命的重要因素。为防止和减轻自然因素对建筑物的危害，保证正常使用和耐久，在构造设计时，必须掌握建筑物所在地区的自然条件，明确产生影响的性质和程度，对建筑物各个不同部位采取相应的措施，如防潮、防水、防冻、隔热、保温等。

在建筑构造设计时也要充分利用自然环境中的有利因素。如利用风力通风降温、降湿，利用太阳辐射改善室内热环境等。

12.2.2 人为环境的影响

人类的生产和生活等活动也对建筑物产生相当大的影响，如机械振动、化学腐蚀、噪声、生活生产用水、用火及各种辐射等都对建筑物构成威胁。因此，在进行构造设计时，必须有针对性地采取相应的一些防范措施，如隔振、防腐、隔音、防水、防火、防辐射等，以保证建筑物的正常安全使用。

12.2.3 外力的影响

外力的大小和作用方式决定了结构的形式、构件的用料、形状和尺寸，而构件的选材、形状和尺寸是构造设计的依据。风力对高层建筑构造的影响不可忽视，地震对建筑产生严重破坏，必须采取措施确保建筑的安全和正常使用。

12.2.4 物质技术条件的影响

建筑材料、结构、设备和施工技术等物质技术条件是构成建筑的基本要素之一，建筑构造受它们的影响和制约。随着建筑事业的发展，新材料、新结构、新设备以及新的施工方法不断出现，建筑构造需要解决的问题越来越多、越来越复杂。建筑工业的发展也要求构造技术与之相适应。

12.2.5 经济条件的影响

建筑构造设计是建筑设计中不可分割的一部分，也必须考虑经济效益。在确保工程质量的前提下，既要降低建造过程中的材料、能源和劳动力消耗，以降低造价，又要有利于降低使用过程中的维护和管理费用。同时，在设计过程中要根据建筑物的不同等级和质量标准，在材料选择和构造方式上给予区别对待。

12.3 建筑节能、保温和防热

12.3.1 建筑节能

12.3.1.1 建筑节能的意义和节能政策

能源是社会发展的重要物质基础，是经济发展和提高人民生活的先决条件。经济的发展依赖于能源的发展，需要能源提供动力。能源问题是指能源开发和利用之间的平衡，即能源生产和消耗之间的关系。我国能源供求平衡一直是紧张的，能源缺口大，是亟待解决的突出问题。解决能源问题的根本途径是开源节流，即增加能源和节约能源并重，而在相当长一段时间内节约能源是首要任务，是我国一项基本国策。

建筑能耗占全国能耗量的30%以上，它的总能耗大于任何一个部门的能耗量，而且随着生活水平的提高，它的耗能比例将有增无减。因此，建筑节能是整体节能的重点。

建筑能耗系指建筑使用能耗，其中包括采暖、空调、热水供应、照明、炊事、家用电器等方面的能耗。

12.3.1.2 减少建筑能耗的建筑措施

建筑设计在建筑节能中起着重要作用，合理的设计会带来十分可观的节能效益，其节能措施主要有以下几个方面。

（1）选择有利于节能的建筑朝向，主要房间避开冬季主导风向

南北朝向比东西朝向建筑耗能少，在其他条件相同情况下，南北向板式多层住宅的传热耗热量比东西向的少5%左右；建筑主立面朝向冬季主导风向，也会使耗热量增加。因此，建筑物主立面朝阳面积越大，且避开冬季主导风向，建筑耗能少的情况也就越明显。

（2）设计有利于节能的平面和体型

在体积相同的情况下，建筑物的外表面积越大，采暖制冷负荷也越大。因此，尽可能取最小的外表面积，即建筑的体型系数尽可能地小。

（3）改善围护构件的保温性能

建筑的外围护构件主要有外墙、屋顶、门窗等，提高围护构件的保温性能是建筑设计中的一项主要节能措施，节能效果非常明显，具体措施在后面介绍。

（4）重视日照调节与自然通风

理想的日照调节是在夏季确保采光和通风的条件下，尽量防止太阳的辐射热进入室内，而在冬季则尽量使太阳的辐射热进入室内。

12.3.2 建筑保温

保温是建筑设计十分重要的内容之一，寒冷地区各类建筑和非寒冷地区有空调要求的建筑，如宾馆、实验室、医疗用房等都要考虑保温措施。

下面以《民用建筑设计统一标准》（GB 50352—2019）、《建筑气候区划标准》（GB 50178—93）和《民用建筑热工设计规范》（GB 50176—2016）为准介绍一些基本知识。

12.3.2.1 建筑热工设计分区及要求

目前，全国划分为五个建筑热工设计分区。

（1）严寒地区：1月平均温度≤－10℃，7月平均气温≤25℃的地区。这个地区建筑物必须满足冬季保温、防寒、防冻等要求，一般不考虑夏季防热。

（2）寒冷地区：1月平均温度－10～0℃的地区，7月平均气温18～28℃的地区。这个地区应满足冬季保温、防寒、防冻等要求，夏季部分地区应兼顾防热。

（3）夏热冬冷地区：1月平均温度0～10℃，7月平均温度为25～30℃。这个地区必须满足夏季防热、遮阳、通风降温要求，冬季应兼顾防寒，而且建筑物应防雨、防潮、防洪、防雷电。

（4）夏热冬暖地区：1月平均温度>10℃，7月平均温度为25～29℃。这个地区必须满足夏季防热、遮阳、通风、防雨要求，而且建筑物应防暴雨、防潮、防洪、防雷电。一般不考虑冬季保温。

（5）温和地区：1月平均温度为0～13℃，7月平均温度为18～25℃。这个地区应满足防雨、通风要求，一部分地区建筑物应注意防寒，另一部分地区建筑物应特别注意防雷电。

在《民用建筑设计统一标准》（GB 50352—2019）中，又将五个建筑热工设计分区细分为7个大区，20个小区，明确各区域的不同要求。

12.3.2.2 建筑保温的措施

建筑构造的保温设计是保证建筑物保温质量和合理使用投资的重要环节。合理的设计不仅能保证建筑的使用质量和耐久性，而且能节约能源、降低采暖、空调设备的投资和使用期间的维护费用。

在寒冷季节里，通过建筑物的外墙、屋顶、门窗等围护构件，热量由室内高温一侧向室外低温一侧传递，使热量损失，室内变冷。热量在传递过程中将遇到阻力，这种阻力称为热阻。热阻越大，通过围护构件传出的热量越少，说明围护构件的保温性能好；反之，热阻越小，保温性能就越差，热量损失就越多，如图12-3所示。因此，对有保温要求的围护构件必须提高构件的热阻。通常采取下列措施可以达到提高热阻的目的。

（1）增加厚度　单一材料围护构件热阻与其厚度成正比，增加厚度可提高热阻即提高抵抗热流通过的能力。如双面抹灰240mm厚砖墙的热阻大约为$0.55m^2 \cdot K/W$，而490mm厚双面抹灰砖墙的热阻约为$0.91m^2 \cdot K/W$。但是，增加厚度势必增加围护构件的自重，材料的消耗量也相应增多，且减小了建筑有效面积，单独采用不够经济。

（2）合理选材　在建筑工程中，一般将热导率小于0.3W/（m·K）的材料称为保温材料。热导率的大小说明材料传递热量的能力。选择容重轻、热导率小的材料，如加气混凝土、浮石混凝土、膨胀陶粒、膨胀珍珠岩、膨胀蛭石等为骨料的轻混凝土以及岩棉、玻璃棉和泡沫塑料等可以提高围护构件的热阻。其中轻混凝土具有一定强度，可作成单一材料保温构件。这种构件构造简单、施工方便。也可采用组合保温构件提高热阻，它是将不同性能的材料加以组合，各层材料发挥各自不同的功能。通常用岩棉、玻璃棉、膨胀珍珠岩、泡沫塑料等做承重和护面层，如图12-4所示。

（3）防潮防水　冬季由于外围护构件两侧存在温度差，室内高温一侧水蒸气分压力高，水蒸气就向室外低温一侧渗透，遇冷达到露点温度低时就会凝结成水，使构件受潮。另外，雨水、使用水、土壤潮气和地下水等也会侵入构件，使构件受潮受水。

表面受潮受水会使室内装修变质损坏，严重时会发生霉变，影响人体健康。构件内部受潮受水会使多孔的保温材料充满水分，热导率提高，降低围护材料的保温效果，如图12-5所示。

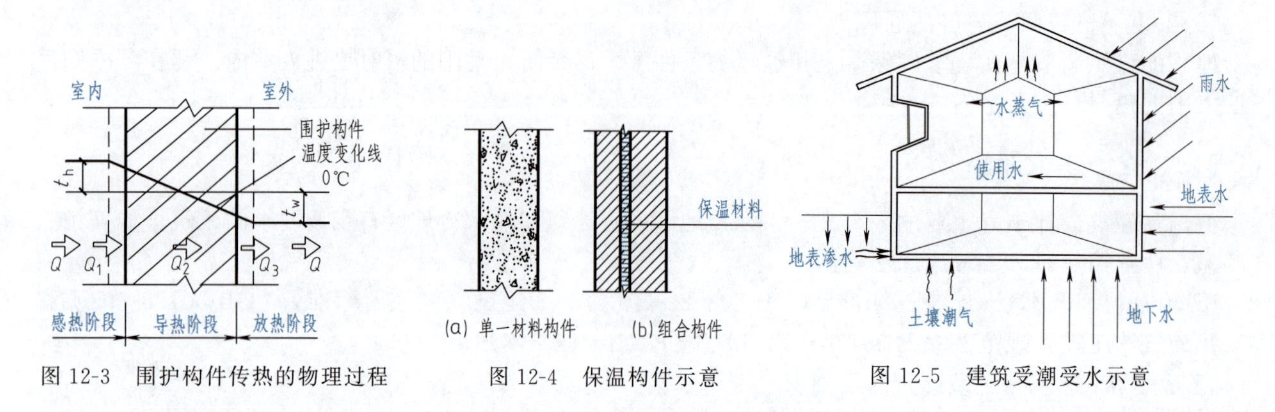

图12-3　围护构件传热的物理过程　　图12-4　保温构件示意　　图12-5　建筑受潮受水示意

为防止构件受潮受水，除应采取排水措施外，在靠近水、水蒸气和潮气一侧设置防水层、隔气层和防潮层。组合构件一般在受潮一侧布置密实材料层。

（4）避免热桥　在外围构件中，经常设有热导率较大的嵌入构件，如外墙中的钢筋混凝土梁和柱、过梁、圈梁、阳台板、挑檐板等。这些部位的保温性能都比主体部分差，热量容易从这些部位传递出去，散热大，其内表面温度也就较低，容易出现凝结水。这些部位通常叫作围护中的“热桥”，如图 12-6（a）、（c）所示。为了避免和减轻热桥的影响，首先应避免嵌入构件内外贯通，其次应对这些部位采取局部保温措施，如增设保温材料等，以切断热桥，如图 12-6（b）、（d）所示。

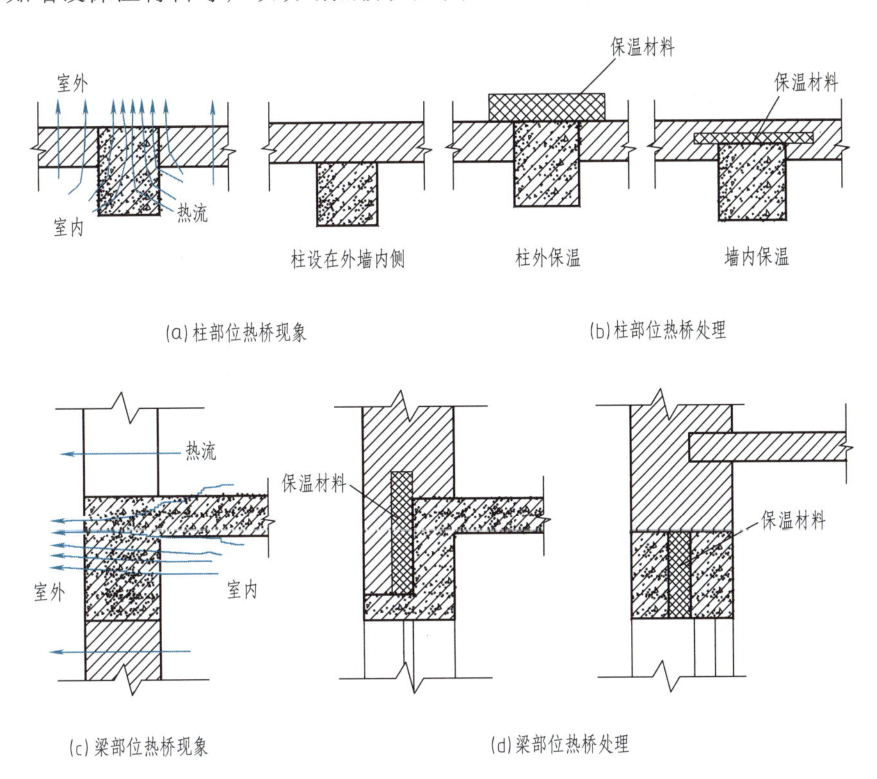

图 12-6　**热桥现象与处理**

（5）防止冷风渗透　当围护构件两侧空气存在压力差时，空气从高压一侧通过围护构件流向低压一侧，这种现象称为空气渗透。空气渗透可由室内外温度差（热压）引起，也可由风压引起。由热压引起的渗透，热空气由室内流向室外，室内热量损失；风压则使冷空气向室内渗透，使室内变冷。为避免冷空气渗入和热空气直接散失，应尽量减少围护构件的缝隙，如墙体砌筑砂浆饱满、改进门窗加工和构造、提高安装质量、缝隙采取适当的构造措施等。

12.3.2.3　建筑设计中冬季保温设计要求

（1）建筑物宜设在避风、向阳地段，尽量争取主要房间有较多日照，避开冬季主导风向。

（2）使建筑物的体型系数（即外表面积与其包围的体积之比）尽可能地小，平面和立面不宜出现过多的凹凸面。

（3）将室温要求接近的房间集中布置。

（4）严寒地区居住建筑不应设冷外廊和开敞式楼梯间；公共建筑主入口处应设置转门、热风幕等避风设施；寒冷地区居住建筑和公共建筑宜设门斗。

（5）严寒和寒冷地区北向窗的面积应予以控制，其他朝向窗的面积不宜过大。应尽量减少窗缝隙的长度，并加强窗的密闭性。

（6）严寒和寒冷地区的外墙和屋顶应进行保温验算，保证不低于所在地区要求的总热阻值。

（7）对热桥部分进行保温验算，并选择恰当的保温处理措施。

12.3.3　建筑防热

在我国夏热冬冷和夏热冬暖地区，夏季气候炎热，高温持续时间长，太阳辐射强度大，相对湿度高。

建筑物在强烈的太阳辐射和高温、高湿气候的共同作用下，通过围护构件将大量的热传入室内。室内生活和生产也会产生大量余热。这些从室外传入和室内自生的热量，使室内温度变化，引起过热，导致生活和生产受到影响，如图 12-7 所示。

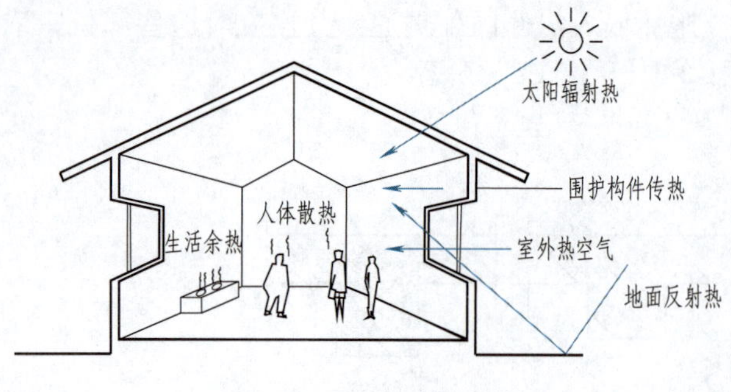

图 12-7 室内过热的原因

为减轻和消除室内过热现象，可采取设备降温，如设置空调和制冷等，但费用高。对一般建筑，主要依靠建筑措施来改善室内的温湿状况。建筑防热的途径主要有以下几个方面。

12.3.3.1 降低室外综合温度

室外综合温度是考虑太阳辐射和室外温度对围护构件综合作用的一个假想温度。室外综合温度的大小，直接关系到通过围护构件向室内传热的多少。在建筑设计中，降低室外综合温度的方法主要是采取合理的总体布局，选择良好的朝向，减小体型系数，尽可能争取有利的通风条件，防止西晒，绿化周围环境，减少太阳辐射和地面反射等。对建筑物本身来说，采用浅色外饰面、采取淋水、蓄水屋面以及西墙遮阳设施等都有利于降低室外综合温度，如图 12-8（a）所示。

12.3.3.2 提高外围护构件的防热和散热性能

对于夏热冬冷和夏热冬暖地区，外围护构件的防热措施主要是能够隔绝热量传入室内，当太阳辐射减弱和室外气温低于室内气温时能迅速散热，这就要求合理选择外围护构件的材料和构造类型。

带通风间层的外围护构件既能隔热也有利于散热，因为从室外传入的热量，由于通风，使传入室内的热量减少；当室外温度下降时，又可通过通风间层将室内传出的热量带走，如图 12-8（b）所示。在围护构件中增设热导率小的材料也有利于隔热，如图 12-8（c）所示。利用表层材料的颜色和光滑度能对太阳辐射起反射作用，对防热、降温有一定的效果，见表 12-1。另外，利用水的蒸发，吸收大量汽化热，可大大减少通过屋顶传入的热量。

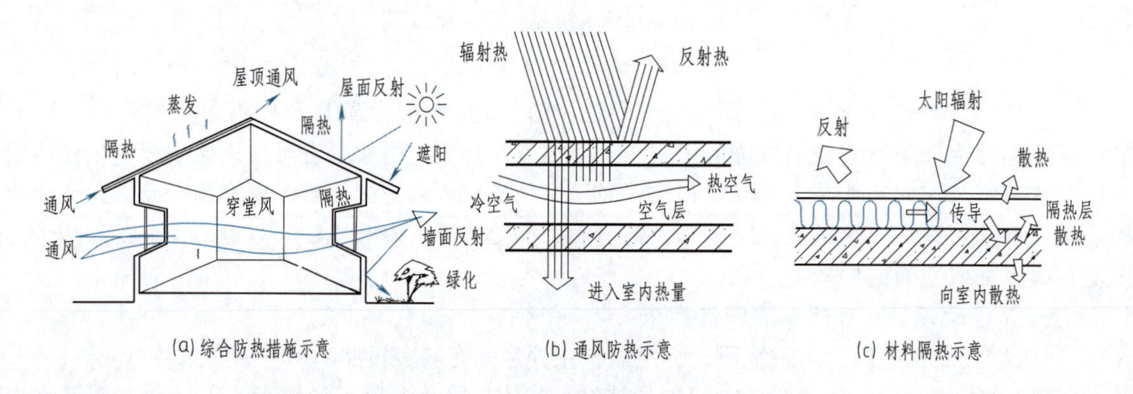

(a) 综合防热措施示意　(b) 通风防热示意　(c) 材料隔热示意

图 12-8 防热措施

表 12-1 太阳辐射吸收系数 ρ 值

表面类别	表面状况	表面颜色	ρ
红瓦屋面	旧、中粗	红色	0.56
灰瓦屋面	旧、中粗	浅灰色	0.52
深色油毡屋面	新、粗糙	深黑色	0.86
石膏粉刷表面	旧、平光	白色	0.26
水泥粉刷表面	新、平光	浅灰色	0.56
红砖墙面	旧、中粗	红色	0.72～0.78
混凝土砌块墙面	旧、中粗	灰色	0.65

12.4 建筑隔声

12.4.1 噪声的危害与传播

12.4.1.1 噪声的危害

噪声一般是指一切影响人们正常生活、工作、学习、休息，甚至损害身心健康的外界干扰声。随着社会和经济的发展，各种设备和交通运输工具等种类、数量的大量增加，而且功率越来越大，转速越来越高，噪声声源的数量和强度也都随之大幅度增加，噪声已成为一种公害。强烈或持续不断的噪声轻则影响休息、学习和工作，对生理、心理和工作效率不利，重则引起听力损害，甚至引发多种疾病。

控制噪声必须采取综合治理措施，包括消除和减少噪声源、减低声源的强度和必要的吸声与隔声措施等。建筑物围护构件的隔声是控制噪声的重要内容。

12.4.1.2 声音传播的途径

声音从室外传入室内，或从一个房间传到另一个房间，主要通过以下途径。

（1）空气传声　空气传声是指声音在空气中发生并传播。空气传声又可分为两种。

① 通过围护构件的缝隙直接传声。噪声沿敞开的门窗、各种管道与结构所形成的缝隙、不饱满砂浆灰缝所形成的孔洞在空气中直接传播。

② 通过围护构件的震动传声。声音在传播过程中遇到围护构件时，在声波交变压力作用下，引起构件的强迫振动，将声波传到另一空间。

（2）固体传声　固体传声，也可称为结构传声或撞击传声，是指直接打击或冲撞构件，在构件中激起振动产生声音，这种声音主要沿结构传递，如关门时产生的撞击声、楼层上行人的脚步声和机械振动等。

无论空气传声还是固体传声，声音最终都是通过空气传入人耳，但是这两种噪声的传播特性和传播方式不同，所以采取的隔声措施也就不同。

12.4.2 围护构件隔声途径

12.4.2.1 对空气传声的隔绝

根据空气传声的穿透特点，围护构件的隔声可以采取以下措施。

（1）增加构件重量　从声波激发构件振动的原理可以知道，构件越轻，越易引起振动；反之越重则不易振动。因此，构件的重量越大，隔声能力就越高，设计时可以选择面密度大的材料和增加构件的厚度。例如双面抹灰的 53mm 厚砖墙的隔声量为 32dB；双面抹灰的 115mm 厚砖墙的隔声量为 45dB；双面抹灰的 240mm 厚砖墙则为 48dB。

（2）采用带空气层的双层构件　双层构件的传声是由声源激发起一层材料的振动，振动传到空气层，然后再激起另一层材料的振动。由于空气的弹性变形具有减振作用，所以提高了构件的隔声能力。但是，应注意尽量避免和减少构件中出现“声桥”，声桥是指空气间层内出现实体连接。

（3）采用多层组合构件　多层组合构件是利用声波在不同介质分界面上产生反射、吸收的原理来达到隔声的目的。它可以大大减少构件的重量，从而减轻整个建筑的结构自重。

12.4.2.2 对固体传声的隔绝

由于一般建筑材料对撞击声的衰减很小，撞击声常被传到很远的地方，它的隔绝方法与空气声的隔绝有很大的区别。厚重坚实的材料可以有效地隔绝空气传声，但隔绝固体传声的效果却很差。相反，多孔材料如毡、毯、软木、岩棉等隔绝空气声的效果不大，但隔绝固体传声却较为有效。改善构件隔绝固体传声的能力可以采取以下措施。

（1）设置弹性面层　这种措施就是在构件面层上铺设富有弹性的材料，如地毡、地毯、软木板等。构件表面接受撞击时，由于面层的弹性变形，减弱了撞击能量。这是对构件进行隔声处理的最简便的方法。

（2）采用带空气层的双层结构　这种措施是利用隔绝空气来降低固体传声，是利用空气弹性变形具有减振作用的原理来提高隔绝固体传声的能力。

（3）设置弹性夹层　这种措施是在面层和结构层或两个结构层之间设置一层弹性材料，如刨花板、岩棉、泡沫塑料等，将面层和结构层或两个结构层完全隔开，切断了固体传声的传递路线。在构造处理上应尽量避免声桥的产生。

12.5 建筑防震

12.5.1 地震与地震波

地壳内部存在有极大的能量，地壳中的岩层在这些能量所产生的巨大作用力下发生变形、弯曲、褶皱。当最脆弱部分的岩层承受不了这种作用时，岩层就开始断裂、错动。这种运动传至地面，就表现为地震。地下岩层断裂和错动的地方称为震源，震源正上方地面称为震中。

岩层断裂错动，突然释放大量能量并以波的形式向四周传播，这种波就是地震波。地震波在传播中使岩层的每一质点发生往复运动，使地面分别发生上下颠簸和左右摇晃，造成建筑破坏、人员伤亡。由于阻尼作用，地震波作用由震中向远处逐渐减弱，以至消失。

12.5.2 地震震级与地震烈度

地震的强烈程度称为震级，一般称里氏震级，它取决于一次地震释放的能量大小。地震烈度是指某一地区地面和建筑遭受地震影响的强烈程度，它不仅与震级有关，且与震源的深度、距震中的距离、场地土质类型等因素有关。一次地震只有一个震级，但却有不同的烈度区。我国地震烈度表中将烈度分为12度。7度时，一般建筑物多数有轻微损坏；8～9度时，大多数损坏至破坏，少数倾倒；10度时，则多数倾倒。

地震基本烈度是指在50年期限内，一般场地条件下，可能遭遇的超越概率为10%的地震烈度值。抗震设防烈度是指按国家规定的权限批准作为一个地区抗震设防依据的地震烈度。《建筑抗震设计规范》（GB 50011—2010）（2016年版）规定：抗震设防烈度为6度及以上地区的建筑，必须进行抗震设计。

12.5.3 建筑防震设计要点

建筑物防震设计的基本要求是实行以预防为主的方针，使建筑经抗震设防后，减轻建筑的地震破坏、避免人员伤亡、减少经济损失。其一般目标是：当建筑物遭到本地区规定的设防烈度的地震时，允许建筑物部分出现一定的损坏，经一般修复和稍加修复后能继续使用；而当遭到极少发生的高于本地区烈度的罕遇地震时，不致倒塌和发生危及生命的严重破坏，即贯彻“小震不坏、中震可修、大震不倒”的原则。在建筑设计时一般遵循下列要点。

12.5.3.1 选择对建筑物防震有利的建筑场地

选择建筑场地时，应根据工程需要，掌握地震活动情况、工程地质和地震地质的有关资料，对抗震有利、不利和危险地段作出综合评价。选择对抗震有利的场地；尽量避开不利地段，无法避免时应采取有效措施；不应在危险地段建造建筑。

12.5.3.2 建筑平面布置力求规整

建筑平面布置应力求规则、对称，并具有良好的整体性。因使用和美观要求必须将平面布置成不规则时，应用防震缝将建筑物分割成若干结构单元，使每个单元体型规则、平面规整、结构体系单一。

12.5.3.3 建筑体型和立面处理力求规则、匀称

建筑体型宜规则、对称，建筑立面宜避免高低错落和突然变化。

12.5.3.4 加强结构的整体刚度

从抗震要求出发，合理选择结构类型、合理布置墙和柱、加强构件和构件连接的整体性、增设圈梁和构造柱等。

12.5.3.5 处理好细部构造

楼梯、女儿墙、挑檐、阳台、雨篷、装饰贴面等细部构造应予以足够的注意，不可忽视。

复习思考题

1. 构成建筑物的基本构件有哪些？它们都有什么作用和要求？
2. 影响建筑构造的因素有哪些？
3. 简述建筑节能的意义。
4. 建筑设计中节能措施有哪些？
5. 我国的建筑热工设计分区分为哪几个？
6. 如何提高围护构件的保温性能？建筑设计中冬季保温设计要求有哪些？
7. 建筑防热的基本途径有哪些？简述建筑防热的意义。
8. 声音的传播途径有哪些？如何提高围护构件的隔声能力？
9. 什么是地震震级？什么是地震烈度？它们之间有什么区别？
10. 什么是地震基本烈度？什么是抗震设防烈度？
11. 规范规定何时需要进行抗震设计？
12. 建筑防震应遵循什么设计原则？设计要点有哪些？

教学单元13 基础和地下室

学习目标、教学要求和素质目标

本教学单元重点介绍地基和基础的基本概念、建筑基础类型、地下室的分类、防潮防水处理，进一步进行相应基础图的识读和绘制训练。通过学习，应该达到以下要求：

1. 掌握地基和基础的基本概念。
2. 了解影响基础埋深的因素。
3. 了解建筑基础的分类依据、类型、各自特点和适用条件。
4. 了解建筑地下室的分类方法和类型。
5. 掌握地下室需要进行防潮防水处理的条件以及构造处理措施。
6. 理解“九层之台，起于垒土；千里之行，始于足下”，建筑基础在建筑物中的重要性，做任何事情都要打好基础，培养学生脚踏实地的实干精神和严谨细致的工作态度。

13.1 概述

13.1.1 地基和基础的基本概念

13.1.1.1 地基

地基是指支承基础的土体或岩体，承受由基础传来的荷载。地基因承受荷载而产生的应力和应变是随着土层深度的增加而减小的，在达到一定的深度后就可以忽略不计了。地基不是基础的一部分。

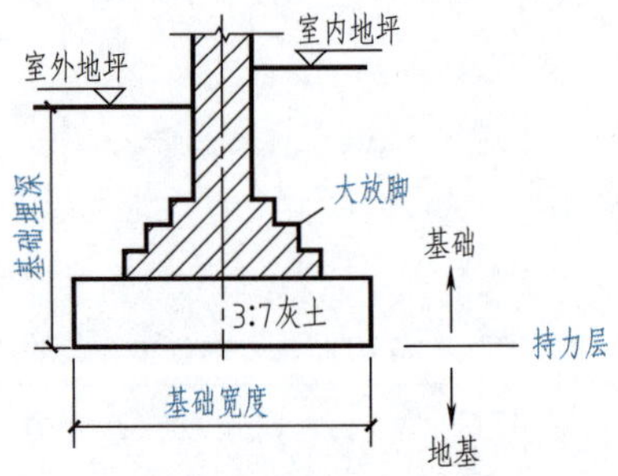

图13-1 地基和基础的构成

13.1.1.2 基础

基础是将结构所承受的各种作用传递到地基上的结构组成部分，是建筑物地面以下的承重构件。它承受建筑物上部结构传下来的竖向荷载，并将这些荷载连同本身的自重一起传给地基。参见图13-1。

13.1.1.3 基础埋置深度

基础埋置深度，简称基础埋深，是指从设计室外地坪至基础底面的垂直距离。一般情况下，基础埋深不宜小于0.5m。

13.1.1.4 基础宽度

基础宽度是指基础底面的宽度。基础宽度是经过计算确定的。

13.1.1.5 大放脚

基础增大加厚的部分称之为大放脚，用砖、混凝土、灰土等刚性材料制作的基础均应作大放脚。

13.1.2 影响基础埋深的因素

影响建筑物基础埋深的因素主要有如下几方面。

13.1.2.1 建筑物的用途

建筑物埋深与建筑物的用途，有无地下室、设备基础和地下设施，基础的形式和构造有关。当建筑物有特殊用途、有地下室、有设备基础或有地下设备时，一般基础埋深较大。

13.1.2.2 建筑物作用在地基上的荷载

建筑物作用在地基上的荷载大小和性质直接影响到基础埋深，一般情况下，荷载大基础埋深也较大。

13.1.2.3 地基土层的分布

简单地说，同样条件下土质好的，承载力高的土层可以浅埋，而土质差、承载力低的土层则应该增加埋深。

13.1.2.4 地下水位

土壤中地下水含量的多少对承载力的影响很大。一般应尽量将基础放在最高地下水位之上。这样做可以避免施工时排水，还可以防止或减轻地基土的冻胀。

13.1.2.5 土层的冻结深度

土层的冻结深度，即冻土深度，由各地气候条件决定，如北京地区为0.8～1m，邯郸为0.37m。建筑物的基础若放在冻胀土上，冻胀力会把房屋拱起，产生变形。解冻时，又会产生陷落。一般应将基础埋置在冻结深度以下约200mm处。

13.1.2.6 相邻建筑的基础

当存在相邻建筑物时，新建建筑物的基础埋深不宜大于原有建筑物。但当新建房屋的基础埋深大于原有房屋的基础埋深时，应考虑相互影响，两基础之间应保持一定的净距，应根据原有建筑荷载大小、基础形式和土质情况确定。如图13-2所示，可参考下列公式。

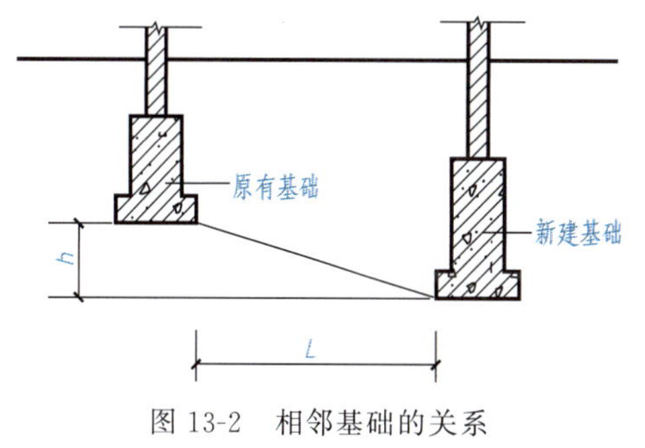

图13-2　相邻基础的关系

$$\frac{h}{L} \leqslant 0.5 \sim 1 \text{ 或 } L = 1.0h \sim 2.0h$$

式中　h——新建与原有建筑物基础底面标高之差；

L——新建与原有建筑物基础边缘的最小距离。

13.2 基础的分类

基础有多种分类方法，根据分类依据不同，分类也不相同。

13.2.1 按基础的埋深划分

按照基础的埋深不同可分为不埋基础、浅基础和深基础。将基础直接置于基地表面之上的称为不埋基础；基础埋深小于5m的称为浅基础；而基础埋深大于或等于5m的称为深基础。在满足条件情况下，应尽可能选用浅基础，且埋深尽量小。

13.2.2 按基础材料性质划分

依据基础的材料及受力来划分，可分为刚性基础和柔性基础两大类。

13.2.2.1 刚性基础

刚性基础是指用砖、灰土、混凝土、三合土等抗压强度大，而抗拉和抗剪强度较低的刚性材料做成的基础。由于刚性材料的特点，这种基础只适合于受压而不适合承受弯、拉和剪力，因此基础剖面尺寸必须满足刚性条件的要求。在《建筑地基基础设计规范》（GB 50007—2011）中，由砖、毛石、混凝土或毛石混凝土、灰土和三合土等材料组成的墙下条形基础或柱下独立基础称为无筋扩展基础，无筋扩展基础台阶宽高比的允许值见表13-1。无筋扩展基础适用于多层民用建筑和轻型厂房。

表13-1　无筋扩展基础台阶宽高比的允许值

基础材料	质量要求	台阶宽高比的允许值		
		$p_k \leqslant 100$	$100 < p_k \leqslant 200$	$200 < p_k \leqslant 300$
混凝土基础	C15混凝土	1∶1.00	1∶1.00	1∶1.25
毛石混凝土基础	C15混凝土	1∶1.00	1∶1.25	1∶1.50

续表

基础材料	质量要求	台阶宽高比的允许值		
		$p_k \leqslant 100$	$100 < p_k \leqslant 200$	$200 < p_k \leqslant 300$
砖基础	砖不低于 MU10、砂浆不低于 M5	1∶1.50	1∶1.50	1∶1.50
毛石基础	砂浆不低于 M5	1∶1.25	1∶1.50	—
灰土基础	体积比为 3∶7 或 2∶8 的灰土，其最小干密度：粉土 $1.55t/m^3$、粉质黏土 $1.50t/m^3$、黏土 $1.45t/m^3$	1∶1.25	1∶1.50	—
三合土基础	体积比(1∶2∶4)～(1∶3∶6)(石灰∶砂∶骨料)，每层约虚铺 220mm，夯至 150mm	1∶1.50	1∶2.00	—

注：p_k 为荷载效应标准组合时基础底面处的平均压力值（kPa）。

13.2.2.2 柔性基础

柔性基础是指采用受压强度和受拉强度都较强的材料制成的基础，一般指钢筋混凝土基础。在《建筑地基基础设计规范》（GB 50007—2011）中，扩展基础系指钢筋混凝土柱下独立基础和墙下钢筋混凝土条形基础。这种基础的做法一般在基础底板下均匀浇注一层素混凝土垫层，目的是保证基础钢筋和地基之间有足够的距离，以免钢筋锈蚀，而且还可以作为绑扎钢筋的工作面。垫层一般采用 C10 素混凝土，厚度不小于 70mm。

13.2.3 按基础构造形式划分

按照基础的构造形式划分，可分为条形基础、独立基础、筏形基础、箱形基础、桩基础、地下连续墙基础等。

13.2.3.1 条形基础

条形基础为连续的带状，也称为带形基础，根据上部结构可分为墙下条形基础和柱下条形基础两种。

（1）墙下条形基础　建筑物上部为墙承重结构，将墙下宽度加大，形成墙下条形基础。当上部结构为砌体结构时，常采用刚性材料组成的无筋扩展基础；当地基较差，上部荷载较大，或上部为钢筋混凝土墙体时，常采用扩展基础。如图 13-3 所示。

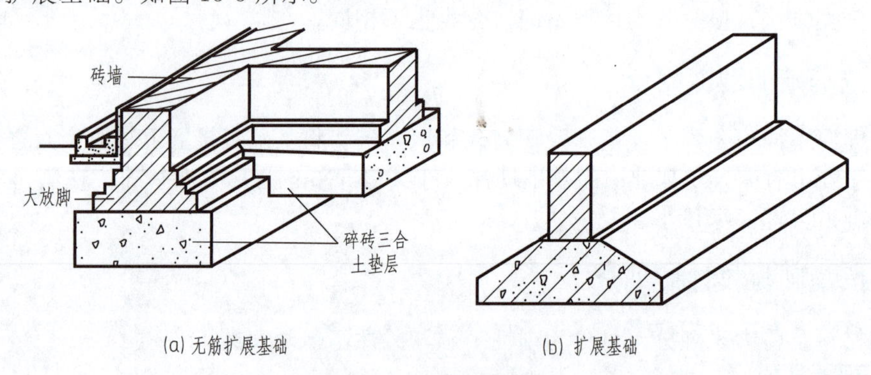

图 13-3　墙下条形基础

（2）柱下条形基础　当上部结构为框架、排架等柱承重体系，且荷载较大、地基较差或荷载分布不均匀时，常采用柱下条形基础。这种基础可以增加基础整体刚度，扩大基底面积，减少不均匀沉降，如图 13-4 所示。

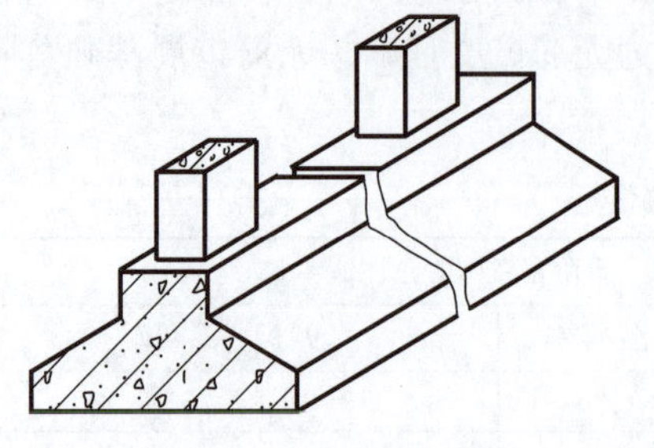

图 13-4　柱下条形基础

13.2.3.2 独立基础

独立基础根据上部结构可分为墙下独立基础和柱下独立基础两种。

（1）墙下独立基础　建筑物上部为墙承重结构，基础埋深较大，为避免开挖土方量过大，易于地下管道的穿越，墙下可采用墙下独立基础，基础上设置基础梁承担墙体荷载。常用于土质均匀、荷载分布较为均匀，不易产生不均匀沉降的建筑。

（2）柱下独立基础　当上部结构为框架、排架等柱承重体系，且荷载分布较均匀、地基较好时，常采用柱下独立基础。基础之间各自独立，不能协调不均匀沉降，这种基础适用于土质均匀、荷载分布较为均匀的柱承重结构建筑中。独立基础的外形一般有阶梯形、锥形和杯形等。如图 13-5 所示。

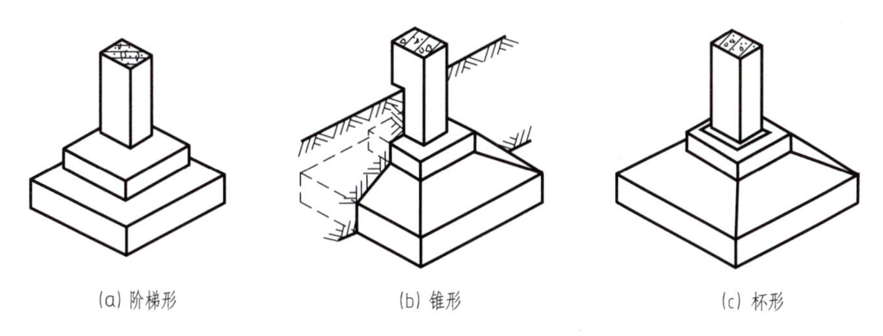

图 13-5　柱下独立基础

13.2.3.3　筏形基础

筏形基础是将基础连成一片，成为一块整板的钢筋混凝土基础，一般用于荷载集中，地基承载力差的情况下。可分为平板式和梁板式两种。如图 13-6 所示。

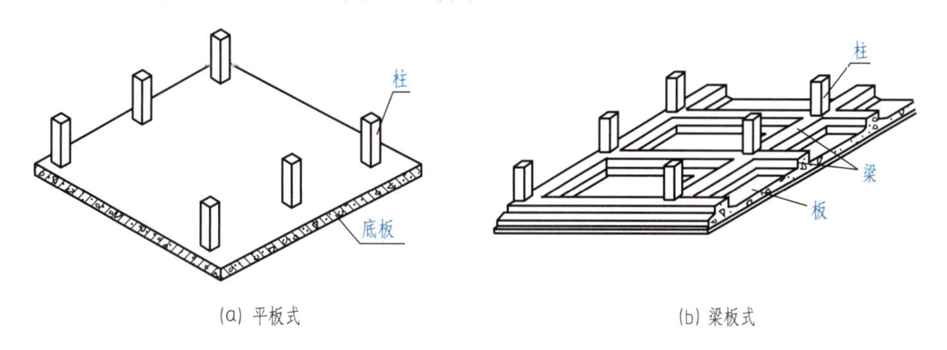

图 13-6　筏形基础

13.2.3.4　箱形基础

箱形基础当筏形基础埋深较深，并有地下室时，或者荷载分布不均匀，对沉降有要求的，一般可采用箱形基础。箱形基础由底板、顶板和侧墙组成。这种基础整体性强，刚度大，可以协调不均匀沉降，但造价较高。如图 13-7 所示。

另外，还有桩基础、壳体基础、地下连续墙基础等。桩基础如图 13-8 所示。

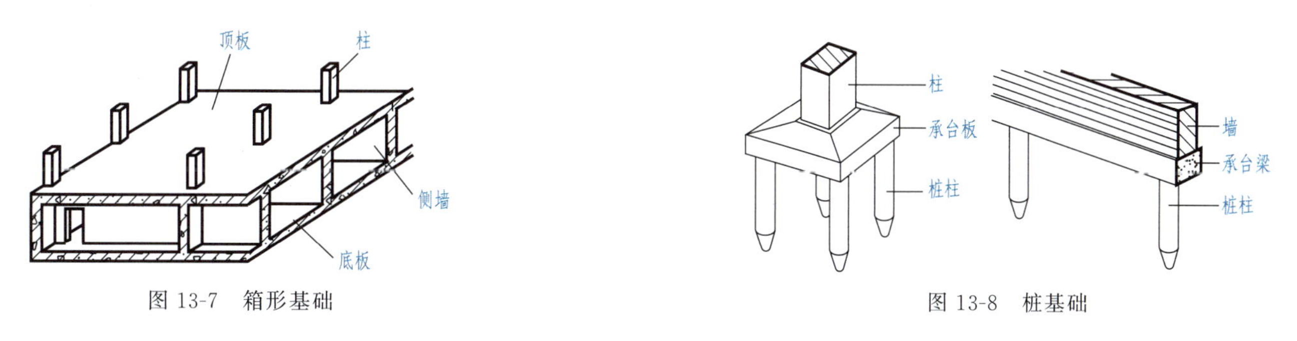

图 13-7　箱形基础

图 13-8　桩基础

实训项目

［1+X 证书（建筑工程识图、BIM）要求］

识读附图 12 的基础图和相关图纸，找出本工程的基础类型和基础埋深。

13.3 地下室的构造

13.3.1 地下室的分类

地下室是指建筑物底层下部的空间。地下室根据分类依据不同，分类方式也不同。

13.3.1.1 按照埋入地下深度分类

（1）地下室（全地下室） 指房间地平面低于室外地平面的高度超过该房间净高的1/2者。

（2）半地下室 指房间地平面低于室外地平面高度超过该房间净高1/3，且不超过1/2者。

13.3.1.2 按照使用性质分类

（1）普通地下室 无特殊要求的普通的地下空间。一般按地下楼层进行设计。

（2）防空地下室 有人民防空要求的地下空间。防空地下室应妥善解决紧急状态下的人员隐蔽与疏散，应有保证人身安全的技术措施。

13.3.2 地下室的防潮做法

地下室的防潮、防水做法取决于地下室地坪与地下水位的关系。防潮一般仅考虑防止土壤毛细管水，地面水下渗而成的无压水渗透。

当设计最高地下水位低于地下室底板300～500mm，且基地范围内的土壤及回填土没有形成上层滞水可能时，采用防潮做法。当地下室为混凝土结构时，结构本身就可以起到自防潮作用，不必再另作防潮处理。当地下室为砌体结构，应作防潮层，可采用抹防水砂浆防潮层或热沥青两道；一般做在墙身外侧面，应同地下室墙体的水平防潮层相连接。对防潮要求高的工程，宜按防水做法设计。地下室防潮构造做法详见图13-9。

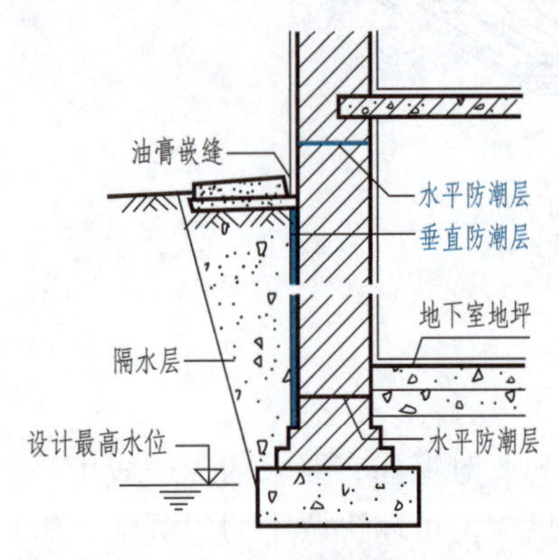

图13-9 地下室防潮构造做法

13.3.3 地下室的防水做法

当设计最高地下水位高于地下室标高时，应采用防水做法。防水做法的选用材料通常有以下四种。

13.3.3.1 防水混凝土

有普通防水混凝土和掺外加剂（如加气剂、减水剂、三乙醇胺、氯化铁防水剂，明矾石膨胀剂和U型混凝土膨胀剂等）防水混凝土两类，属刚性防水。

普通防水混凝土和掺外加剂防水混凝土有较好的防渗性能，但不能抗裂，因此在一定条件下能达到防水目的。为防止混凝土可能出现裂渗，必要时，还应附加外包柔性防水层。

掺膨胀剂的补偿收缩混凝土，不仅提高了防渗性能，而且有良好的抗裂性能，防水效果更好。

在遭受剧烈震动、冲击和侵蚀性环境中（混凝土耐蚀系数小于0.8）应用时，应附加柔性防水层或防蚀性好的保护层。

采用防水混凝土，对结构强度、厚度、抗渗标号、配筋、保护层厚度、垫层、变形缝、施工缝等都有一定要求，应遵照相关的专门技术规定，并同结构专业人员共同商定。

13.3.3.2 卷材防水

卷材防水属于柔性防水，有沥青卷材和高分子卷材，如三元乙丙橡胶卷材、三元乙丙丁基橡胶卷材、氯化乙烯橡胶共混卷材、再生胶丁苯胶卷材、SBS卷材等，适用于结构会有微量变形的工程，抗一般地下水化学侵蚀，但不宜用于地下水含矿物油或有机溶液处。卷材防水层一般做在迎水面，即围护结构外侧，并应连续铺贴形成整体，铺贴卷材的胶结材料应同选用的卷材相适应，防水层的外侧作保护层，常采用砌砖墙的方式。

目前国内市场新型沥青防水卷材品种有200多种，形成了低、中、高的档次系列，由各种不同的胎基、涂盖面料、覆面材料（用于屋面时）组成，应根据不同的功能、用途、耐久年限和施工方法加以选用。

13.3.3.3 涂料防水

种类有水乳型、溶剂型、反应型涂料等。水乳型涂料有普通乳化沥青、再生胶沥青、水性石棉厚质沥青、阴离子合成胶乳化沥青、阳离子氯丁胶乳化沥青等。溶剂型涂料有再生胶沥青等。反应型涂料有聚氨酯涂膜等。

涂料防水能防止地下无压水（渗流水、毛细水等）及≤1.5m 水头的静压水侵入。它适用于新建砌体结构或钢筋混凝土结构的迎水面（应用水泥砂浆找平或嵌平）作专用防水层；或新建防水混凝土结构的迎水面作附加防水层，以加强防水防腐能力；或已建防水或防潮建筑外围结构的内侧，作补漏措施。但涂料防水不适合或慎用含有油脂、汽油或其他能溶解涂料的地下环境。涂料和基层需有良好黏结力，涂料层外侧应作保护层，如砂浆或砖墙等。

13.3.3.4 水泥砂浆防水

水泥砂浆防水的常用做法有多层普通水泥砂浆防水层及掺外加剂水泥砂浆防水层两种，属刚性防水。适用于主体结构刚度较大，建筑物变形小及面积较小（不超过 $300m^2$）的工程。不适用于有侵蚀性、有剧烈震动的工程。一般条件下作内防水为好，地下水压较高时，宜增作外防水。防水高度应高出室外地坪 150mm，但对钢筋混凝土内墙、柱，可只高出地下室地面 500mm。

上述四种做法，以前两种做法应用较多。地下室柔性防水构造做法详见图 13-10。

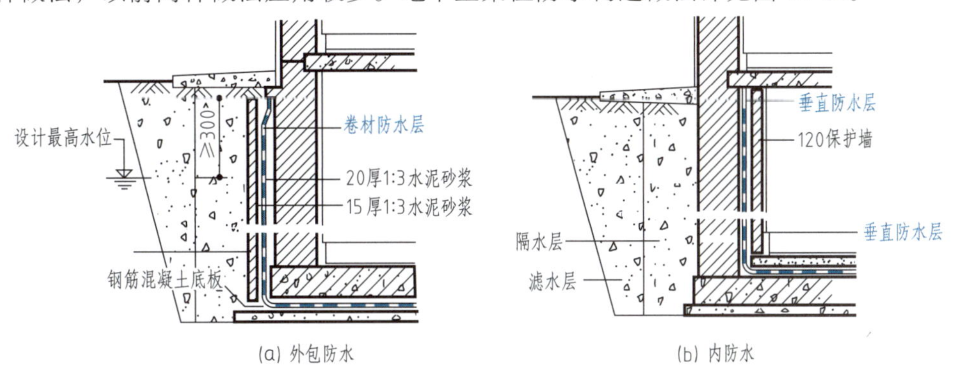

图 13-10　地下室柔性防水构造做法

13.3.4 采光井的做法

为考虑地下室平时利用，在采光窗的外侧一般设置采光井，如图 13-11 所示。一般每个窗井单独作一

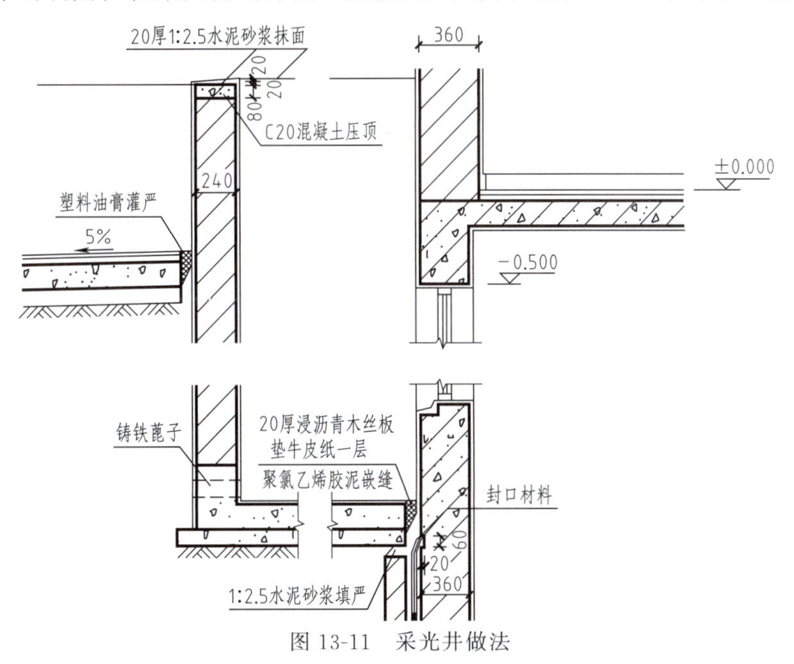

图 13-11　采光井做法

个，也可以将几个窗井连在一起，中间用墙分开。采光井由底板和侧墙构成。侧墙可以用砖墙或钢筋混凝土板墙制作，底板一般用钢筋混凝土浇筑。采光井底板应有1%～3%的坡度，把积存的雨水用钢筋水泥管或陶管引入地下管网。采光井的上部应有铸铁篦子或尼龙瓦盖，以防止人员、物品掉入采光井内。

实训项目

1. 识读附图2的建筑设计总说明和相关图纸，找出本工程的地下室类型、防水等级和做法。[1+X证书（建筑工程识、BIM）要求]

2. 考察周围已有和在建建筑所采用的基础形式，在什么情况下使用的。

3. 参观在建建筑的基础施工，并徒手绘制出基础构造详图。

复习思考题

1. 什么是地基？什么是基础？地基和基础有什么不同？
2. 什么是基础埋深？有哪些因素能够影响基础埋深？
3. 依据材料和受力特点，基础分为哪几类？简述各自特点和适用范围。
4. 基础依据构造形式分为哪几类？简述各自特点和适用范围。
5. 什么是地下室？地下室是怎样分类的？
6. 地下室在什么情况下需要进行防潮处理？防潮的构造做法是怎样的？
7. 什么时候需要进行地下室防水？防水做法可选用哪些材料？怎样进行防水处理？
8. 采光井有什么作用？构造做法是怎样的？防潮和防水处理是如何进行？

教学单元 14 墙体构造

学习目标、教学要求和素质目标

本教学单元是本门课程的重点之一，重点介绍墙体的作用、分类、细部构造、设置要求和墙面装修的做法，以及隔墙、隔断、玻璃幕墙、砌块墙的构造，进一步进行相应墙体构造图的识读和绘制训练。通过学习，应该达到以下要求：

1. 掌握墙体的作用、分类。
2. 了解墙体厚度的确定因素和墙体的设计要求。
3. 熟悉墙体的各细部构造，掌握各细部构造的作用、构造做法、设置要求。
4. 了解隔墙和隔断的设计要求，熟悉常用隔墙和隔断的做法。
5. 了解幕墙的分类和玻璃幕墙的特点，熟悉玻璃幕墙的构造形式。
6. 掌握砌块的分类和砌块墙的构造。
7. 掌握墙面装修的作用、分类、做法和适用条件。
8. 让学生树立低碳环保、绿色发展的思想理念，引导学生推动绿色发展，促进人与自然和谐共生。

14.1 概述

墙体是建筑物主要构件之一，在砌体结构房屋中，墙体作为主要的竖向承重构件，墙体的重量占建筑物总重量的40%～60%，墙的造价占全部建筑造价的30%～40%；而在其他结构类型的建筑中，墙体多数作为围护和分隔构件，有时也作为承重构件，它的造价所占比重也较大。因此在建筑工程设计中，选择的墙体材料、结构方案及构造做法对建筑物的使用质量、重量、造价等都十分重要。

14.1.1 墙体的作用

墙体在建筑中作用主要有如下几方面。

（1）承重作用　墙体作为竖向承重构件，不仅需要承担建筑物的屋顶、楼层和其上人、设备等的荷载，还要承担风荷载、地震荷载和本身的自重等，并将这些荷载传递给基础。

（2）围护作用　墙体的围护作用主要体现在墙体要抵御自然界的风、霜、雨、雪等的侵袭，防止太阳辐射和外界噪声的干扰等。

（3）分隔作用　墙体作为分隔构件，将建筑物整个内部空间分隔成若干独立的空间或房间。

（4）装饰作用　墙体是建筑装饰的重要部分，墙面装修对整个建筑物的装饰效果影响很大，如外墙面装饰处理对建筑物立面的效果至关重要，而内墙面则对室内装饰起到重要作用。

14.1.2 墙体的分类

墙体的分类方法很多，可以从墙体所处位置、受力特点、施工方式等方面进行分类。

14.1.2.1 按墙体所处位置分类

按墙体所处位置一般分为外墙及内墙两大部分。内墙、外墙又各有纵、横两个方向，这样形成外纵墙、外横墙（又称山墙）、内纵墙、内横墙四种墙体。另外，还有勒脚墙、窗下墙、女儿墙、窗间墙等。见图14-1。

14.1.2.2 按墙体的受力特点分类

（1）承重墙　承重墙是指承受屋顶、楼板等构件传下来的竖向荷载和本身的自重，并将这些荷载传递给墙、梁或柱的墙体。一般墙下有条形基础。

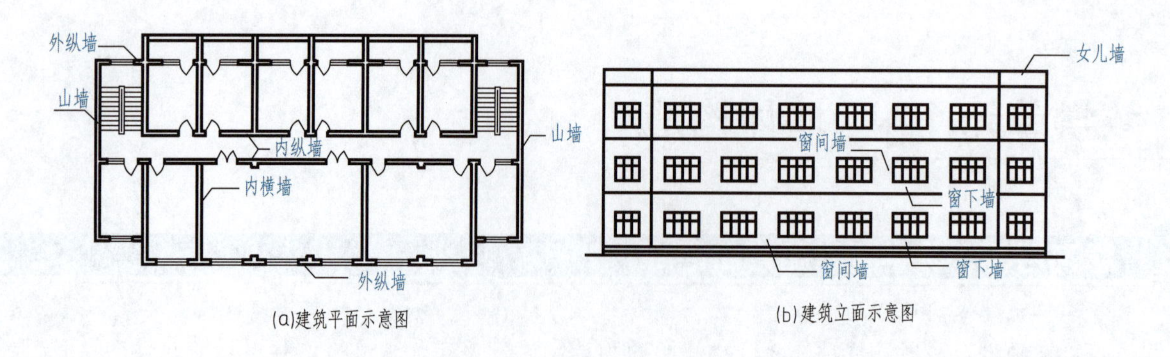

图 14-1 墙体各部分名称

（2）非承重墙　非承重墙是指不承受外来竖向荷载的墙体，可分为承自重墙、隔墙、填充墙、幕墙等。

① 承自重墙。承自重墙只承受墙体自身重量而不承受屋顶、楼板等传来的竖向荷载。一般墙下亦有条形基础。

② 隔墙。隔墙不仅不承受任何外来荷载，而且本身的自重也要传递给楼板、梁等构件，只起着分隔房间的作用。隔墙不作基础。

③ 填充墙。填充墙是指填充在框架结构、框架-剪力墙结构中承重柱之间的墙，不承受任何外来竖向荷载，本身的自重也要传递给框架梁。但对于外填充墙，要承受风荷载、地震荷载等水平荷载。

④ 幕墙。幕墙是指悬挂在建筑结构骨架之外的墙体，不承受任何外来荷载，本身的自重也要传递给结构骨架，但作为外墙要承受风荷载、地震荷载等水平荷载。

14.1.2.3　按墙体的施工方式分类

（1）叠砌墙　又称为块材墙，是将砖、石、砌块等块材用砂浆等胶结材料按一定技术要求组砌而成，如黏土砖墙、石墙、加气混凝土砌块墙等。

（2）板筑墙　又称为现浇墙，是在施工的墙体部位现场浇注而成，如滑模建筑和大模板建筑的现浇墙体等。

（3）装配墙　又称为板材墙，是将预制完成的墙板，在施工现场拼装而成，如大板建筑和某些滑模建筑的预制墙体等。

14.1.3　墙体厚度的确定

14.1.3.1　砖墙

砖墙的厚度以我国标准黏土砖的长度为单位，我国现行黏土砖的规格是 240mm×115mm×53mm（长×宽×高），连同灰缝厚度 10mm 在内，砖的规格形成长：宽：高=1：2：4 的关系。同时在 1m 长的砌体中有 4 个砖长、8 个砖宽、16 个砖高，这样在 $1m^3$ 的砌体中的用砖量为 4×8×16=512 块，用砂浆量约为 $0.26m^3$。 KP1 型多孔黏土砖的规格是 240mm×115mm×90mm（长×宽×高）。

现行墙体厚度用砖长作为确定依据，常用的有以下几种。

半砖墙　图纸标注为 120mm，实际厚度为 115mm；

一砖墙　图纸标注为 240mm，实际厚度为 240mm；

一砖半墙　图纸标注为 360（370） mm，实际厚度为 365mm；

二砖墙　图纸标注为 490mm，实际厚度为 490mm；

3/4 砖墙　图纸标注为 180mm，实际厚度为 178mm。

14.1.3.2　其他墙体

如钢筋混凝土板墙、加气混凝土墙体等其他墙体，均应符合建筑模数的规定。钢筋混凝土板墙用作承重墙时，常用厚度为 150mm 或 200mm；用作隔断墙时，常用厚度为 50mm。加气混凝土墙体用于外围护墙时，常用 200～250mm；用于隔断墙时常取 100～150mm。

[1+X 证书（建筑工程识图、BIM）要求]

识读附图 2 的建筑设计总说明和相关图纸，找出本工程各墙体的类型、厚度等。

14.2 墙体的设计要求

在进行墙体设计时，应满足下列要求。

14.2.1 强度要求

强度是指墙体承受荷载的能力。墙体的强度不仅与墙体所用材料的种类、强度等级有关，还与墙体的尺寸、构造和施工方式有关。

14.2.2 刚度要求

墙体作为承重构件，应满足一定的刚度要求。墙体不仅要保证正常使用时的稳定性，同时地震区还应考虑地震作用下对墙体稳定性的影响，对多层砌体建筑一般只考虑水平方向的地震作用。

墙体的刚度与墙体的高度、厚度、长度、支承方式等有关，可以通过合适的高厚比和加强连接措施来保证墙体的刚度。高厚比是指墙、柱的计算高度与墙厚的比值。高厚比越大构件越细长，其稳定性越差。高厚比必须控制在允许值以内。允许高厚比限值是综合考虑了砂浆强度等级、材料质量、施工水平、横墙间距等诸多因素确定的。实际工程中通常采用在墙体开洞口部位设置门垛、在长而高的墙体中设置壁柱等措施满足高厚比要求。

14.2.3 墙体功能的要求

墙体作为围护构件应具有保温、隔热的性能，同时还应具有隔音、防火、防潮等功能。

14.2.3.1 外墙保温

采暖建筑的外墙应有足够的保温能力，寒冷地区冬季室内温度高于室外，热量从高温传至低温。为了减少热损失，应采取以下措施。

（1）提高外墙保温能力，减少热损失

① 增加外墙厚度，使传热过程延缓，达到保温目的；

② 选用孔隙率高、密度轻、热导率小的材料做外墙，如加气混凝土等；

③ 采用多种材料的组合墙。

图 14-2 为组合墙与 370 实心黏土砖墙传热系数的比较。

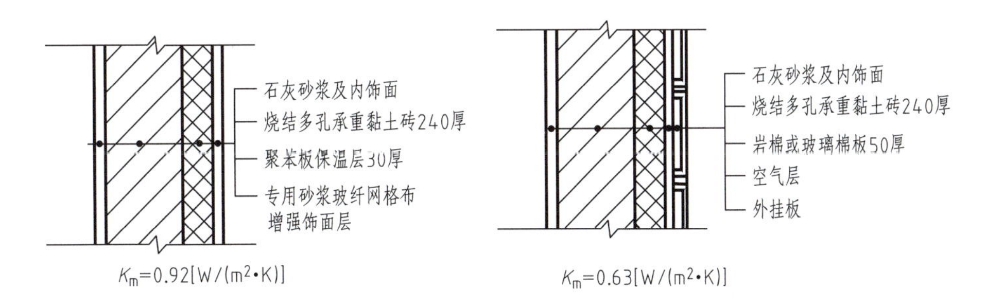

图 14-2 组合墙与 370 实心黏土砖墙体传热系数的比较

（2）防止外墙中出现凝结水 为了避免采暖建筑热损失，冬季通常是门窗紧闭，生活用水及人的呼吸使室内湿度增高，形成高温高湿的室内环境。温度愈高，空气中含的水蒸气愈多。当室内热空气传至外墙时，墙体内的温度较低，蒸汽在墙内形成凝结水，水的热导率较大，因此就使外墙的保温能力明显降低。为了避免这种情况产生，应在靠室内高温一侧，设置隔热蒸汽层，阻止水蒸气进入墙体。隔蒸汽层常用卷材、防水涂料或薄膜等材料，如图 14-3 所示。

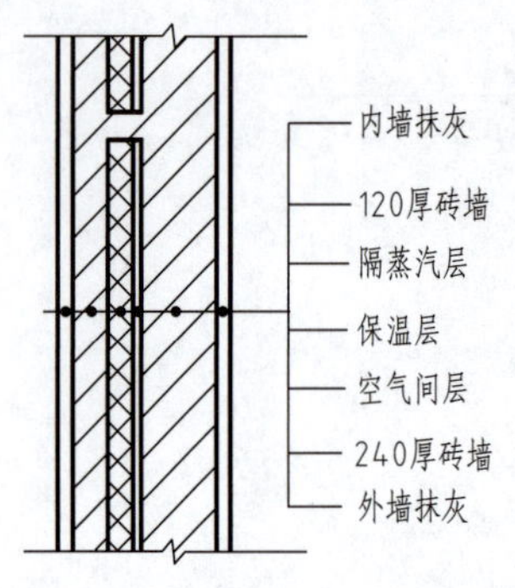

图 14-3　隔蒸汽层的设置

（3）防止外墙出现渗透　由于墙体材料存在微小的孔洞，或者由于安装不密封或材料收缩等，会产生一些贯通性缝隙。冬季室外风的压力使冷空气从迎风墙面渗透到室内，而室内热空气从内墙渗透到室外，所以风压及热压使外墙出现空气渗透。这样造成热损失，对墙体保温不利。

为了防止外墙出现空气渗透，一般采取以下措施：选择密实度高的墙体材料、墙体内外加抹灰层、加强构件的密封处理等。

14.2.3.2　外墙隔热

夏季太阳辐射强烈，室外热量通过外墙传入室内，使室内温度升高，影响人们工作和生活，甚至损害人的健康。外墙应具有足够的隔热能力，可以选用热阻大的材料作外墙。为了减少室外热进入，应采取以下措施。

（1）采用浅色而平滑的外饰面　外墙采用浅色而平滑的外饰面，如白色外墙涂料、玻璃马赛克、浅色墙地砖、金属外墙板等，以反射太阳光，减少墙体对太阳辐射的吸收。

（2）设置遮阳设施　在窗口外侧设置遮阳设施，以遮挡太阳光直射室内。

（3）设通风间层　在外墙内部设置通风间层，利用空气的流动带走热量，降低外墙内表面温度。

（4）种植攀缘植物　在外墙外表面种植一些绿色攀缘植物，使之遮盖整个外墙，吸收太阳辐射热，从而起到隔热作用。

建筑外墙是建筑最大的围护结构，应特别加强外墙的建筑节能设计。

14.2.3.3　隔音要求

不同类型的建筑具有相应的噪声控制标准，墙体主要隔离由空气直接传播的噪声，一般采取以下措施。

（1）墙体的缝隙进行处理　通过对墙体的缝隙的密封处理，避免或减少墙体内的缝隙，切断噪声的直接传递途径。

（2）墙体密实性及厚度的处理　通过加强墙体厚度和密实度，可以使墙体的质量增加、振动减少，避免噪声穿透墙体及墙体振动。

（3）采用夹层墙　采用有空气间层或多孔性材料的夹层墙，提高墙体的减振和吸音能力。

（4）充分利用垂直绿化降噪。

14.2.4　其他方面的要求

14.2.4.1　防火

选择燃烧性能和耐火极限符合防火规范规定的材料。在较大的建筑中，应根据防火分区要求设置防火分隔物，如防火墙等，以防止火灾蔓延。

14.2.4.2　防水防潮

在卫生间、厨房、实验室等有水的房间及地下室的墙应采取防水、防潮措施，选择良好的防水材料以及恰当的构造方法，保证墙体的坚固、耐久性，使室内有良好的卫生环境。

14.2.4.3　建筑工业化

在大量民用建筑中，墙体工程量占据着相当的比重。同时劳动力消耗大，施工工期长。因此，建筑工业化的关键是墙体改革，必须改变手工生产操作，提高机械化施工程度，提高工效，降低劳动强度，并应采用轻质高强的墙体材料，以减轻自重，降低成本。

14.3　砖墙细部构造

14.3.1　砖墙的材料

砖墙是将砖块用砂浆等胶结材料按一定技术要求组砌而成的。砖墙的主要材料是砖和砂浆。

14.3.1.1 砖

用作墙体的砖很多，如普通黏土砖、多孔黏土砖、空心黏土砖、灰砂砖、炉渣砖、粉煤灰砖、焦渣砖等。砖的强度以强度等级表示，有 MU10、MU15、MU20、MU25、MU30 五个等级。

14.3.1.2 砂浆

砂浆将砌体内的分散砖块胶结成整体，提高整体性；用砂浆垫平砖表面，使砌体在荷载作用下应力分布较均匀；砂浆填满砌体缝隙，减少了砌体的空气渗透，提高了砌体的保温、隔热和抗冻能力。

砌筑用砂浆的种类主要有水泥砂浆、石灰砂浆、混合砂浆等。水泥砂浆由水泥、砂加水拌和而成，属于水硬性材料，强度高，适合砌筑处于潮湿环境下的砌体；石灰砂浆是由石灰、砂加水拌和而成，属于气硬性材料，强度不高，适合砌筑次要的建筑的地面以上砌体；混合砂浆则是由水泥、石灰、砂加水拌和而成，强度高、和易性和保水性较好，适合砌筑一般建筑的地面以上砌体。砂浆的强度以强度等级表示，有 M2.5、M5、M7.5、M10、M15 五个等级。

14.3.2 砖墙的细部构造

墙身的细部构造一般指在墙身上的细部做法，其中包括防潮层、勒脚、散水、窗台、过梁等内容。

14.3.2.1 勒脚

外墙墙身下部靠近室外地坪的部分叫勒脚。勒脚的作用是防止雨、雪、土壤潮气等对墙面的侵蚀，避免受到人、物、车辆等的碰撞，保护墙面，保证室内干燥，提高建筑物的耐久性；同时，还起到装饰建筑外立面的作用。勒脚常采用抹水泥砂浆、水刷石、贴面砖或加大墙厚、加固墙身等做法。勒脚的高度一般为室内地坪与室外地坪之高差，也可以根据立面的需要而提高勒脚的高度尺寸，一般可达底层窗台部位，如图 14-4 所示。

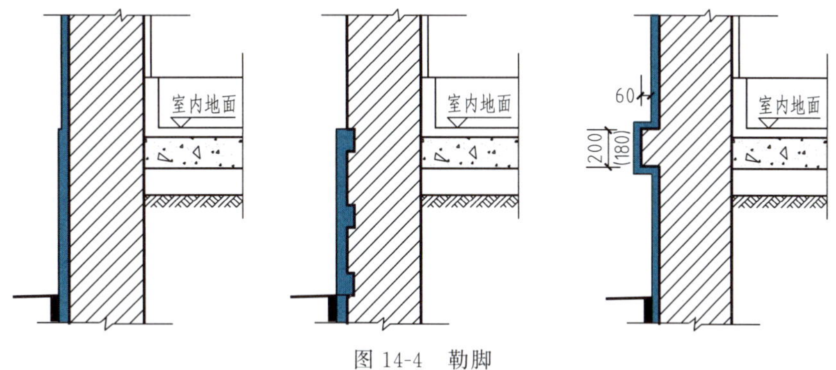

图 14-4 勒脚

14.3.2.2 墙身防潮层

在墙身中设置防潮层的作用是防止土壤中的水分沿基础墙上升和勒脚部位的地面水影响墙身，提高建筑物的耐久性，保持室内干燥卫生。

依据设置位置，防潮层可分为水平防潮层和垂直防潮层两种。

（1）水平防潮层　水平防潮层设置高度应在室内地坪与室外地坪之间，标高相当于−0.060m，且距室外地面至少 150mm 以上，以地面不透水层中部为最佳。

水平防潮层采用的材料和构造做法如下。

① 防水砂浆防潮层。具体做法是抹一层 20mm 的 1：2 水泥砂浆加 5%防水粉拌和而成的防水砂浆。另一种是用防水砂浆砌筑 3 至 5 皮砖，位置在室内地坪上下，如图 14-5（a）所示。

② 油毡防潮层。在防潮层部位先抹 20mm 厚的砂浆找平层，然后干铺油毡一层或用热沥青粘贴油毡一层。油毡的宽度应与墙厚一致，或稍大一些，油毡沿长度铺设，搭接≥100mm。油毡防潮性能较好，但使基础墙和上部墙身分开，削弱整体性，减弱墙体的抗震能力，如图 14-5（b）所示。

③ 细石混凝土防潮层。在室内外地坪之间浇注 60mm 厚的混凝土防潮层，内放 3ϕ6（每半砖厚 1ϕ6）、ϕ4@250 的钢筋网，如图 14-5（c）所示。由于混凝土本身具有一定的防水性能，常把防水防潮要求和结构做法合并考虑。

（2）垂直防潮层　当相邻室内地层存在高差或室内地层低于室外地面时，为避免地表水和土壤潮气

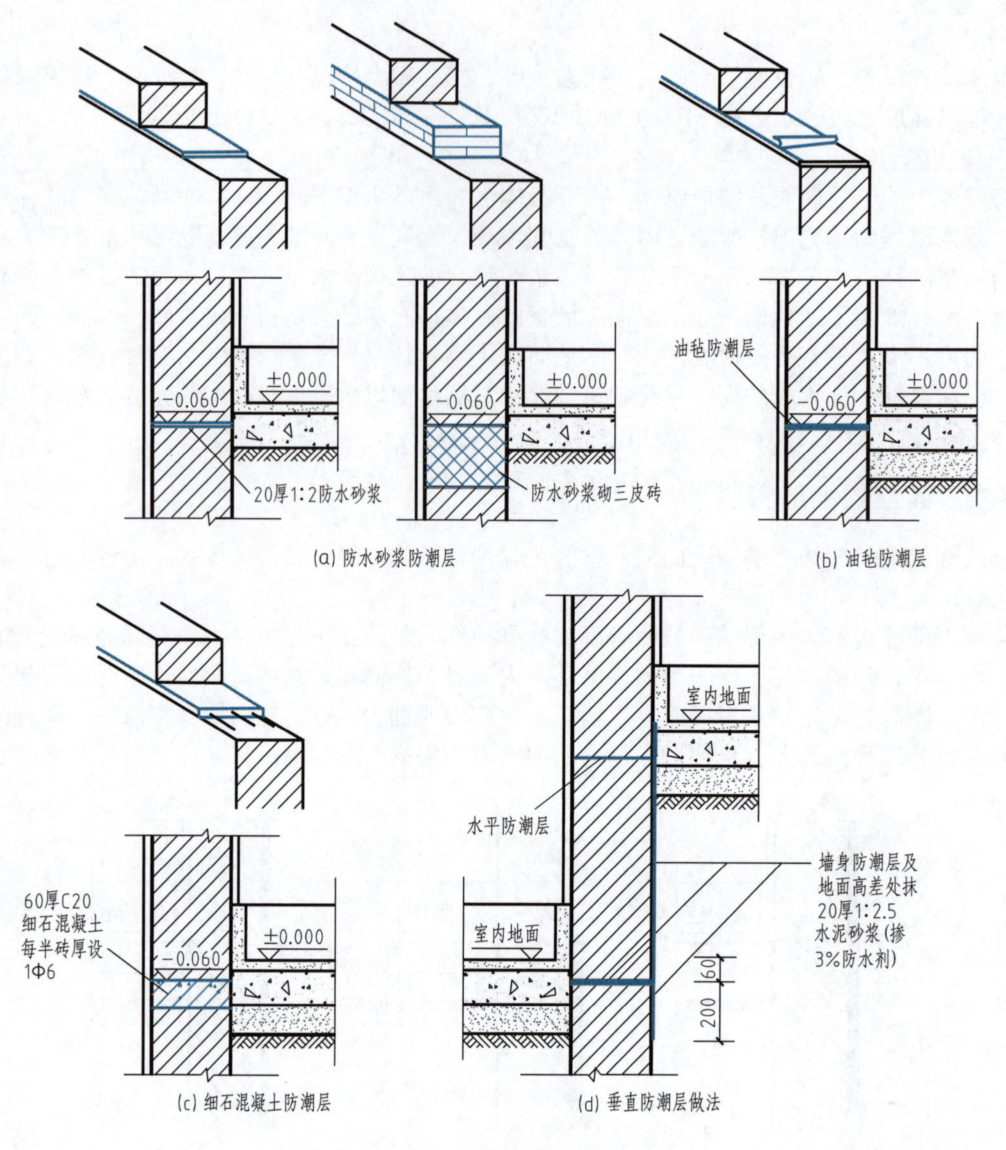

图 14-5　墙身防潮层的做法

的侵袭，不仅要设置水平防潮层，而且还要设置垂直防潮层，对高差部分的垂直墙面做防潮处理。

垂直防潮层的做法是：在两道水平防潮层之间，迎水和潮气的垂直墙面上先用水泥砂浆将墙面抹平，再涂以冷底子油一道，热沥青两道或作其他相应的防潮处理，如图 14-5（d）所示。

14.3.2.3　散水

散水指的是建筑物四周、靠近勒脚下部的排水坡。它的作用是为了迅速排除建筑物四周的地表积水，避免勒脚和下部砌体受到侵蚀。

散水的宽度应大于屋檐的挑出尺寸，一般多出 200mm，且总宽度不应小于 600mm。散水坡度一般在 3%～5%左右，外缘高出室外地坪 20～50mm 较好。

散水常用的材料有混凝土、砖等。构造做法上，一般要求在散水和勒脚交接处设缝，主要是为了防止由于建筑物的沉降和土壤冻胀等因素的影响而导致散水和勒脚交接处开裂；为了适应材料的收缩、温度的变化和土壤不均匀变形等影响，混凝土散水沿长度方向宜设分格缝；在所设缝隙内应填塞沥青胶等材料，以防止渗水，如图 14-6 所示。

14.3.2.4　明沟

明沟是设在建筑外墙四周的小型排水沟，其作用是将通过雨水管流下的屋面雨水有组织地导向集水口，流向排水系统。明沟一般是用于降雨量大的地区。明沟多用混凝土浇筑，外抹水泥砂浆，或用砖石砌筑再抹水泥砂浆而成，如图 14-7 所示。

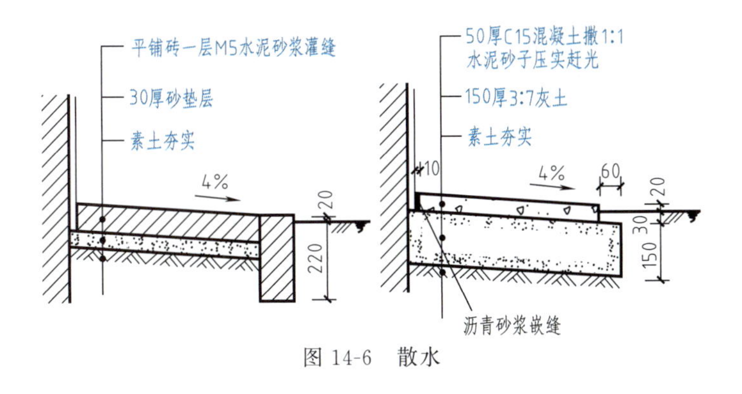

图 14-6　散水

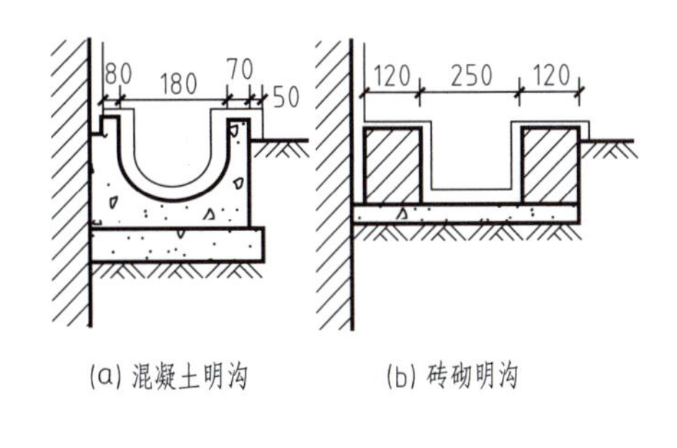

图 14-7　明沟

14. 3. 2. 5　窗台

窗台设置在窗洞口的下部。窗台根据窗的安装位置可形成内窗台和外窗台。外窗台是为了防止在窗洞底部积水，并避免流向室内和污染下部墙面。内窗台则可以排除窗上的凝结水，保护室内墙面，以及存放东西、摆放花盆等。

为了便于排水，以免污染下部墙面，窗台的底面应做成锐角形或做滴水。

（1）外窗台　外窗台可采用砖砌窗台和混凝土窗台，可悬挑也可不悬挑。

砖窗台应用较广，有平砌挑砖和立砌挑砖两种做法。表面可抹 1∶3 水泥砂浆，并应有 10%左右的坡度。挑出尺寸大多为 60mm，如图 14-8（a）～（c）所示。混凝土窗台多为预制，表面一般设有坡度，如图 14-8（d）所示。

（2）内窗台　内窗台的做法如下。

① 砖砌窗台。直接在砖砌窗台上表面抹 20mm 厚的水泥砂浆、贴面砖或者做其他装饰面层，窗台一般略突出墙面，如图 14-8（a）所示。

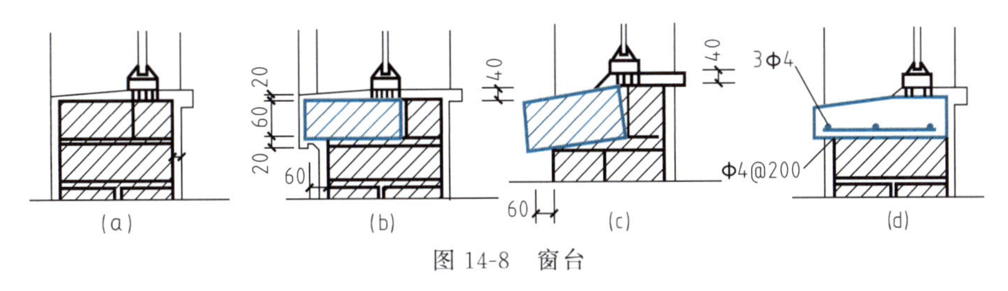

图 14-8　窗台

② 窗台板。对于装修要求较高，窗台下需要设置暖气片的房间，一般采用窗台板的做法。窗台板可以采用预制水泥板、水磨石板等，装修要求特别高的房间还可以采用木窗台板。

14. 3. 2. 6　过梁

过梁设置在门窗洞口上部，承受门窗洞口上部的荷载，并将荷载传给门窗两侧的墙上，以免压坏门窗框。过梁一般可分为砖砌拱过梁、钢筋砖过梁、钢筋混凝土过梁等几种。

（1）砖砌拱过梁　砖砌拱过梁是采用竖砌的砖作成拱券。从形式上有平拱过梁、弧拱过梁、半圆拱过梁等几种。平拱过梁的拱券是水平的，要求所用砂浆不低于 M5，用竖砖砌筑部分的高度不应小于 240mm，这种平拱过梁的最大跨度为 1. 2m。

（2）钢筋砖过梁　钢筋砖过梁是在平砌砖砂浆层内配置钢筋的做法。施工时洞口上部应先支木模，上放直径不小于 5mm 的钢筋，间距≤120mm，伸入两边墙内应不小于 240mm，钢筋上下应抹砂浆层，砂浆层的厚度不小于 30mm，要求所用砂浆不低于 M5。这种过梁的最大跨度为 1. 5m。如图 14-9 所示。

（3）钢筋混凝土过梁　钢筋混凝土过梁是应用比较普遍的一种过梁，如图 14-10 所示。

各地区预制过梁形式和编号以及选用方法不同。下面以《12 系列结构标准设计图集》中 12G07 预制钢筋混凝土过梁为例进行介绍。

① 允许荷载设计值（包括过梁自重）共分六个等级。

1 级：1. 35kN/m；2 级：（1. 35＋10）kN/m；3 级：（1. 35 ＋20）kN/m；4 级：（1. 35 ＋30）kN/m；5 级：（1. 35 ＋40）kN/m；6 级：（1. 35 ＋50）kN/m。

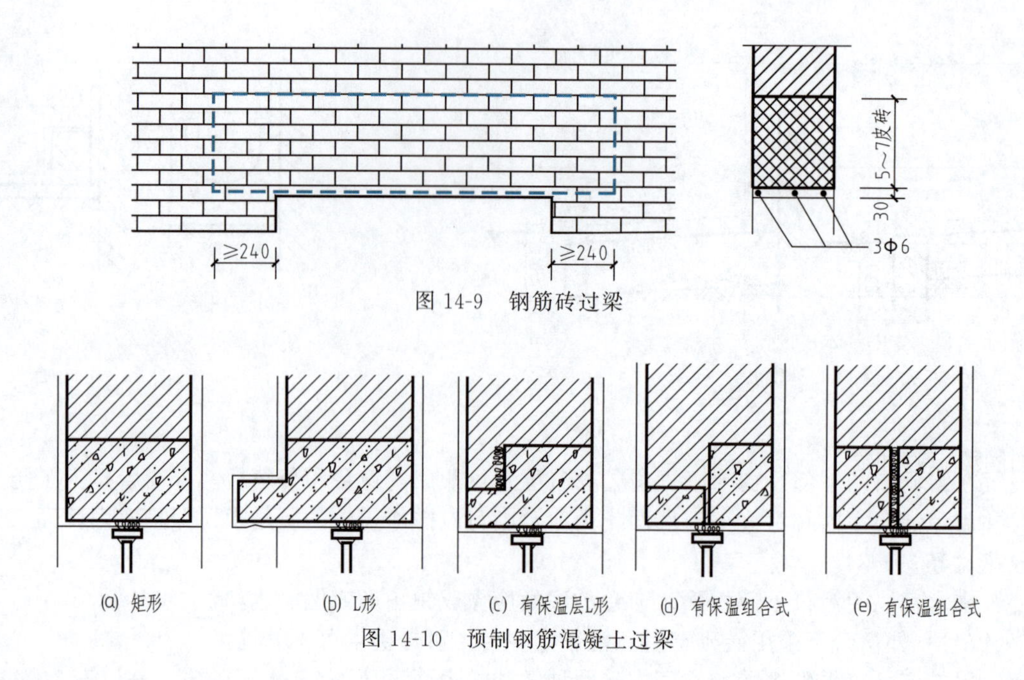

图 14-9　钢筋砖过梁

图 14-10　预制钢筋混凝土过梁

② 过梁编号。

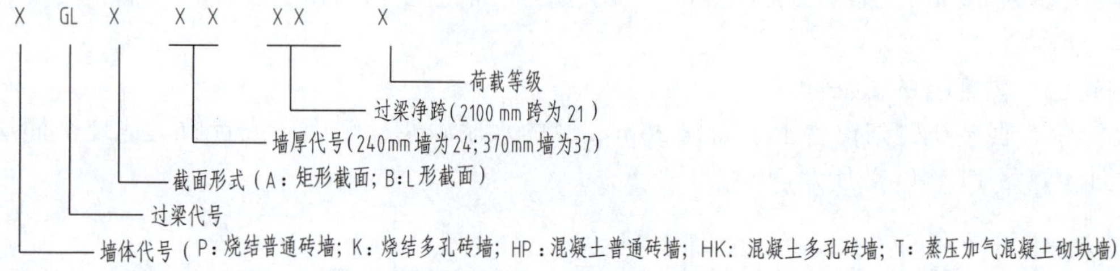

如：PGLA24185 表示过梁设在 240 厚烧结普通砖墙，净跨 1800mm，截面形状为矩形，荷载等级 5 级；KGLB37154 表示过梁设在 370 厚烧结多孔砖墙，净跨 1500mm，截面形状为 L 形，荷载等级 4 级。

14.3.2.7　圈梁

圈梁是在房屋的檐口、窗顶、楼层、吊车梁顶或基础顶面标高处，沿砌体墙水平方向设置封闭状的按构造配筋的混凝土梁式构件。

（1）圈梁的作用　设置圈梁可以提高建筑物的空间刚度和整体性、增加墙体稳定性、防止由于地基不均匀沉降和较大振动荷载等对建筑物引起的不利影响。在抗震设防地区，设置圈梁是减轻震害的一项重要构造措施。

（2）圈梁的设置要求　根据《建筑抗震设计规范》(GB 50011—2010)(2016 年版)，钢筋混凝土圈梁的设置要求见表 14-1。

表 14-1　多层砖砌体房屋现浇钢筋混凝土圈梁设置要求

墙　类	烈　度		
	6,7	8	9
外墙和内纵墙	屋盖处及每层楼盖处	屋盖处及每层楼盖处	屋盖处及每层楼盖处
内横墙	屋盖处及每层楼盖处；屋盖处间距不应大于 4.5m，楼盖处间距不应大于 7.2m，构造柱对应部位	屋盖处及每层楼盖处；各层所有横墙，且间距不应大于 4.5m，构造柱对应部位	屋盖处及每层楼盖处；各层所有横墙

钢筋混凝土圈梁的宽度宜与墙厚相同，当墙厚 $h \geqslant 240$mm 时，其宽度不宜小于墙厚的 $2h/3$，高度不应小于 120mm，截面高度不应小于 120mm，基础圈梁不应小于 180mm，配筋要求见表 14-2。

表 14-2　多层砖砌体房屋圈梁配筋要求

配　筋	烈　度		
	6,7	8	9
最小纵筋	4Φ10	4Φ12	4Φ14
最大箍筋间距/mm	250	200	150

钢筋混凝土圈梁在墙体的位置应考虑充分发挥作用，宜与楼板设在统一标高处或紧靠板底。做法如图 14-11、图 14-12 所示。

圈梁宜连续地设在同一水平面上，并形成封闭状；当圈梁被门窗洞口截断时，应在洞口上部增设相同截面的附加圈梁。附加圈梁与圈梁的搭接长度不应小于其中到中垂直间距的 2 倍，且不得小于 1m。如图 14-13 所示。

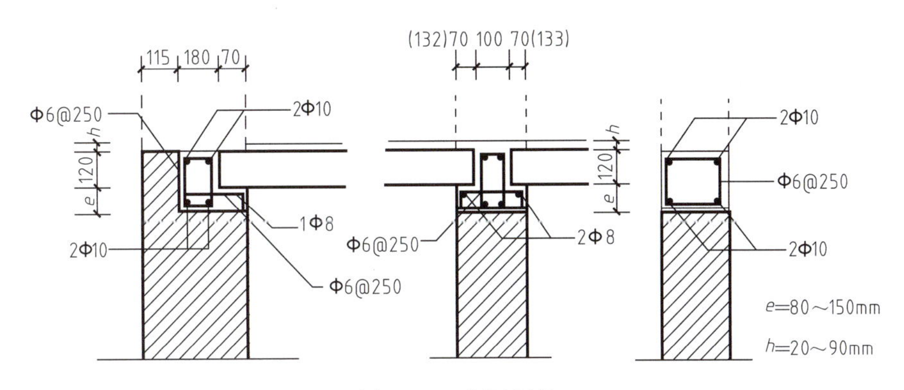

图 14-11　板平圈梁

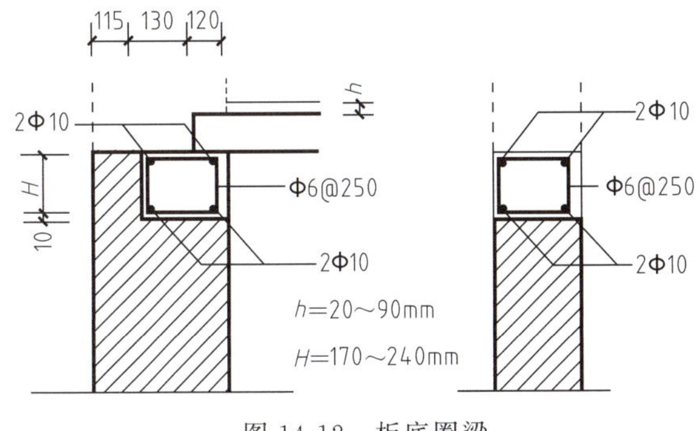

图 14-12　板底圈梁

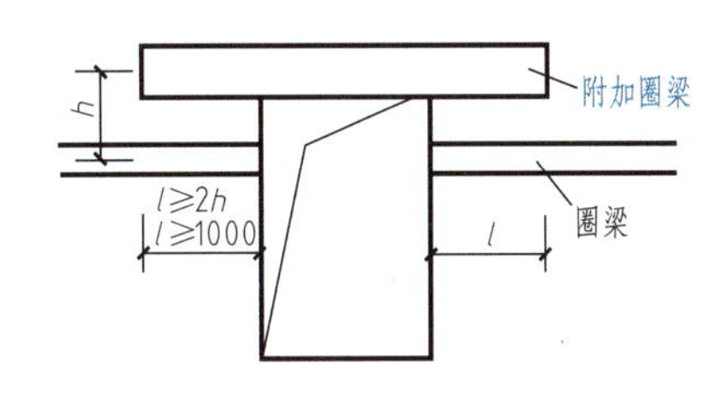

图 14-13　钢筋混凝土附加圈梁

14.3.2.8　构造柱

在砌体房屋墙体的规定部位，按构造配筋，并按先砌墙后浇灌混凝土柱的施工顺序制成的混凝土柱，通常称为混凝土构造柱，简称构造柱。

构造柱从竖向加强墙体的连接，与圈梁一起构成空间骨架，提高了建筑物的整体刚度和墙体的延性，约束墙体裂缝的开展，从而增加建筑物承受地震作用的能力。因此，有抗震设防要求的建筑中须设钢筋混凝土构造柱。

（1）构造柱的设置要求

构造柱一般设置在以下三个位置，即外墙转角、内外墙交接处（包括内横外纵及内纵外横两部分）及楼梯间的内墙处。根据《建筑抗震设计规范》（GB 50011—2010）（2016 年版），构造柱的设置要求见表 14-3。

表 14-3 多层砖砌体房屋构造柱的设置要求

<table>
<tr><th colspan="4">房屋层数</th><th colspan="2" rowspan="2">设置部位</th></tr>
<tr><th>6 度</th><th>7 度</th><th>8 度</th><th>9 度</th></tr>
<tr><td>四、五</td><td>三、四</td><td>二、三</td><td>—</td><td rowspan="3">楼、电梯间四角、斜梯段上下端对应的墙体处；外墙四角和对应转角；错层部位横墙与外纵墙交接处；大房间内外墙与交接处；较大洞口两侧</td><td>隔 12m 或单元横墙与外纵墙交接处；楼梯间对应的另一侧内横墙与外纵墙交接处</td></tr>
<tr><td>六</td><td>五</td><td>四</td><td>二</td><td>隔开间横墙（轴线）与外墙交接处，山墙与内纵墙交接处</td></tr>
<tr><td>七</td><td>≥六</td><td>≥五</td><td>≥三</td><td>内墙（轴线）与外墙交接处，内墙的局部较小墙垛处；内纵墙与横墙（轴线）交接处</td></tr>
</table>

（2）构造柱的构造要求

多层普通砖、多孔砖房屋的构造柱应符合下列要求。

二维码 14.1

① 构造柱的最小截面可为 180mm×240mm（墙厚 190mm 时为 180mm×190mm）；构造柱纵向钢筋宜采用 4Φ12，箍筋直径可采用 6mm，间距不宜大于 250mm，且在柱上、下端适当加密。

② 施工时，应先放构造柱的钢筋骨架，再砌砖墙，最后浇注混凝土。

③ 构造柱与墙连接处应砌成马牙槎，沿墙高每隔 500mm 设 2Φ6 水平钢筋和Φ4 分布短筋平面内点焊组成的拉结网片或Φ4 点焊钢筋网片，每边伸入墙内不宜小于 1m。

④ 构造柱可不单独设置基础，但应伸入室外地面下 500mm，或与埋深小于 500mm 的基础圈梁相连。

⑤ 构造柱顶部应伸入顶层圈梁，形成封闭的骨架；如果有女儿墙，构造柱应伸至女儿墙顶，并与现浇钢筋混凝土压顶整浇在一起。

二维码 14.2

14.3.2.9 烟道与通风道

在住宅或其他民用建筑中，为了排除炉灶的烟气或其他污浊空气，常贴墙面或在墙内设置烟道和通风道。烟道和通风道分为现场砌筑或预制构件进行拼装两种做法。砖砌烟道和通风道的断面尺寸应根据排气量来决定，但不应小于 120mm×120mm。烟道和通风道除单层房屋外，均应有进气口和排气口。烟道和通风道不能混用，以免串气。

实训项目

[1+X 证书（建筑工程识图、BIM）要求]

识读附图 2 的建筑设计总说明和相关图纸，找出本工程墙体的材料、等级和各细部构造做法等。

14.4 隔墙和隔断

隔断墙是指建筑中不承重，只起分隔室内空间作用的墙体，一般把到顶板下皮的隔断墙称为隔墙，不到顶的称为隔断。

14.4.1 隔断墙的要求

隔断墙要满足下列的要求。

（1）墙厚小　隔断墙在满足稳定性条件下，应愈薄愈好，可以少占室内使用面积和空间。

（2）重量轻　隔断墙本身不承重，还要将自重传给楼板、梁等承重构件，为了减轻传递给楼板、梁等构件的荷载，隔断墙应愈轻愈好。

（3）功能要求　隔断墙要根据不同的建筑功能要求，需要满足隔音、防水、防潮、耐火等要求。

（4）易于安装、拆除　为了适应房间使用性质的改变，增加通用性，隔断墙要便于安装和拆除。

14.4.2 隔墙的常用做法

14.4.2.1 120mm 厚砖砌隔墙

这种隔墙是用普通黏土砖、多孔砖顺砖砌筑而成，一般可以满足隔音、防水、耐火的要求。由于这种墙较薄，因而必须注意墙体的稳定性。提高砖砌隔墙的稳定性的措施如下。

（1）后砌砖墙与先砌墙体的拉接。砌体结构中的隔墙大多为后砌砖墙。在与先砌墙体连接时，应在先砌墙体内加设拉接钢筋。其具体做法是上下间距每 500mm，加设 2Φ6 钢筋，钢筋伸入长度应不小于 500mm，并在先砌墙体内留凸岔（一般每五皮砖留一块），伸出墙面 60mm。8 度和 9 度时，对长度超过 5m 的后砌砖墙，在其顶部还应与楼板或梁拉结。

（2）隔墙上部与楼板相接处，用立砖斜砌，使墙和楼板挤紧。

（3）隔墙上有门时，要用预埋铁件或用带有木楔的混凝土预制块，将砖墙与门框拉接牢固。

14.4.2.2 加气混凝土砌块隔墙

加气混凝土砌块具有质量轻、保温效能高、吸声好、尺寸准确、现场可以进行切割、加工等特点。在建筑工程中采用加气混凝土砌块可以减小房屋自重，提高建筑物的功能，节约建筑材料，减少运输量，降低造价等。

常用加气混凝土的砌块的厚度尺寸为 75mm、100mm、125mm、150mm、200mm，长度为 500mm。砌筑砌块时，应采用 1∶3 水泥砂浆，并考虑错缝搭接。为保证加气混凝土砌块隔墙的稳定性，应预先在先砌筑的墙内预留出拉结筋，并伸入砌块隔墙中，钢筋数量应符合抗震设计规范的要求。具体做法可参见 120mm 厚砖隔墙。

14.4.2.3 加气混凝土条板隔墙

加气混凝土条板具有自重轻、节省水泥、易于加工、施工简单等优点，但也存在有强度较低、吸水性大、耐腐蚀性能较差等缺点，不适用于高温、高湿、有腐蚀性的环境中。常用尺寸为厚 80～100mm、宽 600～800mm、长 2700～3000mm。加气混凝土条板之间可以用水玻璃矿渣粘接剂粘接，也可以用聚乙烯醇缩甲醛（107 胶）粘接。

14.4.2.4 碳化石灰空心板隔墙

碳化石灰板材料来源广泛，生产工艺简单、成本低廉，重量轻，隔音效果好。一般的碳化石灰板的规格为长 2700～3000mm，宽 500～800mm，厚 90～120mm。板的安装同加气混凝土条板隔墙。碳化石灰板隔墙可作成单层或双层。60mm 宽空气间层的双层板，适用于隔音要求高的房间。

14.4.2.5 复合板隔墙

复合板是采用几种材料复合制成的多层板。复合板的面层有石棉水泥板、石膏板、铝板、树脂板、硬质纤维板、压型钢板等。夹心材料可用矿棉、木质纤维、泡沫塑料或蜂窝状材料等。复合板充分利用各种材料的性能，多数复合板具有强度高，耐火、防水、隔音性能好等优点，且安装、拆卸较为简便。

14.4.2.6 GY 板

GY 板又称为钢丝网岩棉水泥砂浆复合墙板，是以 $\phi 2$ 低碳冷拔镀锌钢丝焊接成空间网笼为构架，中间填充岩棉芯层，经喷涂或磨抹水泥砂浆作面层而制成的轻质板材。GY 板具有自重轻，强度高，防火、隔音、不腐烂等特点，常用的产品规格为长度 2400～3300mm，宽度 900～1200mm，厚度 55～60mm。

14.4.2.7 泰柏板

泰柏板又称为钢丝网泡沫塑料水泥砂浆复合墙板，是以 $\phi 2$ 低碳冷拔镀锌钢丝焊接成空间网笼为构架，中间填充聚苯乙烯泡沫塑料芯层，经喷涂或抹水泥砂浆作面层而制作成的轻质板材。泰柏板具有自重轻、强度高、防火、隔音、不腐烂等特点。其产品规格为（2140～2740）mm × 1220mm × 75mm（长 × 宽 × 厚），抹灰后的厚度为 100mm。泰柏板与顶板、底板采用固定夹连接。

14.4.3 隔断的做法

隔断是分隔室内空间的装修构件。隔断的作用在于变化空间或遮挡视线，增加空间的层次和深度。隔断的形式有屏风式、镂空式、玻璃墙式、移动式以及家具式隔断等。

14.4.3.1 屏风式隔断

屏风式隔断通常不隔到顶，使空间通透性强，常用于办公室、餐厅、展览馆以及门诊部的诊室等公共建筑中。厕所、淋浴间等也多采用这种形式。隔断高一般为 1050mm、1350mm、1500mm、1800mm 等，可根据不同使用要求进行选用，如图 14-14 所示。

屏风式隔断有固定式和活动式两种构造形式。

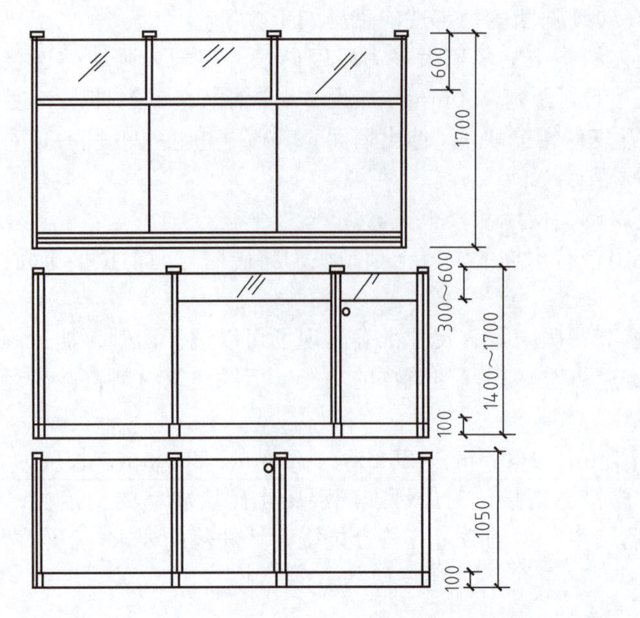

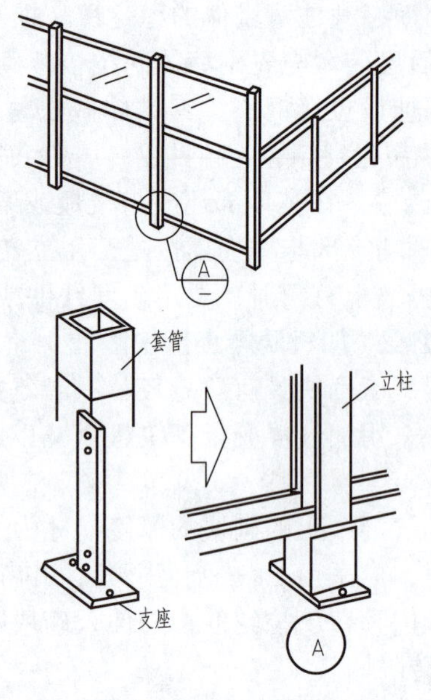

图 14-14　屏风式隔断构造

固定式构造又分立筋骨架式和预制板式。预制板式隔断借预埋铁件与周围墙体、地面固定；立筋骨架式与隔墙相似，它可在骨架两侧铺钉面板，亦可镶嵌玻璃。玻璃可以是磨砂玻璃、彩色玻璃、刻花玻璃等。

活动式屏风隔断可以移动放置。最简单的支承方式是在屏风扇下安装金属支承架。支架可以直接放在地面上，也可在支架下安装橡胶滚动轮或滑动轮，这样移动起来，更加方便。

14.4.3.2　镂空式隔断

镂空花格式隔断是公共建筑门厅、客厅等处分隔空间常用的一种形式，有竹、木制的，也有混凝土预制构件的，形式多样，如图 14-15 所示。隔断与地面、顶棚的固定也根据材料不同而变化。可用钉、焊等方式连接。

14.4.3.3　玻璃墙式隔断

玻璃墙式隔断有玻璃砖隔断和空透式隔断两种。

玻璃砖隔断系采用玻璃砖砌而成，既分隔空间，又透光。常用于公共建筑的接待室、会议室等处，如图 14-16 所示。

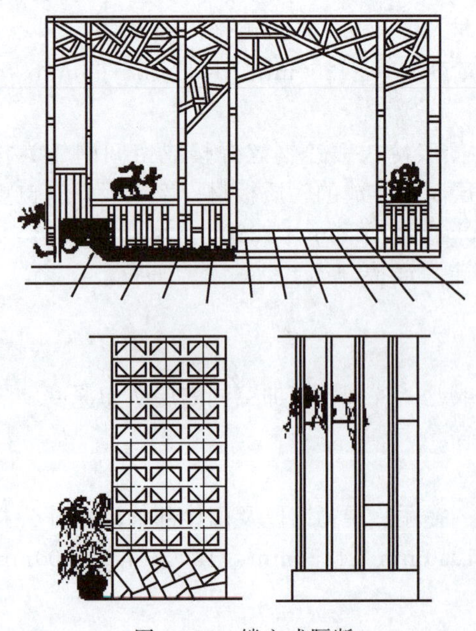

图 14-15　镂空式隔断

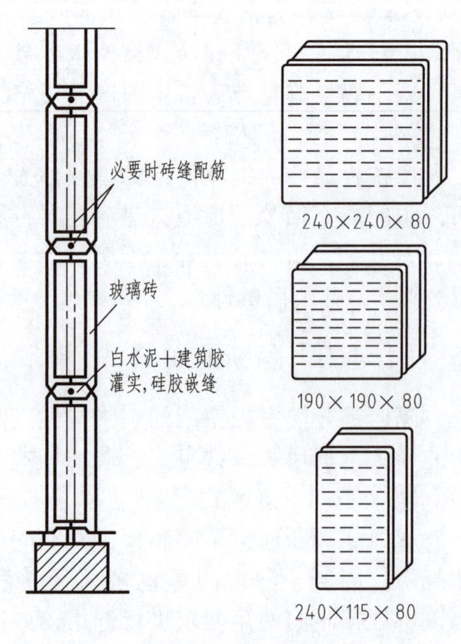

图 14-16　玻璃砖隔断

空透式玻璃隔断系采用普通平板玻璃、磨砂玻璃、刻花玻璃、压花玻璃、彩色玻璃以及各种颜色的有机玻璃等嵌入木框或金属框的骨架中，具有透光性。它主要用于幼儿园、医院病房、精密车间走廊以及仪器仪表控制室等。彩色玻璃、压花玻璃或彩色有机玻璃，除遮挡视线外，还具有丰富的装饰性，可用于餐厅、会客室、会议室等。

14.4.3.4 其他隔断

其他形式的隔断有拼装式、滑动式、折叠式、悬吊式、卷帘式、起落式等多种形式。多用于餐馆、宾馆活动室以及会堂。

家具式隔断是利用各种适用的室内家具来分隔空间的一种设计处理方式，它把空间分隔与功能使用以及家具配套巧妙地结合起来。这种形式多用于住宅的室内以及办公室的分隔等。

14.5 玻璃幕墙

幕墙或称悬挂墙板。幕墙又根据外饰面材料不同分为：金属幕墙、玻璃幕墙、石板幕墙、水泥薄板类幕墙等悬挂墙板。这里重点介绍玻璃幕墙。

14.5.1 玻璃幕墙的特点

玻璃幕墙将建筑美学、功能、节能和结构等因素有机地统一起来，它轻巧、晶莹，具有透射和反射性质，可以创造出明亮的室内光环境、内外空间交融的效果，还可反映出周围各种动和静的物体形态，使建筑物从不同角度呈现出不同的色调，随阳光、月色、灯光的变化给人以动态的美。当然，玻璃幕墙也存在着一些局限性，例如光污染、能耗较大等问题，但这些问题随着新材料、新技术的不断出现，正在逐步进行综合研究和深入探讨。

14.5.2 玻璃幕墙的形式

玻璃幕墙以其构造方式分为有框玻璃幕墙和无框玻璃幕墙两类。

14.5.2.1 有框玻璃幕墙

有框玻璃幕墙又可分为显框玻璃幕墙和隐框玻璃幕墙。

（1）显框玻璃幕墙

显框玻璃幕墙也称为明框玻璃幕墙，其金属框暴露在室外，形成外观上可见的金属格构。

（2）隐框玻璃幕墙

隐框玻璃幕墙根据隐框的程度可分为全隐框玻璃幕墙和半隐框玻璃幕墙。半隐框玻璃幕墙是有部分金属框隐蔽在玻璃的背面，一是横明竖隐，二是竖明横隐；全隐框玻璃幕墙则是将金属框全部隐蔽在玻璃的背面，在室外看不见金属框。

有框玻璃幕墙多用金属杆件组成骨架，与楼板层外端的支座用螺栓连接在房屋框架的外侧。可以现场组装，或组装成单元板材后现场安装。金属骨架的型材一般分立柱和横档，断面带有固定玻璃的凹槽。幕墙装配时，先把骨架通过连接件安装在主体结构上，然后将玻璃镶嵌在骨架的凹槽内，周边缝隙用密封材料处理。为排除因密封不严而流入槽内的雨水，骨架横档支承玻璃的部位做成倾斜状，外侧用一条铝合金盖板封住。图 14-17 是玻璃幕墙铝合金骨架及其与玻璃镶嵌的构造示意。

14.5.2.2 无框玻璃幕墙

无框玻璃幕墙不设边框，以高强黏结胶将玻璃连接成整片墙，即全玻幕墙。近年来又出现了一种点式连接安装的无框玻璃幕墙，如图 14-18 所示为 “爪”形连接件。无框幕墙的优点是透明、轻盈、空间渗透强，应用前景广泛。

玻璃幕墙的大量采用，突出了玻璃面的清洗、维修以及防火问题。幕墙的内缘与主体结构之间存有缝隙，上下贯通，它是火警时烟和火焰通过和向上蔓延的通道。所以幕墙和楼板之间的缝隙应用耐高温的非燃烧且有弹性的材料密封，在窗上沿设水幕，或在窗台板下设隔墙等措施处理。玻璃的维修和外表面的清洗是不可避免的。一般较多采用的办法是在玻璃幕墙四周部分骨架的外侧铺设轨道，安

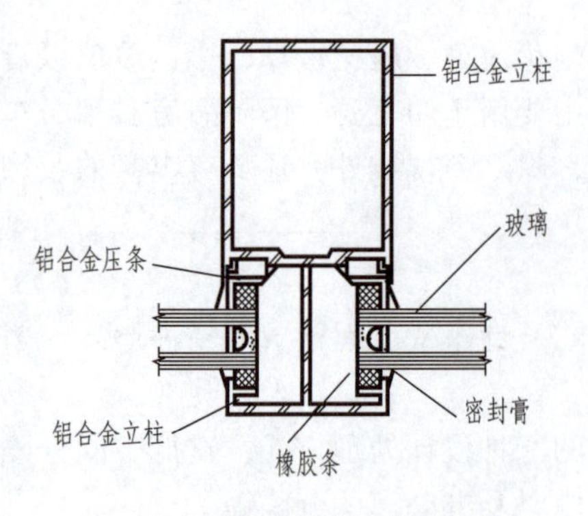

(a) 立柱断面示意及其与玻璃的密封

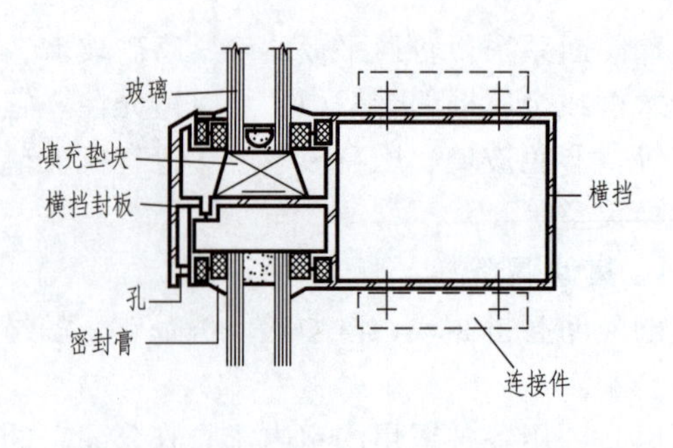

(b) 横档断面示意及其与玻璃的密封

图 14-17 玻璃幕墙铝合金骨架及其与玻璃镶嵌的构造

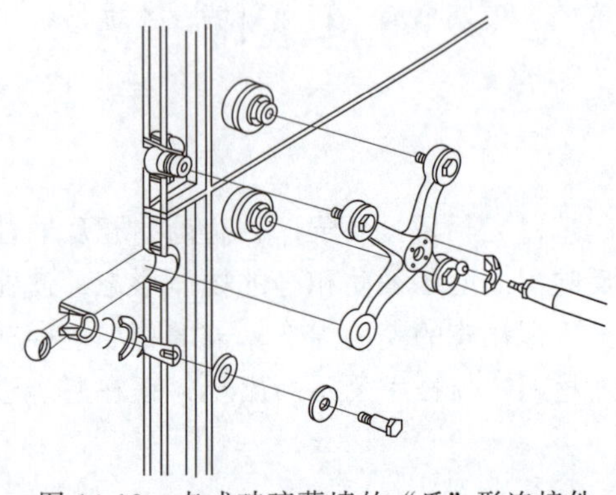

图 14-18 点式玻璃幕墙的“爪”形连接件

装擦窗机。机身悬挂的吊篮沿轨道行走，为擦拭和维修玻璃提供了条件。

玻璃幕墙建筑可设计成全墙面可透视的透明墙面；也可设计成一部分可透视，另一部分不能透视的全玻璃外墙面，不透明部分的玻璃内侧为板状保温层及幕墙内表层。

透明玻璃幕墙在温暖地区设单层玻璃和单玻璃可开窗扇，而在寒冷地区一般均用中空玻璃及可开窗扇。幕墙玻璃根据需要，可用普通透明白玻璃，而较多采用古铜、湖蓝等着色玻璃。改善室内温度环境则采用吸热玻璃（热反射玻璃），而且对立面效果也有极大作用。

14.6 砌块墙构造

砌块墙是采用预制砌块按照一定的技术要求叠砌而成的墙体。具有适应性强、生产工艺简单、技术效果良好、便于就地取材、利用工业废料、造价低廉等优点。

14.6.1 砌块的类型

（1）依据砌块的质量分类

依据砌块的质量可分为大型砌块（350kg 以上）、中型砌块（20kg 至 350kg 之间）和小型砌块（20kg 以下）。

（2）依据砌块所用材料分类

依据砌块所用材料可分为混凝土砌块、加气混凝土砌块、轻骨料混凝土砌块、粉煤灰砌块、炉渣砌块等。

（3）依据砌块的功能分类

依据砌块功能可分为承重砌块和非承重砌块，保温砌块和不保温砌块等。

（4）依据砌块有无孔洞分类

依据砌块有无孔洞可以分为实心砌块和空心砌块，当砌块无孔洞或孔洞率＜25%，称为实心砌块；当砌块孔洞率≥25%，称为空心砌块。根据空洞的形状，空心砌块有单排方孔、单排圆孔、多排窄孔等。

14.6.2 砌块墙的构造

14.6.2.1 砌块墙的排列原则

（1）排列力求整齐、有规律性。

（2）纵横墙牢固组砌，以提高墙体的整体性。上下皮砌块应错缝，以保证墙体的强度和刚度。

（3）尽可能减少使用普通黏土砖补砌。

（4）充分利用吊装机械的设备能力，尽可能采用最大规格的砌块。当前应以中型砌块为主。

14.6.2.2 砌块墙的构造

砌块建筑的构造与砖混结构基本相同，概括起来有以下几点。

（1）在楼层的墙身标高处加设圈梁，其断面尺寸应与砌块尺寸相协调，配筋按所在地区的要求选用，如图14-19、图14-20所示。

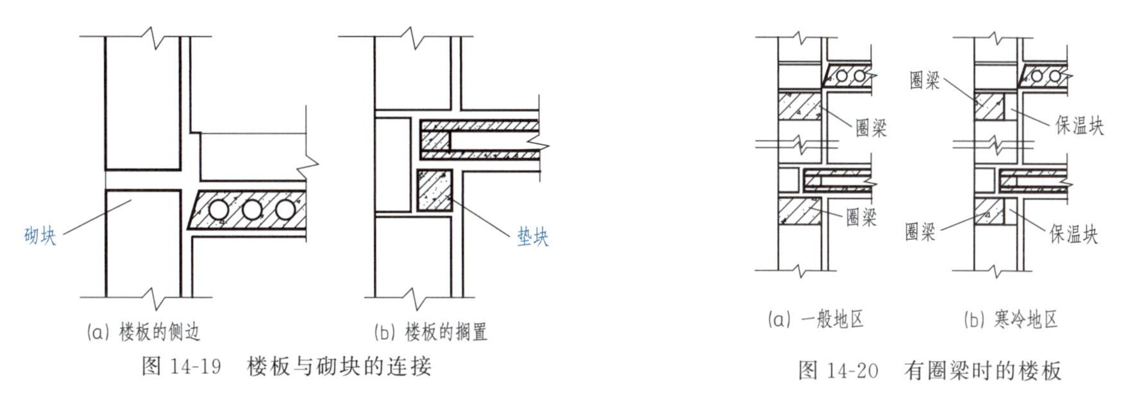

图14-19 楼板与砌块的连接

图14-20 有圈梁时的楼板

（2）在外墙转角或内外交接处，应加设构造柱，其配筋为2φ12。或采用钢筋网片、扒钉、转角砌块等连接做法，如图14-21～图14-24所示。

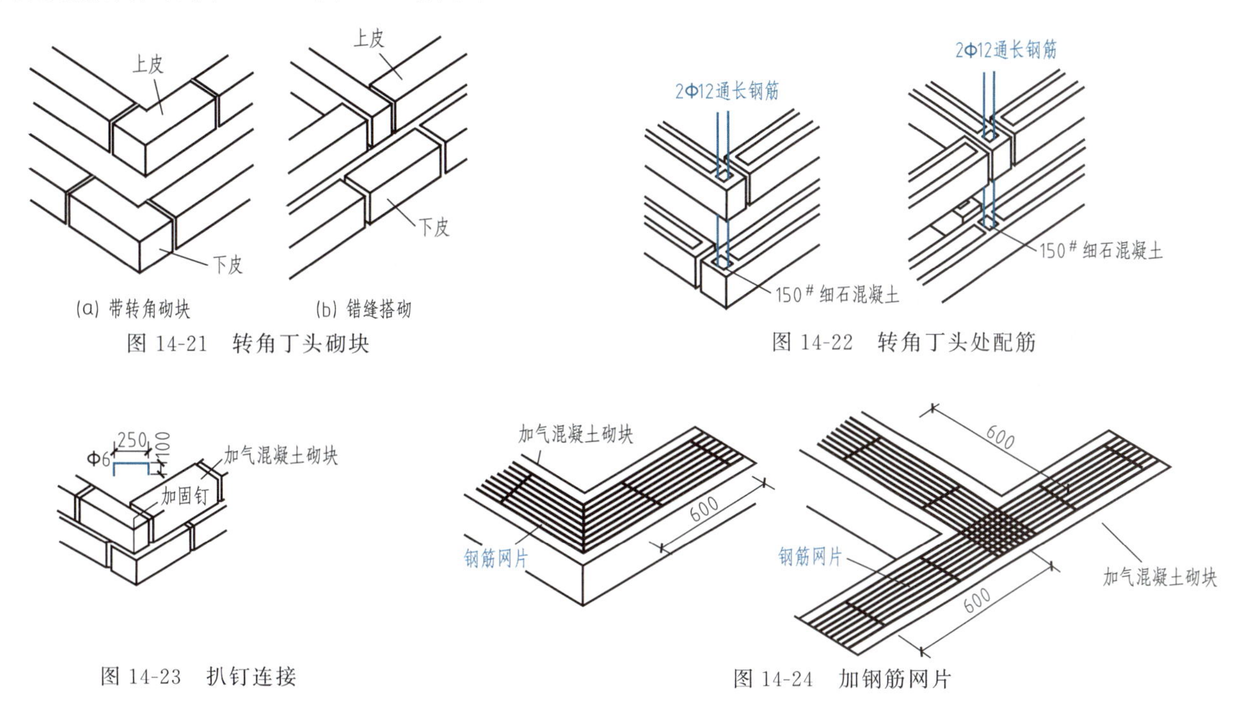

图14-21 转角丁头砌块

图14-22 转角丁头处配筋

图14-23 扒钉连接

图14-24 加钢筋网片

（3）砌块建筑的水平缝与垂直缝均采用20mm，若垂直缝大于40mm时，必须用C10细石混凝土灌缝。

（4）门窗过梁与窗台一般采用预制钢筋混凝土构件。

（5）门窗框的固定可以采用铁件锚固、膨胀木块，也可以采用膨胀螺栓。

（6）外装修可以做清水墙嵌缝，也可以采用抹灰墙面。

14.7 墙面装修

14.7.1 墙面装修的作用

墙面装修是建筑装修的重要内容之一，主要作用如下。

（1）保护墙体、提高墙体的耐久性

墙面装修可以保护墙体，减少自然界和外界人、物等的损坏，如风、霜、雨、雪的侵袭，人、物的碰撞等，提高墙体的耐久性，延长其使用年限。

（2）改善墙体热工性能和卫生条件

墙面装修可以改善墙体热工性能，提高墙体的保温、隔热性能；改善室内的卫生条件和环境，增加室内光洁度、平整度，提高室内照度，便于清洁，还可以改善音质等。

（3）提高建筑的艺术效果、美化环境

通过墙面装修，可以改善建筑物立面形象，提高建筑的艺术效果，并且对周围环境起到美化作用。

14.7.2　墙面装修的分类

墙面装修根据所在位置不同有外墙面装修和内墙面装修两大类型。根据饰面材料和做法不同，外墙面装修可分为抹灰类、贴面类和涂料类；内墙面装修则可分为抹灰类、贴面类、涂料类、裱糊类、镶钉类。

14.7.3　墙面装修的做法

14.7.3.1　抹灰类墙面

抹灰类墙面是以石灰、水泥等为胶结材料，掺入砂、石骨料用水拌和后，采用不同施工方法，获得多种不同的装饰效果。抹灰类墙面材料来源广泛，施工简便，造价低，因此在建筑墙体装饰中应用广泛。但也存在耐久性差、易开裂、湿作业多、工效低等缺点。

（1）抹灰墙面的构造组成

抹灰墙面的构造层次一般分三层，即底（层）灰、中（层）灰、面（层）灰。抹灰施工时须分层操作，做到表面平整，黏结牢固，色彩均匀，不开裂。

底（层）灰的主要作用是与基层黏结，同时对基层进行初步找平；中（层）灰起到进一步找平的作用；面（层）灰主要起装饰作用。

（2）抹灰墙面的分类

抹灰墙面根据装饰效果可分为一般抹灰和装饰抹灰两大类。一般抹灰根据抹灰的层次不同可分为普通抹灰、中级抹灰和高级抹灰三种；装饰抹灰则包括水刷石、干粘石、拉毛灰、斩假石等墙面装饰。

（3）做法

① 水泥砂浆外墙面（砖墙）

12mm 厚 1∶3 水泥砂浆打底

6mm 厚 1∶2 水泥砂浆抹面压光

② 混合砂浆内墙面

a. 砖墙

9mm 厚 1∶1∶6 水泥石灰砂浆打底

6mm 厚 1∶0.5∶3 水泥石灰砂浆抹面

b. 蒸压加气混凝土砌块墙

2 厚配套专用界面砂浆批刮

7mm 厚 1∶1∶6 水泥石灰砂浆打底

6mm 厚 1∶0.5∶3 水泥石灰砂浆抹面

③ 水刷石外墙面

12mm 厚 1∶3 水泥砂浆

刷素水泥浆一道（内掺建筑胶）

8mm 厚 1∶1.5 水泥石子罩面，水刷表面

④ 斩假石（剁斧石）外墙面

12mm 厚 1∶3 水泥砂浆

刷素水泥浆一道

10mm 厚 1∶1.5 水泥米石子罩面，剁斧斩毛

14.7.3.2 贴面类墙面

贴面类墙面是利用各种天然石板或人造板、块直接贴于基层表面或通过构造连接固定于基层上的装修层，它具有耐久、装饰效果好、容易清洗等优点。常用的贴面材料有面砖、瓷砖、锦砖等陶瓷和玻璃制品、水磨石板、水刷石板和剁斧石板等水泥制品以及花岗岩板和大理石板等天然石板。一般情况下，内墙面装修多选用质感细腻、耐候性较差的材料，如瓷砖、大理石板等，而外墙面装修则多选用质感粗犷、耐候性好的材料，如面砖、锦砖、花岗岩板等。

（1）面砖、瓷砖、锦砖墙面

面砖多数是以陶土或瓷土为原料，压制成型后经焙烧而成。由于面砖不仅可以用于墙面装饰也可用于地面，人们常称之为墙地砖。常见的面砖有釉面砖、无釉面砖、仿花岗岩瓷砖、劈离砖等。

陶瓷锦砖也称马赛克，是高温烧结而成的小型块材，表面致密光滑、坚硬耐磨、耐酸耐碱，陶瓷锦砖可用于墙面装修，更多用于地面装修。

① 贴釉面砖（瓷砖）内墙面

9mm 厚 1∶3 水泥砂浆

素水泥浆一遍

3～4mm 厚 1∶1 水泥砂浆加水质量 20％的建筑胶或配套专用胶黏剂黏结层

4～5mm 厚釉面砖，白水泥浆擦缝或填缝剂填缝

② 贴釉面砖（瓷砖）内墙面（加气混凝土墙）

2mm 厚配套专用界面砂浆批刮

7mm 厚 1∶1∶6 水泥石灰砂浆打底

6mm 厚 1∶0.5∶3 水泥石灰砂浆抹面

素水泥浆一遍

3～4mm 厚 1∶1 水泥砂浆加水重 20％的建筑胶或配套专用胶黏剂黏结层

4～5 厚釉面砖，白水泥浆擦缝或填缝剂填缝

③ 贴面砖外墙面

9mm 厚 1∶3 水泥砂浆打底

6mm 厚 1∶2.5 水泥砂浆找平

5mm 厚干粉类聚合物水泥防水砂浆，中间压入一层热镀锌电焊网

配套专用胶黏剂黏结

5～7mm 厚外墙面砖，填缝剂填缝

（2）天然石板及人造石板墙面

装饰用的石材有天然石材和人造石材之分，按其厚度有厚型和薄型两种，通常厚度在 30～40mm 的称板材，厚度在 40～130mm 的称为块材。

天然石材饰面板不仅具有各种颜色、花纹、斑点等天然材料的自然美感，而且质地密实坚硬，故耐久性、耐磨性等均比较好，天然石材按其表面的装饰效果，可分为磨光和剁斧两种主要处理形式，在装饰工程中的适用范围广泛。

人造石材属于复合装饰材料，具有重量轻、强度高、耐腐蚀性强，花纹和色彩可人为控制，可选择范围广，造价低于天然石材墙面等优点，但人造石材的色泽和纹理不及天然石材自然柔和。人造石材包括水磨石材、合成石材等。

干挂石材外墙面

15mm 厚 1∶3 水泥砂浆找平

刷 1.5mm 厚聚合物水泥防水涂料

墙体固定连接件及竖向龙骨

按石材板高度安装配套不锈钢挂件

25～30mm 厚石材板，用硅酮密封胶填缝

当板材的块型较大（块材），可采用拴挂法、连接件挂接法等安装方式。

14.7.3.3 涂刷类墙面装饰

涂刷类墙面装饰是将各种涂料涂敷于基层表面而形成牢固的膜层，从而起到保护墙面和装饰墙面的

作用。

建筑内外墙面用涂料作装饰面是饰面做法中最简便的一种方式，具有省工、省料、工期短、工效高、自重轻、更新方便、造价低廉、有多种装饰效果等优点，但目前也存在耐久性较差、有效使用年限较短的缺点，是一种很有前途的装饰类型。墙面涂刷装饰多以抹灰为基层，也可直接涂刷在砖、混凝土、木材等基层上。根据装饰要求，可以采取刷涂、滚涂、弹涂、喷涂等施工方法以形成不同的质感效果。

建筑涂料品种繁多，应根据建筑的使用功能、墙体所处环境、施工和经济条件等，尽量选择附着力强、耐久、无毒、耐污染、装饰效果好的涂料。

真石漆外墙面

9mm 厚 1∶3 水泥砂浆打底

6mm 厚 1∶2.5 水泥砂浆找平

5mm 厚干粉类聚合物水泥防水砂浆，中间压入一层耐碱玻璃纤维网布

涂饰底层涂料

喷涂主层涂料

涂饰面层涂料二遍

14.7.3.4 裱糊类墙面装修

裱糊类装修是将各种装饰性壁纸、墙布等卷材用黏结剂裱糊在墙面上而成的一种饰面，材料和花色品种繁多。

（1）PVC（聚氯乙烯）塑料壁纸

塑料壁纸由面层和衬底层所组成，面层以聚氯乙烯塑料薄膜或发泡塑料为原料，经配色、喷花而成。发泡面层具有弹性，花纹起伏多变，立体感强，美观豪华。壁纸的衬底一般分为纸基和布基两类，纸基加工简单、价格低，但抗拉性能较差；布基则有较高抗拉能力，价格较高。

（2）织物墙布

由动植物的纤维（毛、麻、丝）或其他人造纤维编织成的织物面料复合于纸基衬底上制成的墙布，它色彩自然、质感细腻、美观高雅，是高级内墙装修材料。另一种较普及的织物墙布为玻璃纤维墙布，它是以玻璃纤维织物为基材，经加色、印花而成的一种装饰卷材，具有加工简单、耐火、防水、抗拉强、可擦洗、造价低的优点，并且织纹感强，装饰效果好，缺点是日久变黄并易泛色。

14.7.3.5 镶钉类墙面装修

镶钉类装修是将各种天然材料或人造薄板镶钉在墙面上的装修做法，其构造与骨架隔墙相似，由骨架和面板两部分组成。

（1）骨架

有木骨架和金属骨架之分。由截面一般为 50mm × 50mm 的立柱和横撑组成的木骨架钉在预埋在墙上的木砖上，或直接用射钉钉在墙上，立柱和横撑间距应与面板长度和宽度相配合。金属骨架由槽形截面的薄钢立柱和横撑组成。

（2）面板

室内墙面装修用面板，一般采用各种截面的硬木条板、胶合板、纤维板、石膏及各种吸声板等。

硬木条板装修是将各种截面形式的条板密排竖直镶钉在横撑上，其构造见图 14-25。为防止条板受潮

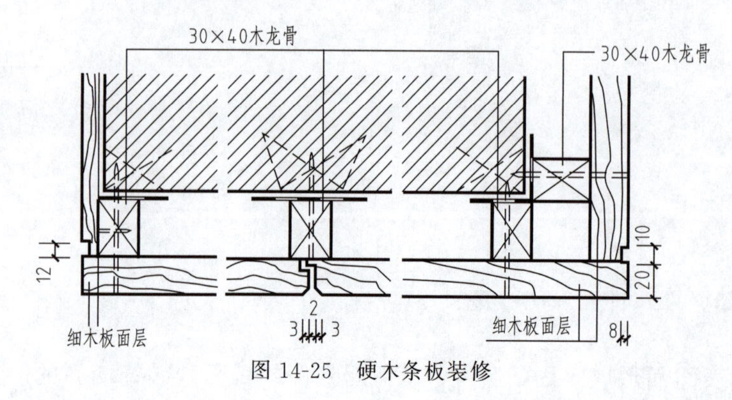

图 14-25　硬木条板装修

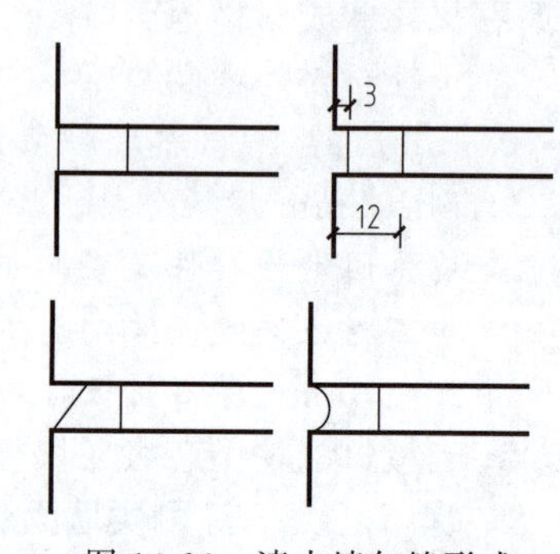

图 14-26　清水墙勾缝形式

变形变质，在立骨架前，先于墙面涂刷热沥青两道或粘贴油毡一层。胶合板、纤维板等人造薄板可用圆钉或木螺钉直接固定在木骨架上，板间留有5～8mm缝隙，以保证面板有微量伸缩的可能，也可用木压条或铜、铝等金属压条盖缝。石膏板与金属骨架的连接一般用自攻螺钉或电钻钻空后用镀锌螺钉固定。

另外，黏土砖的耐久性好，不易变色并具有独特的线条质感，有较好的装饰效果。如选材得当，保证砌筑质量，砖墙表面可不另做装修，只需勾缝，这种墙称为清水墙。勾缝的作用是防止雨水侵入，且使墙面整齐美观。勾缝用1∶1或1∶2水泥细砂砂浆，砂浆中可加颜料，也可用砌墙砂浆随砌随勾，称原浆勾缝。勾缝形式有平缝、平凹缝、斜缝、弧形缝等，如图14-26所示。

实训项目

［1+X证书（建筑工程识图、BIM）要求］

1. 识读附图2的建筑设计总说明和相关图纸，找出本工程墙体的装饰装修做法。

2. 抄绘墙体详图，要求图面布图匀称、字迹工整，所有线条、材料图例、文字、尺寸标注等均应符合国家制图统一规定的要求。

复习思考题

1. 墙体在建筑中有哪些作用？
2. 墙体依据所处位置、受力特点、构造做法等各分为哪些类型？
3. 墙体厚度的确定因素有哪些？
4. 在进行墙体设计时，要考虑哪些要求？
5. 标准黏土砖和KP1型多孔黏土砖的规格分别是多少？
6. 砖和砂浆的强度等级各分为哪几级？
7. 简述墙身水平防潮层的作用、常用做法、各做法的优缺点、设置位置以及设置要求。
8. 什么时候设置垂直防潮层？设置在什么位置？如何设置？
9. 勒脚有什么作用？有哪些做法？有哪些设置要求？
10. 散水和明沟有什么作用？有哪些做法？设置要求有哪些？
11. 窗台有什么作用？有哪些做法？
12. 为什么要设置门窗过梁？有哪些做法？各适用于什么情况？
13. 圈梁和构造柱的作用各是什么？一般设在什么位置？怎样设置？设置原则是什么？有什么要求？
14. 简述隔断、隔墙的设计要求和常用做法。
15. 幕墙根据外饰面材料可分为哪几类？玻璃幕墙有哪些形式？有什么特点？
16. 试述砌块的分类和砌块墙的构造。
17. 墙面装修的作用是什么？是如何分类的？
18. 试述墙面装修的常用做法。

教学单元15 楼层和地层构造

学习目标、教学要求和素质目标

本教学单元是本门课程的重点之一，重点介绍楼层和地层的作用、构造做法、钢筋混凝土楼板的特点和构造、楼面、地面、顶棚、阳台和雨篷的构造做法，进一步进行相应建筑工程图的识读和绘制训练。通过学习，应该达到以下要求：

1. 掌握楼层和地层的作用，了解楼层和地层的设计要求，熟悉楼层和地层的构造层次和作用，掌握楼板的类型。

2. 掌握现浇整体式、预制装配式和装配整体式钢筋混凝土楼板的分类、楼板的类型、特点和适用条件。

3. 掌握楼面和地面的分类、适用条件和各类的构造做法。

4. 掌握顶棚的分类、适用条件和各类的构造做法。

5. 掌握阳台和雨篷的作用、分类、适用条件、主要构造做法和细部处理措施。

6. 了解装配式建筑的发展，了解我国建筑业发展方向和趋势，培养学生积极学习先进技术的意识，建立使命感和责任感，为祖国建设贡献自己的力量。

15.1 概述

15.1.1 楼层和地层的作用

15.1.1.1 楼层的作用

（1）承重作用　楼层是水平承重构件，它承受其上的人、家具设备等荷载，并把这些荷载和自重传给墙、梁或柱。

（2）支撑作用　楼层是水平支撑构件，连接竖向构件，保证竖向构件的稳定性。

（3）分隔作用　楼层是水平分隔构件，将建筑物分为若干层。

（4）其他作用　根据不同要求，楼层要具有隔音、防水、防火等功能，并提供铺设管线的空间。

15.1.1.2 地层的作用

（1）承重作用　地层是水平承重构件，它承受其上的人、家具设备等荷载。

（2）分隔作用　地层是水平分隔构件，将建筑物的底层与地基或地下室分隔开来。

（3）其他作用　根据不同要求，地层还要具有保温、防水、防潮、防火等功能，并提供铺设管线的空间。

15.1.2 楼层和地层的设计要求

为保证建筑物的安全和使用质量，楼层和地层应满足下列要求。

(1) 强度要求

楼层和地层应具有足够的强度，能够承受不同要求下的荷载和本身的自重。

(2) 刚度要求

楼层和地层应具有一定的刚度，在荷载作用下，挠度变形不应超过规定数值。

(3) 隔音要求

楼板的隔音包括隔绝空气传声和固体传声两个方面，主要以隔绝固体传声为主。楼板的隔声量一般在40～50dB。

空气传声的隔绝可以采用空心构件、多层构件、铺垫焦渣等材料来达到；隔绝固体传声可以通过减少对楼板的撞击，如在地面上铺设橡胶、地毯等弹性材料，也可以采用空心构件、多层构件等，达到较满意的隔音效果。

（4）经济要求

楼层和地层一般约占建筑物总造价的20%～30%，选用时应考虑经济要求，既要考虑本身的造价，又考虑使用和维修时的费用。

（5）热工和防火要求

一般楼层和地层应具有一定的蓄热性，即楼面、地面应有舒适的感觉。防火要求应符合防火规范的规定。

（6）提供铺设管线的空间

在楼层和地层中铺设各种管线，既可以隐藏管线、室内美观，又可以节约空间、经济。

（7）提高工业化程度

尽量为工业化施工创造条件，提高建筑质量，加快施工速度。

15.1.3 楼层和地层的组成

为满足各种需要，楼层和地层都由若干层次组成，各层分别起不同的作用。如图15-1所示。

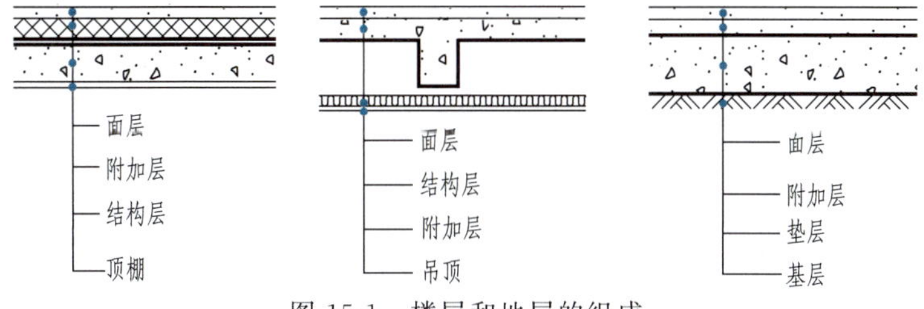

图15-1 楼层和地层的组成

15.1.3.1 楼层的组成

楼层由三个基本层次组成。

（1）楼面层　简称楼面，是楼层的最上层，直接与人和家具设备接触，起保护结构层、分布荷载、室内装饰和吸声、隔音、防水等作用。

（2）结构层　结构层是楼层的承重部分，承受作用在其上的荷载，并将荷载和自重传递给墙、梁或柱。

（3）顶棚层　顶棚层是下一层的顶棚，是本层楼层的最下层，起保护结构层、室内装饰、安装灯具和吸声、隔音、增加反射等作用。

根据建筑不同的要求，还可以设置防水层、保温层等。

15.1.3.2 地层的组成

这里主要指实铺地层的构造。

（1）地面层　也就是地面，是地层的最上层，直接与人和家具设备接触，是室内装饰层，满足吸声、防水、防潮、保温等不同的功能要求。

（2）垫层　垫层是地层中基层和面层之间的填充层，一般起找平和传递荷载的作用。

（3）基层　基层是地层的承重层，承受作用在其上的荷载。

15.1.4 楼板的种类

依据楼板所使用材料的不同，主要有以下几种类型。

15.1.4.1 木楼板

木楼板由木梁和木地板组成。这种楼板的构造简单，自重也较轻，保温性能好、舒适、有弹性，但防火性能不好，不耐腐蚀，一般工程应用较少。如图15-2（a）所示。

15.1.4.2 钢筋混凝土楼板

钢筋混凝土楼板具有坚固，耐久，刚度大，强度高，防火性能好，施工方便等优点，但重量大，是我国目前房屋中楼板的基本形式。

钢筋混凝土楼板按施工方式不同分现浇整体式钢筋混凝土楼板、预制装配式钢筋混凝土楼板和装配整体式钢筋混凝土楼板三种形式。如图 15-2（b）所示。

15.1.4.3 压型钢板-钢筋混凝土组合楼板

压型钢板-钢筋混凝土组合楼板是采用截面为凹凸形压型钢板与现浇混凝土面层组合形成整体性很强的一种楼板结构，具有坚固、耐久、刚度大、强度高、节约模板、施工速度快等优点。如图 15-2（c）所示。

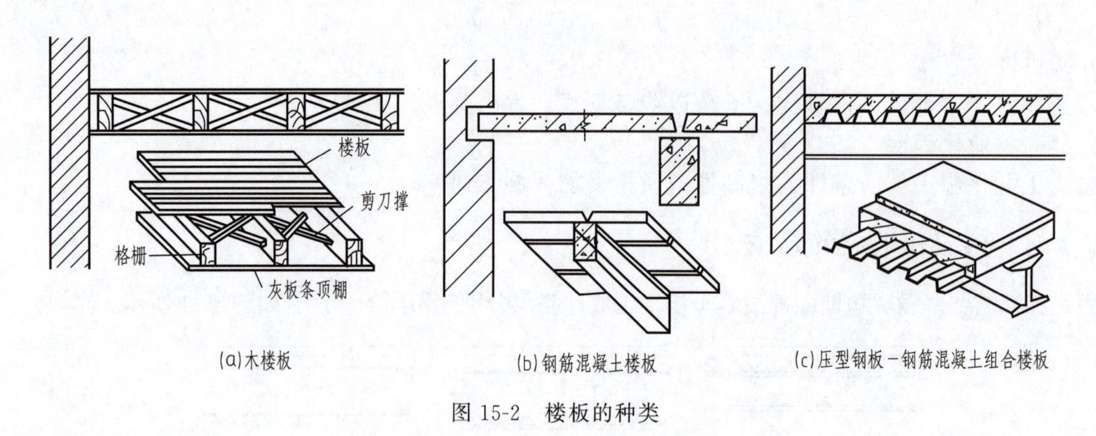

图 15-2　楼板的种类

15.2 现浇整体式钢筋混凝土楼板

现浇整体式钢筋混凝土楼板是在施工现场通过支模、绑扎钢筋、浇注混凝土、养护等工序现场浇注而成的楼板。它具有整体性好、抗震性好，容易适应各种形状楼层平面等优点，但有模板用量大、工序繁多、施工期长、湿作业多等缺点。近年来由于工具式模板的采用、现场机械化程度的提高，在高层建筑中得到较普遍的采用。

现浇整体式钢筋混凝土楼板按受力和传力情况分板式楼板、梁板式楼板、井式楼板、无梁楼板以及压型钢板与混凝土组合成一体的组合式楼板等。

15.2.1 板式楼板

板式楼板支承在墙上，荷载由板直接传给墙体。它具有所占建筑空间小、板面和板底平整、施工支模简单、传力直接等优点，但板的跨度超过一定范围时，板厚过大，不经济，多用于较小房间（如厨房、卫生间等）和走廊等。

15.2.2 梁板式楼板

当房间的平面尺寸较大时，常在板下设梁以减少板的跨度和厚度，使楼板受力更为合理，这种楼板称为梁板式楼板，如图 15-3 所示。这时，荷载由板传给梁，再由梁传给墙或柱。梁有单向、双向和主梁、次梁之分，主次梁交叉形成梁格。合理布置梁格对建筑的使用、造价和美观等有很大影响。梁格布置得越整齐，越能体现适用、经济、美观，也符合施工方便的要求。根据实践经验，表 15-1 列举了梁格的合理尺度，供参考。

表 15-1　梁格的合理尺度

构件名称	跨度 L	高度 H	宽度
主梁	5～8m	$(1/14\sim1/8)L$	$(1/3\sim1/2)H$
次梁	4～6m	$(1/18\sim1/12)L$	$(1/3\sim1/2)H$
板	1.7～2.5m	$\geqslant L/40$,$\geqslant$60mm	

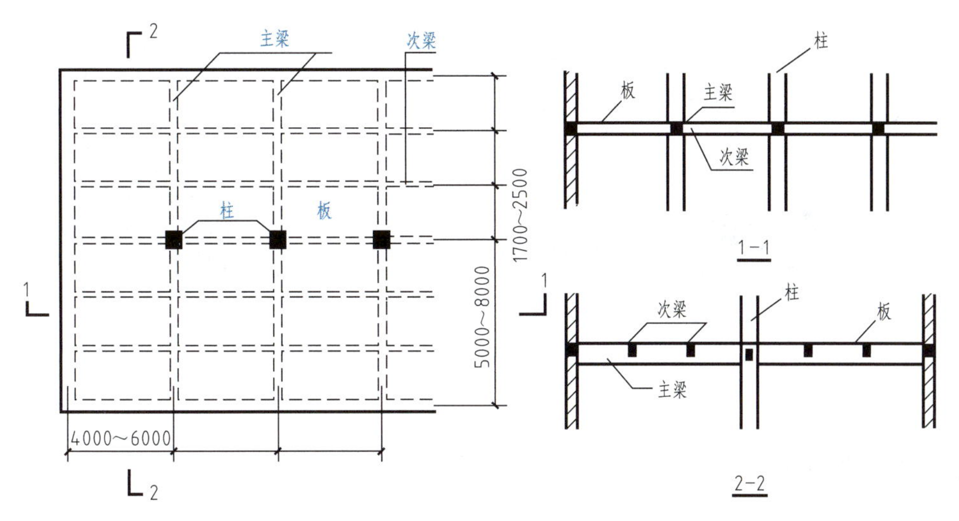

图 15-3　梁板式楼板

15.2.3　井式楼板

井式楼板是梁式楼板的一种特殊形式。当房间尺寸较大，并接近正方时，常沿两个方向等距离布置梁格，截面高度相等，不分主次梁，如图 15-4 所示。梁格可布置成正交正放、正交斜放或斜交斜放，使楼板下部自然构成美观的图案。井式楼板一般用于门厅或其他大厅，厅中一般不设柱。

15.2.4　无梁楼板

无梁楼板是将板直接支承在柱上，不设主梁和次梁，如图 15-5 所示。为减少板跨、改善板的受力条件和加强柱对板的支承作用，一般在柱的顶部设柱帽或托板。无梁楼板柱网一般为正方形或矩形，以正方形最为经济。

无梁楼板的优点是顶棚平整、室内净高增大、采光通风良好，多用于楼层荷载较大的商场、仓库、展览厅等。板厚不小于 120mm，一般为 160～200mm。

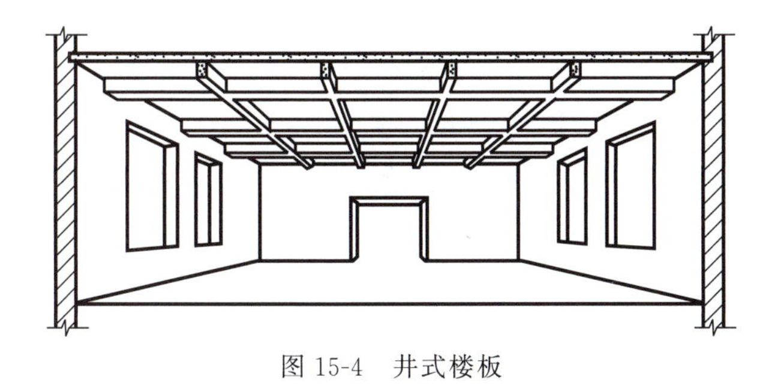

图 15-4　井式楼板

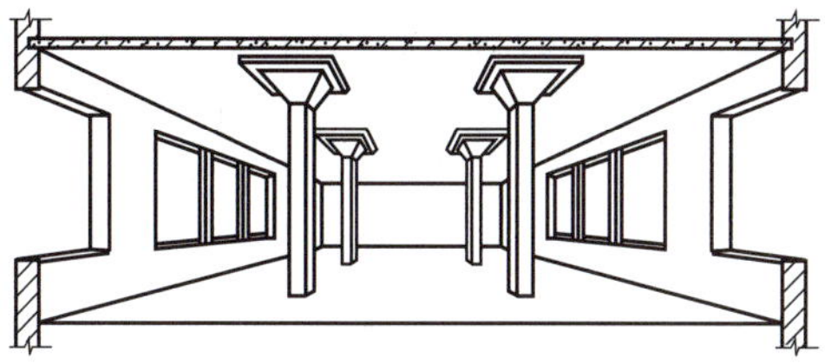

图 15-5　无梁楼板

15.2.5　压型钢板-混凝土组合楼板

它是以压型钢板为衬板与混凝土浇筑在一起构成的整体式楼板结构。钢衬板起到现浇混凝土的永久性模板作用，在板上加肋条或压出凹槽，能与混凝土共同工作，压型钢板起到配筋作用。在大空间建筑和高层建筑中采用压型钢板-混凝土组合楼板，简化了施工程序，加快了施工速度，并且具有现浇整体式钢筋混凝土楼板刚度大、整体性好的优点。此外，还可以利用压型钢板肋间空间铺设电力或通讯管线。

压型钢板-混凝土组合楼板是由钢梁、压型钢板和现浇混凝土三部分组成，基本构造如图 15-6 所示。压型钢板双面镀锌，截面一般为梯形，板薄，但刚度大。为进一步提高承载能力和便于铺设管线，采用压型钢板加一层钢板或由两层梯形板组合成箱形截面的组合压型钢板。

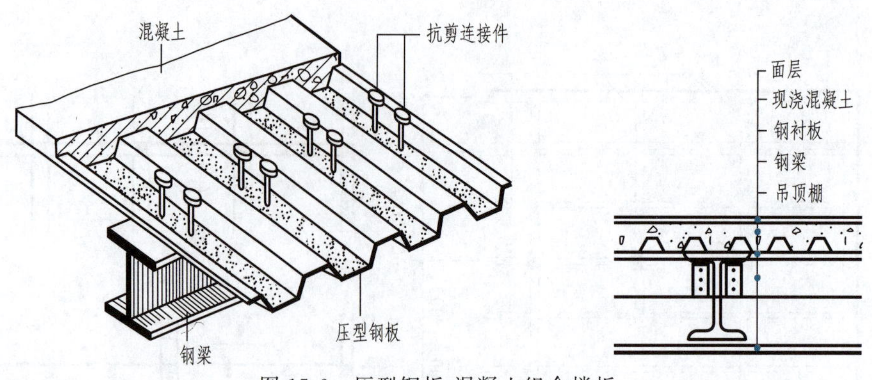

图 15-6　压型钢板-混凝土组合楼板

15.3　预制装配式钢筋混凝土楼板

15.3.1　预制装配式钢筋混凝土楼板的类型

预制装配式钢筋混凝土楼板是指用预制厂生产或现场制作的构件安装拼合而成的楼板。采用预制装配式楼板可以提高工业化施工水平、节约模板、简化操作程序、大幅度缩短工期，是目前广为采用的楼板形式。根据楼板的规格可分为小型预制楼板、中型预制楼板、大型预制楼板。

15.3.1.1　小型预制楼板

小型预制楼板的规格较小，通用性较强，预制、运输方便，但吊装次数多、安装工程量较大、整体性较差。常见的小型预制楼板有实心平板、槽形板、空心板等形式。

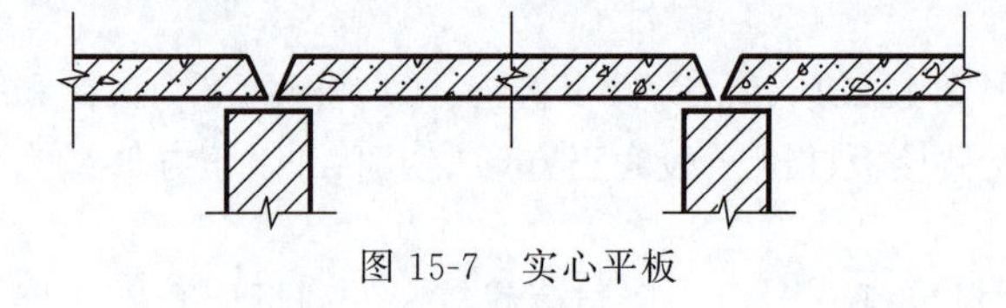
图 15-7　实心平板

（1）实心平板　实心平板上下板面平整，制作简单，但板厚较小，接缝处易出现裂缝，宜用于跨度小的走廊板、楼梯平台板、阳台板等。板的两端支承在墙或横梁上，板厚一般为 50～80mm，跨度在 2.4m 以内为宜。如图 15-7 所示。

（2）槽形板　槽形板是一种梁板合一的构件，在实心薄板两侧设纵肋（相当于小梁），构成槽形截面。它具有自重轻、省材料、造价低、便于开孔等优点。

槽形板有正槽板和倒槽板两种。正槽板肋向下，受力合理、充分发挥了混凝土良好的抗压性能。但它的截面不封闭，底面有肋不平整，顶棚不美观，且易积灰，又因板面薄，隔音差，一般用于观瞻要求不高的房间，或在其下作吊顶。倒槽板的肋向上，其受力与经济性不如正槽板，但它能提供平整的天棚，槽内常填轻质材料作保温、隔音之用，如图 15-8 所示。

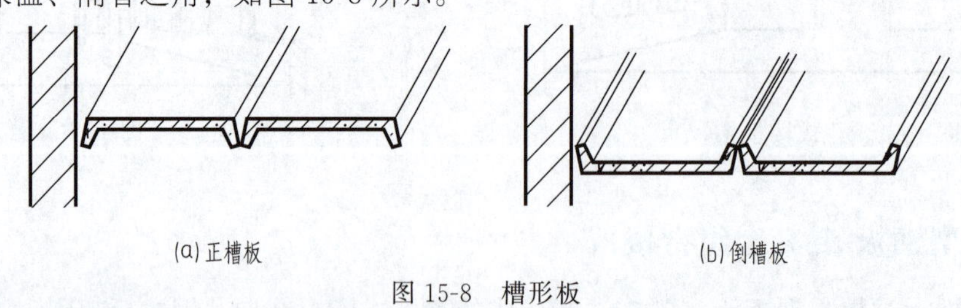

图 15-8　槽形板

为提高板的刚度和便于搁置，板的两端用肋封闭，当板长达 6m 时，每隔 1000～1500mm 设横肋一道。

（3）空心板　空心板为板腹中间抽孔，其上下板面平整，便于做楼面和顶棚，较实心平板经济，刚度好。空心板孔洞形状有圆形、椭圆形和矩形等，以圆孔板的制作最为方便，应用最广。空心板的厚度根据跨度大小有 110mm、120mm、180mm、240mm 等，板宽有 600mm、900mm、1200mm 等。在安装时，空心板孔的两端常用砖或混凝土填满，以免缝灌浇时漏浆，并保证板端能将上层荷载传递至下层墙体。如图 15-9 所示。

图 15-9 空心板

15.3.1.2 中型预制楼板

大、中型预制楼板的规格较大，可以是一间一块、多间一块，甚至一层是一块或两块楼板。大、中型预制楼板吊装次数较少、安装工程量较大、整体性较好，但制作、运输要求高。常用的形式有：实心板、空心板、肋形板、夹心板等。

（1）实心板　同普通钢筋混凝土板，多用于走廊等小面积、小跨度的楼板，如厕所、厨房等，如图 15-10（a）所示。

（2）空心板　类似小型钢筋混凝土空心楼板，空心板均为单向受力板，如图 15-10（b）所示。

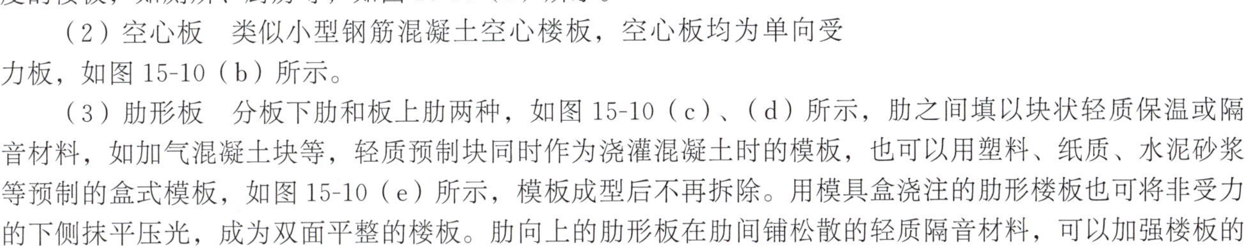

（3）肋形板　分板下肋和板上肋两种，如图 15-10（c）、（d）所示，肋之间填以块状轻质保温或隔音材料，如加气混凝土块等，轻质预制块同时作为浇灌混凝土时的模板，也可以用塑料、纸质、水泥砂浆等预制的盒式模板，如图 15-10（e）所示，模板成型后不再拆除。用模具盒浇注的肋形楼板也可将非受力的下侧抹平压光，成为双面平整的楼板。肋向上的肋形板在肋间铺松散的轻质隔音材料，可以加强楼板的隔音能力。

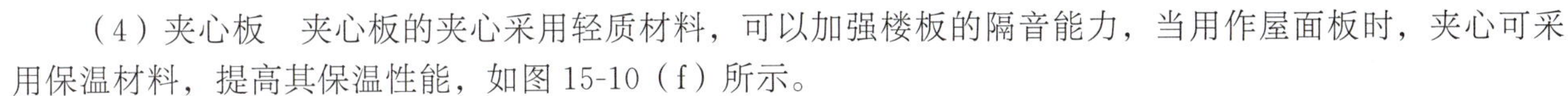

（4）夹心板　夹心板的夹心采用轻质材料，可以加强楼板的隔音能力，当用作屋面板时，夹心可采用保温材料，提高其保温性能，如图 15-10（f）所示。

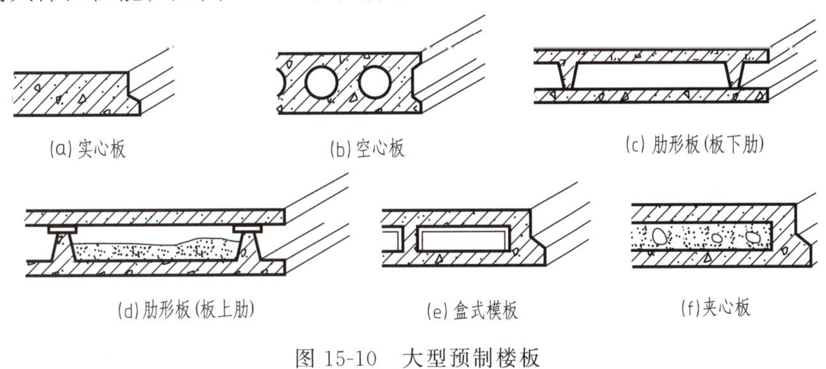

图 15-10　大型预制楼板

15.3.2 预制装配式钢筋混凝土楼板的布置

15.3.2.1 预制钢筋混凝土楼板的布置原则

预制钢筋混凝土楼板的布置原则主要有以下几方面。

（1）板的结构布置方式应根据平面中房间的开间、进深尺寸和房间的使用要求确定布置方案及支承方式，可采用墙承重结构和框架承重结构。

（2）采用梁板结构时，主梁跨度尽量小一些，次梁在主梁上的搭接位置应避免居中。

（3）在布置楼板时，一般要求板的规格和类型尽可能少，简化板的制作，方便施工安装。

15.3.2.2 预制钢筋混凝土楼板的搁置

（1）板的搁置要求

当板搁置在墙上或梁上时，必须保证楼板放置平稳，使板和墙、梁有很好的连接，预制板的搁置要求如下。

① 有足够的搁置长度。板搁置在墙上或梁上时应有足够的搁置长度。在地震设防区，板支承于外墙上时其搁置长度应不小于 120mm，如图 15-11 所示。支承于内墙上时其搁置长度应不小于 100mm；支承在梁上的搁置长度应不小于 80mm，如图 15-12 所示。

② 支承面上有坐浆。为了使板与墙或梁有较好的连接，楼板放置平稳，应该保证墙或梁上用 20mm 厚 M5 水泥砂浆坐浆，同时也使墙体受力均匀。另外，楼板与墙体、楼板与楼板之间常用锚固钢筋（又称拉结筋）予以锚固。

③ 板端孔内设堵头。在空心板安装前，应在板端的孔内填塞 C15 混凝土堵头，以避免板端被压坏。

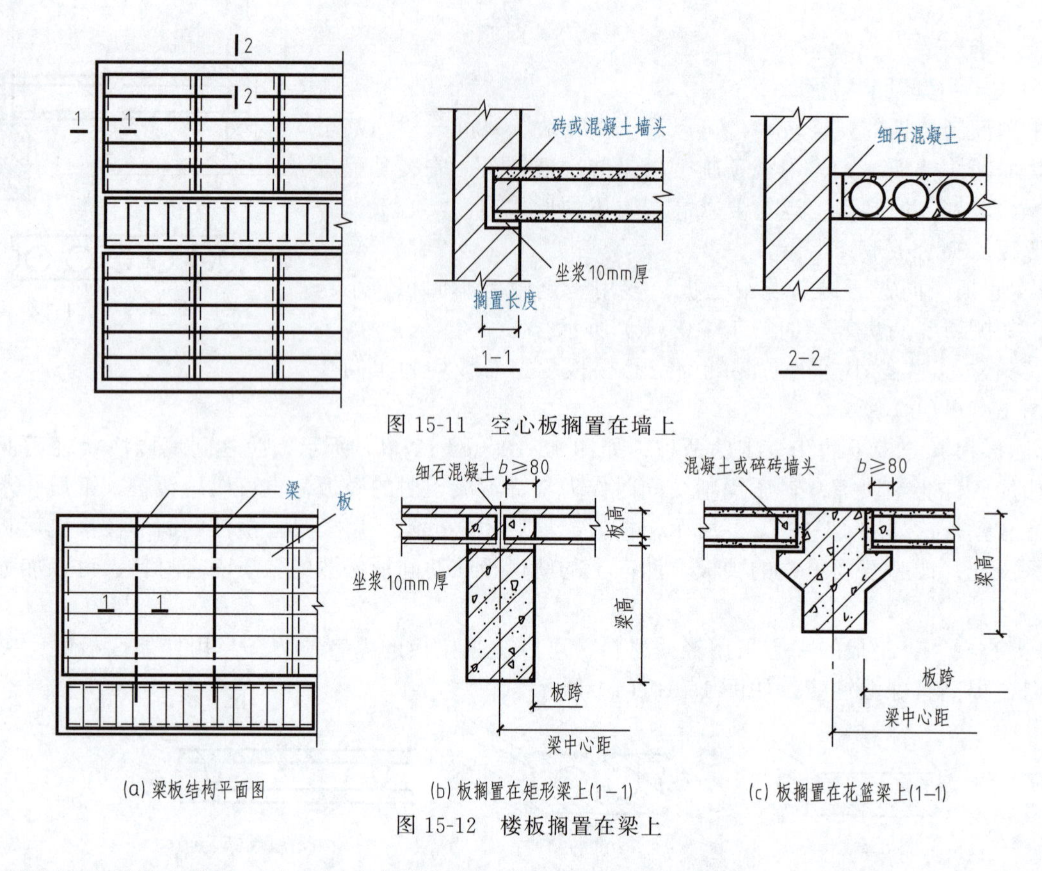

2
2
1
1
砖或混凝土墙头
坐浆10mm厚
搁置长度
1—1
细石混凝土
2—2

图 15-11　空心板搁置在墙上

梁
板
1
1
细石混凝土
b≥80
板高
坐浆10mm厚
梁高
板跨
梁中心距
混凝土或碎砖墙头
b≥80
梁高
板跨
梁中心距
(a) 梁板结构平面图
(b) 板搁置在矩形梁上(1—1)
(c) 板搁置在花篮梁上(1—1)

图 15-12　楼板搁置在梁上

④ 板纵长边不搭入墙内。为了避免板的损坏，板纵长边不搭入墙内。

⑤ 板与周边有可靠的连接。为了使板与墙或梁有较好的连接，保证整体性，板与周边（如梁、板等）要有可靠的连接。如图 15-13 所示。

200
Φ6@500
Φ6每缝一根
200
4Φ6
Φ6@500

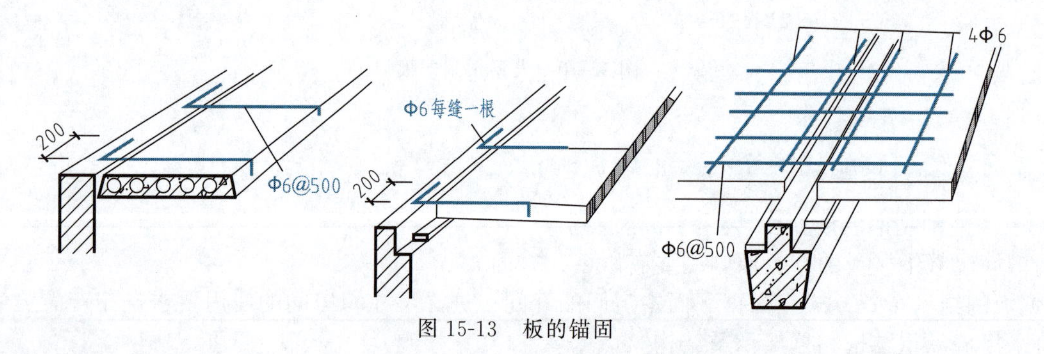

图 15-13　板的锚固

（2）板缝处理

为了加强板的整体性，板的接缝必须要处理，板缝分为端缝和侧缝两种。

① 板的端缝处理。板的端缝处理，一般只需将板缝内填实细石混凝土，使之相互连接。为了增强建筑物抗水平力的能力，可将板端外露的钢筋交错搭接在一起，或加钢筋网片，然后浇注细石混凝土灌缝，以增强板的整体性和抗震能力。

② 板的侧缝处理。侧缝一般有 V 形缝、U 形缝和凹槽缝三种形式。V 形缝具有制作简单的优点，施工方便，但容易开裂，连接不够牢固；U 形缝上面开口较大易于灌浆，但连接仍不够牢固；凹槽缝连接牢固，但灌浆捣实较困难。如图 15-14 所示。

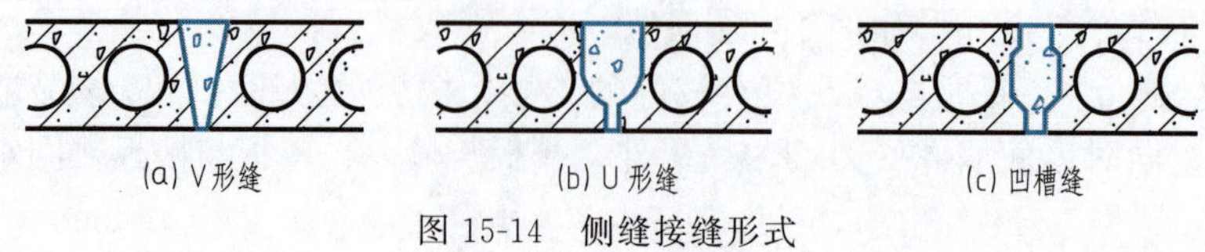

(a) V形缝
(b) U 形缝
(c) 凹槽缝

图 15-14　侧缝接缝形式

在进行板的结构布置时，当缝隙小于 60mm 时，可调节板缝，当缝隙在 50～120mm 之间时，可在灌缝的混凝土中加配 2Φ6 通长钢筋；当缝隙在 120～200mm 之间时，设现浇钢筋混凝土板带，且将板带设在墙边或有穿管的部位；当缝隙大于 200mm 时，调整板的规格。如图 15-15 所示。

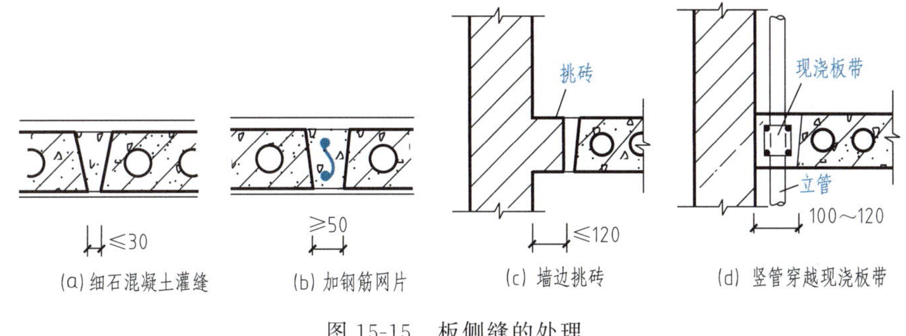

图 15-15　板侧缝的处理

15.4　装配整体式钢筋混凝土楼板

装配整体式楼板，是预制楼板中部分构件，现场安装时再以整体浇注的办法连接成整体的楼板。装配整体式楼板克服了现浇整体式楼板和预制装配式楼板的某些缺点，兼有了它们的优点，即具有整体性较强、工期较短、施工简单、模板利用率高等特点。常用的装配整体式楼板有密肋小梁填充块楼板、叠合楼板等形式。

15.4.1　密肋小梁填充块楼板

密肋小梁填充块楼板是在现浇或预制密肋小梁间安放预制空心砌块并现浇面板而成的楼板。密肋小梁填充块楼板具有平整的板面，有较好的保温、隔音等功能，且在施工时空心砌块可以起到模板作用，空心有利于管道的铺设。此楼板适用于学校、住宅等建筑。如图 15-16 所示。

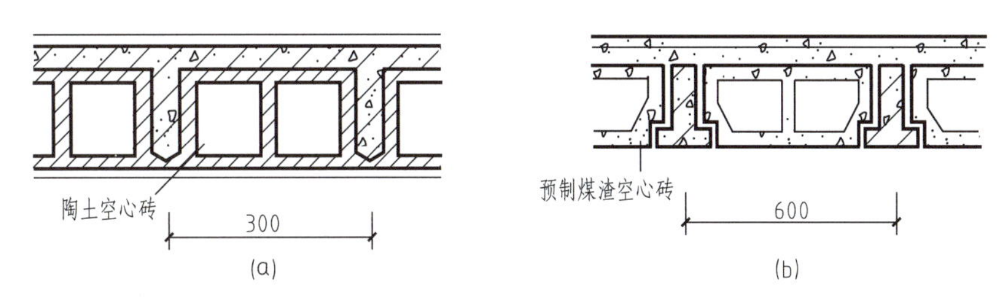

图 15-16　密肋小梁填充块楼板

15.4.2　叠合楼板

叠合楼板是由预制薄板（预应力）与现浇混凝土层叠合而成的装配整体式楼板，又称预制薄板叠合楼板。

这种楼板以预制混凝土薄板为永久模板而承受施工荷载，板面现浇混凝土叠合层，所有楼板层中的管线等均事先埋在叠合层内。预制薄板底面平整，不必抹灰，作为顶棚可直接喷浆或粘贴装饰墙纸。

叠合楼板跨度一般为 2.4～6m。预应力薄板可达 9m，板宽 1.1～1.8m，板厚 50～70mm；现浇叠合层的混凝土强度为 C20，厚度一般为 100～120mm。叠合后总厚度一般为 150～250mm，楼板厚度以大于或等于薄板厚度的两倍为宜。为了保证预制薄板与叠合层有较好的连接，薄板上表面需做处理，常见的有在上表面作刻槽处理，如图 15-17（a）所示；或是在薄板表面露出较规则的三角形的结合钢筋，如图 15-17（b）所示。叠合组合楼板见图 15-17（c）。

叠合楼板具有良好的整体性和连续性，对结构有利。这种楼板跨度大、厚度小，结构自重可以减轻。目前已广泛应用于住宅、宾馆、学校、办公楼、医院以及仓库等建筑中。

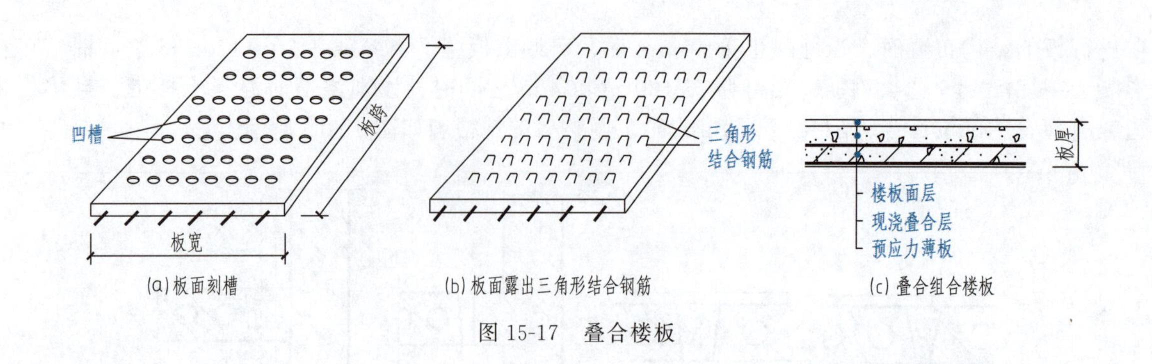

图 15-17　叠合楼板

15.5　楼地面构造

楼层和地层结构层上面的装修层分别称为楼面和地面，统称为楼地面。它们的类型、设计要求和构造基本上是相同的。

15.5.1　楼地面的设计要求

楼地面是室内重要的装修层，起到保护楼层、地层结构、改善房间使用质量和增加美观的作用。与墙面装修不同的是它与人、家具、设备等直接接触，承受荷载并经常受到磨损、撞击和洗刷，应满足下列要求。

（1）坚固性要求。楼地面应具有足够的坚固性，要求在外力作用下不易破坏和磨损。

（2）卫生和装饰要求。楼地面应满足表面平整、光洁、不起尘和易于清洁等要求。

（3）热工要求。楼地面应有良好的热工性能，保证寒冷季节脚部舒适。

（4）舒适要求。楼地面应具有一定的弹性，使人驻留或行走其上有舒适感。弹性大的楼地面对隔绝撞击声也有利。

（5）其他要求。根据建筑物各部分需要，楼地面应满足不同的要求，如有水房间（浴室、厕所等）要求能防潮、不透水；有火房间（厨房、锅炉房等），要求防火、耐燃烧；有酸碱作用的房间，则要求具有耐腐蚀的能力等。

15.5.2　楼地面的类型及构造

楼地面由垫层、附加层和面层组成，通常按面层材料命名。根据面层材料和施工方法不同楼地面有下列类型。

（1）现浇类　包括水泥砂浆、细石混凝土、水磨石等。

（2）镶铺类　包括黏土砖、水泥砖、陶瓷地砖和锦砖、人造石板、天然石板等。

（3）卷材类　包括油地毡、橡胶地毡、塑料地面革、地毯等。

（4）涂料类　包括各种高分子合成涂料层等。

（5）木材类　包括各种嵌木和条木等。

15.5.2.1　现浇类楼地面

（1）水泥砂浆楼地面

水泥砂浆楼地面又称水泥楼地面，一般是用普通硅酸盐水泥作为胶结料，中砂或粗砂作骨料，在现场配制抹压而成。它原料供应充足，施工方便，价格低廉，是应用最广的一种低档楼地面类型，但存在容易结露、施工质量不好时易起灰、起砂以及无弹性、热导率大的缺点。

水泥砂浆楼地面有双层做法和单层做法。双层做法一般是以 15～20mm 厚 1∶3 水泥砂浆打底、找平，再以 5～10mm 厚 1∶1.5 或 1∶2 水泥砂浆抹面、压光。单层做法是先抹素水泥砂浆一道作结合层，直接抹 15～20mm 厚 1∶2 或 1∶2.5 水泥砂浆，抹平后待终凝前用铁抹压光。双层做法虽增加了施工程序，但易保证质量，减少由于材料干缩产生裂缝的可能性。

水泥砂浆地面（楼面）具体做法：

20mm 厚 1∶2 水泥砂浆抹面压光

素水泥浆一道

60mm 厚 C15 混凝土垫层（现浇钢筋混凝土楼板）

150mm 厚 3∶7 灰土或碎石灌 M5 水泥砂浆

素土夯实

(2) 细石混凝土楼地面

细石混凝土楼地面强度高、干缩值小、地面的整体性好，克服了水泥砂浆楼地面干缩较大、起砂的缺点。与水泥砂浆楼地面相比，耐久性好，但厚度较大，一般为 30～40mm。细石混凝土强度应不低于 C20，施工时，待终凝后用铁滚滚压出浆水，终凝前再用铁抹压光或洒水泥粉压光。

细石混凝土地面（楼面）具体做法：

40mm 厚 C20 细石混凝土表面撒 1∶1 水泥石子随打随抹光

素水泥浆一道

60mm 厚 C15 混凝土垫层（现浇钢筋混凝土楼板）

150mm 厚 3∶7 灰土或碎石灌 M5 水泥砂浆

素土夯实

(3) 水磨石楼地面

水磨石地楼面平整光滑、整体性好、不起尘、不起砂、防水、易于保持清洁，适用于洁度要求高、经常用水清洗的场所，如门厅、营业厅、医疗用房、厕所、盥洗室等，但施工较水泥砂浆楼地面复杂、造价高，且更易结露、无弹性。

水磨石楼地面为双层构造，常用 10～15mm 厚的 1∶3 水泥砂浆打底、找平，按设计图案用 1∶1 水泥砂浆固定分格条（玻璃条、铜条或铝条），再用（1∶2.5）～（1∶2）水泥石渣浆抹面，浇水养护约一周后用磨石机磨光，打蜡保护。

水磨石楼地面分格的作用是将楼地面划分成面积较小的区格，减少开裂的可能，不同的图案和分格增加了楼地面的美观，也便于维修。石碴应选择色彩美观、中等硬度、易磨光的石屑，如白云石、大理石屑等。彩色水磨石系采用白水泥加颜料或彩色水泥，色彩明快，图案美观，装饰效果好，如图 15-18 所示。

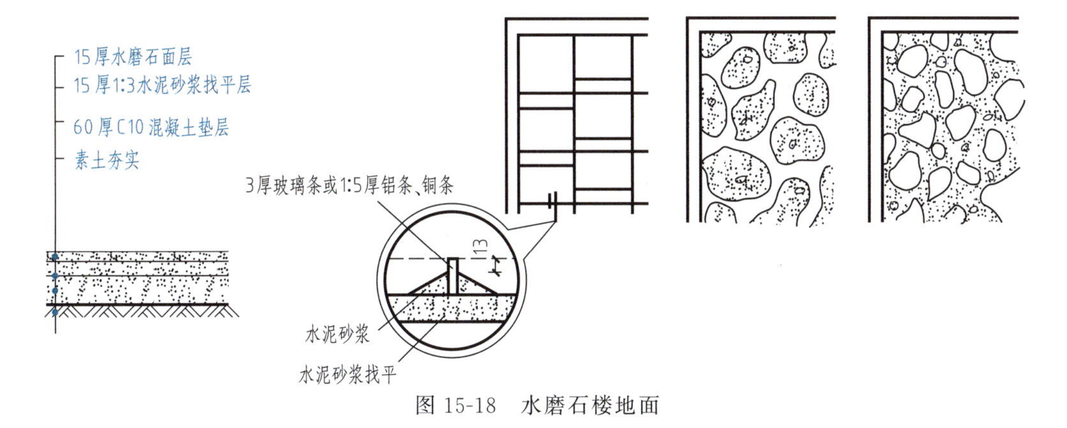

图 15-18　水磨石楼地面

水磨石地面（楼面）具体做法：

15mm 厚 1∶2 水泥彩色石子磨光打蜡

素水泥浆一道

20mm 厚 1∶3 水泥砂浆找平层，干后卧分格条

素水泥浆一道

60mm 厚 C15 混凝土垫层（现浇钢筋混凝土楼板）

150mm 厚 3∶7 灰土或碎石灌 M5 水泥砂浆

素土夯实

15.5.2.2　镶铺类

镶铺类楼地面是用缸砖、瓷砖、陶瓷锦砖、水泥砖以及预制水磨石板、大理石板、花岗岩板等铺筑的

楼地面做法，楼地面经久耐用、花色品种繁多、易保持清洁，但造价偏高，工效低，属于中高档装修。主要用于人流量大、耐磨损、清洁要求高或经常有水，比较潮湿的场所。

(1) 缸砖、瓷砖、陶瓷锦砖、水泥砖楼地面

缸砖、瓷砖、陶瓷锦砖都是高温烧成的小型块材，具有表面致密、光洁、耐磨、吸水率低、不变色等特点。水泥砖是在预制工厂压制成型、养护而成，密实度比一般水泥制品高，但时间长会褪色。

缸砖、瓷砖、陶瓷锦砖等陶瓷制品的铺贴方式是在结构层或垫层找平的基础上，用 5～8mm 的 1∶1 水泥砂浆铺平拍实。砖块间灰缝宽度约 3mm，用干水泥擦缝。水泥砖吸水性强，应预先用水浸泡，阴干或擦干后再用，铺设 24 小时后要浇水养护，防止块材将黏结层的水分吸走，影响水化。

陶瓷锦砖（马赛克）地面（楼面）具体做法：

5mm 厚陶瓷锦砖铺实拍平，稀水泥浆擦缝

20mm 厚 1∶3 干硬性水泥砂浆

素水泥浆一道

60mm 厚 C15 混凝土垫层（现浇钢筋混凝土楼板）

150mm 厚 3∶7 灰土或碎石灌 M5 水泥砂浆

素土夯实

(2) 预制水磨石、大理石、花岗岩楼地面

一般水磨石板、大理石板与缸砖、陶瓷锦砖相比耐磨性会差一些，但是其装饰效果很好。花岗岩板或花岗岩石碴制成的水磨石板耐磨性好，磨光花岗岩板的耐磨性与装饰效果极佳，但价格高，是高级的地面装修材料。

水磨石板、大理石板、花岗岩板的板块较大，一般多按房间尺寸定制。铺设时需预先试铺，合适后再正式粘贴，粘贴表面平整度要求高。其构造做法多为在垫层上铺一层 1∶3 或 1∶4 干硬性水泥砂浆做结合层，石板铺贴后，缝中灌稀水泥并擦缝。

大理石、花岗岩板地面（楼面）具体做法：

20mm 厚大理石板或花岗岩板铺实拍平，稀水泥浆或彩色水泥浆擦缝

30mm 厚 1∶3 干硬性水泥砂浆

素水泥浆一道

60mm 厚 C15 混凝土垫层（现浇钢筋混凝土楼板）

150mm 厚 3∶7 灰土或碎石灌 M5 水泥砂浆

素土夯实

15.5.2.3 卷材类

卷材类地面是粘贴或固定各种柔性卷材或半硬质板材而成的地面。常见的有油地毡、橡胶地毡、聚氯乙烯塑料、化纤地毯等。

油地毡是以植物油、树脂等为胶结料，加入颜料、填料及催化剂黏合在沥青油纸或麻布上制成的具有一定弹性、良好耐磨性的棕红色卷材或板材。

橡胶地毡是以橡胶粉为基料，掺入软化剂在高温高压下解聚后，再加入着色补强剂，经混炼、塑化、压延成卷的地面装修材料。它耐磨、防滑、耐湿、绝缘、吸声并富有弹性。

聚氯乙烯塑料是以聚氯乙烯树脂为基料，加入增塑剂、填充剂、稳定剂、颜料等经塑化热压而成。聚氯乙烯地面色彩丰富、装饰性强、耐湿性好、耐磨、富有弹性，且价格较低，应用普遍。缺点是不耐高温、怕明火、易老化。塑料制品借黏结剂粘贴在水泥砂浆找平层上即可。黏结剂主要有氯丁橡胶、聚氨酯、环氧树脂等。

化纤地毯是由面层织物、定型涂层、背衬等层次构成。面层织物一般为尼龙、聚丙烯、聚丙烯腈、聚酯等化学纤维，采用簇绒、机织等工艺制成。它柔软舒适、清洁、吸声、防潮、防虫、美观，是良好的地面装修材料。多数化纤地毯易燃烧、释放有毒气体，加阻燃剂的化纤可以防火。

地毯楼面做法：

5～8mm 厚地毯

20mm 厚 1∶2.5 水泥砂浆找平

素水泥浆一道

现浇钢筋混凝土楼板

15.5.2.4 涂料类

涂料类楼地面是为了改善水泥楼地面或混凝土楼地面在质量、功能上的不足，如易开裂、易起尘和不美观等，对楼地面进行表面处理的一种做法。

涂料楼地面主要是由合成树脂代替水泥或部分代替水泥，再加入填料、颜料等搅拌、混合而成的材料，在现场涂布施工，硬化以后形成的整体地面。它的突出特点是无缝、易于清洁，并且有良好的物理力学特性。

涂料楼地面按胶结料不同分溶剂型合成树脂涂料楼地面、聚合物水泥涂料楼地面等。溶剂型合成树脂涂料楼地面是单纯以合成树脂作胶结材料的涂料楼地面，该楼地面耐磨、弹韧、抗渗、耐蚀等性能较为优良，有的还可防止静电聚尘等；聚合物水泥涂料楼地面是以水溶性树脂或乳液与水泥复合为胶结材料的涂料楼地面，具有耐水性好、无毒、施工方便、价格低的特点，适合一般建筑水泥楼地面装修。

15.5.2.5 木材类

木材类楼地面具有弹性、热导率小、不起尘、易清拭、高雅、美观的特点，是一种高级的楼地面装修，适合于住宅居室、宾馆客房及一些有特殊功能的房间，如体育馆比赛厅、舞台、舞厅等。但我国木材资源少、价格高，应适当控制使用。

木楼地面有空铺、实铺和粘贴三类。空铺木楼地面消耗木材多、防火差，除特殊房间外已很少采用。

实铺木楼地面是直接在实体基层上铺设的楼地面，如图 15-19 所示。先将木龙骨借预埋在结构层中的U 形铁件固定或用铁丝扎牢，再在龙骨上铺钉单层窄条木板或 45° 斜铺毛板，然后按设计图案拼铺硬木面板。龙骨截面一般为 50mm × 50mm，中距 400mm，每隔 800mm 左右设横撑一道。地面为了防潮，须在垫层上刷冷底子油和热沥青各一道。为使地面下空间保持干燥，应作通风处理，常在踢脚板上开设通风口，与龙骨空间相通。

硬木楼地面也可直接粘贴在结构层或垫层的找平层上，施工方便、造价低。粘接剂可用环氧树脂、乳胶等。如图 15-20 所示。

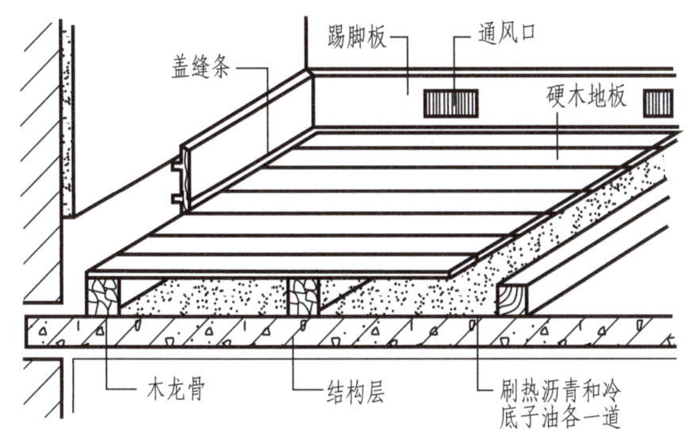

图 15-19 实铺木楼地面

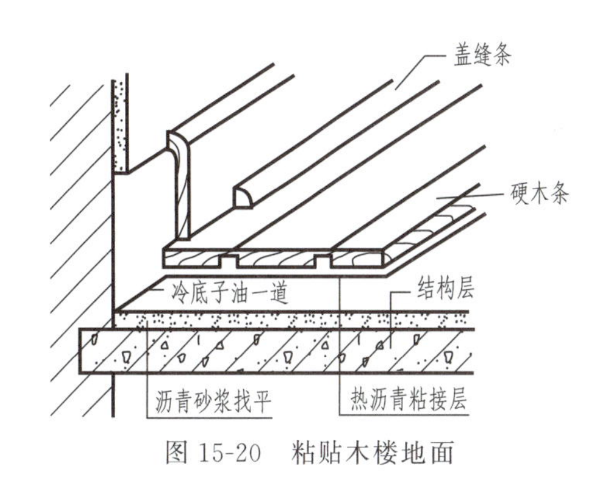

图 15-20 粘贴木楼地面

(1) 实木地板地面（楼面）做法（单层）

刷油漆（带油漆成品地板无此道工序）

18mm 厚（50～100mm 宽）实木企口地板

50mm×50mm 木龙骨中距 400mm 架空 20mm（架空用 50mm×50mm×20mm 木垫块与龙骨钉牢，垫块中距 400mm 与基层固定），40mm×40mm 横撑中距 800mm，木龙骨与基层固定中距 400mm

50mm 厚 C15 混凝土基层随打随抹平（现浇钢筋混凝土楼板）

1.2mm 厚合成高分子防水涂料

刷基层处理剂一道

60mm 厚 C15 混凝土垫层随打随抹平

150mm 厚 3∶7 灰土或碎石灌 M5 水泥砂浆

素土夯实

(2) 实木复合地板地面（楼面）做法

12mm 厚实木复合地板

3～5mm 厚泡沫塑料衬垫

20mm 厚 1：2.5 水泥砂浆找平

1.5mm 厚聚合物水泥防水涂料（素水泥浆一道）

刷基层处理剂一道（现浇钢筋混凝土楼板）

60mm 厚 C15 混凝土垫层随打随抹平

150mm 厚 3：7 灰土或碎石灌 M5 水泥砂浆

素土夯实

15.6 顶棚构造

顶棚又称天棚或天花板，是楼层下面的装修层。对顶棚的基本要求是光洁、美观，且能起反射光线，改善室内采光和卫生状况。对某些房间还要求具有防火、隔音、保温、隐蔽管线的功能。

顶棚依其构造方式不同有直接式顶棚和悬挂式顶棚之分。

15.6.1 直接式顶棚

直接式顶棚是指直接在钢筋混凝土楼板下喷、刷、抹、粘贴装修材料而形成的顶棚。这种顶棚构造简单、施工方便，适用于多数房间。

15.6.1.1 直接喷刷涂料顶棚

当楼板底面平整、室内装饰要求不高时，可直接或稍加修补刮平后在楼板底面直接喷、刷白色或浅色涂料，改善室内卫生状况和增加顶棚的光线反射能力。这种做法适合于预制楼板板底较为平整者，如图 15-21（a）所示。

15.6.1.2 抹灰顶棚

当楼板底面不够平整或顶棚装饰要求较高时，可在板底抹灰后喷刷涂料。

顶棚抹灰可用水泥砂浆、混合砂浆、纸筋灰等。可将板底打毛，一次成活，也可分两次抹灰，如图 15-21（b）所示。纸筋灰抹灰应先用混合砂浆打底，纸筋灰罩面。顶棚抹灰不宜太厚，总厚度控制在 10～15mm。

15.6.1.3 贴面顶棚

某些有保温、隔热、吸声要求的房间以及天棚美观要求较高的房间，可于楼板底面直接粘贴装饰墙纸、泡沫塑料板、岩棉板、铝塑板等。这些材料体轻、适合粘贴，如图 15-21（c）所示。

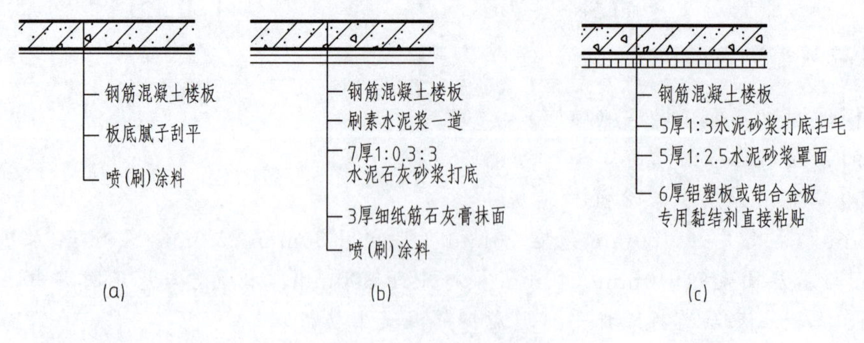

图 15-21 直接式顶棚

15.6.2 悬挂式顶棚

悬挂式顶棚简称吊顶。标准较高的房间，因使用和美观要求，需将设备管线或结构隐藏起来，将天棚吊于楼板下一定距离，形成吊顶。吊顶多为水平式，也可因声学和美观要求作成弧形、折线形、高低错落形等。

吊顶一般由悬吊构件、骨架和面板三部分组成。按骨架材料不同分木骨架吊顶和金属骨架吊顶（轻钢龙骨吊顶）。

15.6.2.1 木骨架吊顶

木骨架吊顶是在楼板下吊挂由主龙骨和次龙骨组成的木骨架，并在木骨架下铺钉各种面板而成的悬挂式天棚，如图 15-22 所示。主龙骨截面一般为 50mm×（50～70）mm，借楼板内预留的金属锚栓通过螺杆或木吊筋吊挂，吊筋间距一般为 900～1200mm。在主龙骨下或与主龙骨齐平钉截面为 40mm×40mm 或 50mm×50mm 的次龙骨，间距视面层类型和规格而定。

木骨架吊顶使用大量木材，且可燃，不利防火，目前已很少采用。

15.6.2.2 金属骨架吊顶

金属骨架吊顶是由金属骨架下固定各种面板而成的顶棚。金属骨架由主龙骨、次龙骨和横撑龙骨组成，悬挂在楼板之下。

吊筋一般采用 $\phi6$ 钢筋、8# 铁丝或 $\phi8$ 螺栓等，根据吊顶荷载大小而定，中距 900～1200mm。它与钢筋混凝土楼板的固定方式有埋入式和钉入式，如图 15-23 所示。吊筋下端悬挂主龙骨，主龙骨下挂次龙骨。为铺、钉装饰面板，应在龙骨之间增设横撑，间距视面板类型及规格而定。龙骨截面有 U 形、“⊥”形和凹形。

面板有各种人造板和金属板。人造板一般有纸面石膏板、浇注石膏板、水泥石棉板、矿棉板、铝塑板等，可借自攻螺钉固定在龙骨上，也可直接搁放在龙骨的翼缘上。如图 15-24 所示。

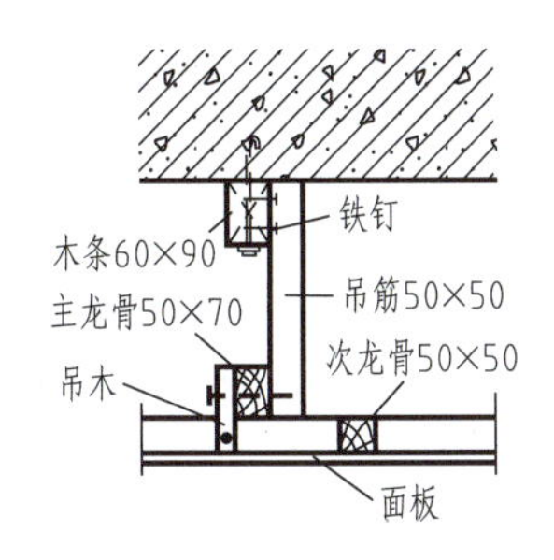

图 15-22 木骨架吊顶

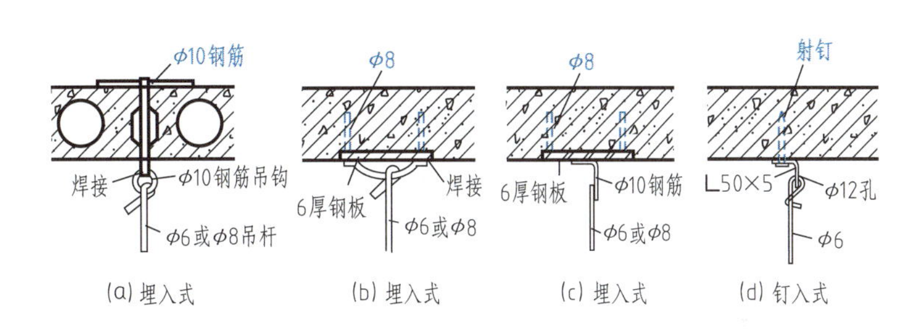

图 15-23 吊筋固定方式

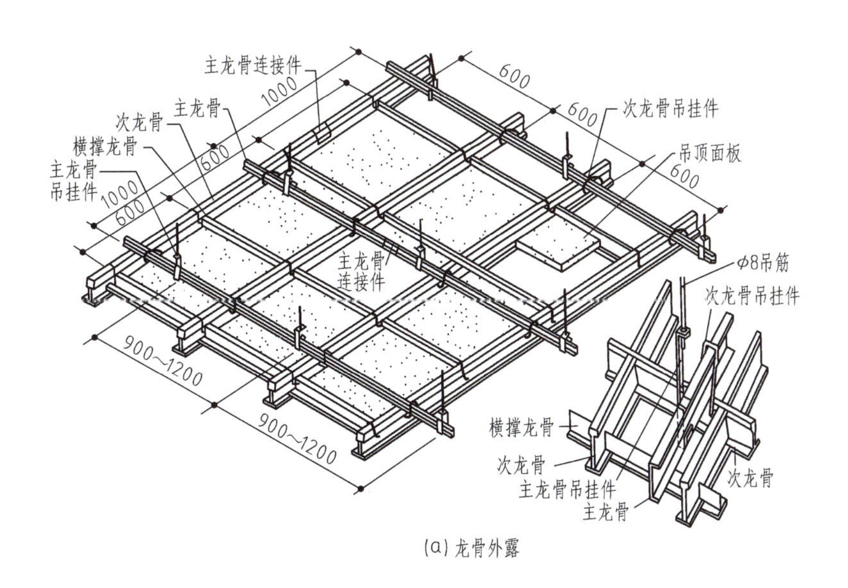

图 15-24

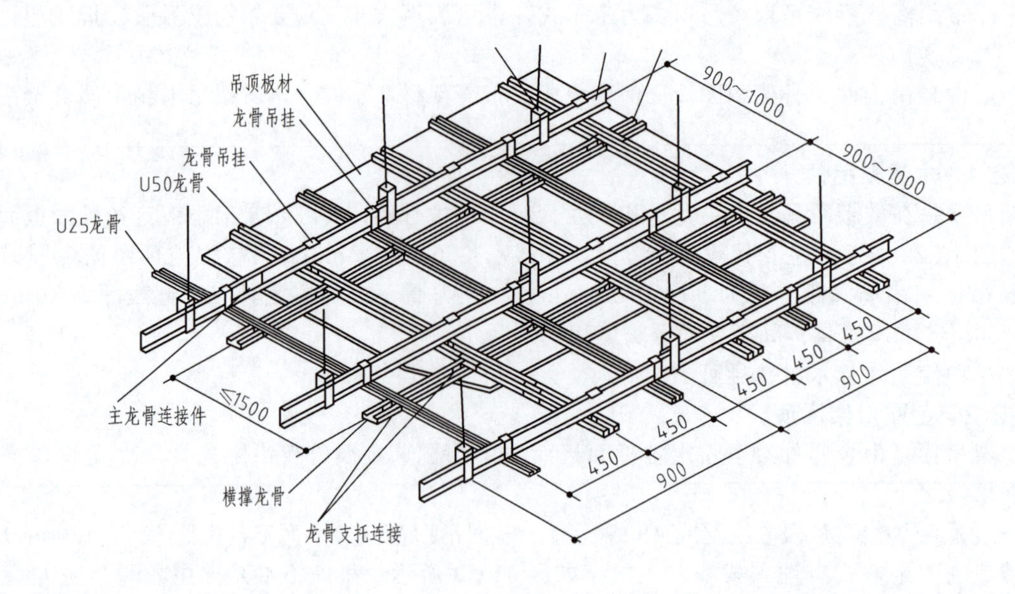

图 15-24　金属龙骨吊顶

金属面板有铝板、铝合金板、不锈钢板等，形状有条形、方形、长方形、折棱形等。条板宽 60～300mm 不等，方板尺寸有 500mm × 500mm、 600mm × 600mm 等。金属表面呈古铜色、青铜色、金色、银色及各种彩色烤漆颜色。金属面板借自攻螺钉固定在龙骨上或直接镶插于龙骨内。

（1）纸面石膏板吊顶做法（双层轻钢龙骨）

轻钢龙骨双层骨架：主龙骨中距 900～1000mm，次龙骨中距 450mm，横撑龙骨中距 900mm

9.5mm 厚 900mm×2700mm 纸面石膏板，自攻螺钉拧牢，孔眼用腻子填平

刷配套防潮涂料一遍

表面装饰另选

附注：楼板底预留 ϕ8 吊筋，双向中距 900～1200mm；主龙骨高度为 38mm（上人为 50mm），次龙骨高度为 19mm。

（2）轻钢龙骨 PVC 板吊顶做法

轻钢龙骨双层骨架：主龙骨中距 900～1000mm，次龙骨中距 500mm 或 600mm，横撑龙骨中距 500～600mm

8～9mm 厚 PVC 板面层，用自攻螺钉固定

附注同上。

15.7 阳台和雨篷构造

15.7.1 阳台

阳台是建筑中挑出外墙面或部分挑出外墙面的平台。它是连接室内的室外平台，给居住在多层、高层建筑里的人们提供一个舒适的室外活动空间，可以起到观景、纳凉、晒衣、养花等多种作用，改变单元式住宅给人们造成的封闭感和压抑感，是多层住宅、高层住宅和旅馆等建筑中不可缺少的一部分。

15.7.1.1 阳台的类型

（1）按阳台与外墙面的关系划分，可分为凸阳台、凹阳台、半凸半凹阳台。

（2）按阳台在建筑中所处的位置划分，可分为中间阳台和转角阳台。

（3）按阳台的使用功能划分，可分为生活阳台和服务阳台。

（4）按阳台结构布置方式划分

① 挑梁式。当楼板为预制楼板，结构布置为横墙承重时，可选择挑梁式。从横墙内向外伸挑梁，挑梁上搁置预制楼板，阳台荷载通过挑梁传给墙体，由压在挑梁上的墙体和楼板来抵抗阳台的倾覆力矩。这种结构布置简单、传力直接明确、阳台长度与房间开间一致，也可将阳台长度延长几个房间形成通长阳台。为美观起见，可在挑梁端头设置面梁，既可以遮挡挑梁头，又可以承受阳台栏杆重量，还可以加强阳台的整体性，如图 15-25 所示。

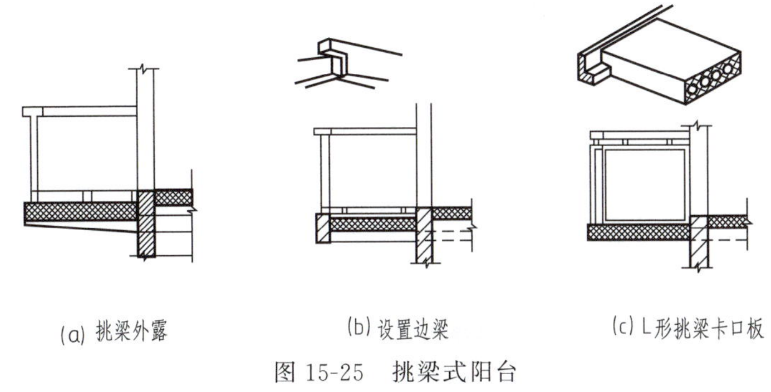
(a) 挑梁外露　(b) 设置边梁　(c) L形挑梁卡口板

图 15-25　挑梁式阳台

② 挑板式。当楼板为现浇楼板时，可选择挑板式。从楼板向外延伸挑出板，板底、板面平整美观而且阳台平面形式可做成半圆形、弧形、梯形、斜三角等各种形状。挑板厚度不小于挑出长度的 1/12。如图 15-26 所示。

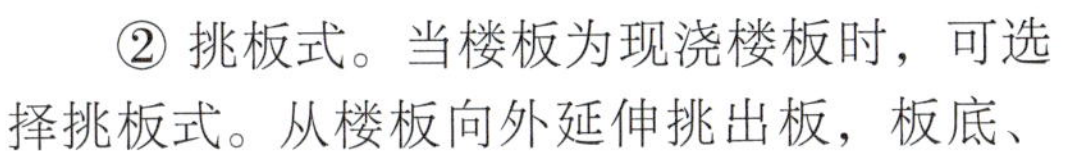

③ 墙梁带板式。阳台板与墙梁现浇在一起，墙梁的截面应比圈梁大，以保证阳台的稳定，而且阳台悬挑不宜过长，一般为 1.2m 左右，如图 15-27 所示。

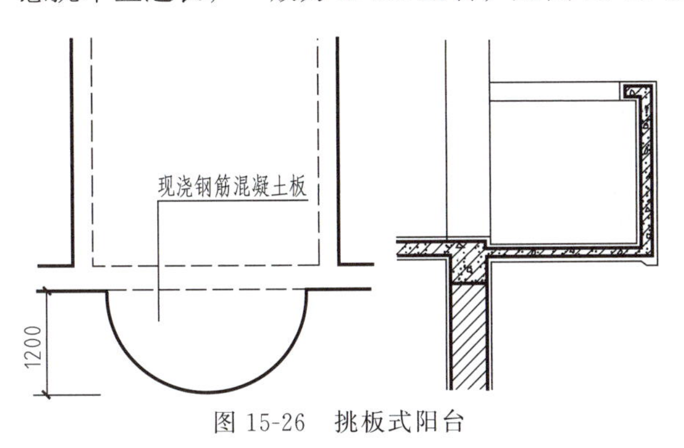

图 15-26　挑板式阳台

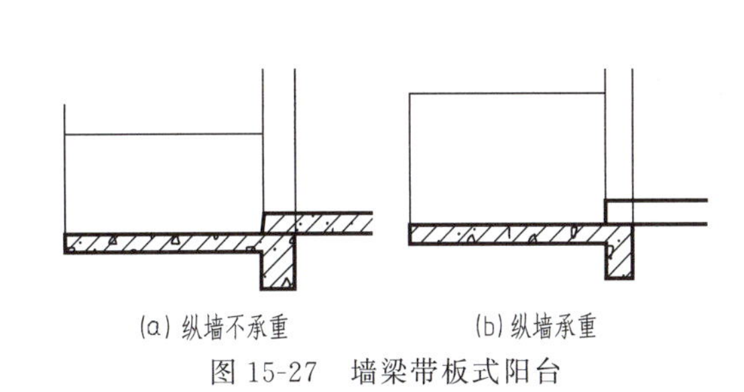
(a) 纵墙不承重　(b) 纵墙承重

图 15-27　墙梁带板式阳台

15.7.1.2　阳台的设计要求

（1）适用安全

阳台的挑出长度不宜过大，一般为 1.2～1.5m；当挑出长度超过 1.5m 时，应做凹阳台或采取可靠的防倾覆措施，保证在荷载作用下不发生倾覆现象。

阳台通常用钢筋混凝土制作，它分为现浇和预制两种。现浇阳台要注意钢筋的摆放，注意区分是悬挑构件还是一般梁板式构件，并注意锚固。预制阳台一般均作成槽形板。支撑在墙上的尺寸应为 100～120mm。

阳台的栏杆或栏板是阳台沿外围设置的竖向构件，其作用是承受人们依扶时的侧向推力，保障人身安全，同时起到建筑装饰作用。低层、多层住宅阳台的栏杆或栏板高度不小于 1050mm，中高层应不小于 1100mm，但也不应大于 1200mm。阳台栏杆形式应防坠落、防攀爬，放置花盆处也应采取防坠落措施。

（2）坚固耐久

阳台所用材料和构造措施应经久耐用，承重结构宜采用钢筋混凝土，金属构件应做防锈处理，表面装修应注意色彩的耐久性和抗污染性。

（3）排水顺畅

为了防止雨水从阳台上流入室内，阳台地面标高应低于室内 30mm 以上，且应在阳台板上面预留排水孔。其直径应不小于 32mm，伸出阳台外应有 80～100mm，排水坡度为 0.5%～2%。高层建筑阳台宜用落水管排水。如图 15-28 所示。

（4）地域特点

应考虑地区气候特点，南方地区宜采用有助于空气流通的空透式栏杆，而北方寒冷地区和中高层住宅应采用实体栏杆。

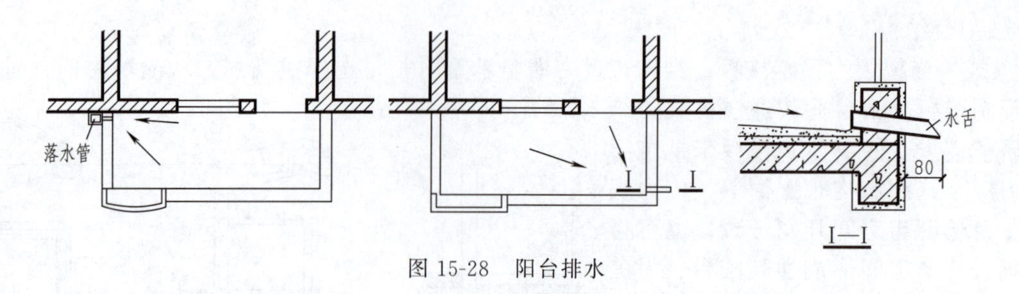

图 15-28　阳台排水

（5）美观要求

满足立面美观的要求，为建筑物的形象增添风采。

15.7.1.3　阳台细部构造

（1）阳台栏杆

阳台栏杆是设置在阳台外围的垂直构件，供人们倚扶之用，确保人身安全，对整个建筑物起装饰美化作用。栏杆的形式有实心栏板、空花栏杆和混合栏杆三种，如图 15-29 所示。

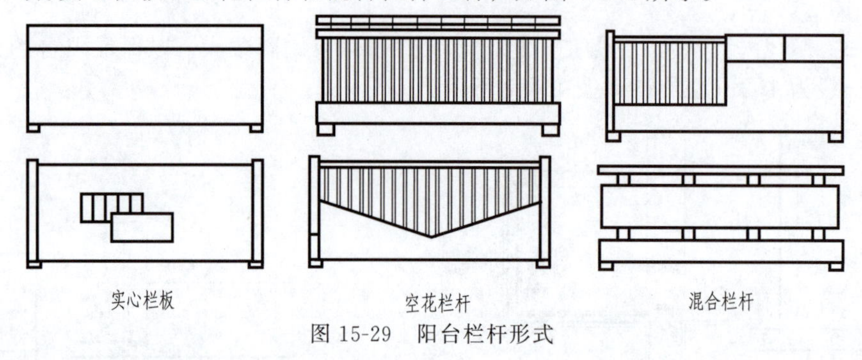

图 15-29　阳台栏杆形式

空花栏杆一般采用金属材料制成，金属栏杆一般采用□18 方钢、ϕ18 圆钢、40×4 扁钢等焊接成各种形式的镂空花格。

实心栏板多用钢筋混凝土栏板，根据施工方法分为现浇和预制两种。现浇栏板厚 60～80mm，用 C20 细石混凝土现浇预制栏板有实体和空心两种，实体栏板厚 40mm，空心栏板厚 60mm，下端预埋铁件，上端伸出钢筋可与面梁和扶手连接，应用较为广泛。

（2）栏杆扶手

栏杆扶手有金属和钢筋混凝土两种。金属扶手一般为 ϕ50 钢管与金属栏杆焊接。钢筋混凝土扶手用途广泛，形式多样，有不带花台、带花台、带花池等。如图 15-30 所示。

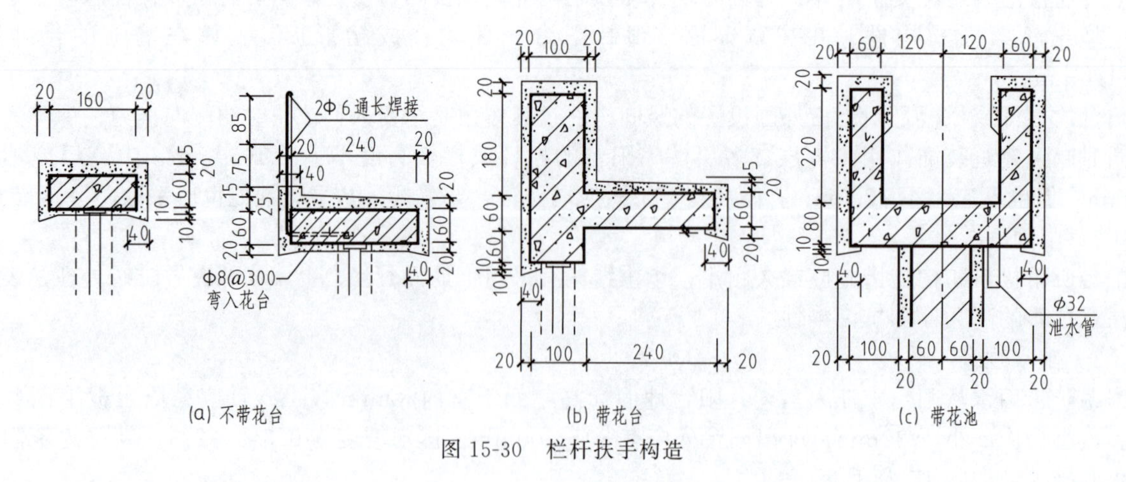

图 15-30　栏杆扶手构造

（3）连接构造

阳台连接构造主要包括栏杆与扶手的连接、栏杆与面梁或阳台板的连接、扶手与墙的连接等。

① 栏杆与扶手的连接。栏杆与扶手的连接方式有焊接、现浇等方式。焊接方式是在扶手和栏杆上分

别预埋铁件，安装时将其焊在一起即可，该方法施工简单，坚固安全，如 15-31（a）所示；现浇方式从栏杆或栏板内伸出钢筋与扶手内钢筋相连，再支模现浇扶手，这种做法整体性好，但施工较麻烦、有湿作业；当栏杆与扶手均为钢筋混凝土时，宜使用现浇方式，如图 15-31（b）、（c）；当栏板为砖砌时，可直接在上部现浇混凝土扶手、花台或花池，如图 15-31（d）所示。

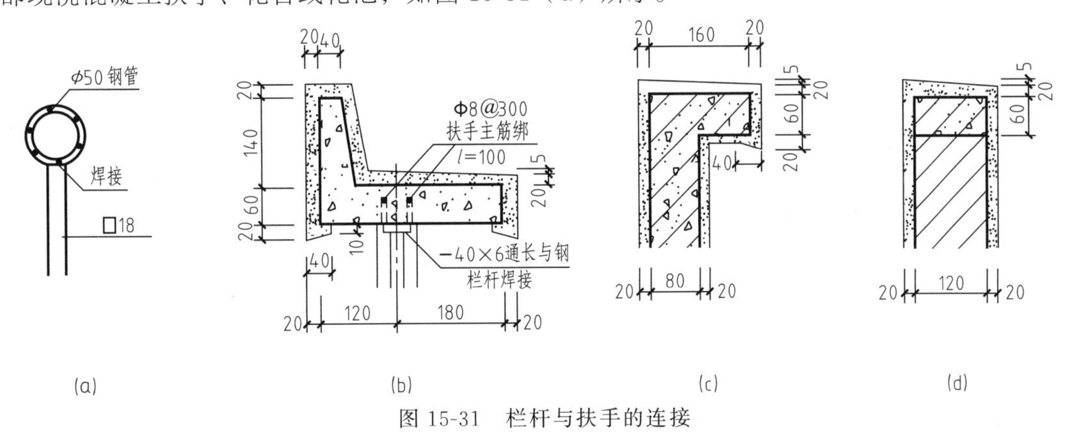

图 15-31　栏杆与扶手的连接

② 栏杆与面梁或阳台板的连接。栏杆与面梁或阳台板的连接方式有焊接、榫接坐浆、现浇等。

当阳台为现浇板时必须在板边现浇高度为 100mm 混凝土挡水带；当阳台板为预制板时，其面梁顶应高出阳台板面 100mm，以防积水顺板边流淌，污染表面。金属栏杆可直接与面梁上预埋件焊接；现浇钢筋混凝土栏板可直接从面梁内伸出锚固筋，然后绑扎钢筋、支模板、现浇细石混凝土；砖砌栏板可直接砌筑在面梁上。预制的钢筋混凝土栏杆可与面梁中预埋件焊接，也可预留插筋插入预留孔内，然后用水泥砂浆填实固牢。如图 15-32 所示。

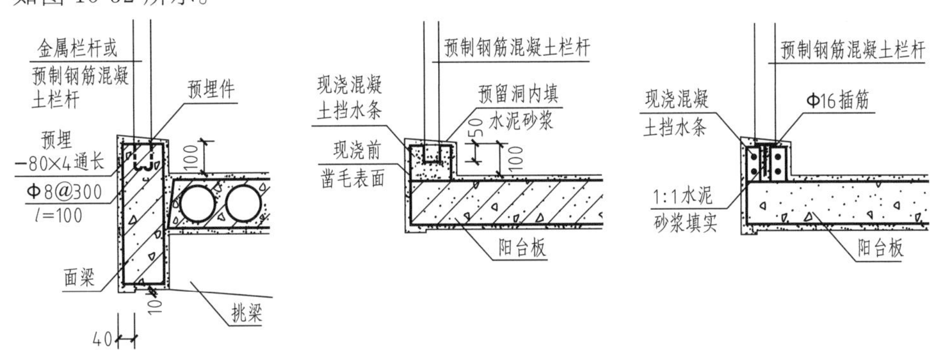

图 15-32　栏杆与面梁、阳台板的连接

③ 扶手与墙的连接。扶手与墙的连接，应将扶手或扶手中的钢筋伸入外墙的预留洞中，用细石混凝土或水泥砂浆填实固牢；现浇钢筋混凝土栏杆与墙连接时，应在墙体内预埋 240mm × 240mm × 120mm 的 C20 细石混凝土块，从中伸出 2Φ6、长 300mm 的预留钢筋，与扶手中的钢筋绑扎后再进行现浇，如图 15-33 所示。

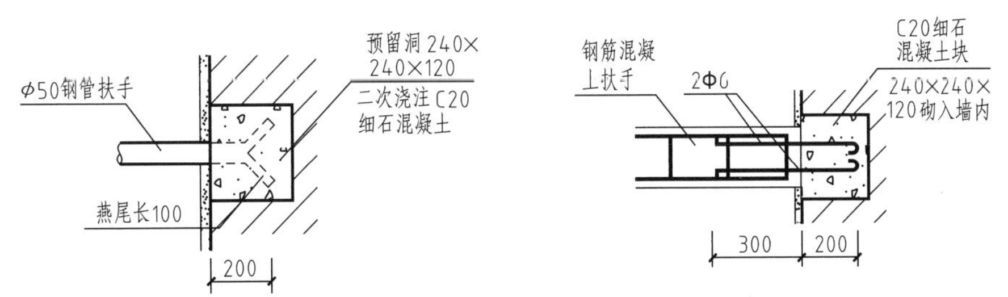

图 15-33　扶手与墙的连接

④ 阳台隔板。阳台隔板用于连接双阳台，有砖砌和钢筋混凝土隔板两种。砖砌隔板一般采用 60mm 和 120mm 厚砖墙。现在多采用钢筋混凝土隔板。隔板采用预制 60mm 厚 C20 细石混凝土板，下部预埋铁件与阳台预埋铁件焊接，其余各边伸出Φ6 钢筋与墙体、栏杆、扶手等连接。

15.7.2 雨篷

在建筑物出入口处或顶层阳台的上部常设置雨篷，它可以起遮风、挡雨的作用。雨篷多为悬挑构件，大型雨篷下常加立柱形成门廊。

较小的雨篷通常采用挑板式，挑出长度一般为1.0～1.5m。当挑出长度较大时，多采用挑梁式，且应解决好防倾覆措施。

挑板式雨篷由于荷载较小，板较薄，出入口处的雨篷因立面和排水需要，一般在外端做成翻口，并留出排水孔。雨篷顶面应做防水砂浆抹面，并作出坡度，坡向排水孔。防水砂浆应顺墙向上卷不小于300mm。如图15-34所示。

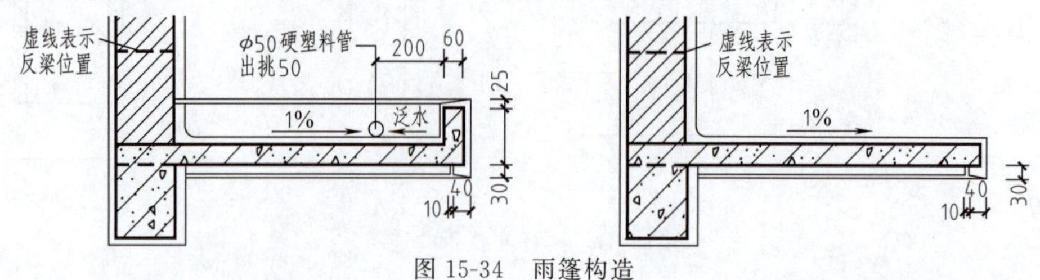

图15-34 雨篷构造

实训项目

[1+X证书（建筑工程识图、BIM）要求]

1. 识读附图中相关图纸，找出本工程楼面、地面、顶棚、雨篷等的构造做法。

2. 抄绘楼层、地层详图，要求图面布图匀称、字迹工整，所有线条、材料图例、文字、尺寸标注等均应符合国家制图统一规定的要求。

复习思考题

1. 简述楼层和地层的构造组成和各部分的作用。
2. 楼层和地层的设计要求有哪些？
3. 现浇整体式钢筋混凝土楼板有哪几种？各有什么特点？各适用什么情况下？
4. 预制装配式钢筋混凝土楼板具有哪些特点？常用的预制板有哪几种？
5. 预制板的搁置有哪些要求？板缝有哪几种形式？各有什么特点？
6. 简述提高预制装配式钢筋混凝土楼板整体性的措施。
7. 装配整体式钢筋混凝土楼板有哪些形式？
8. 楼地面应满足哪些设计要求？
9. 常用楼地面做法可分为几类？
10. 简述现浇水磨石地面的构造要点及对所用材料的要求。
11. 常用块料地面的种类、特点及适用范围是什么？
12. 顶棚的构造形式有几类？举出每一类顶棚的一种构造做法。
13. 阳台有什么作用？常见阳台有哪几种类型？
14. 雨篷有什么作用？绘图表示雨篷构造。

教学单元16 楼梯构造

学习目标、教学要求和素质目标

本教学单元是本门课程的重点之一，重点介绍楼梯的组成、尺度、钢筋混凝土楼梯的类型、各自特点、楼梯细部构造做法、台阶和坡道做法、电梯和自动扶梯的组成，进一步进行相应建筑和结构图的识读和绘制训练。通过学习，应该达到以下要求：

1. 掌握解决垂直交通和高差的措施、适用条件，了解楼梯的设计要求，掌握楼梯的分类。
2. 掌握楼梯的组成，熟知楼梯的各尺度，掌握解决净高的措施。
3. 了解楼梯的设计过程，加深对楼梯尺度的认识和楼梯样图的识读。
4. 掌握现浇整体式钢筋混凝土楼梯的类型、各自特点和适用条件。
5. 掌握预制装配式钢筋混凝土楼梯的分类、构件的类型、特点和适用条件。
6. 掌握楼梯面层、防滑条、栏杆扶手、各连接等细部构造做法。
7. 掌握台阶的组成、要求和做法，以及坡道的要求和做法。
8. 掌握电梯的自动扶梯的设置条件和特点，了解电梯和自动扶梯的组成。
9. 了解无障碍设计的理念，树立对特殊人群的关爱意识，以及建筑设计如何应对我国逐步进入老龄化的趋势。
10. 了解建筑设计中应遵循的规范要求，培养学生的规范意识、法律意识等职业素养。

16.1 概述

16.1.1 解决建筑物垂直交通和高差的措施

解决建筑物的垂直交通和高差一般采取以下措施。

（1）坡道　坡道主要用于解决高差较小、无障碍设施等处的交通联系，常用坡度为1/10～1/5，角度在20°以下。

（2）楼梯　楼梯一般用于楼层之间和高差较大时的交通联系，角度在20°～45°之间。

（3）电梯　电梯用于楼层之间的联系，角度为90°。

（4）自动扶梯　自动扶梯有水平运行、向上运行和向下运行三种方式，向上或向下的倾斜角度与楼梯相似，一般为30°左右，彼此之间亦可以互换使用。

（5）爬梯　爬梯多用于专用梯，如工作梯、消防梯等，角度为45°～90°，其中常用角度为59°、73°和90°。

16.1.2 楼梯的设计要求

楼梯应满足的设计要求主要有以下几方面。

（1）功能方面　功能方面的要求主要是指楼梯数量、宽度尺寸、形式、位置、细部做法等均应满足功能要求。

（2）结构、构造方面　楼梯应有足够的承载能力、采光能力及变形较小等，满足结构和构造方面的要求。

（3）防火、安全方面　防火、安全方面的要求主要是楼梯间距、楼梯数量等应符合有关规定，另外，楼梯的面层要防滑、耐磨等。

（4）施工、经济方面　在选择楼梯做法时，应选择合适的构件材料、尺寸、形式，不宜过大、过于复杂等，满足施工、经济方面的要求。

（5）艺术方面　在楼梯的形式、布局、造型等方面满足艺术造型上的要求。

16.1.3 楼梯的类型

16.1.3.1 按楼梯结构材料分类

按楼梯的结构材料不同可分为钢筋混凝土楼梯、木楼梯、钢楼梯等。钢筋混凝土楼梯因具有坚固、耐久、防火、形式多样等优势，应用比较普遍。

16.1.3.2 按楼梯的位置关系分类

按楼梯所在位置的不同可分为室内楼梯、室外楼梯等。

16.1.3.3 按楼梯的使用性质分类

按楼梯的使用性质不同可分为主要楼梯、辅助楼梯、疏散楼梯、消防楼梯等。

16.1.3.4 按楼梯的形式分类

按照楼梯的形式可分为单梯段直跑楼梯、双梯段直跑楼梯、平行双跑楼梯、曲尺形折角楼梯、双向折角楼梯、三折楼梯、双跑双分楼梯、剪刀楼梯、交叉楼梯、弧形楼梯、螺旋楼梯等各种形式。平行双跑楼梯是最常见的一种。如图 16-1 所示。

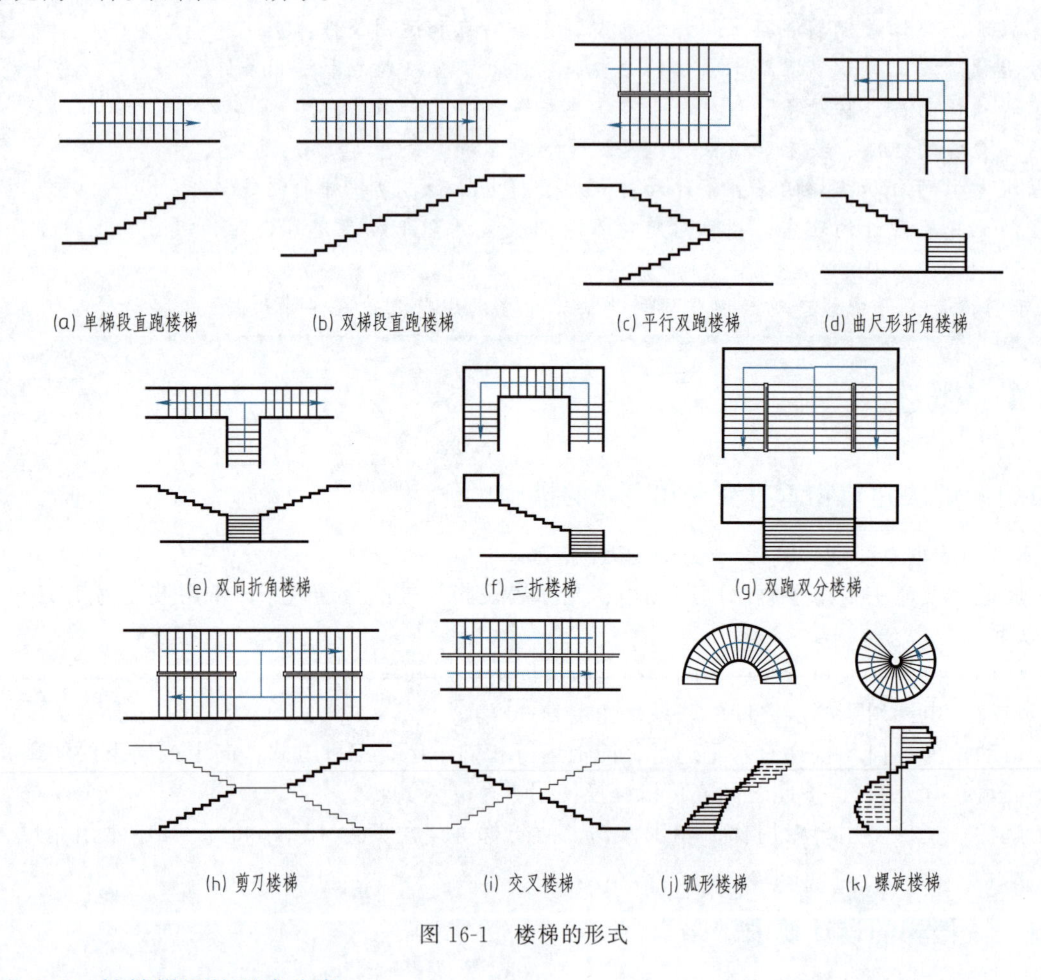

图 16-1 楼梯的形式

16.1.3.5 按楼梯间的形式分类

按楼梯间的形式大体可分为以下几种。

(1) 开敞楼梯间

开敞楼梯间是指楼梯间与走廊直接连通，仅适用于建筑高度不大于 21m 的住宅建筑；建筑高度大于 21m 不大于 33m，但要求户门应为乙级防火门的住宅建筑；以及疏散楼梯与敞开式外廊直接相连的多层公共建筑。要求楼梯间应靠外墙，并应有直接天然采光和自然通风。

(2) 封闭楼梯间

封闭楼梯间是指将楼梯间与走廊等交通部分隔开，封闭成独立空间。它适用于疏散楼梯不与敞开式外廊直接相连的多层公共建筑、裙房和建筑高度不大于 32m 的二类高层公共建筑，建筑高度大于 21m 不大于 33m 的住宅建筑。封闭楼梯间的要求如下：

① 楼梯间应靠近外墙，并应有直接天然采光和自然通风。

② 楼梯间应设乙级防火门，并应向疏散方向开启。

③ 底层可以做成扩大的封闭楼梯间。

（3）防烟楼梯间

如图 16-2、图 16-3 所示。防烟楼梯间适用于一类高层建筑，建筑高度超过 32m 的二类高层建筑和建筑高度大于 33m 的住宅建筑。其特点如下。

① 楼梯间入口处应设前室、阳台或凹廊。

② 前室的面积：公共建筑不应小于 $6m^2$，居住建筑不应小于 $4.5m^2$。

③ 前室和楼梯间的门均应为乙级防火门，并应向疏散方向开启。

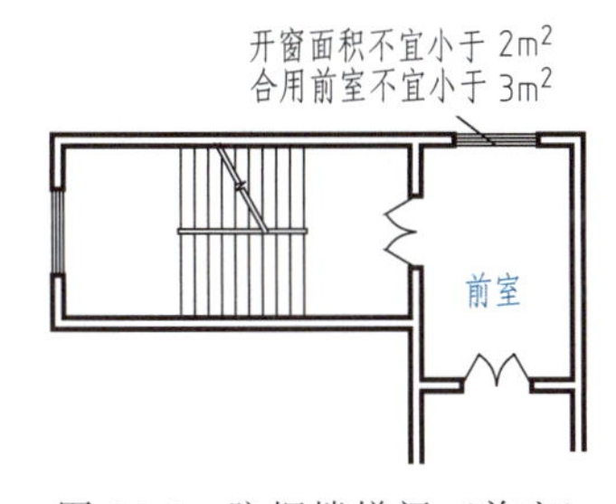

图 16-2　防烟楼梯间（前室）

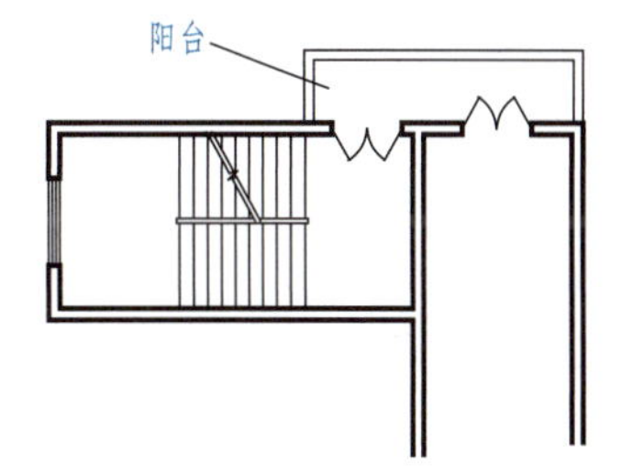

图 16-3　防烟楼梯间（阳台）

高层建筑通向屋面的楼梯不宜少于两个，且不应穿越其他房间。通向屋面的门应向屋面方向开启。

室外楼梯可做辅助防烟楼梯并可计入疏散总宽度内。高层建筑的室外楼梯净宽度不应小于 900mm，倾斜度不应大于 45°。不作为辅助防烟楼梯的其他多层建筑的室外梯净宽可不小于 800mm，倾斜度可不大于 60°。栏杆扶手高度均应小于 1100mm。

16.2　楼梯的组成和尺度

二维码 16.1

16.2.1　楼梯的组成

楼梯由三部分组成：楼梯段、平台和栏杆扶手，如图 16-4 所示。

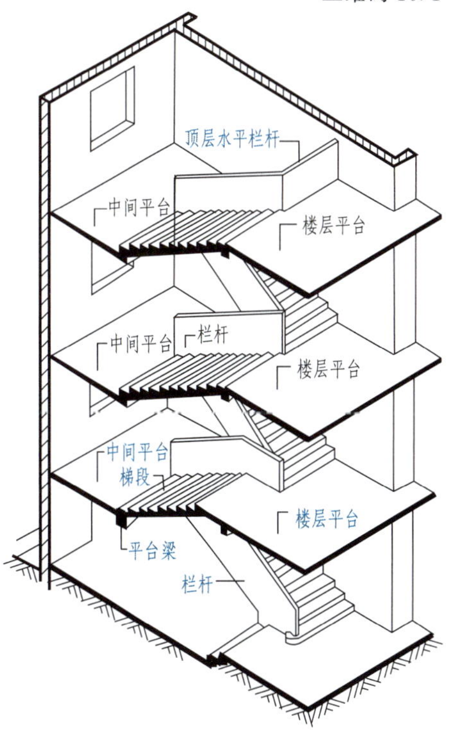

图 16-4　楼梯的组成

16.2.2　楼梯的尺度

16.2.2.1　楼梯的坡度

楼梯的坡度在 20°～45°之间，一般楼梯的坡度在 38°以内，较为舒适的坡度为 26°34′，即高宽比为 1/2。

16.2.2.2　楼梯段

楼梯段是楼梯的基本组成部分，楼梯段的宽度取决于通行人数和消防要求。《民用建筑设计统一标准》（GB 50352—2019）规定，供日常主要交通用的楼梯的梯段宽度应根据建筑物使用特征，按每股人流为 0.55＋（0～0.15）m 的人流股数确定，并不应少于两股人流。0～0.15m 为人流在行进中人体的摆幅，公共建筑人流众多的场所应取上限值。按消防要求考虑时，每个楼梯段必须保证二人同时上下，最小宽度为 1100mm，室外疏散楼梯其最小宽度为 900mm。在工程实践中，由于楼梯间尺寸要受建筑模数的限制，因而楼梯段的宽度往往会有些上下浮动。

16.2.2.3 踏步

踏步是人们上下楼梯脚踏的地方。踏步的水平面为踏面，垂直面为踢面。踏步的尺寸应根据人体的尺度来决定数值。

踏步宽常用 g（也有用 b）表示，踏步高常用 r（也有用 h）表示，g 和 r 应符合以下关系：

$$g+2r=600\sim620\text{mm}$$

踏步尺寸应根据使用要求决定，不同类型的建筑物，其要求也不相同。表 16-1 为踏步的尺寸规定。

表 16-1 楼梯踏步最小宽度和最大高度

单位：m

楼梯类别		最小宽度	最大高度
住宅楼梯	住宅公共楼梯	0.260	0.175
	住宅套内楼梯	0.220	0.200
宿舍楼梯	小学宿舍楼梯	0.260	0.150
	其他宿舍楼梯	0.270	0.165
老年人建筑楼梯	住宅建筑楼梯	0.300	0.150
	公共建筑楼梯	0.320	0.130
托儿所、幼儿园楼梯		0.260	0.130
小学校楼梯		0.260	0.150
人员密集且竖向交通繁忙的建筑和大、中学校楼梯		0.280	0.165
其他建筑楼梯		0.260	0.175
超高层建筑核心筒内楼梯		0.250	0.180
检修及内部服务楼梯		0.220	0.200

注：螺旋楼梯和扇形踏步离内侧扶手中心 0.250m 处的踏步宽度不应小于 0.220m。表格选自《民用建筑设计统一标准》(GB 50352—2019)。

在设计踏步宽度时，当楼梯间深度受到限制，致使踏面宽不足最低尺寸，为保证踏面宽有足够尺寸而又不增加总进深起见，可以采用出挑踏口或将踢面向外倾斜的办法，使踏面实际宽度增加。一般踏口的出挑长度为 20～30mm，如图 16-5 所示。楼梯段的最小步数为 3 步，最多为 18 步。楼梯段的投影长为踏步高度数减 1 再乘以踏步宽度。

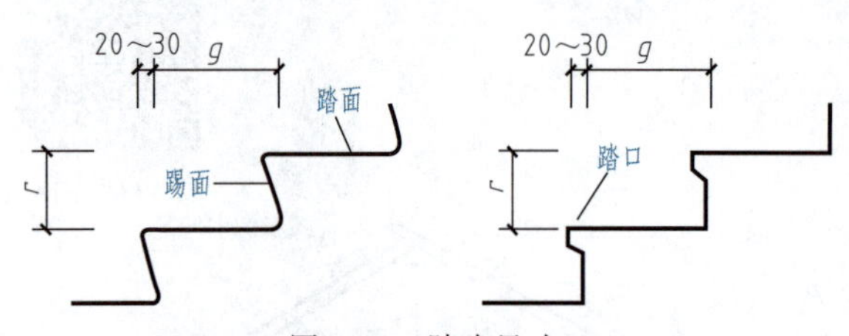

图 16-5 踏步尺寸

16.2.2.4 平台

为了减少人们上下楼时的过分疲劳，梯段超过 18 级时，中间应设休息平台。平台依据位置可分为楼层平台和中间平台。楼层平台的标高与楼层标高相同或近似，中间平台的标高介于两个楼层标高之间。休息平台的宽度必须大于或等于梯段的宽度，梯段改变方向时，扶手转向端处的平台最小宽度不应小于梯段宽度，并不得小于 1.20m，当有搬运大型物件需要时应适量加宽。

16.2.2.5 梯井

两个楼梯之间的空隙叫梯井。公共建筑梯井的宽度以不小于 150mm 为宜（依据消防要求而定）。

16.2.2.6 楼梯栏杆和扶手

楼梯在靠近梯井处应加栏杆或栏板，顶部做扶手。室内楼梯扶手高度自踏步前沿线量起不宜小于 0.90m。靠楼梯井一侧水平扶手长度超过 0.50m 时，其高度不应小于 1.05m。托幼建筑的扶手高度为 600mm 左右。

楼梯应至少于一侧设扶手，梯段净宽达三股人流时应两侧设扶手，达四股人流时宜加设中间扶手。

16.2.2.7 净空高度

楼梯净高包括平台下净高和梯段下净高，楼梯平台下净空高度是指该平台至上一层平台梁底或楼梯间底层地面至一层、二层中间平台板或平台梁底的垂直距离，规范规定，楼梯平台上部及下部过道处的净高不应小于 2m；梯段净高为自踏步前沿（包括最低和最高一级踏步前沿线以外 0.30m 范围内），量至上方突出物下沿间的垂直高度，梯段净高不宜小于 2.20m。如图 16-6 所示。

当楼梯平台下做通道或出入口时，为满足净空高度要求，可采取以下方法。

（1）不等梯段　将底层第一梯段加长，做成不等梯段，如图 16-7（a）所示。这种处理方式适用于楼梯间进深较大的情况下使用。

（2）增加室内外高差　增加室内外高差，梯段长度保持不变，降低楼梯间入口处室内地面标高，如图 16-7（b）所示。这种处理方式楼梯构造简单，但是提高了整个建筑物的总高度，造价较高。

（3）综合方法　将上述两种处理方法结合起来使用，既增大室内外高差，又做成不等梯段，满足净空高度要求，如图 16-7（c）所示。这种处理方式对楼梯间进深和室内外高差要求都不太大，应用较多。

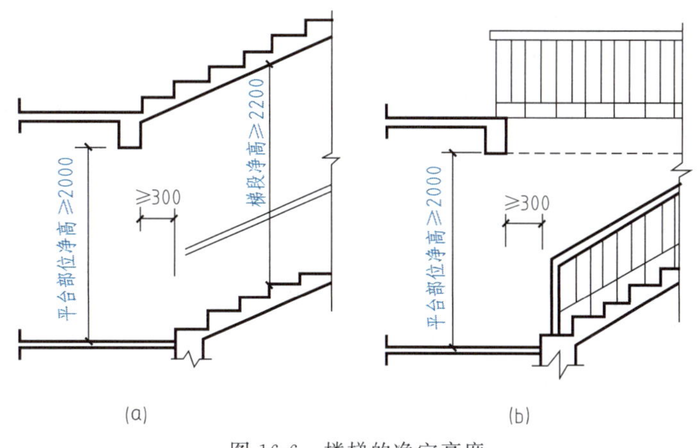

图 16-6　楼梯的净空高度

（4）底层采用直跑楼梯　将底层梯段改为直跑梯段，如图 16-7（d）所示。这种方式多用于少雨地区的住宅建筑，但要注意入口处雨篷底面标高的位置，保证通行净空高度的要求。

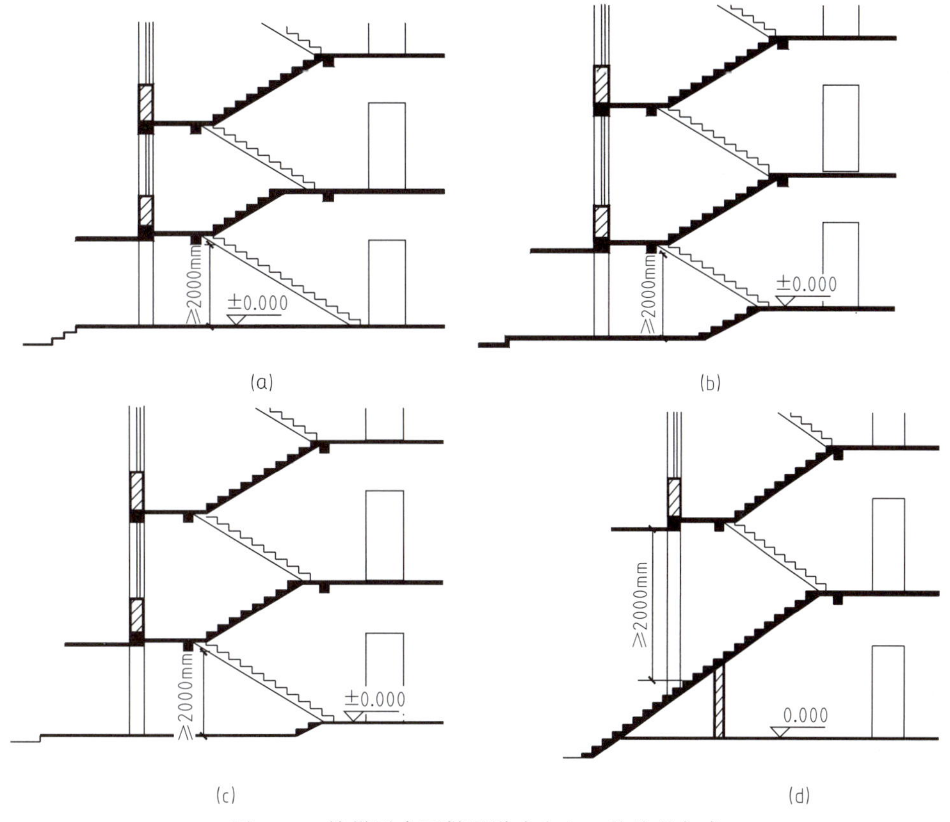

图 16-7　楼梯平台下做通道或出入口的处理方式

16.3 楼梯的设计

在楼梯设计中，楼梯间的层高、开间、进深尺寸为已知条件，还要注意区分是封闭式楼梯还是开敞式楼梯。

16.3.1 设计步骤

① 根据楼梯间尺寸，确定楼梯段宽度 B。

② 根据楼梯段宽度 B，确定平台宽度 D，$D \geqslant B$。

③ 根据楼梯段宽度 B 和平台宽度 D 计算出楼梯段最大长度 L_{max}。

④ 根据楼梯的性质和用途，确定楼梯的适宜坡度，选择踏步高 r，踏步宽 g。

⑤ 确定踏步数量。确定方法是用楼层高 H 除以踏步高 r，得出踏步数量 N（$N=H/r$）。踏步数应为整数。

⑥ 确定每个楼梯段的踏步数。一个楼梯段的踏步数最少为 3 步，最多为 18 步，总数多于 18 步应作成双跑或多跑，双跑楼梯的每个梯段的踏步数 $n=N/2$。

⑦ 由已确定的踏步宽 g 确定楼梯段的水平投影长度 $L_1=(N-1)\times g$ 或 $L_1=(n-1)\times g$。

⑧ 对于通过式楼梯，要处理入口净高。

⑨ 根据设计结果绘图。

16.3.2 实例

如图 8-23 所示，某住宅楼梯间的开间尺寸为 2700mm，进深尺寸为 5100mm，层高 2800mm，内墙为 240mm，其轴线居中，外墙 370mm，其中轴线外侧 250mm，内侧 120mm。室内外高差 750mm，楼梯间底部有出入口，试设计该平行双跑楼梯。

【解】

1. 计算梯段宽度 B

$$B=\frac{2700-2\times120-60}{2}=1200\ (\text{mm})\qquad (\text{式中 60 为梯井宽度})$$

2. 确定平台宽度 D

$$D \geqslant B=1200\ (\text{mm})$$

3. 计算出楼梯段最大长度 L_{max}

$$L_{max}=5100-2\times1200-2\times120=2460\ (\text{mm})$$

4. 选取踏步数量

初步选取踏步数量 $N=16$（级）（根据层高不同和经验，选择步数为偶数）

5. 选择踏步高 r，踏步宽 g

踏步高度 $r=2800/16=175$mm，踏步宽度 g 取 260mm

6. 确定每个楼梯段的踏步数

$$n=16/2=8\ (\text{级})$$

7. 确定楼梯段的水平投影长度 L_1

$$L_1=(8-1)\times260=1820\ (\text{mm})$$

8. 对于通过式楼梯，要处理入口净高

室内外高差 750mm，移入楼梯间 600mm

此时平台净高＝2800/2＋600－300＝1700mm（式中 300 为梯梁高）

2000－1700＝300mm

300/175≈1.7（级）取 2 级。

这时，第一梯段为 8＋2＝10（级），第二梯段为 8－2＝6（级）

平台净高＝10×175＋600－300＝2050mm＞2000mm

第一梯段的水平投影长度 $L_{11}=(10-1)\times260=2340\text{mm}<2460\text{mm}$，满足要求。

9. 根据设计结果绘图，见教学单元 8 图 8-23。

16.4 钢筋混凝土楼梯的构造

钢筋混凝土楼梯根据施工方法可分为：现浇整体式钢筋混凝土楼梯和预制装配式钢筋混凝土楼梯两种形式。

16.4.1 现浇整体式钢筋混凝土楼梯的构造

现浇整体式钢筋混凝土楼梯是在施工现场支模、绑钢筋和浇注混凝土而成的。这种楼梯的整体性强，但施工工序多，工期较长，适用于整体性要求高、形式和尺寸特殊的楼梯间。现浇整体式钢筋混凝土楼梯有两种做法：一种是板式楼梯，一种是梁板式楼梯。

16.4.1.1 板式楼梯

板式楼梯是将楼梯段作为一块板考虑，板的两端支承在平台梁上，平台梁支承在墙上。板式楼梯的结构简单、板底平整、便于支模、施工方便，板跨大时，板厚也较大。板式楼梯的水平投影长度在 3m 以内时比较经济，如图 16-8（a）所示。当平台下净高不满足要求或有特殊需要时，也可取消平台梁，采用折板式楼梯，折板式楼梯的板跨较大，板厚增加，配筋多而复杂，施工也较为麻烦，如图 16-8（b）所示。

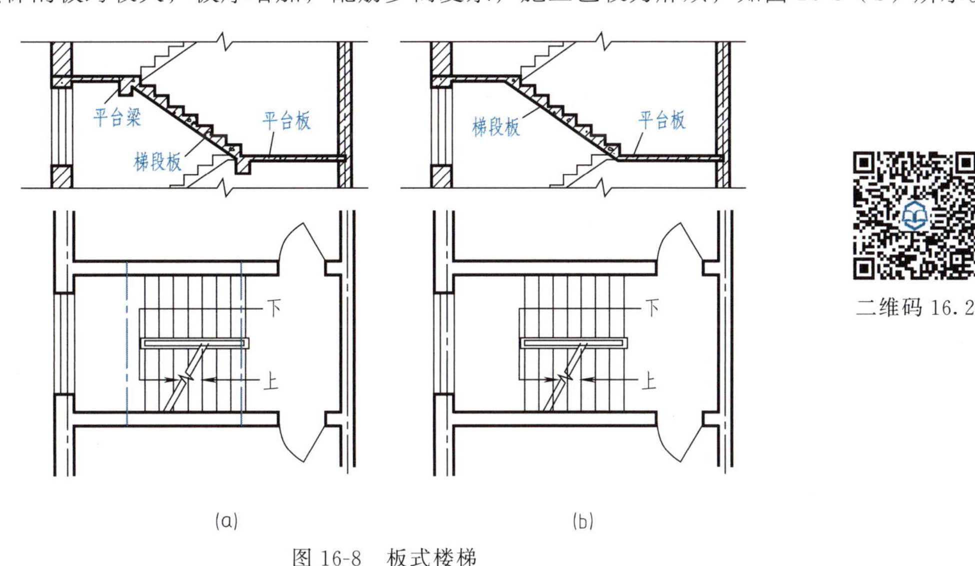

图 16-8　板式楼梯

16.4.1.2 梁板式楼梯

梁板式楼梯的传力过程为踏步板→斜梁→平台梁→墙或柱。梁板式楼梯的板跨缩小，板厚减小，较经济，但模板复杂，梁高时显得笨重。梁板式楼梯的形式如下。

（1）斜梁在踏步板的下面

斜梁在踏步板的下面时，称为“明步”。这种形式受力合理，较经济，但板底不平整，抹面比较费工，梁高时显得笨重。如图 16-9（a）所示。

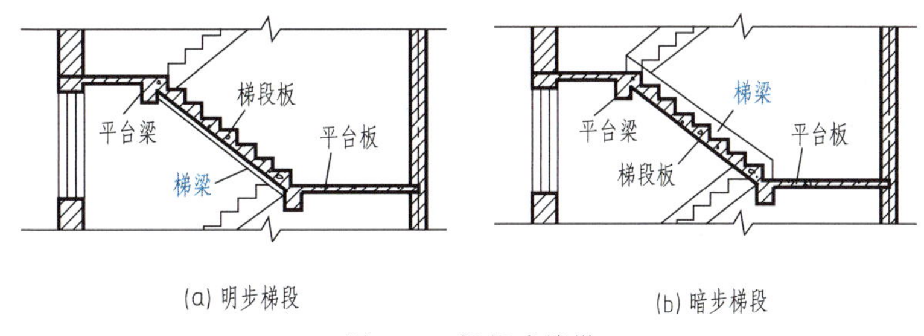

图 16-9　梁板式楼梯

（2）斜梁在踏步板上面

斜梁在踏步板上面时，称为“暗步”。这种形式可以阻止垃圾或灰尘从梯井落下，而且梯段底面平整，便于粉刷。缺点是梁宽占据梯段宽的尺寸，使梯段净宽减小，且受力不好，钢筋用量多。如图 16-9（b）所示。

在梁板式结构中，单梁式楼梯是近年来公共建筑中采用较多的一种结构形式。这种楼梯的每个梯段由一根梯梁支承踏步。梯梁布置有两种方式：一种是单梁悬臂式楼梯，另一种是单梁挑板式楼梯。单梁楼梯受力复杂，梯梁不仅受弯，而且受扭。但这种楼梯外形美观、轻巧，常为建筑空间造型所采用。

16.4.2 预制装配式钢筋混凝土楼梯的构造

预制装配式钢筋混凝土楼梯是将楼梯构件在加工厂或施工现场进行预制，施工时将预制构件进行装配、焊接。预制装配式有利于节约模板、提高施工速度，使用较为普遍。适用于整体性要求不太高、形式和尺寸较规整的楼梯间。

16.4.2.1 预制装配式钢筋混凝土楼梯的分类

（1）根据楼梯构件大小分类

根据楼梯构件大小分为小型预制构件、中型预制构件和大型预制构件。小型预制构件装配的楼梯一般由踏步块、梯段梁、平台梁、平台板等组成；大中型预制构件装配的楼梯一般由梯段和平台组成，甚至有些将梯段和平台预制成一个构件。

（2）根据楼梯支承方式分类

根据楼梯支承方式分为墙承简支式、梁承简支式、墙承悬挑式、梁承悬挑式、悬吊式等几种。

16.4.2.2 预制装配式钢筋混凝土楼梯的构件

（1）踏步板

钢筋混凝土预制踏步板的断面形式有一字形、L形、三角形。如图16-10所示。一字形踏步板制作方便，踏步高宽可调，简支和悬挑均可，但板厚较大或配筋较多；L形踏步板有正反两种，肋向下，结构合理，适于做简支，肋向上，适于做悬挑，但受力不好，钢筋用量多；三角形踏步板安装后底面平整，但尺寸不易调整。小型预制踏步板构件小，便于制作、安装和运输，可以不使用大型机械，但施工时必须用支撑，以保证稳定。

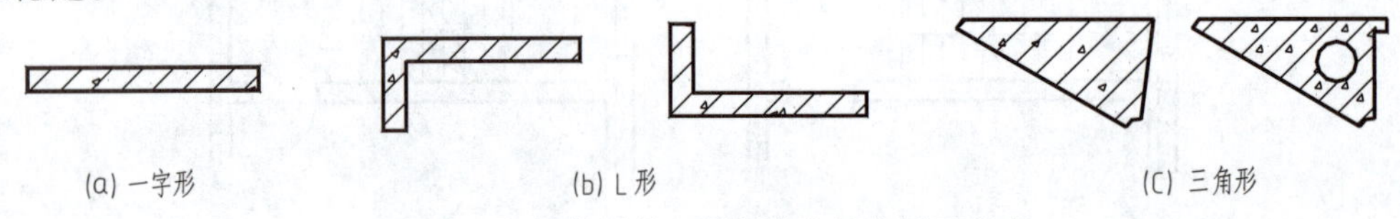

图16-10 钢筋混凝土预制踏步板的断面形式

（2）梯段梁

钢筋混凝土预制梯段梁的断面形式有矩形、L形和锯齿形。踏步板与梯段梁相配套，即三角形踏步板配合矩形梯段梁（形成“明步”）、L形梯段梁（形成“暗步”）使用，而一字形、L形踏步板则需配合锯齿形梯段梁使用。如图16-11所示。

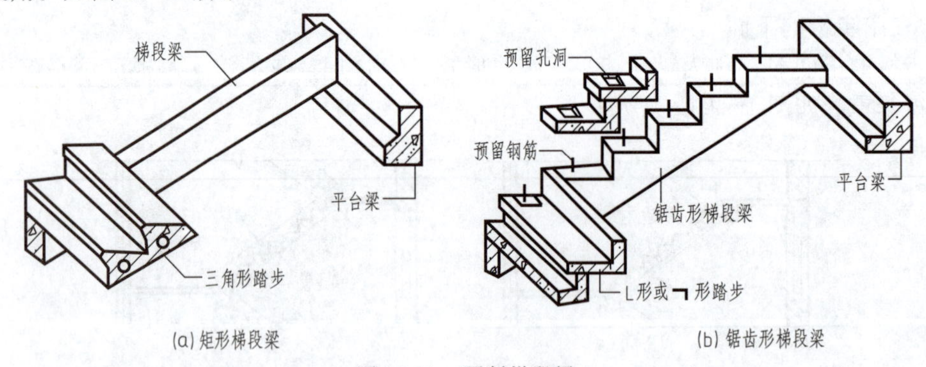

图16-11 预制梯段梁

（3）平台梁

钢筋混凝土预制平台梁的断面形式有矩形、L形两种，而L形又可分为平肩和斜肩。如图16-12所示。

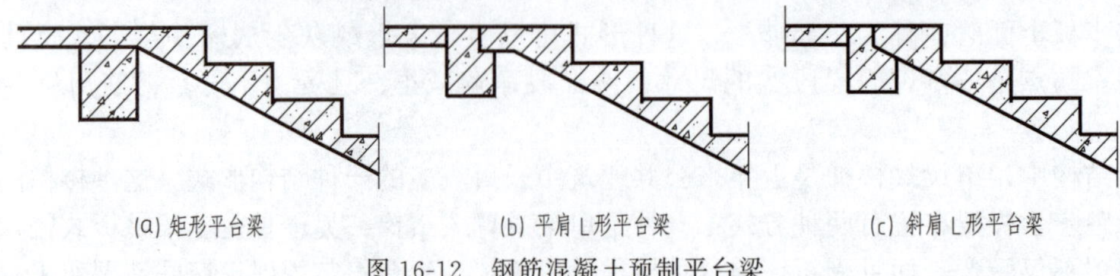

图16-12 钢筋混凝土预制平台梁

（4）预制梯段

目前常用的预制梯段有板式和梁板式，多为梁板式（槽板式）梯段，即在预制梯段两侧有梁，梁板形成一个整体，如图 16-13 所示。为减轻自重，节约材料，可采用抽孔梯段板，如图 16-14 所示。

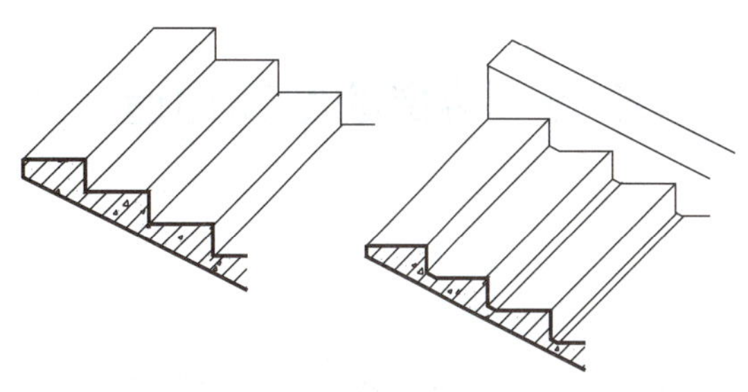

图 16-13　预制梯段

16.4.2.3　预制装配式钢筋混凝土楼梯的连接构造

（1）踏步板与梯段梁的连接

踏步板与梯段梁连接，一般在梯段梁支承踏步板处用水泥砂浆坐浆连接，加强连接可采用在梯段梁上预埋钢筋，与踏步板支承端预留孔插接，用高标号水泥砂浆填实。如图 16-15 所示。

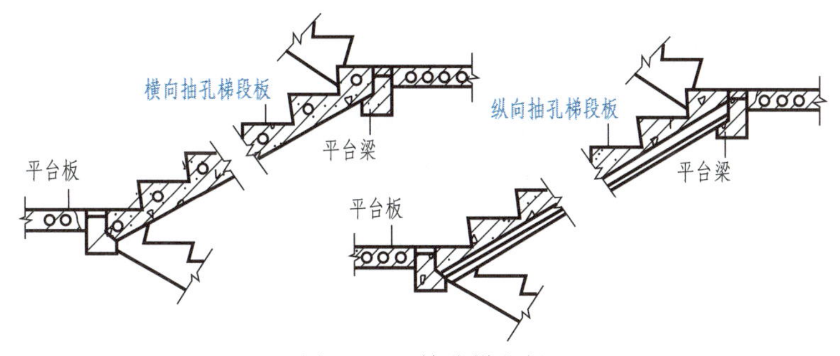

图 16-14　抽孔梯段板

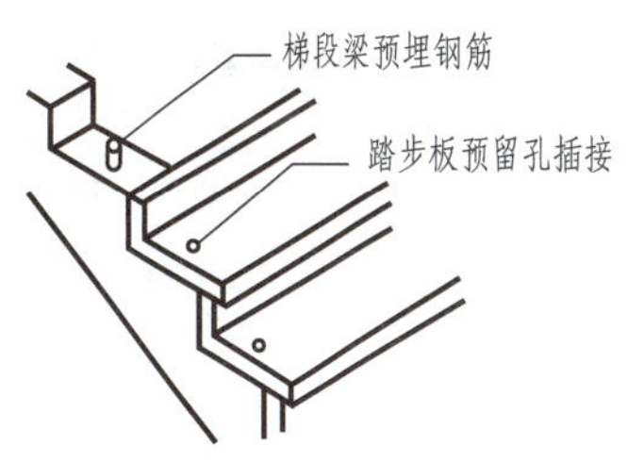

图 16-15　踏步板与梯段梁连接

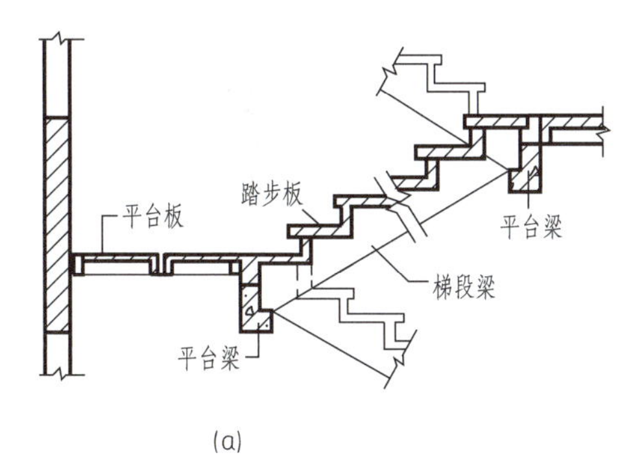

图 16-16　梯段梁、梯段板与平台梁、平台板的连接

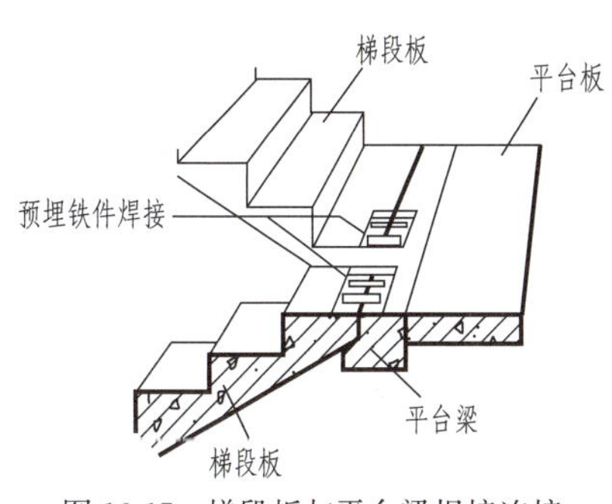

图 16-17　梯段板与平台梁焊接连接

（2）梯段梁或梯段板与平台梁、平台板连接

梯段梁、梯段板与平台梁、平台板的连接要有足够的支承长度，还要保证有水泥砂浆坐浆连接，如图 16-16 所示；梯段梁、梯段板与平台梁连接处，还应在连接端预埋钢板进行焊接，如图 16-17 所示。

（3）梯段梁、梯段板与梯基连接

在楼梯底层起步处，梯段梁或梯段板下应作梯基，梯基常用砖或混凝土，也可用平台梁代替梯基。但需注意该平台梁无梯段处与地坪的关系，如图 16-18 所示。

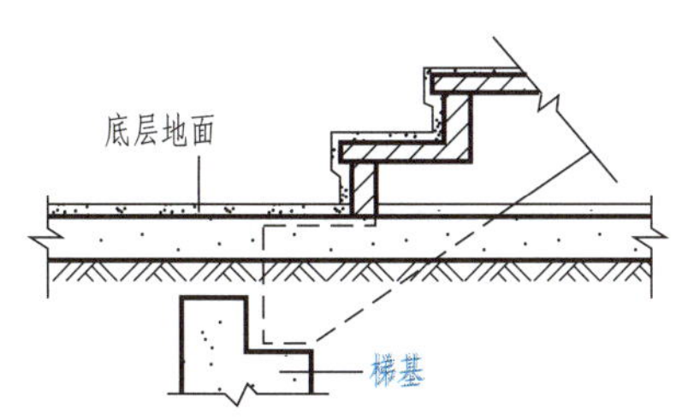

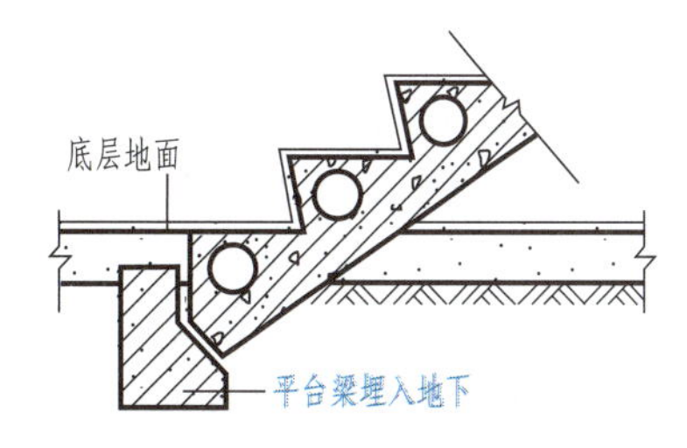

图 16-18　梯段梁、梯段板与梯基连接

16.5 楼梯的细部构造

16.5.1 踏步

踏步由踏面和踢面所构成。为了增加踏步的行走舒适感，可将踏步突出 20mm 作成凸缘或斜面。踏步面层的做法一般同楼地面，对面层的要求是耐磨、防滑，便于清洁，美观。常用做法有：水泥砂浆面层、水磨石面层、石材或缸砖贴面等，如图 16-19 所示。

底层楼梯的第一个踏步常作成特殊的样式，或方或圆，以增加美观感。栏杆或栏板也有变化，以增加多样感。踏步表面应注意防滑处理。通常在踏步口做防滑条。如图 16-20 所示。

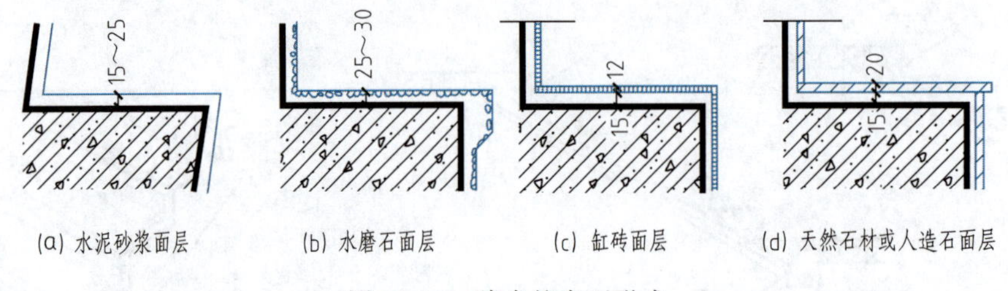

(a) 水泥砂浆面层　(b) 水磨石面层　(c) 缸砖面层　(d) 天然石材或人造石面层

图 16-19　踏步的表面形式

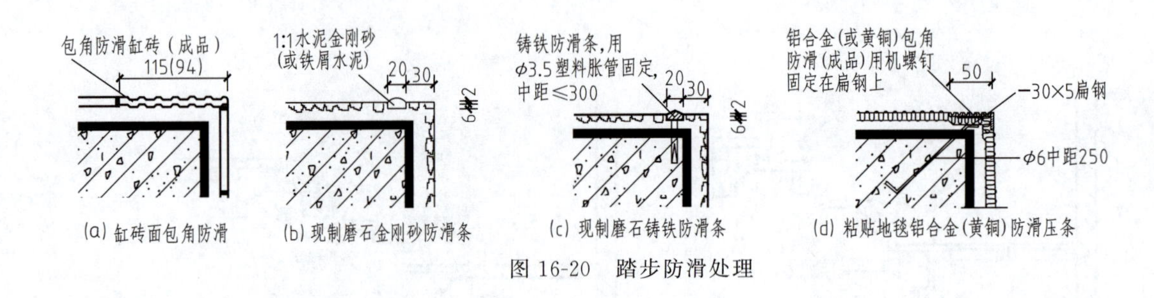

(a) 缸砖面包角防滑　(b) 现制磨石金刚砂防滑条　(c) 现制磨石铸铁防滑条　(d) 粘贴地毯铝合金(黄铜)防滑压条

图 16-20　踏步防滑处理

16.5.2 栏杆、栏板和扶手

栏杆、栏板和扶手均为保护行人上下楼梯的安全措施，根据梯段宽度，可在梯段的一侧或两侧设置。栏杆、栏板和扶手应做到坚固耐久、构造简单、造型美观。

16.5.2.1 栏杆、栏板的形式

栏杆、栏板根据做法不同，其形式有空花栏杆、实心栏板、组合式栏杆三种。如图 16-21 所示。

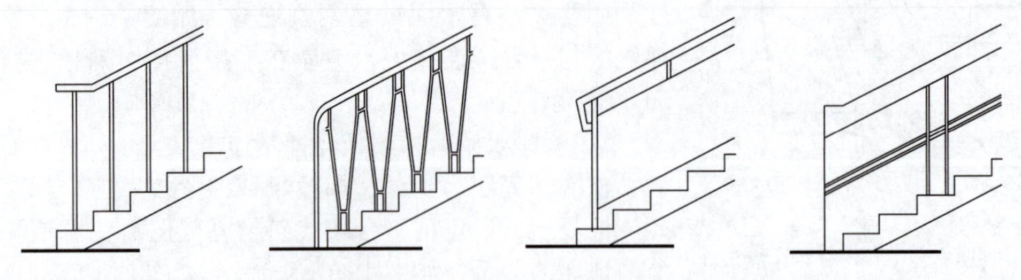

图 16-21　栏杆、栏板的形式

（1）空花栏杆

空花栏杆可以采用方钢或圆钢制作。方钢的断面应在（16mm × 16mm）～（20mm × 20mm）之间，圆钢也应采用 $\phi16$～$\phi18$ 为宜。表面喷刷油漆或镀铬，空花栏杆的空格间距应小于 150mm。

（2）实心栏板

实心栏板可用砖、钢筋混凝土、钢丝网水泥、有机玻璃、钢化玻璃等制作。在现浇整体式钢筋混凝土楼梯中，栏板可以与踏步同时浇注，厚度一般不小于 80～100mm。

（3）组合式栏杆

组合式栏杆是将空花栏杆和实心栏板组合在一起构成的一种栏杆形式。空花部分采用金属，实心部分采用砖、钢筋混凝土、钢丝网水泥、有机玻璃、钢化玻璃等。

16.5.2.2 扶手

扶手一般用木材、塑料、圆钢管等作成。扶手的断面应考虑人的手掌尺寸，并注意断面的美观。其宽度应在 60～80mm 之间，高度应 80～120mm 之间，如图 16-22 所示。

16.5.2.3 扶手与栏杆的连接

木扶手与栏杆的固定常常是通过木螺钉拧在栏杆上部的铁板上；塑料扶手是卡在铁板上；圆钢管扶手则直接焊于栏杆表面上，如图 16-22 所示。

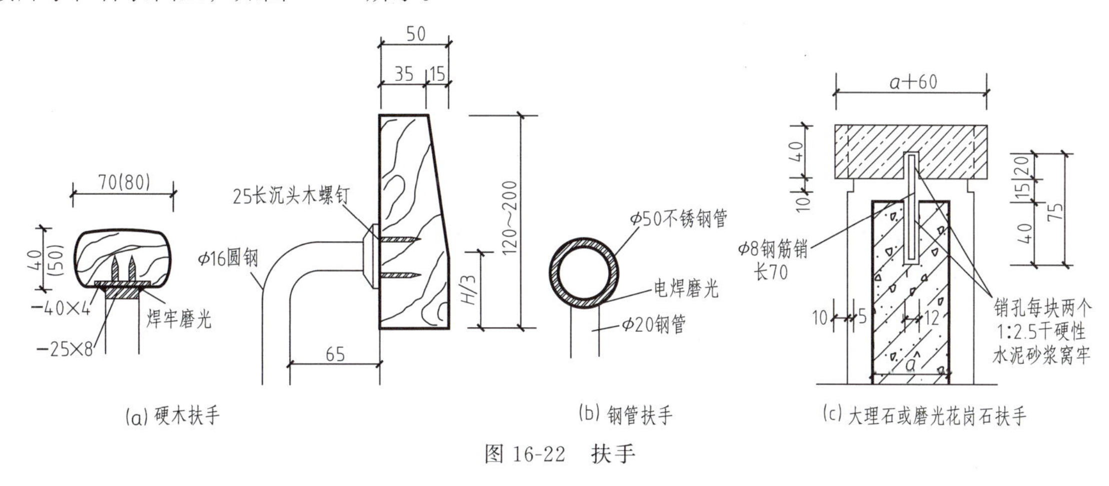

图 16-22　扶手

16.5.2.4 栏杆扶手与墙、柱的连接

栏杆扶手有时必须固定在墙或柱上，如楼梯顶层的水平栏杆及靠墙扶手，其连接方式有两种，如图 16-23 所示。

（1）与墙连接一般是在墙上预留 120mm × 120mm（120mm × 190mm、120mm × 250mm 等）的孔洞，将栏杆铁件插入洞中，再用细石混凝土或水泥砂浆填实。

（2）与钢筋混凝土柱连接，一般是在相应位置上预埋铁件与栏杆扶手的铁件焊牢。

当扶手高度大于 120mm 时，选用括号内数字。

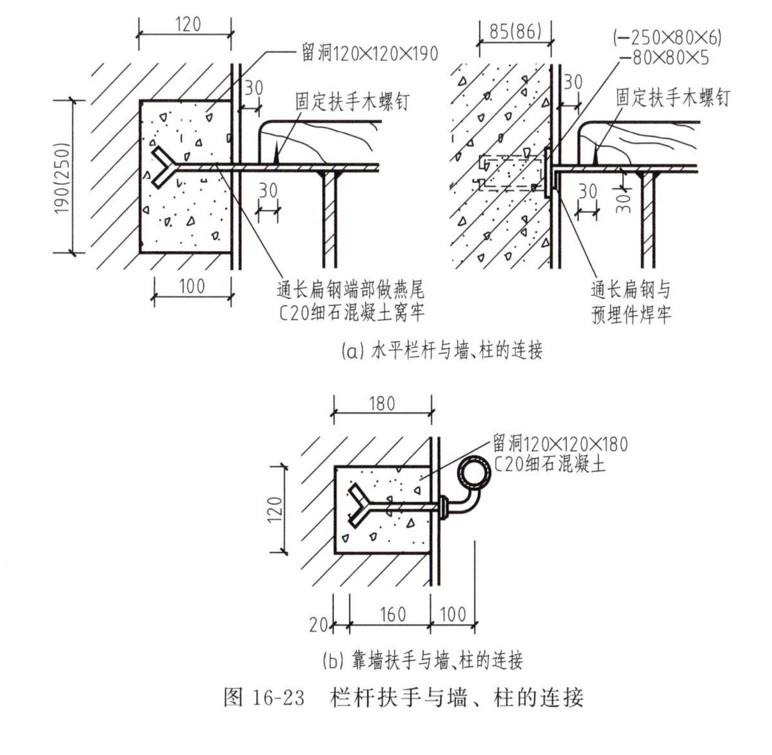

图 16-23　栏杆扶手与墙、柱的连接

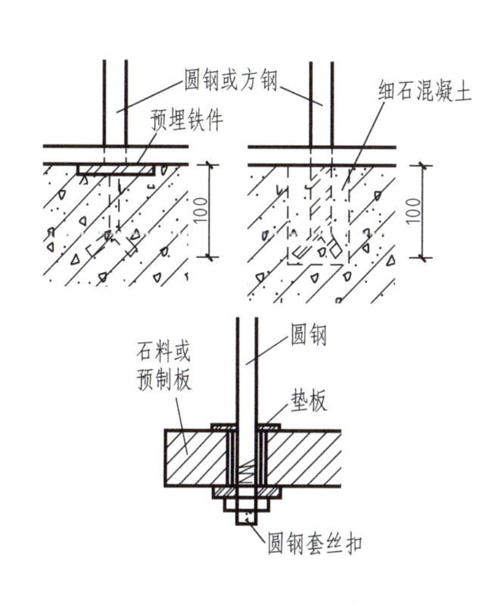

图 16-24　栏杆与梯段的连接

16.5.2.5 栏杆与梯段的连接

栏杆与梯段的连接有两种方式，如图 16-24 所示。

（1）在梯段内预埋铁件与栏杆焊接。

（2）在梯段上预留孔洞，用细石混凝土、水泥砂浆或螺栓固定。

16.6 台阶与坡道

16.6.1 台阶

台阶是联系室内外地坪或楼层不同标高处的做法。台阶由踏步和平台组成，台阶的形式有单出式台阶、三面式台阶、带有垂带石或方形石的台阶、与坡道结合的台阶等，如图 16-25 所示。

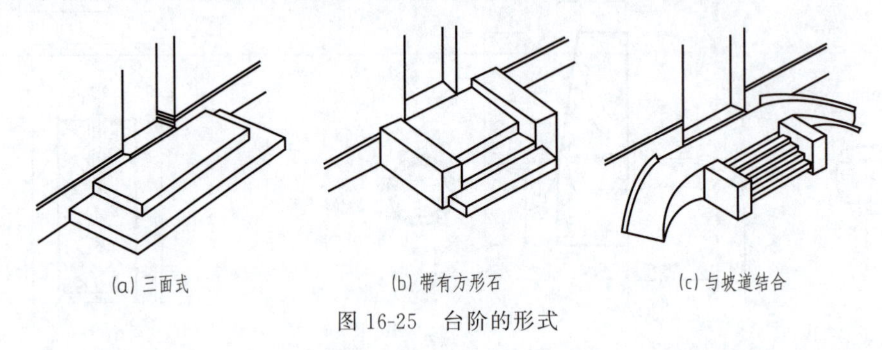

图 16-25 台阶的形式

室内台阶踏步宽度不宜小于 300mm，踏步高度不宜大于 150mm，踏步数不宜少于 2 级。室外台阶应注意室内外高差，踏步高度经常取 100～150mm，宽度常取 300～400mm。

在台阶和出入口之间应设置平台，作为缓冲，平台深度应不小于 900mm；平台的宽度应大于门的宽度；平台标高一般比室内低 20～40mm，且应向外作 1%～4%的坡度，以利排水。

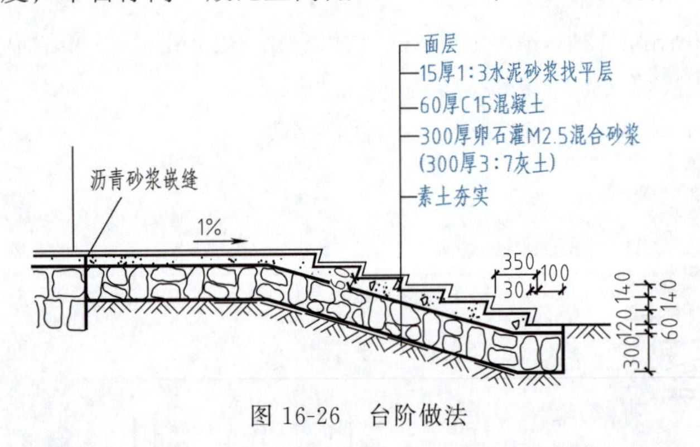

图 16-26 台阶做法

台阶构造与地坪构造相似，由面层和结构层构成。结构层材料应采用耐候性能好、抗冻、抗水性能好、质地坚实的材料。台阶踏步有砖砌踏步、混凝土踏步、钢筋混凝土踏步、石踏步四种。高度在 1m 以上的台阶需考虑设栏杆或栏板。面层应采用耐磨、抗冻材料。常见的有水泥砂浆，水磨石、缸砖以及天然石板等。为预防建筑物主体结构下沉时拉裂台阶，应待主体结构有一定沉降后再做台阶。图 16-26 表示了一些常用做法。常用的台阶做法如下。

（1）混凝土台阶

素土夯实

300 厚 3∶7 灰土垫层（或卵石垫层）

60 厚 C15 混凝土（厚度不包括踏步三角部分）随打随抹，上撒 1∶1 水泥砂子压实赶光（待混凝土稍干后折模抹光），台阶面向外找 1%坡

（2）铺地砖台阶

素土夯实

300 厚卵石灌 M2.5 混合砂浆垫层（或灰土垫层）

60 厚 C15 混凝土（厚度不包括踏步三角部分）

素水泥浆结合层一道

20 厚 1∶3 水泥砂浆找平层向外找 1%坡

5 厚 1∶1 水泥细砂浆结合层

10 厚铺地砖面层，1∶1 水泥细砂浆勾缝

16.6.2 坡道

在车辆经常出入或不适宜做台阶的部位，可采用坡道进行室内和室外的联系。室内坡道的坡度不宜大于 1∶8，室外坡道坡度不宜大于 1∶10。无障碍坡道坡度为 1∶12。一般安全疏散口，如剧场太平门的外面必须做坡道，而不允许做台阶。为了防滑，坡道面层可以作成锯齿形。在人员和车辆同时出入的地方，可以将台阶与坡道同时设置，使人员和车辆各行其道，如图 16-27 所示。常用的坡道做法如下。

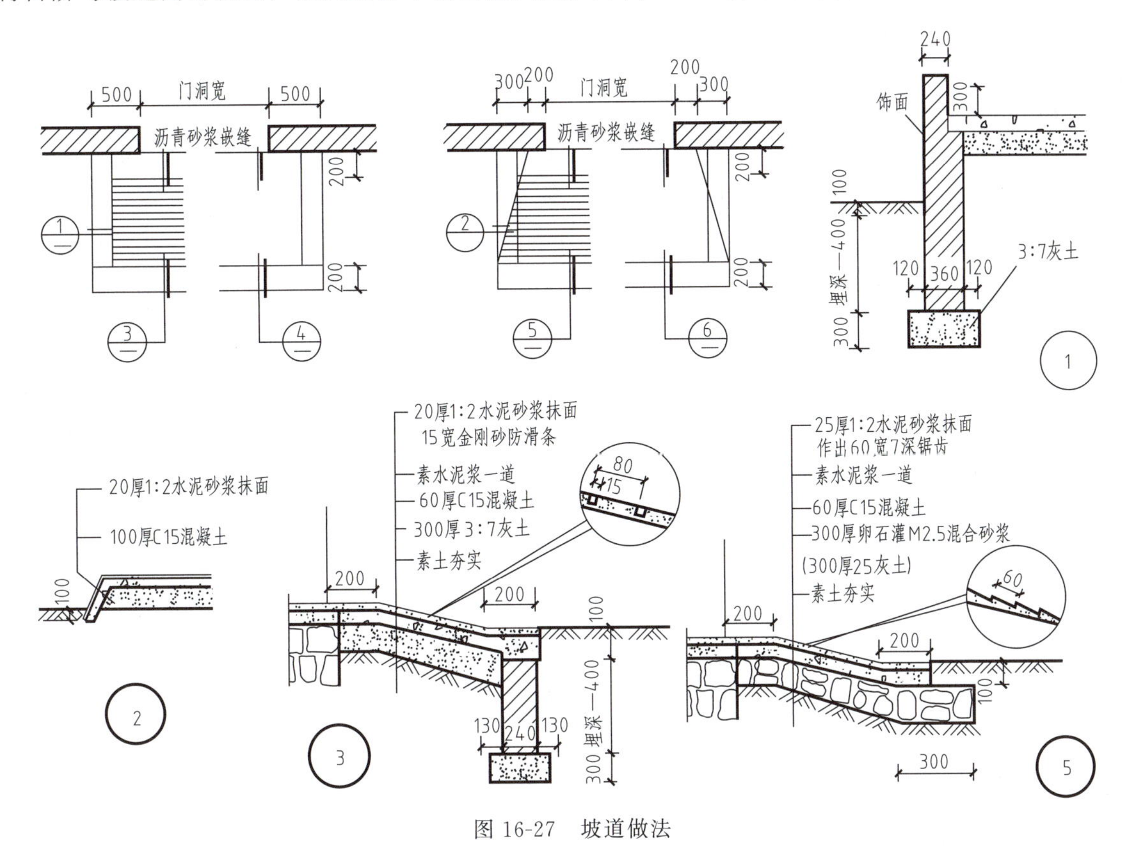

图 16-27　坡道做法

（1）水泥锯齿坡道

素土夯实（坡度按工程设计）

300 厚 3∶7 灰土垫层（或卵石垫层）

60 厚 C15 混凝土

素水泥浆结合层一道

25 厚 1∶2 水泥砂浆抹面，作出 60 宽 7 深锯齿

（2）混凝土坡道

素土夯实（坡度按工程设计）

300 厚 3∶7 灰土垫层（或卵石垫层）

60 厚 C20 混凝土随打随抹平（毛面）

16.7 电梯与自动扶梯

16.7.1 电梯

电梯是高层或有特殊要求的多层（医院、宾馆等）建筑不可缺少的重要垂直运载设备，适用于七层及以上住宅或顶层楼板层标高 16m 以上的建筑。12 层以上住宅及高度≥32m 的建筑还应设消防梯。

16.7.1.1 电梯的类型

（1）按使用性质分类

电梯按使用性质可分为客梯、货梯、客货两用梯、消防电梯等。客梯主要用于人们在建筑物中的垂直联系；货梯主要用于运送货物及设备；客货两用梯要两者兼顾；消防电梯则用于发生火灾、爆炸等紧急情况下作安全疏散人员和消防人员紧急救援使用。

（2）按电梯行驶速度分类

按电梯的行驶速度可分为高速电梯、中速电梯和低速电梯。高速电梯的行驶速度大于2m/s，梯速随层数增加而提高，消防电梯常用高速；中速电梯的行驶速度在2m/s之内，一般的客梯、货梯、客货两用梯都按中速考虑；运送食物的电梯常用低速电梯，速度在1.5m/s之内。

（3）其他分类

根据不同要求，还可以按电梯的布置分为单台、双台；按使用的电源分为交流电梯和直流电梯；另外，还可以按轿厢容量分类、按电梯门开启方向分类等。

（4）观光电梯

观光电梯是把竖向交通工具和登高流动观景相结合的电梯。透明的轿厢使电梯内外景观相互沟通。

16.7.1.2 电梯的设计要求

设置电梯时，应注意下列几点。

（1）电梯间应布置在人流集中处，且有足够的等候面积；

（2）电梯附近应设置辅助楼梯备用；

（3）设多部电梯时，宜集中设置，有利于提高电梯的使用率，也便于管理；

（4）候梯厅内最好有天然采光和自然通风。

16.7.1.3 电梯的组成

电梯由电梯井道、电梯机房、井道地坑等组成。

（1）电梯井道

电梯井道是电梯运行的通道，井道内包括出入口、电梯轿厢、导轨、导轨撑架、平衡锤及缓冲器等。不同用途的电梯，井道的平面形式是不同的。

（2）电梯机房

电梯机房一般设在井道的顶部。机房和井道的平面相对位置允许机房任意向一个或两个相邻方向伸出，并满足机房有关设备安装的要求。机房楼板应按机器设备要求的部位预留孔洞。

（3）井道地坑

井道地坑在最底层平面标高下≥1.4m处，考虑电梯停靠时的冲力，作为轿厢下降时所需的缓冲器的安装空间。

16.7.2 自动扶梯

自动扶梯适用于有频繁连续人流的大型公共建筑，如车站、超市、商场、地铁车站等。常用的自动扶梯可正、逆两个方向运行，可作提升及下降使用，机器停转时可作普通楼梯使用。

自动扶梯是电动机械牵动梯段踏步连同栏杆扶手带一起运转。机房悬挂在楼板下面。

自动扶梯的坡道比较平缓，一般采用30°，运行速度为0.5～0.7m/s，宽度按输送能力有单人和双人两种。

实训项目

［1＋X证书（建筑工程识图、BIM）要求］

1. 识读附图中相关图纸，找出本工程楼梯的类型、各部分尺寸、细部构造做法。

2. 抄绘楼梯详图，要求图面布图匀称、字迹工整，所有线条、材料图例、文字、尺寸标注等均应符合国家制图统一规定的要求。

复习思考题

1. 楼梯是由哪几部分组成的？各组成部分有什么作用和要求？
2. 楼梯有哪些分类形式？各类是如何划分的？
3. 常见的楼梯形式有哪些？
4. 楼梯有哪些设计要求？
5. 楼梯坡度如何确定？踏步高与踏步宽和行人步距的关系如何？
6. 楼梯梯段宽度、平台宽度是如何规定的？
7. 栏杆扶手的高度一般是多少？
8. 楼梯的净高是如何规定的？当建筑物底层平台下作出入口时，为增加净高，常采取哪些措施？
9. 现浇整体式钢筋混凝土楼梯常见的结构形式是哪几种？各有什么特点？
10. 预制装配式钢筋混凝土楼梯常见的类型有哪几种？各有什么特点？
11. 楼梯踏面的做法是怎样的？如何进行防滑？
12. 栏杆与踏步的构造是怎样的？
13. 扶手与栏杆的构造是怎样的？
14. 台阶的形式有哪些？
15. 台阶和坡道有哪些构造要求？
16. 什么条件下设置电梯？
17. 常用电梯有哪几种？
18. 电梯由哪几部分组成？电梯设计应满足哪些要求？
19. 什么条件下适宜采用自动扶梯？
20. 看懂各构造图。

教学单元17 屋顶构造

学习目标、教学要求和素质目标

本教学单元是本门课程的重点之一，重点介绍屋顶类型、排水方式、构造层次、细部构造以及保温、隔热的构造措施，进一步进行相应屋顶图的识读和绘制训练。通过学习，应该达到以下要求：

1. 掌握屋顶的作用和分类，了解屋顶的设计要求。

2. 熟知屋顶坡度的表示方法，掌握屋顶坡度的形成方法、排水方式和适用条件。

3. 掌握平屋顶的组成、分类、屋面防水等级和设防要求，掌握柔性防水和刚性防水平屋顶的构造层次、做法、细部构造和保温、隔热构造措施，熟悉涂膜防水平屋顶的构造层次、做法。

4. 了解坡屋顶各部分的名称，掌握坡屋顶的组成、承重结构、构造层次、做法、细部构造和保温、隔热构造措施。

5. 了解中国古建筑中屋顶的形式，提高古建筑欣赏能力，弘扬中国传统文化，彰显四个自信，文化认同，激发爱国之情，增强民族自豪感、自信心、认同感。

17.1 概述

17.1.1 屋顶的作用与要求

17.1.1.1 屋顶的作用

（1）围护作用　屋顶是建筑物最上层起覆盖作用的外围护构件，用以抵抗雨雪、避免日晒等自然因素和外界环境对建筑内部的影响。

（2）承重作用　屋顶是建筑物最上层的承重构件，承受其上的荷载，并将这些荷载连同自重传给墙、梁或柱。

（3）造型作用　屋顶的形式、色彩、质感等都对建筑物的整体造型有较大影响。

17.1.1.2 屋顶的设计要求

为保证安全和使用质量，屋顶应满足下列要求。

（1）坚固要求　屋顶应有足够的强度，能够承受自重和不同要求下的荷载，同时要求具有一定的刚度，即在荷载作用下，挠度变形不应超过规定数值。

（2）节能要求　屋面是建筑物最上部的围护构件，应具有一定的保温、隔热能力，以防止热量从屋面过分散失和太阳的辐射热过多进入室内。

（3）防水排水要求　屋顶积水、积雪以后，应迅速地排除，以防渗漏。屋面在处理防水问题时，应兼顾“导”和“堵”两个方面，不可只顾一方面而忽略了另外一方面。“导”就是将屋面积水顺利排除，应该有足够的排水坡度以及相应的一套排水设施；“堵”就是采用相应的防水材料，采取妥善的构造做法，防止渗漏。

（4）隔音和防火要求　屋顶作为外围护构件，根据不同需要，应该满足一定隔音的要求，非上人屋面一般以隔绝空气传声为主，上人屋面则还要考虑隔绝固体传声；防火要求应符合防火规范的相关规定。

（5）美观要求　屋顶是建筑物的重要装修内容之一。屋顶采取什么形式，选用什么材料、颜色、质感等均与美观有关。在解决屋顶构造做法时，应兼顾技术和艺术两大方面。

（6）经济要求　屋顶选用时应考虑综合经济效益的要求，既考虑造价，又考虑使用和维修费用。

（7）提供铺设管线的空间　根据需要，提供铺设管线的空间，便于在屋顶中铺设各种管线，既美观又节约空间。

（8）提高工业化程度　尽量为工业化施工创造条件，提高建筑质量，加快施工速度。

17.1.2 屋顶的类型

屋顶的类型很多，大体可以分为平屋顶、坡屋顶和其他形式的屋顶。不同的坡度是区分屋顶类型的因素之一，常见的屋顶类型如下。

17.1.2.1 平屋顶

屋面坡度小于10%的屋顶，称为平屋顶。平屋顶常用的坡度范围为2%～3%。平屋顶的主要优点是节省材料、节约建筑空间，可以利用屋顶上的空间做成日光室、屋顶花园、屋顶游泳池、晒台等，是目前应用较广泛的一种屋顶形式。如图17-1所示为平屋顶常见的几种形式。

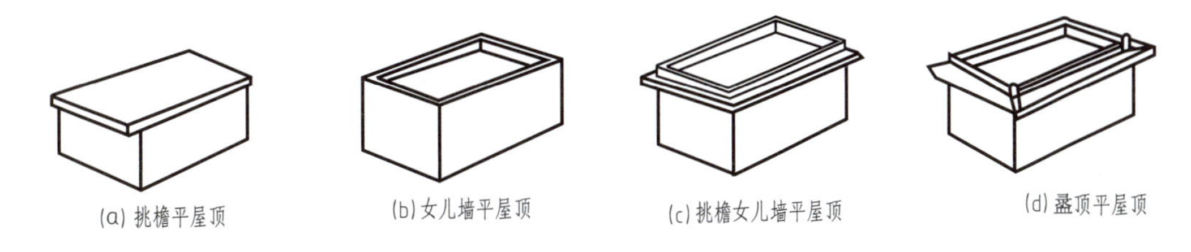

图17-1 平屋顶的形式

17.1.2.2 坡屋顶

屋面坡度在10%以上的屋顶，称为坡屋顶。坡屋顶常见的坡度为10%～60%，其中10%～20%多用于金属瓦屋面，20%～40%多用于波形瓦屋顶，40%以上多用于各种瓦屋面。坡屋顶的类型见图17-2。

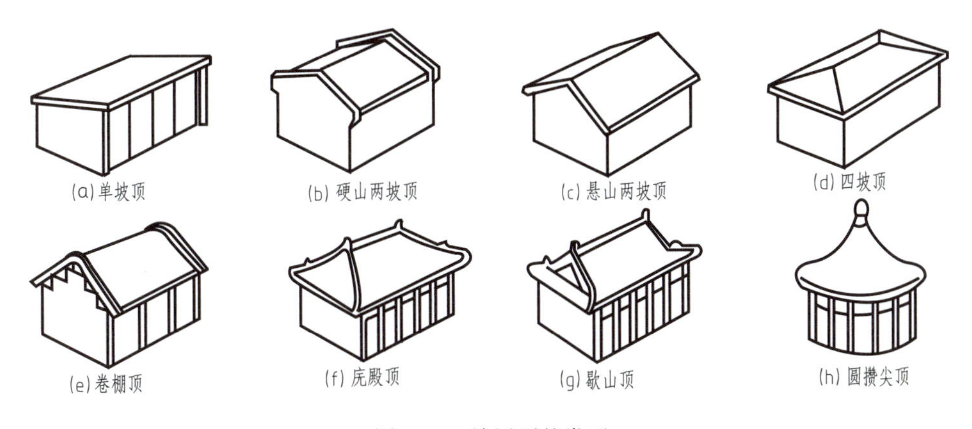

图17-2 坡屋顶的类型

17.1.2.3 曲面屋顶

曲面屋顶坡度变化大、类型多，大多应用于特殊的平面和空间结构中。常见的有网架、悬索、壳体、折板等类型。曲面屋顶的类型见图17-3。

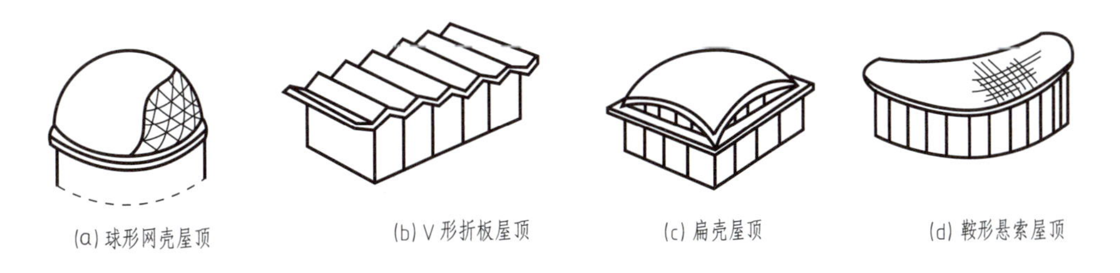

图17-3 曲面屋顶的类型

各种形式的屋顶，其主要区别在于屋顶坡度的大小。而屋顶坡度又与屋面材料、屋顶形式、气候条件、结构选型、构造方法、经济条件等多种因素有关。

17.2 屋顶的排水

17.2.1 屋顶坡度的形成

17.2.1.1 屋顶坡度的表示方法

屋顶坡度的表示方法有以下几种。

（1）坡度值法（斜率法）

斜面的垂直投影高度与水平投影长度之比。如 1∶2、1∶4 等。如图 17-4（a）所示。

（2）百分比法

斜面的垂直投影高度与水平投影长度之比，用百分比表示，常用“i”作标记，如 $i=5\%$、$i=25\%$ 等。如图 17-4（b）所示。

（3）角度法

斜面与水平面之间的夹角，常用“θ”作标记，如 $\theta=26°$、30°、45°等。如图 17-4（c）所示。

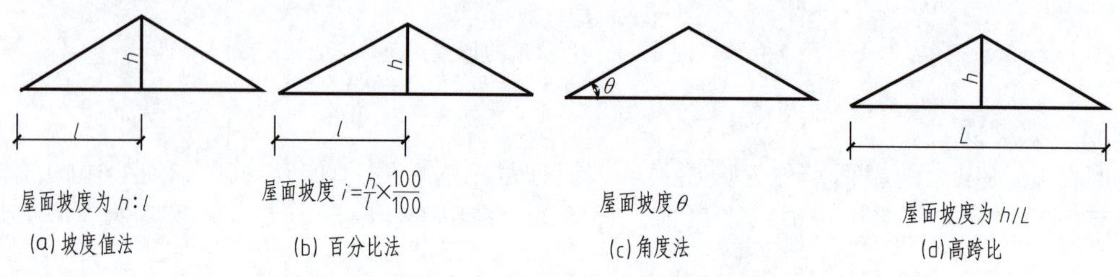

图 17-4　屋顶坡度的表示方法

（4）高跨比

斜面的垂直投影高度尺寸与跨度比值。如高跨比为 1/4、1/6 等。如图 17-4（d）所示。

屋顶坡度只选择一种方式进行表达即可。

屋面排水坡度应根据屋顶结构形式、屋面基层类别、防水构造形式、材料性能及当地气候条件确定。

17.2.1.2 屋顶坡度的形成

屋顶排水坡度的形成主要有两种方法：材料找坡和结构找坡，如图 17-5 所示。

（1）材料找坡

材料找坡的屋面板水平搁置，通过找坡层厚度的变化形成屋面排水坡度。材料找坡的优点是室内的顶棚面水平，视觉观感好，便于使用；缺点是找坡材料较厚，增加了屋面自重。找坡材料一般用轻质材料。要求屋面坡度不应小于 2%，找坡层坡度不宜过大，否则找坡层的平均厚度增加，使屋面荷载过大，从而导致屋顶造价增加。通过材料找坡形成的坡度称为垫置坡度。

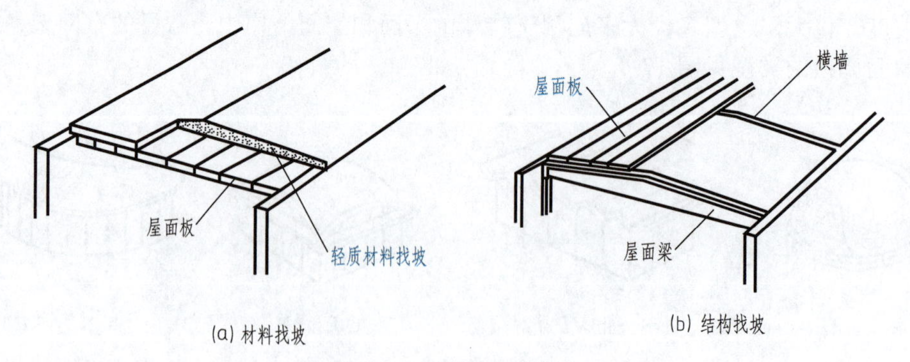

图 17-5　屋顶坡度的形成

（2）结构找坡

结构找坡是指将屋面板搁置在下部的承重墙、屋面梁或屋架的倾斜面上形成屋面坡度。结构找坡不需另外设置找坡层，屋面荷载小，施工简便，造价经济，但室内顶棚是倾斜的，视觉观感不好，常用于室内设有吊顶棚或室内美观要求不高的建筑工程中。通过结构找坡形成的坡度称为搁置坡度。一般屋面坡度不应小于3%。

17.2.2 屋顶的排水

17.2.2.1 屋面排水方式

屋面的排水方式分为以下几种。

(1) 无组织排水

无组织排水，也称为自由落水，是指通过屋面的排水坡度使雨水从屋面排至檐口，然后自由落至地面的一种排水方式。这种排水方法构造简单，经济，但檐口排下的雨水容易淋湿外墙面、污染门窗、溅湿勒脚，影响建筑物耐久性。一般只适用于低层建筑、少雨地区建筑及积灰较多的工业厂房。

无组织排水一般用于年降雨量≤900mm、檐口高度在10m以下，或年降雨量>900mm、檐口高度在8m以下的建筑。如图17-6所示。

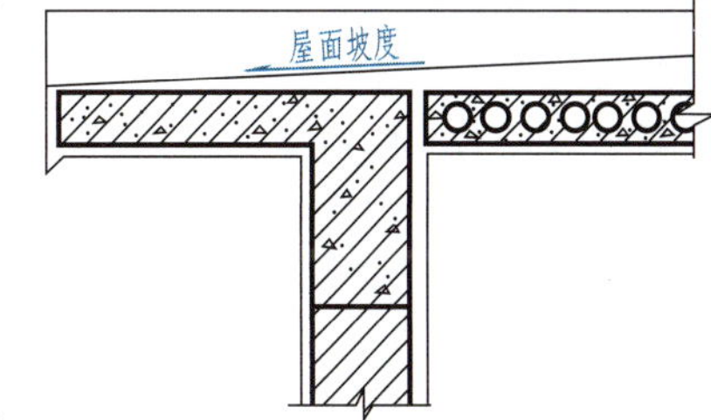

图17-6 无组织排水

(2) 有组织排水

有组织排水是指通过集水口→雨水斗→雨水管等预先设计的排水系统，有组织地将屋面雨水排至室外地面或地下排水管沟的一种排水方式。这种排水方式具有不易溅湿墙面和勒脚、不易污染门窗等特点，因而适用范围很广。整个系统需要设置一系列相应的排水系统构件，构造处理相对较复杂，造价较高。

有组织排水又可分为有组织外排水和有组织内排水两种。有组织外排水是建筑中优先考虑选用的一种排水方式，一般有挑檐沟外排水、女儿墙内檐沟外排水、女儿墙挑檐沟外排水等多种形式，如图17-7所示。内排水是在特大面积的屋面、多跨屋面、高层建筑以及有特殊需要时常采用的一种排水方式，这种方式使雨水经雨水口流入室内雨水管，再由地下排水管沟将雨水排至室外排水系统。如图17-8所示。

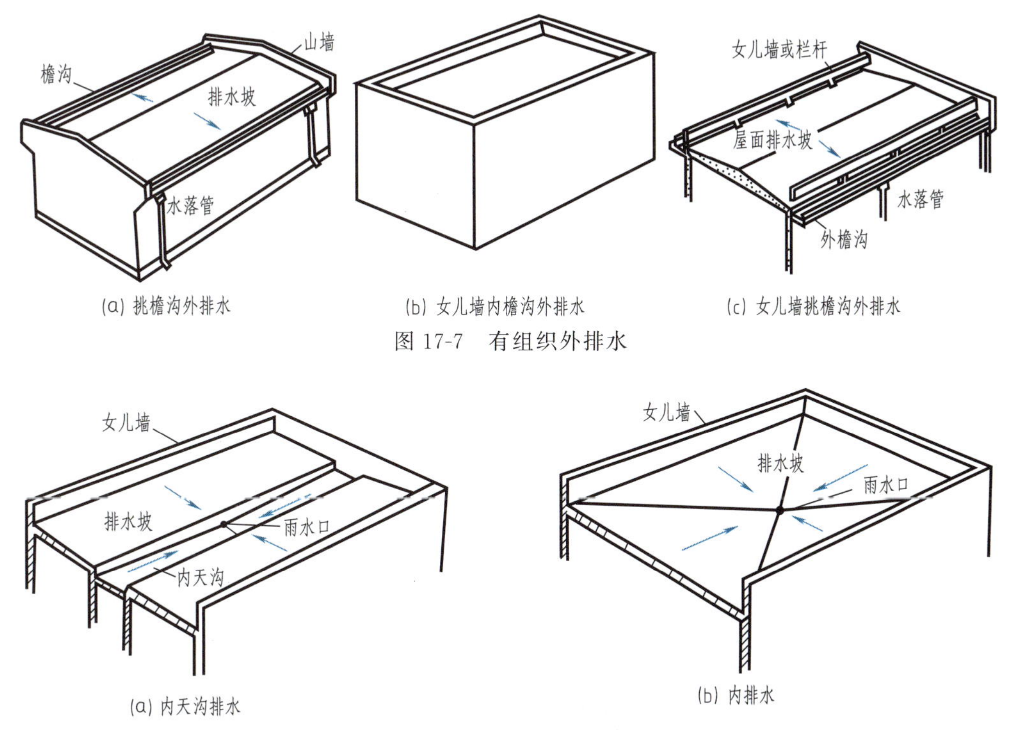

(a) 挑檐沟外排水 (b) 女儿墙内檐沟外排水 (c) 女儿墙挑檐沟外排水

图17-7 有组织外排水

(a) 内天沟排水 (b) 内排水

图17-8 有组织内排水

17.2.2.2 排水方案的确定

为了防止屋面出现雨水渗漏，不仅要做好严密的防水层，还应将屋面雨水迅速地进行排除。根据实际，确定合适的排水方式和排水路径。对于有组织排水，每一个檐沟、天沟，一般应不少于两个排水口；当内排水只有一个排水口时，可在山墙（或女儿墙）外增设溢水口。

17.2.2.3 排水分区

屋面排水分区一般按每个雨水管能排除 150～200m^2 的面积来划分。尽可能使每个雨水管的负荷分布较为均匀。

17.3 平屋顶的构造

17.3.1 平屋顶的组成

屋顶主要由屋面和承重结构组成。根据要求，可以设置一些附加层。

（1）承重结构

屋顶的承重结构承受屋顶上面的荷载，并将这些荷载连同自重传给墙、梁或柱。平屋顶的屋顶承重结构包括钢筋混凝土屋面板、加气混凝土屋面板等。

（2）屋面

屋面主要起到保护室内免遭自然界和外界侵袭的作用。平屋顶的屋面一般包括防水层和保护层等。

（3）附加层

根据建筑的不同使用要求，还可设顶棚、保温、隔热、隔音等构造层次。

17.3.2 平屋顶的分类

（1）按防水方式分类

平屋顶按防水方式分为卷材防水屋顶、刚性防水屋顶、涂膜防水屋顶等。

（2）按屋顶的功能分类

平屋顶按屋顶的功能分为不上人屋面、上人屋面、种植屋面、蓄水屋面、保温屋顶、不保温屋顶等。

（3）按屋顶的坡度形成方式分类

平屋顶按屋顶的坡度形成方式分为材料找坡屋顶和结构找坡屋顶。

下面按照防水层的类型分别进行介绍。

17.3.3 卷材防水屋顶的构造

卷材防水屋顶是利用防水卷材与黏结剂结合，形成连续致密的构造防水层的屋顶。卷材防水屋顶由于防水层具有一定的延伸性和适应变形的能力，又称为柔性防水屋面。

卷材防水屋面适应温度变化、振动、不均匀沉降等的能力较强，整体性好，不易渗漏，但施工操作较为复杂，技术要求高。

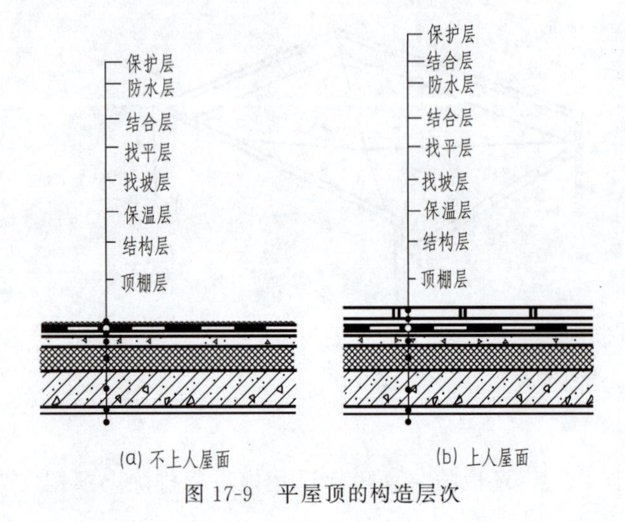

图 17-9　平屋顶的构造层次

17.3.3.1 卷材防水平屋顶的构造层次

平屋顶的构造层次与上人、不上人，材料找坡、结构找坡，架空面层、实体面层和有无隔汽层有关。图 17-9 列举了常用的平屋顶的构造层次。

17.3.3.2 平屋顶各层次材料的选择

由于屋顶功能的多样性，因此采用多层次构造满足不同的要求。下面按照图 17-9（a）所示的顺序从下向上依次介绍各构造层次的作用和材料选择。

（1）顶棚层

顶棚层起到保护结构层、室内装饰、安装灯具和吸声、隔音、增加反射等作用。做法与教学单元 15 中讲述的顶棚相同。

（2）结构层

平屋顶的结构层以钢筋混凝土板为最多，可以采用现场浇筑，也可以采用预制钢筋混凝土板。

（3）保温层

用作保温层的材料很多，选择哪一种材料应针对其来源、经济条件、传递给结构层的重量和地区气温因素进行综合分析。

常见材料有：B1 挤塑聚苯乙烯泡沫塑料板，B2 模塑聚苯乙烯泡沫塑料板，B3 硬质聚氨酯泡沫塑料板，B4 岩棉、矿渣棉板，B5 玻璃棉板，B6 泡沫玻璃板，B7 憎水型膨胀珍珠岩板，B8 加气混凝土块，B9 泡沫混凝土块等（注：B1～B9 为保温层的编号）。

（4）找坡层

找坡层的作用是为了材料找坡。可采用 1∶8 水泥憎水型膨胀珍珠岩、1∶6 水泥焦渣，振捣密实，表面抹光，最低处 30mm 厚。若采用结构找坡，则不需要设置找坡层。

（5）找平层

找平层的作用是为防水层提供一个平整的基层。可采用 20mm 厚 1∶2.5 的水泥砂浆或 30～35mm C20 混凝土。

（6）防水层

根据《屋面工程技术规范》（GB 50345—2012）的要求，屋面防水等级和设防要求分两级，见表 17-1。

表 17-1 屋面防水等级和设防要求

防水等级	建筑物类别	设防要求	防水做法
Ⅰ	重要的建筑和高层建筑	二道防水设防	卷材防水层和卷材防水层 卷材防水层和涂膜防水层、复合防水层
Ⅱ	一般的建筑	一道防水设防	卷材防水层、涂膜防水层、复合防水层

卷材防水平屋顶防水层可选的材料很多，常见防水层的具体做法有（注：1F1～1F9、2F1～2F11 为防水层的编号，防水层厚度均为最小值）：

Ⅰ级防水构造：

1F1：3.0mm 厚 SBS 改性沥青防水卷材
　　3.0mm 厚 SBS 改性沥青防水卷材

1F2：1.2mm 厚三元乙丙橡胶防水卷材
　　1.2mm 厚三元乙丙橡胶防水卷材

1F3：1.2mm 厚聚氯乙烯（PVC）卷材
　　1.2mm 厚聚氯乙烯（PVC）卷材

1F4：3.0mm 厚 SBS 改性沥青防水卷材
　　2.0mm 厚自粘聚酯胎改性沥青防水卷材

1F5：3.0mm 厚 SBS 改性沥青防水卷材
　　1.5mm 厚自粘无胎高聚物改性沥青防水卷材

1F6：1.2mm 厚三元乙丙橡胶防水卷材
　　1.5mm 厚聚氨酯防水涂料

1F7：1.2mm 厚三元乙丙橡胶防水卷材
　　1.5mm 厚聚合物水泥防水涂料

1F8：3.0mm 厚 SBS 改性沥青防水卷材
　　2.0mm 厚高聚物改性沥青防水涂料

1F9：0.7mm 厚聚乙烯丙纶卷材＋1.3 厚聚合物水泥防水胶结材料
　　0.7mm 厚聚乙烯丙纶卷材＋1.3 厚聚合物水泥防水胶结材料

Ⅱ级防水构造：

2F1：4.0mm 厚 SBS 改性沥青防水卷材

2F2：2.0mm 厚自粘聚酯胎改性沥青防水卷材

2F3：2.0mm 厚自粘无胎高聚物改性沥青防水卷材

2F4：1.5mm 厚三元乙丙橡胶防水卷材

2F5：1.5mm 厚聚氯乙烯（PVC）卷材

2F6：2.0mm 厚聚氨酯防水涂料

2F7：2.0mm 厚硅橡胶防水涂料

2F8：3.0mm 厚高聚物改性沥青防水涂料

2F9：3.0mm 厚 SBS 改性沥青防水卷材

1.2mm 厚高聚物改性沥青防水涂料

2F10：1.0mm 厚三元乙丙橡胶防水卷材

1.0mm 厚聚氨酯防水涂料

2F11：0.7mm 厚聚乙烯丙纶卷材

1.3mm 厚聚合物水泥防水胶结材料

（7）保护层

保护层的作用是保护防水层的卷材不致因光照和气候等的作用过早老化，防止沥青类卷材的沥青过热流淌或受暴雨的冲刷。

不上人屋面可采用 20mm 厚 1∶2.5 或 M15 水泥砂浆保护层；上人屋面可采用块体材料或 40mm 厚 C20 细石混凝土现浇整体保护层。

（8）隔汽层

隔汽层的作用是隔除水蒸气，避免保温层吸收水蒸气而产生膨胀变形，多数情况下仅在湿度较大的房间设置，一般设置在结构层之上、保温层之下。

隔汽层应选用气密性、水密性好的材料，可采用：1.5mm 厚聚氨酯方式涂料，1.5mm 厚氯化聚乙烯防水卷材，4mm 厚 SBS 改性沥青防水卷材等。

17.3.3.3 卷材防水平屋顶的屋面做法

（1）细石混凝土保护层倒置屋面（上人屋面）

保护层：40mm 厚 C20 细石混凝土或 40mm 厚 C20 细石混凝土内配Φ4@100 双向钢筋网片

保温层：根据需要选择（B1～B9）

防水层：根据需要选择（1F1～1F9，2F1～2F11）

找平层：20mm 厚 1∶2.5 水泥砂浆

找坡层：最薄处 30 厚找坡 2%，1∶8 水泥憎水型膨胀珍珠岩（结构找坡无此层）

结构层：钢筋混凝土屋面板

（2）地砖保护层倒置屋面（上人屋面，有隔汽层）

保护层：8～10mm 厚防滑地砖，铺平拍实，缝宽 5～8mm，1∶1 水泥砂浆填缝

结合层：25mm 厚 1∶3 干硬性水泥砂浆结合层

隔离层：0.4mm 厚聚乙烯膜一层（或 3 厚发泡聚乙烯膜）

防水层：根据需要选择（1F1～1F9，2F1～2F11）

找平层：30mm 厚 C20 细石混凝土

保温层：根据需要选择（B1～B9）

找平层：20mm 厚 1∶2.5 水泥砂浆

找坡层：最薄处 30 厚找坡 2%，1∶8 水泥憎水型膨胀珍珠岩（结构找坡无此层）

隔汽层：1.5mm 厚聚氨酯防水涂料

找平层：20mm 厚 1∶2.5 水泥砂浆

结构层：钢筋混凝土屋面板

17.3.3.4 卷材防水平屋顶的细部做法

（1）泛水构造

泛水是指屋顶上沿所有垂直面所设的防水构造，必须将屋面防水层延伸到垂直面上，形成立铺防水

层。其做法和构造如下。

① 将屋面的卷材防水层继续铺至垂直面上，形成卷材泛水，需要加铺一层附加卷材。泛水高度不得小于 250mm。

② 屋面与垂直面交接处应将卷材下的砂浆找平层抹成直径不小于 150mm 的圆弧（或 45° 斜面），上刷黏结剂，使卷材铺贴牢固，以免架空或折断。

③ 做好泛水上口的卷材收头固定，防止卷材在垂直面上下滑。

女儿墙、泛水做法如图 17-10 所示。

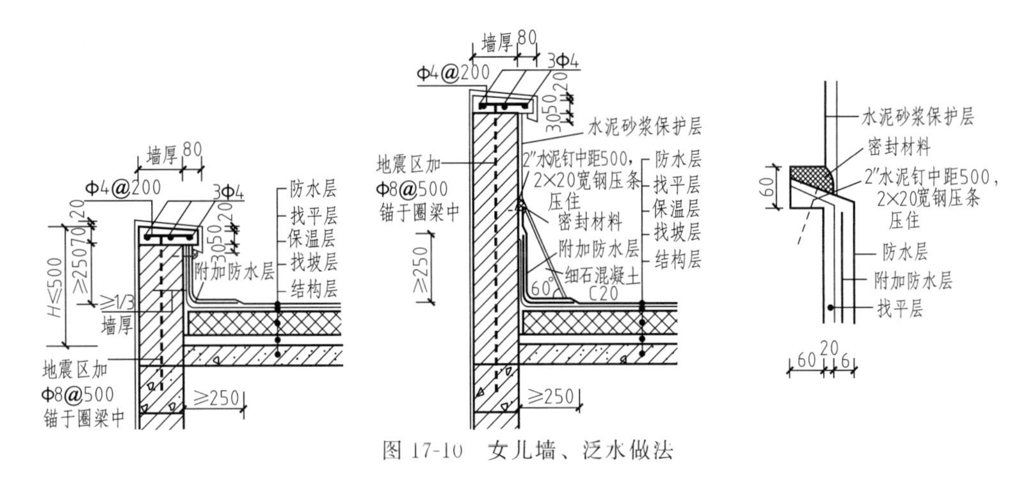

图 17-10　女儿墙、泛水做法

（2）女儿墙构造

上人的平屋顶一般要做女儿墙。女儿墙用以保护人员的安全，并对建筑立面起装饰作用。可不上人的平屋顶也可作女儿墙，其作用除立面装饰作用外，还要固定油毡。女儿墙的厚度可以与下部墙身相同，但不应小于 240mm。当女儿墙的高度超出抗震设计规范中规定的数字时，应有锚固措施，其常用做法是将下部的构造柱上伸到女儿墙压顶，形成锚固柱，其最大间距为 3900mm。

女儿墙的材料为普通黏土砖或加气混凝土块时，墙顶部应作压顶。压顶宽度应超出墙厚，每侧为 60mm，并作成内低、外高，坡向平屋顶内部。压顶用细石混凝土浇筑，内放钢筋，沿墙长放 3Φ6，沿墙宽放Φ4（间距 300mm），以保证其强度和整体性。屋顶卷材遇有女儿墙时，应将卷材沿墙上卷，高度不应低于 250mm，然后固定在墙上预埋的木砖、木块上，并做 1∶3 水泥砂浆保护层。也可以将油毡上卷，压在压顶板的下皮。如图 17-10 所示。

（3）挑檐构造

挑檐板可以现浇，也可以预制，目前预制的较多，要妥善解决挑檐板的锚固问题。图 17-11 介绍了挑檐做法。

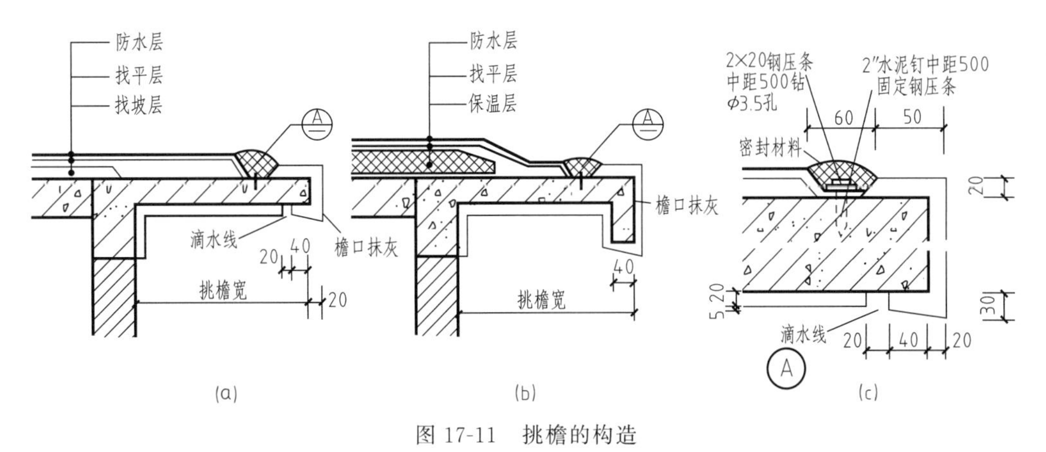

图 17-11　挑檐的构造

（4）檐沟构造

为丰富檐部的立面形式，还可以采用女儿墙与檐沟相混合的做法。其相关尺寸应分别与女儿墙或挑檐板相吻合，排水方式以檐沟排水为主，如图 17-12 所示。

（5）雨水管的构造

图 17-13 介绍了平屋面外排水雨水口构造。图 17-14 介绍了平屋面水斗及雨水管构造。图 17-15 介绍了铸铁雨水口及箅子构造。

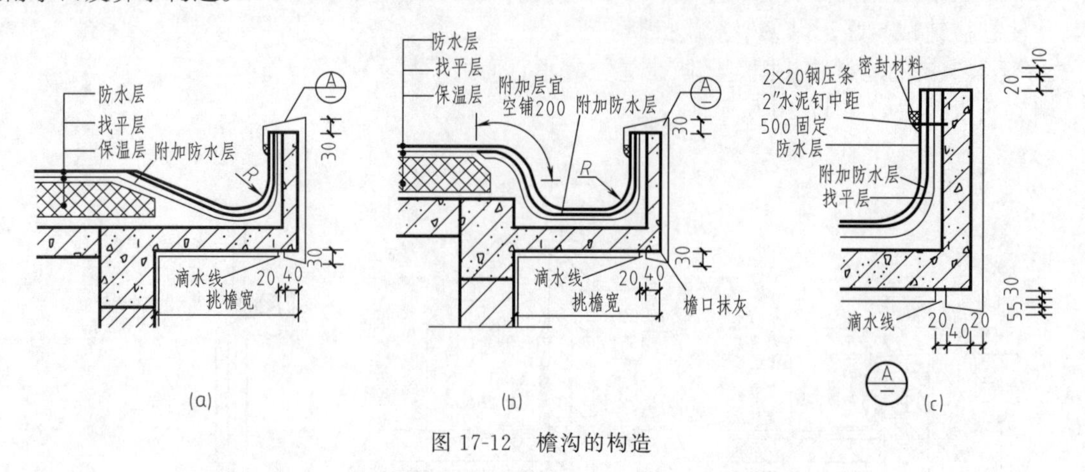

图 17-12　檐沟的构造

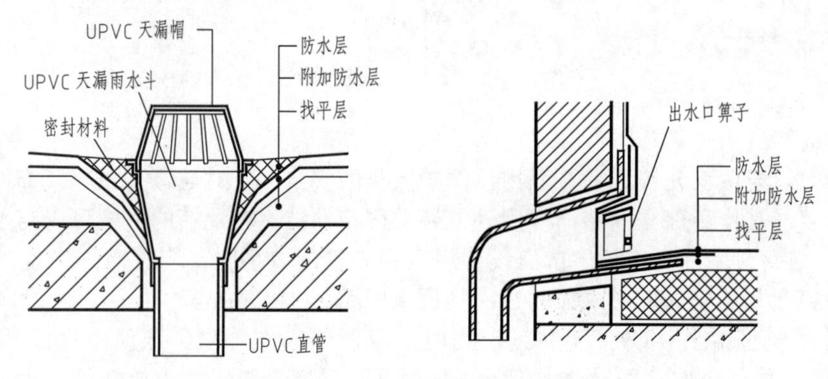

图 17-13　平屋面外排水雨水口构造

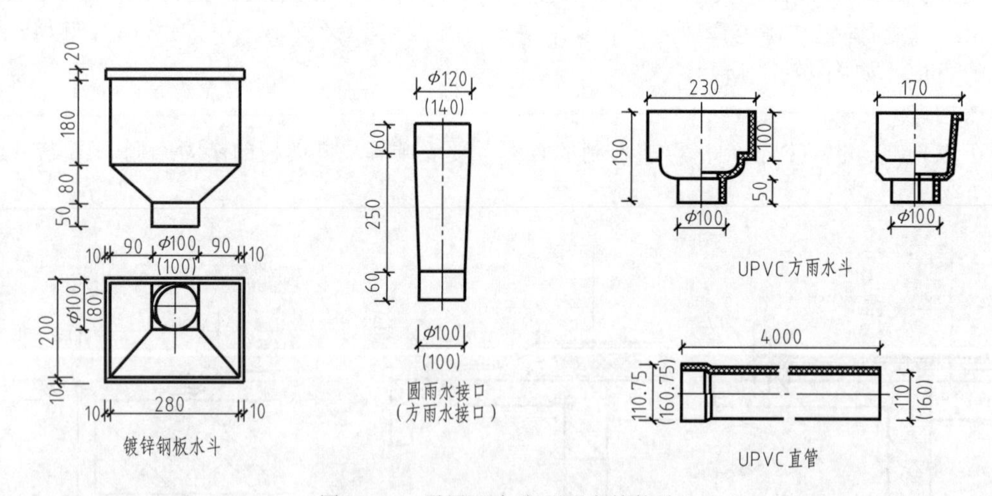

图 17-14　平屋面水斗及雨水管构造

雨水管应尽量均匀布置，充分发挥其排水能力。

排水口距女儿墙端部（山墙）不宜小于 0.5m，且以排水口为中心，半径 0.5m 范围内的屋面坡度不应小于 3%。排水口加防护罩防堵，加罩后的流水进口不应高过沿沟底面。

外装雨水管采用硬质塑料制作，暗装雨水管应采用铸铁管或钢管，管壁内外浸涂防腐涂料，立管宜一层至二层高或 6m 左右设一清扫口（掏堵口），一般中心距楼地面 1m。

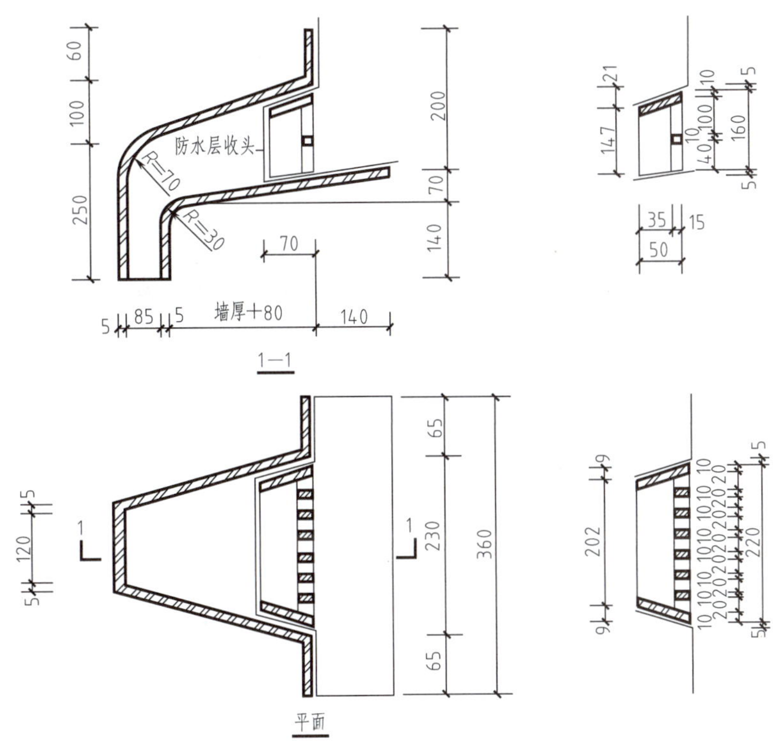

图 17-15　铸铁雨水口及箅子构造

17.3.3.5　平屋顶的保温和隔热

（1）平屋顶的保温

根据保温层的设置位置，有四种保温类型，如图 17-16 所示。

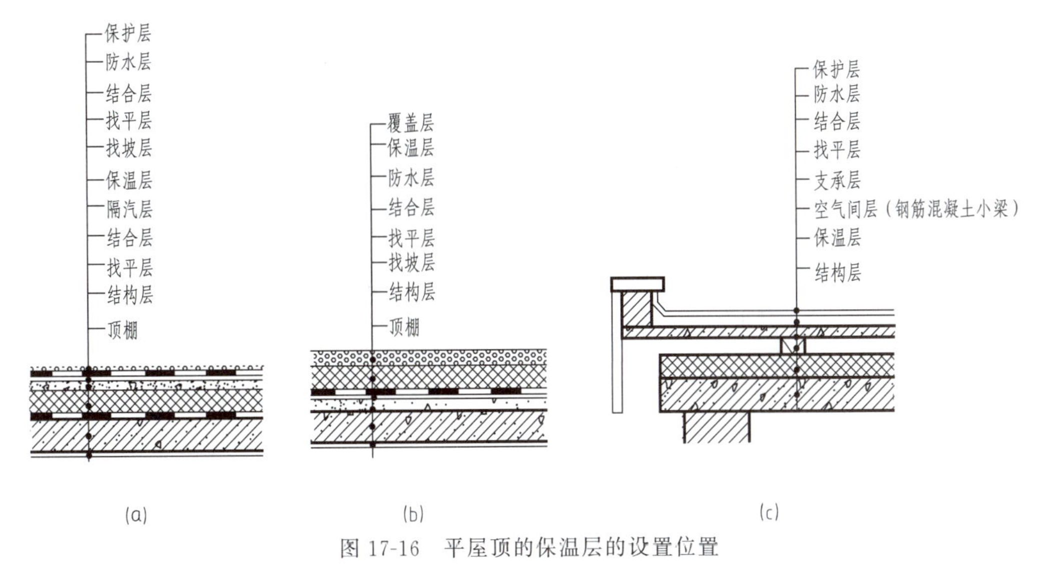

图 17-16　平屋顶的保温层的设置位置

① 保温层设在结构层之上、防水层之下。这种做法中的防水层不直接受到室内温度的影响，而且保温层设在温度低的一侧，符合热工学原理，也符合力学要求。如图 17-16（a）所示。

② 保温层设在结构层、防水层之上（倒铺屋面）。这种做法中的防水层不受外界气候变化的影响，不易受到外来作用的破坏，但是选择的保温材料要求吸湿性低、耐候性强，如挤塑性聚苯板、憎水型水泥膨胀珍珠岩保温板、憎水型废橡胶防水胶黏结膨胀珍珠岩保温板等。上面要用较重覆盖层压住，如 20～40mm 卵石等。如图 17-16（b）所示。

③ 保温层与防水层之间设空气间层。这种做法是室内采暖热量不能直接影响屋面防水层，为了使空气间层通风流畅、可在檐口部分设通风口。这种屋面有利于室内渗透出的蒸汽及保温层散发出来的水蒸气

顺利排除，防止产生凝结水，也可减轻太阳辐射热对室内的影响。如图 17-16（c）所示。

④ 保温层设在结构层之下。这种做法是在结构层底面，顶棚部位作保温层，是内保温的做法，特别适合对现有建筑的功能改善以及二次装修使用。

（2）平屋顶的隔热

平屋顶的隔热措施主要有以下几方面。

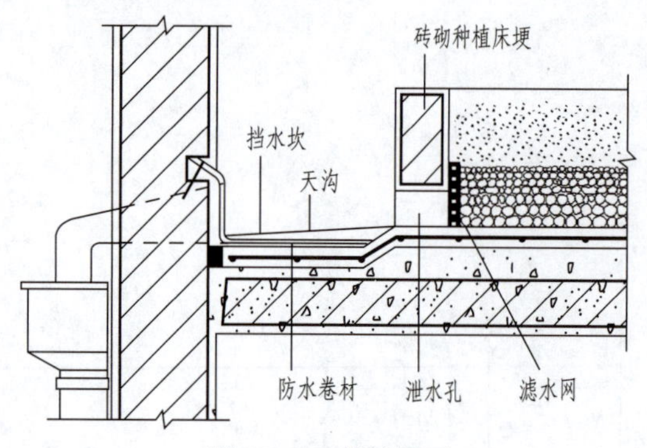

图 17-17　种植屋面

① 实体材料隔热屋顶。利用材料的蓄热性、热稳定性和传导过程中的时间延迟性做隔热屋顶。该屋顶只适合于夜间不用的房间。常用的有：大阶砖隔热屋顶、堆土植草皮隔热屋顶、砾石隔热屋顶等。如图 17-17 所示种植屋面。

② 通风降温屋顶。通风降温屋顶是在屋顶设置通风的空气间层，利用空气的流动带走热量。该屋顶降温效果较好，如图 17-18 所示。

③ 蒸发、反射降温屋顶。在屋顶表面铺设浅色材料或涂刷浅色材料，利用浅色反射一部分太阳辐射热，降低屋面温度。如铺设浅色砾石、刷白色石灰水、银粉等，也可在屋顶上装设水管、喷嘴，白天人工喷水，利用水分蒸发吸热来降低屋面温度，利用反射降温的方法是非常经济有效的。如图 17-19 所示为蓄水屋面。

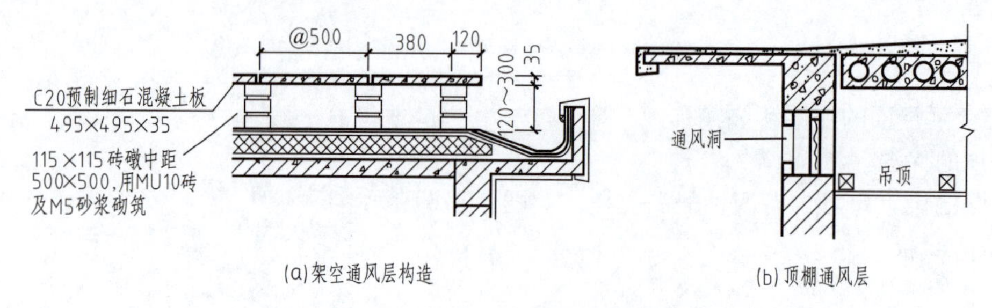

图 17-18　通风降温屋顶

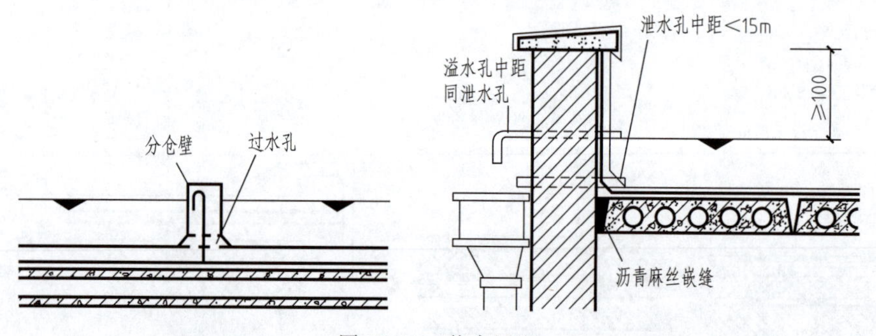

图 17-19　蓄水屋面

带有架空隔热层上人屋顶的做法：

架空层：50mm 厚 495mm×495mm，C25 细石混凝土预制板，配筋双向 4Φ6，M5 砌筑砂浆砌 115mm×115mm×200mm（h）砖墩，双向中距 500mm

保护层：20mm 厚 1∶3 水泥砂浆

隔离层：0.4mm 厚聚乙烯膜一层（或 3 厚发泡聚乙烯膜）

防水层：根据需要选择（1F1～1F9，2F1～2F11）

找平层：30mm 厚 C20 细石混凝土

保温层：根据需要选择（B1～B9）

找平层：20mm 厚 1∶2.5 水泥砂浆

找坡层：最薄处 30mm 厚找坡 2%，1∶8 水泥憎水型膨胀珍珠岩

结构层：钢筋混凝土屋面板

17.3.4 涂膜防水屋顶的构造

涂膜防水屋面是用防水材料刷在屋面基层上，利用涂料干燥或固化以后的不透水性来达到防水的目的。涂膜防水屋面具有防水、抗渗、黏结力强、耐老化、延伸率大、弹性好、不易燃、施工方便等特点，已广泛应用于建筑各部位的防水工程中。

涂膜防水主要适用于防水等级Ⅲ、Ⅳ级的屋面防水，也可作为Ⅰ、Ⅱ级屋面多道防水设防中的一道防水。

涂膜防水屋面的构造与卷材防水屋面类似。

涂膜类防水层分沥青基涂膜、高聚物改性沥青防水涂膜及合成高分子防水涂膜防水层。为加强防水薄弱部位，应在涂层中加铺聚酯无纺布、化纤无纺布或玻纤网布增强材料。

在卷材防水做法中，2F6、2F7、2F8 等为涂膜防水做法，1F6、1F7、1F8 等为卷材、涂膜综合防水做法，具体构造做法见前面的卷材防水做法，此处不再重述。

17.4 坡屋顶的构造

屋面坡度大于10%的屋顶称为坡屋顶。坡屋顶的坡度大，雨水容易排除，屋面防水问题比平屋顶容易解决，在隔热和保温方面，也有其优越性，再加上坡屋顶的造型美观，越来越多的建筑采用坡屋顶。

17.4.1 坡屋顶各部分的名称和组成

坡屋顶各部分的名称，如图 17-20 所示。坡屋顶的构造组成包括承重结构和屋面两大部分，承重结构是由屋架、檩条、屋面板等组成的；屋面是由挂瓦条、油毡层、瓦等组成的。如图 17-21 所示。

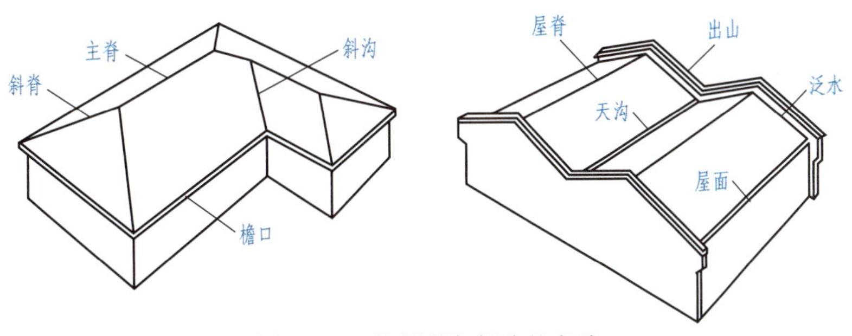

图 17-20 坡屋顶各部分的名称

17.4.2 坡屋顶的承重结构

坡屋顶的承重结构很多，承重结构形式的选择应根据建筑物的结构形式、对跨度的要求、屋面材料、施工条件以及对建筑形式的要求等因素综合决定。经常采用的承重结构有屋架承重、横墙承重、梁架承重三类。如图 17-22 所示。

17.4.2.1 屋架承重

屋架承重是在屋架上架设檩条，承受屋面荷载，屋架搁置在建筑物的外纵墙或柱上，建筑物内部有较大的使用空间。如图 17-22（a）所示。

当建筑物内部有纵向承重墙或柱时，墙或柱可作为屋架的支点，如利用纵向走道的墙可设计成四支点的屋架或人字屋架。屋架一般按建筑的开间等距离排列，以便统一屋架类型和檩条尺寸。屋架间距通常为

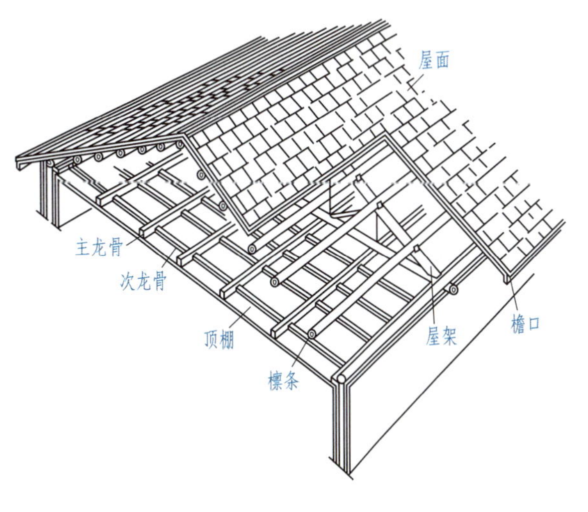

图 17-21 坡屋顶的组成

3～4m，建筑跨度大时，间距可达6m。屋架是由上弦、下弦及腹杆组成，可用木、钢木、钢筋混凝土、钢等材料制作，其高度和跨度的比值应与屋顶坡度一致。其中三角形屋架构造和施工都较简单，适用于各种瓦屋面，应用较广，如图17-23所示。

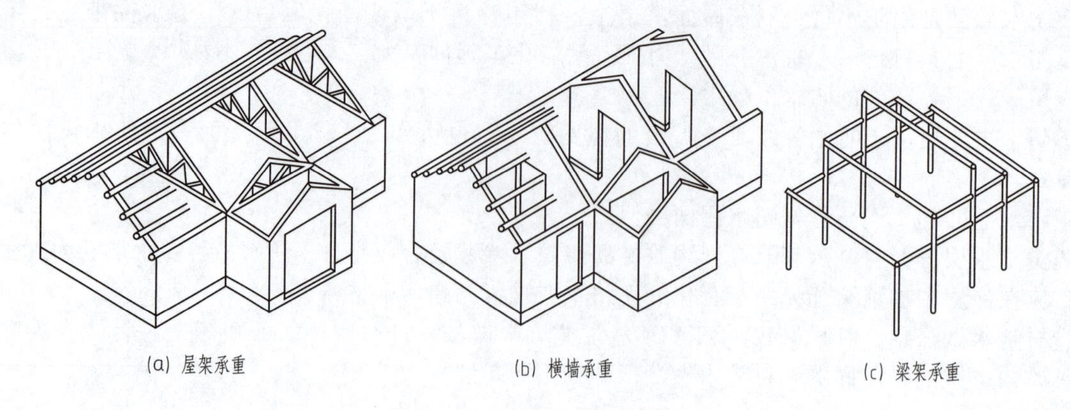

图17-22　坡屋顶的承重结构

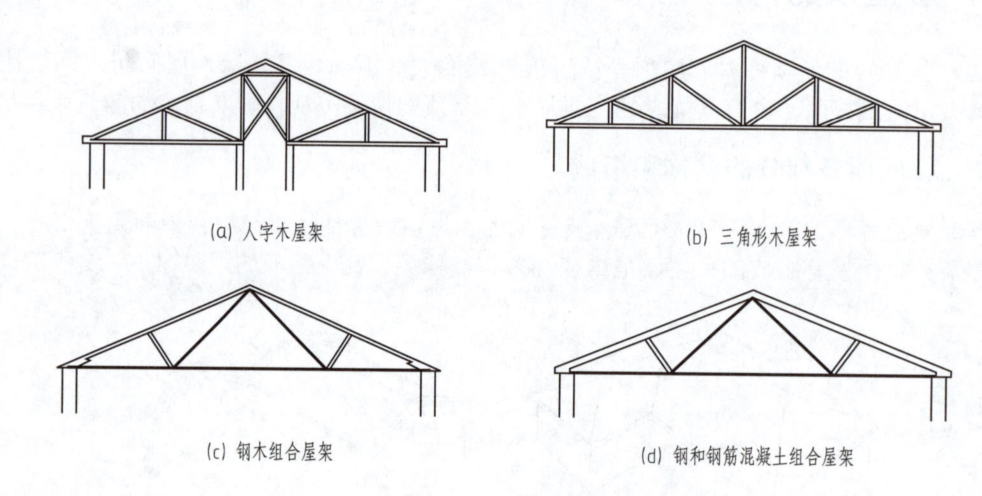

图17-23　屋架形式

17.4.2.2　横墙承重

这种做法在开间一致的横墙承重的建筑中经常采用。做法是将横向承重墙的上部按屋顶要求的坡度砌筑，上面铺钢筋混凝土屋面板；也可以在横墙上搭檩条，然后铺放屋面板，再做屋面。这种做法通称“横墙承重”或“硬山搁檩”。横墙承重体系将屋架省略，其构造简单，施工方便，因而采用较多，如图17-22（b）所示。

17.4.2.3　梁架承重

梁架承重是我国传统的一种结构形式，即用柱和梁形成梁架支承檩条，然后每隔两根或三根檩条设置一柱，利用檩条和连系梁把房屋组成一个整体的骨架，在这里墙只起围护和分隔作用。这种承重系统的主要优点是结构牢固，抗震性好。但这种结构需使用大量的木材，现在已极少使用。如图17-22（c）所示。

17.4.3　坡屋顶的屋面构造

坡屋面是一种沿用较久的屋面防水构造形式，种类繁多，大都以块状防水材料覆盖屋面，目前常用的屋面材料有平瓦、波形瓦、油毡瓦、金属压型板等。

17.4.3.1　平瓦屋面

（1）木基层平瓦屋面的构造

平瓦屋面的构造层次为：在檩条上铺设望板，其上铺油毡、顺水压毡条、挂瓦条、瓦等。如图17-24所示。平瓦屋面的适宜排水坡度为20％～50％。

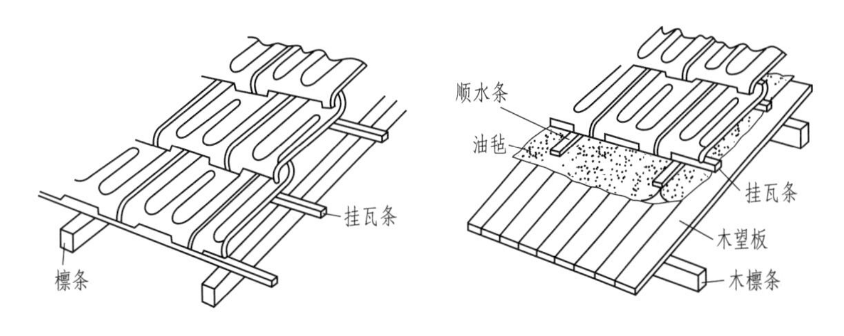

图 17-24　平瓦屋面的构造层次

① 檩条。檩条支承在屋架上弦上，用三角形木块（俗称“檩托”）固定就位。檩条的间距与屋架的间距、檩条的断面尺寸以及望板的厚度有关。一般为 700～900mm。檩条的位置最好放在屋架节点上，以使受力合理。檩条上可以直接钉屋面板；如檩条间距较大，也可以垂直于檩条铺放椽子。椽子的间距为 500mm 左右，其截面尺寸为 50mm × 50mm 的方木或 ϕ50 的圆木。檩条的截面常采用（50mm × 70mm）～（80mm × 140mm）。

② 木望板。一般采用 15～20mm 厚的木板钉在檩条上。木望板的接头应在檩子上，不得悬空。木望板的接头应错开布置，不得集中于一根檩条上。为了使屋面板结合严密，可以作成企口缝。

③ 油毡。屋面板上应干铺油毡一层。油毡应平行于屋檐，自下而上铺设，纵横搭接宽度应不小于 100mm，用热沥青粘严。遇有山墙、女儿墙及其他屋面突出物，油毡应沿墙上卷，距屋面高度应大于或等于 200mm，钉在预先砌筑在突出物上的木条、木砖上。油毡在屋檐处应搭入铁皮天沟内。

④ 顺水条。这是钉于木望板上的木条，其目的是压油毡，断面为 8mm × 30mm，方向为顺水流方向，故称为“顺水压毡条”。顺水条的间距为 400～500mm。

⑤ 挂瓦条。挂瓦条钉在顺水条上，与顺水条方向垂直，断面为 20mm × 30mm，间距应与平瓦的尺寸相适应，一般间距 280～330mm，屋檐三角木为 50mm × 70mm，一般在每两根顺水条之间锯出三角形泄水孔一个。

⑥ 平瓦。坡顶上部的瓦为平瓦或挂瓦。平瓦有陶瓦（颜色有青、红两种）和水泥瓦（颜色为灰白色）两种。如图 17-25 所示为瓦的形式。

青红陶瓦尺寸:宽 240mm，长 380mm，厚 20mm。青红陶瓦的脊瓦尺寸:宽 190mm，长 445mm，厚 20mm。

水泥瓦尺寸：宽 235mm，长 385mm，厚 15mm。水泥脊瓦尺寸：宽 190mm，长 445mm，厚 20mm。

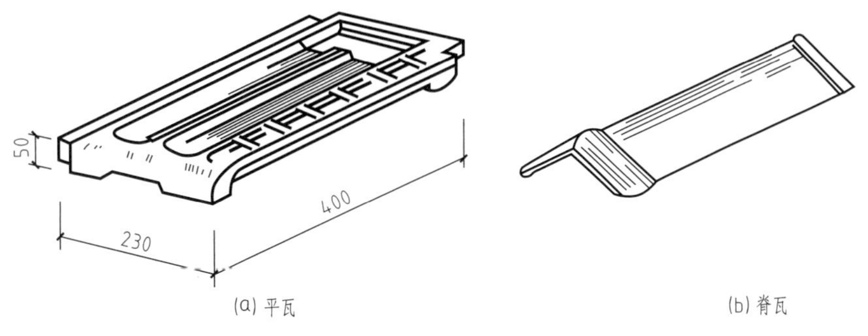

图 17-25　瓦的形式

铺瓦时应由檐口向屋脊铺挂，上层瓦搭盖下层瓦的宽度不得小于 70mm，最下一层瓦应伸出封檐板 80mm。一般在檐口及屋脊处，用一道 20 号铅丝将瓦拴在挂瓦条上，在屋脊处用一道 20 号铅丝将瓦拴在挂瓦条上，在屋脊处用脊瓦铺 1 : 3 水泥砂浆铺盖严。

（2）钢筋混凝土基层平瓦屋面的构造

用钢筋混凝土浇筑坡屋顶板，板面上做防水卷材层再贴挂各种瓦材和面砖。如图 17-26 所示。具体构造做法如下。

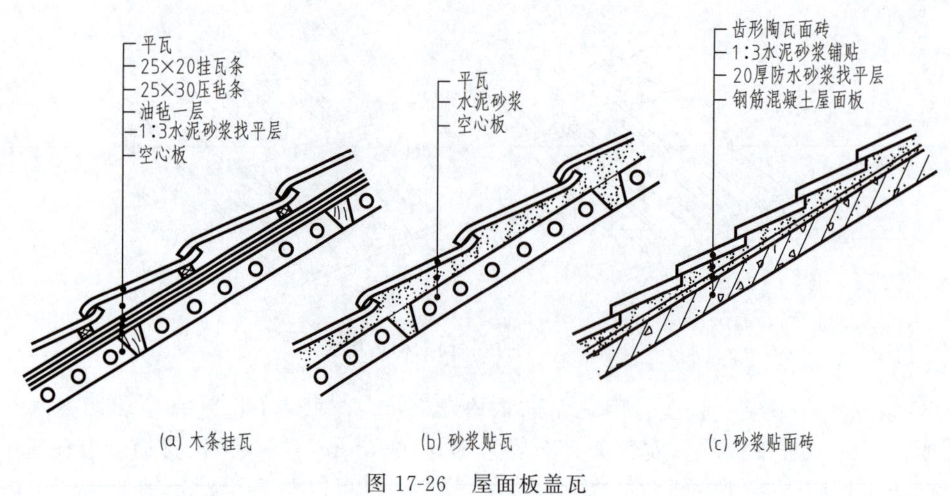

图 17-26　屋面板盖瓦

① 块瓦坡屋面（木基层，木挂瓦条）

块瓦

挂瓦条 30mm×30mm，中距按瓦规格

顺水条 40mm×20mm（*h*），中距 500mm

防水（垫）层

20 厚木屋面板

檩条规格、间距等详单体工程设计

② 块瓦坡屋面（钢挂瓦条，外保温）

块瓦

卧瓦条∟30×4，中距按瓦规格

顺水条 -25×5，中距 500mm

35mm 厚 C20 细石混凝土持钉层，内配Φ 4@100×100 钢筋网

满铺 0.4 厚聚乙烯膜一层

防水（垫）层

20mm 厚 1∶2.5 水泥砂浆找平层

保温层

钢筋混凝土屋面板，板内预埋锚筋Φ 10@900×900，伸入持钉层 25mm

（3）平瓦屋面的细部构造

① 纵墙檐口。坡屋顶的檐口有挑檐和包檐两种。

挑檐是屋面挑出外墙的部分，对外墙起保护作用。多雨地区出挑大，少雨地区出挑小。如图 17-27 所示。包檐是檐口外墙出屋面将檐口包住，这种做法称为女儿墙封檐，如图 17-27（c）所示。

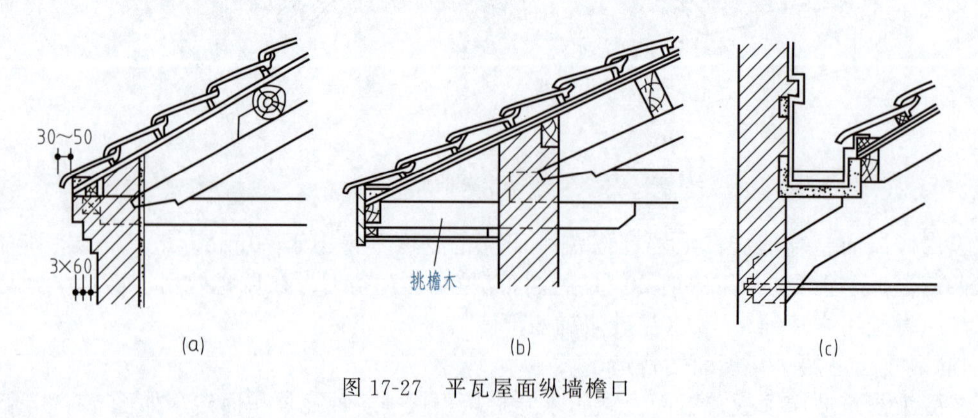

图 17-27　平瓦屋面纵墙檐口

② 山墙檐口。山墙檐口有硬山和悬山两种。

山墙挑檐，也称悬山，一般将檩条按要求挑出墙外，端头钉封檐板，将檩条封住，如图 17-28 所示。硬山做法是将山墙砌起，高出屋面包住檐口，并在女儿墙与屋面交接处做泛水处理，如图 17-29 所示。

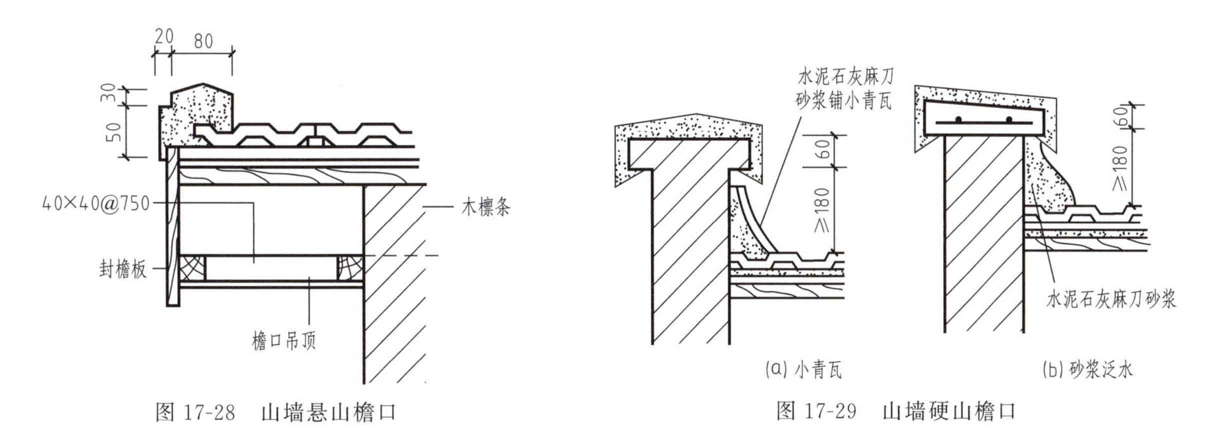

图 17-28　山墙悬山檐口　　图 17-29　山墙硬山檐口

③ 天沟做法。天沟出现在等高跨或不等高跨屋面交接处及包檐处，其构造做法如图 17-30 所示。天沟要求有足够的断面面积，上口宽度不宜小于 300～500mm。

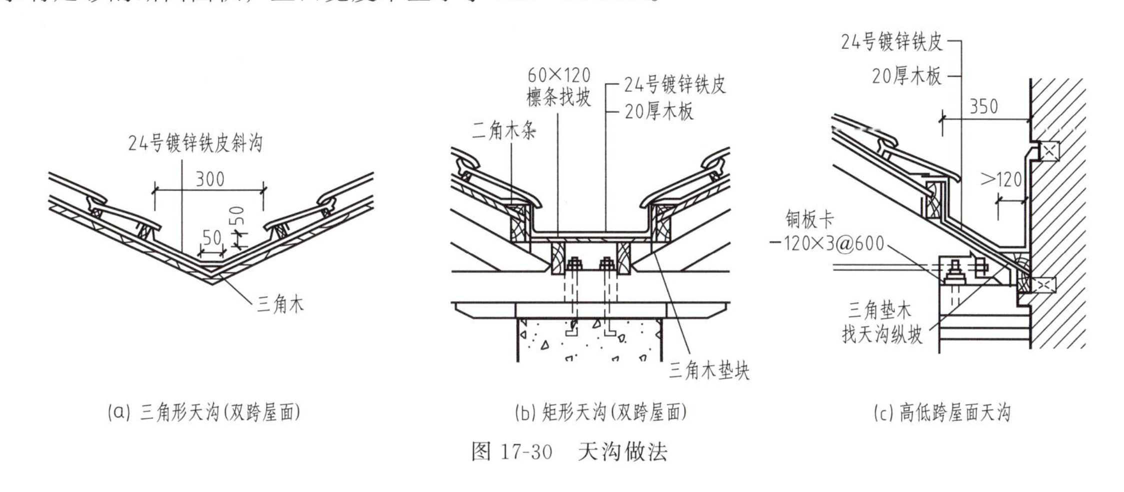

图 17-30　天沟做法

17.4.3.2　波形瓦屋面

波形瓦的种类很多，常用的有瓦垄铁屋面（用 0.7～0.8 厚镀锌钢板辊压成小波形瓦）、石棉水泥瓦（有大波瓦、中波瓦、小波瓦）、玻璃钢瓦等。一般石棉水泥瓦和玻璃钢瓦适用于防水等级Ⅳ级的建筑。

波形瓦的长度一般为 1800mm，宽度为 660～750mm。适宜的屋面坡度为 10%～50%，一般多采用 33%。

石棉水泥瓦可以直接钉铺在檩条上，因此檩条的间距应与瓦条相适应；如檩条上有屋面板，则檩条间距可不受此限制。瓦的上下搭接至少为 100mm。横向搭接应顺主导风向，大波瓦搭一波半，小波瓦搭一波半到二波半，上下两排瓦的搭接缝应错开，否则应锯角，以免出现四块瓦重叠。瓦钉应加毡垫，钉在瓦的波峰处，并与檩条拧紧。在屋脊处还要加盖屋脊。

瓦垄铁的上下搭接为 80～200mm，横向搭接要顺着主导风向，搭压一垄半。

17.4.3.3　油毡瓦屋面

油毡瓦是以玻璃纤维为胎基，经浸涂石油沥青后，面层热压天然各色彩砂，背面撒以隔离材料而制成的瓦状片材。油毡瓦比各类黏土瓦轻，具有柔性好、耐酸、耐碱、不褪色的优点，适用于坡屋面防水层，也可用于多层防水层的面层。油毡瓦的长×宽尺寸一般为 1000mm×333.33mm，适用于排水坡度大于 20%的坡屋面。

油毡瓦铺于木板基层上时，应在基层上满铺一层玻纤毡油毡，用油毡钉固定，钉帽应盖在油毡下，油毡搭接宽度不小于 50mm，搭接缝可用 LQ-玛琋脂胶结。油毡瓦先用 LQ-玛琋脂胶结后，再用油毡钉固定。油毡瓦铺于混凝土结构上时，可直接铺于找平层上，也可在基层上先用改性沥青油毡做底层防水层，再将油毡瓦底面喷烧至沥青光亮有波动后，压实用水泥钉固定。每块油毡瓦应不少于 4 个钉固定。

玻纤胎沥青瓦坡屋面（外保温）：

玻纤胎沥青瓦

35mm 厚 C20 细石混凝土持钉层，内配φ 4@100×100 钢筋网

满铺 0.4mm 厚聚乙烯膜一层

防水（垫）层

20mm 厚 1∶2.5 水泥砂浆找平层

保温层

钢筋混凝土屋面板，板内预埋锚筋φ 10@900×900，伸入持钉层 25mm

17.4.3.4 金属压型板屋面

金属压型板屋面采用彩色涂层钢板、镀锌钢板、铝合金板等板材，通过辊轧机冷弯成型，具有质轻、高强、美观、施工方便、抗震性好等优点，适用于工业与民用建筑轻型屋盖的防水屋面。

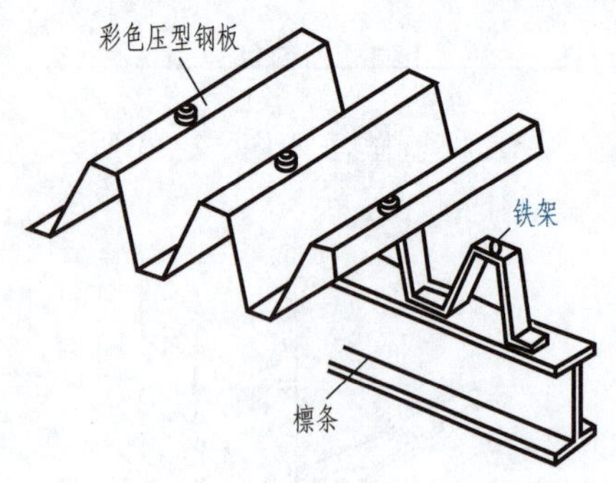

图 17-31 彩色压型钢板与檩条连接

彩色压型钢板屋面是近十多年来在建筑中广泛采用的高效能屋面，它具有自重轻、强度高、施工安装方便、色彩绚丽，质感好、增强建筑的艺术效果的优点，而且彩色压型钢板的连接主要采用螺栓连接，不受季节气候影响。彩色压型钢板不仅可以用于平直坡面的屋顶，还可根据造型与结构的形式需要，在曲面屋顶上使用。彩色压型钢板的类型很多，按波型高度，可分为低波型、中波型、高波型等；按连接方式，可分为搭接式、暗扣式、咬合式等；按使用要求，可分为单层不保温板、单层保温板、双层夹芯保温板等；按波纹形状，可分为 W 形、V 形、U 形等；另外，还可按有效宽度、板的跨度等分类。金属压型板屋面适用于屋面坡度一般为 10%～35%。彩色压型钢板的连接构造如图 17-31、图 17-32 所示。夹芯保温板的连接构造如图 17-33 所示。

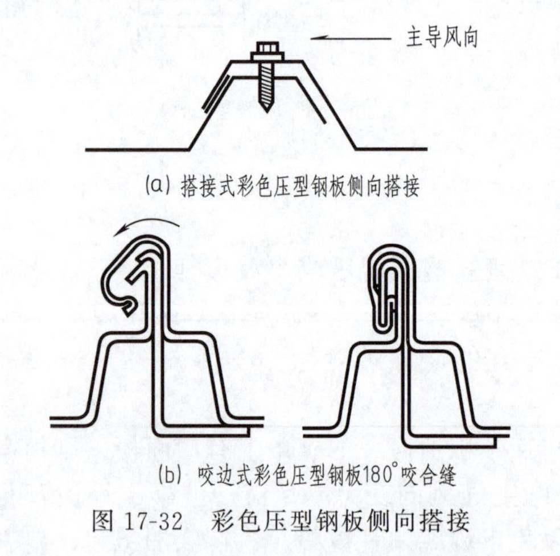

图 17-32 彩色压型钢板侧向搭接

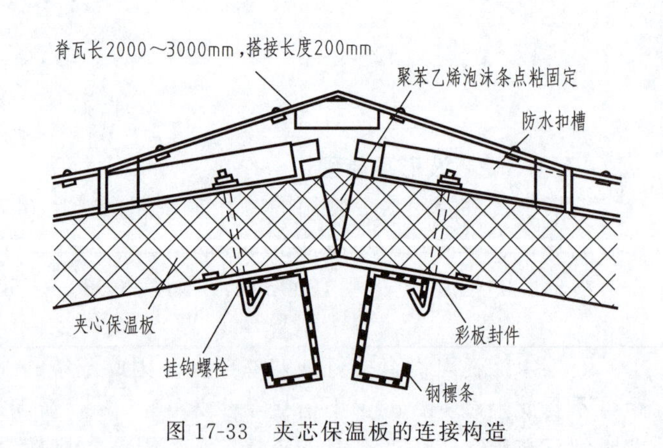

图 17-33 夹芯保温板的连接构造

17.4.4 坡屋顶的保温和隔热

17.4.4.1 坡屋顶的保温

坡屋顶的保温有屋面层保温和顶棚层保温两种。

屋面层做保温有很多传统做法，如草顶、麦秸泥青灰顶、柴泥窝瓦屋顶等，都有一定的保温作用，较经济。另外，也可采用在木望板上钉保温板的做法。顶棚层保温可在吊顶的次龙骨上铺板，上设保温层，也可在屋面板下直接铺贴保温板等做法。坡屋顶的保温做法如图 17-34 所示。

17.4.4.2 坡屋顶的隔热

炎热地区在坡屋顶中设置进气口和排气口，利用屋顶内外的热压和迎风背面的风压，组织空气对流，形成屋顶内的自然通风，减少屋顶传入室内的辐射热，改善室内气候环境，如图 17-35 所示。

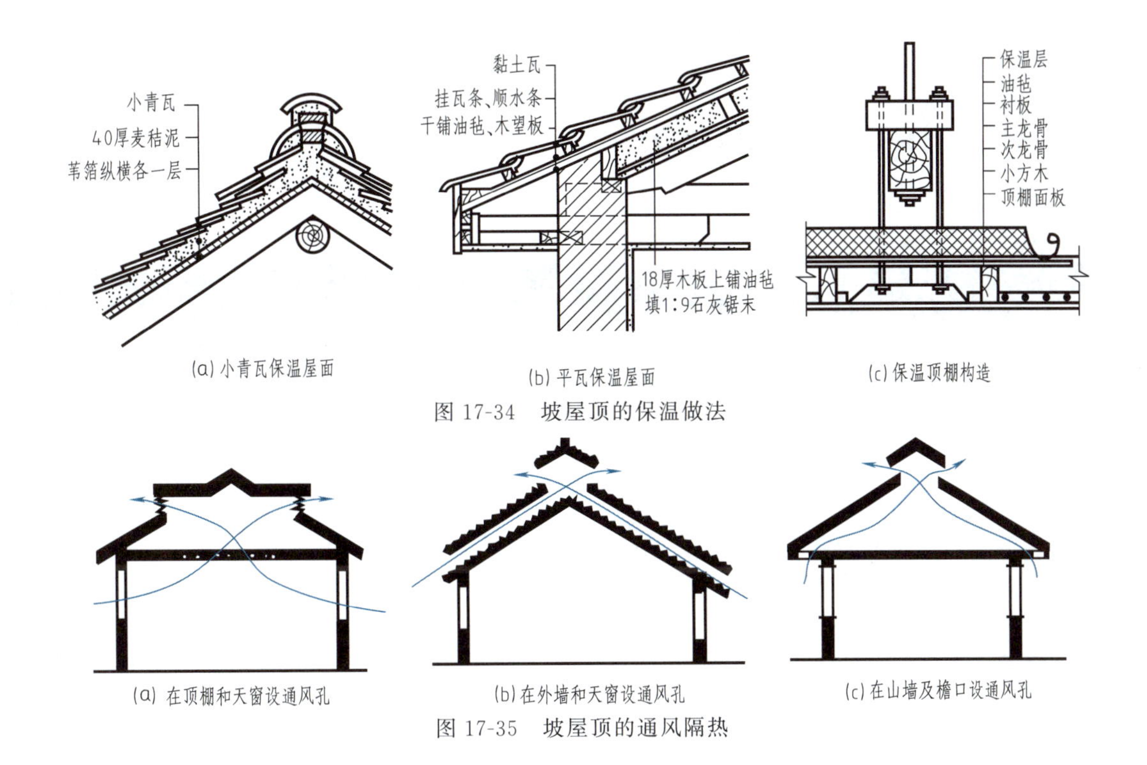

图 17-34 坡屋顶的保温做法

图 17-35 坡屋顶的通风隔热

实训项目

［1＋X 证书（建筑工程识图、BIM）要求］

1. 识读附图中相关图纸，找出本工程屋顶的构造层次和做法。

2. 抄绘屋顶构造详图，要求图面布图匀称、字迹工整，所有线条、材料图例、文字、尺寸标注等均应符合国家制图统一规定的要求。

复习思考题

1. 屋顶有什么作用？应满足哪些设计要求？
2. 依据坡度屋顶分为哪几类？如何划分的？
3. 屋顶坡度有哪几种表达方式？
4. 如何形成屋顶的排水坡度？影响屋顶坡度的因素有哪些？
5. 屋顶的排水方式有哪几种？简述各自的优缺点和适用范围。
6. 平屋顶由哪几部分组成？各部分的作用是什么？
7. 柔性防水屋面的基本构造层次有哪些？各层次的作用是什么？
8. 柔性防水屋面的细部构造有哪些？看懂各构造图。
9. 刚性防水屋面的基本构造层次有哪些？各层次的作用是什么？
10. 刚性防水屋面的细部构造有哪些？为什么要设置分仓缝？看懂各构造图。
11. 涂料防水屋面的基本构造层次有哪些？
12. 保温层有几种设置位置？设在哪儿？平屋顶的保温措施有哪几种？
13. 平屋顶的隔热构造处理有哪几种做法？
14. 坡屋顶由哪几部分组成？各部分的作用是什么？
15. 坡屋顶的承重结构有哪几种？
16. 坡屋顶的屋面形式有哪些？各有什么特点？
17. 瓦屋面有哪些构造层次？各层次的作用是什么？
18. 瓦屋面的细部构造有哪些？看懂各构造图。
19. 金属压型板的分类有哪些？简述金属压型板屋面的细部构造。看懂各构造图。
20. 坡屋顶的保温措施有哪几种？
21. 坡屋顶的隔热有哪些构造处理做法？

教学单元18 门窗构造

学习目标、教学要求和素质目标

本教学单元重点介绍门窗开启方式、尺度、安装、细部构造以及建筑遮阳的方法和构造措施，进一步进行相应建筑图的识读训练。通过学习，应该达到以下要求：

1. 掌握门窗的作用，了解门窗的设计要求和常用门窗的材料、特性。
2. 熟知门窗的开启方式、特点和使用条件，掌握门窗的尺度。
3. 了解门的各部位名称，掌握门的安装方式和位置，熟知镶板门、夹板门、弹簧门等的构造。
4. 了解窗的各部位名称和窗用玻璃、五金，了解隔声门窗、保温门窗的构造。
5. 了解钢门窗、铝合金门窗、塑钢门窗的构造。
6. 掌握建筑遮阳的方法和构造措施。
7. 了解建筑门窗设计的特点和要求，通过门窗的变化建立绿色、节能、环保的理念。

18.1 概述

18.1.1 门窗的作用和要求

18.1.1.1 门窗的作用

门和窗都是建筑中的重要围护构件和组成部分。

（1）门的主要功能是交通出入，联系和分隔建筑空间，并起通风、采光等作用。

（2）窗的主要功能是采光、通风，联系和分隔建筑空间，并可起到观望、传递等作用。

（3）在不同使用条件要求下，还应具有保温、隔热、隔音、防水、防火、防尘及防盗等功能。

（4）门窗又是建筑造型的重要组成部分，对建筑内外造型和装修效果影响很大。

18.1.1.2 门窗的要求

门和窗是建筑的围护和分隔构件，要求坚固耐用、开启方便、关闭紧密、安装方便、造型美观、便于清洁维修。目前，门窗在制作生产上已经基本达到标准化、规格化和商品化的要求，各地方均有民用建筑门窗通用图集，设计时即可按所需类型以及尺度大小直接从其中选用。

18.1.2 门窗的材料

当前门窗的材料有木材、钢材、铝合金、塑料等多种。钢门窗有实腹、空腹、钢木等。塑料门窗有塑钢、塑铝、纯塑料等。为节约木材一般不应采用木材做外窗，潮湿房间不宜用木门窗，也不应采用胶合板或纤维板制作。

木门窗自重轻、加工制作简单、便于维修、造价较低，是我国传统的使用形式，一般采用变形较小的松木和杉木制作，但耗费木材，密闭效果差，一般木窗已不多采用。

钢门窗强度高、断面小、挡光系数小、防火性能好、便于工厂制作生产，但易腐蚀、热导率较高，不利于节能，在严寒地区易结露。

铝合金门窗外形美观、色彩多样、表面光洁、用料省、重量轻、密封性能较优、耐腐蚀、坚固、开关轻便灵活，但铝合金热导率大、保温较差且造价偏高，在要求较高的建筑中已广泛采用。

塑料门窗同时具有木材的保温性和铝材的装饰性，重量轻、耐腐蚀，不需油漆、质感亲切，但强度和耐久性较差；塑钢复合门窗在我国发展很快，具有外形美观、表面光洁、用料省、重量轻、密封性能较优、耐腐蚀、坚固、开关轻便灵活，保温性能较好等优点，但造价偏高，目前已广泛采用。

18.2 门窗的开启方式与尺度

18.2.1 窗的开启方式与尺度

18.2.1.1 窗的开启方式

窗的开启方式取决于窗扇五金的位置及转动方式，通常有以下几种，如图 18-1 所示。

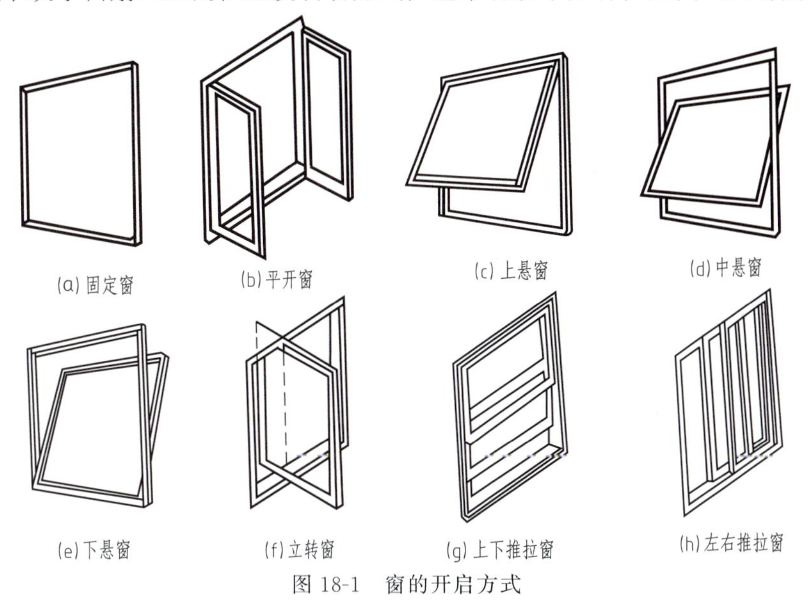

图 18-1 窗的开启方式

（1）固定窗 无窗扇、不能开启的窗为固定窗。一般将玻璃直接安装在窗樘上，尺寸可较大。固定窗可供采光和眺望之用，但不能通风。固定窗构造简单、密闭性好。

（2）平开窗 将窗扇用铰链固定在窗樘侧边，可水平开启的窗为平开窗。平开窗有外开、内开之分。平开窗构造简单，开启灵活，制作、安装和维修均较方便，在一般建筑中使用最为广泛。

（3）悬窗 按转动铰链或转轴位置的不同有上悬窗、中悬窗、下悬窗之分。一般上悬和中悬窗向外开启，防雨效果较好，且有利于通风，常用于高窗；下悬窗不能防雨，只适用于内墙高窗及门上腰头窗，下悬窗便于上下通风和擦窗。

（4）立转窗 在窗扇上、下冒头设转轴，立向转动的窗。转轴可设在窗扇中心也可在一侧。立式转窗出挑不大时可用较大块的玻璃，有利于采光通风。

（5）推拉窗 推拉窗分垂直推拉和水平推拉两种。水平推拉窗一般在窗扇上下设滑轨槽，开启时两扇或多扇重叠不占据室内外空间，窗扇及玻璃尺寸均可较平开窗大，有利于采光和眺望，尤其适用于铝合金及塑料门窗。垂直推拉窗需要升降及制约措施，常用于通风柜或递物窗。

此外，还有下悬与平开相结合的窗，采用双向可变铰链转动，擦窗、装玻璃均可在室内进行，安全方便。这种开启方式的窗常采用一樘窗上安装一整块玻璃的窗扇，对采光和建筑景观都有所改进，对采用空调不需经常开启的窗较为合适。

18.2.1.2 窗的尺度

窗的尺度一般根据采光通风要求、结构构造要求和建筑造型等因素决定，同时应符合建筑模数制要求。从结构上讲，一般平开窗的窗扇宽度为 400～600mm，高度为 800～1500mm，腰头上的气窗高度为 300～600mm，固定窗和推拉窗尺寸可大些。目前我国各地标准窗基本尺度多以 300mm 为模数，使用时可按标准图予以选用。

18.2.2 门的开启方式与尺度

18.2.2.1 门的开启方式

门的开启方式主要是由使用要求决定的，通常有以下几种不同方式，如图 18-2 所示。

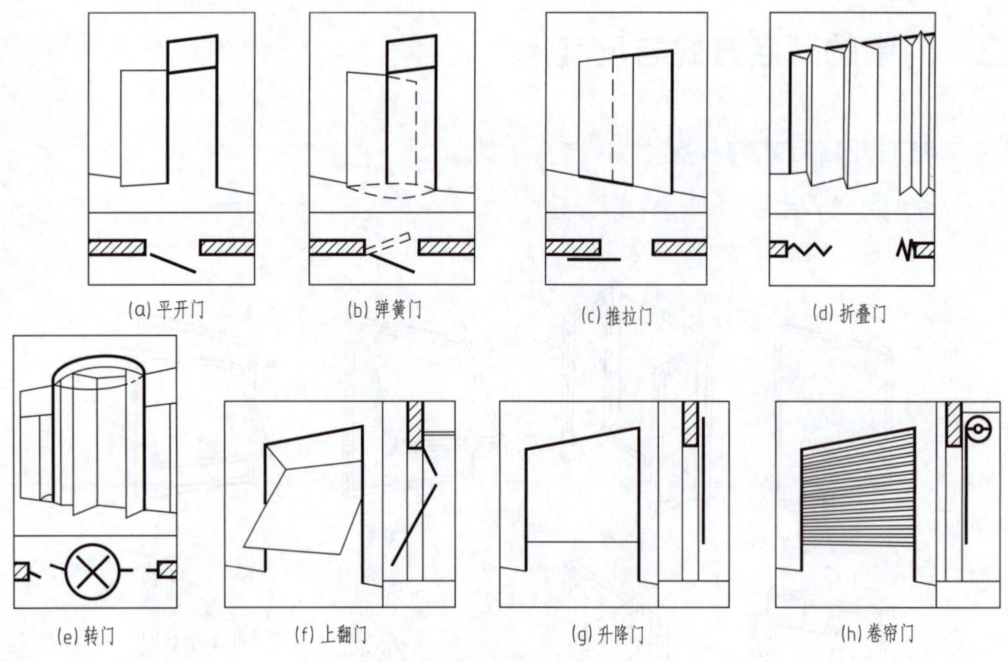

图 18-2　门的开启方式

（1）平开门　水平开启的门，铰链安在侧边，有单扇、双扇，有内开、外开之分。平开门的构造简单，开启灵活，制作安装和维修均较方便，为一般建筑中使用最广泛的门，如图 18-2（a）所示。

（2）弹簧门　弹簧门形式同平开门，但侧边用弹簧铰链或下面用地弹簧传动，开启后能自动关闭。多数为双扇玻璃门，能内外弹动；少数为单扇或单向弹动的，如纱门。弹簧门的构造与安装比平开门稍复杂，多用于人流出入较频繁或有自动关闭要求的场所。门上一般都安装玻璃，以免相互碰撞，如图 18-2（b）所示。

（3）推拉门　推拉门亦称扯门，在上或下轨道上左右滑行。推拉门可有单扇或双扇，可以藏在夹墙内或贴在墙面外，占用面积较少，如图 18-2（c）所示。推拉门构造较为复杂，一般用于两个空间需扩大联系的门。在人流众多的地方，还可以采用光电管或触动式设施使推拉门自动启闭。

（4）折叠门　多扇折叠，可拼合折叠推移到侧边，如图 18-2（d）所示。传动方式简单者可以同平开门一样，只在门的侧边装铰链；复杂者在门的上边或下边需要装轨道及转动五金配件。一般用于两个空间需要扩大联系的门。

（5）转门　转门是三或四扇门连成风车形，在两个固定弧形门套内旋转的门，如图 18-2（e）所示，对防止内外空气的对流有一定的作用，可作为公共建筑及有空调的建筑外门。一般在转门的两旁另设平开或弹簧门，以作为不需空调的季节或大量人流疏散之用。

（6）上翻门　上翻门门扇侧面有平衡装置，门的上方有导轨，开启时门扇沿导轨向上翻起。平衡装置可用平衡重或弹簧。这种形式可避免门扇被碰损，如图 18-2（f）所示。

（7）升降门　升降门开启时门扇沿导轨向上升。门洞高时可沿水平方向将门扇分为几扇。这种门不占用空间，只需门洞上部留有足够上升高度，开启的方式有手动和电动两种，如图 18-2（g）所示。

（8）卷帘门　卷帘门是用很多冲压成型的金属页片连接而成。开启时，由门洞上部的转动轴将页片卷起。卷帘门有手动和电动两种。它适用于 4000～7000mm 宽的门洞，高度不受限制。但不适用于频繁开启的大门，如图 18-2（h）所示。

上翻门、升降门、卷帘门等，一般适用于较大活动空间的门，如工业厂房车间、车库及某些公共建筑的外门。

18.2.2.2　门的尺度

门的尺度须根据交通运输和安全疏散要求设计。一般供人们日常活动进出的门，门扇高度常在 1900～2100mm 左右；宽度上，单扇门为 800～1000mm，辅助房间如浴厕、贮藏室的门为 700～800mm，双扇门为 1200～1800mm；腰头窗高度一般为 300～600mm。公共建筑门的尺度可按需要适当提高，具体尺度各地均有标准图，可按需要选用。

18.3 门的构造

18.3.1 门的各部分名称

门不论采用什么材料，一般均由门框与门扇组成。下面以木门为例，说明各组成部分的名称及断面形状。

门框是由上槛、腰槛、边框、中框等部分组成的，如图 18-3 所示。门框的断面形状和尺寸，由扇的尺寸、开启方式、裁口大小等决定。门框的最小断面为 45mm × 90mm，裁口宽度应稍大于门扇厚度，裁口深度为 10 ~ 12mm。

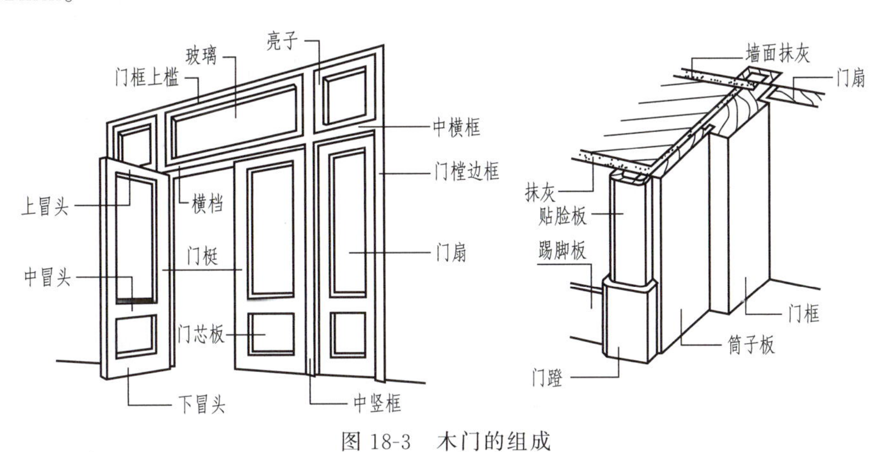

图 18-3 木门的组成

18.3.2 门的安装

18.3.2.1 门的安装方式

门的安装一般包括门框与墙的安装和门扇与门框的安装两部分，现在有很多的成品门，门框和门扇是一体的。

门框与墙的安装分立口与塞口两种。立口是先立门框，后砌墙体。为使门框与墙连接牢固，应在门框的上下槛各伸出 120mm 左右的端头，俗称“羊角头”。这种连接的优点是结合紧密，缺点是影响砖墙砌筑速度。塞口是先砌墙，预留门洞口，同时预埋木砖。木砖的尺寸为 120mm × 120mm × 60mm，木砖表面应进行防腐处理。防腐处理，一种方法是刷煤焦油，另一种方法是表面刷氟化钠溶液。氟化钠溶液是无色液体，施工时常增加少量氧化铁红（俗称“红土子”），以辨认木砖是否进行过防腐处理。木砖沿门高每 600mm 预留一块。为保证门框与墙洞之间的严密，其缝隙应用沥青浸透的麻丝或毛毡塞严。

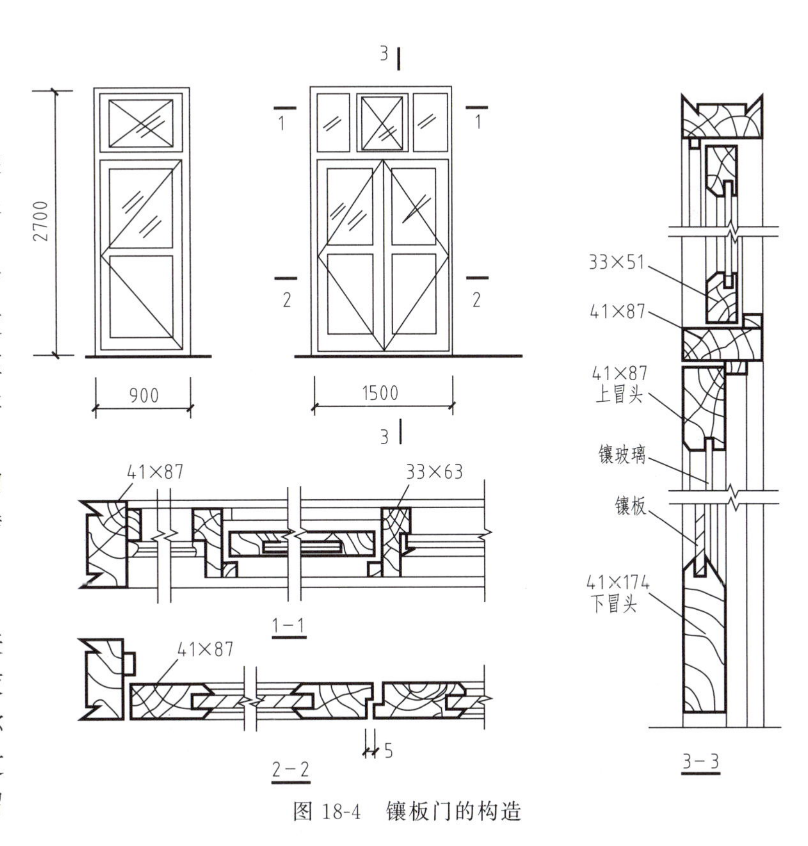

图 18-4 镶板门的构造

窗扇与窗框的连接则是通过铰链（俗称“合页”）和木螺钉来连接的。对于门扇和门框一体的成品门的安装只能采用塞口的方式进行。门扇的组成，以镶板门门扇为例，镶板门门扇由上冒头、下冒头、门梃子、边框等组成。门扇框料的断面形状和尺寸与门扇的大小、立面划分、安装方式有关。如图 18-4 所示。

为了准确表达门的开启方式，常用开启线来表达。开启线为，人站在门外侧看门，实线为门扇外开，虚线则为门扇内开，线条的交点为合页的安装位置。

18.3.2.2 门的安装位置

门框在墙中的位置有四种情况：一是与墙内表面平（内平），这样内开门扇贴在内墙面，不占室内空间；二是位于墙厚的中部（居中），当墙体较厚时采用较多，室内外都便于进行装饰；三是与墙外表面平（外平），室内便于进行装饰，外平多在板材墙或外墙较薄时采用；四是与墙等厚，两面齐平，多用于墙厚较薄的墙体，如隔墙等。

18.3.3 门的构造

18.3.3.1 镶板门

镶板门由上、中、下冒头和边框组成门框，在框内镶入门芯板制成，也可以镶入玻璃，形成玻璃门。门芯板采用木板、胶合板、纤维板等制成。下冒头的断面较上冒头大，底部应留有 50mm 的空隙。镶板门可用于室内或室外，如图 18-4 所示。

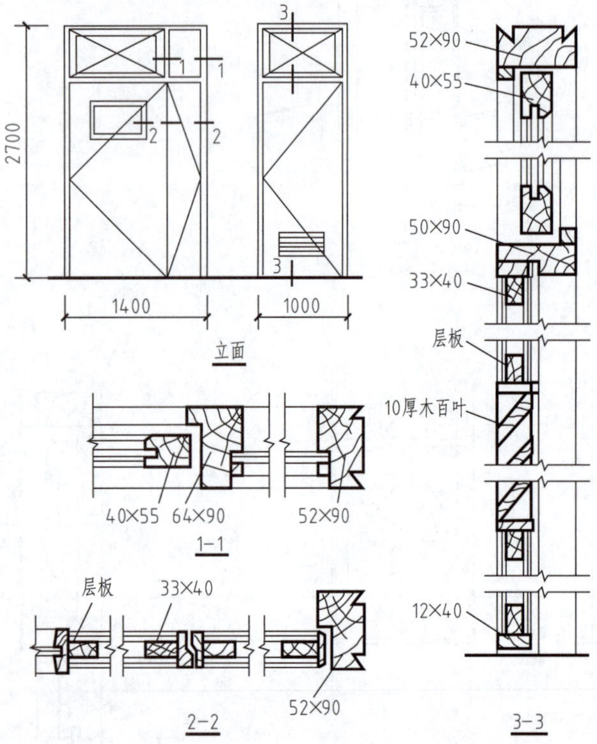

图 18-5 夹板门

18.3.3.2 夹板门

夹板门由方木组成的木骨架，两面固定三夹板（或五夹板）。为使夹板门内干燥，可在骨架内的横档留有 $\phi 4 \sim \phi 6$ 的小孔。如需要提高门的保温隔音性能，可在夹板中间填入矿物毡。夹板门构造简单，表面平整，开关轻便，但不耐潮湿、日晒。夹板门一般用于内门，浴室、厨房等潮湿房间不宜采用。夹板门上可以做小玻璃窗或百叶窗，如图 18-5 所示。

18.3.3.3 拼板门

这种门较多地用于外门或贮藏室、仓库的门，其做法与镶板门类似，制作时先做木框，将木拼板镶入。木拼板可以用 15mm 厚的木板，两侧留槽，用三夹板条穿入。木框四角要安装铁三角。门扇上部可以安装玻璃。

18.3.3.4 弹簧门

在人流较多的出入口应设置弹簧门，采用弹簧合页，可以自动关闭。弹簧门的框料要相应增大，且不做裁口。为了适应人流多的特点，可以用玻璃或铝板作推板或圆管扶手代替拉手，并在下冒头处钉以铝或铜踢脚板。

18.3.3.5 纱门

纱门是为了便于通风、防止昆虫蚊蝇等飞入室内而设置。构造基本同镶板门，但框料稍小。铁纱、塑料纱是经常采用的面料，面料用木压条钉于框料上。纱门可装在外门的外侧或内侧。

18.3.3.6 防火门

这也是一种特制门，按防火规范要求设置。根据《防火门》（GB 12955—2015），防火门按材质分为：木质防火门、钢制防火门、钢木制防火门和其他材质防火门；按照耐火性能分为：隔热防火门（A 类）、部分隔热防火门（B 类）和非隔热防火门（C 类）三类。常见的甲级、乙级、丙级防火门则对应为隔热防火门（A 类）中的 A1.50、A1.00、A0.50。甲级防火门耐火完整性和耐火隔热性均≥1.5h，主要用于防火墙上；乙级防火门耐火完整性和耐火隔热性均≥1.0h，主要用于防烟楼梯的前室和楼梯口；丙级防火门耐火完整性和耐火隔热性均≥0.5h，主要用于管道检查口。常用的防火门为平开式防火门，由门框、门扇和防火铰链、防火锁等防火五金配件构成。

其他门，如隔声门、保温门等在 18.4 中讲述。

18.4 窗的构造

18.4.1 窗的各部位名称

窗不论材料如何，一般均由窗框与窗扇两部分组成。下面以木窗为例，说明各组成部分的名称及断面形状，如图 18-6 所示。

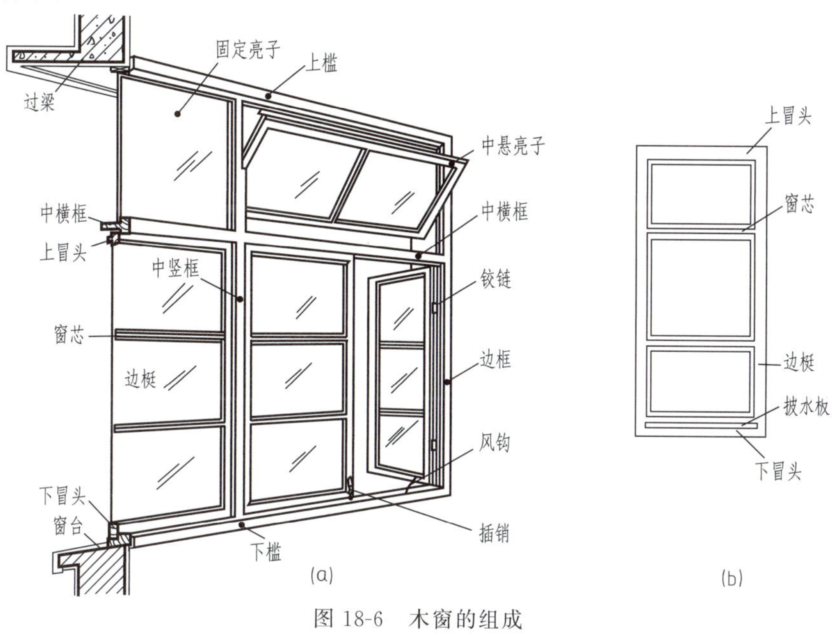

图 18-6 木窗的组成

窗框分为上槛、下槛、边框、中横框、中竖框等部分，如图 18-6（a）所示。窗框断面形状和尺寸与窗扇的层数、窗扇厚度、开启方式、裁口大小和当地风力有关。单层窗框的断面约为 60mm × 80mm，双层窗框为 100 ~ 120mm，裁口宽度应稍大于窗扇厚度，深度应为 10 ~ 12mm。

窗扇由上冒头、下冒头、窗芯、边梃等部分组成，如图 18-6（b）所示。窗扇断面形状和尺寸与窗扇的大小、立面的大小、立面划分、玻璃厚度及安装方式有关。边框和冒头的断面约为 40mm × 55mm。窗棂子的断面为 40mm × 30mm。窗扇的裁口宽度在 15mm 左右，裁口深度在 8mm 以上。纱窗的断面略小于玻璃扇。

窗的安装与门的安装类似，分为立口和塞口两种，此处不再详述。

18.4.2 窗用玻璃和五金

随着建筑材料科学不断发展，出现了各种各样性能不同的玻璃。除普通平板玻璃、磨光玻璃、压花玻璃、磨砂玻璃外，还有浮法玻璃、吸热玻璃、热反射玻璃、钢化玻璃、中空玻璃、电热玻璃（防霜玻璃）、防弹防爆玻璃等，分别适用于不同的场合。最常用的玻璃厚度为 3mm，面积较大或易损坏的部位可以采用 5mm 或 6mm 厚的玻璃，同时加大窗框料的尺寸。玻璃一般先用小钉固定在窗扇上，然后用油灰（桐油石灰）嵌固成斜角形，也可采用小木条镶钉。

窗上装设的五金零件主要有铰链、插销、风钩、拉手、铁三角等。平开窗的构造如图 18-7 所示。

18.4.3 特殊门窗

18.4.3.1 隔声门窗

门的隔声效果取决于隔声材料、门框与门扇间的密闭程度等，普通木门的隔声能力在 19 ~ 25dB；双道木门，间距 50mm 时，隔音能力可以增强至 30 ~ 34dB；而有隔声和密闭措施的单扇门的隔声能力可达 35 ~ 43dB。

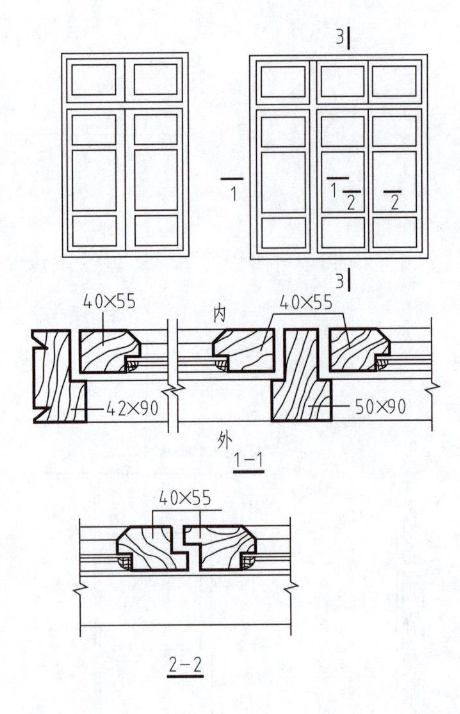

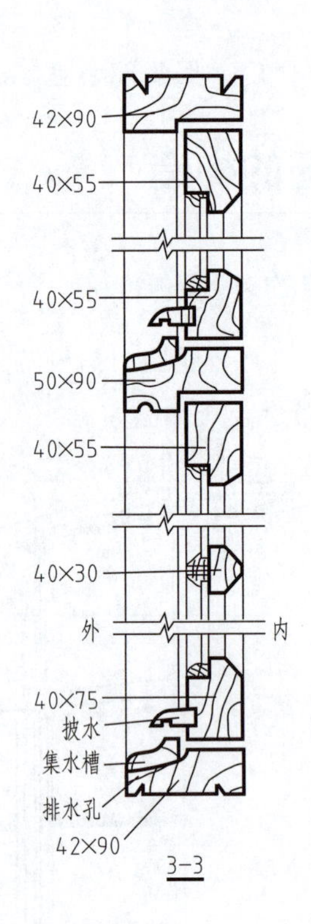

图 18-7 平开窗构造

一般窗的隔声能力为 20～30dB；双层窗的隔声能力为 25～35dB；多层玻璃窗的隔声能力 35～40dB；单层或双层玻璃窗有隔声和密闭措施的情况下，隔声能力可增至 32～52dB。另外，隔声门窗还要考虑防止共振、减少反射、吸音等问题。一般来讲，应尽可能采用表观密度大的材料，并辅以能减少反射及能吸声的材料。对于门窗接缝处的密闭措施，也应特别注意。

隔声门窗常用于室内噪声允许级别较低的房间中，例如播音室、录音室等。在其他需要保证一定的音质，或希望没有过多噪声干扰的房间，也常常使用隔声门窗，如会议室、阶梯教室、医院治疗室等。

18.4.3.2 保温门窗

为了达到节能的目的，对于处于严寒、寒冷地区建筑的门窗，以及冷库、恒温室等特殊建筑的门窗，都应考虑安装保温门窗。保温门窗最基本的要求是关闭严密。因此，在门窗选型上，以固定门、窗为佳。当确有开启的需要时，可以考虑采用平开门窗。

保温隔热门扇常采用双面钉木拼板，内充填棉毡，玻璃棉毡与木板间铺一层 200 号油纸，以防潮气进入棉毡而影响保温隔热效果。在门扇下部，下冒头的底面则安装橡皮条或设门槛密封。故可减小室外气候变化对室内热环境的影响，以保证室内恒温。

从提高保温隔热效果的角度讲，中空玻璃当然是保温门窗玻璃材料的最佳选择。但是，采用普通玻璃，配以适当的构造措施，也可以获得很好的效果。如可以采用单层窗扇的单扇双玻窗、双层窗扇的单玻双扇窗、双层窗扇 4 层玻璃的双玻双扇窗等。当采用双层窗时，两窗扇间的净距一般宜为 50～100mm，最大应小于 150mm。这种双层窗做法，适用于木窗，也适用于钢窗、塑钢窗等各种门窗。

18.5 其他材料门窗

18.5.1 钢门窗

钢门窗是用型钢或薄壁空腹型钢在工厂制作而成，符合工业化、定型化与标准化的要求。在强度、刚度、防火、密闭等性能方面，均优于木门窗，但在潮湿环境下易锈蚀，耐久性差。

18.5.1.1 钢门窗材料

（1）实腹式

实腹式钢门窗料是最常用的一种，有各种断面形状和规格。一般门可选用断面高为 32mm 和 40mm

的材料，简称 32 料、40 料，窗可选用断面高为 25mm 和 32mm 的材料，简称 25 料、32 料。

（2）空腹式

空腹式钢门窗与实腹式钢门窗料比较，具有更大的刚度，外形美观，自重轻，可节约钢材 40% 左右。但由于壁薄，耐腐蚀性差，不宜用于湿度大、腐蚀性强的环境。

18.5.1.2 基本钢门窗

为了使用、运输方便，通常将钢门窗在工厂制作成标准化的门窗单元。这些标准化的单元，即是组成一樘门或窗的最小基本单元，设计时可直接选用基本钢门窗，或用这些基本钢门窗组合出所需大小和形式的门窗。

钢门窗框的安装方法常采用塞口法。门窗框与洞口四周的连接方法主要有两种，如图 18-8 所示。

（1） 在砖墙洞口两侧预留孔洞，将钢门窗的燕尾形铁脚埋入洞中，用砂浆窝牢；

（2） 在钢筋混凝土过梁或混凝土墙体内侧先预埋铁件，将钢窗的 Z 形铁脚焊在预埋钢板上。

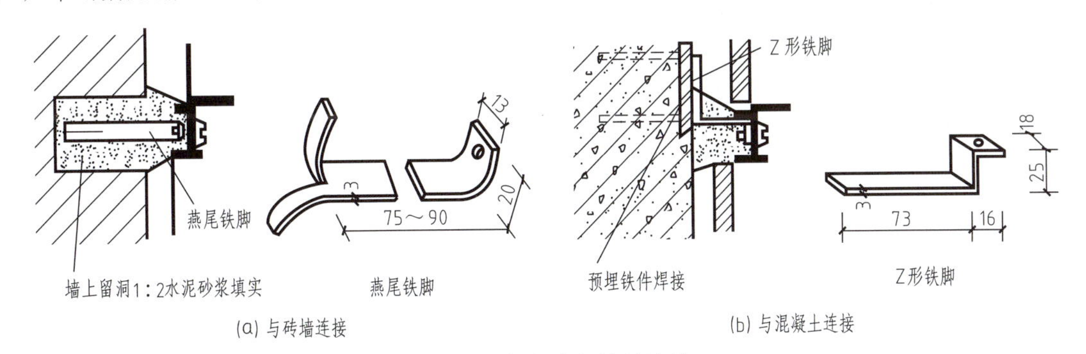

图 18-8 钢门窗与墙的连接

18.5.1.3 组合钢门窗

当钢门窗的高、宽超过基本钢门窗尺寸时，就要用拼料将门窗进行组合。拼料起横梁与立柱的作用，承受门窗的水平荷载。拼料与基本门窗之间一般用螺栓或焊件相连。当钢门窗很大时，特别是水平方向很长时，为避免大的伸缩变形引起门窗损坏，必须预留伸缩缝，一般是用两根 ∟56 × 36 × 4 的角钢用螺栓组成拼件，角钢上穿螺栓的孔为椭圆形，使螺栓有伸缩余地。

18.5.2 铝合金门窗

18.5.2.1 铝合金门窗的特点

（1）自重轻　铝合金门窗用料省、自重轻，较钢门窗轻 50%左右。

（2）性能好　铝合金门窗的密封性好，气密性、水密性、隔声性、隔热性都较钢、木门窗有显著的提高；而且开启关闭轻便灵活，无噪声，安装速度快。

（3）坚固耐用　铝合金门窗不需要涂涂料，氧化层不褪色、不脱落，表面不需要维修。铝合金门窗强度高，刚性好，坚固耐用，耐腐蚀。

（4）色泽美观　铝合金门窗框料型材表面经过氧化着色处理后，既可保持铝材的银白色，又可以制成各种柔和的颜色或带色的花纹，如古铜色、暗红色、黑色等，具有非常强的装饰性。

18.5.2.2 铝合金门窗框料

铝合金门窗的系列名称是以门窗框厚度的构造尺寸来称谓的，如：平开门门框厚度构造尺寸为 80mm 宽，即称为 80 系列铝合金平开门，推拉窗窗框厚度构造尺寸为 60mm 宽，即称为 60 系列铝合金推拉窗等。实际工程中，通常根据不同地区、不同性质的建筑物的使用要求选用相适应的门窗框。

18.5.2.3 铝合金门窗安装

铝合金门窗框料是采用表面进行处理过的铝材，经过下料、打孔、铣槽、攻丝等加工工序，制作而成的，然后与连接件、密封件、五金件一起组合装配成门窗。

门窗安装时，将门、窗框在抹灰前立于门窗洞处，与墙内预埋件对正，然后用木楔将三边固定。经检验确定门、窗框水平、垂直、无翘曲后，用连接件将铝合金框固定在墙（柱、梁）上，连接件固定可采用焊接、膨胀螺栓或射钉等方法。门窗框与墙体等的连接固定点，每边不得少于二点，且间距不得大于

0.7m。在基本风压大于等于0.7kPa的地区，不得大于0.5m；边框端部的第一固定点距端部的距离不得大于0.2m。

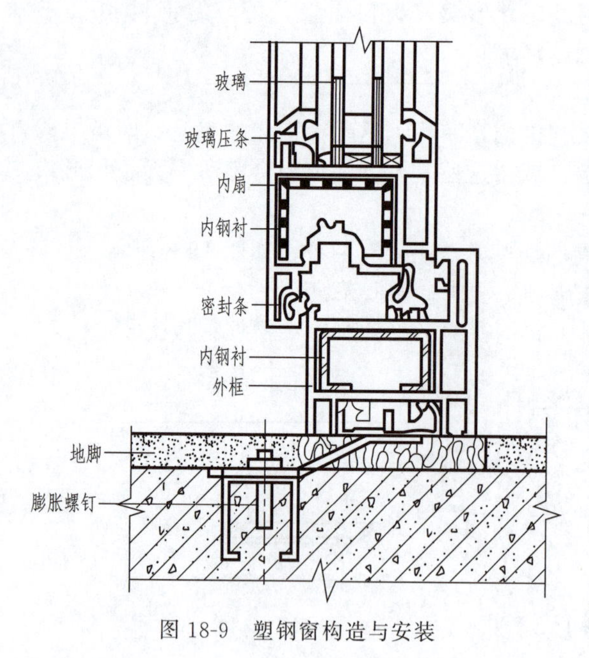

图18-9 塑钢窗构造与安装

18.5.3 塑钢门窗

塑钢门窗是以改性硬质聚氯乙烯（简称UPVC）为主要原料，加上一定比例的稳定剂、着色剂、填充剂、紫外线吸收剂等辅助剂，经挤出机挤出成型为各种断面的中空异型材。经切割后，在其内腔衬以型钢加强筋，用热熔焊接机焊接成型，配装上橡胶密封条、压条、五金件等附件而制成的门窗就是塑钢门窗，是住建部推荐的节能产品。塑钢门窗具有强度高、耐冲击、保温隔热、节约能源、隔音好、气密性和水密性好、耐腐蚀性强、耐老化、无须油漆、使用寿命长、外观精美、清洗容易等优点，应用非常广泛。塑钢窗构造与安装，如图18-9所示。

下面以12系列建筑标准设计图集（12J）为例介绍门窗的编号。

例如：窗的编号为S70KF-PC1-1518，表示此窗为塑料70系列中空玻璃带纱扇，上亮子平开窗，洞口宽1500mm，洞口高为1800mm。

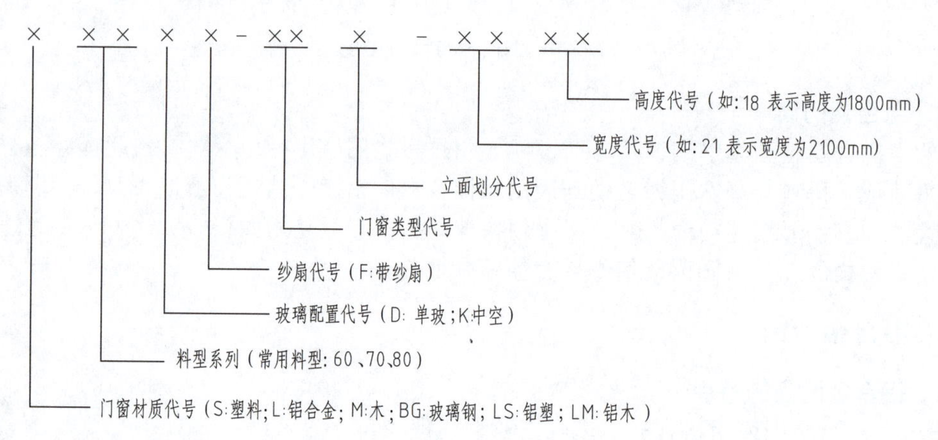

18.6 建筑遮阳

18.6.1 遮阳的作用

（1）避免太阳光直接射入室内

太阳光直接射入室内，会使室内温度升高，使得室内的热舒适度下降，还会使室内的光照均匀度变差，从而影响人们的工作和生活，甚至有可能影响到人们的健康。设置遮阳，可以减少辐射热对室内的影响。

（2）避免眩光刺激眼睛

当太阳光直射到工作面上时，会产生眩光，眩光不仅刺激眼睛，影响生活、工作、学习的效率和质量，甚至还会影响人们的身体健康。

（3）节省能源

太阳光直接射入室内会使室内温度增高，增加空调设备的使用费用。设置合理的遮阳设施可以减少室外温度升高对室内热环境的影响，从而达到建筑节能的目的。

（4）满足建筑物的特殊要求

对于有特殊功能要求的建筑物，不允许或要求尽量降低室外环境对室内的不良影响，如恒温实验室等，可以采用遮阳设施来辅助达到室内相对恒温的状态。另外，太阳光长期照射会使纸张、陈列品等变色发脆，以致损坏，橱窗、陈列室、书库等房间和部位应该有遮阳设计。特别名贵的藏书库，应有长期遮阳设施。

18.6.2 建筑遮阳的措施

建筑遮阳的措施主要有以下几方面。

（1）绿化遮阳

绿化遮阳就是通过种植攀缘植物、垂吊植物等，进行遮阳的一种措施。绿化遮阳不仅可以遮阳，而且还可以起到绿化美化环境、减少污染、降低室外综合温度、减少热量从墙体、屋顶进入等多项作用，是一项综合措施。但是，绿化遮阳对于直射室内的太阳光而言，遮阳效果不太好，在一定程度上不受人为控制。

（2）简易遮阳

简易遮阳就是通过一些简易设施进行遮阳的一种措施。例如，在窗外设置简易遮阳篷、遮阳伞，在内部设置百叶窗帘等，都可以起到遮阳的作用，虽然这些简易遮阳措施能够起到遮阳作用，简便易行，效果较好，但是也存在耐久性差，影响建筑形象、建筑结构等弊病，不宜大面积采用。

（3）构造遮阳

构造遮阳分为利用已有构件遮阳和设置遮阳板遮阳两种。利用挑檐、阳台、花格、外廊等已有构件遮阳，经济适用，但有局限性。设置遮阳板遮阳效果非常明显，构件坚固耐久，作为建筑造型的一部分，还可以起到装饰作用。但是，遮阳板遮阳也存在增加构造设施，造价提高、增加投资等缺点。

18.6.3 遮阳板的基本形式

遮阳板的基本形式大致可分为水平遮阳、垂直遮阳、综合遮阳和挡板遮阳四种。

（1）水平遮阳

在窗口上方设置一定宽度的水平方向的遮阳板。能够遮挡高度角较大时从窗口上方照射来的阳光，适用于南向及其附近朝向的窗口或北回归线以南低纬度地区的北向及其附近的窗口。宜用于南向或南稍偏东、南稍偏西方向的房间。可以设计为实心板、栅格板或百叶板。如图 18-10（a）所示。

（2）垂直遮阳

在窗口两侧设置的垂直方向的遮阳板，能够遮挡高度角较小的从窗口两侧斜射过来的阳光。根据光线的来向不同，垂直遮阳板可以垂直于墙面，也可倾斜于墙面。主要适用于偏东偏西的南向或北向窗口。适宜用来遮挡从窗户侧向射来的阳光，也就是适宜遮挡高度角较小的太阳光。常常用在北回归线以南的低纬度地区的北向或接近该方向的窗户。如图 18-10（b）所示。

（3）综合遮阳

综合遮阳是将水平遮阳和垂直遮阳组合起来形成的一种遮阳形式，能够遮挡从窗口左右两侧及前上方射来的阳光。也就是说，可以遮挡太阳高度角由高变到低过程中的阳光。适宜用于东向、西向或东南向、西南向窗户，也适用于北回归线以南低纬度地区北向窗口遮阳。如图 18-10（c）所示。

（4）挡板遮阳

挡板遮阳特别用来遮挡平射过来的阳光，适用于东向、西向或接近该朝向的窗户。如图 18-10（d）所示。

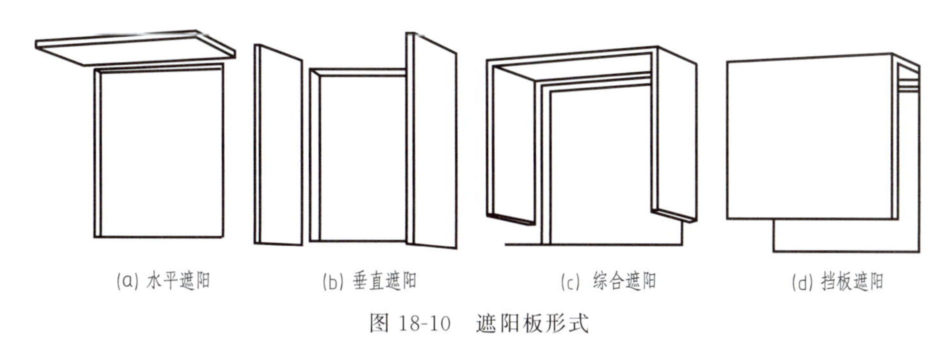

图 18-10 遮阳板形式

遮阳板按照性能可分为固定式和活动式两种。活动式可以调节日照、采光、通风，而且可用各种材料制作。遮阳板在做法上，可分为实心板、百叶板等不同的形式。

遮阳板作为建筑造型的一部分，将遮阳和装饰作用统一考虑，把遮阳板有规律地连在一起，形成连续遮阳，如图 18-11 所示。

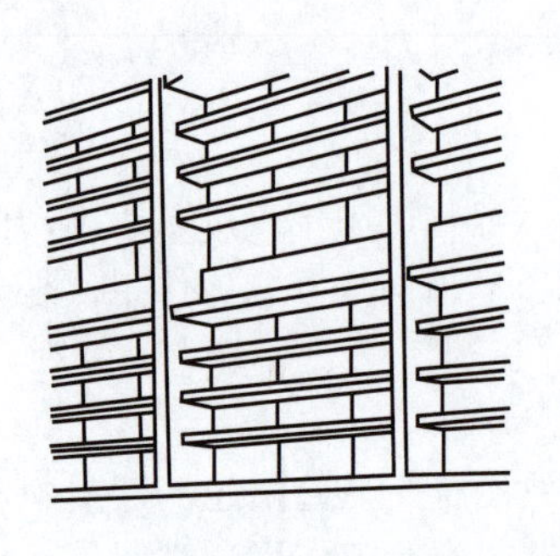
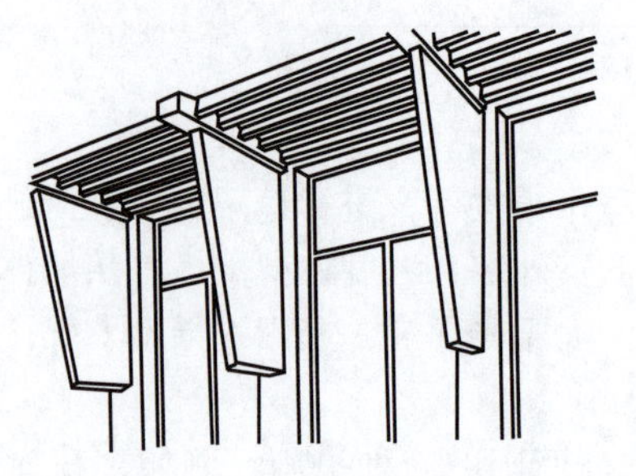
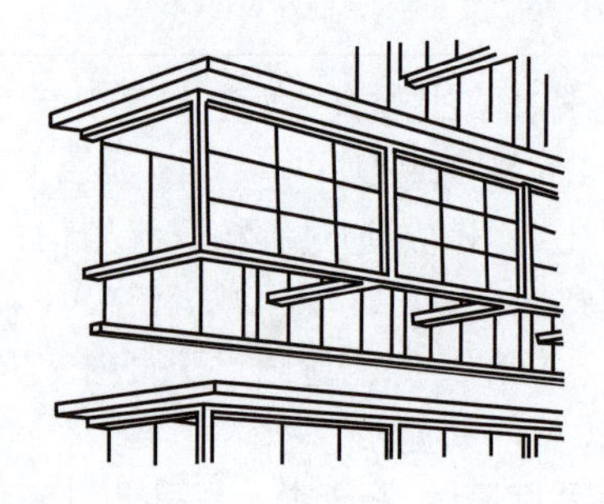

图 18-11 连续遮阳的形式

实训项目

［1＋X 证书（建筑工程识图、BIM）要求］

识读附图中相关图纸，找出本工程门窗的类型和做法。

复习思考题

1. 门和窗有什么作用？有什么要求？
2. 简述常见门窗所用的材料和各种材质门窗的特点。
3. 窗按开启方式不同可分为哪几种？各有何特点？
4. 影响窗尺寸的因素有哪些？窗尺寸符合什么模数？
5. 门按开启方式不同可分为哪几种？各有何特点？
6. 影响门尺寸的因素有哪些？常用门的尺寸有哪些？
7. 简述平开木门的构造组成。
8. 门的安装方法有几种？各有什么特点？
9. 门在墙中的位置有几种？各适用于什么条件？
10. 常用门扇的类型有哪些？
11. 试述镶板门与夹板门的构造区别。
12. 简述平开木窗的构造组成。
13. 画图说明钢门窗框与墙的连接方法。
14. 试述铝合金门的特点及安装方法。
15. 建筑遮阳有什么作用？建筑遮阳的措施有哪些？
16. 遮阳板的形式有哪几种？各适用于什么情况？
17. 看懂各构造图。

教学单元 19 变形缝

学习目标、教学要求和素质目标

本教学单元重点介绍变形缝的分类、作用、设置要求和构造处理措施，进一步进行相应建筑图的识读训练。通过学习，应该达到以下要求：

1. 掌握变形缝的分类、作用、设置原则和设置要求，熟悉三缝之间的关系。
2. 熟悉变形缝在基础、墙体、楼地层、屋顶等部位的构造处理措施。
3. 加强学生对于工程质量、安全施工的理解，培养学生严谨认真、精益求精的工匠精神。
4. 使学生切身意识到遵守建筑规范、行业法规的重要性，提高学生职业素养，使学生以后在工作中能时刻有职业“敬畏感”。

19.1 概述

建筑物处在自然环境中，时时受到自然界和外界的侵袭，尤其是受到温度变化、地基不均匀沉降以及地震等影响，建筑结构内部将会产生附加的变形和应力，如果不采取相应的措施或采取措施不当，会导致建筑物产生裂缝，甚至倒塌，影响整个建筑的使用和安全。为避免这种情况的发生，可以采取“阻”或“让”两种不同的措施。“阻”是通过加强建筑物的整体性，使其具有足够的强度与刚度，以阻遏这种破坏，即为“以刚克刚”；而“让”则是在变形敏感部位将结构断开，预留缝隙，使建筑物各部分能在规定的范围内自由变形，不受约束，避免破坏，即为“以柔克刚”。第二种“让”的措施较为经济，常被采用。本教学单元讲述的变形缝就是一种“让”的措施。

变形缝是将建筑物垂直分开而预先留设的缝隙。变形缝按其功能不同可分为伸缩缝、沉降缝、防震缝三类。

19.1.1 伸缩缝

（1）作用

伸缩缝，也称为“温度缝”，是为了避免由于建筑物过长、热胀冷缩而造成温度应力变形过大，致使建筑物开裂而设置的变形缝。

（2）设置原则

伸缩缝沿建筑物长度方向每隔一段距离预留缝隙，将建筑物断开。砌体结构房屋伸缩缝的最大间距应符合表 19-1 的规定，钢筋混凝土结构墙体伸缩缝的最大间距应符合表 19-2 的规定。

（3）设置要求和缝宽

伸缩缝要求将建筑物的地面以上的构件全部断开，基础因受温度变化影响小，可不断开。伸缩缝的宽度为 20～40mm，或按照有关规范由单项工程设计确定。

19.1.2 沉降缝

19.1.2.1 作用

沉降缝是为了避免由于建筑物高度、重量、结构、地基等方面的不同而产生不均匀沉降变形过大，致使建筑物某些薄弱部位发生竖向错动、开裂而设置的变形缝。

19.1.2.2 设置原则

建筑物的下列部位，宜设置沉降缝。

（1） 建筑平面的转折部位。

（2） 高度差异或荷载差异较大处。

表 19-1　砌体结构房屋伸缩缝的最大间距　　单位：m

屋盖或楼盖类别		间　距
整体式或装配整体式钢筋混凝土结构	有保温层或隔热层的屋盖、楼盖	50
	无保温层或隔热层的屋盖	40
装配式无檩体系钢筋混凝土结构	有保温层或隔热层的屋盖、楼盖	60
	无保温层或隔热层的屋盖	50
装配式有檩体系钢筋混凝土结构	有保温层或隔热层的屋盖	75
	无保温层或隔热层的屋盖	60
瓦材屋盖、木屋盖或楼盖、轻钢屋盖		100

注：1. 对烧结普通砖、多孔砖、配筋砌块砌体房屋取表中数值；对石砌体、蒸压灰砂砖、蒸压粉煤灰砖和混凝土砌块房屋取表中数值乘以 0.8 系数。当有实践经验并采取有效措施时，可不遵守本表规定。

2. 在钢筋混凝土屋面上挂瓦的屋盖按钢筋混凝土屋盖取用。

3. 按本表设置的墙体伸缩缝，一般不能同时防止由于钢筋混凝土屋盖的温度变形和砌体干缩变形引起的墙体局部裂缝。

4. 层高大于 5m 的烧结普通砖、多孔砖、配筋砌块砌体结构单层房屋，其伸缩缝的间距按表中的数值乘以 1.3。

5. 温差较大且变化频繁地区和严寒地区不采暖的房屋及构筑物墙体的伸缩缝的最大间距，按表中的数值可以适当减小。

6. 墙体的伸缩缝应与结构的其他变形缝相重合，在进行立面处理时，必须保证缝隙的伸缩作用。

表 19-2　钢筋混凝土结构墙体伸缩缝的最大间距　　单位：m

结构类别		室内或土中	露　天
排架结构	装配式	100	70
框架结构	装配式	75	50
	现浇式	55	35
剪力墙结构	装配式	65	40
	现浇式	45	30
挡土墙、地下室墙壁等类结构	装配式	40	30
	现浇式	30	20

注：1. 装配整体式结构房屋的伸缩缝间距宜按表中现浇式的数值取用。

2. 框架-剪力墙结构或框架-核心筒结构房屋的伸缩缝间距可根据结构的具体布置情况取表中框架结构与剪力墙结构之间的数值。

3. 当屋面无保温和隔热措施时，框架结构、剪力墙结构的伸缩缝间距宜按表中露天栏中的数值取用。

4. 现浇挑檐、雨罩等外露结构的伸缩缝间距不宜大于 12m。

（3）长高比过大的砌体承重结构或钢筋混凝土框架结构的适当部位。

（4）地基土的压缩有明显差异处。

（5）建筑结构或基础不同处。

（6）分期建造房屋的交界处。

19.1.2.3　设置要求和缝宽

沉降缝的设缝目的是解决不均匀沉降变形，应从基础开始断开，即要求将建筑物自基础至地面以上的构件全部断开。沉降缝的宽度按表 19-3 所列尺寸选取。

表 19-3　沉降缝宽度

地基性质	建筑物高度 H 或层数	沉降缝宽度/mm
一般地基	H<5m H=5～10m H=10～15m	30 50 70
软弱地基	2～3 层 4～5 层 6 层以上	50～80 80～120 >120
湿陷性黄土地基	—	≥30～70

19.1.3　防震缝

19.1.3.1　作用

防震缝是为了避免地震时建筑物因结构、刚度、高度等不同，相邻两部分之间产生相互挤压、拉伸，造成撞击变形和破坏而设置的变形缝。

19.1.3.2　设置原则

当地震设防的地区，遇下列情况之一宜设置防震缝。

（1）房屋立面高差在 6m 以上；

（2）房屋有错层，且楼板高差较大；

（3）各部分结构刚度、质量截然不同。

对于体型复杂、平立面特别不规则的建筑结构，可按实际需要在适当的部位设置防震缝，形成多个较规则的抗侧力结构单元。

19.1.3.3　设置要求和缝宽

防震缝要求将建筑物地面以上的构件全部断开，基础可不断开。防震缝的宽度与该地区设防烈度和建筑物高度有关。一般多层砌体建筑的缝宽为 50～100mm。钢筋混凝土框架结构建筑高度在 15m 以下时，取 70mm；当建筑高度超过 15m 时，设防烈度为 7 度，高度每增加 4m，缝宽增加 20mm；设防烈度为 8 度，高度每增加 3m，缝宽增加 20mm；设防烈度为 9 度，高度每增加 2m，缝宽增加 20mm。

在地震设防的地区，沉降缝和伸缩缝应符合防震缝的要求。

19.2　变形缝构造

变形缝一般通过基础、地层、墙体、楼板、屋顶等部分，这些部位均应做好构造处理。

19.2.1　伸缩缝的结构布置

（1）墙承重结构

对于墙体承重结构中设置伸缩缝，可以采取单墙承重方案和双墙承重方案，如图 19-1 所示。

（2）柱承重结构

对于柱承重结构中设置伸缩缝，可以采取悬臂梁承重方案和双柱承重方案，如图 19-2 所示。

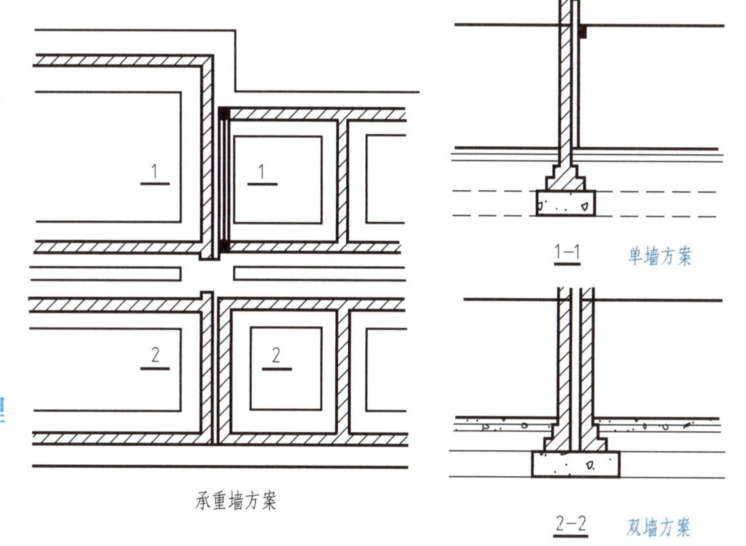

图 19-1　墙承重结构中伸缩缝布置

19.2.2　基础沉降缝的结构处理

设置沉降缝时，基础必须断开，基础沉降缝的处理方式如下。

（1）墙承重结构

对于墙体承重结构，墙下条形基础中设置沉降缝，可以采取双墙偏心基础、一侧悬挑梁基础等，如图 19-3 所示。

（2）柱承重结构

对于柱承重结构中设置沉降缝，可以采取柱下偏心基础、一侧悬挑梁基础、柱基础交叉布置等。

19.2.3　墙体变形缝的处理

（1）砖墙伸缩缝的形式

砖墙伸缩缝的形式按照墙厚的不同可以设置为平缝、错口缝、企口缝。如图 19-4 所示。

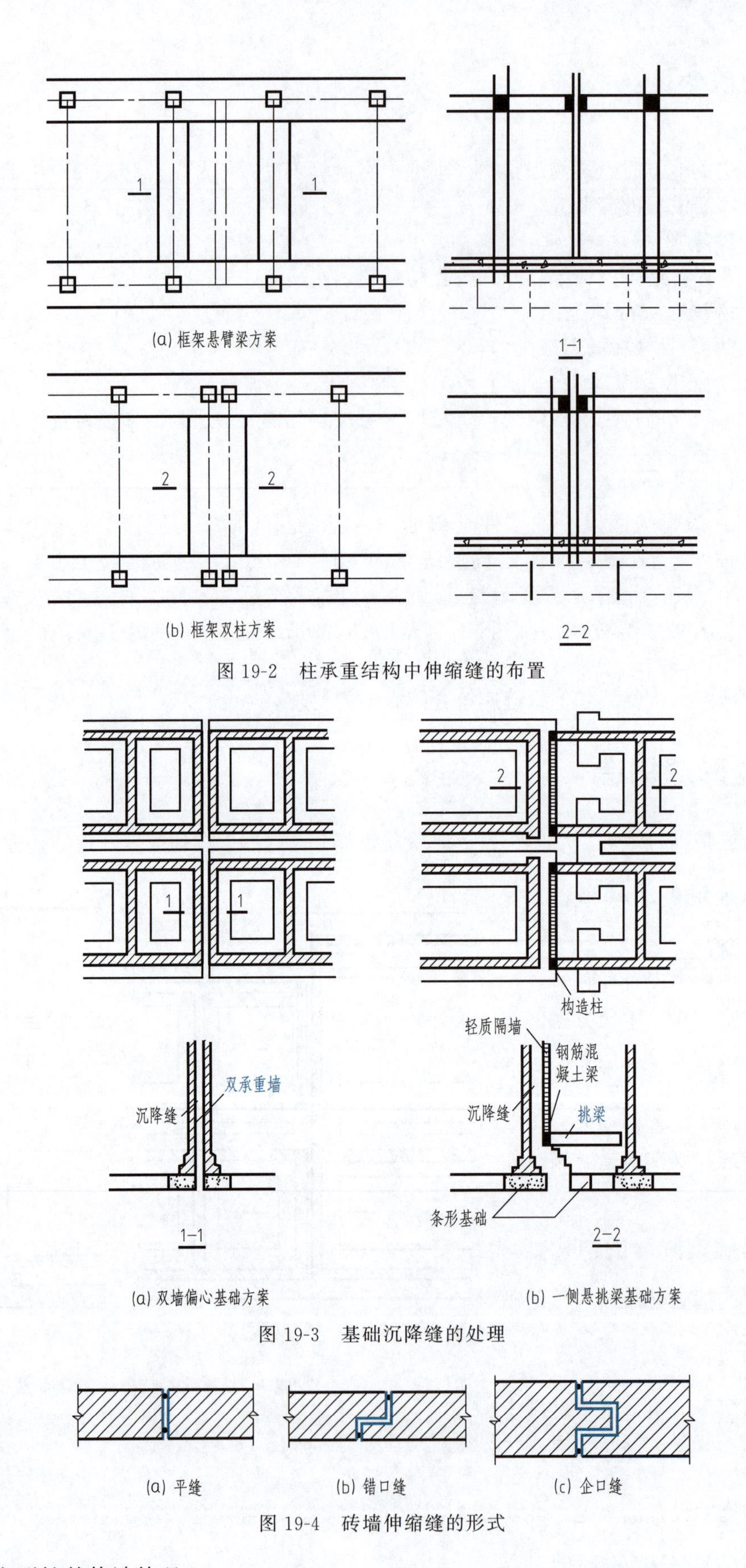

图 19-2　柱承重结构中伸缩缝的布置

图 19-3　基础沉降缝的处理

图 19-4　砖墙伸缩缝的形式

（2）墙体变形缝的构造处理

在变形缝的缝口填沥青麻丝、泡沫塑料条、防水油膏，在墙体外表面一般用金属板做盖缝处理，墙体内表面可以采用金属板或木质盖板做盖缝处理。如图 19-5～图 19-7 所示（其中 a 为伸缩缝的宽度）。

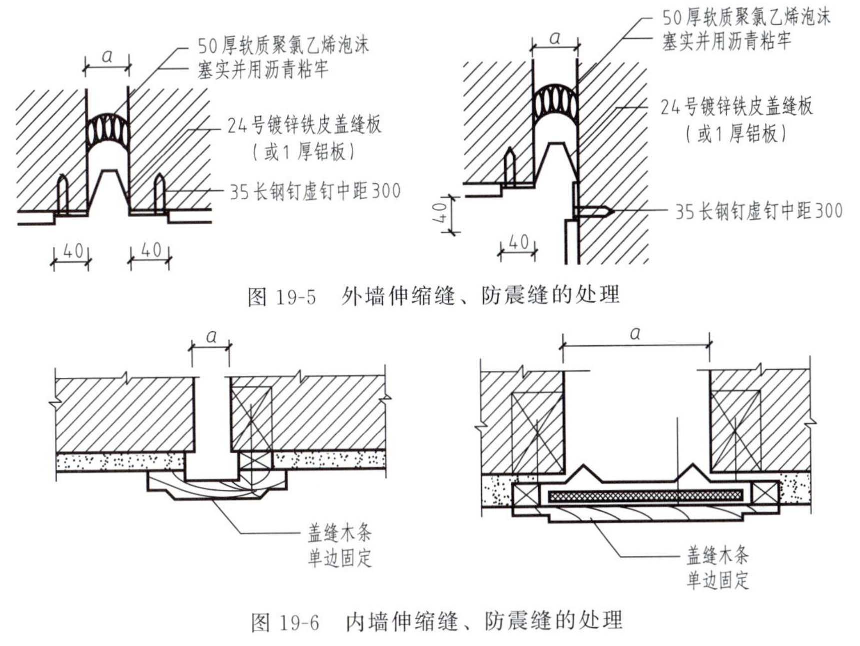

图 19-5　外墙伸缩缝、防震缝的处理

图 19-6　内墙伸缩缝、防震缝的处理

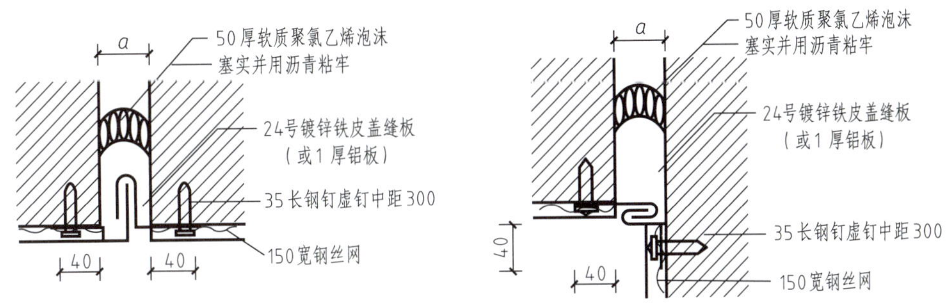

图 19-7　外墙沉降缝的处理

19.2.4　楼地层变形缝构造

楼地层变形缝内常用沥青麻丝填缝，油膏或金属调节片封缝，钢板、混凝土、橡胶、木质盖缝板等盖缝。如图 19-8 所示。

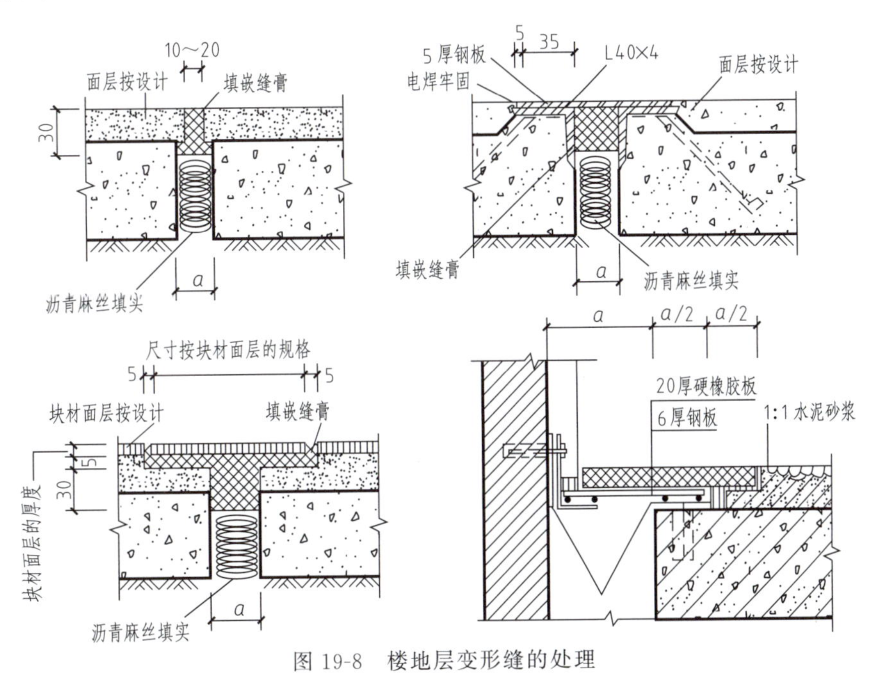

图 19-8　楼地层变形缝的处理

19.2.5 屋面变形缝构造

屋面变形缝位置一般有设在等高屋面和不等高屋面两种。屋面变形缝不仅要求满足变形缝处相邻两部分的自由变形，还要保证屋面的防水、保温、隔热等功能要求，因此，屋面变形缝的处理是多层次的。如图 19-9、图 19-10 所示。

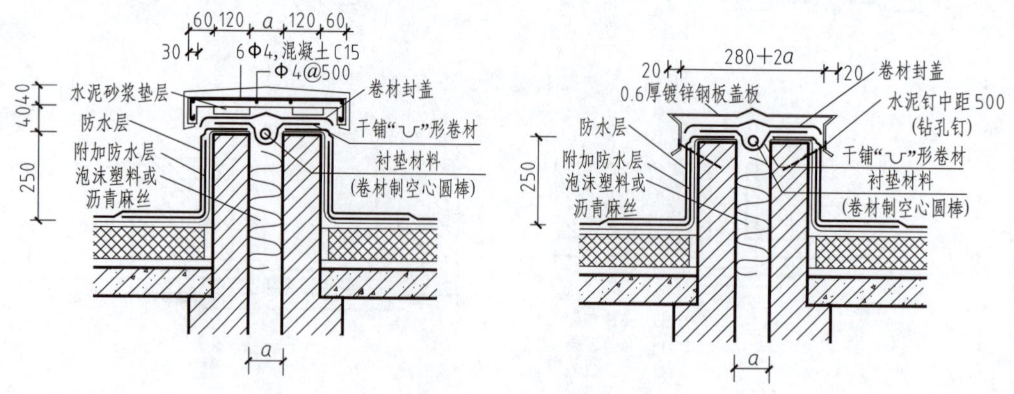

图 19-9　屋面变形缝

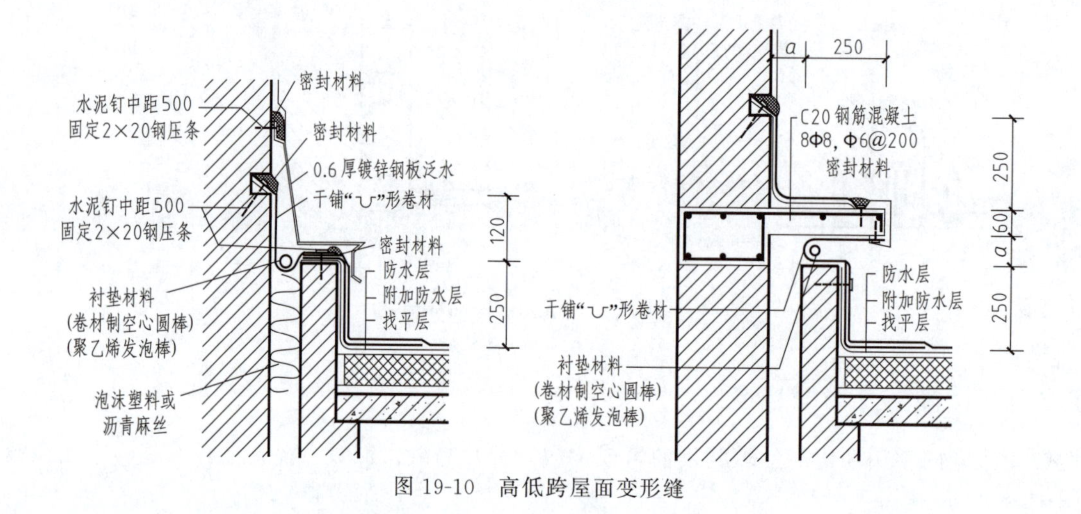

图 19-10　高低跨屋面变形缝

复习思考题

1. 简述设置变形缝的原因。
2. 变形缝分为哪几种类型？各有什么作用？
3. 各类变形缝在什么情况下设置？宽度如何确定？
4. 不同变形缝各有什么特点？
5. 各类变形缝在构造上有何异同？如何处理？
6. 看懂各类变形缝构造图。

建筑识图附图

XXX建筑设计有限公司

图 纸 目 录

工程名称:XXX办公楼

工程编号:

设计证号:

日 期:

经 理 ________

审 核 ________

工程负责人________

注册建筑师________

注册结构师________

序号	图纸名称	图号	折2#	序号	图纸名称	图号	折2#
1	建筑设计总说明	建施-1		21	给排水设计总说明 给水系统图 排水系统图	水施-1	
2	总平面图	建施-2		22	地下室给排水平面图 卫生间给排水平面图	水施-2	
3	地下室平面图 一层平面图	建施-3		23	采暖设计总说明及大样图	暖施-1	
4	二~四层平面图 五层平面图	建施-4		24	地下室采暖平面图 一层采暖平面图	暖施-2	
5	屋顶排水平面图 北立面图 南立面图	建施-5		25	二、三层采暖平面图 四层采暖平面图	暖施-3	
6	东立面图 剖面图	建施-6		26	五层采暖平面图	暖施-4	
7	楼梯1建筑图	建施-7		27	采暖系统图	暖施-5	
8	楼梯2建筑图	建施-8		28	电气设计总说明 低压配电系统图(一)	电施-1	
9	墙身详图 卫生间详图	建施-9		29	低压配电系统图(二)	电施-2	
10	结构设计总说明	结施-1		30	屋顶防雷平面图 基础接地平面图	电施-3	
11	基础梁配筋图 筏板配筋图	结施-2		31	一层、地下室电照平面布置图	电施-4	
12	−3.230~15.970 柱平法施工图	结施-3		32	二~四层、五层电照平面布置图	电施-5	
13	−0.030、3.170 梁平法施工图	结施-4		33	地下室弱电平面布置图 一层弱电平面布置图	电施-6	
14	6.370、9.570 梁平法施工图	结施-5		34	二~四层、五层弱电平面布置图	电施-7	
15	12.770、15.970 梁平法施工图	结施-6					
16	−0.030、3.170~9.570标高板结构图	结施-7					
17	12.770、15.970 标高板结构图	结施-8					
18	楼梯1结构图	结施-9					
19	楼梯2结构图(一)	结施-10					
20	楼梯2结构图(二)	结施-11					

附图1 图纸目录

建筑设计总说明

一、工程概况

1. 本工程为XXX办公楼，由XXX市住房保障和房产管理局城关房管处开发，位于人民路与东风街交叉口东北角，具体位置详见总平面图。
2. 本次设计为办公楼，地上主体四层，局部五层　地下一层。
3. 单体建筑面积：2146m²。

二、设计依据

1. 规划部门批准的规划及建筑单体设计方案，以及建设单位提供的设计委托书。
2. 勘察部门提供的地质勘察报告。
3. XXX市城市规划管理条例实施细则。
4. XXX市水文气象资料。
5. 现行的建筑、结构、设备设计规范、规程及施工验收规范、规程等。
6. 设计遵循的主要设计规程、规范：
《建筑设计防火规范》GB 50016—2014
《公共建筑节能设计规程》GB 50189—2015
《民用建筑设计统一标准》GB 50352—2019
《办公建筑设计规范》JGJ/T 67—2019
7. 选用图集：《12系列建筑标准设计图集》

三、设计总则

1. 建筑耐火等级为二级，建筑安全等级为二级，建筑使用年限为50年，屋面防水等级为Ⅱ级，地下室防水等级为三级。
2. 各标高尺寸以米计，其它各尺寸均以毫米计。
3. 施工时，各专业均按国颁现行施工验收规范施工验收并详细记录，设计中采用标准图，通用图或重复利用图者，不论采用其局部节点或全部详图，均应按照该图集和各图纸要求，全面配合施工。
4. 施工时各专业必须密切配合，按图纸或图集要求预留沟槽孔洞及预埋铁件。
5. 凡本说明所规定各项在设计图中另有说明时，均按具体设计图要求施工。
6. 本说明未尽事宜请详查阅各专业图纸。

四、设计标高

1. 本工程±0.000标高相对于绝对标高的高程：60.47m。
2. 本图纸所注地面、楼面、楼梯平台均为建筑完成面标高。

五、墙体说明

±0.000标高以下外墙采用钢筋混凝土墙，卫生间围护墙采用混凝土空心砌块。其他墙体为加气混凝土砌块墙。

六、其他工程做法

1. 排水雨水管做法：12J5-1 (5/E2)(D/E3)(4/E5)(2/E6)，
落水管下设滴水板，做法见 12J5-1 (2/F4)
2. 残疾人坡道：12J12 (1/21)(5/25)
3. 女儿墙泛水：12J5-1 (2/B6)
4. 各外墙门窗上下口做法见12J3-1 A10-1、2，其它各出挑构件滴水做法见12J3-1 A9-A，建筑外墙各节点保温做法参见12J3-1。
5. 排风道
卫生间排风道：J13J133-B-2
排风道出屋面做法参见：12J5-1 (—/A17)，排风道在墙面抹灰前安装。

七、门窗说明

1. 木门油漆颜色：内门均为乳黄色，外门内乳黄色外深棕色。
2. 塑钢门窗选用：玻璃为单框中空玻璃，各外墙窗均带纱扇，空气层厚度12mm厚。气密性等级4级。中空玻璃露点为-40℃。

八、民用建筑工程设计建筑节能篇

1. 项目名称：XXX市城关房管处办公楼。
建筑类型：公共建筑，层数：（地上）4、5层，总建筑面积2146m²，建筑体积6110.23m³，体形系数0.294。本项目地处气候分区为寒冷地区的一区。
2. 屋面采用100厚聚苯板保温，传热系数K[W/(m²·K)]=0.49。
3. 外墙采用40厚苯板、250厚加气块墙为保温/隔热措施，外墙传热系数K[W/(m²·K)]=0.54。
采暖地下室外墙采用70mm聚苯板保温，热阻R(m²·K/W)≥1.69。
4. 非采暖房间与采暖房间的隔墙采用20厚聚苯板保温，传热系数K[W/(m²·K)]=1.345。
非采暖房间与采暖房间的楼板采用30mm聚苯板保温，传热系数K[W/(m²·K)]=1.169。
5. 南向窗采用塑料单框中空玻璃窗，窗墙面积比0.30，
窗的传热系数K[W/(m²·K)]2.34，遮阳系数SC 0.80。
北向窗采用塑料单框中空玻璃窗，窗墙面积比0.28，
窗的传热系数K[W/(m²·K)]2.34，遮阳系数SC 0.80。
东向窗采用塑料单框中空玻璃窗，窗墙面积比0.06，
窗的传热系数K[W/(m²·K)]2.34，遮阳系数SC 0.80。
西向窗采用塑料单框中空玻璃窗。窗墙面积比0.00，
窗的传热系数K[W/(m²·K)] / ，遮阳系数SC / 。
6. 地面热阻R(m²·K/W)≥1.5。
7. 本工程所用聚苯板密度为20~30kg/m³，热导率≤0.042W/(m·K)，抗拉强度≥0.1MPa。

九、地下室防水设计内容

1. 防水等级为三级，防水混凝土抗渗等级S6。
2. 4厚高聚物改性沥青防水卷材（J1-1）。做法及注意事项见12J2-C1，要求防水材料达到设计要求施工。
3. 各节点做法参见12J2 (1/C5)，要求防水材料达到设计要求施工。

门窗统计表

门窗名称	图集名称	洞口尺寸/mm	门窗数量	材料	备注
FC甲-1		2100x1870	8		可自行关闭的甲级防火窗
FMZ乙-1		1200x2100	1		乙级防火门
FMZ乙-2		1900x2100	2		乙级防火门
FMZ乙-3		1500x2100	4		乙级防火门
M-1	1PM-1021	1000x2100	61	木	
M-2		3200x2770	1	塑钢	"小力度"门
M-4	1PM-0921	900x2100	11	木	
M-5	1PM-1021	1000x2100	2	塑钢	
M-6	1PM	1000x2000	1	木	
C-1	S80K-1TC	2100x320	7	塑钢	立口2500mm
C-2	S80K-2TC	2100x1870	50	塑钢	
C-3	S80K-2TC	1500x1870	8	塑钢	
C-4	S80K-1TC	1200x820	12	塑钢	立口2000mm
C-5	S80K-2TC	1500x320	2	塑钢	立口2500mm
C-6	S80K-2TC	1500x1720	5	塑钢	
C-7	S80K-1TC	900x600	6	塑钢	立口2000mm
C-8	S80K-2TC	1500x1870	5	塑钢	楼梯间窗见楼梯图

说明：未注明的窗立口高900mm，所有外窗均带纱扇。
地下室和一层外窗采取安全防范措施，防护网由甲方统一制作安装。

注：选于12J4-1《常用门窗》12J4-2《专用门窗》图集。

工程做法(除注明外，均选自12J1)

项目		工程做法	项目		工程做法
屋面	上人屋面	屋103-1F1-100B2	散水		散1（宽1000mm）
	不上人屋面	屋105-2F1-100B1	踢脚		踢3 150高(卫生间不做）
调和漆	调和漆金属面	涂202	台阶		见平面图
	调和漆木材面	涂101	楼面	室外楼梯 Ⓔ轴入口台阶	楼101
顶棚	卫生间	顶6		室内楼梯	楼201
	其他房间顶棚	顶5		卫生间及其前室	楼201-F1
内墙面	卫生间	内墙6BF		其他房间	楼201
	其他内墙面	内墙3B/C+涂301			
外装修	涂料墙面	外墙6			

说明：1. 本设计装修做法及材料，甲方可以在设计和规划管理部门认可时，根据自己要求作适当调整。
2. 室内墙、柱、门窗洞等阳角均做20厚1:2水泥砂浆护角线，其高度不低于2m，每侧宽度不少于50mm，内窗台均做1:2水泥砂浆抹面20厚。

附图2　建筑设计总说明

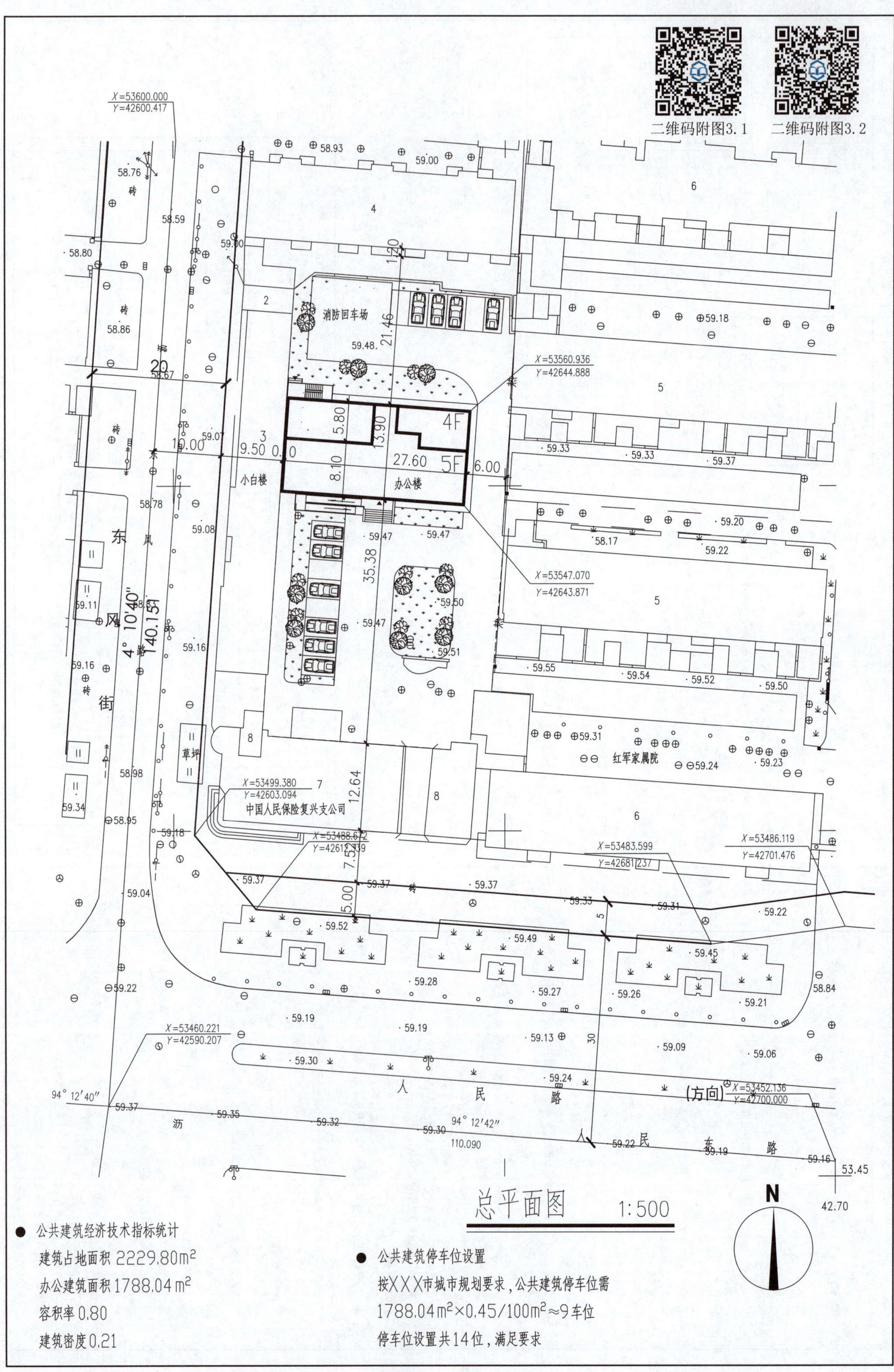

二维码附图3.1
二维码附图3.2
消防回车场
小白楼
办公楼
4F
5F
中国人民保险复兴支公司
红军家属院
东风街
人民路
人民东路
草坪
总平面图 1:500
N
● 公共建筑经济技术指标统计
建筑占地面积 2229.80m²
办公建筑面积 1788.04m²
容积率 0.80
建筑密度 0.21
● 公共建筑停车位设置
按XXX市城市规划要求，公共建筑停车位需
1788.04m²×0.45/100m²≈9车位
停车位设置共14位，满足要求

附图3 总平面图

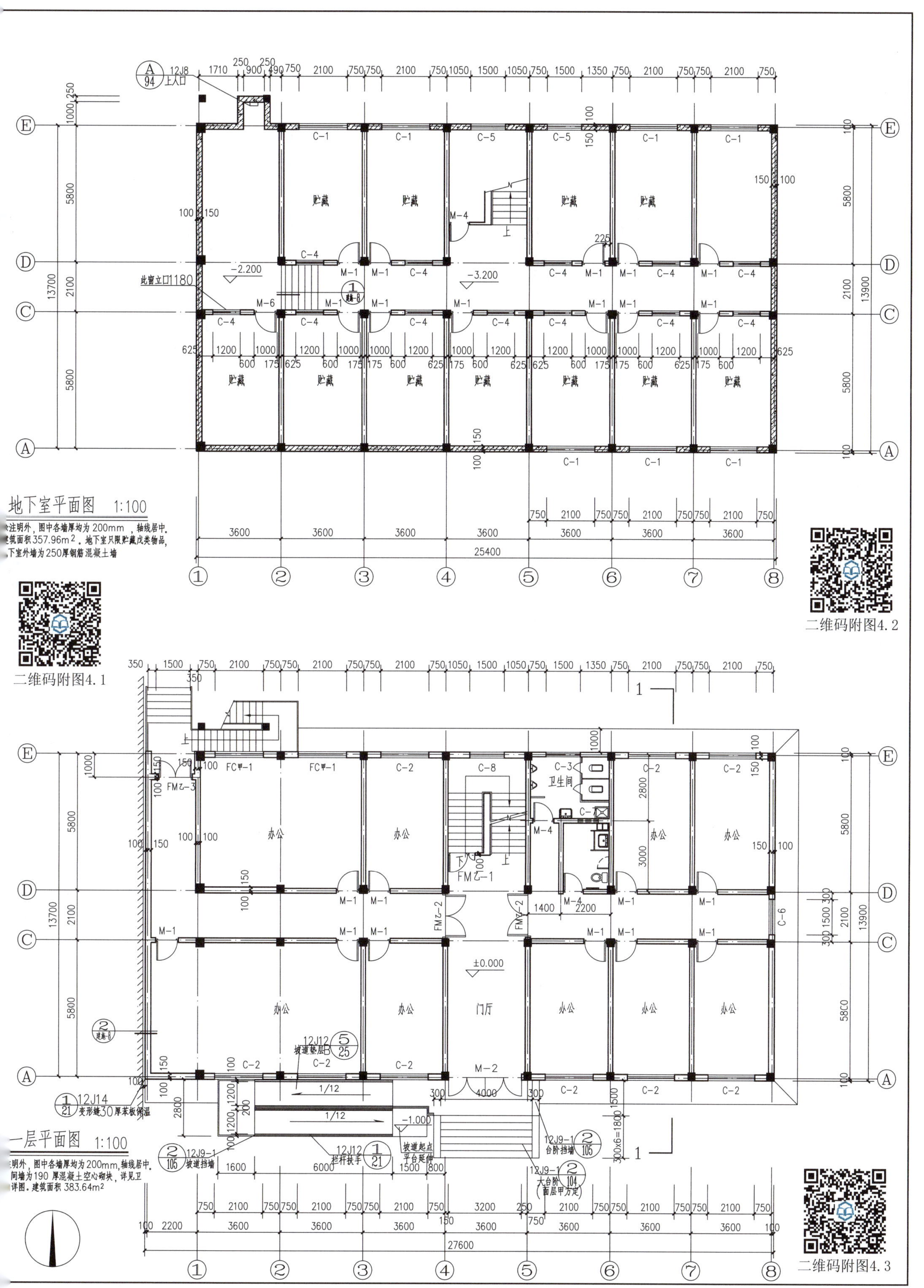

附图 4　地下室平面图　一层平面图

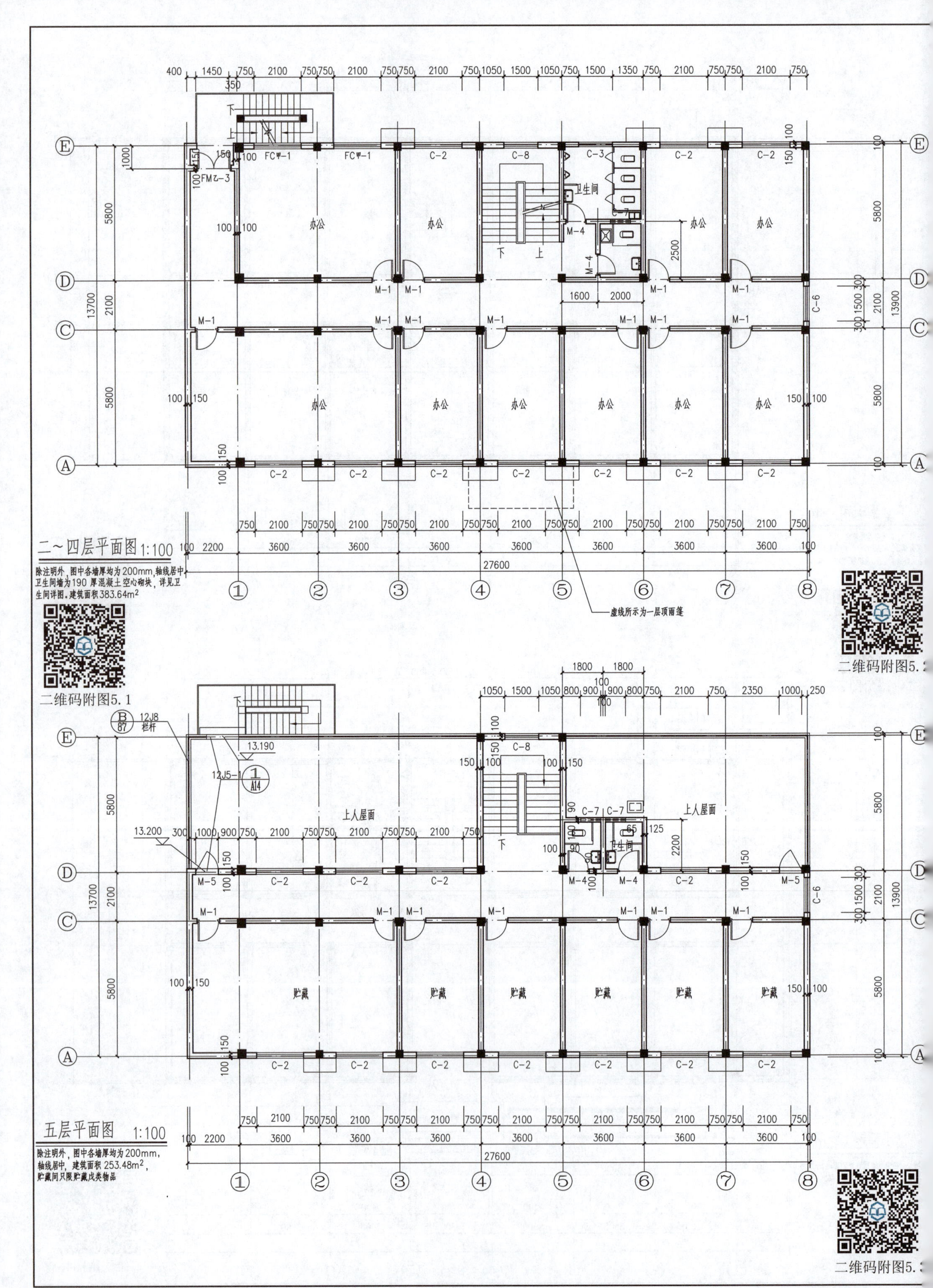

附图5 二～四层平面图、五层平面图

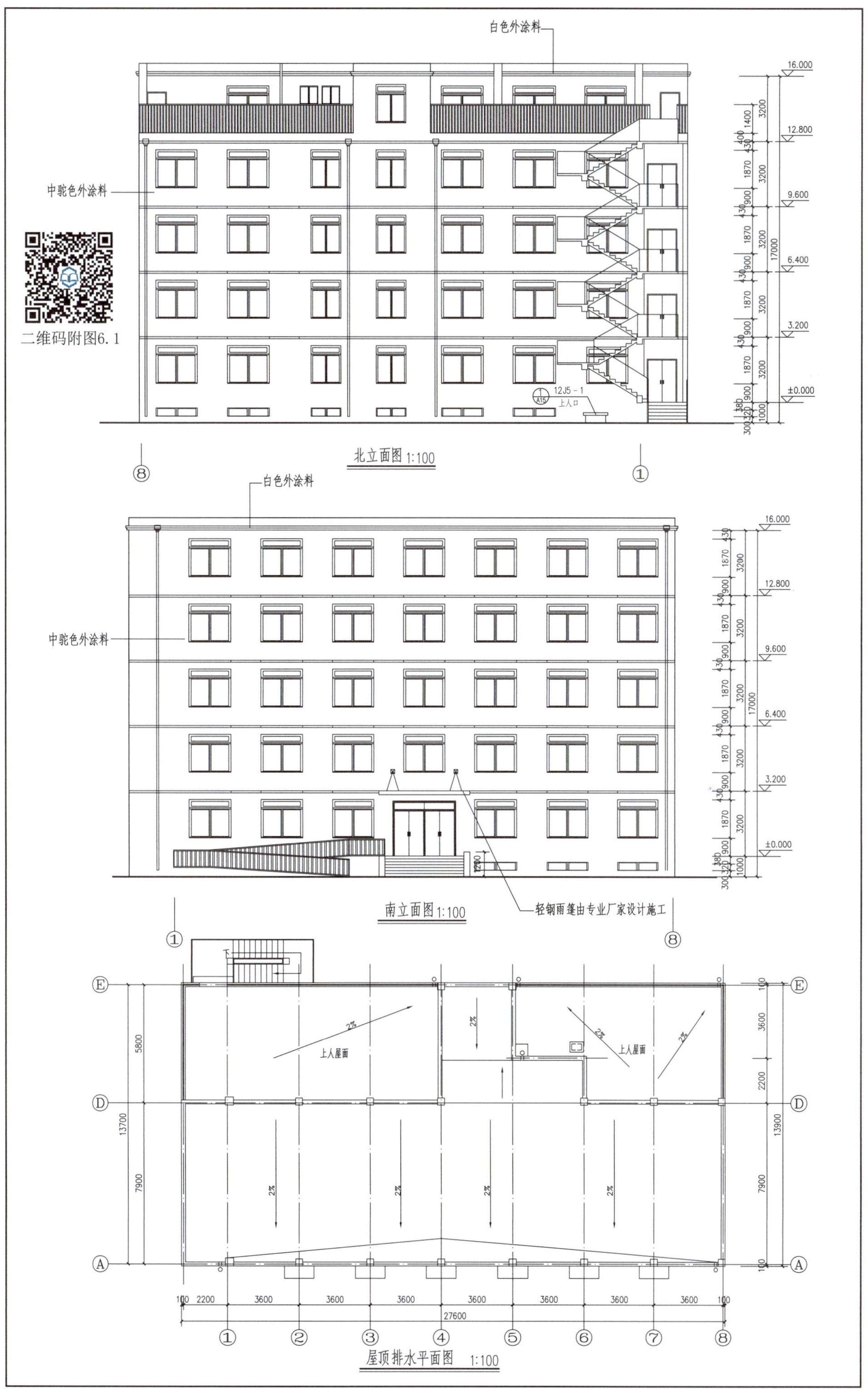

附图 6　屋顶排水平面图 北立面图 南立面图

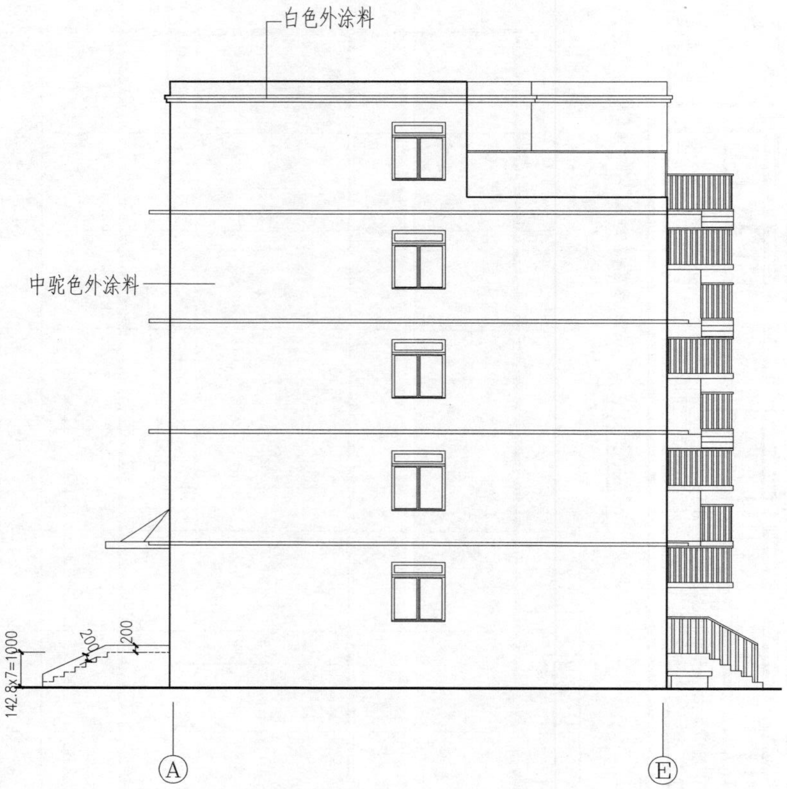

白色外涂料

中驼色外涂料

东立面图1:100

二维码附图7.1

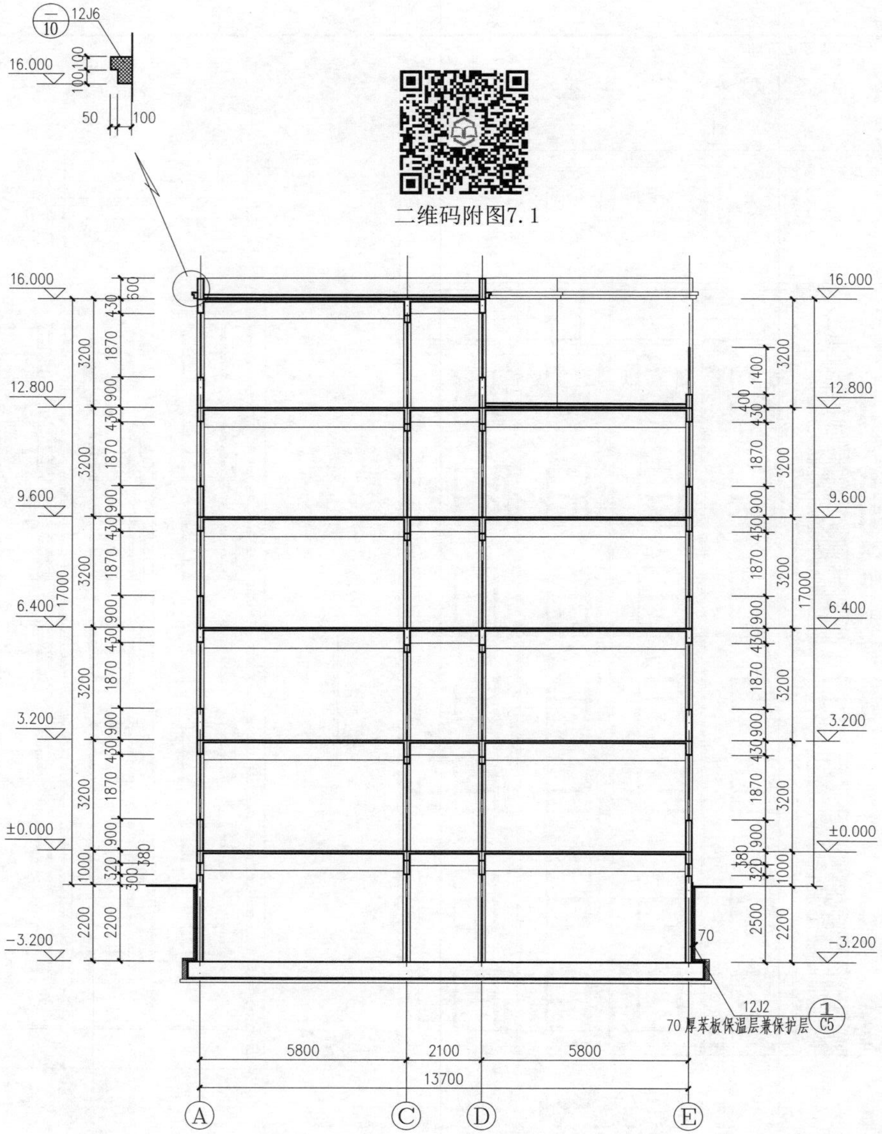

70厚苯板保温层兼保护层

1—1剖面图 1:100

附图7 东立面图 剖面图

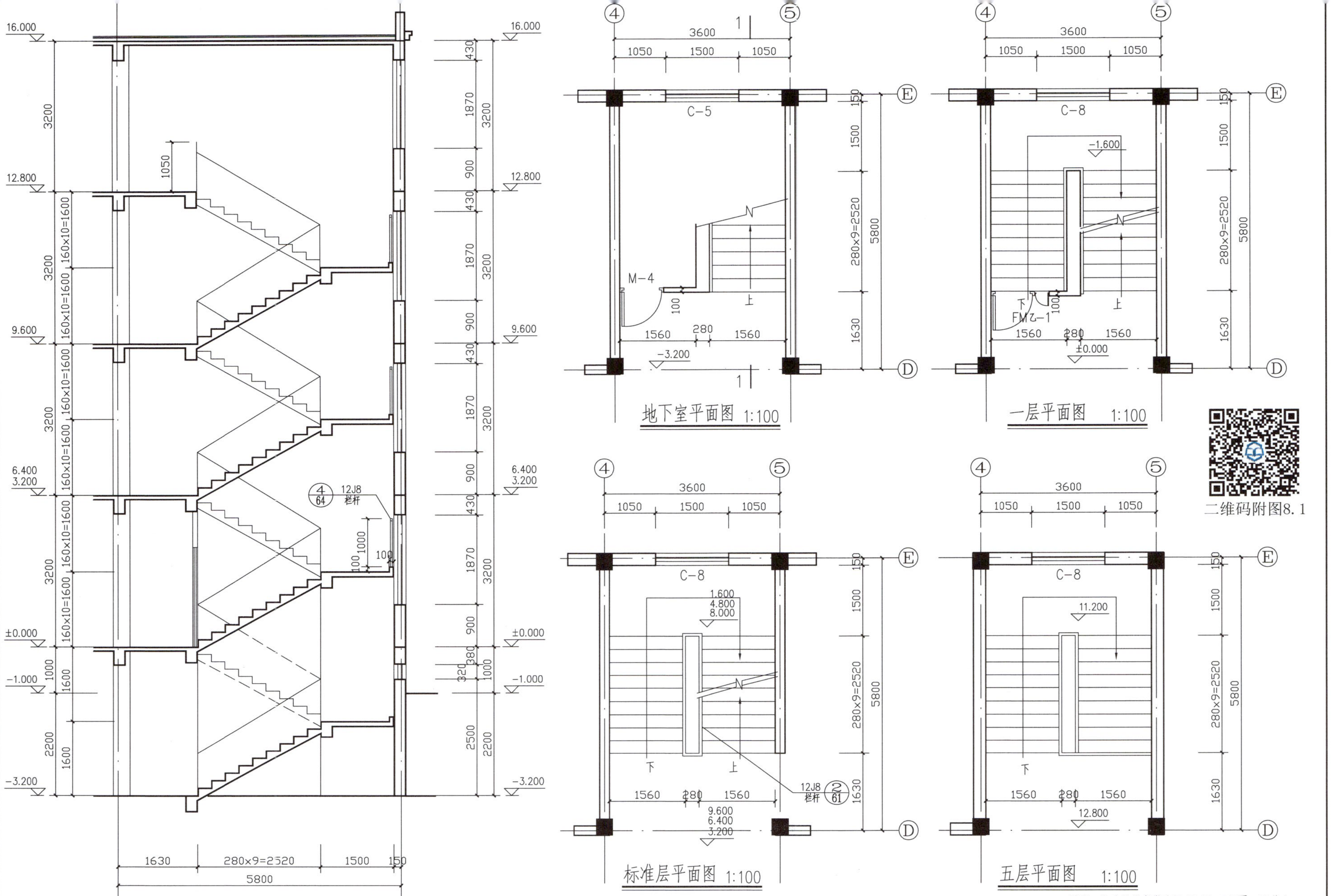

地下室平面图 1:100

一层平面图 1:100

二维码附图8.1

标准层平面图 1:100

五层平面图 1:100

说明：踏步防滑条做法见12J8-68页-10节点。

附图 8 楼梯 1 建筑图

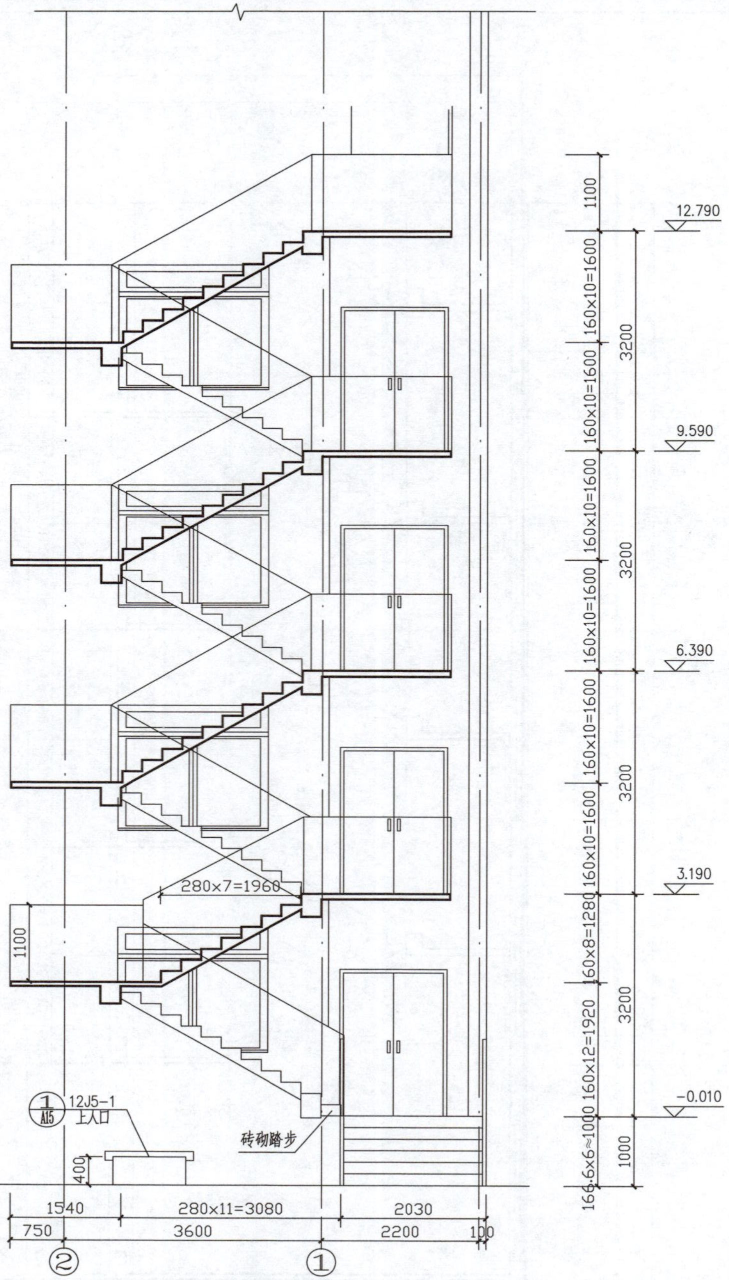

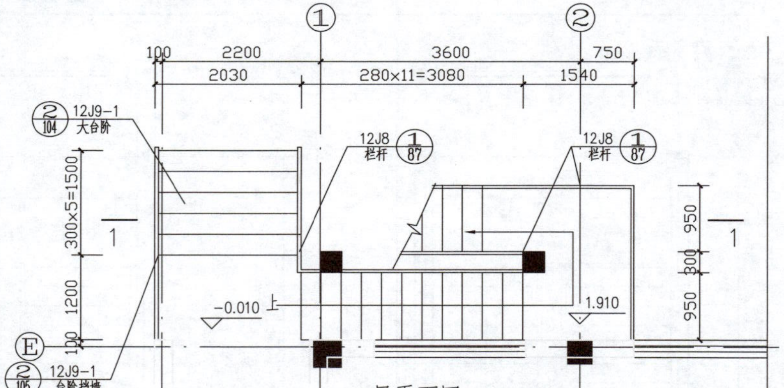

一层平面图 1:100

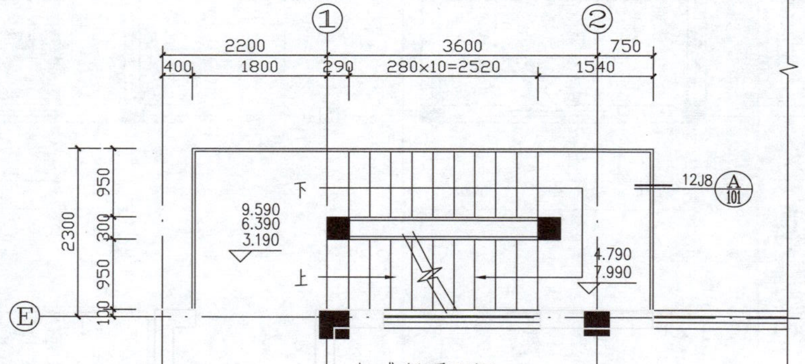

标准层平面图 1:100

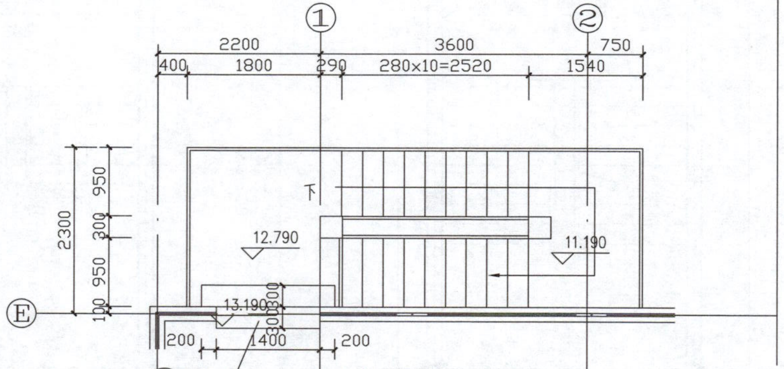

五层平面图 1:100

二维码附图9.1

说明：踏步防滑条做法见12J8-68页-2节点。

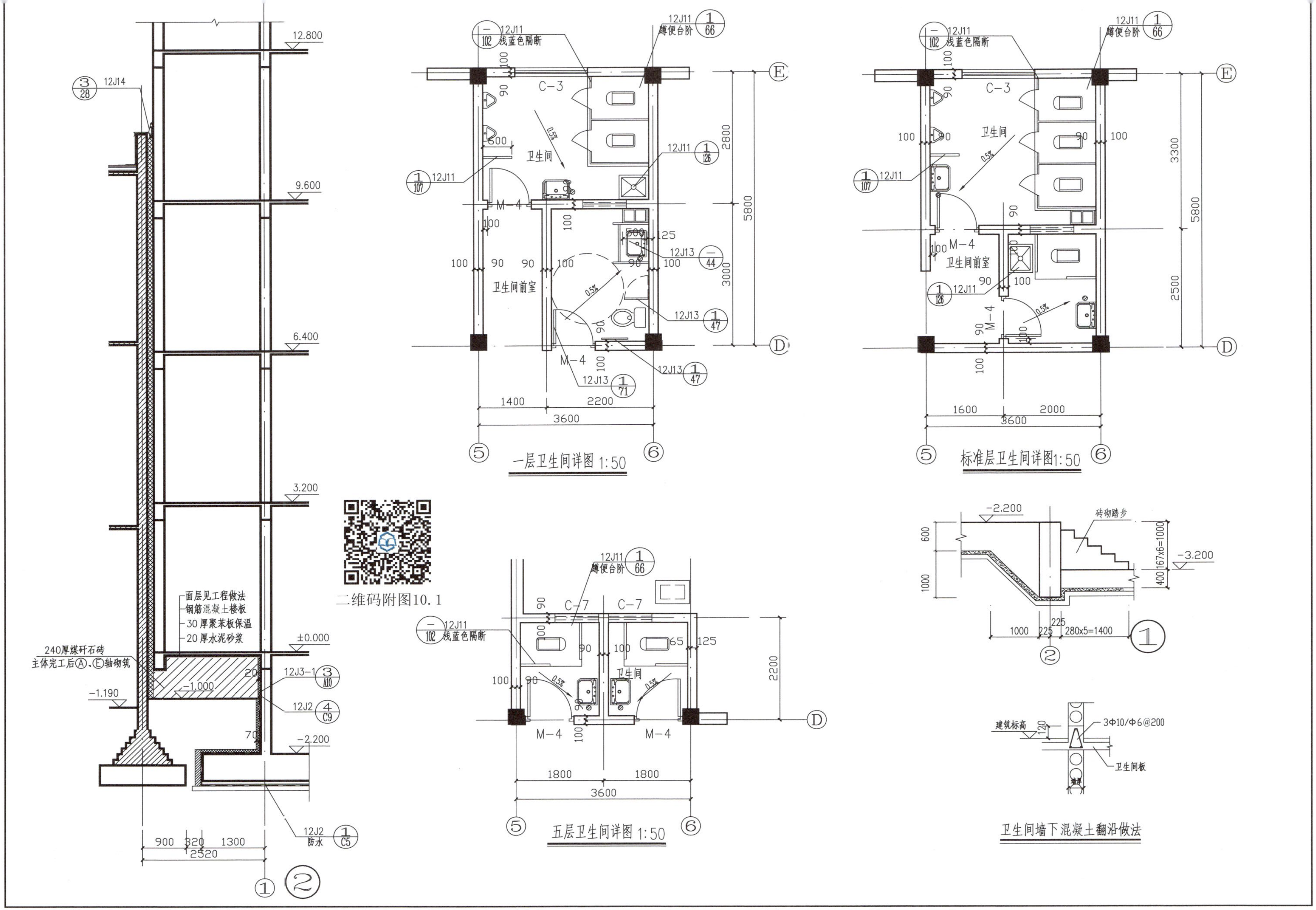

二维码附图10.1

一层卫生间详图 1:50

标准层卫生间详图 1:50

五层卫生间详图 1:50

卫生间墙下混凝土翻沿做法

附图 10 墙身详图 卫生间详图

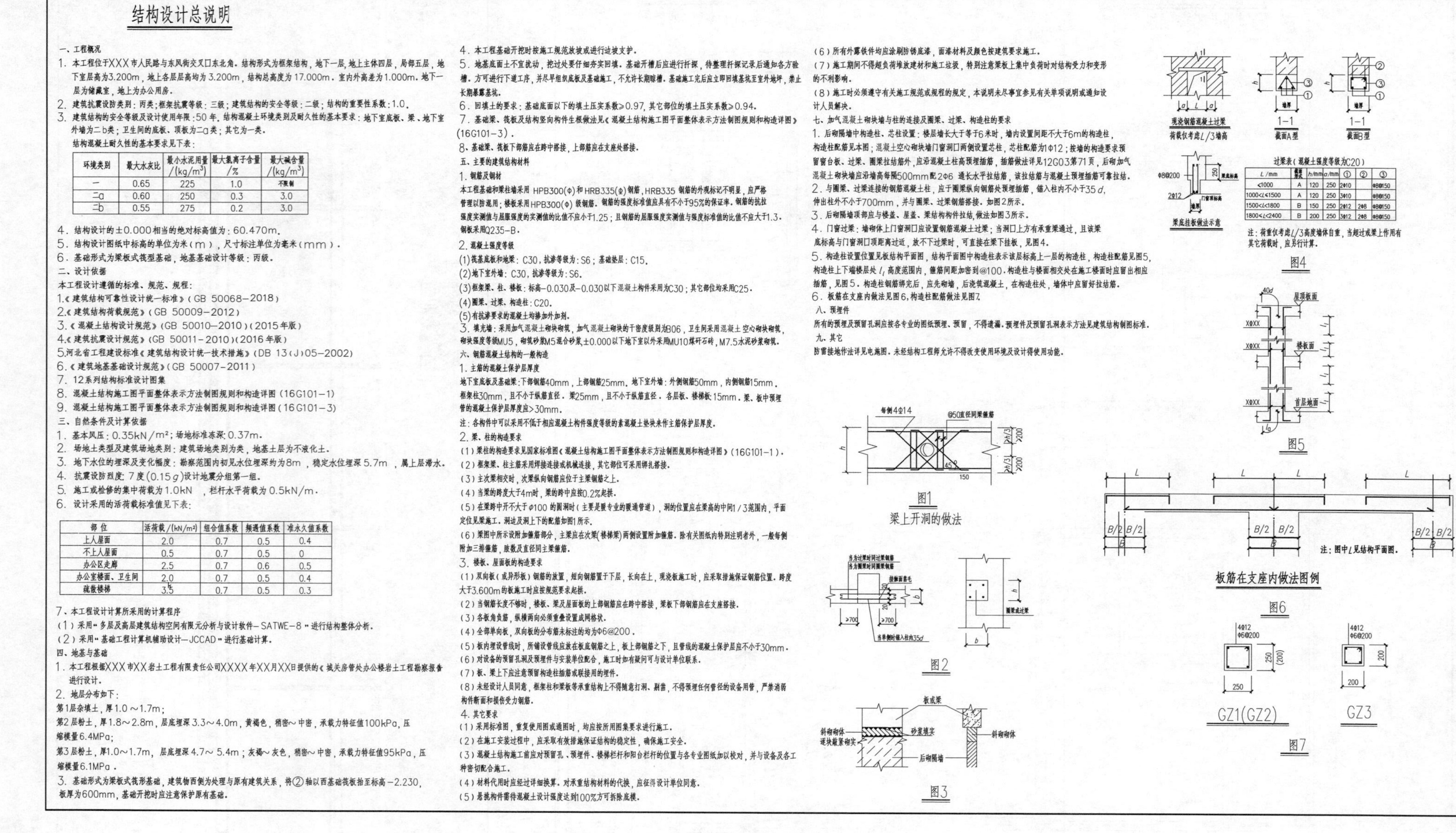

结构设计总说明

一、工程概况

1. 本工程位于XXX市人民路与东风街交叉口东北角。结构形式为框架结构，地下一层，地上主体四层，局部五层，地下室层高为3.200m，地上各层层高均为3.200m，结构总高度为17.000m。室内外高差为1.000m。地下一层为储藏室，地上为办公用房。
2. 建筑抗震设防类别：丙类；框架抗震等级：三级；建筑结构的安全等级：二级；结构的重要性系数：1.0。
3. 建筑结构的安全等级及设计使用年限：50 年。结构混凝土环境类别及耐久性的基本要求：地下室底板、梁、地下室外墙为二b类；卫生间的底板、顶板为二a类；其它为一类。

结构混凝土耐久性的基本要求见下表：

环境类别	最大水灰比	最小水泥用量/(kg/m³)	最大氯离子含量/%	最大碱含量/(kg/m³)
一	0.65	225	1.0	不限制
二a	0.60	250	0.3	3.0
二b	0.55	275	0.2	3.0

4. 结构设计的±0.000相当的绝对标高值为：60.470m。
5. 结构设计图纸中标高的单位为米（m），尺寸标注单位为毫米（mm）。
6. 基础形式为梁板式筏型基础，地基基础设计等级：丙级。

二、设计依据

本工程设计遵循的标准、规范、规程：

1.《建筑结构可靠性设计统一标准》（GB 50068—2018）
2.《建筑结构荷载规范》（GB 50009—2012）
3.《混凝土结构设计规范》（GB 50010—2010）（2015年版）
4.《建筑抗震设计规范》（GB 50011—2010）（2016年版）
5.河北省工程建设标准《建筑结构设计统一技术措施》（DB 13(J)05—2002）
6.《建筑地基基础设计规范》（GB 50007—2011）
7. 12系列结构标准设计图集
8. 混凝土结构施工图平面整体表示方法制图规则和构造详图（16G101—1）
9. 混凝土结构施工图平面整体表示方法制图规则和构造详图（16G101—3）

三、自然条件及计算依据

1. 基本风压：0.35kN/m²；场地标准冻深：0.37m。
2. 场地土类型及建筑场地类别：建筑场地类别为类，地基土层为不液化土。
3. 地下水位的埋深及变化幅度：勘察范围内初见水位埋深约为8m，稳定水位埋深5.7m，属上层滞水。
4. 抗震设防烈度：7度(0.15g)设计地震分组第一组。
5. 施工或检修的集中荷载为1.0kN，栏杆水平荷载为0.5kN/m。
6. 设计采用的活荷载标准值见下表：

部位	活荷载/(kN/m²)	组合值系数	频遇值系数	准永久值系数
上人屋面	2.0	0.7	0.5	0.4
不上人屋面	0.5	0.7	0.5	0
办公区走廊	2.5	0.7	0.6	0.5
办公室楼面、卫生间	2.0	0.7	0.5	0.4
疏散楼梯	3.5	0.7	0.5	0.3

7、本工程设计计算所采用的计算程序

（1）采用"多层及高层建筑结构空间有限元分析与设计软件—SATWE-8"进行结构整体分析。
（2）采用"基础工程计算机辅助设计—JCCAD"进行基础计算。

四、地基与基础

1. 本工程根据XXX市XX岩土工程有限责任公司XXXX年XX月XX日提供的《城关房管处办公楼岩土工程勘察报告》进行设计。
2. 地层分布如下：

第1层杂填土，厚1.0～1.7m；

第2层粉土，厚1.8～2.8m，层底埋深3.3～4.0m，黄褐色，稍密～中密，承载力特征值100kPa，压缩模量6.4MPa；

第3层粉土，厚1.0～1.7m，层底埋深4.7～5.4m；灰褐～灰色，稍密～中密，承载力特征值95kPa，压缩模量6.1MPa。

3. 基础形式为梁板式筏形基础，建筑物西侧为处理与原有建筑关系，将②轴以西基础筏板抬至标高−2.230，板厚为600mm，基础开挖时应注意保护原有基础。
4. 本工程基础开挖时按施工规范放坡或进行边坡支护。
5. 地基底面土不宜扰动，挖过处要仔细夯实回填。基础开槽后应进行钎探，待整理钎探记录后通知各方验槽。方可进行下道工序，并尽早组织底板及基础施工，不允许长期晾槽。基础施工完后应立即回填基坑至室外地坪，禁止长期暴露基坑。
6. 回填土的要求：基础底面以下的填土压实系数≥0.97，其它部位的填土压实系数≥0.94。
7. 基础梁、筏板及结构竖向构件生根做法见《混凝土结构施工图平面整体表示方法制图规则和构造详图》(16G101—3)。
8、基础梁、筏板下部筋应在跨中搭接，上部筋应在支座处搭接。

五、主要的建筑结构材料

1. 钢筋及钢材

本工程基础和梁柱墙采用HPB300(Φ)和HRB335(Φ)钢筋，HRB335钢筋的外观标记不明显，应严格管理以防混用；楼板采用HPB300(Φ)级钢筋。钢筋的强度标准值应具有不小于95%的保证率。钢筋的抗拉强度实测值与屈服强度的实测值的比值不应小于1.25；且钢筋的屈服强度实测值与强度标准值的比值不应大于1.3。钢板采用Q235—B。

2. 混凝土强度等级

(1)筏基底板和地梁：C30，抗渗等级为：S6；基础垫层：C15。
(2)地下室外墙：C30，抗渗等级为：S6。
(3)框架梁、柱、楼板：标高−0.030及−0.030以下混凝土构件采用为C30；其它部位均采用C25。
(4)圈梁、过梁、构造柱：C20。
(5)有抗渗要求的混凝土均掺加外加剂。

3. 填充墙：采用加气混凝土砌块砌筑，加气混凝土砌块的干密度级别为B06，卫生间采用混凝土空心砌块砌筑，砌块强度等级MU5，砌筑砂浆M5混合砂浆，±0.000以下地下室以外采用MU10煤矸石砖，M7.5水泥砂浆砌筑。

六、钢筋混凝土结构的一般构造

1. 主筋的混凝土保护层厚度

地下室底板及基础梁：下部钢筋40mm，上部钢筋25mm。地下室外墙：外侧钢筋50mm，内侧钢筋15mm。框架柱30mm，且不小于纵筋直径。梁25mm，且不小于纵筋直径。各层板、楼梯板15mm。梁、板中预埋管的混凝土保护层厚度应>30mm。

注：各构件中可以采用不低于相应混凝土构件强度等级的素混凝土垫块来作主筋保护层厚度。

2. 梁、柱的构造要求

（1）梁柱的构造要求见国家标准图《混凝土结构施工图平面整体表示方法制图规则和构造详图》（16G101—1）。
（2）框架梁、柱主筋采用焊接连接或机械连接，其它部位可采用绑扎搭接。
（3）主次梁相交时，次梁纵向钢筋应位于主梁钢筋之上。
（4）当梁的跨度大于4m时，梁的跨中应按0.2%起拱。
（5）在梁跨中开不大于φ100的圆洞时（主要是暖专业的暖通管道），洞的位置应在梁高的中间1/3范围内，平面定位见梁施工。洞边及洞上下的配筋如图1所示。
（6）梁图中所示设附加箍筋部分，主梁应在次梁(楼梯梁)两侧设置附加箍筋。除有关图纸内特别注明者外，一般每侧附加三排箍筋，肢数及直径同主梁箍筋。

3. 楼板、屋面板的构造要求

（1）双向板（或异形板）钢筋的放置，短向钢筋置于下层，长向在上，现浇板施工时，应采取措施保证钢筋位置。跨度大于3.600m的板施工时应按规范要求起拱。
（2）当钢筋长度不够时，楼板、梁及屋面板的上部钢筋应在跨中搭接，梁板下部钢筋应在支座搭接。
（3）各板角负筋，纵横两向必须重叠设置成网格状。
（4）全部单向板，双向板的分布筋未标注的均为Φ6@200。
（5）板内埋设管线时，所铺设管线应放在板底钢筋之上，板上部钢筋之下，且管线的混凝土保护层应不小于30mm。
（6）对设备的预留孔洞及预埋件与安装单位配合，施工时如有疑问可与设计单位联系。
（7）板、梁上下应注意预留构造柱插筋或联接用的埋件。
（8）未经设计人员同意，框架柱和梁板等承重结构上不得随意打洞、剔凿，不得预埋任何管径的设备用管，严禁消弱构件断面和损伤受力钢筋。

4. 其它要求

（1）采用标准图，重复使用图或通图时，均应按所用图集要求进行施工。
（2）在施工安装过程中，应采取有效措施保证结构的稳定性，确保施工安全。
（3）混凝土结构施工前应对预留孔、预埋件、楼梯栏杆和阳台栏杆的位置与各专业图纸加以校对，并与设备及各工种密切配合施工。
（4）材料代用时应经过详细换算。对承重结构材料的代换，应征得设计单位同意。
（5）悬挑构件需待混凝土设计强度达到100%方可拆除底模。
（6）所有外露铁件均应涂刷防锈底漆，面漆材料及颜色按建筑要求施工。
（7）施工期间不得超负荷堆放建材和施工垃圾，特别注意梁板上集中负荷时对结构受力和变形的不利影响。
（8）施工时必须遵守有关施工规范或规程的规定，本说明未尽事宜参见有关单项说明或通知设计人员解决。

七、加气混凝土砌块墙与柱的连接及圈梁、过梁、构造柱的要求

1. 后砌隔墙中构造柱、芯柱设置：楼层墙长大于等于6米时，墙内设置间距不大于6m的构造柱，构造柱配筋见本图；混凝土空心砌块墙门窗洞口两侧设置芯柱，芯柱配筋为1Φ12；按墙的构造要求预留窗台板、过梁、圈梁拉结筋外，应沿混凝土柱高预埋插筋，插筋做法详见12G03第71页，后砌加气混凝土砌块墙应沿墙高每隔500mm配2Φ6通长水平拉结筋，该拉结筋与混凝土预埋插筋可靠拉结。
2. 与圈梁、过梁连接的钢筋混凝土柱，应于圈梁纵向钢筋处预埋插筋，锚入柱内不小于35d，伸出柱外不小于700mm，并与圈梁、过梁钢筋搭接。如图2所示。
3. 后砌隔墙顶部应与楼盖、屋盖、梁结构构件拉结，做法如图3所示。
4. 门窗过梁：墙砌体上门窗洞口应设置钢筋混凝土过梁；当洞口上方有承重梁通过，且该梁底标高与门窗洞口顶距离过近，放不下过梁时，可直接在梁下挂板，见图4。
5. 构造柱设置位置见板结构平面图，结构平面图中构造柱表示该层标高上一层的构造柱，构造柱配筋见图5，构造柱上下端楼层处l_1高度范围内，箍筋间距加密到@100。构造柱与楼面相交处在施工楼面时应留出相应插筋，见图5。构造柱钢筋绑完后，应先砌墙，后浇筑混凝土，在构造柱处，墙体中应留好拉结筋。
6. 板筋在支座内做法见图6，构造柱配筋做法见图7。

八、预埋件

所有的预埋及预留孔洞应按各专业的图纸预埋、预留，不得遗漏。预埋件及预留孔洞表示方法见建筑结构制图标准。

九、其它

防雷接地作法详见电施图。未经结构工程师允许不得改变使用环境及设计使用功能。

过梁表（混凝土强度等级为C20）

L/mm	截面类型	h/mm	a/mm	①	②	③
<1000	A	120	250	2Φ10		Φ8@150
1000<L<1500	A	120	250	3Φ10		Φ8@150
1500<L<1800	B	150	250	2Φ12	2Φ8	Φ8@150
1800<L<2400	B	200	250	2Φ12	2Φ8	Φ8@150

注：荷重仅考虑L/3高度墙体自重，当超过或梁上作用有其它荷载时，应另行计算。

附图 11　结构设计总说明

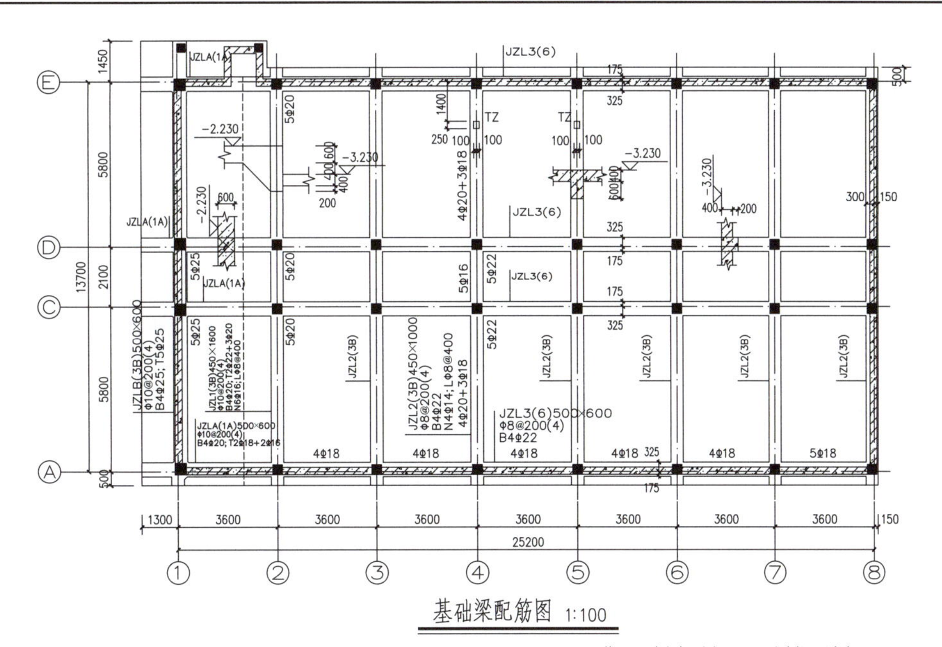

说明：1．结构平面图中所有未定位的基础梁均为轴线居中布置。

2．结构图中②轴及②轴以西基础梁梁顶标高为−2.230，其它基础梁梁顶标高均为−3.230。

3．基础梁构造做法、柱子生根做法详见16G101−3。

4．TZ 配筋详见楼梯−1结构图。

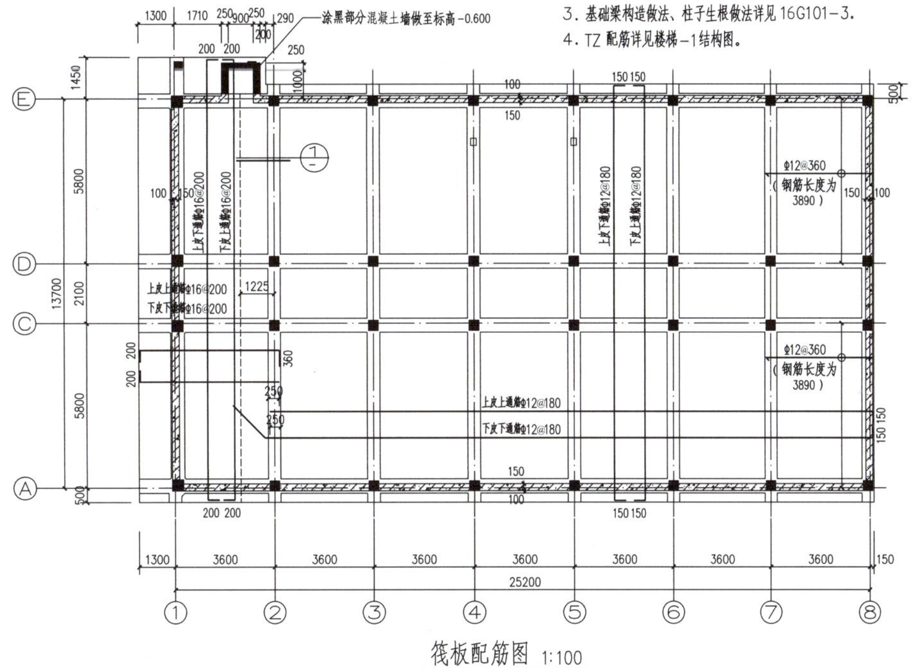

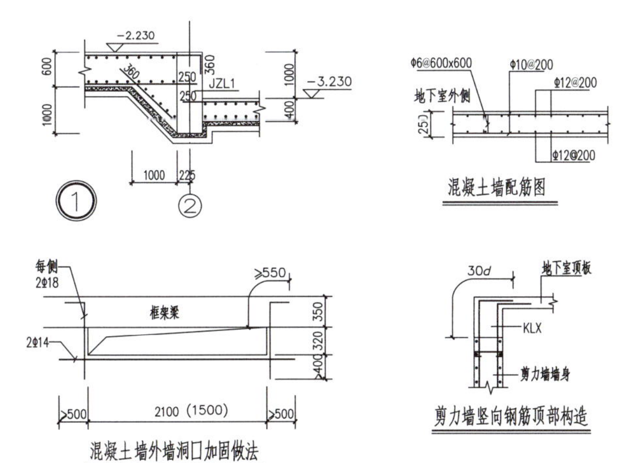

说明：1．基础持力层为第2层粉土层，承载力特征值为100kPa。

2．基础筏板厚400mm，局部600mm，筏板下做100mm厚C15素混凝土垫层，混凝土垫层外扩筏板250mm。

3．混凝土墙应对应设备图纸预留孔洞，不得后凿。

4．混凝土墙生根做法详见16G101−3。

附图12　基础梁配筋图　筏板配筋图

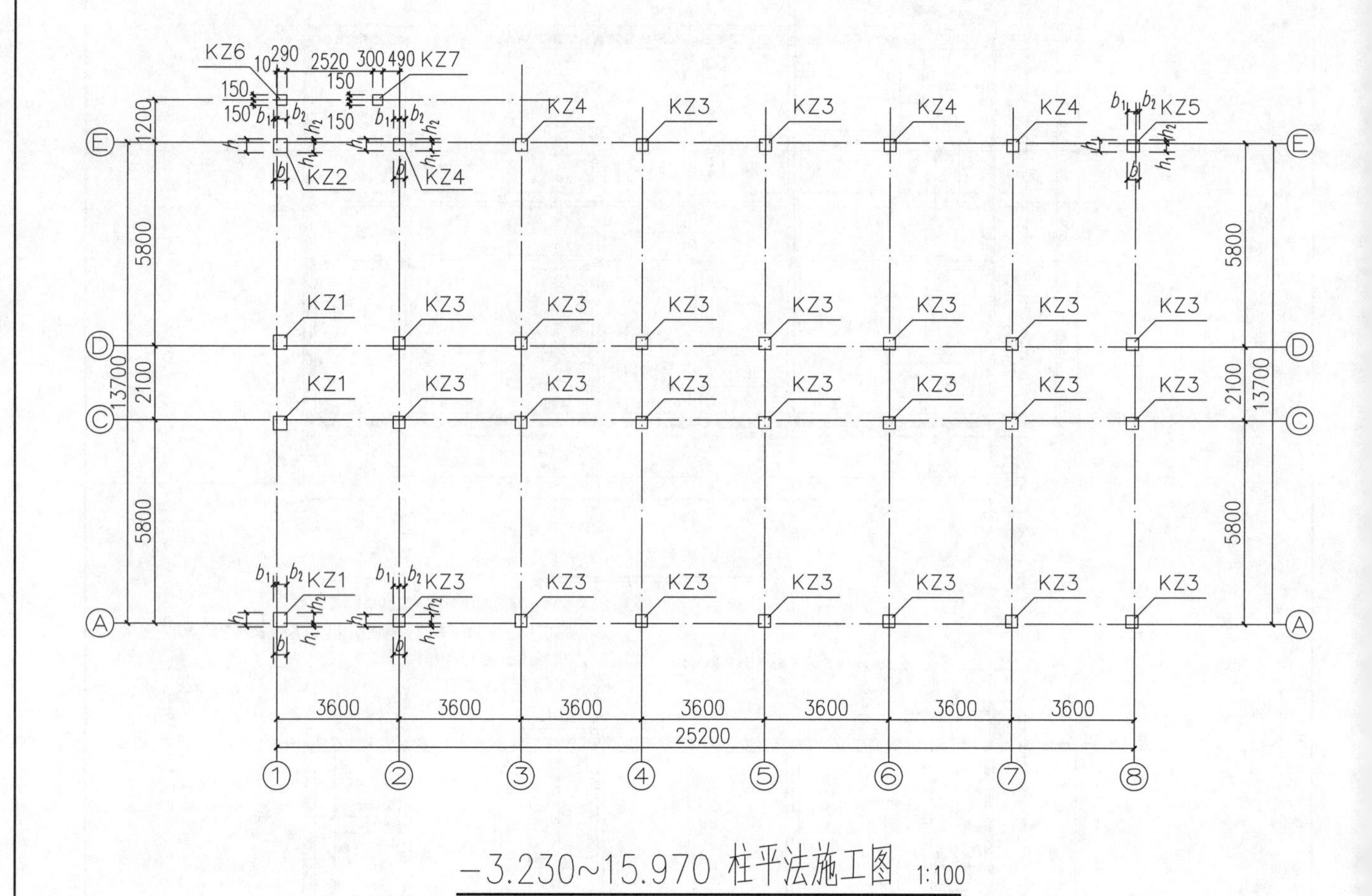

柱 表

柱号	标 高	$b\times h$（圆柱直径D）	b_1	b_2	h_1	h_2	全部纵筋	角 筋	b边一侧中部筋	h边一侧中部筋	箍筋类型号	箍 筋	备 注
KZ1	−2.430～3.170	400x400	100	300	100	300		4Φ22	1Φ20	2Φ16	1(3x4)	Φ10@100/200	
	3.170～6.370	400x400	100	300	100	300		4Φ20	1Φ18	1Φ18	1(3x3)	Φ10@100/200	
	6.370～9.570	400x400	100	300	100	300	8Φ18				1(3x3)	Φ8@100/200	
	9.570～15.970	400x400	100	300	100	300	8Φ16				1(3x3)	Φ8@100/200	
KZ2	−2.430～3.170	400x400	100	300	300	100		4Φ20	1Φ16	2Φ16	1(3x4)	Φ10@100/200	
	3.170～12.770	400x400	100	300	300	100	8Φ18				1(3x3)	Φ8@100/200	
KZ3	−3.230～3.170	350x350	175	175	100	250	8Φ22				1(3x3)	Φ10@100/200	
	3.170～6.370	350x350	175	175	100	250		4Φ22	1Φ18	1Φ18	1(3x3)	Φ8@100/200	
	6.370～9.570	350x350	175	175	100	250		4Φ20	1Φ18	1Φ18	1(3x3)	Φ8@100/200	
	9.570～12.770	350x350	175	175	100	250	8Φ18				1(3x3)	Φ8@100/200	
	12.770～15.970	350x350	175	175	100	250	8Φ16				1(3x3)	Φ8@100/200	
KZ4	−3.230～3.170	350x350	175	175	250	100		4Φ20	1Φ16	2Φ18	1(3x4)	Φ8@100/200	
	3.170～6.370	350x350	175	175	250	100		4Φ20	1Φ16	2Φ16	1(3x4)	Φ8@100/200	
	6.370～12.770	350x350	175	175	250	100		4Φ20	1Φ16	1Φ16	1(3x3)	Φ8@100/200	
KZ5	−3.230～6.370	350x350	250	100	250	100		4Φ20	1Φ16	2Φ16	1(3x4)	Φ8@100/200	
	6.370～9.570	350x350	250	100	250	100		4Φ16	1Φ16	2Φ16	1(3x4)	Φ8@100/200	
	9.570～12.770	350x350	250	100	250	100		4Φ18	1Φ18	2Φ16	1(3x4)	Φ8@100/200	
KZ6	−2.430～12.770	300x300	见平面图					8Φ16			1(2x2)	Φ8@100/200	
KZ7	−2.430～11.170	300x300	见平面图					8Φ16			1(2x2)	Φ8@100/200	

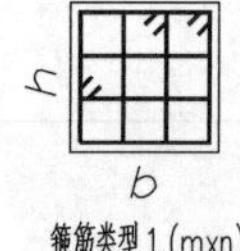

箍筋类型 1.(mxn)

屋面	15.970	
5	12.770	3.200
4	9.570	3.200
3	6.370	3.200
2	3.170	3.200
1	−0.030	3.200
−1	−3.230	3.200
层号	标高/m	层高/m

结构层楼面标高
结 构 层 高

附图 13　−3.230～15.970 柱平法施工图

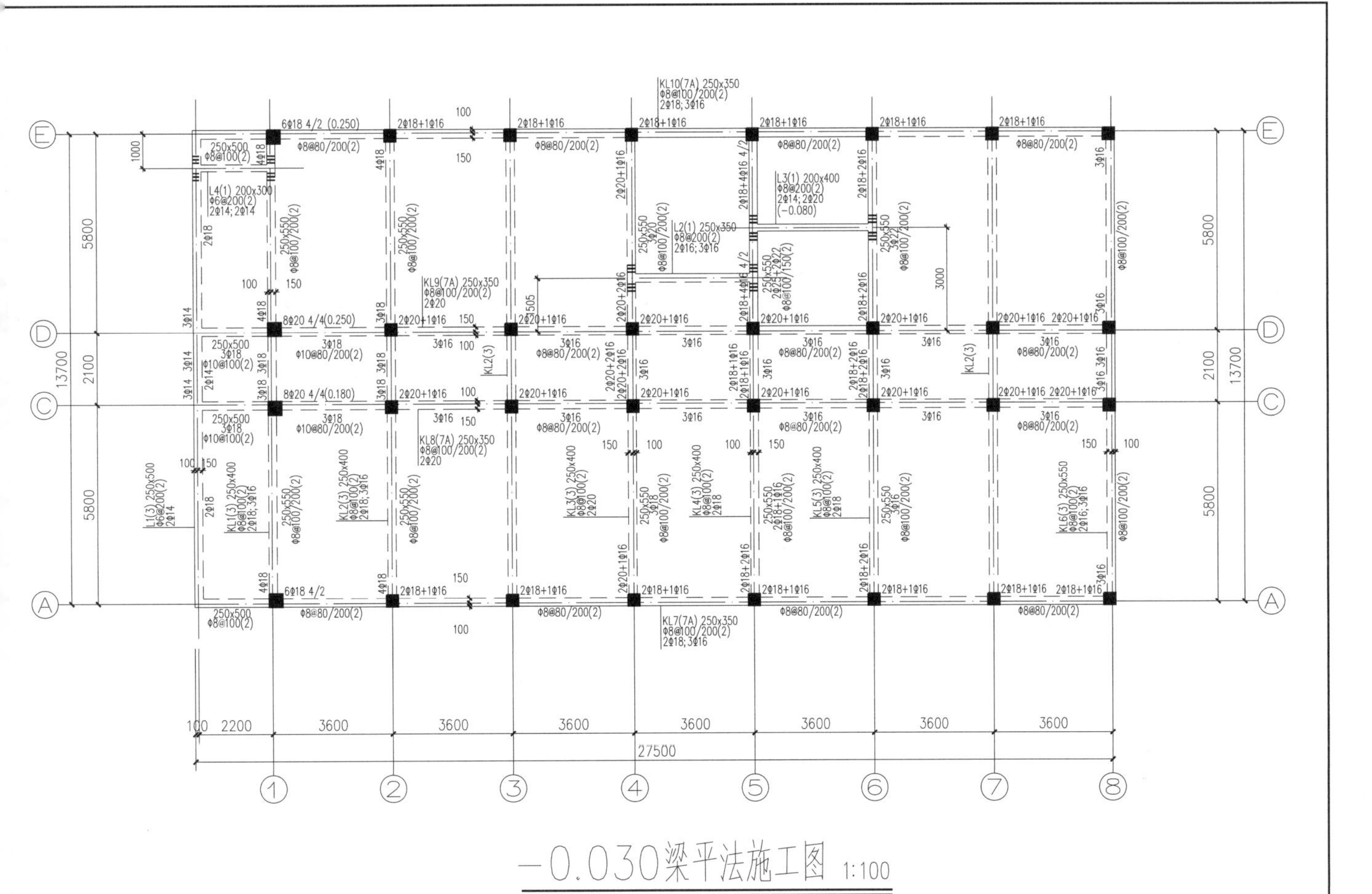

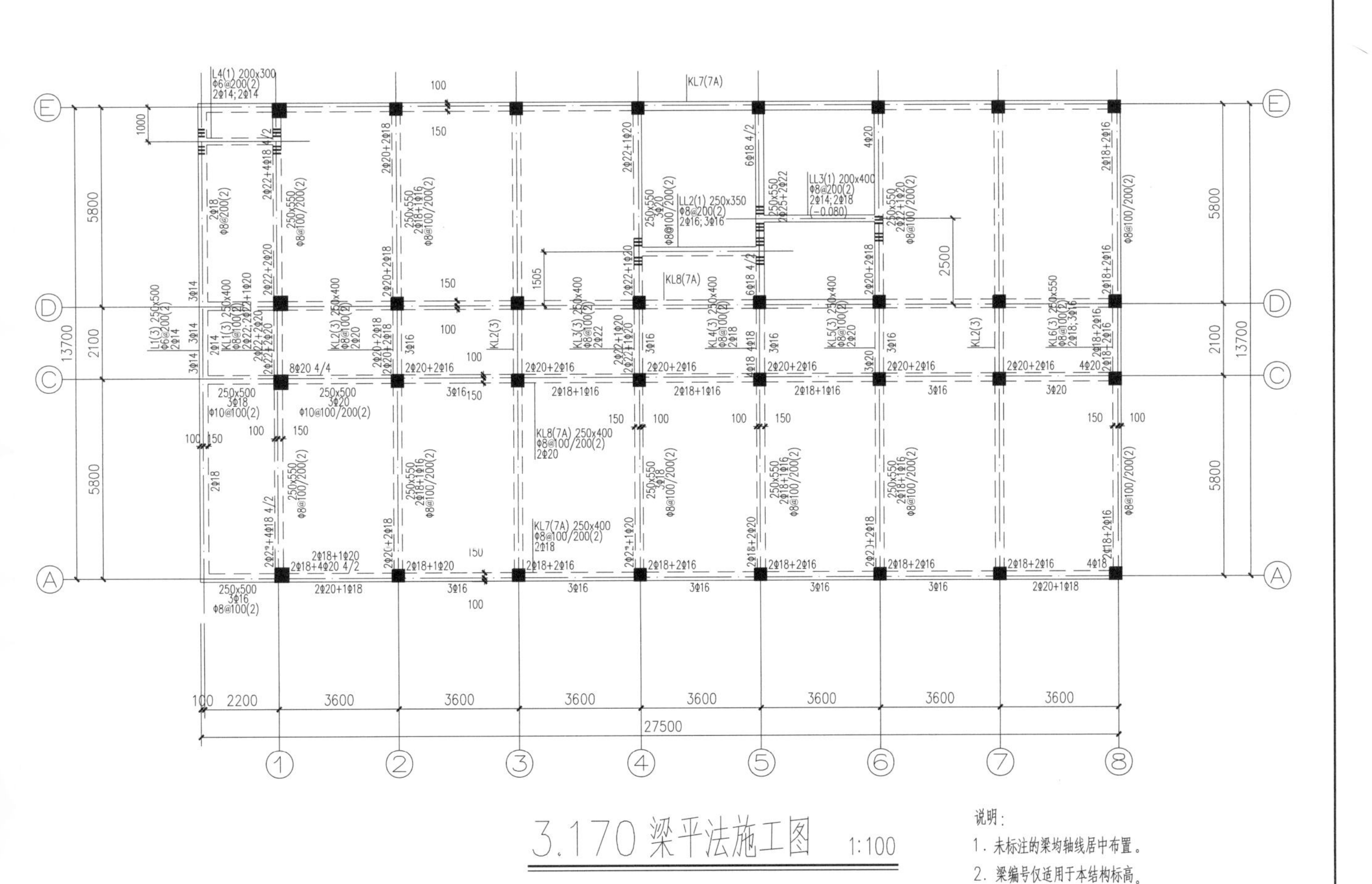

附图 14 -0.030、3.170 梁平法施工图

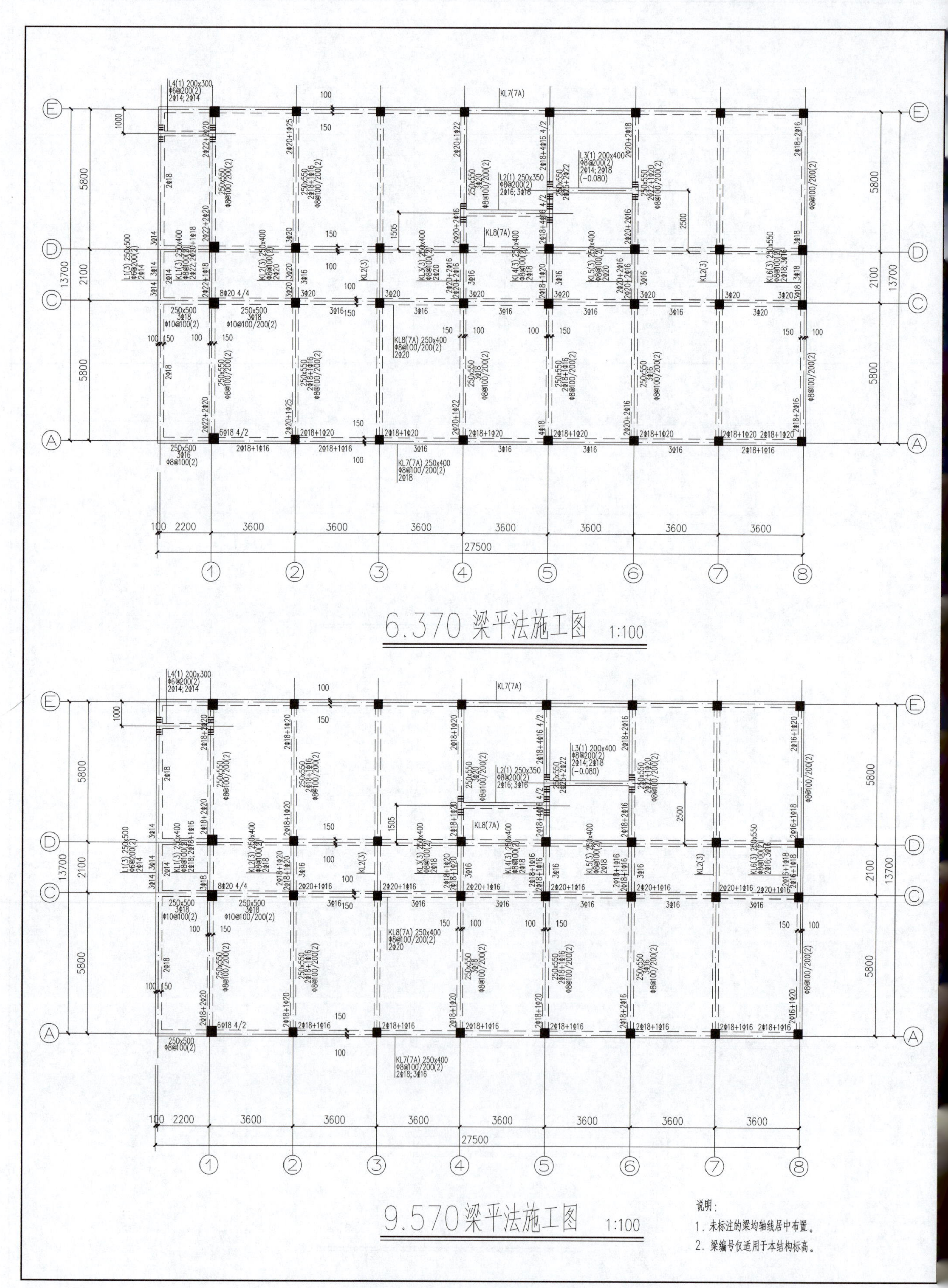

附图 15　6.370、9.570 梁平法施工图

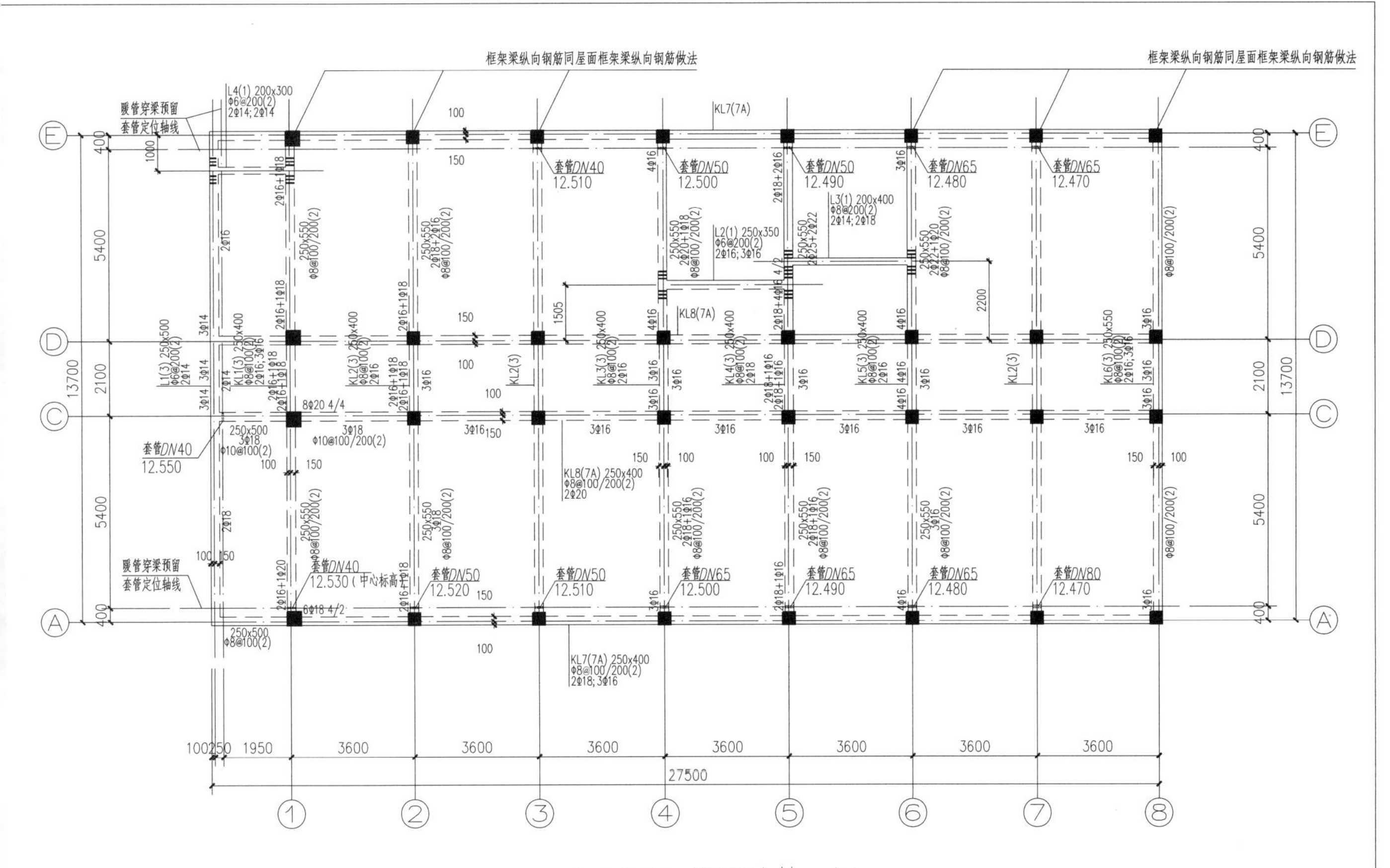

12.770 梁平法施工图 1:100

（暖管穿梁预留套管定位图）

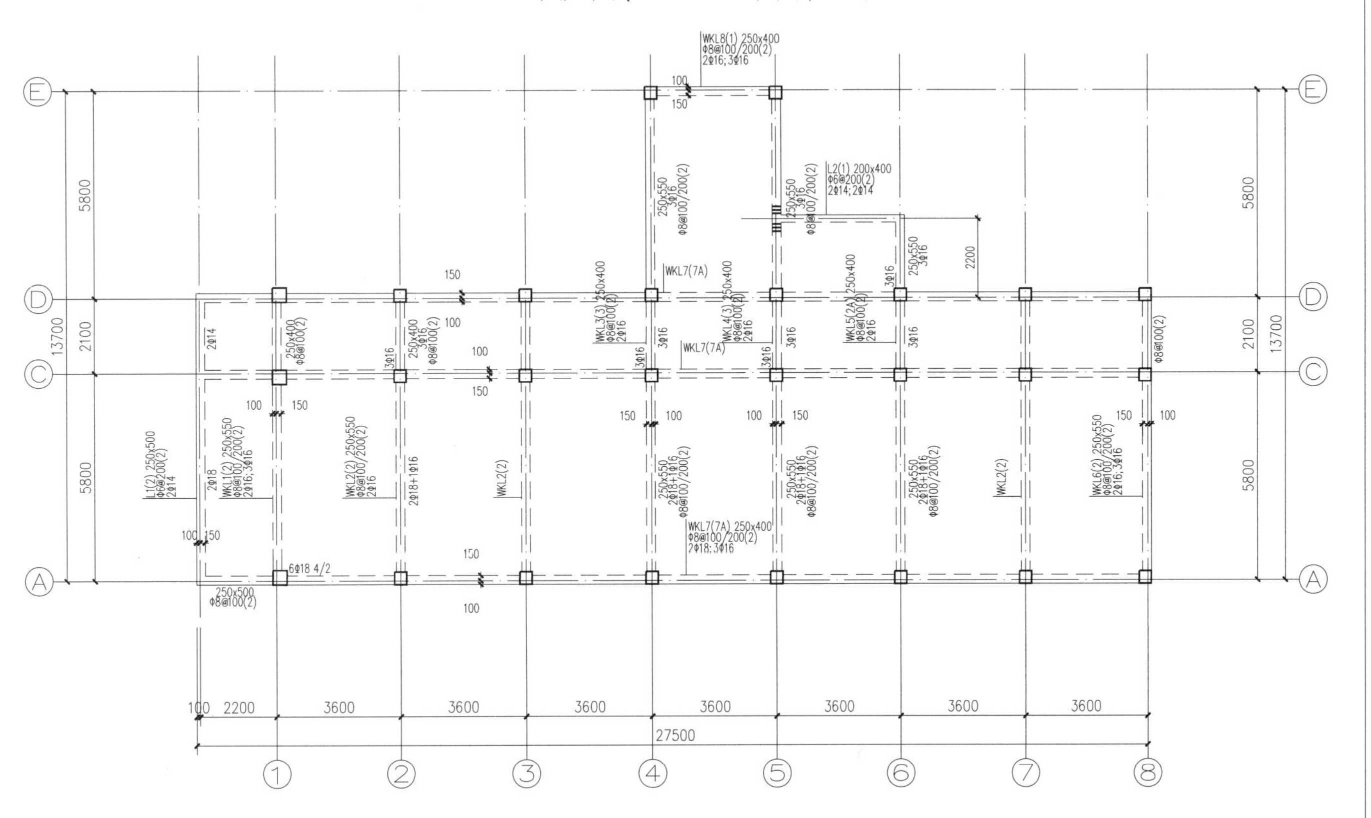

15.970梁平法施工图 1:100

说明：1. 未标注的梁均轴线居中布置。

2. 梁编号仅适用于本结构标高。

附图 16 12.770、15.970 梁平法施工图

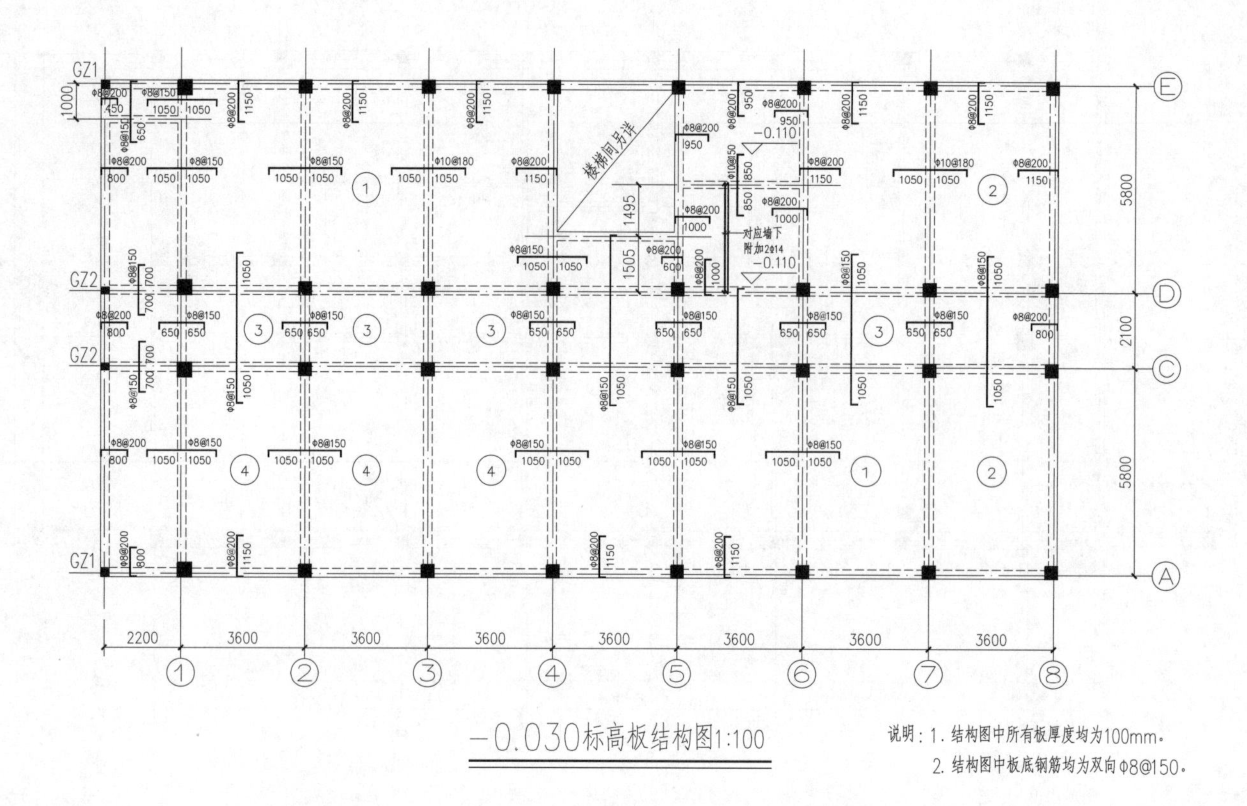

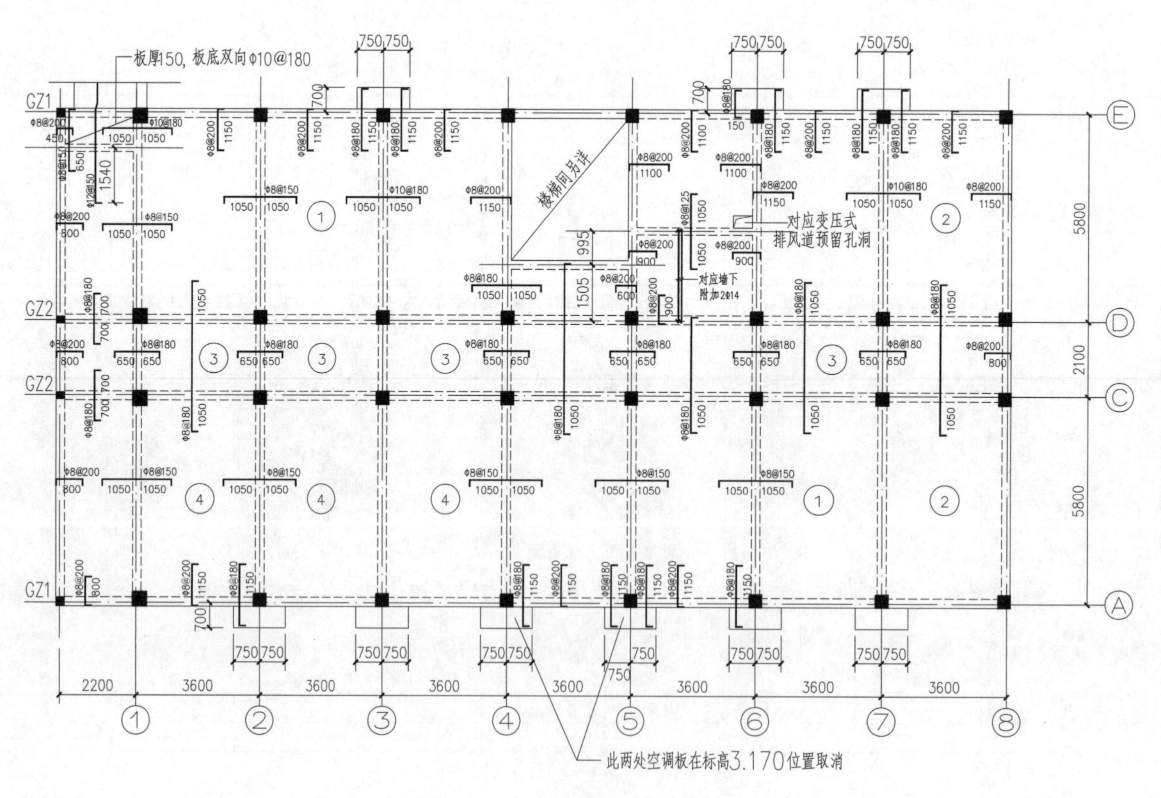

附图 17　−0.030、3.170～9.570 标高板结构图

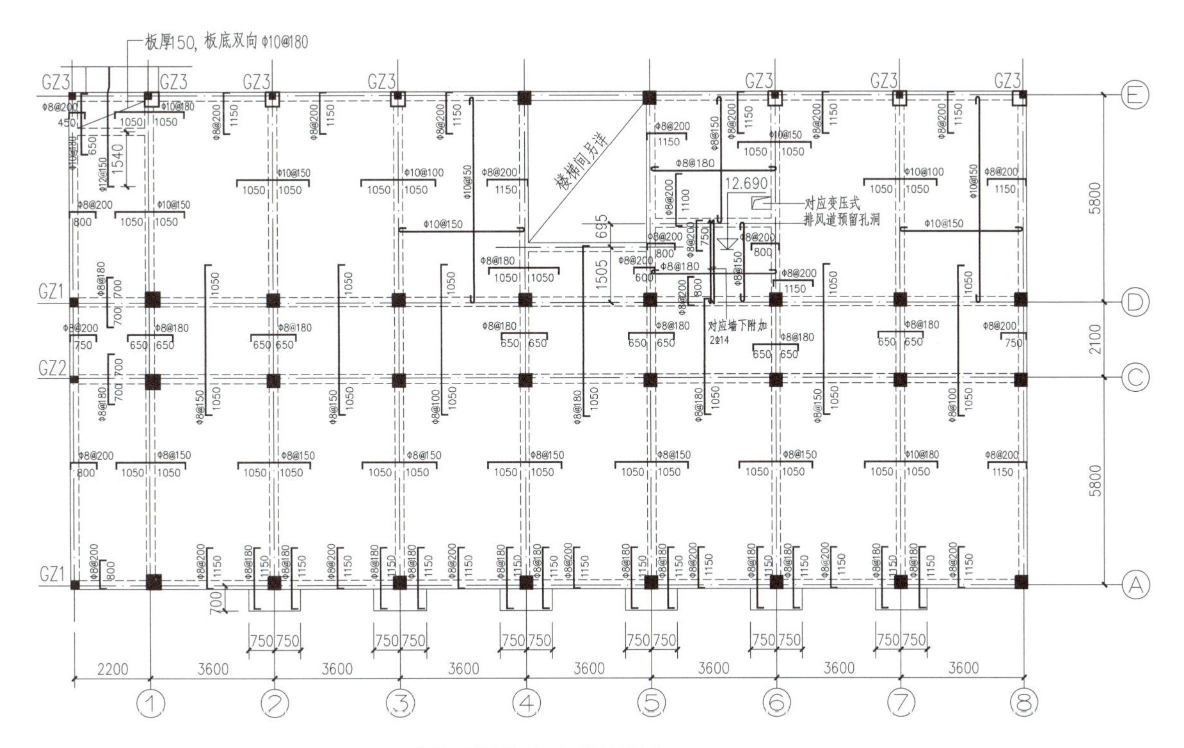

12.770 标高板结构图1:100

说明：1. 结构图中所有未标注的板厚度均为100mm。
2. 结构图中除标注外其它板板底钢筋均为双向 Φ8@180。
3. 构造柱依据墙体或轴线居中布置。

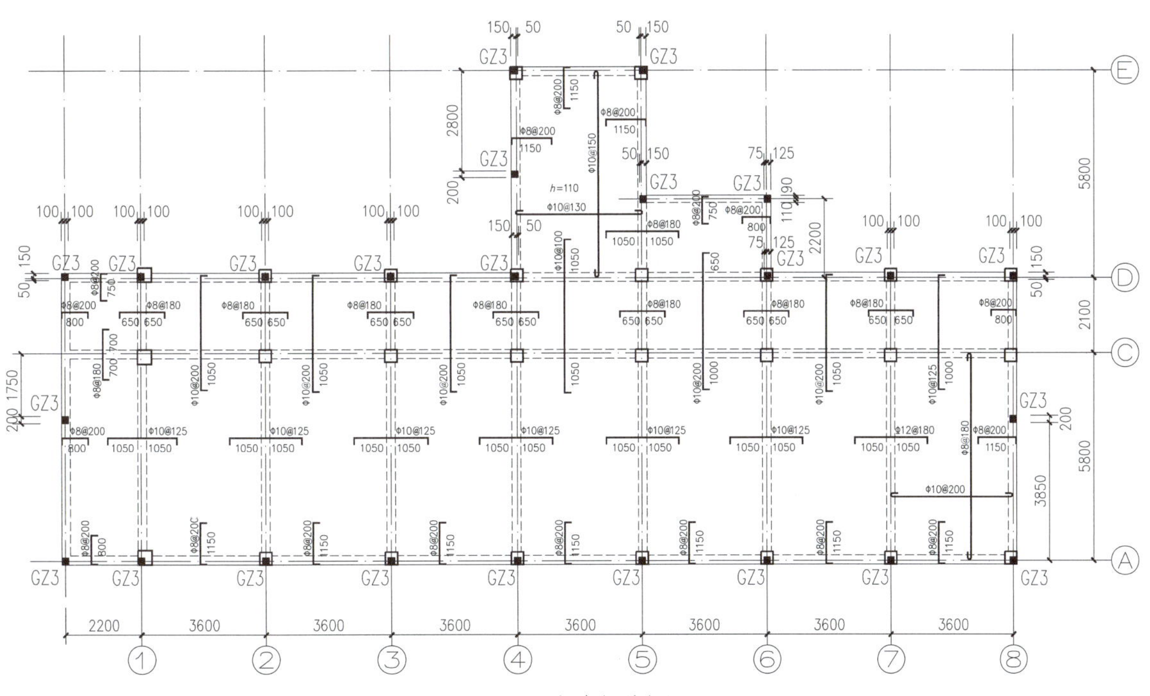

15.970 标高板结构图1:100

说明：1. 结构图中所有未标注的板厚度均为100mm。
2. 结构图中所有未画的板底钢筋均为双向 Φ8@180。
3. 所有未定位的构造柱均轴线居中布置。

附图 18　12.770、15.970 标高板结构图

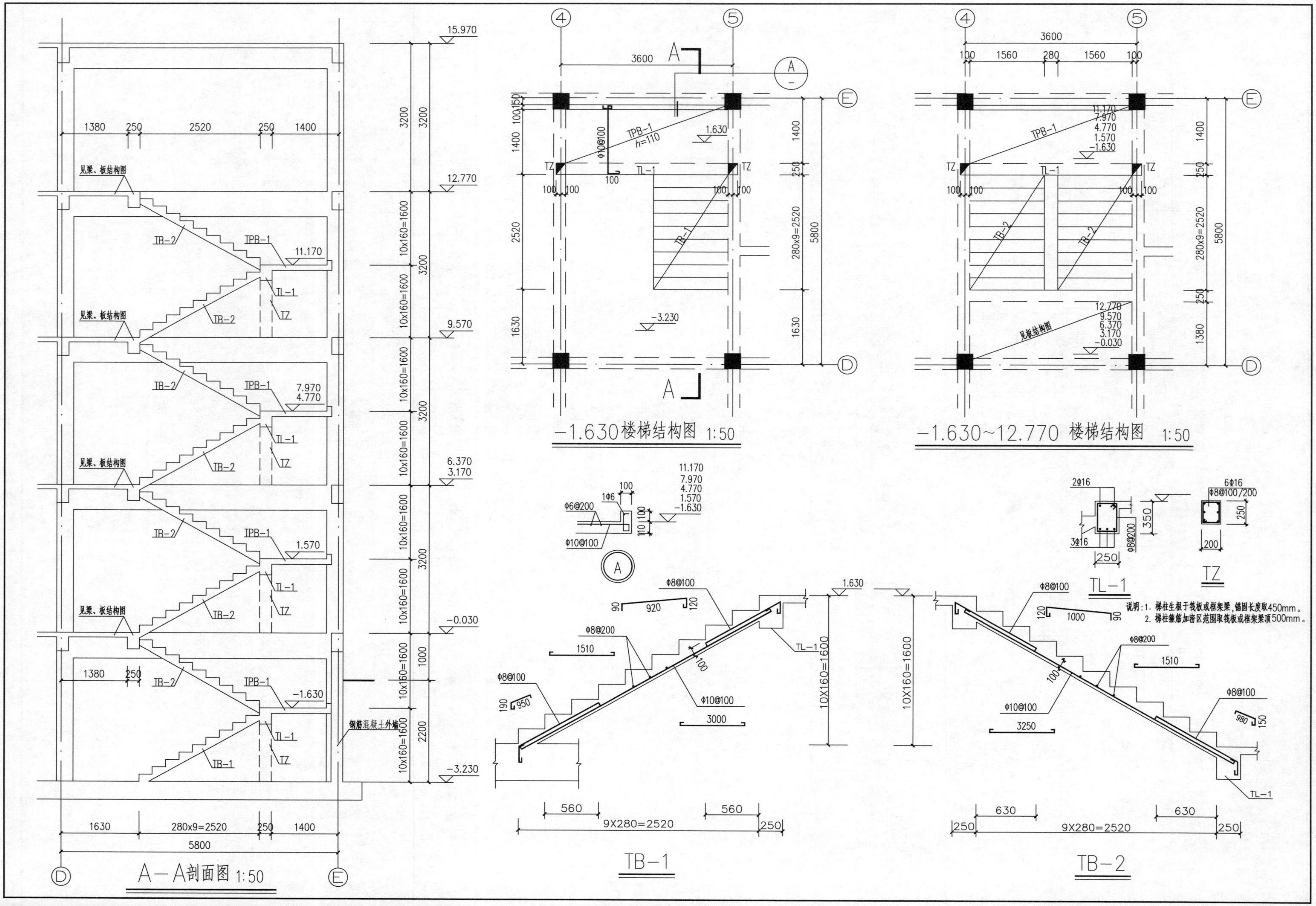

A—A剖面图 1:50

15.970
12.770
11.170
9.570
7.970
4.770
6.370
3.170
1.570
-0.030
-1.630
-3.230

3200 | 3200 | 3200 | 3200 | 1000 | 2200

10x160=1600

1380 | 250 | 2520 | 250 | 1400

1630 | 280x9=2520 | 250 | 1400

5800

TB-1　TB-2　TPB-1　TL-1　TZ

见梁、板结构图

钢筋混凝土外墙

−1.630楼梯结构图 1:50

3600

1400 | 2520 | 1630

1400 | 250 | 280x9=2520 | 1630 | 5800

TPB-1 h=110

Φ10@100

TL-1　TZ　TB-1

1.630　-3.230

−1.630~12.770 楼梯结构图 1:50

3600

100 | 1560 | 280 | 1560 | 100

1400 | 250 | 280x9=2520 | 250 | 1380 | 5800

TPB-1　TL-1　TB-2　TZ

11.170
7.970
4.770
1.570
-1.630

12.770
9.570
6.370
3.170
-0.030

见板结构图

A

Φ6@200　1Φ6　Φ10@100

100　110　100

11.170
7.970
4.770
1.570
-1.630

TL-1

2Φ16　3Φ16　Φ8@200

250　350

TZ

6Φ16　Φ8@100/200

200　250

说明：1. 梯柱生根于筏板或框架梁，锚固长度取450mm。
2. 梯柱箍筋加密区范围取筏板或框架梁顶500mm。

TB-1

Φ8@100　Φ8@200　Φ10@100

90　920　120　1510　3000　190　950　100

1.630

10X160=1600

560 | 9X280=2520 | 560 | 250

TL-1

TB-2

Φ8@100　Φ8@200　Φ10@100

120　1000　90　1510　3250　980　150　100

10X160=1600

250 | 630 | 9X280=2520 | 630 | 250

TL-1

附图 1[illegible] 楼梯1结构图

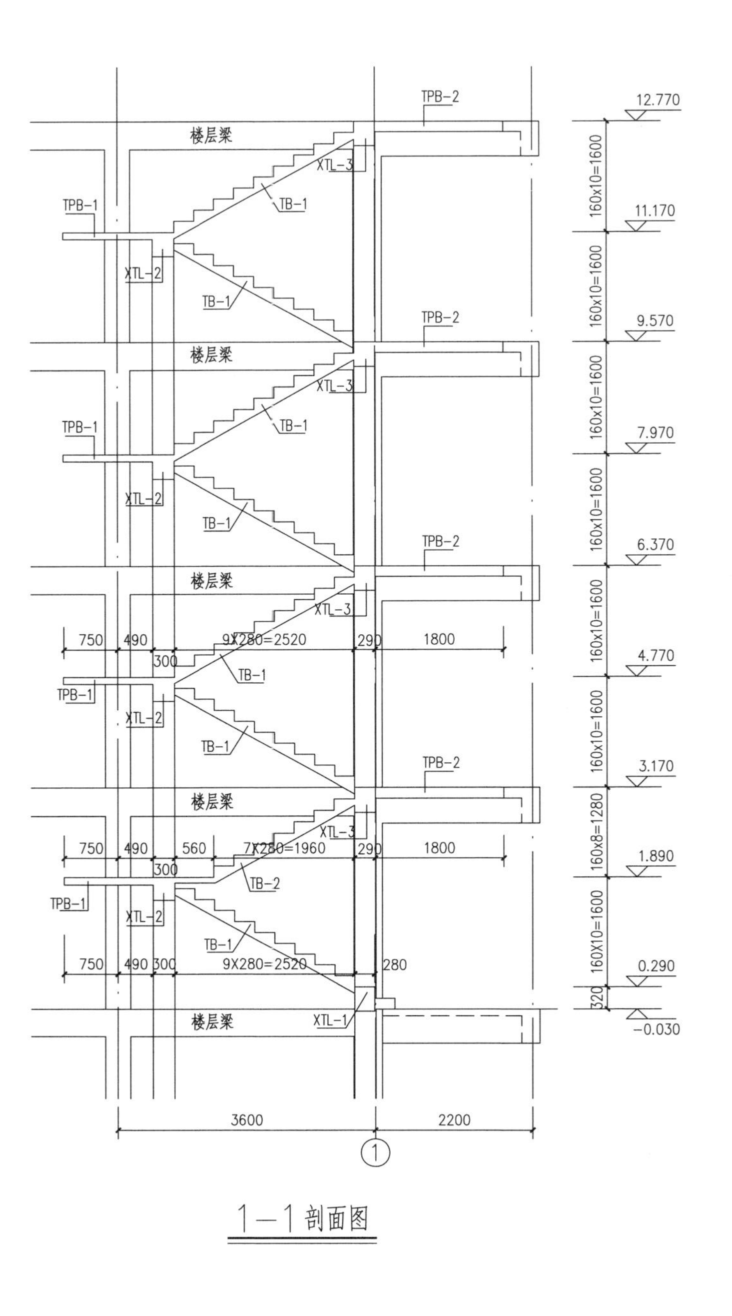

1—1 剖面图

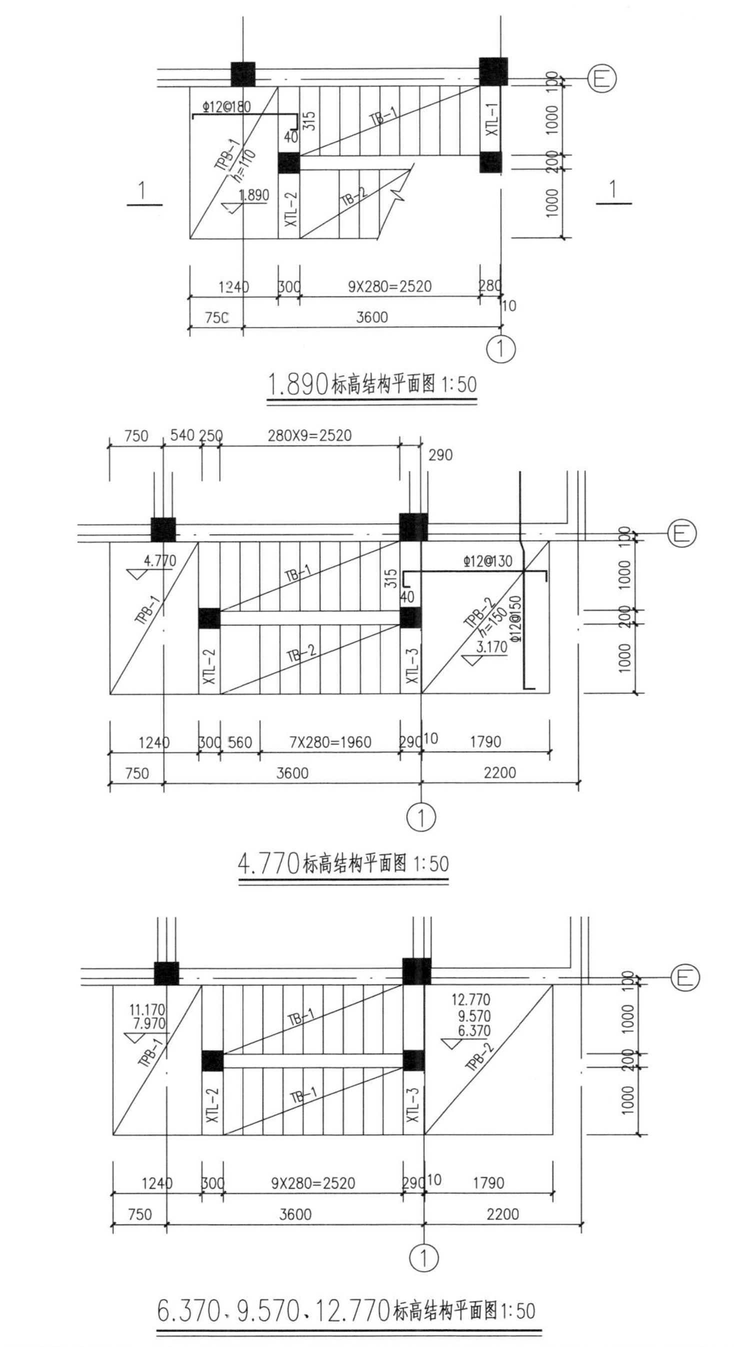

1.890标高结构平面图 1:50

4.770标高结构平面图 1:50

6.370、9.570、12.770标高结构平面图 1:50

附图 20　楼梯 2 结构图（一）

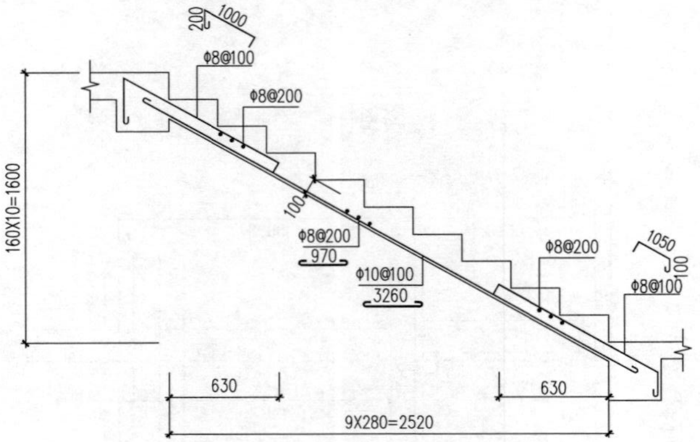

TB-1 1:25

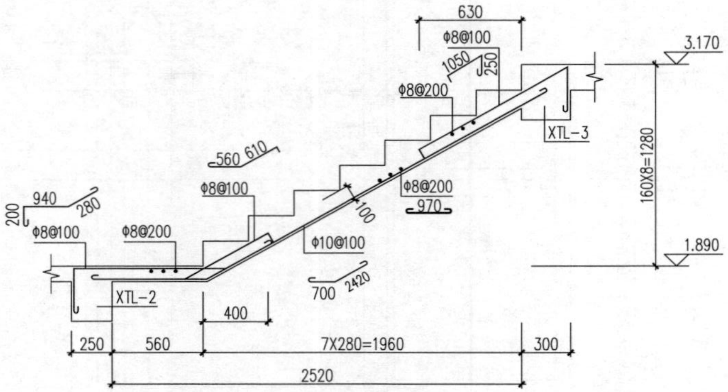

200 1000 Φ8@100 Φ8@200 160X10=1600 100 Φ8@200 970 Φ10@100 3260 Φ8@200 1050 100 Φ8@100 630 630 9X280=2520

TB-2 1:25

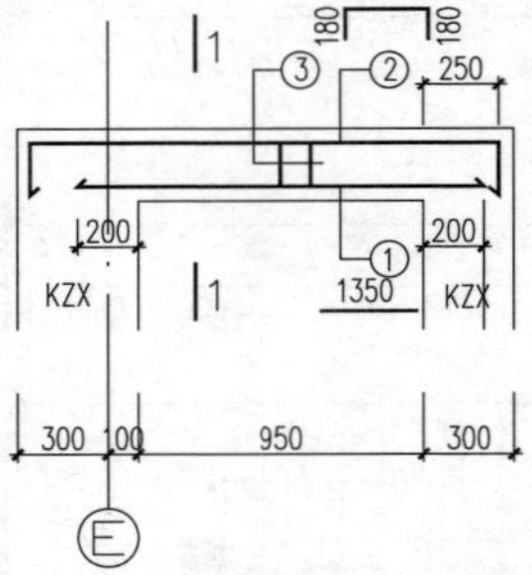

630 Φ8@100 1050 250 Φ8@200 3.170 XTL-3 560 610 160X8=1280 200 940 280 Φ8@100 Φ8@100 Φ8@200 970 Φ8@200 100 Φ10@100 1.890 700 2420 XTL-2 400 250 560 7X280=1960 300 2520

XTL-1

180 180 ③ ② 250 1 200 200 ① KZX 1 1350 KZX 300 100 950 300 E

1-1

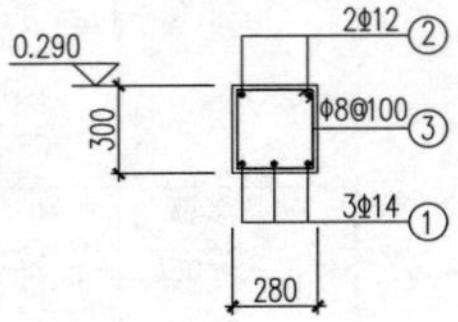

0.290 2Φ12 ② Φ8@100 ③ 300 3Φ14 ① 280

XTL-2

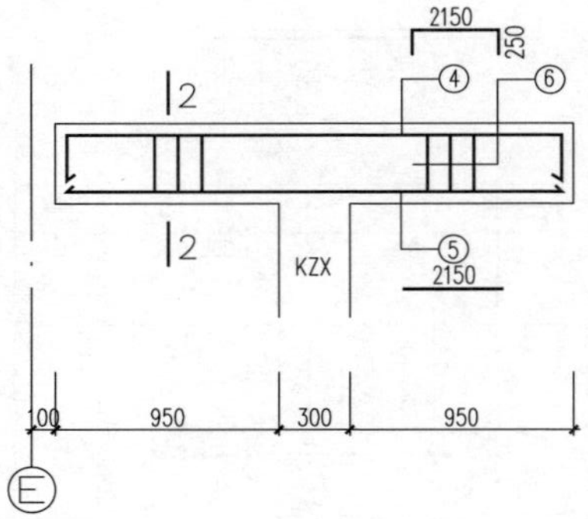

2150 250 2 ④ ⑥ 2 KZX ⑤ 2150 100 950 300 950 E

2-2

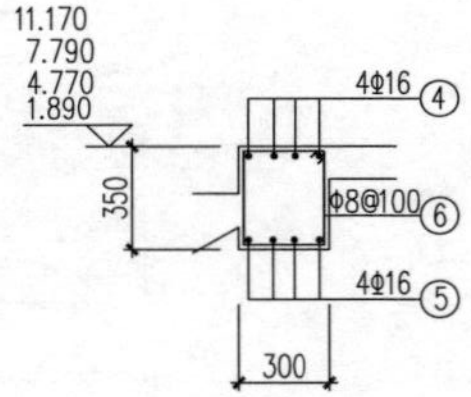

11.170 7.790 4.770 1.890 4Φ16 ④ 350 Φ8@100 ⑥ 4Φ16 ⑤ 300

XTL-3

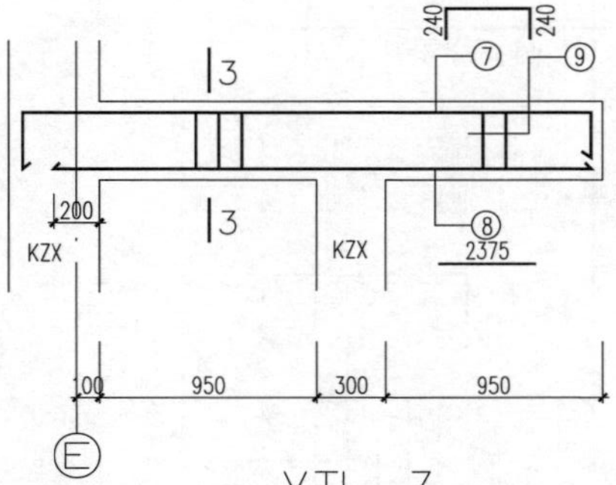

240 240 3 ⑦ ⑨ 200 3 KZX KZX ⑧ 2375 100 950 300 950 E

3-3

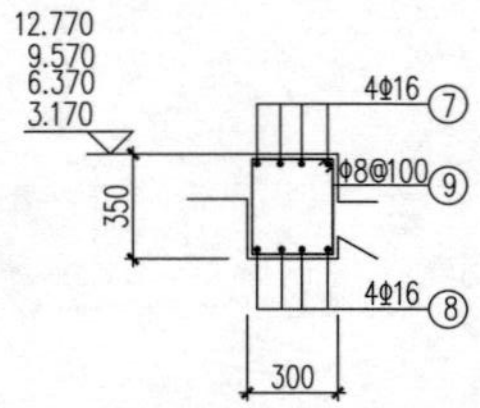

12.770 9.570 6.370 3.170 4Φ16 ⑦ Φ8@100 ⑨ 350 4Φ16 ⑧ 300

附图21 楼梯2结构图（一）

给排水设计总说明

一、本工程依据业主要求，建筑条件图及下列国家相关规范、规程进行给排水专业施工图设计

《建筑给水排水设计标准》GB 50015—2019

《公共建筑节能设计标准》GB 50189—2015

《建筑灭火器配置设计规范》GB 50140—2005

1. 本工程为城关房管处办公楼，结构形式为框架结构，共五层，建筑面积为2146m²。
2. 标高以±0.000为基准且以米计，其他以毫米计。室内外高差1.000米，各管道标高均为管中心标高。
3. 施工中应与土建、电气等工种密切配合预埋、预留。图中未说明处及其它施工安装要求详《建筑给水排水及采暖工程施工质量验收规范》GB 50242-2002。

二、给排水部分

1. 生活给水水源由市政管网供给，日用水量为13.8m³。
2. 管材及防腐、保温：给水管埋地部分采用衬塑钢管，其余部分采用PP-R管，热熔连接；

   排水管道埋地部分采用机制铸铁管，其他部分采用PVC-U新型螺旋消音管，粘接。

   排水管穿楼板预留孔洞，管道安装之后孔洞严密捣实。管道穿地下室外墙时加钢套管。

   做法详见12S1-316。水表安装在室外检查井内，另行设计。
3. 卫生洁具安装

   洗手盆安装详12S1-39；拖布池安装详12S1-195；小便器安装详12S1-157；

   自闭式冲洗阀蹲式大便器安装详12S1-135；残疾人用洗脸盆安装详12S1-65。

   本工程所选地漏为深水封地漏，水封高度不小于50mm。
4. 给水系统试压为0.6MPa，排水系统做闭水试验。

三、消防部分

本建筑属A类火灾，灭火器按轻危险级配置，在每层走廊的楼梯口处放置两具手提式磷酸铵盐干粉灭火器，其型号规格为MFZL-5。

图 例

图例	名称	图例	名称
JL-	给水管道		圆形地漏
PL-	排水管道		清扫口
	截止阀		检查口
平面 系统	水龙头		S形存水弯
	通气帽		刚性防水套管
	干粉灭火器		

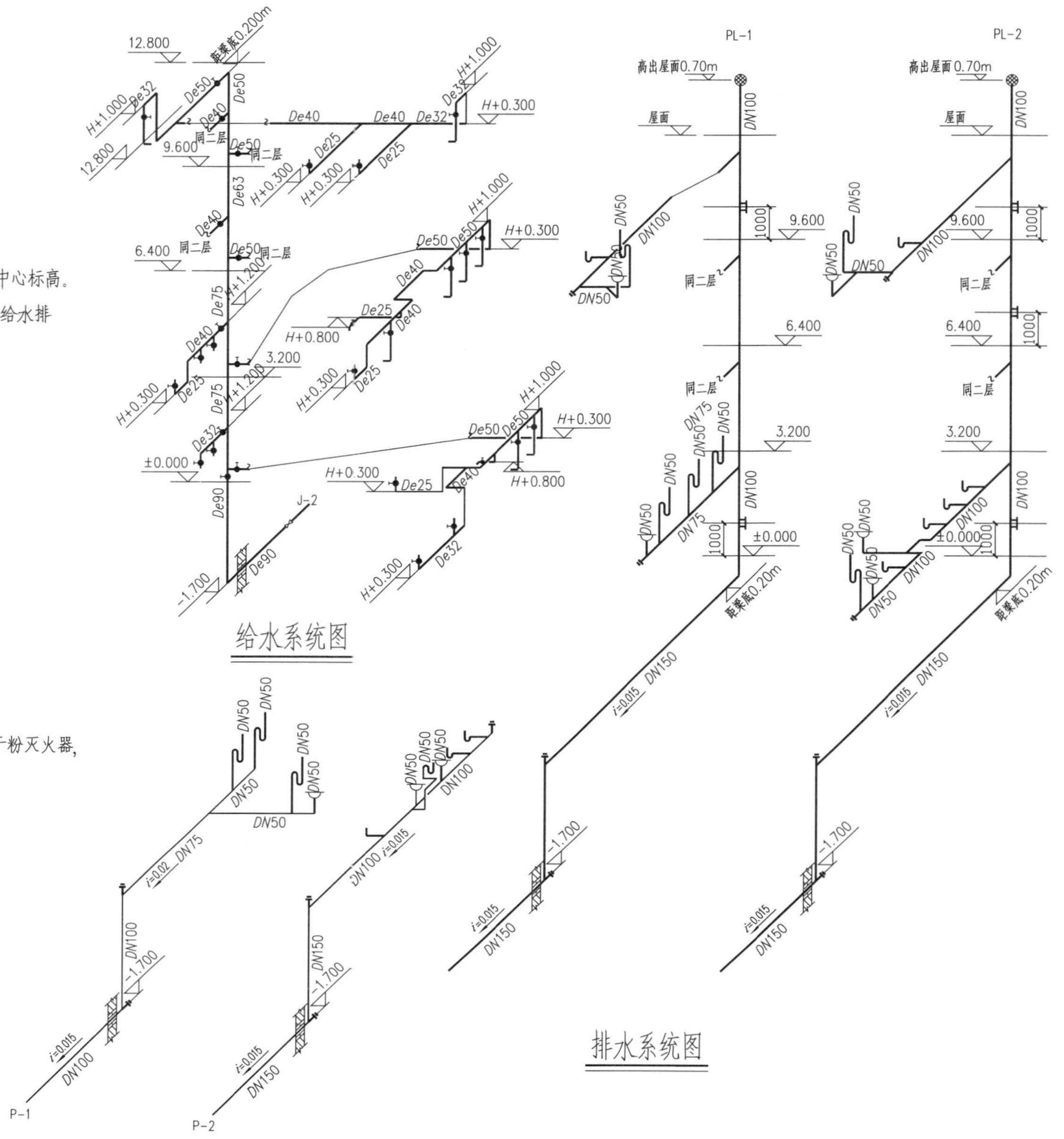

12.800
距梁底0.200m
H+1.000
De32
De50
De40
De40
De40
De32
H+0.300
9.600
同二层
De63
H+0.300
De25
6.400
De75
H+1.200
De25
H+0.800
3.200
±0.000
De90
J-2
H+0.300
-1.700

给水系统图

PL-1
PL-2
高出屋面0.70m
屋面
DN100
DN50
1000
9.600
6.400
3.200
±0.000
同二层
DN75
距梁底0.20m
DN150
i=0.015
i=0.02
-1.700
P-1
P-2

排水系统图

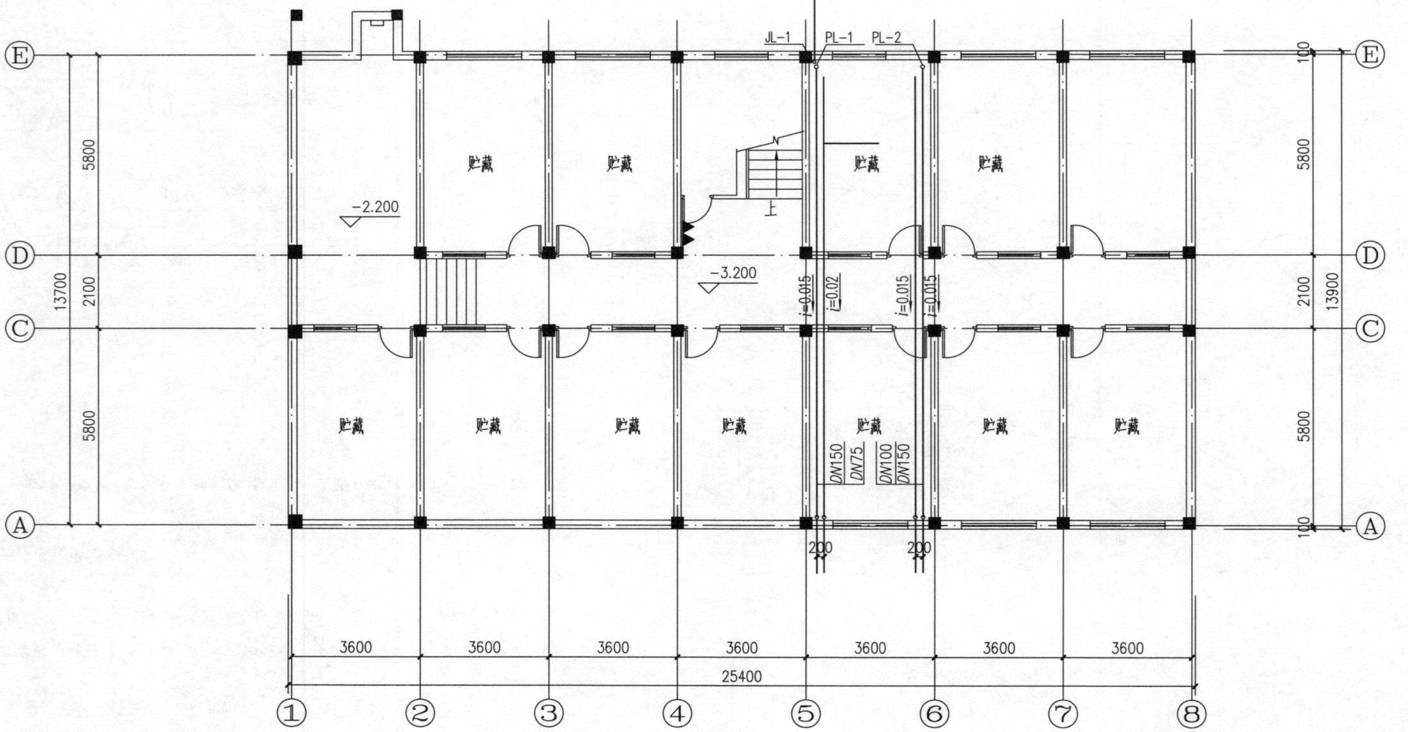

地下室给排水平面图1:100

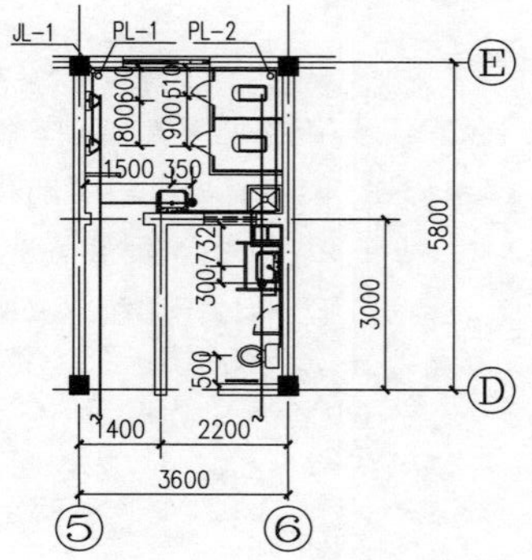

一层卫生间给排水平面图

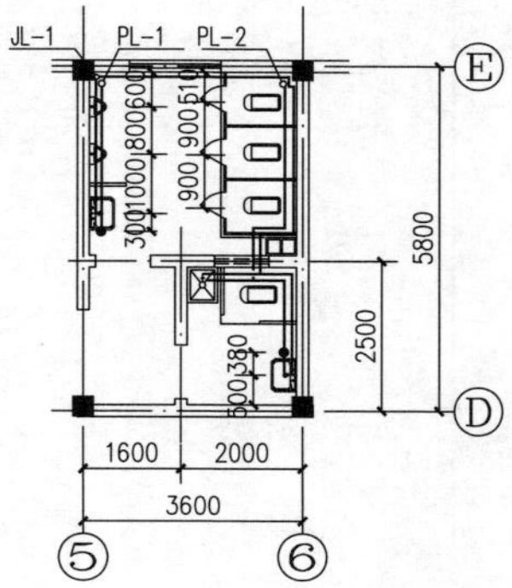

二～四层卫生间给排水平面图

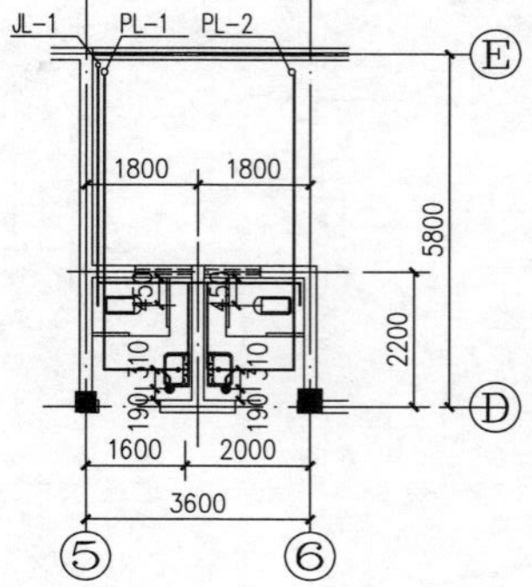

五层卫生间给排水平面图

附图23　地下室给排水平面图　卫生间给排水平面图

采暖设计总说明

一、工程概况

1. 本工程为XXX市城关房管处办公楼，由XXX市城关房管处开发，位于人民路与东风街交叉口东北角，具体位置详见总平面图。
2. 本次设计为办公楼，地上主体四层，局部五层，地下一层。
3. 单体建筑面积：2146m²。
4. 本图除标高以米计外，其余以毫米计，建筑高差见建筑剖面图。

二、设计依据

1.《工业建筑供暖通风与空气调节设计规范》GB 50019-2015
2. 12系列建筑标准设计图集12N1
3.《民用建筑节能设计规程》DB 13(J) 24-2000
4.《建筑设计防火规范》GB 50016-2014
5.《建筑给水排水及采暖工程施工质量验收规范》GB 50242-2002
6. 建筑资料图及甲方提供的要求和条件

三、系统设计

1. 采暖系统设计参数：室外计算温度t_w=−3.9℃，室内设计温度：办公室t=18℃，走廊t=15℃，卫生间t=18℃，热源为集中供暖管网。采暖总热负荷65.1kW，热负荷指标30.3W/m²，系统工作压力差不小于0.05MPa。
2. 供热形式：本系统负一至四层采用上供下回式，五层串联。
3. 采暖供回水温度按90/70℃计。

四、管材

1. 热水采暖管道采用焊接钢管，管径在DN32以下者为螺丝连接，管径大于等于DN40者为焊接连接，阀门采用法兰连接。
2. 散热器：普通灰铸铁柱型TZ4-6-5内腔无砂型散热器，除地下室距地300mm挂装外，其余均落地安装。
3. 为便于建筑物采暖计量，采暖入口装置见12N1-3（供水管装设热量表，回水管装设平衡阀）。
4. 管道穿越楼板或墙面时应加设套管，详12N1-196~200。安装在楼板内的套管采用钢制，顶部高出楼板50mm，底部与楼板底面相平，采暖管道穿外墙或基础时，预留矩形洞口，采暖入口设刚性防水套管，施工做法详12N1-P207、208。
5. 四层采暖干管穿梁布置，具体定位见梁柱结构图。

五、防腐

1. 散热器及管道在刷油前先清除表面铁锈、污物、毛刺等。
2. 明装的管道、管件、支架、散热器等均刷防锈漆两道、银粉两道。

六、保温

铺设在室外及采暖入口的管道均需做保温，保温的材料为苯板，保温厚度为30mm，一层入口处的明露采暖立管再用镀锌钢板包住。

七、系统排水泄水及管道坡度

1. 上供下给式采暖系统在供水干管的最高点处设自动排气阀，自动排气阀选用ZP—1 ZPT—C型，自动排气阀安装见12N1-P191~192。
2. 凡抬头或翻身等部位，均应在最高点设排气阀，最低点设泄水装置。热水采暖系统供水干管抬头走，坡度方向与水流方向相反。

八、阀门选择：立管阀门采用截止阀，自动排气阀前采用闸阀

九、地下室底部的供回水管道水平净距200mm，平行安装

十、供暖系统安装竣工后试验压力为0.6MPa。并经试压合格后，应对系统反复注水、排水，直至排出水中不含泥沙、铁屑等杂质，并水质不浑浊方为合格

十一、其它未说明处以《建筑给水排水及采暖工程施工质量验收规范》(GB 50242—2002)为标准执行

带热计量表热水采暖入口装置大样

采暖部分图例

序号	图例	名称	序号	图例	名称
1		热量计量表	8		闸板阀
2		Y形过滤器	9		波纹管补偿器
3		闭锁阀门	10		固定支架
4		温控阀调节阀	11		采暖回水管
5		闸阀	12		采暖供水管
6		自动排气阀	13	NGL-1	暖气供水立管
7		暖气片	14	NHL-1	暖气回水立管

附图24 采暖设计总说明及大样图

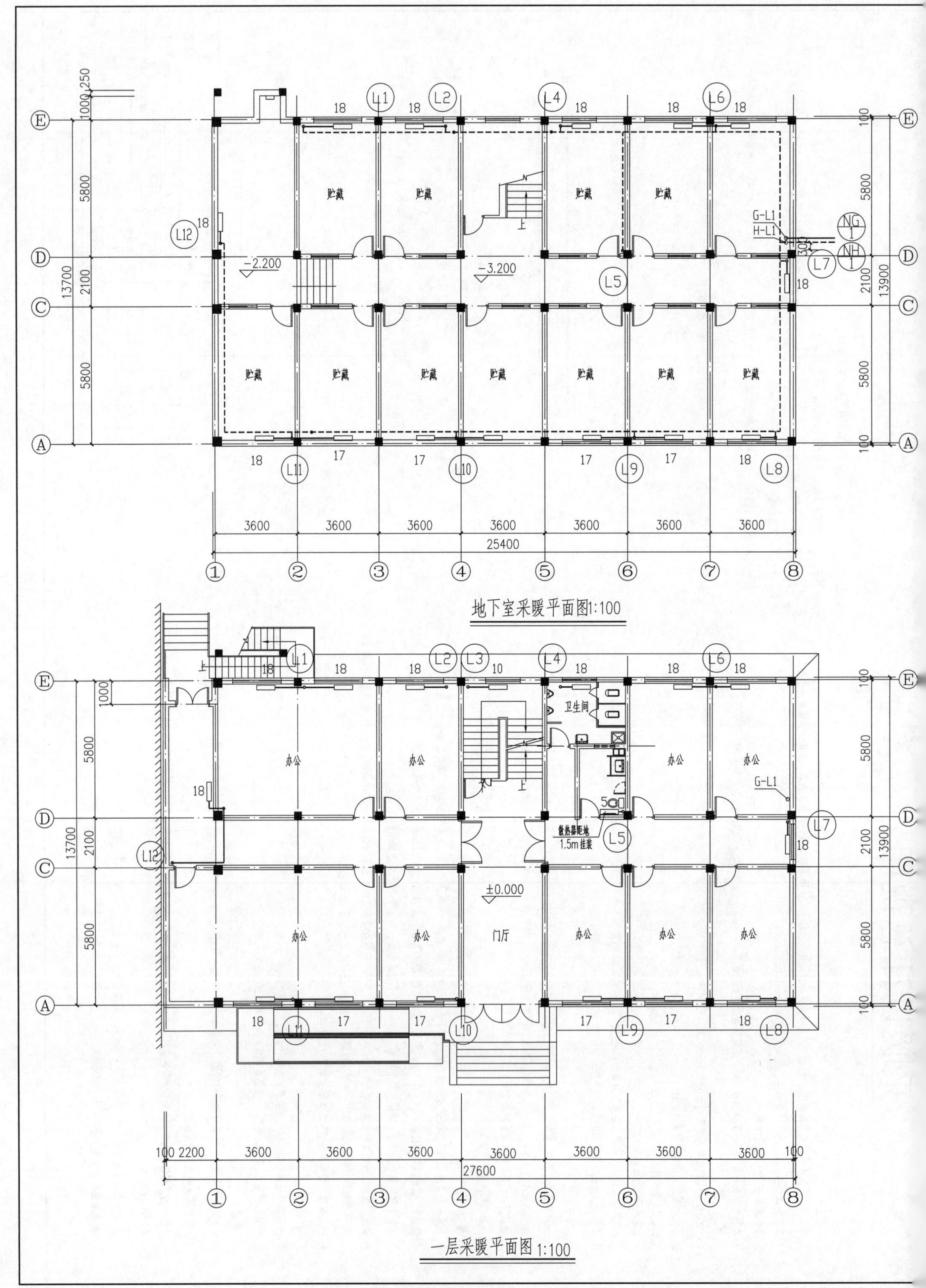

附图25 地下室采暖平面图 一层采暖平面图

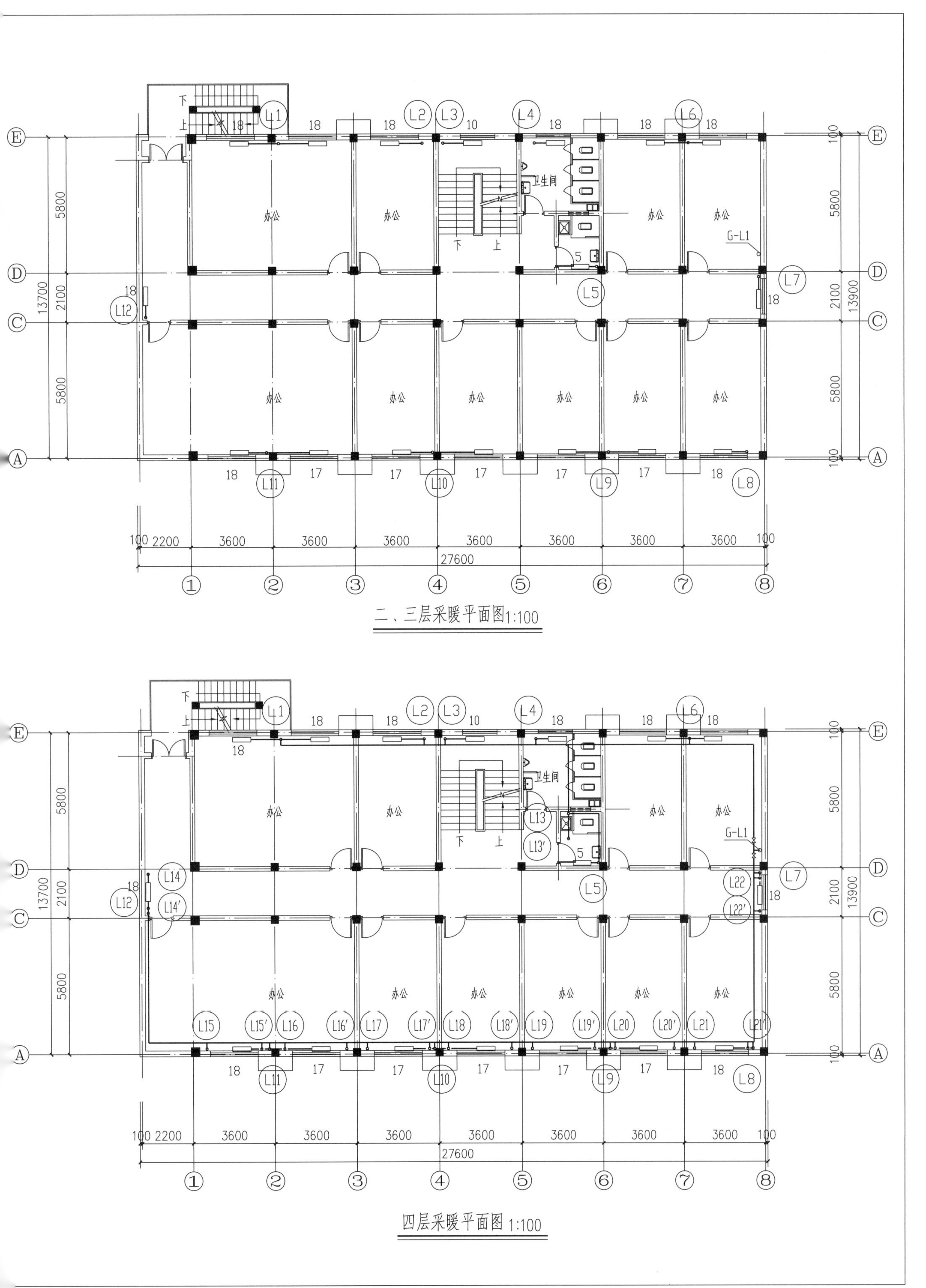

附图 26　二、三层采暖平面图　四层采暖平面图

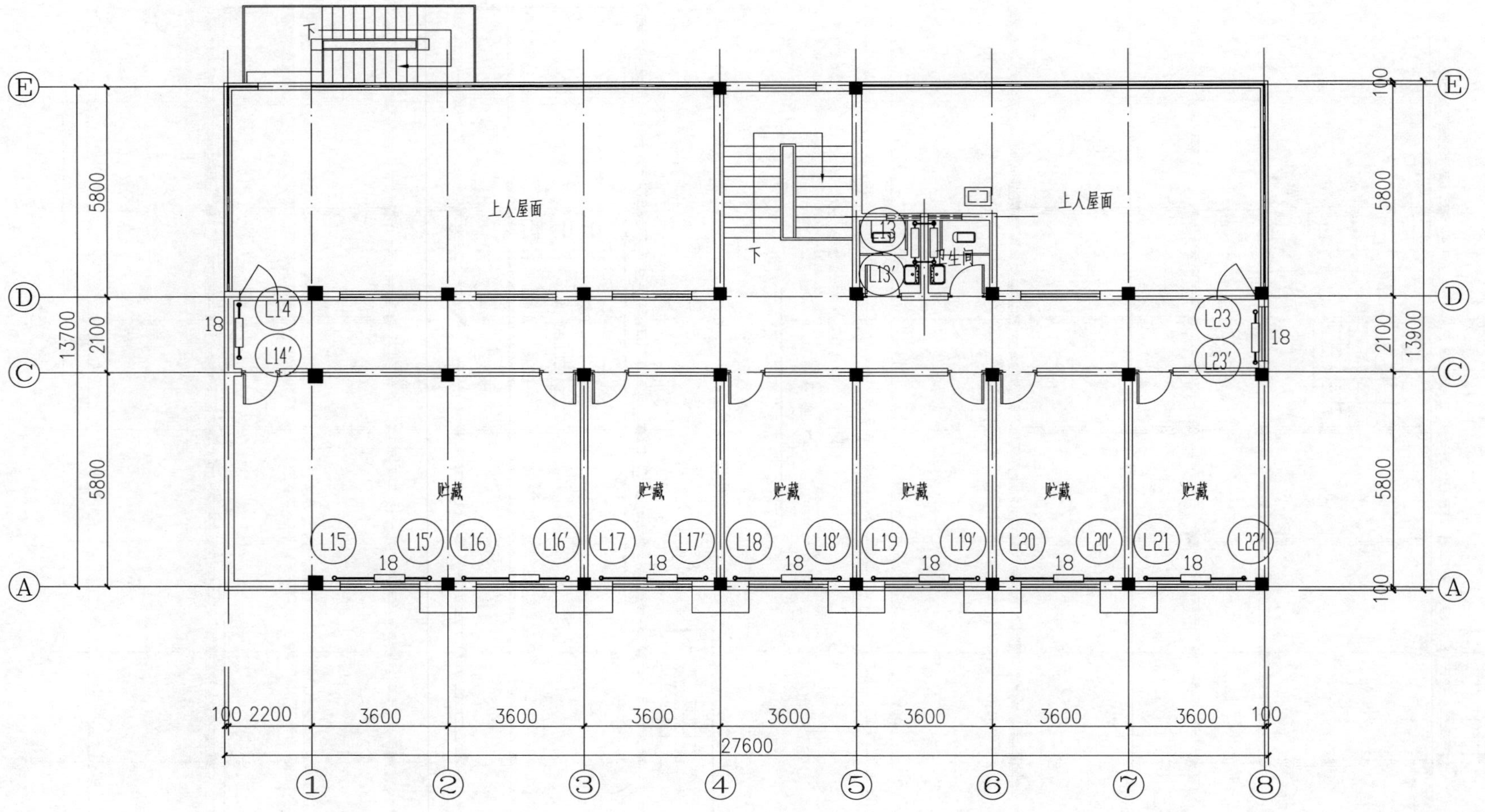

五层采暖平面图 1:100

附图 37 五层采暖平面图

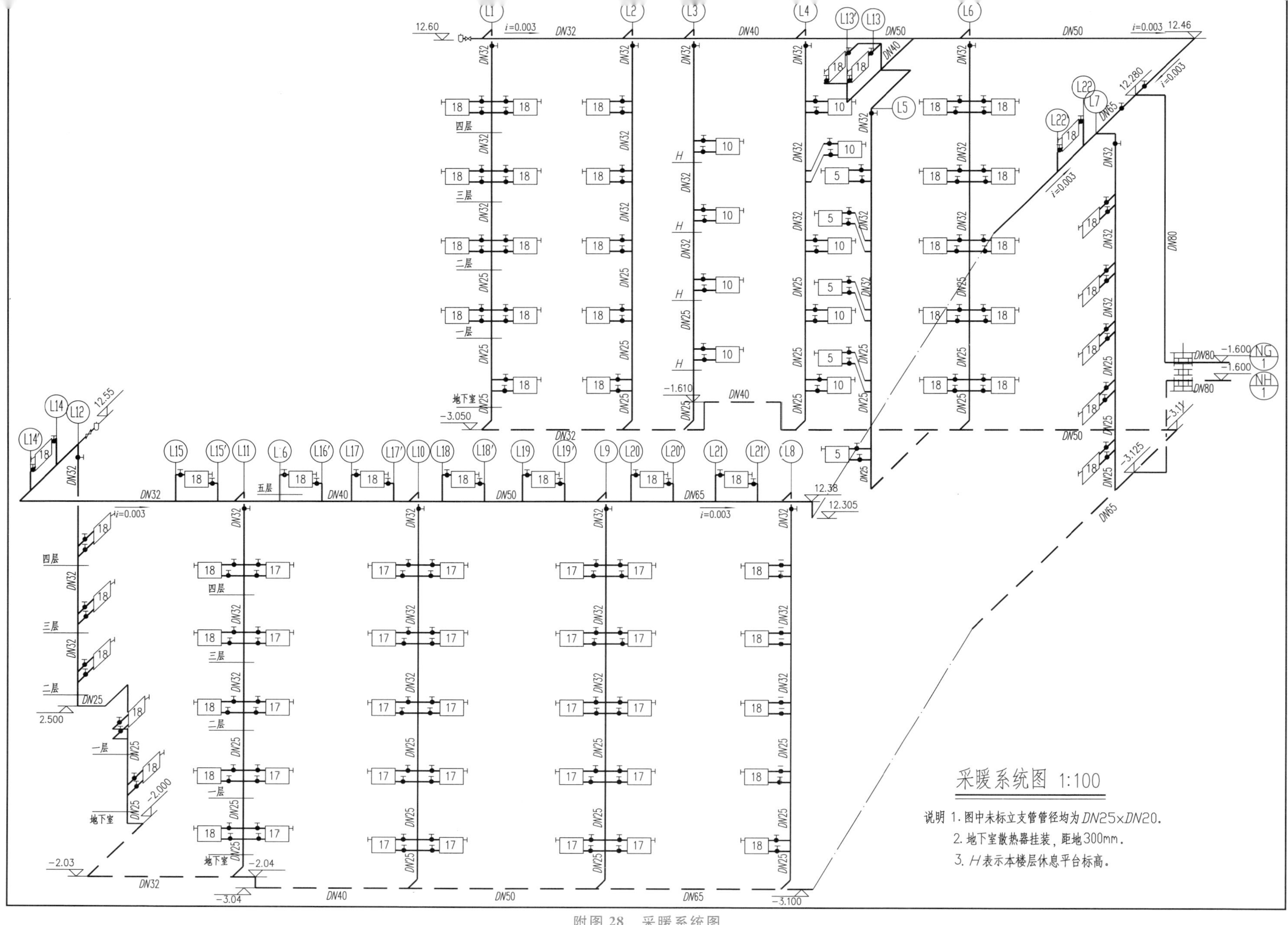

采暖系统图 1:100
说明 1. 图中未标立支管管径均为DN25×DN20.
2. 地下室散热器挂装，距地300mm.
3. H表示本楼层休息平台标高.

附图 28　采暖系统图

电气设计总说明

一、建筑概况

1. 工程名称：城关房管处办公楼。
2. 建设地点：具体位置详见总平面图。
3. 建设单位：XXX市城关房管处。
4. 建筑功能：办公楼。
5. 建筑面积：本楼建筑面积约为4229.25m²。
6. 建筑层数：本工程主体五层。
7. 建筑高度：室外地面到主体建筑结构屋面16.0m。
8. 建筑类别：为三类公共建筑。
9. 耐久等级：二级，合理使用年限50年以上。耐火等级：二级。

二、设计依据

1. 甲方设计任务书及设计要求。
2. 《民用建筑电气设计规范》(JGJ 16-2008)。
3. 《火灾自动报警系统设计规范》(GB 50116-2013)。
4. 《供配电系统设计规范》(GB 50052-2009)。
5. 《低压配电设计规范》(GB 50054-2011)。
6. 《建筑物防雷设计规范》(GB 50057-2010)。
7. 其它有关国家及地方的现行规程，规范。
8. 各专业提供的设计资料。

三、设计范围

电力、照明配电系统；防雷、接地系统。

四、供电系统

1. 用电负荷：本工程用电容量208kW。
2. 配电方式：本子项为混合式配电，本楼一路电源引入，配电等级按三级负荷供电。低压配电采用TN-C-S系统。
3. 线路敷设：低压配电干线采用交联聚氯乙烯绝缘护套铜芯电缆（YJV）敷设，支线选用铜芯电线（BV）穿SC管沿建筑墙、地面、顶板暗敷设。应急照明支线选用NH-BV-750V穿钢管暗敷在楼板或墙内。

五、照明系统

1. 用户内的所有插座均选用安全型。
2. 跷板开关距地1.30m安装，其余未注明的插座均底边距地0.3m安装。
3. 配电箱底边距地1.5m暗装。
4. 照明为单相三线制，采用BV线，2~3根穿PC16；4根以上穿PC20。
5. 日光灯具要求功率因数>0.9。
6. 与设备配套的控制箱、柜，订货前应与设计人员配合。

六、接地系统

1. 本子项利用结构基础作为接地装置。与电气设备保护接地共用同一接地体，要求接地电阻小于1Ω，当不能满足要求时，应在图中所示位置补打接地极。
2. 本子项采用（TN-S）系统，其专用接地线（即PE线）的截面规定为：当相线截面≤16mm²时PE线与相线相同。当相线截面为16~35mm²时PE线为16mm²。当相线截面>35mm²时PE线为相线截面的一半。
3. 本工程采用等电位联结，配电室设总等电位箱，由黄铜板制成，明装，底边距地0.3m。应将建筑物内保护干线、设备进线总管、建筑物金属构件进行联结，等电位联结线采用BV-1X25mm² PC32，总等电位联结均采用各种型号的等电位卡子，不允许在金属管道上焊接。卫生间采用局部等电位，其具体作法可参见《等电位联结安装》(15D502)。

七、其它

1. 配电箱及弱电箱的外型尺寸均为参考尺寸，其箱体定位尺寸见建施图。
2. 图中未注明的施工方法参见《建筑电气通用图集》河北标以及相关的规程、规定。
3. 照明设备的选用应符合国家现行的有关规定，选择高光效光源及高效节能灯具。
4. 办公室的照度设计值及单位功率密度值分别为：500LX，15W/M2。

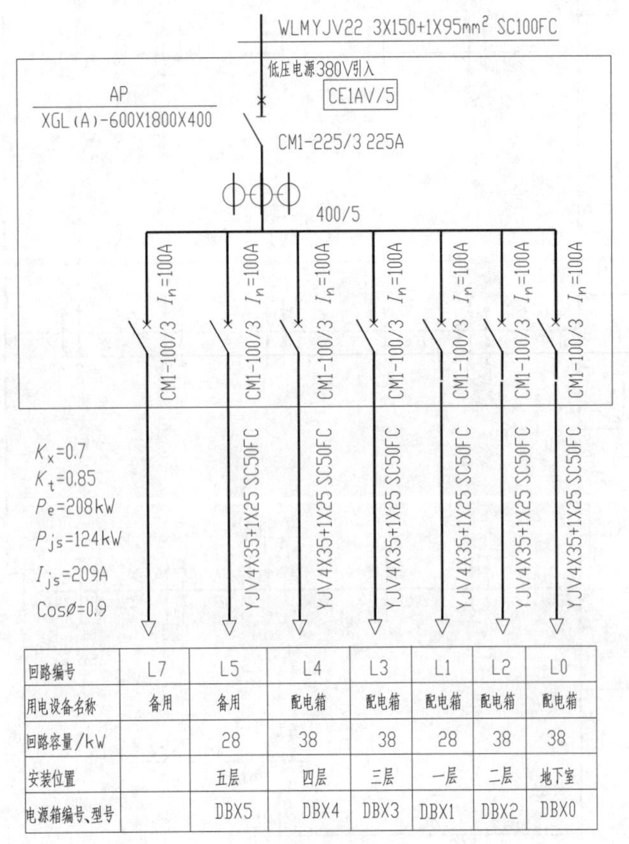

回路编号	L7	L5	L4	L3	L1	L2	L0
用电设备名称	备用	备用	配电箱	配电箱	配电箱	配电箱	配电箱
回路容量/kW		28	38	38	28	38	38
安装位置		五层	四层	三层	一层	二层	地下室
电源箱编号、型号		DBX5	DBX4	DBX3	DBX1	DBX2	DBX0

低压配电系统图（一）

AL
PE
N
YJV4X35+1X25mm² SC50FC
WLM5
CH1-63C/3
32A
CH1-32C16/2 C,O 至照明BV3X2.5mm² PVC15WC WL3
CH1L-32C25 C,O Δt=0.1s I_n=30mA 至插座BV3x6mm² PVC20WC WL1
CH1L-32C25 C,O Δt=0.1s I_n=30mA 至插座BV3x6mm² PVC20WC WL2
400X300X160

AL配电系统图

编号	符号	设备名称	型号规格	单位	数量	备注
13						
12		应急照明灯	2X3W 90min			距地2.5m
11		电表箱DBX		个	6	距地1.4m
10		配电箱AL	PZ30R	个	56	距地1.8m
9		暗装三极开关	V86-D-10			距地1.4m
8		暗装单极开关	V86-D-10			距地1.4m
7		暗装二极开关	V86-D-10			距地1.4m
6		单相五孔插座（安全型）	V86-BF-10	个		距地0.3m
5		空调插座（安全型）	16A			
4		双管日光灯	2X36W	个		
3		防水防潮灯	32W	个		
2		节能灯	32W	个		
1		声光控节能灯	1x13W	个		

设备材料表

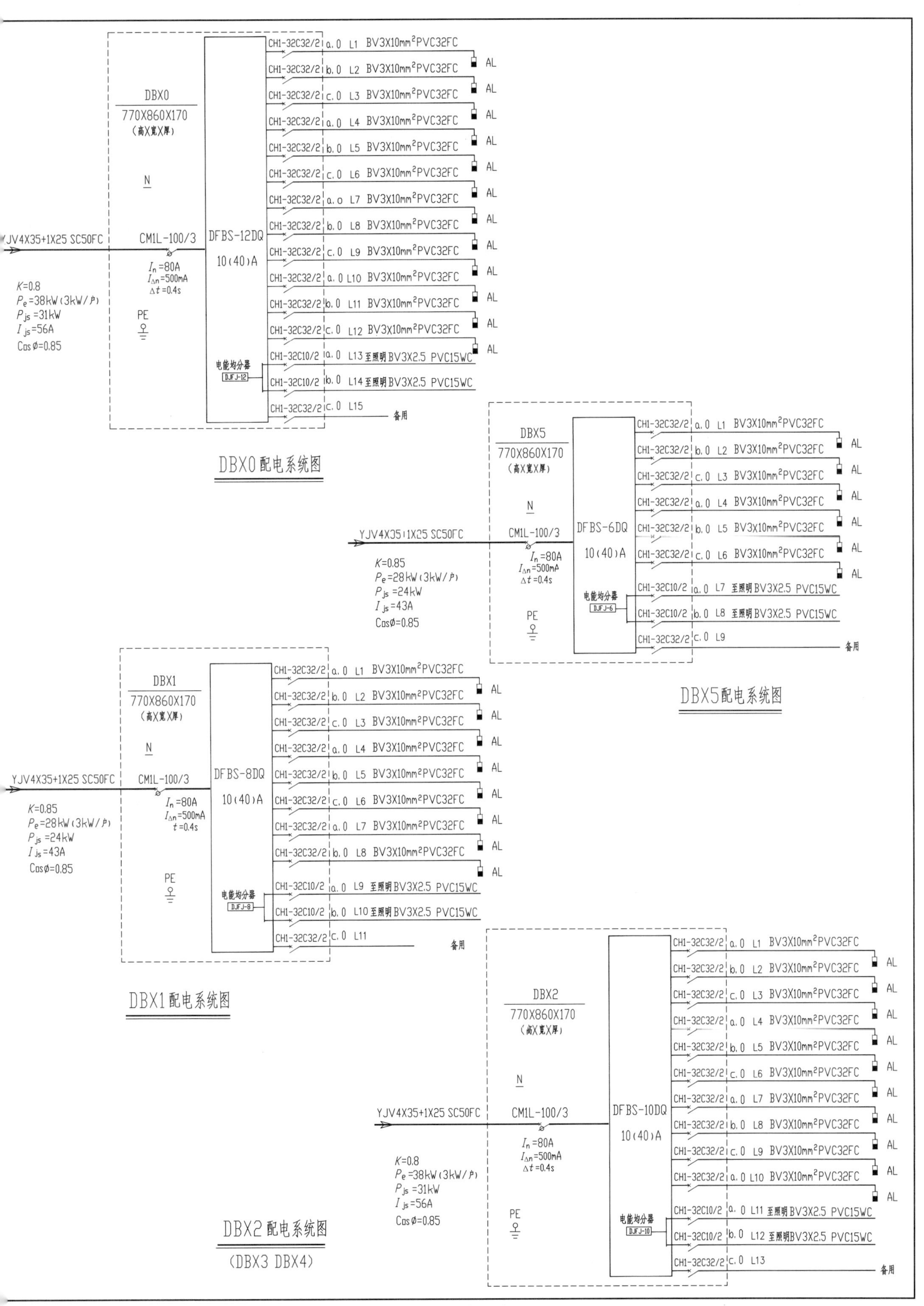

附图 30 低压配电系统图（二）

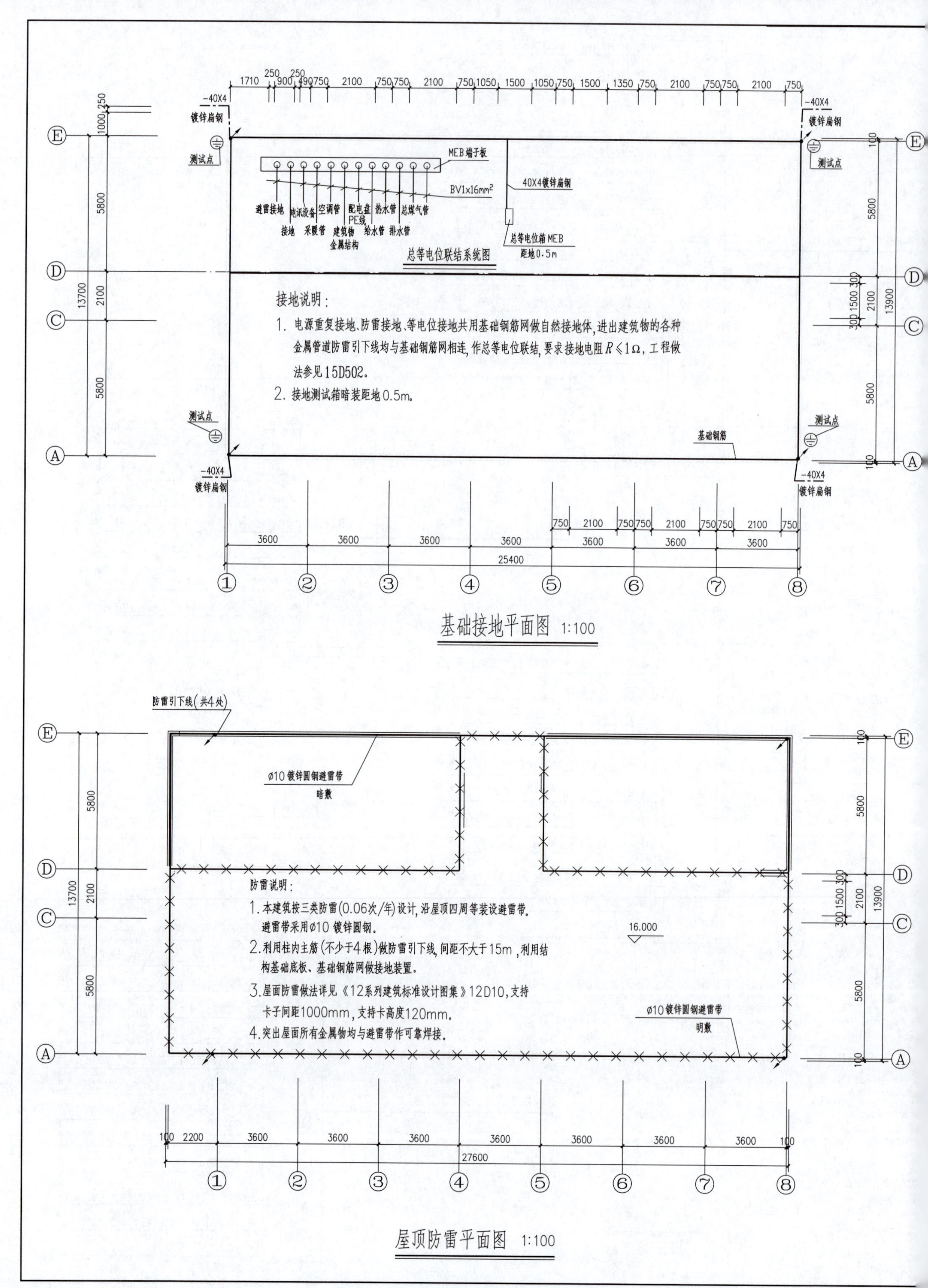

附图 31 屋顶防雷平面图 基础接地平面图

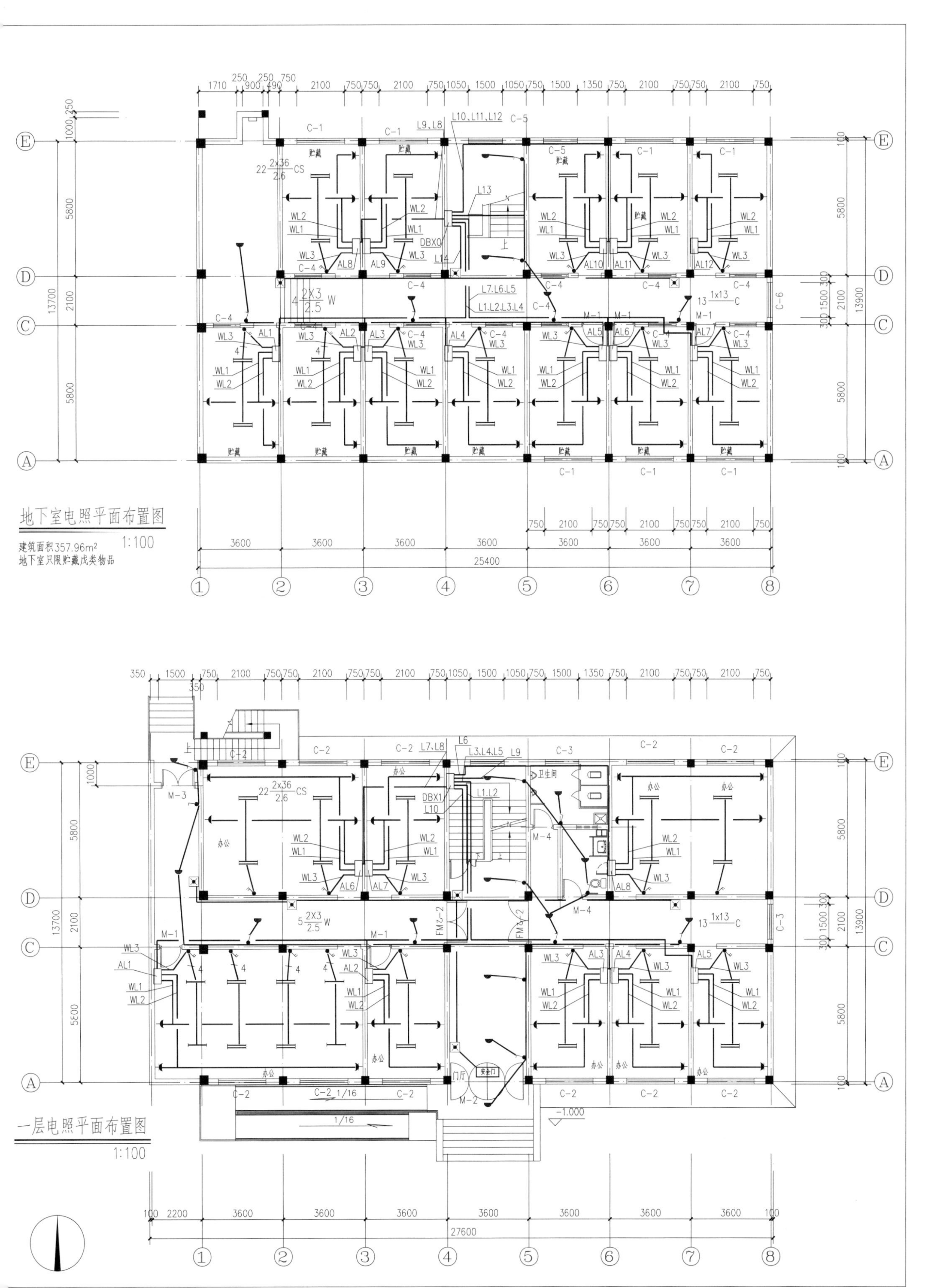

附图 32　一层、地下室电照平面布置图

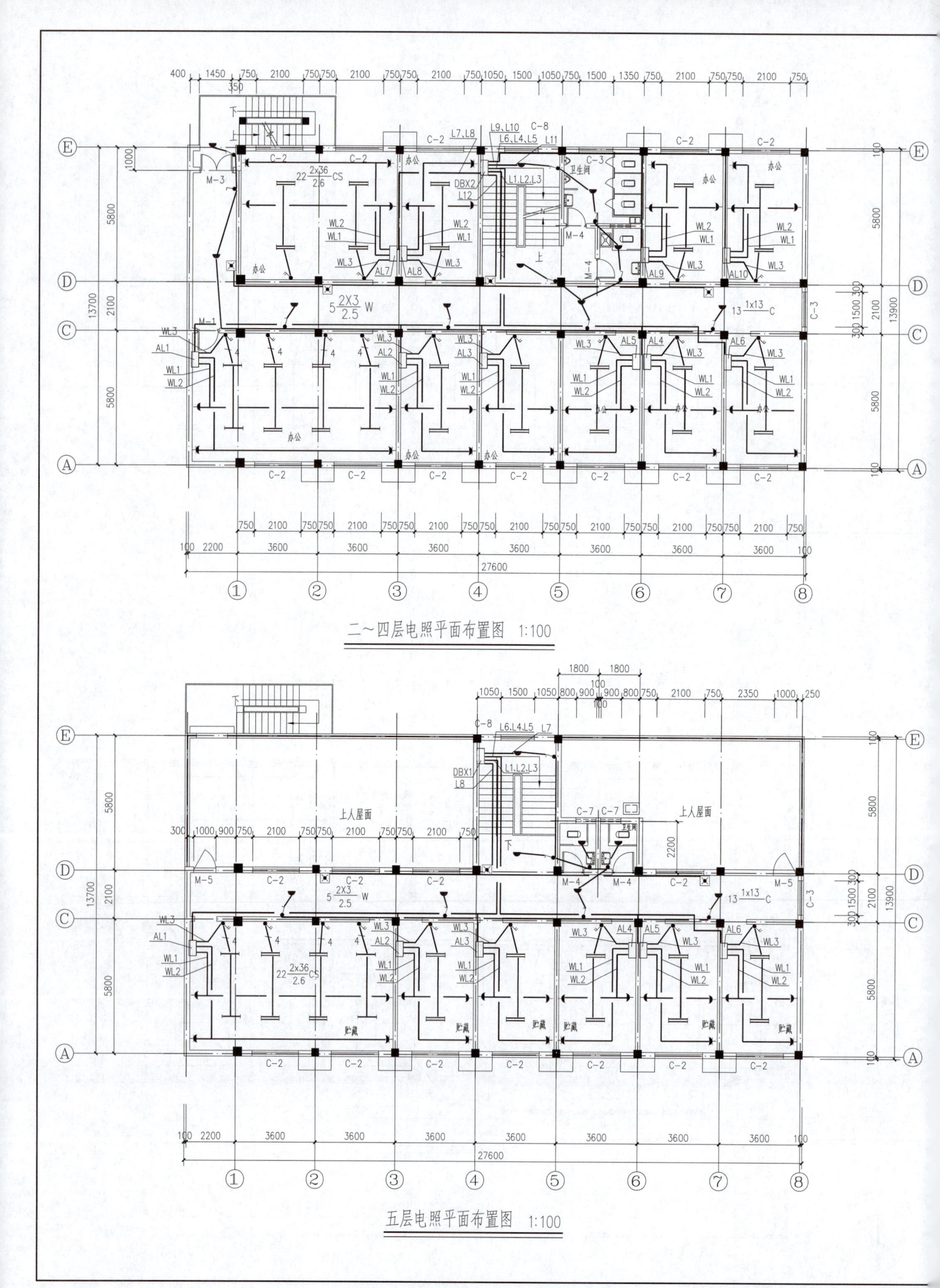

附图 33 二~四层、五层电照平面布置图

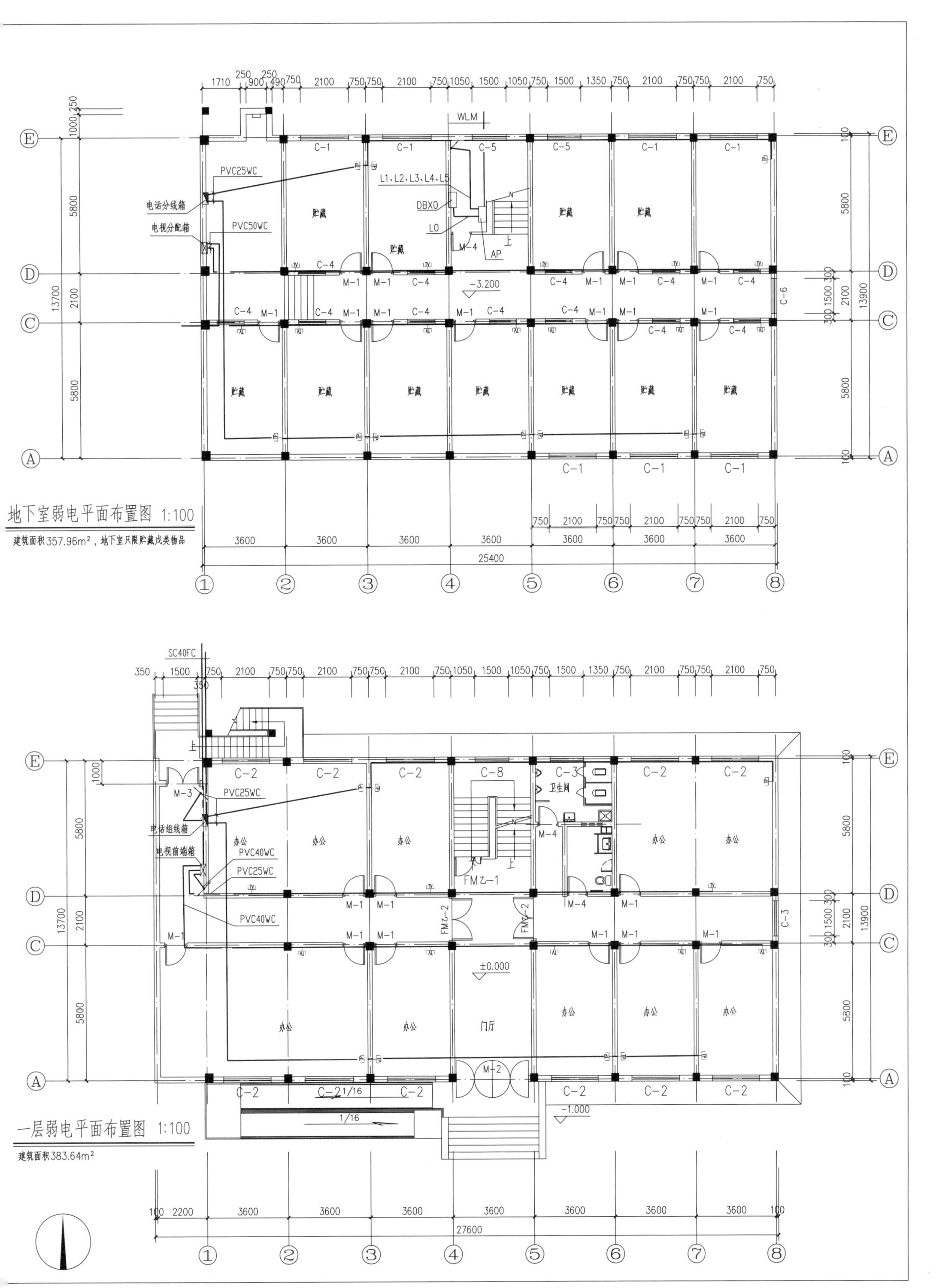

附图 34　地下室弱电平面布置图　一层弱电平面布置图

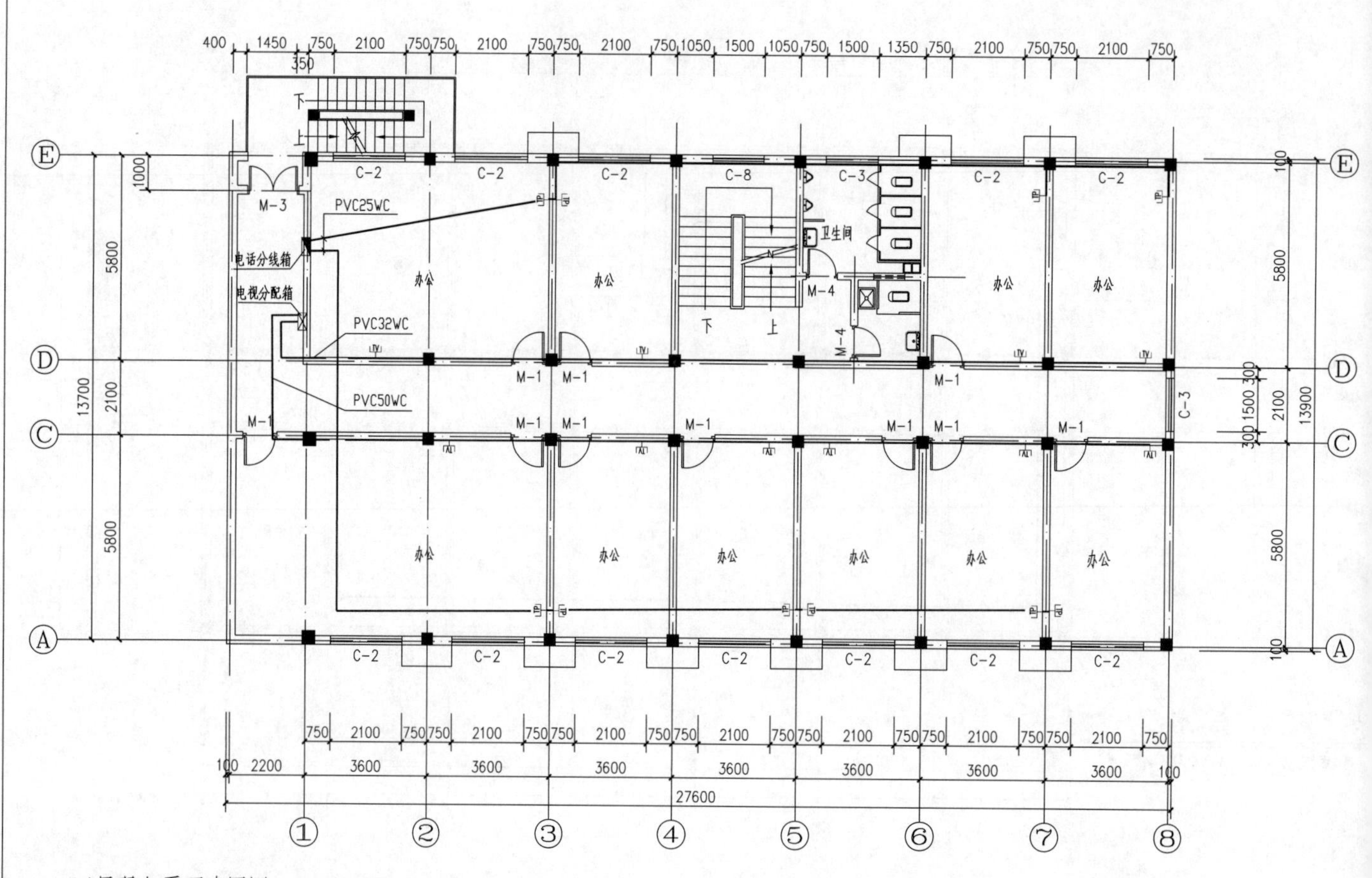

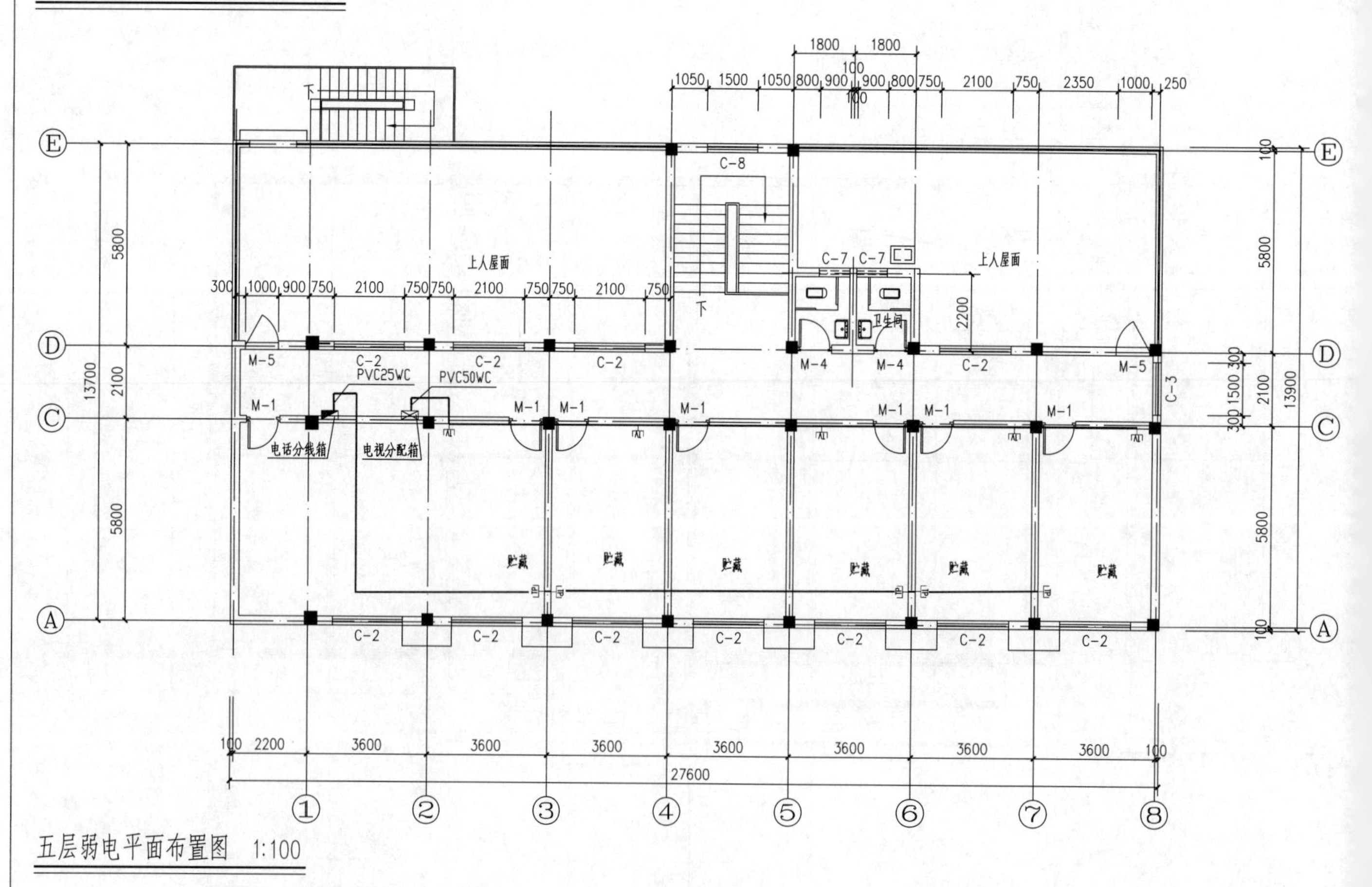

附图 35 二~四层、五层弱电平面布置图

参考文献

[1] 何铭新，等．建筑工程制图．第5版．北京：高等教育出版社，2013．
[2] 史瑞英，等．房屋建筑构造与BIM技术应用．北京：化学工业出版社，2019．
[3] 谭晓燕．房屋建筑构造与识图．北京：化学工业出版社，2019．
[4] 乐荷卿，等．土木建筑制图．第4版．武汉：武汉理工大学出版社，2011．
[5] 刘建荣，等．建筑构造．第6版．北京：中国建筑工业出版社，2019．
[6] 同济大学等四院校．房屋建筑学．第5版．北京：中国建筑工业出版社，2016．
[7] 钟芳林，等．建筑构造．北京：科学出版社，2004．
[8] 胡建琴，等．房屋建筑学．第2版．北京：清华大学出版社，2007．
[9] 河北省工程建设标准设计．12系列建筑标准设计图集．河北省建设委员会．
[10] 房屋建筑制图统一标准（GB/T 50001—2017）．
[11] 总图制图标准（GB/T 50103—2010）．
[12] 建筑制图标准（GB/T 50104—2010）．
[13] 建筑结构制图标准（GB/T 50105—2010）．
[14] 建筑给水排水制图标准（GB/T 50106—2010）．
[15] 暖通空调制图标准（GB/T 50114—2010）．
[16] 民用建筑设计统一标准（GB 50352—2019）．
[17] 建筑设计防火规范（GB 50016—2014）（2018年版）．
[18] 建筑采光设计标准（GB 50033—2013）．
[19] 住宅设计规范（GB 50096—2011）．
[20] 建筑地基基础设计规范（GB 50007—2011）．
[21] 砌体结构设计规范（GB 50003—2011）．
[22] 混凝土结构设计规范（GB 50010—2010）（2015年版）．
[23] 建筑抗震设计规范（GB 50011—2010）（2016年版）．
[24] 屋面工程技术规范（GB 50345—2012）．
[25] 办公建筑设计标准（JGJ/T 67—2019）．